Hofmann/Spindler

Werkstoffe in der Elektrotechnik

Lernbücher der Technik

herausgegeben von Dipl.-Gewerbelehrer Manfred Mettke, Oberstudiendirektor a. D.

Bisher liegen vor:

Bauckholt, Grundlagen und Bauelemente der Elektrotechnik, 7. Auflage
Felderhoff/Busch, Leistungselektronik, 4. Auflage
Felderhoff/Freyer, Elektrische und elektronische Messtechnik, 8. Auflage
Hofmann/Spindler, Werkstoffe in der Elektrotechnik, 7. Auflage
Freyer, Nachrichten-Übertragungstechnik, 6. Auflage
Heiderich/Meyer, Probleme lösen mit C/C++, 1. Auflage
Knies/Schierack, Elektrische Anlagentechnik, 6. Auflage
Schaaf, Mikrocomputertechnik, 6. Auflage
Seidel/Hahn, Werkstofftechnik, 9. Auflage

HANSER

Werkstoffe in der Elektrotechnik

Grundlagen – Struktur – Eigenschaften
Prüfung – Anwendung – Technologie

von Hansgeorg Hofmann und Jürgen Spindler

begründet von Hans Fischer †

7., neu bearbeitete Auflage

mit 331 Bildern, 91 Tabellen
sowie zahlreichen Beispielen, Übungen und Testaufgaben

Die Autoren

Dr.-Ing. Hans Fischer † (Begründer des Lehrbuches)

Prof. Dr. rer. nat. Hansgeorg Hofmann
Hochschule Mittweida, Fakultät Maschinenbau

Prof. Dr.-Ing. habil. Jürgen Spindler
Hochschule Mittweida, Fakultät Maschinenbau

Bibliografische Information der Deutschen Nationalbibliothek

Die Deutsche Nationalbibliothek verzeichnet diese Publikation
in der Deutschen Nationalbibliografie;
detaillierte bibliografische Daten sind im Internet über
http://dnb.ddb.d-nb.de abrufbar.

ISBN 978-3-446-43220-8

E-Book-ISBN 978-3-446-43748-7

Internet: http://www.hanser-fachbuch.de
Lektorat: Christine Fritzsch
Herstellung: Katrin Wulst
Satz: Werksatz Schmidt & Schulz GmbH, Gräfenhainichen
Druck und Bindung: Friedrich Pustet KG, Regensburg
Printed in Germany

Vorwort des Herausgebers

Was können Sie mit diesem Buch lernen?

Wenn Sie dieses Lernbuch durcharbeiten, dann erwerben Sie umfassende Kenntnisse über Werkstoffe, die Sie bei der Entwicklung von Projekten und für die Lösung produktionstechnischer Aufgaben benötigen.

Der Umfang dessen, was wir Ihnen anbieten, orientiert sich an:

- den Studienplänen der Hochschulen und Fachhochschulen für Technik,
- den Lehrplänen der Fachschulen für Technik in den Bundesländern.

Jeder Problemkreis wird in praxisgerechter, dem Stand der Technik entsprechender Form aufgearbeitet.

Das heißt, Sie können dabei stets folgenden Fragen nachgehen:

- Welches werkstofftechnologische Problem stellt sich dar?
- Welche Struktur und Eigenschaften der Werkstoffe liegen vor?
- Wo liegen die Lösungsmöglichkeiten und Grenzen?
- Welche Prüfverfahren sind einzusetzen?

Wer kann mit diesem Buch lernen?

Jeder, der

- sich weiterbilden möchte,
- elementare Kenntnisse in der Mathematik und den Naturwissenschaften besitzt,
- grundlegende Kenntnisse in der Elektrotechnik erworben hat.

Das können sein:

- Studierende an Hochschulen und Fachhochschulen in Bachelor- und Masterstudiengängen,
- Studierende an Berufsakademien und Ingenieure,
- Schüler an Fachschulen für Technik und Techniker,
- Schüler an beruflichen Gymnasien, Berufsoberschulen und Berufsfachschulen,
- Facharbeiter, Gesellen und Meister während und nach der Berufsausbildung,
- Umschüler und Rehabilitanden,
- Teilnehmer an Fort- und Weiterbildungskursen,
- Autodidakten

vor allem im Bereich der Elektrotechnik.

Wie können Sie mit diesem Buch lernen?

Ganz gleich, ob Sie mit diesem Buch in Schule, Betrieb, Lehrgang oder zu Hause im „stillen Kämmerlein“ arbeiten, es wird Ihnen endlich Freude machen.

Warum?

Ganz einfach, weil Ihnen hierzu in der technischen Literatur ein Buch vorgelegt wird, das bei der Gestaltung die Gesetze des menschlichen Lernens zur Grundlage macht. Deshalb werden Sie am Anfang jedes Kapitels über die **Kompetenzen** zuerst mit dem bekannt gemacht, was Sie am Ende gelernt haben sollen.

– Ein Lernbuch also –

Danach beginnen Sie, sich mit den **Lerninhalten** auseinander zu setzen. Schrittweise dargestellt, ausführlich beschrieben in der linken Spalte des Buches und umgesetzt in die technisch-wissenschaftliche Darstellung auf der rechten Spalte des Buches. Die eindeutige Zuordnung des behandelten Stoffes in beiden Spalten macht das Lernen leichter, umblättern ist nicht mehr nötig. Zur Vertiefung stellen Ihnen die Autoren **Beispiele** vor.

– Ein unterrichtsbegleitendes Lehrbuch. –

Jetzt können und sollten Sie sofort die **Übungsaufgaben** durcharbeiten, um das Gelernte zu festigen. Den wesentlichen **Lösungsgang** und das **Ergebnis** der Übungen haben die Autoren **am Ende des Buches** für Sie aufgeschrieben.

– Also, auch ein Arbeitsbuch mit Lösungen. –

Sie wollen sicher sein, dass Sie richtig und vollständig gelernt haben. Deshalb bieten Ihnen die Autoren am Ende jedes Kapitels **anwendungsorientierte Aufgaben als Selbstkontrolle** an. Ob Sie richtig geantwortet haben, sagen Ihnen die Lösungen zur Lernerfolgskontrolle am Ende des Buches.

– Eine Selbstkontrolle mit Lösungen. –

Trotz intensiven Lernens über Beispiele, Übungen und Selbstkontrollen verliert sich ein Teil des Wissens und Könnens wieder, wenn Sie nicht bereit sind, am Anfang oft und dann in immer längeren Zeiträumen zu wiederholen!

Das wollen Ihnen die Autoren erleichtern.

Sie haben die jeweils rechten Spalten des Buches so geschrieben, dass die wesentlichen Lerninhalte als Satz, stichwortartig, als Formel oder als Skizze zusammengefasst sind. Sie brauchen deshalb beim **Wiederholen und Festigen meistens nur die Zusammenfassungen nach den Unterkapiteln** zu lesen.

– Schließlich noch Repetitorium! –

Diese Arbeit ist notwendigerweise mit dem **Aufsuchen** der entsprechenden **Kapitel** oder dem Suchen von bestimmten **Begriffen** verbunden. Dafür verwenden Sie bitte das Inhaltsverzeichnis am Anfang und das Sachwortverzeichnis am Ende des Buches.

– Selbstverständlich mit Inhaltsverzeichnis und Sachwortverzeichnis. –

Sicherlich werden Sie durch die intensive Arbeit mit dem Buch **Ihre Bemerkungen zur Sache** unterbringen wollen, um es so zum individuellen Arbeitsmittel zu machen, das Sie auch später gerne benutzen. Deshalb haben wir für Ihre Notizen auf den Seiten Platz gelassen.

– Am Ende ist „Ihr“ Buch entstanden. –

Möglich wurde dieses Lernbuch für Sie durch die Bereitschaft der Autoren und die intensive Unterstützung durch den Verlag und seine Mitarbeiter. Beiden sollten wir herzlich danken.

Nun darf ich Ihnen viel Freude und Erfolg beim Lernen wünschen!

Der Herausgeber
Manfred Mettke

Vorwort

Mit der nun vorliegenden 7. Auflage der „Werkstoffe in der Elektrotechnik" verfolgen die Autoren weiterhin das Ziel der Aktualisierung. Es sind Ergänzungen und Änderungen gegenüber der 6. Auflage notwendig geworden. Darüber hinaus besteht die Notwendigkeit einer Erweiterung der Darstellung eingesetzter neuer Werkstoffe, wie z. B. flüssigkristalliner Ferroelektrika. Unter Beibehaltung des Umfanges ergibt sich daraus zwangsläufig das Erfordernis, Kapitel zu Grundlagenkenntnissen aus Chemie und Physik zu komprimieren. Die für das Verständnis der Eigenschaften von Werkstoffen der Elektrotechnik unbedingt notwendigen Kenntnisse zu Atombau und Bindungszuständen behandeln die Lehrbücher der allgemein bildenden Schulen in hervorragender Weise. Die Autoren beschränken sich deshalb auf eine übersichtliche Zusammenfassung dieser Komplexe in Form von Begriffen, Tabellen und Definitionen.

Die didaktische Grundstruktur eines Lernbuches bleibt auch weiterhin erhalten. Im Aufbau der einzelnen Kapitel vermittelt der Gliederungspunkt Überblick eine Einführung in den zu behandelnden Stoff, die Formulierung der Kompetenzen am Beginn jedes Abschnittes gibt den Studierenden notwendige Hinweise für die Erarbeitung des Fachinhaltes. Durch die neu aufgenommenen Zusammenfassungen besteht die Möglichkeit, den jeweils erreichten Wissensstand zu prüfen. Definitionen, Merksätze, Formeln u. ä. sind mit einer Schattierung unterlegt und damit hervorgehoben worden.

Die vorgenommenen Kürzungen und Streichungen gegenüber vorangegangenen Auflagen zeigen sich besonders deutlich im Kapitel 2 „Das mechanische Verhalten von Werkstoffen". Hier wurde der Teil „Ausgewählte Verfahren zur Bestimmung nichtelektrischer Werkstoffeigenschaften" herausgenommen. Es werden nur diejenigen Prüfverfahren für mechanische und thermische Kenngrößen behandelt, die im Zusammenhang mit den nachfolgenden Kapiteln stehen. Die Darstellung der Leitungsmechanismen im Kapitel „Elektrisches Verhalten von Werkstoffen" erfolgt nach gleichen Prinzipien.

Neu aufgenommen sind die Abschnitte Brennstoffzellen und Solarzellen. Auf dem Sektor der Wandlung chemischer in elektrische Energie wurden in den letzten Jahren weittragende Forschungsergebnisse in neuen Produkten praktisch wirksam, wie Lithium-Zellen und Polymerakkus. Eine Erweiterung haben die Magnetwerkstoffe für Speicher erfahren. Mit der Bearbeitung vieler Bilder erhöhen sich die Anschaulichkeit und die sachliche Aussage.

Aus den Beurteilungen der Prüfexemplare zur 6. Auflage konnten wir wiederum wertvolle Anregungen zur Aktualisierung der Normenangaben sowie eine Vereinheitlichung von Begriffen und Schreibweisen entnehmen.

Für die Hinweise der aufmerksamen und kritischen Leser sei herzlich gedankt. Trotz vielfältiger anderer Möglichkeiten, Informationen zu Werkstoffeigenschaften zu erhalten, bestätigen die positiven Einschätzungen zu unserem Buch die Richtigkeit der gewählten Methode der Stoffdarstellung in gedruckter Form für den angesprochenen Leserkreis.

Mittweida, im Frühjahr 2013

Hansgeorg Hofmann
Jürgen Spindler

Dank der Autoren

Es ist uns ein Bedürfnis an erster Stelle dem Herausgeber, Herrn Dipl.-Gewerbelehrer Manfred Mettke für seine freundliche Begleitung und wertvolle fachliche Beratung herzlich zu danken.

Dem HANSER-Verlag sagen wir Dank für die Möglichkeit der Überarbeitung der sechsten und der Herausgabe der siebenten Auflage.

Wir bedanken uns bei all denen, die an der Überarbeitung zur siebenten Auflage mitgewirkt haben.

Zu besonderem Dank sind wir verpflichtet:

Herrn Dipl.-Ing. Andreas Eyssert für die Aktualisierung der Normen und Anfertigung von Fotos,
Herrn Enrico Gehrke für die Anfertigung von REM-Aufnahmen und
Herrn Dipl.-Ing. Klaus Ulbricht für seine wertvollen Hinweise und Korrekturen.

Besonders danken wir wiederum unserer Lektorin Frau Christine Fritzsch für die aufmerksame Korrektur und Frau Katrin Wulst für die satztechnische Bearbeitung.

Mittweida, im Frühjahr 2013

Hansgeorg Hofmann
Jürgen Spindler

Inhalt

8 Halbleiterwerkstoffe

9 Isolierstoffe und dielektrische Werkstoffe

10 Supraleitende Werkstoffe

11 Magnetwerkstoffe

Verwendete Formelzeichen (Fz) mit Einheiten (E) und Abkürzungen

A	Bruchdehnung (Zugversuch)	1; %
A	Fläche, Querschnitt	m^2
A_N	Akzeptorniveau	eV
A_N	numerische Apertur	1
a	Abstand	m
a	Achsabschnitt, Gitterkonstante	1; nm
B	magnetische Flussdichte	$T = V \cdot s/m^2$
B_r	magnetische Remanenz (Flussdichte)	$T = V \cdot s/m^2$
B_S	Sättigungsinduktion	$T = V \cdot s/m^2$
b	Breite	m
b	Achsabschnitt, Gitterkonstante	1; nm
C	Kapazität	$A \cdot s/m^2$
C_S	Sperrschichtkapazität	F = A/m
c	Lichtgeschwindigkeit in Luft	m/s
c_0	Lichtgeschwindigkeit im Vakuum	m/s
c_1	Lichtgeschwindigkeit im Werkstoff	m/s
c	Achsabschnitt, Gitterkonstante	1; nm
D	elektrische Flussdichte (Verschiebungsdichte)	$A \cdot s/m^2$
D_0	elektrische Flussdichte im Vakuum	$A \cdot s/m^2$
D_N	Donatorniveau	eV
d	Durchmesser	m
d_0	Ausgangsdurchmesser	m
d	Plattenabstand	m
d	dielektrischer Verlustfaktor = tan δ	1
d	piezoelektrischer Koeffizient	$A \cdot s/N$
E	elektrische Feldstärke	V/m
E	elektrochemisches Potenzial	V
E_D	Durchschlagfestigkeit	V/m
E_{kin}	Energie der Bewegung	$N \cdot m = J$
E	Elastizitätsmodul	N/mm^2
E_0	Standardpotenzial, Normalpozential	V
e_0	Ladung eines Elektrons; 1 Elektron	$A \cdot s$
e^+	Ladung eines Defektelektrons (Loch)	$A \cdot s$
F	FARADAYsche Konstante	$A \cdot s/mol$
F	Kaft	N
F_0	Gewichtskraft	N
F_{max}	Höchstkraft	N
Fp	Schmelzpunkt	°C
f	Frequenz	1/s
HB	Härtezahl nach BRINELL	1
HR	Härtezahl nach ROCKWELL	1
HV	Härtezahl nach VICKERS	1
h	MILLERscher Index	1
h	PLANCKsches Wirkungsquantum	$W \cdot s^2$, $J \cdot s$
H	magnetische Feldstärke	A/m

H_c	Koerzitiv-Feldstärke	A/m
h	Höhe	m
I	elektrische Stromstärke	A
I_D	Durchlassstrom	A
I_{Diff}	Diffusionstromstärke	A
I_E	Feldstrom	A
I_S	Sperrstrom	A
J	magnetische Polarisation	$V \cdot s/m^2$
J_r	magnetische remanente Polarisation	$V \cdot s/m^2$
J_s	magnetische Polarisation bei Sättigung	$V \cdot s/m^2$
K	K-Faktor für Dehnmessstreifen	1
K_c	Gleichgewichtskonstante	%
Kp	Siedepunkt	°C
k	MILLERscher Index	1
L, l	Länge	m
L_B	Länge nach dem Bruch	m
L_0	Ausgangslänge	m
l	MILLERscher Index	1
l	Nebenquantenzahl	1
M	Magnetisierung	A/m
$M(X)$	molare Masse	g
m	Masse	kg
m	Magnetquantenzahl	1
N_A	AVOGADROsche Zahl	N/mol
n	Anzahl	1
n	Anzahl der ausgetauschten Elektronen	1
n	Hauptquantenzahl	1
n	Brechzahl	1
n^-, ne^-	Dichte der Elektronen = Ladungskonzentration (–)	$A \cdot s/m^3$
n^+, ne^+	Dichte der Defektelektronen = Ladungskonzentration (+)	$A \cdot s/m^3$
n_i	Dichte der Ladungsträger (intrinsic) = Ladungskonzentration	$A \cdot s/m^3$
$n(X)$	Anzahl der Mole (Stoffmenge)	1
p	Druck	N/m^2, bar, Pa
P	Leistung	W
P_0	Eingangslichtleistung	W
P_1	Ausgangslichtleistung	W
P	elektrische Polarisation	$A \cdot s/m^2$
P_0	elektrische Polarisation des Vakuums	$A \cdot s/m^2$
Q	elektrische Ladung	$C = A \cdot s$
Q	spezifischer Energieverlust	W/m^3; W/kg
R	allgemeine Gaskonstante	$J/kg \cdot mol$
R	elektrischer Widerstand	Ω
R_D	elektrischer Durchlasswiderstand	Ω
R_E	Engewiderstand	Ω
R_F	Fremdschichtwiderstand	Ω
R_H	Hallkonstante	$m^3/A \cdot s$
R_K	Kontaktübergangswiderstand	Ω
R_L	Leitungswiderstand	Ω
R_0	Oberflächenwiderstand	Ω
R_F	Flächenwiderstand	Ω/□
R_m	Zugfestigkeit	N/mm^2

R_e	Streckgrenze	N/mm^2
$R_{p0,2}$	0,2-Dehngrenze	N/mm^2
R_{eH}	obere Streckgrenze	N/mm^2
R_{eL}	untere Streckgrenze	N/mm^2
R_p	Spannung bei einem bestimmten Betrag bleibender Dehnung	N/mm^2
r	Radius; Abstand	m
S	Stromdichte	A/m^2
S	Querschnitt der Probe (beim Zugversuch)	mm^2
S_0	Ausgangsquerschnitt	mm^2
s	Spinquantenzahl	1
t	Zeit	s
T	absolute Temperatur	K
T_c	kritische Temperatur	K
T_g	Glastemperatur	°C
T_{Rmin}	Mindestrekristallisationstemperatur	K
T_S	Schmelztemperatur	K
TK	Temperaturkoeffizient	1/K
$TK\varrho = \alpha$	Temperaturkoeffizient des spezifischen elektrischen Widerstandes	1/K
U	elektrische Spannung	V
U_D	Durchlassspannung	V
U_{GS}	Steuerspannung	V
U_H	Hallspannung	V
U_S	Sperrspannung	V
U_T	Thermospannung	V
U_W	elektrische Spannung des Wirkstromes	V
v_D	Driftgeschwindigkeit von Ladungsträgern	m/s
v_{e-}	Driftgeschwindigkeit der Elektronen	m/s
v_{e+}	Driftgeschwindigkeit der Defektelektronen	m/s
V	Volumen	m^3
V	Verformungsgrad	%
V_{Ab}	Abkühlungsgeschwindigkeit	°/s
V	magnetische Verluste	W/kg
V_h	magnetischer Hystereseverlust	W/kg
V_n	Nachwirkungsverlust	W/kg
V_w	magnetischer Wirbelstromverlust	W/kg
V_{krit}	kritischer Verformungsgrad	%
V_1	magnetischer Verlust bei 1 T	W/kg
v	Geschwindigkeit	m/s
W	Energie, Arbeit	Nm = J = Ws
W	elektrische Arbeit $W = Q \cdot U$	Ws
W_i	Bandabstand	eV
W_n	Abstand Donatorniveau/Leitungsband	eV
W_p	Abstand Akzeptorniveau/Grundband	eV
W_R^*	Höhe des Potenzialberges	eV
Z	Brucheinschnürung beim Zugversuch	%
Z	Zahl der Leitungselektronen in der Volumeneinheit	$1/m^3$
α (Alpha)	linearer Wärmeausdehnungskoeffizient	1/K
α	Dissoziationsgrad	%
α	differentielle Thermokraft (SEEBECK-Koeffizient)	mV/K
α	Dehnungszahl = 1/E	mm^2/N
α	Dämpfungskoeffizient, kilometrische Dämpfung	dB/km

α_S	Streuungsverluste	dB/km
α_A	Absorptionsverluste	dB/km
α_V	Strahlungsverluste	dB/km
δ (Delta)	Bruchdehnung	%
δ	Verlustwinkel	Grad
ε (Epsilon)	Dehnung	1; %
ε	Permittivität	A · s/V · m
ε_0	Permittivität im Vakuum	A · s/V · m
ε_R	Reißdehnung	N/mm²
ε_r	Permittivitätszahl	1
ε''	Verlustzahl = $\varepsilon_r \cdot d = \varepsilon_r \cdot \tan\delta$	1
η (Eta)	Wirkungsgrad	1; %
ϑ (Theta)	Temperatur	°C
ϑ_E	eutektische Temperatur	°C
ϑ_S	Schmelztemperatur	°C
$\varkappa$ (Kappa)	spezifische elektrische Leitfähigkeit	S/m
$\varkappa^-$	Elektronenleitfähigkeit	S/m
$\varkappa^+$	Defektelektronenleitfähigkeit	S/m
λ (Lambda)	spezifische thermische Leitfähigkeit	W/m · K
λ	Wellenlänge	m
λ_S	magnetostriktive Längenänderung bei der Sättigung	1
μ (My)	Permeabilität	V · s/A · m
μ	Ladungsträgerbeweglichkeit	m²/V · s
μ^-	Beweglichkeit der Elektronen	m²/V · s
μ^+	Beweglichkeit der Defektelektronen	m²/V · s
μ_a	Anfangspermeabilität	V · s/A · m
μ_{max}	maximale Permeabilität	V · s/A · m
μ_r	Permeabilitätszahl	1
μ_0	magnetische Feldkonstante	V · s/A · m
μ_4	Permeabilität bei 0,4 A/m	V · s/A · m
μ_B	BOHRsches Magneton = kleinstes magnetisches Moment	A/m²
ν (Ny)	Strahlungsfrequenz	1/s
ϱ (Rho)	spezifischer elektrischer Widerstand	Ω · m
ϱ_D	spezifischer Durchgangswiderstand	Ω · m
ϱ	Dichte eines Stoffes	g/cm³
ϱ_H	spezifischer Hautwiderstand	Ω · m
ϱ_{th}	thermischer Anteil an ϱ	Ω · μ
ϱ_S	Strukturfehleranteil an ϱ	W · m
σ (Sigma)	mechanische Spannung = Zugspannung = Normalspannung	N/mm²
σ_O	Oberflächenwiderstand	W
σ_R	Reißfestigkeit	N/mm²
τ (Tau)	Schubspannung	N/mm²
χ_e (Chi)	elektrische Suszeptibilität	1
χ_m	magnetische Suszeptibilität	1
ψ (Psi)	elektrischer Fluss	A · s/m²
ΔE	abgestrahlter Energiebetrag	eV
ΔL	Längenzunahme	m
ΔT_U	Unterkühlung	°
Θ (Theta)	Akzeptanzwinkel	Grad

Abkürzungen

AFC	Alkaline Fuel Cell
AFM	Atomic Force Microscopy (Rasterkraftmikroskopie)
BCS-Theorie	BARDEEN-COOPER-SCHRIEFFER-Theorie
CAD	Computer-aided design
CCM	Ceramic Coated Metal
CECC	CENELEC Electronic Components Comitee
CNC	Computerized Numerical Control
CPU	Central Processing Unit
CVD	Chemical Vapor Deposition
DKL	Durchkontaktierte Leiterplatte
DMFC	Direct Methanol Fuel Cell
DMS	Dehnungsmessstreifen
DTA	differentielle Thermoanalyse
EMV	elektromagnetische Verträglichkeit
ESS	emailliertes Stahlsubstrat
FELIX	Ferroelektrische Flüssigkristalle
FET	Feld-Effekt-Transistor
FLC	Ferroelectric Liquid Cristals
GB	Grundband
HAL	Hot Air Levelling
HOPG	hochorientierter pyrolytischer Grafit
HTSL	Hochtemperatur-Supraleiter
IEC	International Electronic Commission
IRED	Infrared Emitting Diode
LB	Leitungsband
LCD	Liquid Cristal Display
LCP	Liquid Cristal Polymers
LED	Light Emitting Diode
LP	Leiterplatte
LWL	Lichtwellenleiter
MASFET	Metal Aluminia Semiconductor FET
MCFC	Molten Carbonate Fuel Cell
MELF	Metal Electrode Face Bonding
MIL	Military Standard (USA)
MISFET	Metal Insulator Semiconductor FET
MLL	Mehrlagagenleiterplatte (Multilayer)
MOSFET	Metal Oxide Semiconductor FET
MRI	Magnetic Resonance Imaging
NEMA	National Electrical Manufactures Association (USA)
NMA	nichtmetallisch-anorganisch
NMO	nichtmetallisch-organisch
NTC	Negativer Temperaturkoeffizient des elektrischen Widerstandes
OSP	Organische Passivierung
PAFC	Phosphoric Acid Fuel Cell
PBB	Polybromierte Biphenyle
PBDE	Polybromierte Diphenylether
PCF-LWL	Polymer Cladded Fibres-LWL
PEMFC	Proton Exchange Membran Fuel Cell
PZT	Blei-Zirkonat-Titanat

RoHS	Restriction of Hazardous Substances
RSFQ	Rapid Single Flux Quantum
SMD	Surface-mounted device
SMES	Superconducting Magnetic Energy Storage
SOFC	Solid Oxide Fuel Cell
SQUID	Superconducting Quantum Interference Device
SRP	Self Reinforcing Polymers
WEEE	Waste Electrical and Electronic Equipment

1 Grundlagen

1.0 Überblick

Die Eignung der Werkstoffe für eine praktische Anwendung beruht auf ihrer chemischen Zusammensetzung sowie der Art und Weise der räumlichen Verteilung der sich bindenden Teilchen. Damit werden die Eigenschaften der Werkstoffe im Wesentlichen durch den vorherrschenden Bindungszustand und ihre Struktur bestimmt (vgl. Bild 1.0-1). Die theoretischen Grundlagen für das Verständnis des Werkstoffverhaltens vermitteln Physik und Chemie. Zur Veranschaulichung der Bindungs- und Strukturverhältnisse finden vereinfachte Modellvorstellungen Verwendung.

Nicht ohne Grund ist das Elementarteilchen *Elektron* der Namenspate der Elektrotechnik, hat es doch für die in der Elektrotechnik benutzten Werkstoffe eine fundamentale Bedeutung und wird uns deshalb vom Anfang bis zum Ende des Buches beschäftigen.

Der Elektrotechniker benötigt neben physikalischen und chemischen auch technologische Kenntnisse zum Verständnis und der Nutzbarkeit der Werkstoffeigenschaften, wie sie im Bild 1.0-2 zusammengefasst sind. Darüber hinaus gewinnt die Abschätzung der Umwelteinflüsse bei der Herstellung und Anwendung von Werkstoffen zunehmend Bedeutung.

Mit dem Begriff *Stoff* stehen andere geläufige Begriffe im Zusammenhang, wie *Masse*, *Materie* und *Aggregatzustand*.

Alle Werkstoffe lassen sich nach chemischen Gesichtspunkten einteilen in *Metalle* und *Nichtmetalle*; die Nichtmetalle in nichtmetallisch-organische (NMO) und nichtmetallisch-anorganische (NMA), die Metalle in Eisen- und Nichteisenmetalle. Dieses Einteilungsprinzip findet in der Darstellung des Bildes 1.0-3 Anwendung.

Neben den reinen Stoffen (chemisches Element, chemische Verbindung) begegnen uns in der Praxis Werkstoffe in Form von Mehrstoffsystemen (Legierungen, Lösungen, Mischungen). Ihr Eigenschaftsspektrum sowie die Verarbeitungs-

Physik: Lehre von messbaren Vorgängen in den Stoffen, ohne Umwandlung in andere Stoffe.

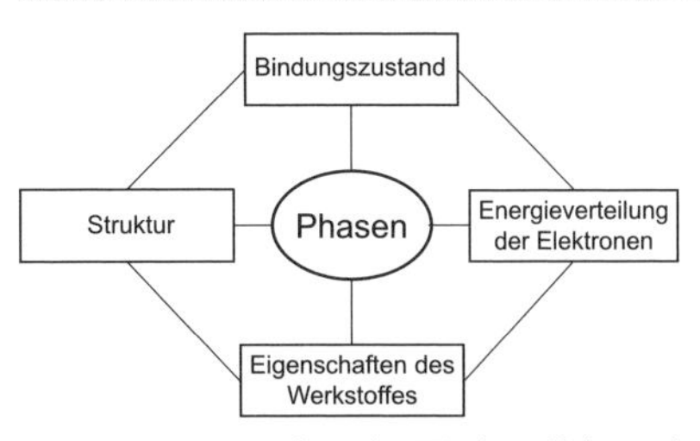

Bild 1.0-1 Ursachen der Werkstoffeigenschaften

Chemie: Lehre von den Stoffen und ihren Umwandlungen (chemische Bindungen und Reaktionen).

Bild 1.0-2 Übersicht wichtiger Eigenschaften von Werkstoffen der Elektrotechnik

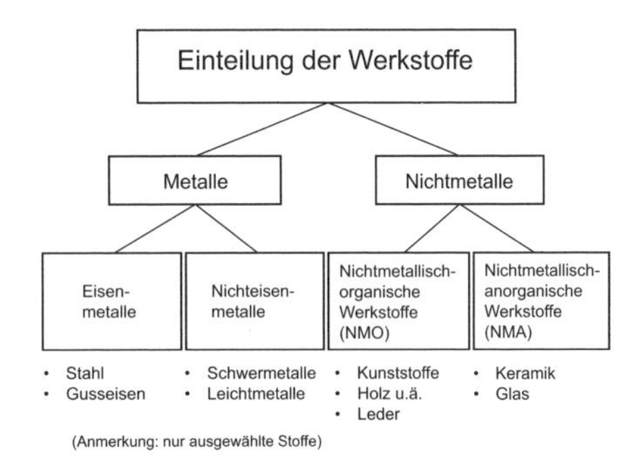

Bild 1.0-3 Einteilung der Werkstoffe

und Anwendungseigenschaften sind wesentlich variabler, die Methoden ihrer Darstellung sind wesentlich komplexer. Ein wichtiges Hilfsmittel dazu ist die exakte Beschreibung des Gefüges und die Auswertung der entsprechenden Phasengleichgewichtsdiagramme (Zustandsdiagramme).

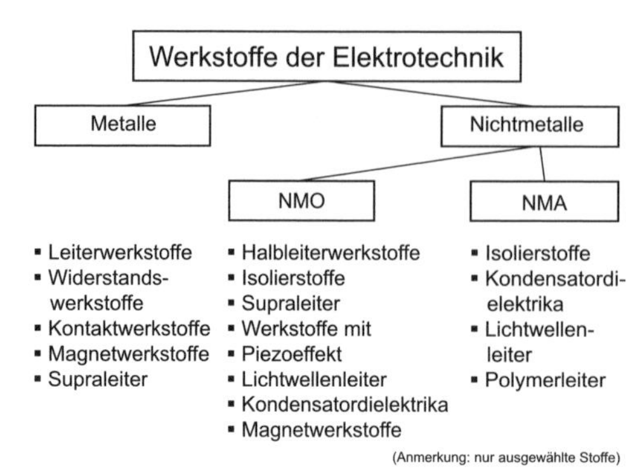

Bild 1.0-4 Einteilung der Werkstoffe der Elektrotechnik

Eine Übertragung des Prinzips der Werkstoffeinteilung des Bildes 1.0-3 auf die Werkstoffe der Elektrotechnik führt zur Darstellung im Bild 1.0-4. Sie entspricht der Gliederung dieses Lernbuches.

Die aktuelle Werkstoffsituation lässt sich durch die technische Ausschöpfung aller Eigenschaften bisher genutzter Werkstoffe charakterisieren und schließt die ständige Erweiterung der Werkstoffpalette ein. Das setzt solides Grundlagenwissen der Werkstofftechnik voraus.

Merkmale der aktuellen Werkstoffsituation:

- zunehmende Anforderungen hinsichtlich thermischer und chemischer Belastbarkeit,
- geringe Masse bei gleichem Leistungsvermögen (Energie),
- frei von Materialfehlern (Zuverlässigkeit),
- Mangel an Rohstoffen und Energie,
- Möglichkeit des Recycling,
- Kostendruck.

Materie:

Materie kann in verschiedenen Erscheinungsformen existieren, z. B. als Masse in Form von Teilchen oder Energie in Form der Welle.
Der Begriff *Materie* kann demzufolge nicht nur auf die *Masse* reduziert werden.

Masse:

Die Angabe der Masse erfolgt üblicherweise in den Einheiten g, kg und t; die SI-Einheit ist das *Kilogramm* (kg).

Aggregatzustand:

Jeder Stoff kann fest, flüssig, gasförmig oder plasmatisch vorliegen.
Bevorzugt kommen Werkstoffe im festen Zustand zum Einsatz.

1.1 Atombau und Bindungen

Kompetenzen

Für die chemische Reaktivität eines Atoms ist die Struktur seiner Elektronenhülle entscheidend. Ihre Beschreibung erfolgt mithilfe der Quantenzahlen: Haupt-, Neben-, Magnet- und Spinquantenzahl. Das findet sich wieder in der Anordnung der Elemente im Periodensystem.

In Abhängigkeit vom Atombau einzelner Elemente ergeben sich bei der Wechselwirkung mehrerer Atome unterschiedliche Bindungszustände. Bei gleichartigen Atomen ist die Elektronegativitätsdifferenz gleich Null. Das Ergebnis der Bindungsbildung sind Moleküle. Es bilden sich Molekülorbitale aus, in denen sich die Elektronen in einer gemeinsamen Elektronenhülle aufhalten oder es entsteht ein Metallgitter aus Metallkationen und einem sogenannten Elektronengas. Binden sich Atome unterschiedlicher Elemente, ergibt sich jetzt eine Elektronegativitätsdifferenz, es entsteht eine polarisierte Bindung, auch hier entstehen Moleküle. Die Wechselwirkung zwischen ihnen fasst man unter den Begriffen zwischenmolekulare Bindung oder auch nebenvalente Bindung zusammen Das Ausmaß der Wechselwirkung bestimmt wesentlich die Eigenschaften dieser Stoffe. Überschreitet die Elektronegativitätsdifferenz ein bestimmtes Maß, entstehen keine Moleküle, sondern Ionen, deren elektrostatische Anziehung zum Ionengitter führt.

1.1.1 Elektronenverteilung im Einzelatom

In den Lehrbüchern der Chemie und der Physik werden die in diesem Zusammenhang verwendeten Begriffe ausführlich dargelegt. Darum kann in diesem Lernbuch auf eine nochmalige Darstellung verzichtet werden. Die erforderlichen theoretischen Grundlagen werden deshalb in einer zusammenfassenden Form aufgeführt.

- Ein Atom besteht aus einem Kern und einer Elektronenhülle (siehe Tabelle 1.1-1).
- Im Kern sind die Protonen konzentriert. Jedes Proton trägt die positive Elementarladung. Außerdem enthält der Kern noch Neutronen. (→ Isotope)
- Die Hülle ist Aufenthaltsort der Elektronen. Jedes Elektron trägt die negative Elementarladung und besitzt gleichzeitig Teilchen- und Wellencharakter.
- Die Struktur der Elektronenhülle wird bestimmt durch die Quantelung der Energiezustände. Ihre Grundstruktur entspricht der Schalennummer aus dem BOHRschen Atommodell und ist die Hauptquantenzahl *n* (siehe Tabelle 1.1-2).
- Die Elektronen halten sich mit einer bestimmten Wahrscheinlichkeit in Orbitalen auf.

Tabelle 1.1-1 Größen der Elementarteilchen

Einheit		Proton	Neutron	Elektron
Masse	10^{-27} kg	1,6726	1,6749	0,00091
Ladung	10^{-19} As	+1,6	0–	–1,6

Kernladungszahl = Anzahl der Protonen im Kern = Ordnungszahl

Tabelle 1.1-2 Besetzung der Elektronenniveaus

Hauptquantenzahl	*n*	1	2	3	4
Schale		K	L	M	N
Orbital	s	2	2	2	2
	p	–	6	6	6
	d	–	–	10	10
	f	–	–	–	14
$2n^2$		2	8	18	32

- Je nach Geometrie des Orbitals unterscheidet man s-, p-, d-und f-Orbitale, die Form des Orbitals korrespondiert mit der Nebenquantenzahl l.
- Das s-Orbital ist kugelsymmetrisch, p-, d- und f-Orbitale besitzen bevorzugte Raumorientierung. Sie korrespondiert mit der Magnetquantenzahl m.
- Das Elektron besitzt einen Eigendrehimpuls. Daraus resultiert die Spinquantenzahl s. Sie charakterisiert zwei Zustände $+ {}^1/_2\, h$ bzw. $- {}^1/_2\, h$.
- Jedes Orbital kann maximal 2 Elektronen mit entgegengesetztem Spin aufnehmen. (→ PAULI-Prinzip)
- Für die Auffüllung der Orbitale gilt das Prinzip der größten Multiplizität. Die p-, d- und f-Orbitale werden erst einfach mit Elektronen mit gleichgerichtetem Spin besetzt, erst danach erfolgt die maximale Besetzung mit Elektronen mit entgegengesetztem Spin. (→ HUNDsche Regel)

Die Elektronen der Hülle unterscheiden sich in ihrem Energieinhalt und ihrer räumlichen Verteilung um den Kern. Die Energieverteilung der Elektronen ist experimentell erfassbar durch die Aufnahme von Spektren. Die Entstehung von Linienspektren (Absorption, Emission) ist der praktische Beweis für die Existenz bestimmter erlaubter Energieniveaus der Elektronen.

Die räumliche Verteilung wird durch vier Quantenzahlen ausgedrückt. Die Elektronen halten sich als stehende Elektronenwellen in räumlichen Aufenthaltsgebieten, den Orbitalen auf. Durch Zufuhr von Energie (Wärme, elektrischer Funken, Bogen u. a.) erfolgt die Anregung von Elektronen der äußeren Niveaus. Sie gelangen sprunghaft von energetisch niederen zu höheren Niveaus, fallen nach sehr kurzer Zeit unter Abgabe des Energiebetrages ΔE zurück. Der ausgetauschte Energiebetrag ergibt sich nach der von M. PLANCK aufgestellten Formel (1).

$$\Delta E = h \cdot \nu = \frac{h \cdot c}{\lambda} \qquad (1)$$

h = PLANCKsches Wirkungsquantum
ν = Strahlungsfrequenz

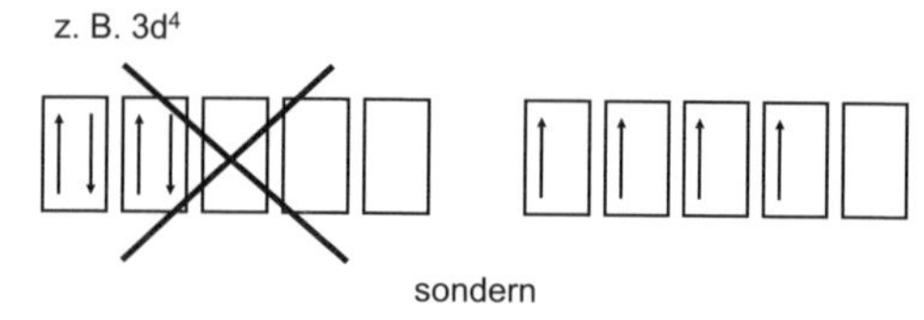

HUNDsche Regel

Charakteristika zur Besetzung der Energieniveaus

- Maximale Anzahl der e^- auf der Schale $= 2n^2$
- Orbitale gleichen Typs werden erst einzeln und dann paarig besetzt.
- Hauptquantenzahl = Periodennummer = Schale.
- Die Besetzung erfolgt nach einem energetischen und nicht nach einem räumlichen Prinzip.
- Hauptgruppenelemente füllen s- und p-Orbitale, Nebengruppenelemente die d-Orbitale auf.
- Die Hauptgruppennummer im Periodensystem entspricht der Anzahl der äußeren Elektronen.
- Die Besetzung mit 8 Elektronen (Edelgaskonfiguration) stellt einen sehr stabilen, d.h. reaktionsträgen Zustand dar.

Übung 1.1.1-1

Eisen hat das chemische Symbol $^{56}_{26}Fe$. Interpretieren Sie diese Symbolik. Nennen Sie die Zahl der Protonen, Neutronen und Elektronen. Ermitteln Sie die Anzahl der unpaarigen Elektronen im Eisenatom.

Übung 1.1.1-2

Identifizieren Sie die folgenden Elemente anhand nachstehender Aussagen über ihre neutralen Atome:

Atom (A): enthält 4 Protonen
Atom (B): hat die Ordnungszahl 12
Atom (C): enthält 11 Elektronen

Übung 1.1.1-3

Wenden Sie die Formel zur Errechnung der maximalen Besetzung einer Schale mit Elektronen für $n = 1, 2, 3$ und 4 an und stellen Sie das Ergebnis tabellarisch dar.

Übung 1.1.1-4

Welche der genannten Atomorbitale sind nicht existent: 3f, 3d, 4s, 4f, 2d, 2p?

Übung 1.1.1-5

Ein Körper trägt eine elektrostatische Ladung von 3,93 C. Welcher Anzahl von Elektronen entspricht diese Ladungsmenge?

Übung 1.1.1-6

Schreiben Sie die Elektronenkonfiguration (einschließlich Orbitaldiagramm) für die Atome der Elemente: Al, Si, Fe, Cu.

Übung 1.1.1-7

Ordnen Sie die folgenden Orbitale in der Reihenfolge, in der sie mit Elektronen besetzt werden: 4d, 4f, 3p, 3s, 5s.

Übung 1.1.1-8

Viele der in der Elektrotechnik verwendeten Metalle sind Nebengruppenelemente. Begründen Sie mithilfe der Elektronenkonfiguration der Atome die Ähnlichkeit der Eigenschaften dieser Metalle.

Übung 1.1.1-9

In welchen Anwendungen in der Elektrotechnik haben die ähnlichen physikalischen und chemischen Eigenschaften Bedeutung?

1.1.2 Bindungszustände

In der Elektronenverteilung der Atome des jeweiligen Elementes finden wir wesentliche Ursachen für die Möglichkeiten der Ausbildung von Bindungen von zwei oder mehreren Atomen unter Bildung chemischer Verbindungen. In der Folge chemischer Reaktionen ergeben sich Änderungen in der Wechselwirkung der atomaren Stoffbausteine. Ihre Elektronen, hauptsächlich die äußeren, die Valenzelektronen, ordnen sich um. Durch chemische Reaktion von Ausgangsstoffen entstehen Reaktionsprodukte, die sich durch zwei prinzipielle Merkmale von den Ausgangsstoffen abheben:

- Reaktionsprodukte haben einen anderen Energieinhalt,
- Reaktionsprodukte erreichen einen neuen Ordnungszustand.

Chemische Bindung:
Die Art der Wechselwirkung von Atomen und Atomgruppen in Molekülen, Kristallen, an Grenzflächen u. a. m.

Das Zustandekommen chemischer Bindungen lässt sich von verschiedenen theoretischen Ansätzen aus beschreiben, wobei man sich idealisierter Modelle bedient. Die Vielfalt von Bindungszuständen in Stoffen vereinfacht man zu drei Modellen von Grundbindungstypen:

- Atombindung (homöopolare Bindung, kovalente Bindung),
- Ionenbindung (heteropolare Bindung, elektrovalente Bindung),
- Metallbindung.

Ionisierungsenergie:
Unter Ionisierungsenergie versteht man die Energie, die nötig ist, um ein Elektron aus der Hülle eines Atoms im Gaszustand zu entfernen.

1.1.2.1 Atombindung

Eine klassische Methode zur Erklärung der Umordnung von Elektronen beim Bindungsvorgang ist die Anwendung der von LEWIS aufgestellten Oktettregel, die im Wesentlichen aber nur auf Bindungszustände der ersten Achterperiode (2. Periode des PSE) zutrifft. Sie drückt das Bestreben jedes Atoms aus, sich beim Binden, so wie die Edelgasatome, mit acht Valenzelektronen zu umgeben, damit können z. B. vier Elektronenpaare entstehen. Das korrespondiert auch mit den hohen Ionisierungsenergien der Edelgasatome (siehe Bild 1.1-1). Elemente mit höheren Ordnungszahlen können darüber hinaus mehr als vier Elektronenpaare ausbilden (Aufweitung der Oktettregel).

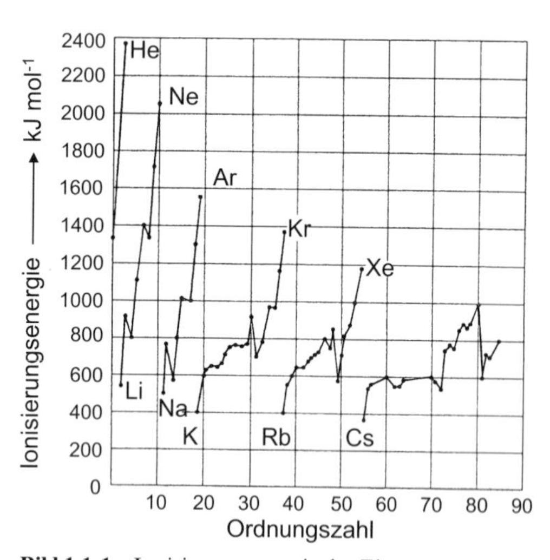

Bild 1.1-1 Ionisierungsenergie der Elemente

Bei der Atombindung kommt es durch das Ineinandereindringen oder Überlappen von Atomorbitalen zur Entstehung von Molekülorbitalen. Im einfachsten Fall ist das im Bild 1.1-2 für das H_2-Molekül dargestellt. Es überlappen zwei kugelsymmetrische s-Orbitale.

Für das Zustandekommen der Atombindung gilt das Prinzip der maximalen Überlappung von bindenden Orbitalen mit dem Ergebnis des stabilsten Bindungszustandes. Sind am Bindungsvorgang p- oder d-Orbitale mitbeteiligt, dann kann eine maximale Überlappung nur in bestimmten Raumrichtungen erfolgen. Die Atome in einem solchen Molekül bilden untereinander stofftypische Bindungswinkel.

Im Falle der Bildung des Wassermoleküls stellt sich das folgendermaßen dar (Bild 1.1-3): Das Sauerstoffatom besitzt zwei unpaarig besetzte p-Orbitale, die senkrecht aufeinander stehen. Die s-Orbitale der sich bindenden zwei Wasserstoffatome könnten demzufolge mit einem Bindungswinkel von 90° überlappen. Eine Aufweitung auf ca. 105°, wie er auch real im Wassermolekül vorliegt, führt erst zur größtmöglichen Überlappung.

Vergleichbare Verhältnisse finden wir in solchen Molekülen wie NH_3, CH_4 u. a. Damit entsteht die Frage, woraus resultieren die Kräfte, die zwischen den Molekülen im Stoff wirken, z. B. im flüssigen Wasser oder gar im Eis, im flüssigen Ammoniak usw.?

Moleküle aus Atomen des gleichen Elementes, wie z. B. H_2, N_2, O_2 sind unpolar, sie wirken nach außen elektrisch neutral. Bilden zwei verschiedene Atome eine Atombindung, dann ist diese Bindung polar. Aufgrund der unterschiedlichen Kernladungszahl und verschiedener Atomradien der sich bindenden Atome ist die elektrostatische Anziehung der beiden Kerne auf die Bindungselektronen unterschiedlich intensiv (unterschiedliche Elektronegativität). Die gemeinsame Elektronenwolke verschiebt sich zum Bindungspartner mit der höheren Elektronegativität (EN). Die Atombindung zwischen dem Sauerstoff- und Wasserstoffatom im Wassermolekül ist demzufolge polarisiert (EN Sauerstoff = 3,5, EN Wasserstoff = 2,1). Dadurch erhält das O-Atom eine partielle negative Ladung, das Wasserstoffatom eine partielle positive.

$$\overset{\delta^+}{H}-\overset{\delta^-}{O}-\overset{\delta^+}{H}$$

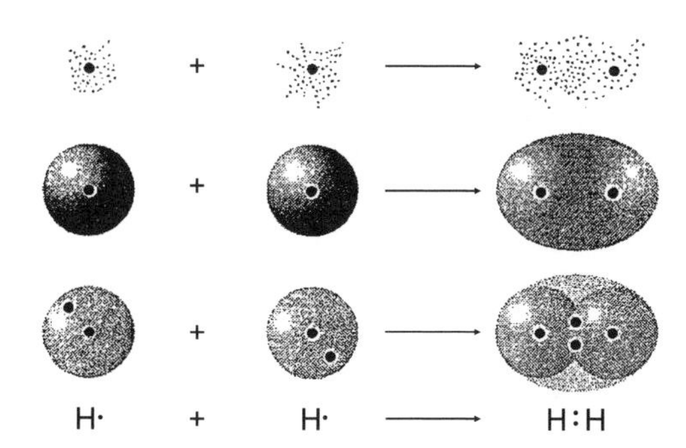

Bild 1.1-2 Bildung eines Wasserstoffmoleküls aus Wasserstoffatomen in der Schreibweise mit dem sog. gemeinsamen Elektronenpaar und in der Darstellung der Ausbildung des Molekülorbitals

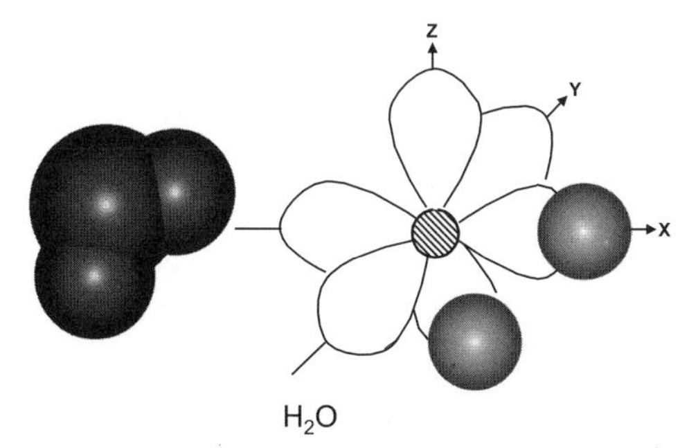

Bild 1.1-3 Bildung eines Wassermoleküls, Molekülorbital und Kalottenmodell

Wasserstoff-Brückenbindung:
In Stoffen aus Dipolmolekülen ziehen sich gebundene Wasserstoffatome und benachbarte freie Elektronenpaare von Sauerstoff-, Stickstoff- oder Halogenatomen elektrostatisch an.

Im Wassermolekül sind die Bindungen H-O-H gewinkelt. Dadurch fallen die Ladungen nicht in einem Schwerpunkt zusammen und es entsteht ein elektrischer Dipol (siehe Bild 1.1-4).

Für die Entstehung von Dipolen sind zwei Bedingungen erforderlich:

1. Ausbildung polarisierter Atombindungen durch unterschiedliche Elektronegativität der Bindungspartner.
2. Unsymmetrische Anordnung der Bindungspartner.

Zusätzlich zum Dipol bildet sich zwischen den H_2O-Molekülen die sogenannte *Wasserstoffbrückenbindung* aus. Im Methanmolekül beträgt die Elektronegativitätsdifferenz der C–H-Bindung 0,4; damit ist sie polarisiert. Da aber die Bindungspartner symmetrisch angeordnet sind, entsteht kein Dipolmolekül. Diese Symmetrie hat ihre Ursache im Vorgang der Hybridisierung der bindenden Orbitale des Kohlenstoffatoms. Im Grundzustand entspricht die Elektronenverteilung der in Bild 1.1-5 für das C-Atom dargestellten. Im Verlauf der Bindung entstehen vier bindungsenergetisch gleichwertige Hybridorbitale, die sich tetraedrisch anordnen. Mit diesen vier unpaarig besetzten Hybridorbitalen können die s-Orbitale von vier Wasserstoffatomen maximal überlappen, es entsteht das symmetrische CH_4-Molekül (Bild 1.1-6).

Das Kohlenstoffatom kann sich im Zustand der sp^3-Hybridisierung nicht nur mit Wasserstoffatomen, sondern auch mit einem weiteren C-Atom und drei Wasserstoffatomen binden. Es entsteht das Molekül Ethan $H_3C{-}CH_3$. Das setzt sich in der homologen Reihe der Alkane fort.

Kommt es am C-Atom zur sp^2-Hybridisierung (nur 3 Elektronen nehmen am Vorgang der Hybridisierung teil), entsteht zwischen den zwei C-Atomen eine Doppelbindung. Es entsteht das Molekül Ethen $H_2C = CH_2$. Derartige Moleküle lassen sich polymerisieren.

Bestimmte Werkstoffe, wie organische Stoffe, sind aus Molekülen aufgebaut. „Handhabbare“ Mengen solcher Stoffe bestehen aus einer großen Anzahl derartiger Moleküle. Ihre Wechselwirkung untereinander bestimmt wesentlich die Eigenschaften dieser Stoffe. Zur Veranschaulichung sollen uns das H_2O- und das CH_4-Molekül dienen.

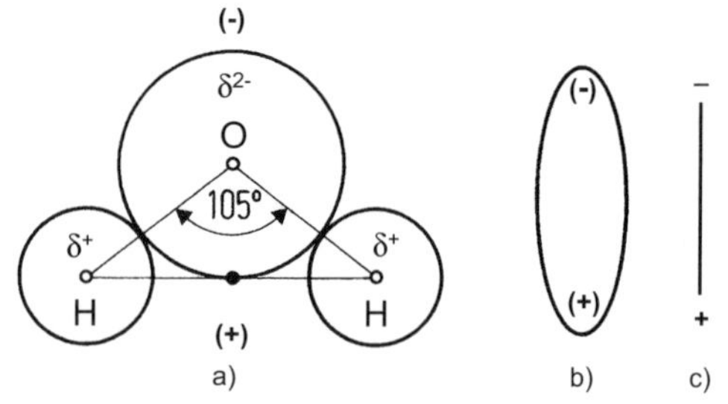

Bild 1.1-4 Das Wassermolekül als Dipol
a) realer Bindungswinkel
b) und c) vereinfachte Darstellung

Elektronegativität:
Sie ist ein relatives Maß für das Bestreben eines Atoms, in Verbindungen bindende Elektronen anzuziehen. Sie ist nicht direkt messbar und wird als dimensionslose Zahl angegeben.

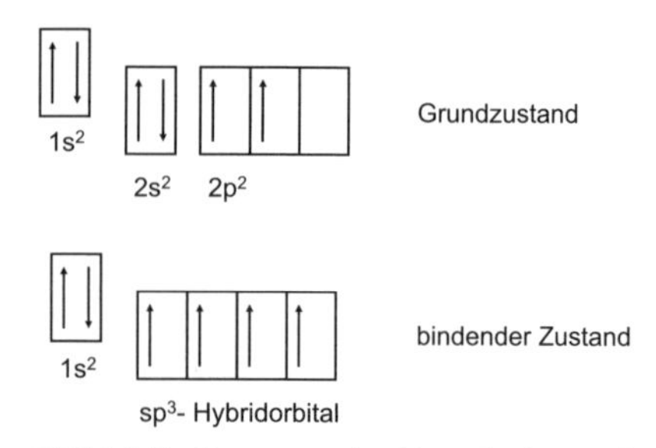

Bild 1.1-5 Besetzung der Energieniveaus des C-Atoms im Grundzustand und im bindenden Zustand, sp^3-Hybridorbital

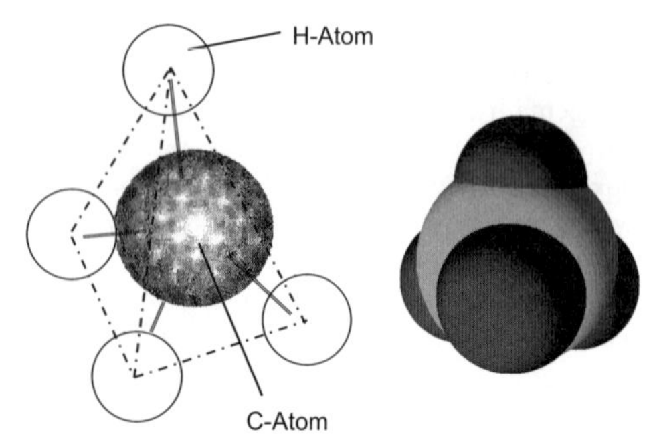

Bild 1.1-6 Tetraedermodell des Methans (sp^3-Hybrid)

In einem Liter Wasser (1000 g) befinden sich ca. $3 \cdot 10^{25}$ H_2O-Moleküle, analoges gilt für CH_4.

Durch die elektrostatische Anziehung der Wasserdipole und der Entstehung von Wasserstoff-Brückenbindungen ordnen sich diese bei 0 °C zu einem festen Verband, dem Molekülgitter (vgl. Bild 1.1-7).

Methan dagegen erstarrt erst bei – 184 °C in Form eines Molekülgitters, da es unpolar ist. Während im Molekül hauptvalente Bindungen mit einer Bindungsenergie von ca. 500 $kJ \cdot mol^{-1}$ ausgebildet werden, bilden sich zwischen den Molekülen die sog. zwischenmolekularen Bindungen mit einer Bindungsenergie um eine bzw. zwei Größenordnungen kleiner aus. Gleichwertige Begriffe für zwischenmolekulare Bindungen sind nebenvalente Bindungen, Restvalenzbindungen und VAN DER WAALSsche Bindungen.

Neben der Dipol-Dipol-Wechselwirkung treten noch die Wasserstoff-Brückenbindung, der induzierte Dipol und die Dispersionskräfte (LONDON-Kräfte) als Nebenvalenzbindungen auf (Bild 1.1-8). Bei der Entstehung der Wasserstoff-Brückenbindung kommt es zwischen einer Gruppe R–H und dem freien Elektronenpaar des benachbarten Moleküls zu einer Wechselwirkung. Voraussetzung dafür ist die starke Elektronegativität von R, wodurch H eine partiell positive Ladung erhält.

Die Ladungswolke der Elektronen um jeden Atomkern ist zu irgendeinem beliebigen Zeitpunkt unsymmetrisch verteilt. Damit tritt eine momentane negative Ladungsanhäufung und damit verbunden ein momentanes Dipolmoment auf. Dieses induziert in benachbarten Atomen ebenfalls momentane Dipolmomente. Die so bewirkte elektrostatische Anziehung zwischen diesen Atomen nennt man LONDON-Kraft. Es sind sehr schwache nebenvalente Bindungskräfte, die allerdings immer wirksam sind.

Unter Berücksichtigung der VAN DER WAALSschen Bindungskräfte lassen sich Eigenschaften von z. B. Kunststoffen erklären. Die aus organischen Makromolekülen bestehenden Kunststoffe besitzen im Allgemeinen eine geringe thermische Stabilität sowie ein hohes Isoliervermögen für den elektrischen Strom. Mit der Größe der Moleküle nimmt die Anzahl der

Berechnung der Stoffmenge n_X = Anzahl der Mole (SI-Basiseinheit Mol):

Die Anzahl von 6,02205 … $\cdot 10^{23}$ Teilchen entspricht der Stoffmenge von einem Mol. Diese Angabe erhält die Bezeichnung AVOGADROsche Konstante N_A [mol^{-1}].

Die Stoffmenge n_X einer chemischen Substanz ergibt sich als Quotient aus der jeweilig vorliegenden Teilchenzahl N_X und N_A:

$$n_X = N_X \cdot N_A^{-1} \quad (2)$$

Molare Masse: M_X

Sie ergibt sich als Produkt aus der absoluten (wahren) Masse des Teilchens n_X (Atom, Molekül) und N_A:

Beispiel:

1 mol $H_2O = 6 \cdot 10^{23}$ Moleküle $H_2O = 18\ g \cdot mol^{-1}$

$$M_X = N_A \cdot n_X \quad (3)$$

Der Index X steht für: Atome, Moleküle, Ionen, Elektronen, Protonen, Neutronen, Photonen usw.

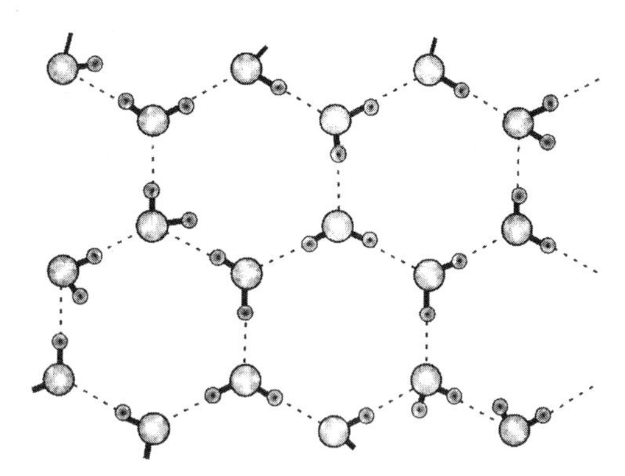

Bild 1.1-7 Zwischenmolekulare Bindungen im Eiskristall (H_2O fest)

			W/kJmol^{-1}	
Dipol - Dipol	(+ –)	(+ –)	20	Orientierungskräfte
Dipol - Ind. Dipol	(+ –)	(+ –)	2	Induktionskräfte (Debye-Kräfte)
Wasserstoff-Brücke	R - H ... I - R´		50	
Dispersionskräfte (Londonkräfte)			1	temporäre Dipole

Bild 1.1-8 Arten zwischenmolekularer Bindungen (VAN DER WAALSsche Bindungen)

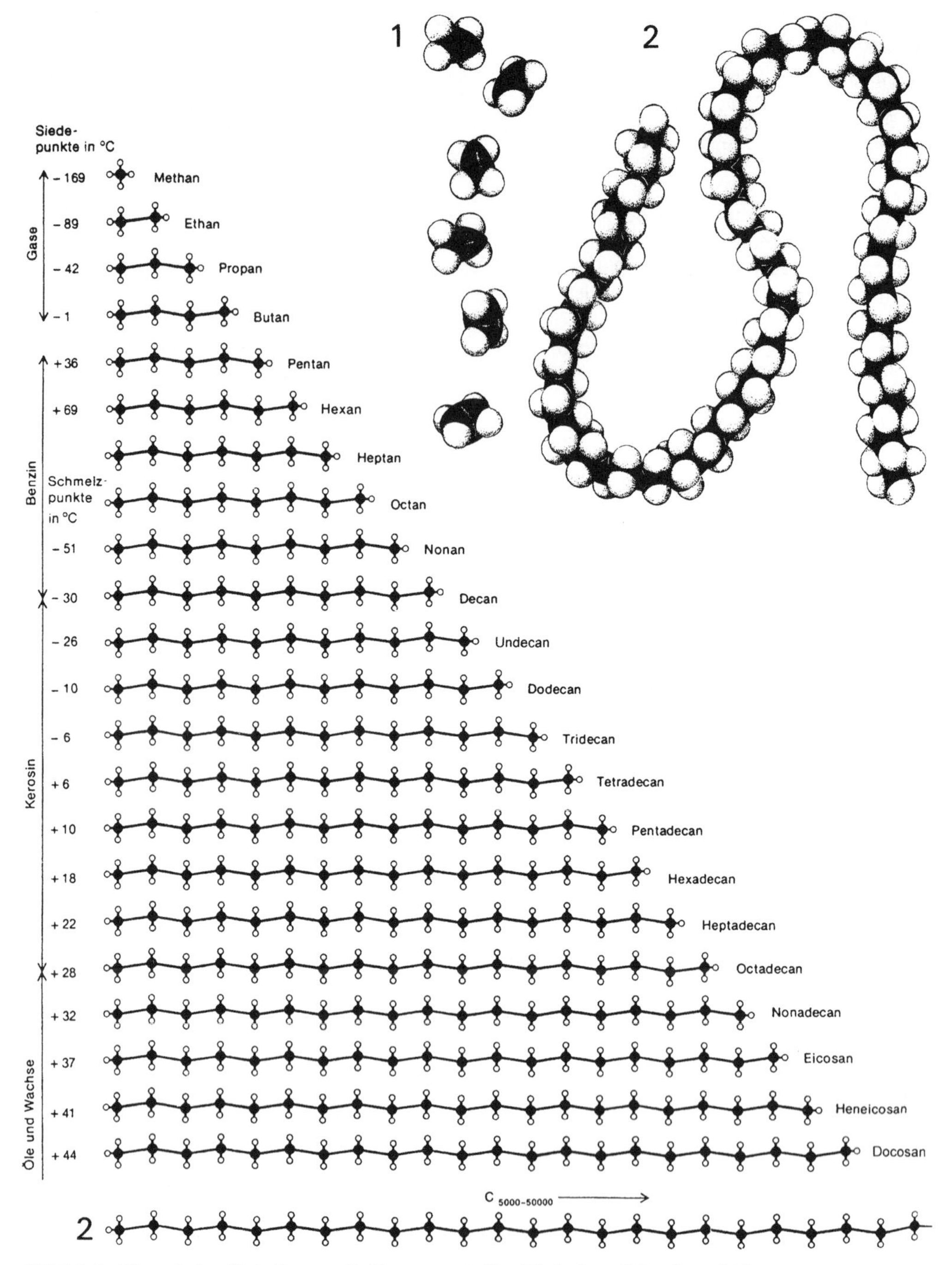

Bild 1.1-9 Thermisches Verhalten von Kohlenwasserstoffen (Siede- bzw. Schmelzpunkte)
1 = Ethenmolekül, 2 = Polyethenmakromolekül

nebenvalenten Bindungsmöglichkeiten (VAN DER WAALS-Kräfte) zu. In der homologen Reihe der Alkane nimmt mit steigender Größe der Moleküle der Schmelzpunkt zu, bis letztlich bei einem „Polyalkan", wie dem Kunststoff Polyethen mit ca. 10.000 CH_2-Gruppen ein technisch vielseitig verwendbarer Werkstoff vorliegt. Das wird im Kalottenmodell des Polyethens, siehe Bild 1.1-9, veranschaulicht.

Im Zustand der sp^3-Hybridisierung kann jedes der vier Orbitale des C-Atoms mit einem benachbarten sp^3-Orbital eines anderen C-Atoms überlappen. Von jedem C-Atom gehen zu vier benachbarten C-Atomen völlig gleichwertige Bindungen aus, die in die Ecken eines Tetraeders gerichtet sind. Es entsteht ein Ordnungszustand, der sich aus vielen elektrisch neutralen C-Atomen zusammensetzt – das Diamantgitter (siehe Bild 1.1-10).

Verallgemeinert spricht man von einem Atomgitter. Da die Bindungen in einem Atomgitter sehr stabil sind, zeigen solche Werkstoffe eine hohe thermische und mechanische Stabilität. Alle Elektronen sind am jeweiligen Atom lokalisiert, der Werkstoff ist ein Isolator.

Silizium als Werkstoff mit einem Atomgitter ist ebenfalls ein Isolator; allerdings nur bei tiefen Temperaturen. Mit steigender Temperatur nimmt die Leitfähigkeit zu (Eigenhalbleitung, siehe Kapitel 8).

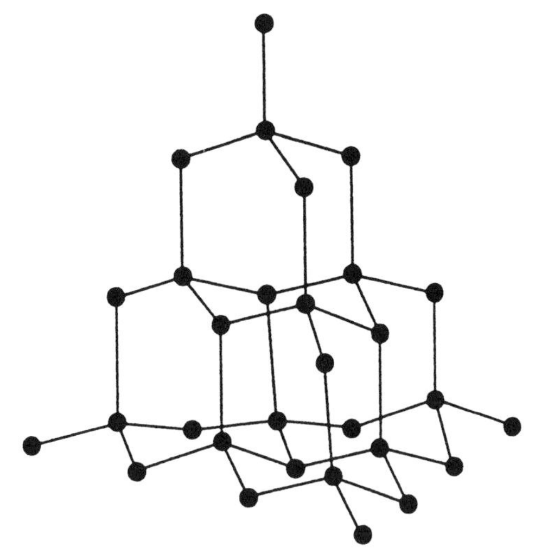

Bild 1.1-10 Ausschnitt aus dem Diamantgitter (• = C-Atom)

Ion:
Die Bezeichnung Ion (griechisch) bedeutet „Wanderer", da unter Einwirkung eines elektrischen Feldes die positiv geladenen Kationen zur negativen Katode und die negativ geladenen Anionen zur positiven Anode wandern können.

1.1.2.2 Ionenbindung

Eine kovalente Bindung zwischen Atomen verschiedener Elemente ist immer polar. Wird die Polarisierung immer stärker, die Elektronegativitätsdifferenz immer größer, geht die polarisierte Atombindung in eine Ionenbindung über, Bild 1.1-11. Es kommt zur Elektronenabgabe unter Bildung eines positiven Atomrests, dem Kation und zur Elektronenaufnahme, unter Bildung eines negativen Teilchens, dem Anion. Stark vereinfacht entspricht das der Theorie von LEWIS zur Ausbildung der *Edelgaskonfiguration* (siehe Bild 1.1-12).

Zur Bildung von Kationen neigen insbesondere Elemente mit geringer Valenzelektronenzahl, z.B. die Metalle (Ionisierungsenergie klein, siehe Bild 1.1-1). Nichtmetalle bilden bevorzugt Anionen, Elemente der VI. und VII. Haupt-

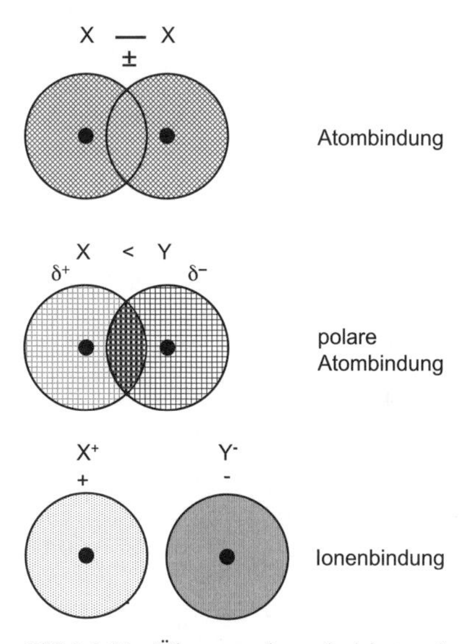

Bild 1.1-11 Übergang der polarisierten Atombindung in die Ionenbindung

Elektronenkonfiguration des Atoms (Metall)		
$_{11}Na$	1s [↑↓] 2s [↑↓] 2p [↑↓|↑↓|↑↓] 3s [↑]	$Na \rightarrow Na^{+} + 1e^{-}$
$_{12}Mg$	1s [↑↓] 2s [↑↓] 2p [↑↓|↑↓|↑↓] 3s [↑↓]	$Mg \rightarrow Mg^{2+} + 2e^{-}$
$_{13}Al$	1s [↑↓] 2s [↑↓] 2p [↑↓|↑↓|↑↓] 3s [↑↓] 3p [↑| |]	$Al \rightarrow Al^{3+} + 3e^{-}$

Elektronenkonfiguration des Atoms (Nichtmetall)		
$_{17}Cl$	1s [↑↓] 2s [↑↓] 2p [↑↓|↑↓|↑↓] 3s [↑] 3p [↑↓|↑↓|↑]	$Cl + 1e^{-} \rightarrow Cl^{-}$
$_{16}S$	1s [↑↓] 2s [↑↓] 2p [↑↓|↑↓|↑↓] 3s [↑↓] 3p [↑↓|↑|↑]	$S + 2e^{-} \rightarrow S^{2-}$
$_{15}P$	1s [↑↓] 2s [↑↓] 2p [↑↓|↑↓|↑↓] 3s [↑↓] 3p [↑|↑|↑]	$P + 3e^{-} \rightarrow P^{3-}$

Elektronenkonfiguration des Kations

Na^{+}, Mg^{2+}, Al^{3+}

1s [↑↓] 2s [↑↓] 2p [↑↓|↑↓|↑↓]

Neon–Konfiguration

Elektronenkonfiguration des Anions

Cl^{-}, S^{2-}, P^{3-}

1s [↑↓] 2s [↑↓] 2p [↑↓|↑↓|↑↓] 3s [↑↓] 3p [↑↓|↑↓|↑↓]

Argon–Konfiguration

Bild 1.1-12 Entstehung von Ionen durch Ausbildung der Edelgaskonfiguration

gruppe. Die Zahl der abgegebenen bzw. aufgenommenen Elektronen bei der Ausbildung einer Ionenbindung stimmt immer überein. Zwischen Kationen und Anionen besteht eine starke elektrostatische Wechselwirkung. Die Anziehungskraft zwischen einem Kation und Anion lässt sich durch das COULOMBsche Gesetz beschreiben.

Im festen Zustand bilden Anionen und Kationen einen Ordnungszustand, das Ionengitter (Bild 1.1-13). Die Anziehungskräfte sind ungerichtet, sie wirken nach allen Richtungen des Raumes gleichermaßen. Die Ionen ordnen sich dabei so, dass ihr Verband ein minimales Volumen einnimmt und die Ladungen weitestgehend kompensiert sind. Das Ionengitter besitzt demzufolge eine hohe Bindungsenergie. Diese Stoffe haben deshalb hohe Schmelztemperaturen und sind spröde. Wird die COULOMBsche Anziehung abgeschwächt, so werden diese Ionen beweglich und das Gitter zerfällt.

Wasser als Dipolmolekül kann in Wechselwirkung mit den Ionen treten und die Auflösung derartiger Stoffe, z. B. von Salzen bewirken. Diesen Vorgang bezeichnet man als elektrolytische Dissoziation (Bild 1.1-14).

Mithilfe des elektrischen Stromes lassen sich die Ionen wieder entladen, es entsteht das Elementatom. Bei der galvanischen Abscheidung

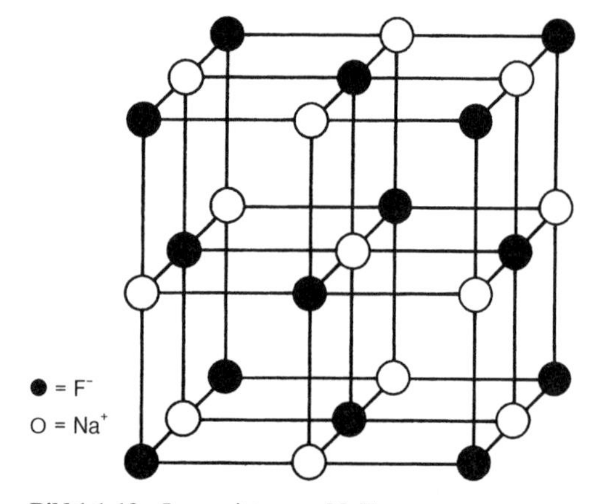

Bild 1.1-13 Ionengitter von NaF

COULOMBsches Gesetz:

$$F = \frac{1}{4\pi\varepsilon} \cdot \frac{Q_1 \cdot Q_2}{r^2} \qquad (4)$$

In SI-Einheiten:

F/N

ε/As · (V · m)$^{-1}$

Q/As

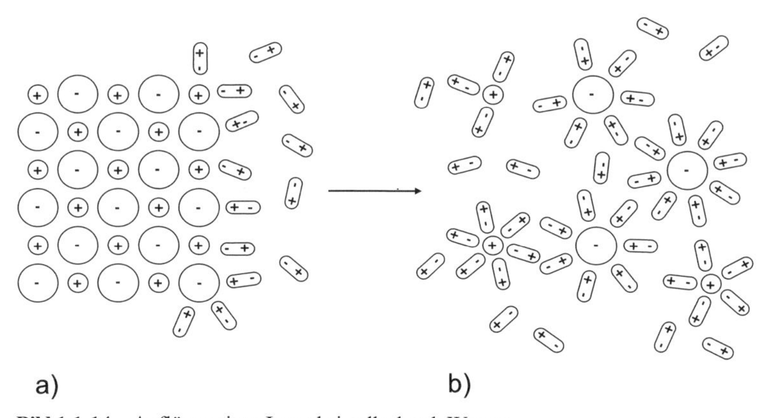

Bild 1.1-14 Auflösen eines Ionenkristalls durch Wasser
a) Anlagerung der Dipolmoleküle an die Ionen des Kristallgitters
b) Hydratisierte Ionen in der Lösung

von Metallen kommt diese Tatsache zur Anwendung. Das in der Elektrotechnik als Leitermetall bevorzugt verwendete Kupfer stellt man auf diesem Wege her.

Wird einem Salz Wärmeenergie zugeführt und es schmilzt, entstehen ebenfalls bewegliche Ionen. Dieser Vorgang trägt die Bezeichnung thermische Dissoziation. Aus solchen Schmelzen kann man wiederum durch Entladung der Kationen das Metall gewinnen, wie im Falle der Aluminiumherstellung (Schmelzflusselektrolyse).

Bildung und Entladung von Ionen:

Elektrolytische Dissoziation
z. B.: $CuSO_4 \leftrightarrows Cu^{2+} + SO_4^{2-}$

Galvanische Abscheidung
$Cu^{2+} + 2^{e^-} \rightarrow Cu$

Thermische Dissoziation
z. B.: $Al_2O_3 \rightarrow 2\,Al^{3+} + 3\,O^{2-}$

Schmelzflusselektrolyse
$2\,Al^{3+} + 6^{e^-} \rightarrow 2\,Al$

1.1.2.3 Metallbindung

Da die Außenelektronen der Metalle nur schwach gebunden sind (Ionisierungsenergie gering, siehe Bild 1.1-1) können sie daher leicht vom Atom abgegeben werden. Diese Elektronen sind nicht im Gitter lokalisiert und bilden das sog. „Elektronengas". Zurück bleiben die im Metallgitter lokalisierten positiven „Atomrümpfe". So entsteht die Metallbindung (Bild 1.1-15). Sie beruht also auf der elektrostatischen Wechselwirkung zwischen Metallkationen und im Festkörperverband beweglichen Elektronen, den Leitungselektronen.

Eine für das Metall Aluminium stabile Konfiguration entsteht dann, wenn jedes Al-Atom seine Valenzelektronen abgibt. Die nun entstandene Gesamtheit aller Al-Kationen wird im Verband des festen Körpers durch die sie um-

Metallbindung:
elektrostatische Wechselwirkung zwischen Metallkationen und Elektronengas

Metallcharakter:
Gute elektrische Leitfähigkeit
Gute Wärmeleitfähigkeit
Legierbarkeit
Elektronenemission
Metallischer Glanz

gebenden Elektronen zusammengehalten, sie sind gebunden. Die elektrostatische Anziehung zwischen den Elektronen und Kationen wirkt in allen Raumrichtungen gleichermaßen. Deshalb ist eine hohe Konzentration von Bausteinen, den Metallkationen, im Raumelement möglich. Es ergeben sich, ähnlich wie beim Bindungstyp *Ionenbindung*, dichtgepackte Gitterstrukturen.

Ein wesentlicher Unterschied des Metallgitters zum Ionengitter besteht darin, dass hier das Kationengitter durch die so gut wie masse- und volumenlosen Leitungselektronen zusammengehalten wird. Dadurch ergibt sich eine Verschiebbarkeit der Kationen zueinander. Die Metalle sind in vielen Fällen gut verformbar, sie sind duktil. Durch thermische Anregung (Aktivierung) können die Kationen des Metallgitters zum Verlassen ihres Gitterplatzes angeregt werden. Es kommt zur Erscheinung der Diffusion. Ebenso können andere Metallatome von außen in ein Metallgitter hinein diffundieren. Geht man von der Existenz des Elektronengases in Metallen aus, ist die charakteristische Eigenschaft der Metalle, die elektrische Leitfähigkeit, verständlich.

Das Kationengitter ermöglicht die Austauschbarkeit der Kationen eines Metalls gegen die eines anderen. So ist es z. B. möglich, im Gitter des Kupfers die Kupferionen durch Silberionen zu ersetzen, das Kupfer wird mit Silber legiert.

Auch viele andere charakteristische Eigenschaften der Metalle, wie das hohe Wärmeleitvermögen, die Elektronenemission, Metallglanz u. a. stehen in engem Zusammenhang mit dem Zustand der metallischen Bindung.

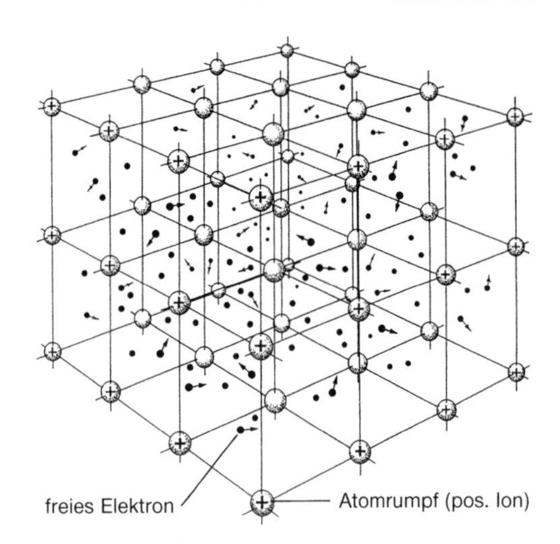

Bild 1.1-15 Metallgitter

Übung 1.1.2-1

Geben Sie an, ob es sich bei den folgenden Substanzen um Elemente, Verbindungen oder Gemische handelt:
Milch, Silber, Kochsalz, Benzin.

Übung 1.1.2-2

Wie muss sich die Elektronenkonfiguration der Atome der Elemente Br, Ba, O und K verändern, damit eine Edelgaskonfiguration erreicht wird?

Übung 1.1.2-3

Begründen Sie unter Verwendung der Ionisierungsenergien die Reaktionsfreudigkeit der Alkalimetalle und das reaktionsträge Verhalten der Edelgase. Wo finden Edelgase in der E-Technik Anwendung?

Übung 1.1.2-4

Was ist damit gemeint, wenn man sagt, dass die H–Cl-Bindung eine polare kovalente Bindung darstellt?

Übung 1.1.2-5

Wasser ist ein Dipolmolekül. Begründen Sie durch Betrachtung des Bindungszustandes diese Tatsache. Leiten Sie daraus die für die Elektrotechnik wichtigen Anwendungsfälle der Elektrolyse und der galvanischen Beschichtung ab.

Übung 1.1.2-6

Aluminium wird durch Schmelzflusselektrolyse aus Al_2O_3 hergestellt. Welcher Bindungszustand muss im Aluminiumoxid vorherrschen? Formulieren Sie die Gleichung für den Katodenvorgang.

Übung 1.1.2-7

Welcher Bindungstyp liegt in den folgenden Substanzen vor:

Zinkchlorid ($ZnCl_2$),
Siliziumdioxid (SiO_2),
Ammoniak (NH_3),
Kupfer (Cu) und
Ethan (C_2H_6).

Übung 1.1.2-8

Bestimmen Sie die molaren Massen von:

H_2SO_4 (Schwefelsäure; 30 % als Akkusäure),
Al_2O_3 (Aluminiumoxid, Substratwerkstoff für Hybridschaltkreise),
PbO_2 (Bleidioxid; Plusplatte des Bleiakkus) und
Fe_2O_3 (Eisen-III-oxid; Bestandteil von Ferriten)

Zusammenfassung: Atombau, Bindungen

- Aus der Ordnungszahl eines Elements ergibt sich die Anzahl der Elektronen in der Hülle.
- Eine modellhafte Darstellung der Quantenzahlen ergibt:
  - Die Hauptquantenzahl entspricht der Schalennummer im BOHRschen Modell ($n = 1, 2, 3, \ldots$),
  - mit der Nebenquantenzahl erfolgt die Beschreibung der Geometrie des jeweiligen Orbitals (s, p, d, f),
  - die Magnetquantenzahl beschreibt die räumliche Orientierung der Orbitale ($m = 0, \pm1, \pm2, \ldots$) und
  - aus der Spinquantenzahl ergibt sich der sogenannte „Drehsinn" des Elektrons.
- Für eine Schale beträgt die maximale Besetzung $2\,n^2$.
- Jedes Orbital kann maximal zwei Elektronen mit entgegengesetztem Spin enthalten.
- Die Besetzung der Obitale mit gleicher Nebenquantenzahl erfolgt erst einzeln und danach paarig.
- Als Hauptbindungsarten treten auf:
  - Atombindung (homöopolar), auch kovalente Bindung
  - Ionenbindung (heteropolar)
  - Metallbindung
- Zwischenmolekulare Bindungen entstehen durch:
  - Dipol-Dipol-Wechselwirkungen
  - Dipol-Ionen-Wechselwirkungen
  - Wasserstoff-Brückenbindungen
  - LONDONkräfte (temporäre Dipole)
- Der Bindungszustand bestimmt grundlegend die Eigenschaften eines Werkstoffes.

1.2 Bildung von Ordnungszuständen in festen metallischen und nichtmetallischen anorganischen Werkstoffen

Kompetenzen

Neben dem Bindungstyp der im festen Zustand vorliegenden Werkstoffe bestimmen ihre Eigenschaften die Anordnung der Bausteine (Atome, Ionen, Moleküle) im Raum. Den Zustand sehr hoher Ordnung widerspiegelt der Begriff Kristall, deren Struktur man zur Veranschaulichung in Modellen dargestellt. Dazu dient unter anderem die Elementarzelle, aus der Koordinationszahl und Gitterkonstante hervorgehen.

Metalle kristallisieren bevorzugt im kubischen und hexagonalen Kristallsystem. Nichtmetallisch-anorganische Werkstoffe, wie Keramik, bilden wesentlich kompliziertere Kristallgitter, Gläser liegen hauptsächlich im amorphen Zustand vor.

Durch Angabe von Gitterpunkt, Gittergerade und Gitterebene lässt sich das Gitter analytisch beschreiben. Für unsere Betrachtung steht die Lage von Gitterebenen im Vordergrund, sie erfolgt durch die MILLERsche Indizierung. Aufgrund der unterschiedlichen Besetzungsdichte der jeweiligen Gitterebenen folgt die Anisotropie des einzelnen Kristalls. In Abhängigkeit von den Zustandsgrößen Druck und Temperatur können sowohl Elemente als auch Verbindungen in verschiedenen Gittertypen, den Modifikationen, vorliegen, man spricht von Polymorphie.

Das reale Kristallgitter weist gegenüber dem idealisierten Modellfall eine Vielzahl von Defekten auf, die von bestimmendem Einfluss auf das Werkstoffverhalten sind.

In einem festen Körper können die Bausteine Atom, Ion und Molekül nach einem Ordnungsprinzip über das gesamte Volumen angeordnet sein. Das entspricht dem kristallinen Zustand. Dieser Zustand tritt uns in der Natur in mannigfacher Form entgegen. Wir treffen ihn in Form der Edelsteine, der Salze, der Erze bis hin zur Eisblume am Fenster. Auch ein Stück Metall ist aus solchen Kristallen aufgebaut, obwohl wir es nicht einfach mit bloßem Auge erkennen können.

Kristall:
Kristalle sind Anordnungen von Atomen, Ionen oder Molekülen, deren Abstände sich periodisch im Raum über eine Fernordnung wiederholen.

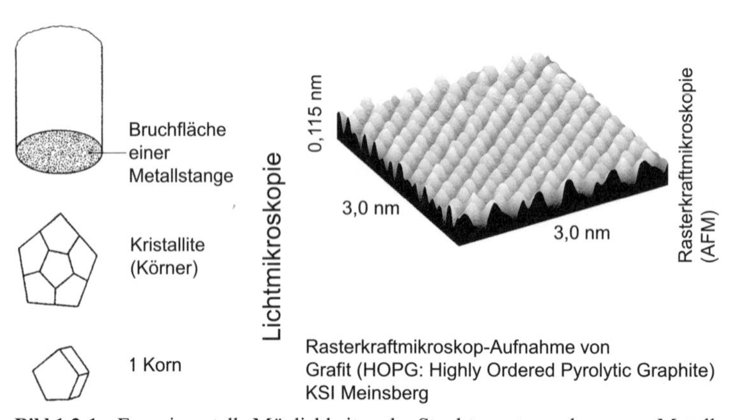

Bild 1.2-1 Experimentelle Möglichkeiten der Strukturuntersuchung von Metallen

Die Eigenschaft kristallin ist nicht unmittelbar an das äußere Erscheinungsbild von regelmäßigen geometrischen Körpern mit ebenen Flächen gebunden, sondern bezieht sich auf die Anordnung der „atomaren" Bausteine in Kristallgittern. Zur Veranschaulichung des kristallinen Zustandes verwendet man Gittermodelle.

Im Bild 1.2-1 finden Sie eine schematische Übersicht zu experimentellen Möglichkeiten, den kristallinen Aufbau von Werkstoffen sichtbar zu machen.

Kristalliner Aufbau bedeutet die Anordnung der Bausteine (Ionen, Atome, Moleküle) wiederholt sich periodisch im Raum im Sinne einer Fernordnung. Eine Reihe von Stoffen besitzt eine derartige Fernordnung nicht. Es handelt sich um amorphe Stoffe, wie Kunststoffe, Gläser und amorphe Metalle (metallische Gläser).

Ein Instrument zur Entscheidung der Frage: kristallin oder amorph? ist die Röntgenstrahlung.

In gleicher Weise wie sichtbares Licht an einem Gitter gebeugt wird, werden die kurzwelligeren Röntgenstrahlen am Kristallgitter gebeugt. Eine Methode zur Strukturuntersuchung stellt die Röntgendiffraktometrie dar. Dabei setzt man eine Probe des Stoffes (Pulver oder Polykristall) monochromatischer Röntgenstrahlung aus. Ein Röntgendetektor wird so um die Probe herum bewegt, dass er einen Winkelbereich von etwa 120° erfasst. Es ergibt sich ein Diffraktogramm, in dem in Form von Peaks Intensitäten bei bestimmten Werten von 2Θ auftreten (siehe Bilder 1.2-2 u. 1.2-3). Sie sind immer dann vorhanden, wenn es in der Kristallstruktur der Substanz Ebenen gibt, die mit der gewählten Wellenlänge die BRAGGsche Gleichung erfüllen. Die Methode der Röntgendiffraktometrie entwickelte sich zu einem wesentlichen experimentellen Instrument der Untersuchung kristalliner Strukturen. Mit ihrer Hilfe kann man außerdem den Gittertyp und damit Modifikationen eines Stoffes, kristalline Anteile, Reinheit, Kristallorientierung infolge Wärmebehandlung und Bearbeitung bestimmen. Anhand des Diffraktogramms lässt sich eine Substanz durch Vergleich mit den in Powder Diffraktion File der Firma ICDD enthaltenen Daten identifizieren. Die für die Werkstoffforschung unentbehrliche

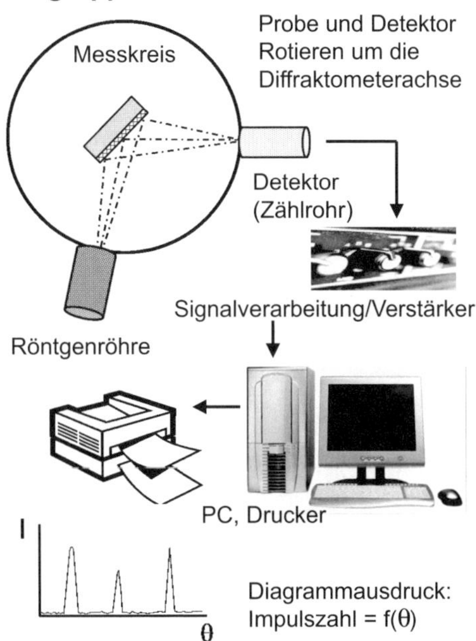

Bild 1.2-2 Schematischer Aufbau einer Röntgendiffraktometer-Anlage

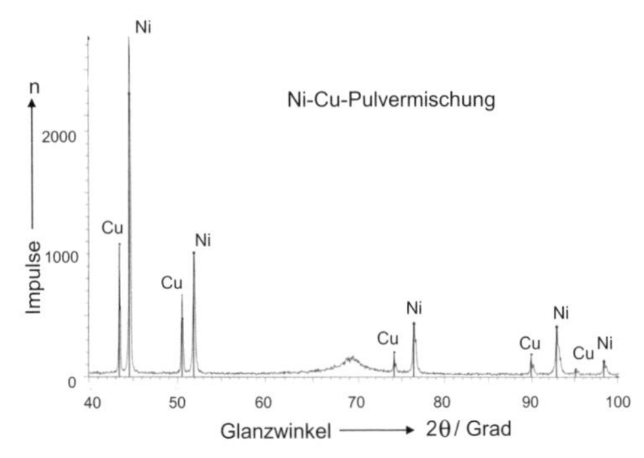

Bild 1.2-3 Röntgendiffraktogramm Ni-Cu-Pulvermischung

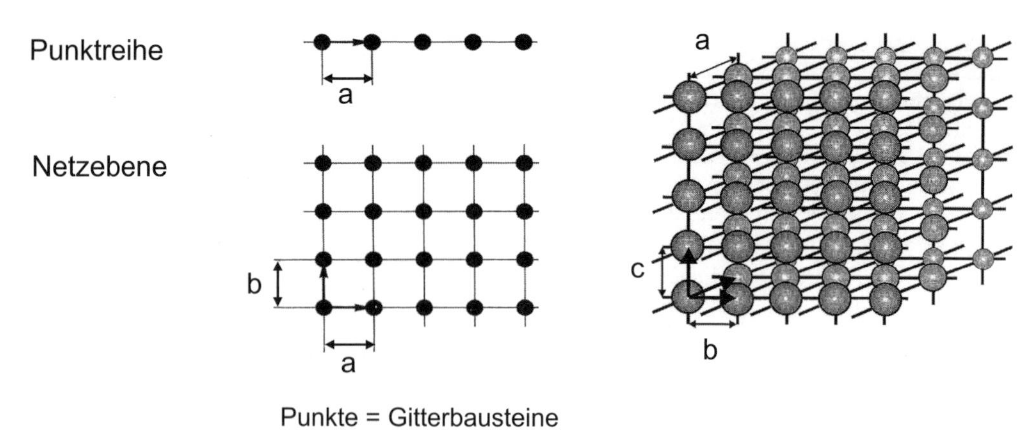

Bild 1.2-4 Schema zur Bildung des Raumgitters

Methode der Röntgenstrukturanalyse geht zurück auf die Arbeiten des Nobelpreisträgers MAX VON LAUE und seinen Mitarbeitern aus dem Jahre 1912.

1.2.1 Ideale Kristallstruktur

In den Modellen zur Darstellung der Kristallstrukturen liegen die Gitterbausteine im Abstand a periodisch angeordnet vor. Es entsteht eine Punktreihe. Das Aneinanderlegen von Punktreihen mit dem Abstand b, der auch gleich a sein kann, ergibt die Netzebene oder Gitterebene. Das Stapeln von Netzebenen mit dem Abstand c führt zum Raumgitter, Bild 1.2-4.

Um die räumliche Verteilung der Bausteine im Kristall beschreiben zu können, legt man in das Raumgitter ein Koordinatensystem. Dabei gibt es folgende Festlegungen:

- Die Koordinatenachsen x, y und z sollen sich möglichst unter 90° bzw. 120° schneiden.
- Die Achsenkreuze sind „Rechtssysteme“, wie das im Bild 1.2-5 verdeutlicht ist.
- Der Periodenabstand der Gitterbausteine in x-, y- und z-Richtung erhält die Symbole a, b und c, sie sind die Gitterkonstanten.
- Die von den Achsen eingeschlossenen Winkel werden, wie im Bild 1.2-5 ersichtlich, mit α, β und γ bezeichnet.

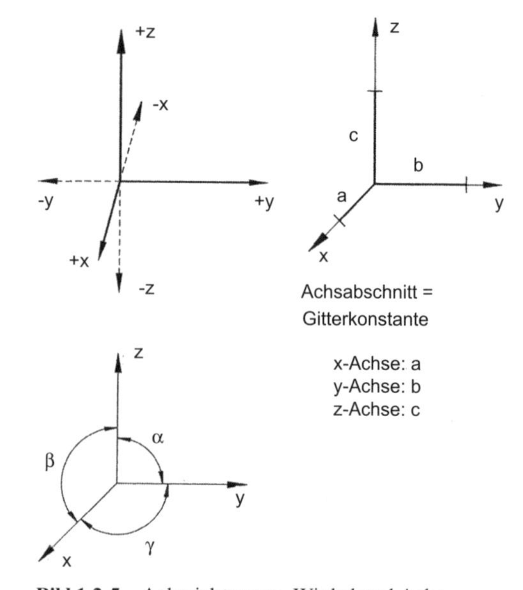

Bild 1.2-5 Achsrichtungen, Winkel und Achsabschnitte im Koordinatensystem

Unter Berücksichtigung dieser vier Festlegungen lässt sich die Elementarzelle des Kristallgitters beschreiben. Alle möglichen Raumgitter kann man sieben verschiedenen Kristallsystemen zuordnen, die sich in der Variation von Gitterkonstanten und Achsenwinkeln unterscheiden (BRAVAIS-Gitter). In Abhängigkeit von der Packungsdichte der Gitterbausteine ergeben sich innerhalb eines Kristallsystems, z. B. dem kubischen, unterschiedliche Elementarzellen. Sie stellen den Gittertyp dar.

Die überwiegende Mehrzahl der Metalle kristallisiert in zwei Kristallsystemen, dem kubischen und dem hexagonalen. Nur diese sollen deshalb im Folgenden beschrieben werden.

Elementarzelle:
Sie ist die kleinste, sich im Gitteraufbau wiederholende Volumeneinheit.

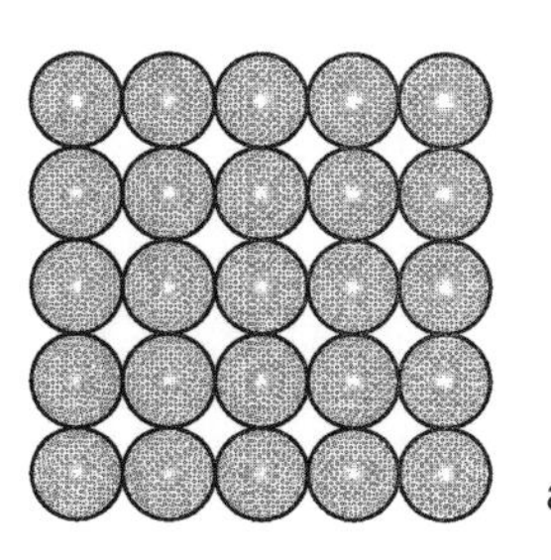

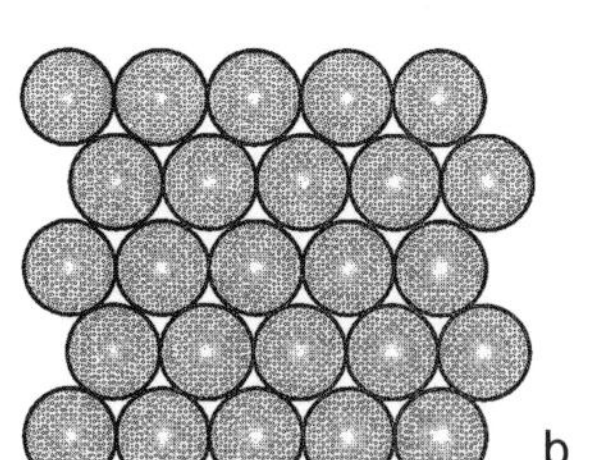

Bild 1.2-6 Packungsdichte von gleich großen Kugeln
a) einfache Packung von Kugeln in einer Ebene
b) dichteste Packung von Kugeln in einer Ebene

1.2.2 Gittertypen

Das hexagonale Gitter (hdp)

Legt man gleich große Kugeln auf einer Ebene so dicht wie möglich aneinander, dann entsteht eine Struktur von Sechsecken (Hexagonen) mit einem Atom im Zentrum nach Bild 1.2-6. Sie stellt die hexagonaldichteste Kugel-Packung (hdp) dar.

Legt man in die drei Kugelmulden eines solchen Sechsecks drei „Atomkugeln" als zweite Lage und auf diese als dritte Lage sieben Kugeln senkrecht über die sieben Kugeln der ersten Lage, so entsteht ein von 17 Kugeln gebildeter sechseckiger Körper, den man hexagonale Elementarzelle nennt (Bild 1.2-7). Für das hexagonale Kristallsystem gilt:

$a_1 = a_2 (= b) \neq c$ für die Gitterkonstanten und
$\alpha = \beta = 90°, \gamma = 120°$ für die Achsenwinkel.

Die Packungsdichte, so bezeichnet man das Verhältnis von massegefülltem zum Gesamtraum einer Elementarzelle, beträgt hier 74 %. Die Packungsdichte korrespondiert mit der Koordinationszahl. Sie ist die Anzahl der nächstgelegenen Nachbarn eines Gitterbausteins. Im Gittertyp hdP beträgt sie 12.

Nach dem hdp-Typ kristallisieren:

Magnesium (Mg),
Zink (Zn),
Cadmium (Cd),
Kobalt (Co),
Titan (Ti),
Beryllium (Be).

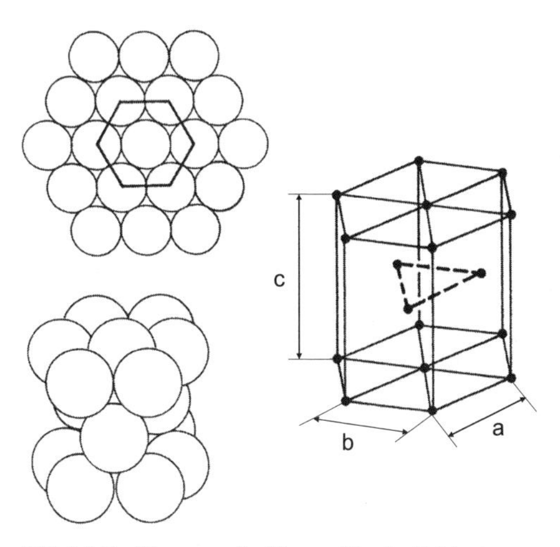

Bild 1.2-7 Hexagonales Raumgitter in dichtester Packung (hdp), Elementarzellen
links Kugelmodell, rechts vereinfachte Darstellung

Für das mechanische Verhalten spielt der Gittertyp eine wesentliche Rolle. Die Verformbarkeit der hexagonal kristallisierenden Metalle ist im Allgemeinen gering.

Das kubische flächenzentrierte Gitter (kfz)

Das kubische System beinhaltet als Elementarzelle einen Würfel (Kubus), für den gilt:

$a = b = c$ für die Gitterkonstanten und

$\alpha = \beta = \gamma = 90°$ für die Achsenwinkel.

Das Raumgitter hat als Elementarzelle einen Würfel, dessen 8 Eckpunkte mit Bausteinen besetzt sind. Das entspricht dem sogenannten kubisch primitiven Raumgitter. Salze wie NaF, NaCl u. a. kristallisieren in diesem Typ. Metalle bilden Gittertypen höherer Packungsdichte. In dem kfz-Gitter, nach Bild 1.2-8, befindet sich im Schnittpunkt der Flächendiagonalen jeder der sechs Würfelflächen ein Baustein. Diese Elementarzelle kann man sich nach Bild 1.2-9 durch vier einfache (primitive) ineinander geschachtelte Kuben gebildet denken. Die Packungsdichte des kfz-Gitters hat denselben Wert von 74%, wie die des hdp-Gitters; die Koordinationszahl ist ebenfalls 12. Bild 1.2-10 veranschaulicht ein Gitter mit höchster Packungsdichte und einer Koordinationszahl von 12.

Nach dem kfz-Typ kristallisieren:

Aluminium (Al),
γ-Eisen (γ-Fe),
Nickel (Ni),
Kupfer (Cu),
Palladium (Pd),
Silber (Ag),
Platin (Pt),
Gold (Au),
Blei (Pb).

Alle im kfz-Typ kristallisierenden Metalle sind allgemein gut verformbar (duktil).

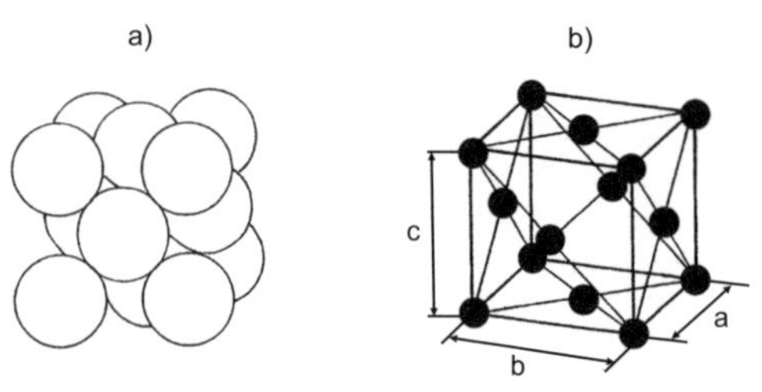

Bild 1.2-8 Elementarzelle des kfz-Gitters
a) Kugelmodell
b) schematische Darstellung

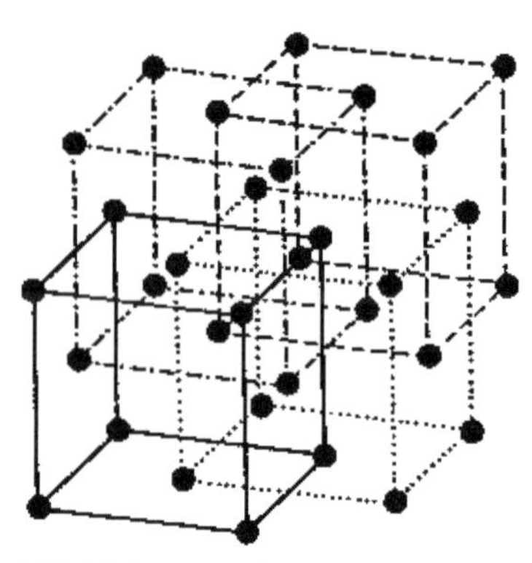

Bild 1.2-9 Entstehung des kfz-Gitters aus einfachen Kuben

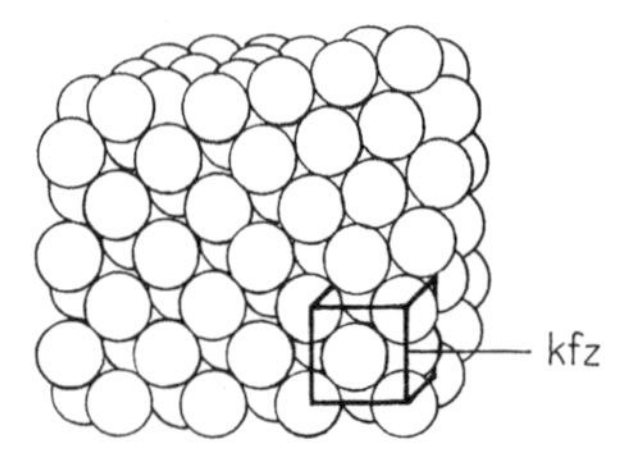

Bild 1.2-10 Kugelmodell vom kfz-Gitter

Das kubische raumzentrierte Gitter (krz)

Die Elementarzelle dieses Gittertyps ist nach Bild 1.2-11 ein Kubus, in dessen Raummittelpunkt ein neunter Baustein angeordnet ist. Man könnte sie sich nach Bild 1.2-12 durch zwei ineinander geschachtelte Kuben gebildet denken. Deshalb ist die Packungsdichte geringer, sie beträgt 68 %, die Koordinationszahl ist 8.

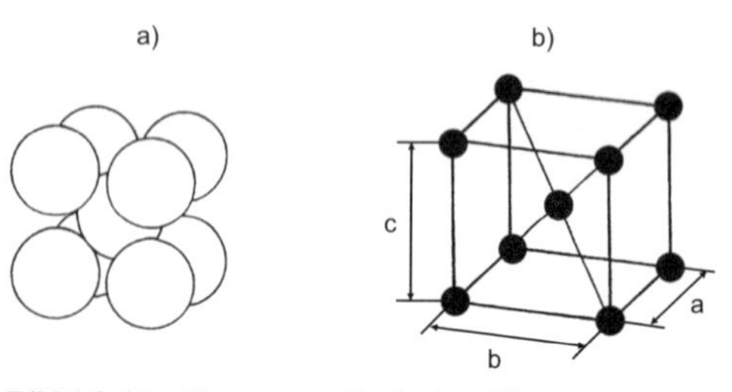

Bild 1.2-11 Elementarzelle des krz-Gitters
a) Kugelmodell
b) schematische Darstellung

Nach dem krz-Typ kristallisieren:

Chrom (Cr),
α-Eisen (α-Fe),
Molybdän (Mo),
Tantal (Ta),
Wolfram (W).

Die im krz-Typ kristallisierenden Metalle sind plastisch noch verformbar, ihre Festigkeit ist oft höher als die der Metalle des kfz-Typs.

Bei genauer Betrachtung der Beispiele für die jeweiligen Gittertypen fällt die Angabe γ-Eisen kubisch flächenzentriert und α-Eisen kubisch raumzentriert auf. Das Metall Eisen bildet zwei verschiedene Gittertypen, deren Existenz temperaturabhängig ist. Das α-Eisen wandelt sich bei ca. 900 °C in das γ-Eisen um und umgekehrt. Oberhalb von 1392 °C existiert noch die kubisch raumzentrierte δ-Modifikation. Das Element Eisen kann also in drei Modifikationen vorliegen.

Das Auftreten zweier oder mehrerer Modifikationen eines Stoffes bezeichnet man als Polymorphie. Zahlreiche Elemente und Verbindungen bilden Modifikationen. Berücksichtigen wir, dass die Eigenschaften von Stoffen wesentlich durch ihren Gittertyp bestimmt werden, so haben die verschiedenen Modifikationen ein und desselben Stoffes unterschiedliche Eigenschaften. Für die praktische Anwendung der Werkstoffe ist es deshalb von großem Interesse, welche Modifikation vorliegt bzw. wie sie sich ineinander umwandeln können.

Ein weiteres Element mit Polymorphie, der Kohlenstoff, bildet drei Modifikationen: Graphit, Diamant und die FULLERene. Die Bilder 1.2-13 und 1.2-14 zeigen Gitterabschnitte dieser Kohlenstoffmodifikationen.

Die unterschiedlichen Eigenschaften von Graphit und Diamant bezüglich Festigkeit und elektrischer Leitfähigkeit beruhen auf ihren verschiedenen Gitterstrukturen. Im hexagonalen Gitter des Graphits bilden jeweils drei Nachbaratome einer Gitterebene Atombindungen aus; das vierte Valenzelektron des Kohlenstoffs ist aufgrund des hohen Netzebenenabstandes nicht in der Lage zu überlappen. Es handelt sich um ein nicht lokalisiertes Elektron, das ähnlich wie das Elektronengas im Metallgitter beweglich ist. Daraus resultieren zwei entscheidende Eigenschaften:

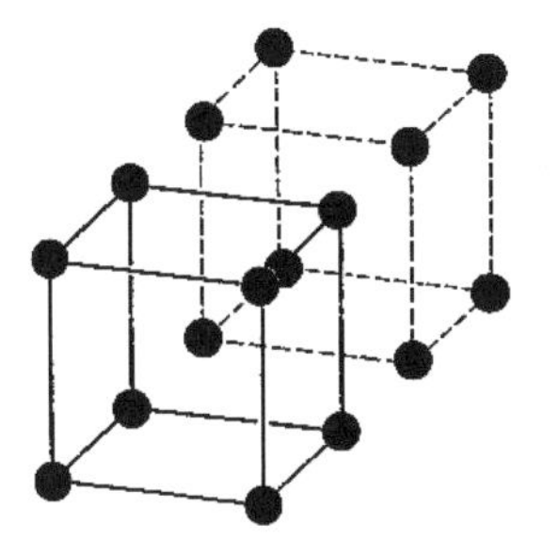

Bild 1.2-12 Entstehung des krz-Gitters aus einfachen Kuben

Modifikationen:
Auftreten eines Stoffes in verschiedenen Gitterstrukturen bei gleicher chemischer Zusammensetzung, in Abhängigkeit von Temperatur, Druck und Entstehungsbedingungen (z. B. Abkühlungsgeschwindigkeit).

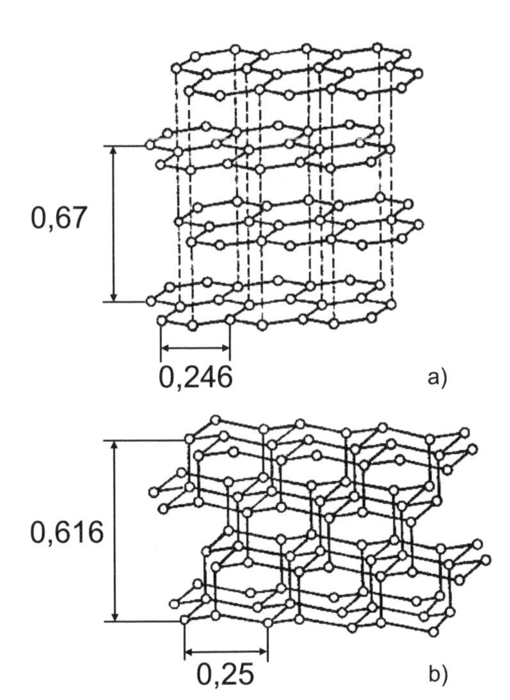

Bild 1.2-13 Modifikationen des Kohlenstoffs (1) (Maße in nm)
a) Graphitgitter (Gitterebenen)
b) Diamantgitter (Gitterebenen)

- Die einzelnen Gitterebenen sind nicht fest miteinander verbunden – Graphit ist ein Gleit- und Schmiermittel.
- Es existieren „freibewegliche" Elektronen als Ladungsträger – Graphit ist elektrisch leitend und findet Verwendung z. B. für Kontakte und Elektroden.

Im tetraedrischen Gitter des Diamanten sind alle vier Valenzelektronen des Kohlenstoffs durch Ausbildung von Atombindungen lokalisiert, drei Bindungen innerhalb der Gitterebene, die vierte zwischen den Gitterebenen. Jedes Atom ist der Ausgangspunkt eines Tetraeders. Es entsteht ein Atomgitter, wie es das Bild 1.1-13 wiedergibt. Die Gitterebenen sind nicht gegeneinander verschiebbar. Daraus resultiert die extrem hohe Härte. Es liegen im Diamantgitter keine beweglichen Elektronen vor, der Diamant ist ein Isolator. Die wesentlichen Eigenschaften der beiden Kohlenstoffmodifikationen Graphit und Diamant enthält Tabelle 1.2-1.

Alle FULLERene sind aus Kohlenstoffatomen aufgebaut, die sich zu fünfgliedrigen und zu sechsgliedrigen Ringen zusammenschließen. Im FULLEREN C_{60} liegen solche Fünf- und Sechsringe in einer symmetrischen Anordnung vor. Jeder Fünfring ist von 5 Sechsringen umgeben, und jeder Sechsring ist von 3 Fünfringen und 3 Sechsringen (vgl. Bild 1.2-14). Durch den Einbau von Alkali- und Erdalkaliatomen in die Zwischengitterplätze des C_{60}-FULLERens erhofft man sich gezielte Veränderungen der elektrischen Eigenschaften mit Anwendungsmöglichkeiten auf dem Sektor der Halbleiter und Supraleiter. Bedeutung besitzen ebenfalls die auf Basis dieser FULLERenmoleküle herstellbaren Kohlenstoff-Nanoröhrchen.

Im Diamantgitter kristallisieren auch die Elemente der IV. Hauptgruppe Silizium und Germanium. Wir erwarten vom Silizium deshalb hohe Härte und Sprödigkeit sowie Isolatorverhalten.

Warum ist Silizium bei Raumtemperatur ein Halbleiter und der Kohlenstoff in der Modifikation Diamant nicht?

Kohlenstoffmodifikationen:

Graphit
elektrisch leitend, Verwendung für Kontakte und Elektroden

Diamant
Isolator, höchste Härte, Verwendung als Schneidwerkstoff und für Schleifmittel

Fullerene
elektrisch leitend, Halbleitertechnik, Supraleiter

Tabelle 1.2-1 Eigenschaften der Kohlenstoffmodifikationen Graphit und Diamant

	Raumgitter des Kohlenstoffs	
	Graphit	Diamant
Dichte in $g \cdot cm^{-3}$	2,22	3,51
spez. Vol. in $cm^3 \cdot g^{-1}$	0,447	0,284
Verformbarkeit	mäßig	keine
Härte	gering	höchste d. Natur
Härte nach MOHS	–	10
spezif. elektr. Widerstand in Ωcm	ca. 10^{-4} parallel z. Schicht	ca. 10^{14}

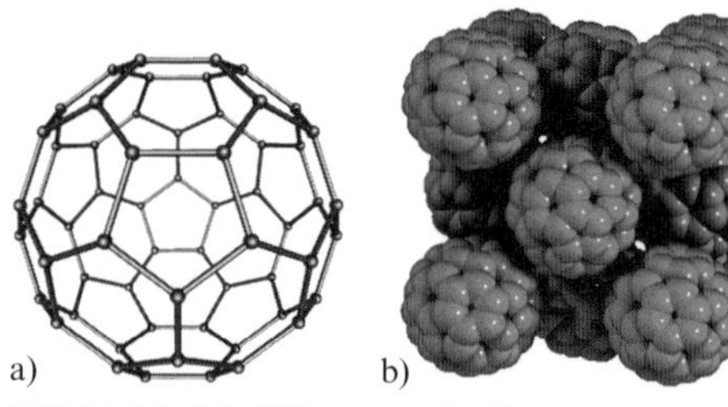

Bild 1.2-14 Modifikationen des Kohlenstoffs (2) (Maße in nm)
a) FULLERene (Elementarzelle des kristallinen C_{60}-Fullerens)
b) Molekularstruktur des C_{60}-Fullerens

Anisotropie:
Eine achsenorientierte (richtungsabhängige) Eigenschaft bezeichnet man als Anisotropie und ein solcher Werkstoff verhält sich anisotrop.

Eine Übersicht über Kennwerte einiger Reinmetalle, wie Gittertyp und Gitterkonstanten, enthält Tabelle 1.2-2.

Besteht ein kristalliner Stoff aus einem einzigen (griechisch: *monos*) Kristall, dann ist er monokristallin; es liegt ein Einkristall vor. Die Abstände benachbarter Atome im Raumgitter sind nicht in allen Richtungen gleich, die Bindungskräfte zwischen den Gitterbausteinen sind unterschiedlich. Daher zeigt der Einkristall in verschiedenen Messrichtungen unterschiedliches physikalisches und chemisches Verhalten (vgl. Bild 1.2-15). Der einzelne Kristall verhält sich anisotrop. Das zeigt sich z. B. im Vorhandensein von Spaltflächen in Einkristallen.

Der Leiterwerkstoff Kupfer kristallisiert im kfz-Typ. Ein einzelner Kupferkristall besitzt in Richtung der Raumdiagonalen der Elementarzelle einen Elastizitätsmodul von 190.000 N/mm^2, aber in Richtung der Flächendiagonalen den Wert 666.000 N/mm^2. Technisch benutzte Metalle, wie z. B. ein Kupferdraht, sind polykristalline Werkstoffe, sie bestehen aus einer Vielzahl kleiner Kristalle. Solche Stoffe verhalten sich quasiisotrop.

Das anisotrope Verhalten des einzelnen Kristalls wird durch die unterschiedliche Lage der Einzelkristalle im polykristallinen Stoff „quasi" aufgehoben (vgl. Bild 1.2-15). In amorphen Feststoffen, wie Gläsern und teilweise Kunststoffen, bilden sich keine achsenorientierten Bindungskräfte aus. Diese Stoffe verhalten sich isotrop.

Für die Anwendung kristalliner Werkstoffe ist der Richtungsabhängigkeit der Eigenschaften unbedingte Aufmerksamkeit zu schenken. So bestehen z. B. integrierte Schaltkreise aus einkristallinem Silizium, sie sind in ihren Eigenschaften anisotrop, ferromagnetische Werkstoffe verhalten sich teilweise ebenfalls anisotrop. In der Gruppe der Faserverbundwerkstoffe führt das anisotrope Verhalten in Faserrichtung zu hohen Festigkeiten.

Quasiisotropes Verhalten des Werkstoffes ist die Voraussetzung für eine unabhängig von der Richtung der Belastung erzielbare gleichmäßige Qualität. Beim Zerspanen eines Metalls sollen die Bearbeitungseigenschaften richtungsunabhängig sein. Der polykristalline Werkstoff erfüllt diese Anforderung.

Tabelle 1.2-2 Kennwerte wichtiger Reinmetalle

Metall		Gitter-typ	Gitterkonstanten/nm *a*	*b*	relative Atommasse	Dichte ϱ/g · cm^{-3}
Aluminium	Al	kfz	0,40	–	27	2,7
Blei	Pb	kfz	0,49	–	207	11,4
Chrom	Cr	krz	0,49	–	52	7,2
α-Eisen	α-Fe	krz	0,29	–	56	7,9
γ-Eisen	γ-Fe	kfz	0,36	–	56	7,9
Gold	Au	kfz	0,41	–	197	19,3
Indium	In	kfz	0,38	–	115	7,3
Cadmium	Cd	hex	0,30	0,56	112	8,6
Kobalt	Co	hex	0,25	0,41	59	8,8
Kupfer	Cu	kfz	0,36	–	63,5	9,0
Magnesium	Mg	hex	0,32	0,52	24	1,7
Molybdän	Mo	krz	0,31	–	96	10,2
Nickel	Ni	kfz	0,35	–	59	8,9
Platin	Pt	kfz	0,39	–	195	21,5
Silber	Ag	kfz	0,41	–	108	10,5
Tantal	Ta	krz	0,33	–	181	16,6
Vanadium	V	krz	0,30	–	51	4,5
Wolfram	W	krz	0,32	–	184	9,8
Zink	Zn	hex	0,27	0,48	65	7,1

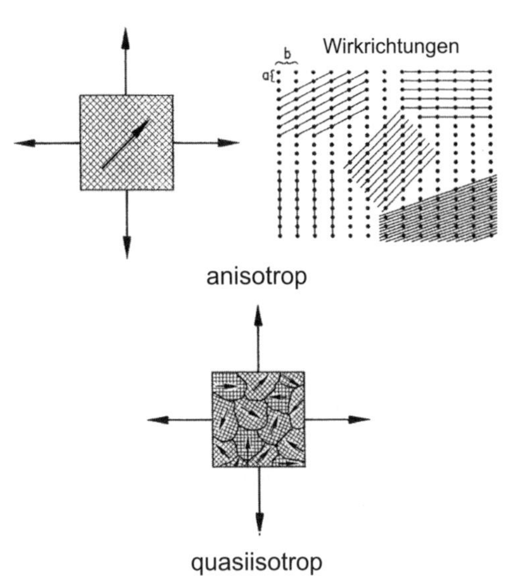

Bild 1.2-15 Anisotropie-Quasiisotropie-Modell für anisotropes Verhalten eines Kristalls (aufgespannte Netzebene mit unterschiedlicher Besetzungsdichte in unterschiedlichen Achsrichtungen)

1.2.3 MILLERsche Indizierung zur Angabe der Lage von Gitterebenen

Zur Erklärung bestimmter technisch wichtiger Vorgänge in kristallinen Werkstoffen, z. B. der spanlosen Umformung von Metallen, der Aushärtung magnetischer Werkstoffe, der Bearbeitung und Dotierung von Siliziumscheiben ist die Angabe der Lage von Gitterebenen im Raumgitter sowie die der Gitterbausteine und Richtungen der Gittergeraden erforderlich.

Für die Bestimmung der Raumlage einer beliebigen Gitterebene kommt eine vereinbarte Symbolik zur Anwendung, die MILLERschen Indizes (hkl). Die Vorgehensweise ist folgende:

1. Man bestimmt die Schnittpunkte der betrachteten Ebene mit den Koordinatenachsen x, y und z. Daraus ergeben sich entsprechende Achsenabschnitte, auf der x-Achse der Abschnitt m, auf der y-Achse der Abschnitt n und auf der z-Achse der Abschnitt p. Sie können Vielfache oder Teile der Grundabschnitte a, b und c sein, wie das in Bild 1.2-16 dargestellt ist.
2. Man bildet die Kehrwerte $1/m$, $1/n$ und $1/p$.
3. Die ganzzahlig gemachten Werte stellen die MILLERschen Indizes mit den Symbolen h, k und l dar. Sie werden in runde Klammern gesetzt (hkl). Angewendet auf unser Beispiel im Bild 1.2-16 bedeutet das:

m	n	p	$1/m$	$1/n$	$1/p$	(h k l)
1	3/2	2	1/1	2/3	1/2	6 4 3

4. Läuft die betrachtete Ebene parallel zu einer Koordinatenachse, dann liegt ihr Schnittpunkt mit dieser Achse im Unendlichen und der dazugehörige Index lautet (0), da $1/\infty = 0$ ist.
5. Die Achsenabschnitte einer Gitterebene, die auf negativen Koordinatenachsen liegen, werden durch ein Minuszeichen über den entsprechenden MILLERschen Indizes symbolisiert.

Für das bei den Metallen vorherrschende kubische System sind im Bild 1.2-17 für ausgewählte Ebenen die MILLERschen Indizes angegeben. Bei der Herstellung von Halbleiterbauelementen auf Si-Basis schneidet man den Si-Einkristall in sogenannte Wafer. Der Schnitt erfolgt so, dass eine festgelegte Netzebene in der Oberfläche des Wafers liegt. Dadurch soll,

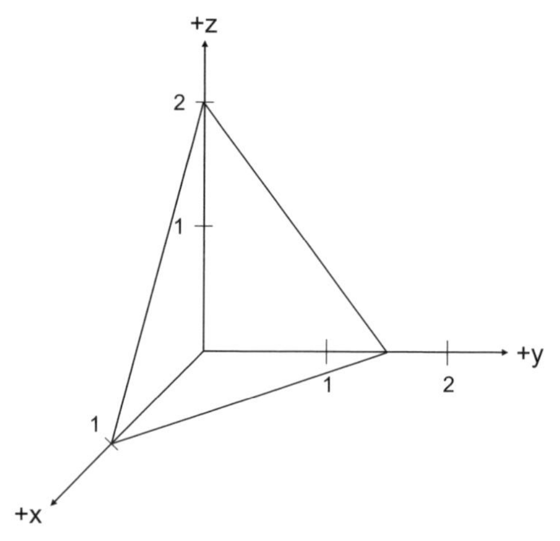

Bild 1.2-16 Ableitung der MILLERschen Indizes

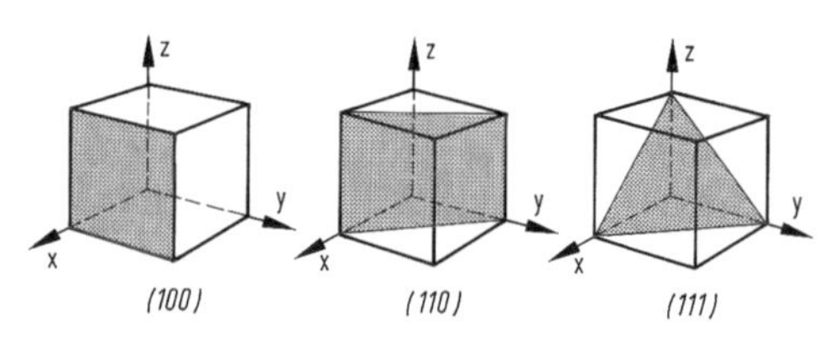

Bild 1.2-17 MILLERsche Indizes ausgewählter Netzebenen des kubischen Kristalls

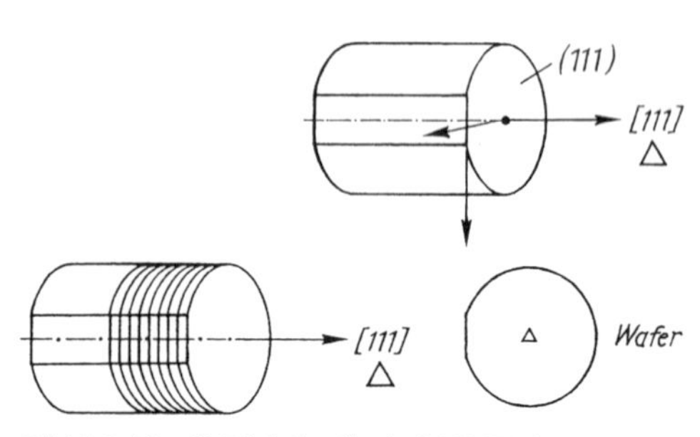

Bild 1.2-18 Si-Einkristall mit (111)-Wafer

wie bereits erwähnt, die Reproduzierbarkeit der gewünschten anisotropen Eigenschaften des einkristallinen Siliziums gesichert werden. Zur sicheren Kennzeichnung erfolgt das Anfräsen einer Phase, gemäß Bild 1.2-18.

In analoger Weise werden die Orte von Gitterpunkten in der Elementarzelle und die Richtung von Gittergeraden bestimmt. Die Indizes der Punkte stehen in eckigen Doppelklammern und die der Richtungen in einfachen eckigen Klammern.

1.2.4 Reale Kristallstruktur

Wie stellen wir uns vor, dass sich bei der Erstarrung einer Metallschmelze zum kristallinen Stoff in ca. 1 cm^3 $6 \cdot 10^{23}$ Bausteine zum Gitter ordnen? Es entsteht die Frage, ob dabei Abweichungen vom bisher angewandten Modell des Idealkristalls, d.h. Gitterfehler, auftreten. Ein Raumgitter, in dem alle dem jeweiligen Gittertyp entsprechenden Gitterplätze mit einem Baustein besetzt sind, ist in der Natur nicht vorhanden. Hinzukommen Abweichungen vom periodisch sich wiederholenden Abstand und artfremde Bausteine im Sinne der Verunreinigungen. Berücksichtigen wir weiter die Wärmeschwingungen der Gitterbausteine um den Gitterplatz, so kann man den Idealkristall nur am absoluten Nullpunkt, unter Beachtung o.g. Abweichungen definieren. Die Kristallbaufehler lassen sich nach geometrischen Gesichtspunkten einteilen. Die Systematik möglicher Gitterfehler finden Sie rechts.

Gitterfehler:

Nulldimensionale Defekte
(Punktdefekte)
Leerstellen, Zwischengitteratome, substituierte Atome (Fremdatome)

Eindimensionale Defekte
(Liniendefekte)
Versetzungen

Zweidimensionale Defekte
(Flächendefekte)
Grenzflächen, Oberflächen, Korngrenzen, Phasengrenzen

Dreidimensionale Defekte
(Raumdefekte)
Cluster, Ausscheidungen, Poren

Nulldimensionale Defekte

Eine Leerstelle ist ein nicht besetzter, regulärer Gitterplatz, wie im Bild 1.2-19 dargestellt. Ein Zwischengitteratom besetzt nichtreguläre Gitterplätze, dabei kommen sowohl arteigene als auch fremde Atome infrage. Bei genauer Betrachtung des Bildes erkennt man eine Verzerrung der idealen Anordnung der atomaren Bausteine im Gebiet des jeweiligen Gitterfehlers. Deshalb beeinflusst ihre Anzahl und Verteilung die Eigenschaften des Werkstoffes. Mit Zunahme dieser Gitterfehler verringert sich z.B. die elektrische Leitfähigkeit und die mechanischen Eigenschaften verändern sich.

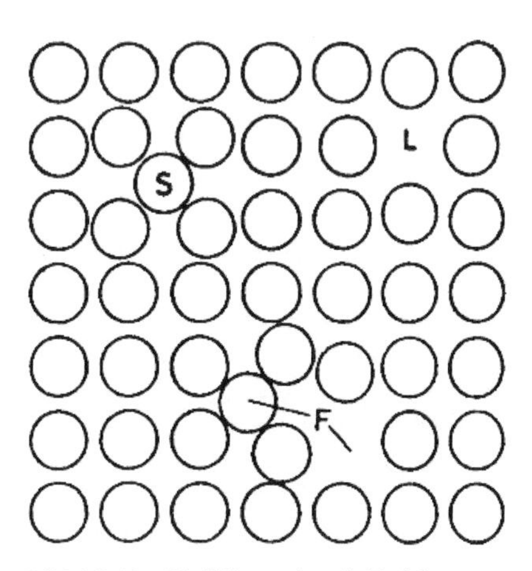

Bild 1.2-19 Nulldimensionale Defekte
L = Leerstelle
F = Leerstelle mit gleichzeitiger Bildung eines Zwischengitterplatzes (FRENKEL-Defekt)
S = Bildung eines Zwischengitteratoms ohne gleichzeitige Bildung der Leerstelle (SCHOTTKY-Defekt)

Leerstellen und Zwischengitteratome sind annähernd in gleicher Anzahl vorhanden. Ein metallischer Werkstoff besitzt bei Zimmertemperatur jeweils ca. 10^{10} Leerstellen und Zwischengitteratome und bei 300 °C ca. 10^{16} pro cm^3. Diese Art von Gitterfehlern begünstigen alle thermisch aktivierbaren Prozesse, z. B. die Diffusion (siehe Bild 1.2-20). Die bei höheren Temperaturen bestehende größere Leerstellenkonzentration lässt sich durch eine schnelle Abkühlung (Abschrecken) weitgehend einfrieren. Das findet u. a. Anwendung für Ausscheidungsvorgänge bei Wärmebehandlungsverfahren von Metallen. Leerstellen und Zwischengitteratome können sich auch beim Bestrahlen mit energiereichen Teilchen und durch plastische Verformung bilden.

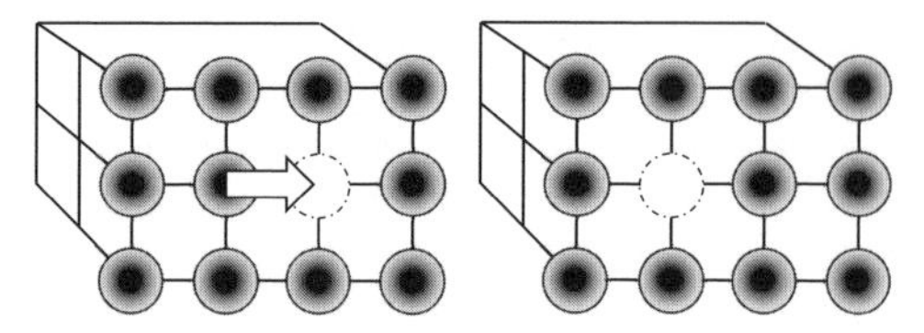

Bild 1.2-20 Modell der Diffusion über Leerstellen

In Ionenkristallen (siehe Abschn. 1.1.2.2) ist die Existenz von Punktdefekten mit Ladungsdefekten verbunden, da sich die Ladungen der Kat- und Anionen nicht mehr kompensieren können (Bild 1.2-21). Das kann bei entsprechender Aktivierungsenergie (elektrisches Feld, Wärme, Strahlung) zum Ladungstransport in Form einer Ionenleitung führen.

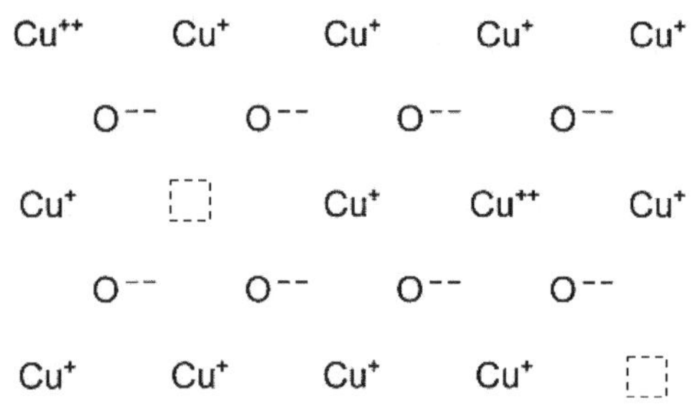

Bild 1.2-21 Leerstellen im Ionengitter ⬚

Punktdefekte sind bei der Entstehung des Kristallgitters aufgrund der unterschiedlichen Energieverteilung der Bausteine unvermeidbar. Die Leerstellen sind bereits bei Raumtemperatur beweglich und können dadurch eine Diffusion auslösen. In der Halbleitertechnik spielen sie beim Eindiffundieren von Fremdatomen eine Rolle.

Alle realen metallischen Werkstoffe enthalten neben den erwünschten Atomarten andere unerwünschte, die Fremdatome. Sie stellen als Verunreinigungen eine Störung des idealen Gitters dar. Befindet sich das Fremdatom auf einem regulären Gitterplatz, führt das wiederum zur Verzerrung der Gitterabstände. Setzt man einem Metall in der Schmelze ein oder mehrere andere Metalle zu, so verunreinigt man dieses Metall gezielt, es entsteht eine Legierung. Hier sprechen wir nicht von Fremdatomen, sondern von Legierungselementen, die Mischkristalle ausbilden (siehe Abschn. 1.4). Von einem reinen Metall spricht man bei einem Anteil von ca. 99,9 % dieses Metalls. Halbleitersilizium muss eine Reinheit von ca. 99,999 9 % (6N) besitzen. Die Anforderungen an die Reinheit sind

Thermodynamik:
In der physikalischen Chemie befasst sich die Thermodynamik mit dem Zustand stofflicher Systeme in Abhängigkeit der Zustandsgrößen Druck, Temperatur, Konzentration und dem Energieinhalt der Systeme.

Reinheitsbegriffe:

halbleiterrein	: 99,999 9 % entspricht 1 ppm
p.a. (pro analysi)	: 99,99 %
reines Metall (chemisch rein)	: ca. 99,9 %
reinst (purissimum)	: > 99 %
rein (purum)	: > 97 %
techn (isch)	: Gehalt schwankend, je nach Herstellungsverfahren

also in hohem Maße abhängig vom Verwendungszweck des jeweiligen Stoffes.

In der chemischen Praxis benötigt man z. B. Substanzen mit der Reinheit p. A. (pro analysi), das bedeutet eine prozentuale Reinheit von 99,99 %. In der Halbleitertechnik und auch in der Umwelttechnik erfolgen die Reinheitsangaben in ppm (parts per million) oder sogar in ppb (parts per billion, von amerik. billion = 10^9). So bedeutet 1 ppm demzufolge einen Anteil von einem Fremdatom auf 10^6 Atome, anders ausgedrückt 10^{-4} Atomprozent. Geht man von der Anzahl der Bausteine je cm^3 aus, so gilt z. B. für Halbleitersilizium 1 ppm = $5 \cdot 10^{16}$ Fremdatome/cm^3 (vgl. **mol**, Abschn. 1.1.2).

Eindimensionale Defekte

Versetzungen sind eindimensionale Defekte. Sie entstehen durch Abweichungen vom idealen Gitterabstand in begrenzten Gittergebieten (siehe Bild 1.2-22). Es kommt zur Unterbrechung einer Gitterebene, zu einer Stufenversetzung. Darüber hinaus unterscheidet man noch die Schraubenversetzung, wie im Bild 1.2-23 dargestellt.

Die Versetzungen entstehen im metallischen Werkstoff bei seiner technischen Herstellung, bedingt durch die relativ hohe Abkühlungsgeschwindigkeit, Verunreinigungen und andere, von den idealen Bedingungen abweichende Faktoren. 1973 gelang es erstmalig in der Raumstation „Skylab“ im schwerelosen Zustand versetzungsfreie Idealkristalle aus Metallen und Halbleitern herzustellen. Alle Eigenschaften eines derartigen versetzungsfreien Kristalls unterscheiden sich wesentlich von denen des realen Kristalls. Versetzungsfreie Kristalle besitzen die höhere Leitfähigkeit und die höhere Festigkeit. Versetzungen spielen bei der plastischen Deformation metallischer Werkstoffe eine große Rolle. Als Versetzungsdichte definiert man die Gesamtlänge der Versetzungen in einem Volumenelement. Die Werte der Versetzungsdichte ϱ_V von unverformtem Material liegen zwischen 10^8 bis 10^{10} $m \cdot m^{-3}$.

Zweidimensionale Defekte

Im Vordergrund unserer Betrachtungen stehen die Korngrenzen und Phasengrenzen als zweidimensionale Defekte.

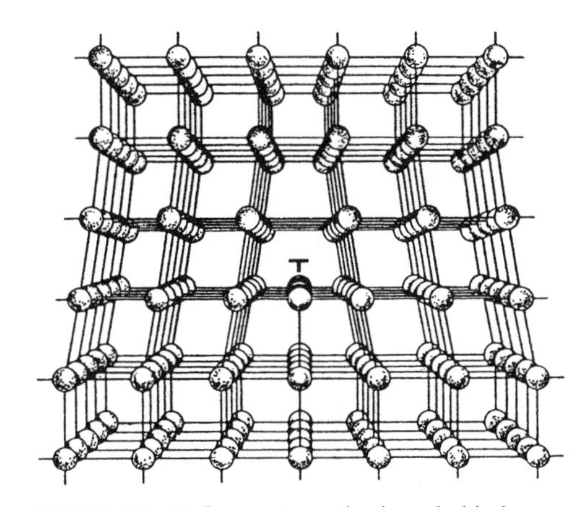

Bild 1.2-22 Stufenversetzung in einem kubisch primitiven Gitter

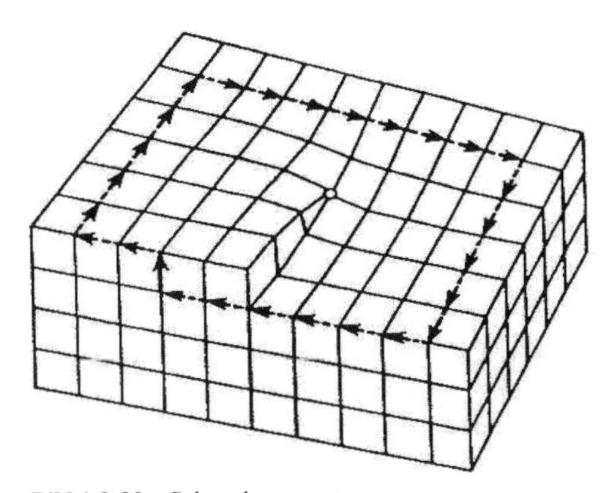

Bild 1.2-23 Schraubenversetzung

Stufenversetzung:
Sie entspricht einer eingeschobenen Halbebene und lässt sich damit als Randlinie eines zusätzlich in das Gitter eingefügten oder herausgenommenen Ebenenstückes darstellen. Ihr Symbol ist ⊥.

Versetzungslinie:
Die in einer Richtung angehäuften Versetzungen entsprechen einer Versetzungslinie.

Kristalline Werkstoffe bestehen häufig aus einem Verband vieler Kristalle, den Kristalliten oder Körnern und sind nicht einkristallin. Der Übergang der Metallschmelze in den festen Zustand beginnt an vielen Stellen gleichzeitig (Keim) und führt zum Wachsen von Kristalliten gleichen Gittertyps (gleiches Metall!), aber unterschiedlicher Raumorientierung. Mit Abschluss der Kristallisation stoßen also zufällig orientierte Kristallbereiche gegeneinander. Die Größe der entstehenden Kristallite hängt von den Kristallisationsbedingungen ab. Es entstehen Grenzbereiche (Korngrenze) mit vom Korninneren abweichender Anordnung. In ihnen finden wir die Gitterfehler Leerstellen, Zwischengitterbausteine und Versetzungen wieder. Der ungeordnete Grenzbereich umfasst ungefähr zwei bis drei Gitterabstände. Der Orientierungsunterschied übersteigt häufig einen Winkel von 15° und wird deshalb Großwinkelkorngrenze genannt, kleinere Orientierungsunterschiede führen zu sog. Kleinwinkelkorngrenzen (siehe Bild 1.2-24).

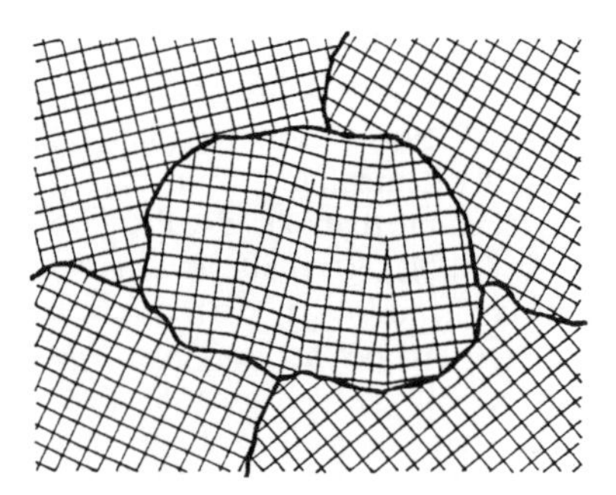

Bild 1.2-24 Korngrenzen; Großwinkelkorngrenzen, mittleres Korn durch Kleinwinkelkorngrenzen in Mosaikblöcke unterteilt

Die Korngrenze als ein Gebiet mit stark gestörter interatomarer Ordnung stellt einen Bereich mit erhöhtem Energieinhalt dar. Sie unterscheidet sich deshalb in den chemischen und physikalischen Eigenschaften vom weniger gestörten Korninneren. Korngrenzen führen z. B. zur Erhöhung des elektrischen Widerstandes, zur Behinderung von Verformungsprozessen und zu erhöhter chemischer Reaktionsfähigkeit (Bild 1.2-25). Infolge der erhöhten Leerstellenkonzentration im Gebiet der Korngrenzen können sich dort Fremdatome anreichern. In polykristallinem Silizium wäre eine homogene Verteilung der dotierten Fremdatome über das gesamte Volumen deshalb nicht möglich, wie das aber für Halbleitersilizium nötig ist.

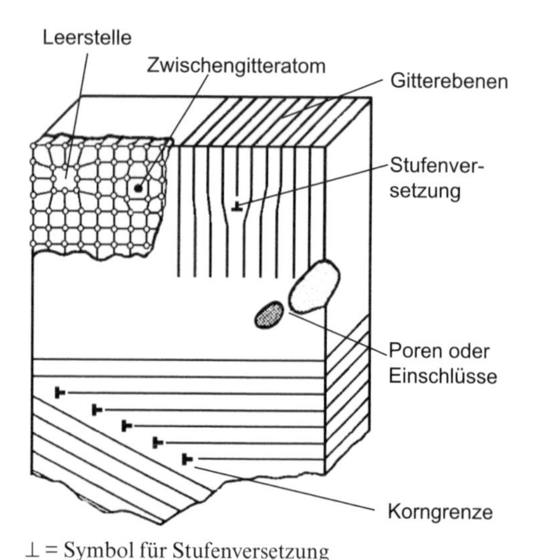

⊥ = Symbol für Stufenversetzung

Bild 1.2-25 Schnittebene durch ein Gefüge mit Gitterfehlern (Modell)

Dreidimensionale Defekte

Kommt es in bestimmten Gittergebieten (Zonen) zur Anhäufung von Fremdatomen, so spricht man von Clustern. Wie die Gitterbausteine können auch Leerstellen Ansammlungen bilden, in dem sie zu Mikroporen und Poren agglomerieren. Die Ausbildung von Poren ist für die Kennwerte von Elektrokeramik bestimmend. Eine zusammenfassende Darstellung über Gitterfehler enthält Bild 1.2-26.

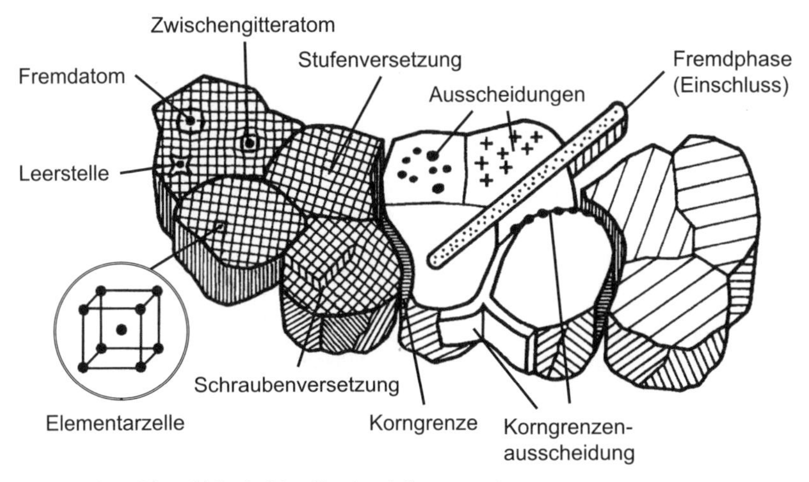

Bild 1.2-26 Gitterfehler in Metallen (nach SCHREIBER)

Wenn das Idealgitter die grundsätzlichen Unterschiede eines betrachteten Werkstoffes zu anderen widerspiegelt, so führt die Betrachtung des Realgitters mit seinen Gitterfehlern zur Möglichkeit, die durch Herstellung, Verarbeitung und Anwendung sich ändernden Eigenschaften ein und desselben Werkstoffes zu verstehen und gezielt ausnutzen zu können.

Übung 1.2-1

Charakterisieren Sie in einem amorphen Stoff die Anordnung der Bausteine. Verhält sich dieser Werkstoff bei Belastung isotrop oder anisotrop? Welche amorphen Werkstoffe finden in der Elektrotechnik Anwendung?

Übung 1.2-2

Von welchen Gitterparametern hängt die Dichte eines Monokristalls ab?

Übung 1.2-3

Der Abstand der Leiterbahnen in einem Hybridschaltkreis beträgt 40 µm. Dem wievielfachen Gitterabstand des metallischen Kupfers entspricht das?

Übung 1.2-4

Skizzieren Sie im Achsensystem *x, y, z* die Lage nachfolgender Gitterebenen:
h, k, l = (111), h, k, l = (010) und h, k, l = (123)

Übung 1.2-5

Schreiben Sie die MILLERschen Indizes für die Flächen der kubisch primitiven Elementarzelle auf, die die Oberfläche des Würfels bilden.

Übung 1.2-6

Begründen Sie, weshalb man das Element Kohlenstoff einerseits zur Herstellung von Bleistiftminen und andererseits in Form eines Hartstoffes für die Metallbearbeitung verwenden kann?

Übung 1.2-7

Worin bestehen Anwendungsmöglichkeiten von FULLERenen und warum?

Übung 1.2-8

Erläutern Sie die wesentlichen Arten von Gitterfehlern und ihre Auswirkungen auf die elektrische Leitfähigkeit.

Übung 1.2-9

Warum hat eine Korngrenze andere physikalische und chemische Eigenschaften als das Korninnere?

Zusammenfassung: Ordnungszustände kristalliner Werkstoffe

- Kristalliner Zustand bedeutet, die Anordnung der Bausteine wiederholt sich periodisch im Raum, im Sinne einer Fernordnung über viele Abstände der Bausteine hinweg.
- Metalle und keramische Werkstoffe liegen meistens kristallin vor.
- Wird diese Fernordnung nicht erreicht, entstehen glasartige Stoffe, sie sind amorph.
- Ein geeignetes Instrument zur Charakterisierung von Strukturen bildet die Röntgendiffraktometrie.
- Aus der Aufreihung von Gitterbausteinen im Abstand a entsteht eine Punktreihe, dem Aneinanderlegen von Punktreihen mit dem Abstand b die Netzebene, dem Stapeln von Netzebenen mit dem Abstand c das Raumgitter.
- Metalle kristallisieren bevorzugt kubisch flächenzentriert (kfz), z. B. Al, Cu, Ag, Au, γ-Fe und kubisch raumzentriert (krz), z. B. Cr, Mo, W, Ta, α-Fe.
- Im kubisch flächenzentrierten Typ kristallisierende Metalle sind meistens gut verformbar (duktil).
- Einige Metalle mit praktischer Bedeutung kristallisieren im hexagonalen Gitter (hdp), wie z. B. Mg, Zn, Ti, Co.
- Für eine technische Anwendung ist die jeweils vorliegende Modifikation des Werkstoffes entscheidend, wie Graphit, Diamant und Fullerene.
- Der einzelne Kristall ist anisotrop, die Eigenschaften sind abhängig von der Belastungsrichtung.
- Mithilfe der MILLERschen Indizes erfolgt die Bezeichnung der Lage von Gitterebenen.
- Gitterfehler bestimmen die reale Kristallstruktur, das sind
  - nulldimensionale Defekte (Leerstelle, Zwischengitteratom, Fremdatom)
  - eindimensionale Defekte (Versetzungen)
  - zweidimensionale Defekte (Korngrenzen, Phasengrenzen)
  - dreidimensionale Defekte (Cluster, Mikroporen, Poren)

1.3 Bildung von Ordnungszuständen in flüssigkristallinen Werkstoffen

Kompetenzen

Nicht immer lassen sich Werkstoffe den eindeutig beschriebenen Zuständen kristallin bzw. flüssig zuordnen. Daraus ergeben sich Systeme, die sowohl charakteristische Merkmale von Kristallen als auch von Flüssigkeiten in sich vereinen. Wir sprechen von mesomorphen Phasen. Derartige Phasen, wie nematische, cholesterische, smektische und kolumnare, haben hauptsächlich auf dem Gebiet der Displays, wie Bildschirme und Anzeigen, Bedeutung erlangt. Verursacht werden diese Effekte in organischen Molekülen mit besonderen Strukturmerkmalen, einem stark polaren Teil und einem unpolaren aliphatischen und/oder aromatischen Segment (siehe Bild 1.3-6).

Nach der Definition des Begriffes „Kristall" (siehe Abschn. 1.2) erscheinen die Werkstoffbezeichnungen „Flüssigkristall (LC)" und „Flüssigkristalline Polymere (LCP)" verwirrend, um nicht zu sagen paradox. In einer flüssigen Phase besitzen die Bausteine, wie Ionen und Moleküle, keine Fernordnung und können sich durch Translation bewegen, wobei noch zwischenmolekulare Wechselwirkungen bestehen, was für den kristallinen Zustand nicht zutrifft.

Bereits 1888 entdeckte der Botaniker REINITZER am geschmolzenen Cholesterinbenzoat (siehe Bild 1.3-1) Eigenschaften, die man bisher nur bei Kristallen organischer Verbindungen kannte, wie:

- Polarisation des Lichtes (Schwingung in einer Ebene),
- richtungsabhängige elektrische Leitfähigkeit (Anisotropie),
- richtungsabhängige Viskosität (reziprokes Fließvermögen),
- Streuung des Lichtes in polykristallinen Systemen.

Bei Erreichen der Schmelztemperatur von Cholesterinbenzoat (145,5 °C) entsteht keine klare, sondern eine milchig trübe Schmelze. Erst bei einer Temperatur von 178,5 °C wird sie klar. Beim Abkühlen wiederholt sich dieser Vorgang in umgekehrter Weise. Im genannten Temperaturintervall beobachtet man neben dem typischen Verhalten einer Flüssigkeit, dem Fließen, die den Kristallen innewohnende Eigenschaft, der Lichtstreuung. Solche Phasen bezeichnet man deshalb als *flüssigkristallin* und ihre Struktur ist *mesomorph* (von griech.: *meso:* zwischen und *morphia:* Gestalt). Es lassen sich vier Mesophasen beschreiben, die sich durch die Molekülanordnung in der flüssig-kristallinen Phase unterscheiden.

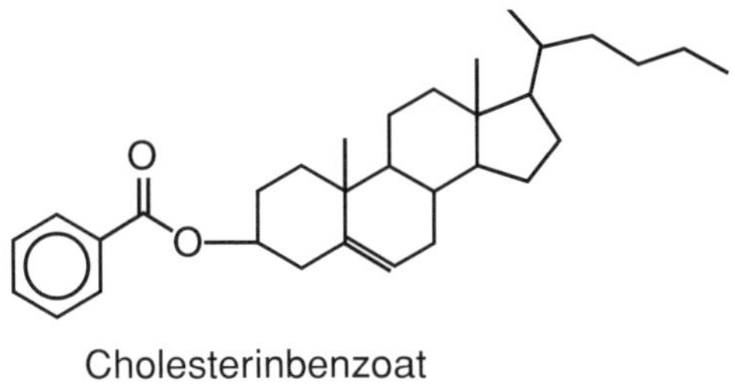

Cholesterinbenzoat

Bild 1.3-1 Strukturformel von Cholesterinbenzoat

Aliphatische Verbindungen:
Organische Verbindungen, bei denen die C-Atome in unverzweigten bzw. verzweigten Ketten angeordnet sind, z. B. Propan, Butan, Oktan usw.

Aromatische Verbindungen:
Organische Verbindungen, bei denen die C-Atome ringförmig (cyclisch) und planar angeordnet sind. Es liegt ein über das Ringsystem vollständig konjugiertes Doppelbindungssystem vor. Benzen (veraltet Benzol) ist die einfachste aromatische Verbindung.

1.3.1 Nematische* Phasen

Nematische Flüssigkristalle bestehen aus stäbchenförmigen Molekülen, die eine gewisse Vorzugsorientierung aufweisen, ohne dass sie eine Fernordnung besitzen (Bild 1.3-2) und sich leicht in dieser Orientierungsrichtung verschieben lassen. Sie sind aufgrund der Orientierung der Moleküle (uniaxiale Symmetrie) anisotrop. Insbesondere zeigen nematische Flüssigkristalle die Eigenschaft der Doppelbrechung; sie weisen also einen polarisations- und richtungsabhängi-

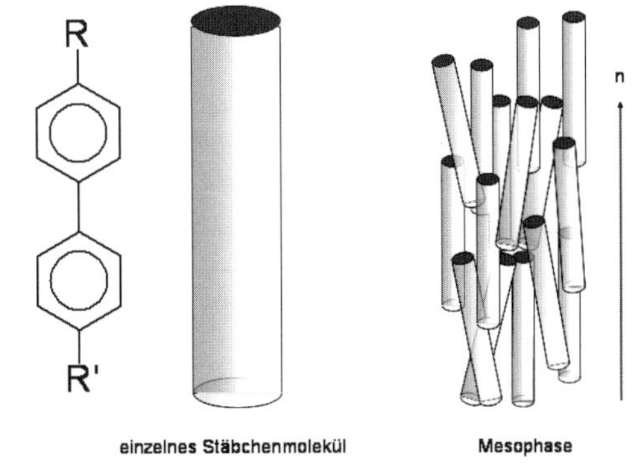

Bild 1.3-2 Nematischer Ordnungszustand

* *griechisch*: fadenförmig

gen Brechungsindex auf. Die Moleküle lassen sich durch ein elektrisches Feld reorientieren, dies wird für Flüssigkristallanzeigen (LCD) ausgenutzt.

Eine Flüssigkristallzelle (TN-Zelle, von *engl.*: Twistet Nematic, *deutsch*: Drehzelle) besteht aus zwei begrenzenden Glasplatten mit der dazwischen befindlichen nematischen Flüssigkristallschicht von wenigen Mikrometern Dicke. Auf ihrer Innenseite besitzen beide Glasplatten eine strukturierte Polyimidschicht in Form hauchfeiner Rillen, auf die eine lichtdurchlässige Leitschicht (Metall oder Indium-Zinnoxid) aufgebracht ist. Die Moleküle der nematischen Flüssigkristallschicht ordnen sich in die durch die Rillenstruktur vorgegebene Richtung. Daraus resultiert, dass sich die Flüssigkristallmoleküle in ihren Längsachsen orientieren. Die Glasplatten sind so angeordnet, dass die Vorzugsrichtungen senkrecht zueinander stehen. Die Außenseiten der Glasplatten tragen Polarisationsfolien, die in ihren Durchlassrichtungen senkrecht zueinander stehen. Der Polarisator lässt vom Licht nur eine Ebene mit bestimmter Schwingungsrichtung durch. Für diese ist der Analysator im gekreuzten Zustand, also um 90° gegeneinander verdreht, undurchlässig.

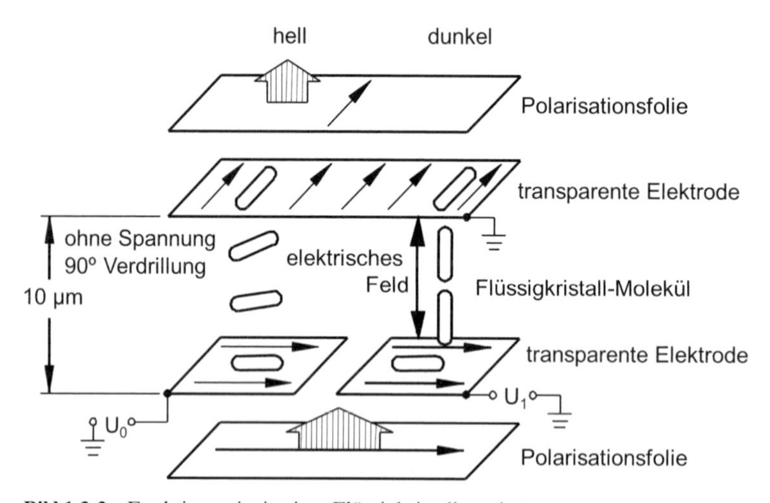

Bild 1.3-3 Funktionsprinzip einer Flüssigkristallanzeige

Ohne äußeres elektrisches Feld wird beim Durchgang des polarisierten Lichtes durch die nematische Schicht aufgrund der verdrillten Anordnung der Moleküle in der Zelle seine

Ebene um 90° gedreht, sodass das Licht den Analysator passieren kann. In diesem Zustand ist die Zelle transparent. Legt man eine Spannung an die Zelle, orientieren sich die Moleküle parallel zum elektrischen Feld E und die Fähigkeit der Zelle, die Polarisationsebene zu drehen, geht verloren, die Zelle ist nun dunkel. Wird die Spannung abgeschaltet, ist die Zelle wieder transparent. Auf der Rückseite der Zelle befindet sich ein Spiegel (besser Reflektor oder Transflektor), der das einfallende Licht zurückwirft. Je nach Einsatzgebiet kann das Display anstelle des Spiegels auch eine weiße Hintergrundbeleuchtung haben. Das Funktionsprinzip einer TN-Zelle zeigt Bild 1.3-3.

1.3.2 Cholesterische Phasen

Sie weisen eine nematische Ordnung mit sich kontinuierlich drehender Vorzugsorientierung auf. Die Phase ist in fiktive Schichten zerlegbar. Es entstehen, ähnlich den „Netzebenen“, übereinander gelagerte Schichten. Beim Übergang von einer Schicht zur nächsten dreht sich diese Vorzugsrichtung um eine Achse senkrecht zur Schicht, wodurch eine helikale* Überstruktur mit einer Periodizität von einigen hundert Nanometern aufgebaut wird (Bild 1.3-4). Der Drehsinn des kontinuierlich helikal verdrillten Materials kann im oder entgegen dem Uhrzeigersinn sein, sodass man eine Links- oder eine Rechtsspirale, d. h. eine Links- oder Rechtshelix, erhält. Cholesterische Mesophasen zeigen deshalb außergewöhnliche optische Eigenschaften, wie z. B. die Drehung der Ebene von polarisiertem Licht. Eingestrahltes Licht einer bestimmten Wellenlänge wird in zwei zirkular polarisierte Komponenten aufgespalten (Zirkularpolarisation). Licht der einen Polarisationsebene wird dabei transmittiert, während die andere Komponente selektiv reflektiert wird.

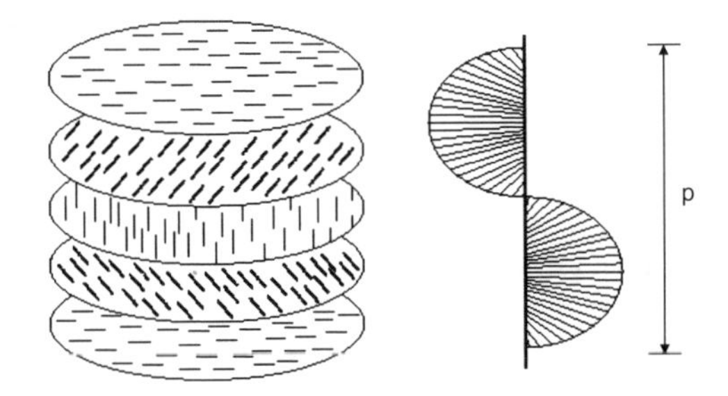

Bild 1.3.-4 Cholesterischer Ordnungszustand

Die Wellenlänge des reflektierten Lichts ist dabei direkt proportional zur Ganghöhe p der cholesterischen Helix. Außerdem hängen die Reflexionswellenlänge, und damit auch der Farbeindruck, sowohl vom Beobachtungswinkel als auch von der Temperatur ab, wobei schon

* *griechisch*: spirale Molekülstruktur

geringe Änderungen einen deutlichen Farbeffekt bewirken.

Die Temperaturabhängigkeit wird schon seit längerer Zeit in der medizinischen Diagnostik und in Thermometern technisch genutzt (Thermochromie). Die Winkelabhängigkeit der Reflexionsfarbe (Farbflop) macht man sich in jüngster Zeit bei der Herstellung von cholesterischen Effektpigmenten zunutze.

1.3.3 Smektische* Phasen

Sie bilden, ähnlich den cholesterischen Phasen, eine Schichtstruktur aus, mit dem Unterschied, dass sich die Fadenmoleküle innerhalb einer Schicht gegeneinander bewegen können und dass sie mehr oder weniger senkrecht zur Schichtebene orientiert sind (Bild 1.3-5). Weicht die Orientierung von 90° zur Schichtebene ab, spricht man von einer getilteten Phase. Getiltete smektische Phasen können ferroelektrisch sein und zeigen spontane Polarisation entlang einer Achse (siehe Abschn. 9.2.1).

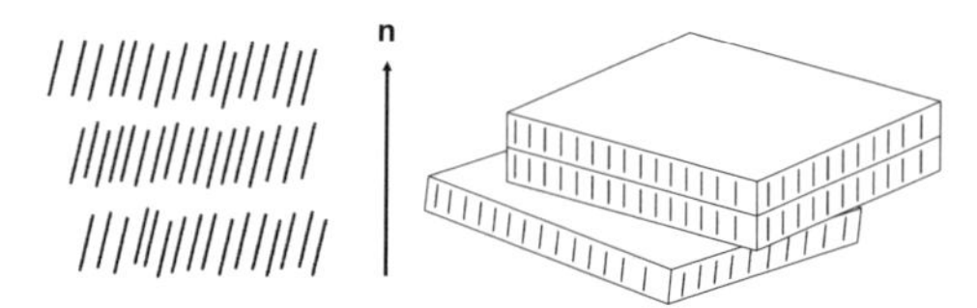

Bild 1.3-5 Smektischer Ordnungszustand

Spontane Polarisation bedeutet, die gleichsinnige Orientierung elektrischer Dipole ohne Einwirkung eines äußeren Feldes. Das setzt im fadenförmigen Flüssigkristallmolekül ebenfalls das Vorhandensein polarer Gruppen und eines starren Strukturabschnittes voraus. Die erste derartige Substanz war **DOBAMBC** (3[4-(4-Decyloxy-benzylidenamino)-phenyl]-acrylsäure-2-methylbutylester[1]).

Aktuelle Substanzen für ferroelektrische Flüssigkristalle sind **MHPOBC** und **MHTAC** (siehe Bild 1.3-6). Aufgrund der Tiltung kommt es zu einer unterschiedlichen Polarisationsrichtung von Schicht zu Schicht. Ein äußeres elektrisches Feld beeinflusst die Orientierung der getilteten smektischen Phasen ohne Hysterese und ist stark temperaturabhängig. Dabei weist der oberflächenstabilisierte Zustand von ferroelektrischen Flüssigkristallen (SSFLC)[2] zwei Schaltzustände auf, die innerhalb von ca. einer Mikrosekunde geschaltet werden können.

* *griechisch*: seifig

[1]) 3-Phenylacrylsäure = Zimtsäure, *engl.*: cinnamic acid

[2]) surface-stabilized-ferroelectric-liquid-crystals-effect

DOBAMBC

3-[-(4-Decyloxy-benzylidenamino)-phenyl]-acrylsäure 2-methylbutylester

(3-Phenylacrylsäure = Zimtsäure, engl.: cinnamicacid

$H_{21}C_{10}—O—C_6H_4—CH{=}N—C_6H_4—CH{=}CH—COO—CH_2—CH(CH_3)—C_2H_5$

MHPOBC

4-1-Methyl-heptyloxycarbonyl-4'-phenyl-octyloxy-biphenyl-4-carboxylat

$H_3C—(CH_2)_7—O—C_6H_4—C_6H_4—C({=}O)—O—C_6H_4—C({=}O)—O—CH(CH_3)—(CH_2)_5—CH_3$

MHTAC

1-Methylheptyl-terephthalyden-bis-amino-zimtsäureester

$H_3C—(CH_2)_5—CH(CH_3)—C({=}O)—CH{=}CH—C_6H_4—N{=}CH—C_6H_4—CH{=}N—C_6H_4—CH{=}CH—C({=}O)—CH(CH_3)—(CH_2)_5—CH_3$

Bild 1.3-6 Strukturformeln ferroelektrischer smektischer Phasen

1.3.4 Kolumnare Phasen

In ihnen sind scheibchenförmige (diskotische) Moleküle gestapelt (siehe Bild 1.3-7). Die nematischen, cholesterischen und smektischen Phasen sind im Gegensatz dazu aus stäbchenförmigen (kalamitischen) Molekülen aufgebaut. Kolumnare Phasen zeichnen sich durch spezifische optoelektronische Eigenschaften aus. Änderungen der in der Scheibenebene liegenden Substituenten haben einen großen Einfluss auf die Ordnung der kolumnaren Phasen. Durch die höhere Ordnung wird die Ladungsträgerbeweglichkeit um mehrere Größenordnungen erhöht und die Beweglichkeit wird zudem unabhängig von der Temperatur und dem elektrischen Feld (siehe Abschn. 5.1).

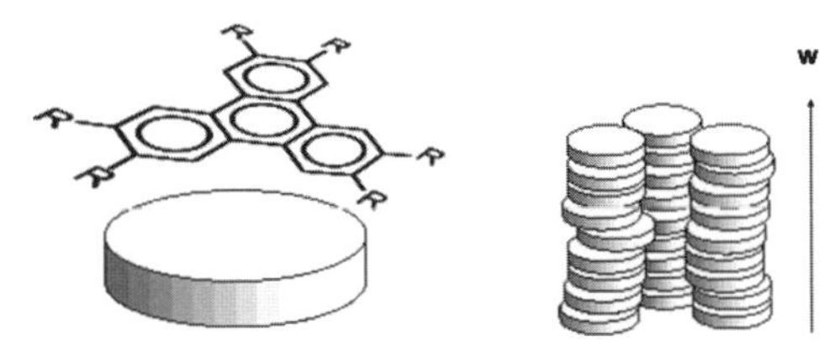

Bild 1.3-7 Kolumnarer Ordnungszustand

1.3.5 Ausblick

Der geringe Energieaufwand von wenigen $\mu W \cdot cm^{-2}$ Anzeigenfläche ist das entscheidende Kriterium für die breite Anwendung von Flüssigkristallen in Displays (siehe Bild 1.3-8), z. B. in Uhren, Rechnern, Tachos, Foto- und Filmgeräten, Geräten der Telekommunikation, u. a. m.

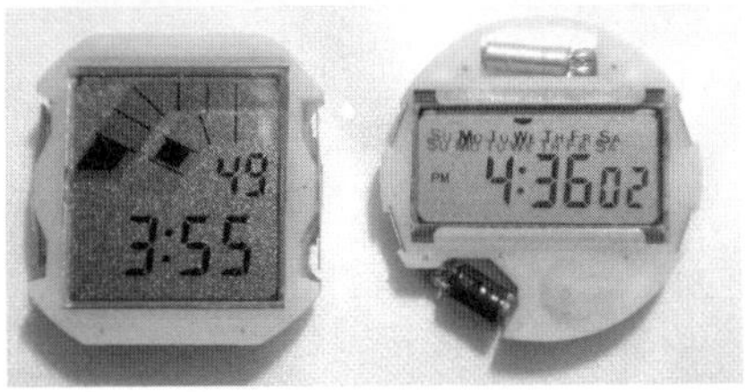

Bild 1.3-8 Flüssigkristallanzeigen

Neben den niedermolekularen Flüssigkristallsystemen finden auch makromolekulare flüssigkristalline Werkstoffe (LCP für **L**iquid **C**rystal **P**olymer) Anwendung. Es existieren auch hier, in Analogie zu den niedermolekularen Systemen, die Ordnungszustände *nematisch*, *cholesterisch* und *smektisch*. In der Kunststofftechnik benutzt man auch den Begriff SRP (*engl.* **S**elf **R**einforcing **P**olymers = selbstverstärkende Polymere) für derartige flüssigkristalline Polymeren. In diesem Begriff kommen ihre typischen Eigenschaften, die Kunststofffaserverbunden entsprechen, zum Ausdruck. Die hohe thermische und mechanische Belastbarkeit und günstige Verarbeitungseigenschaften ermöglichen den Einsatz von Kunststoffen in Bauelementen, die bisher anorganischen Materialien vorbehalten waren.

Übung 1.3-1

Mithilfe welcher physikalischen Eigenschaften können Sie den flüssigkristallinen Zustand charakterisieren?

Übung 1.3-2

Welche spezifischen Eigenschaften zeigen kolumnare und cholesterische Ordnungszustände und wodurch werden sie verursacht?

Übung 1.3-3

Aus welchem Grund sind LCPs anisotrope Werkstoffe?

Übung 1.3-4

Erklären Sie die Möglichkeit der Darstellung von Ziffern und Symbolen durch Flüssigkristallanzeigen.

Übung 1.3-5

Worin sehen Sie Gründe für die Nutzung von ferroelektrischen Flüssigkristallen für Displays?

Zusammenfassung: Ordnungszustände in Flüssigkristallen

- Flüssigkristalline Systeme sind Flüssigkeiten mit typischen Eigenschaften des Kristalls, wie Polarisation und Streuung des Lichtes sowie anisotropem Verhalten. Es handelt sich um mesomorphe Phasen.
- Struktur der organischen Moleküle und Verteilung der polaren Gruppen führt zu unterschiedlichen Ordnungszuständen.
- Nematische Flüssigkristalle bestehen aus stäbchenförmigen Molekülen mit einer Vorzugsorientierung, verbreitete Anwendung ist die Flüssigkristallanzeige.
- Cholesterische Phasen weisen die nematische Ordnung mit sich drehender Vorzugsorientierung auf. Es entsteht eine helikale Überstruktur, aus der u. a. die starke Temperaturabhängigkeit des optischen Verhaltens, die Thermochromie, resultiert.
- Smektische Phasen sind ähnlich wie die cholesterischen aufgebaut und besitzen einen Schichtaufbau mit unterschiedlicher Orientierung der Moleküle von Schicht zu Schicht.
  Daraus ergibt sich die Möglichkeit der spontanen Polarisation und damit ferroelektrisches Verhalten.
- In kolumnaren Phasen sind scheibchenförmige (diskotische) Moleküle gestapelt. Diese Phasen können ebenfalls ferroelektrisches Verhalten zeigen. Bemerkenswert ist die sehr hohe Ladungsträgerbeweglichkeit.

1.4 Bildung von Phasen, Phasengleichgewichtsdiagramme

Kompetenzen

Nachdem die Bindungs- und Ordnungszustände in Werkstoffen als eigenschaftsbestimmende Faktoren getrennt dargestellt wurden, bildet der Phasenbegriff eine Kombination und Verallgemeinerung beider Zustände. Daraus leitet sich ab, dass Eigenschaften von Werkstoffen mithilfe der thermodynamischen Zustandsgrößen (p und T) und der Zusammensetzung beschreibar und begründbar sind.

Damit führt erst die Anwendung des Phasenbegriffes bei der Darstellung von Zustandsänderungen von Werkstoffen zu technisch nutzbaren Aussagen. Parameter wie z. B. Atomradius, Gittertyp, Gitterkonstante und Elektronegativitätszahl bestimmen hauptsächlich die Art der sich ausbildenden Phasen. Neben den reinen Metallen kommt in der Elektrotechnik eine Vielzahl von Legierungen zum Einsatz. Anzahl, Art und Existenzbereich der entstehenden Phasen in den Legierungen beschreiben die Zustandsdiagramme. Die experimentelle Grundlage für das Aufstellen von Zustandsdiagrammen bildet die thermische Analyse unterschiedlich zusammengesetzter Proben der jeweiligen Legierung. Für die Ausbildung der Phasen hat die Geschwindigkeit der Abkühlung bzw. der Erwärmung bedeutenden Einfluss. Zustandsdiagramme ohne besonderen Hinweis auf die Abkühlungsgeschwindigkeit sind Gleichgewichtsdiagramme, sie resultieren aus einer äußerst geringen Abkühlungsgeschwindigkeit. Aus der Vielzahl der unterschiedlichen Phasendiagramme sind für den Elektrotechniker Schmelzlegierungen mit völliger Unlöslichkeit, völliger Löslichkeit und teilweiser Löslichkeit der Komponenten im festen Zustand interessant.

1.4.1 Phasenübergang flüssig-fest und fest-flüssig; Schmelzen und Erstarren

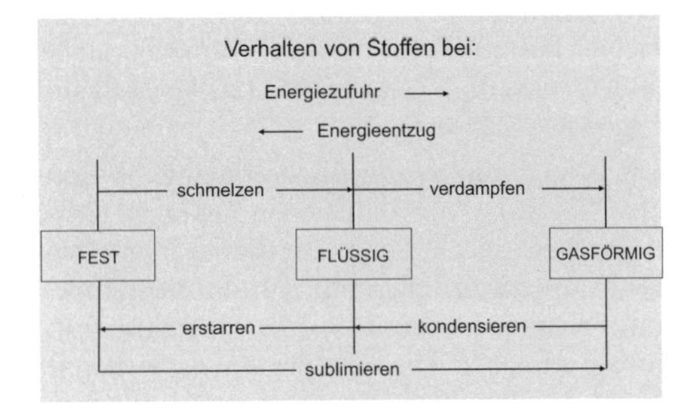

Metallische Werkstoffe bilden beim Erstarren ihrer Schmelze Kristalle. Im festen Zustand befinden sich die Bausteine auf Gitterplätzen und sind dort lokalisiert. Bei einer Erwärmung nehmen die Gitterbausteine Energie auf und erhalten dadurch einen höheren Energiebetrag, der sich in einer zunehmend größeren Schwingungsamplitude der Bausteine ausdrückt. Bei weiterer Temperatursteigerung wird schließlich die Wärmebewegung der Gitterbausteine so groß, dass ihre Anziehungskräfte überwunden werden; damit ist die Schmelztemperatur ϑ_s des Metalls erreicht. Mit dem Erreichen der Schmelztemperatur befinden sich also Schmelze und Kristalle nebeneinander im Gleichgewicht. Am Schmelzpunkt liegt das Metall somit in zwei Phasen vor. Der Begriff Phase vereinigt die chemische Zusammensetzung und die Strukturmerkmale in einem Begriff. Das ermöglicht Zustandsänderungen in Abhängigkeit von der Variation der chemischen Zusammensetzung bzw. Strukturmerkmalen darzustellen. Wird die Schmelze weiter erhitzt, gehen die Bausteine am Siedepunkt in den gasförmigen Zustand über.

Die Aggregatzustände eines Stoffes *fest*, *flüssig* und *gasförmig* sind unterschiedliche Energie- und Ordnungszustände, wie es das Bild 1.4-1 veranschaulicht.

Phasenänderungen, wie z. B. der Übergang fest-flüssig und umgekehrt lassen sich durch die *thermische Analyse* ermitteln, bei der die zu untersuchenden Stoffe langsam erhitzt und anschließend langsam abgekühlt werden. Die Abkühlungsgeschwindigkeit spielt für die Ausbildung der Phasen sowie die eines fehlerfreien Gitters eine entscheidende Rolle.

Eine sehr hohe Abkühlungsgeschwindigkeit, von ca. 300 $K \cdot s^{-1}$, führt zu vielen Gitterfehlern, wie Versetzungen und Leerstellen, außerdem beeinflusst sie die Kristallitgröße. Die Herstellungsbedingungen, z. B. die Abkühlungsgeschwindigkeit, haben somit eine nachhaltige Wirkung auf die Eigenschaften des metallischen Werkstoffes.

Die Darstellung des Erhitzungs- bzw. Abkühlungsverlaufes erfolgt in einem Temperatur-Zeit-Diagramm. Der Verlauf der jeweiligen Kurve wird bestimmt durch die Geschwindigkeit der Temperaturänderung. Das Schmelzen und Erstarren eines reinen Metalls in einem Temperatur-Zeit-Diagramm zeigt in vereinfachter Form Bild 1.4-2. Die Unstetigkeitsstelle im Kurvenverlauf (Haltepunkt) erklärt sich aus folgendem Sachverhalt:

Die beim Erhitzen zugeführte Energie bewirkt den Übergang von Bausteinen aus dem Kristallverband in die Schmelze. Beim Schmelzen bleibt trotz weiterer Energiezufuhr die Temperatur solange konstant, bis der Übergang fest-flüssig erfolgt ist. Die zugeführte Wärmeenergie bleibt in Form kinetischer Energie der sich in der Schmelze fortbewegenden Bausteine erhalten. Erst wenn alle Kristalle geschmolzen sind, führt eine weitere Wärmezufuhr zum Temperaturanstieg der Schmelze. Mit der Phasenänderung ändern sich auch Eigenschaften, wie die elektrische Leitfähigkeit, das Volumen, der Brechungsindex u. a.

Der umgekehrte Vorgang vollzieht sich beim Erstarren einer Schmelze. Wird ihr Energie entzogen, so kühlt sich die Schmelze ab, die sich fortbewegenden Bausteine verlieren kinetische Energie. Damit kommt es zwischen benachbarten Bausteinen zur Ausbildung kleinster

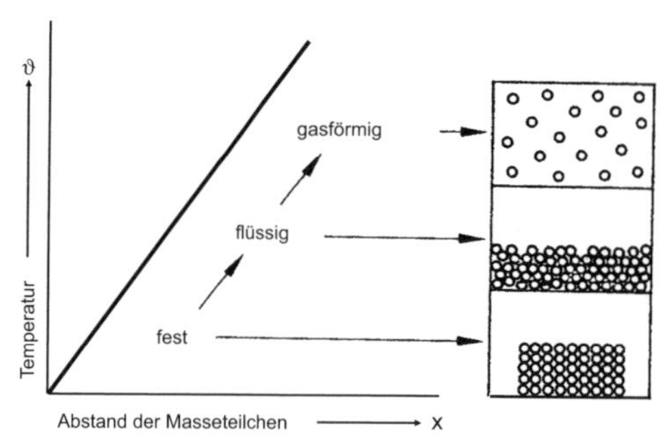

Bild 1.4-1 Zusammenhang zwischen Ordnungszustand und Energieinhalt der Masseteilchen (thermodynamischem Zustand)

Phase:
Eine Phase ist eine, hinsichtlich atomarer Zusammensetzung und atomarer Anordnung, einheitliche Substanz. Bereiche der gleichen Phase haben gleiche chemische (Zusammensetzung) und gleiche physikalische (Struktur) Eigenschaften. Liegen mehrere Phasen nebeneinander vor, sind sie durch Phasengrenzen voneinander getrennt.

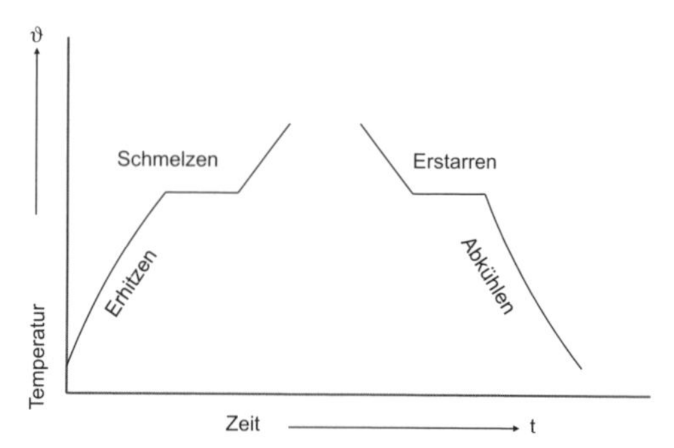

Bild 1.4-2 Erhitzungs- und Abkühlungskurven unter Gleichgewichtsbedingungen für ein reines Metall oder eine eutektische Legierung

räumlicher Anordnungen, den Keimen. Derartige Gebilde befinden sich im ständigen Gleichgewicht mit der Schmelze, d.h. gleich viele Bausteine gehen vom Keim in die Schmelze bzw. von der Schmelze zum Keim zurück, es wächst kein Kristall. Erst bei einem geringen Unterschreiten der Haltetemperatur wächst der Keim zum Kristall, die dabei frei werdende Wärme verhindert das Absinken der Temperatur trotz weiterer Wärmeabgabe (Bild 1.4-3). Am Haltepunkt sind Schmelze und Kristalle gleichzeitig nebeneinander vorhanden, sie befinden sich im Gleichgewichtszustand.

Man unterscheidet *arteigene* und *fremde* Keime. Die Bildung arteigener Keime erfolgt aus den Bestandteilen der Schmelze, Fremdkeime mit höherem Erstarrungspunkt als die Schmelze führt man absichtlich zu, um die Kristallisation einzuleiten und je nach Menge die Anzahl der sich bildenden Kristalle zu beeinflussen.

Im Allgemeinen wird bei metallischen Werkstoffen ein feinkristallines (feinkörniges) Gefüge angestrebt. Lässt man eine Schmelze rasch erstarren, in dem man sie z.B. in eine gekühlte Metallform gießt, dann kühlt sie sich rasch einige Grade unter den Erstarrungspunkt ab, ohne zu erstarren. Bei diesem unterkühlten Zustand entstehen gleichzeitig viele arteigene Keime, wodurch das Metall feinkörnig kristallisiert.

Bei ein und demselben metallischen Werkstoff finden wir wesentliche Eigenschaftsunterschiede zwischen grobkörnigem und feinkörnigem Material, da die Korngrenzen Einfluss auf die Eigenschaften haben (siehe Bild 1.4-4).

Beim Erstarren bildet sich aus einer Metallschmelze ein Haufwerk eng ineinander verzahnter Kristalle (Bild 1.4-4). Die in der Praxis eingesetzten Metalle haben ein vielkristallines = *polykristallines* Gefüge; sie bestehen aus einer Vielzahl einzelner Kristalle, deren Elementarzellen in unterschiedliche Richtungen orientiert sind (Bild 1.4-5 und 1.4-6). Das Metall verhält sich *quasiisotrop*, siehe 1.2.3 und Tabelle 1.4-1.

Aus einer Schmelze kann unter sorgfältig eingehaltenen Bedingungen, wenn nur ein einziger Keim vorhanden ist, an den sich alle Atome anordnen, ein Einkristall „gezüchtet" werden.

Technische Bedeutung haben Einkristalle in der Elektronik; nahezu alle elektronischen Bau-

Schmelzpunkt:
Kristalle aus einer Atom- oder Molekülart, z.B. Cu oder H_2O, haben einen Erstarrungs- bzw. Schmelzpunkt, der charakteristisch für den jeweiligen Stoff ist.

Gesetz von der Erhaltung der Energie:
Bei der Kristallisation wird die gleiche Wärmemenge frei, die beim Schmelzvorgang der Kristalle verbraucht wird.

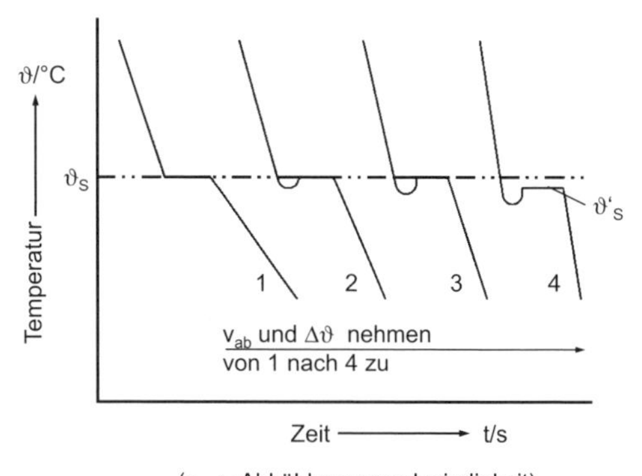

Bild 1.4-3 Einfluss der Abkühlungsgeschwindigkeit v_{ab} auf die Unterkühlung ($\Delta\vartheta = \vartheta_S - \vartheta'_S$) erstarrender Metallschmelzen

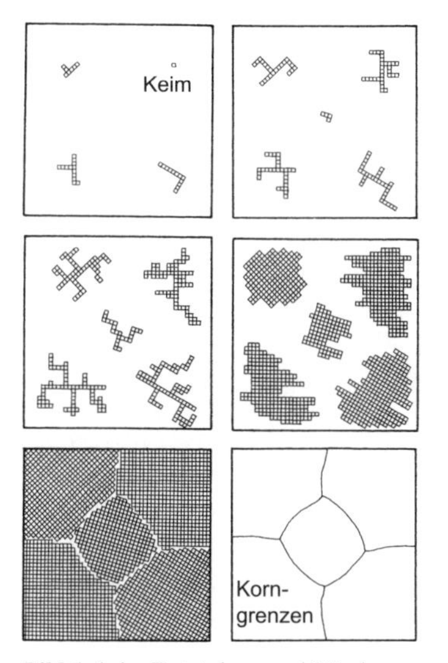

Bild 1.4-4 Entstehen und Wachsen von Kristalliten aus einer Metallschmelze am Keim

elemente aus Silizium bestehen aus Einkristallen (Monokristallen), damit Fremdatome sich nicht an den Korngrenzen anreichern können und die Ladungsträger (Elektronen und Defektelektronen) nicht an den Korngrenzen gestreut werden.

Tabelle 1.4-1 Einfluss der Abkühlung auf die Eigenschaften metallischer Werkstoffe

Kristallwachstum	Abkühlungsgeschwindigkeit	
	hoch	niedrig
Keime	viele	wenige
↓ Kristalle	viele	wenige
↓ Gefüge	feinkörnig	grobkörnig
Werkstoffeigenschaften		
• elektrische Leitfähigkeit	nimmt ab	nimmt zu
• Festigkeit	nimmt zu	nimmt ab
• Anisotropie	nimmt ab	nimmt zu

Es gilt die Regel:
Langsame Erstarrung führt zu Grobkorn; rasche Erstarrung zu Feinkorn.

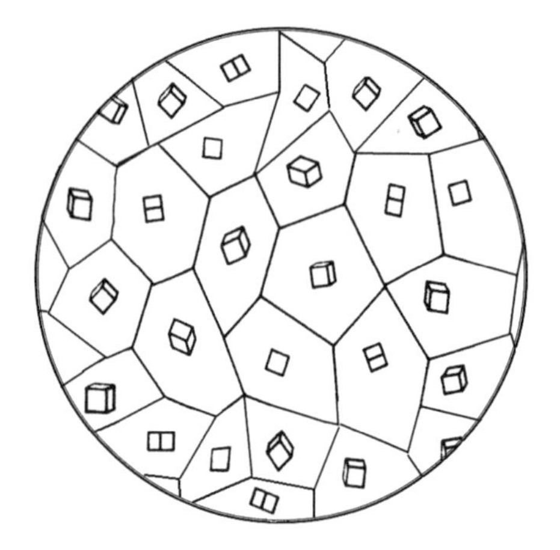

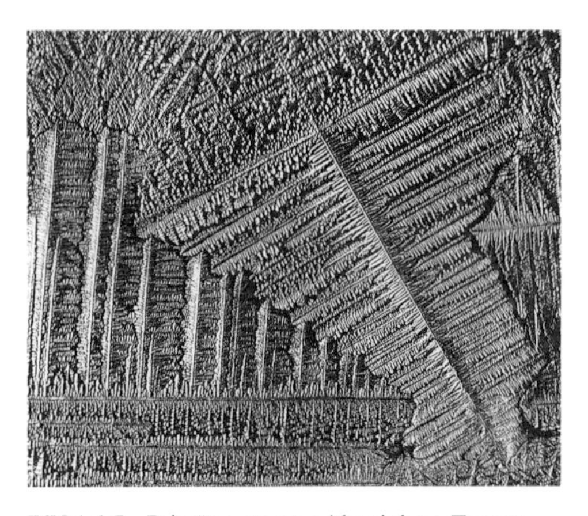

Bild 1.4-5 Primär erstarrtes Aluminium, Tannenbaum-Kristalle (Dendriten); ~ 10-fache Vergrößerung

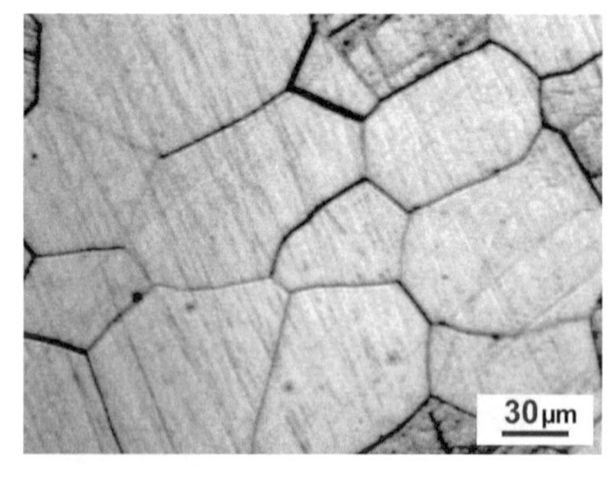

Bild 1.4-6 *oberer Teil*: Schematische Darstellung eines polykristallinen Werkstoffes. Die Kristallite (Körner), Korngrenzen und Kristallachsen sind angedeutet. Die Kristallite sind unterschiedlich orientiert.
unterer Teil: Metallografische Aufnahme einer Metalloberfläche, geätzt.

1.4.2 Zustandsdiagramme von metallischen Zweistoffsystemen

Die bisher beschriebenen metallischen Werkstoffe sind Elementmetalle. In diesem Abschnitt lernen Sie metallische Werkstoffe kennen, die aus Schmelzen mit zwei Komponenten erstarren; man nennt sie Binäre- oder Zweistofflegierungen. Dabei ist zu beachten, dass oft neben den beiden Hauptkomponenten weitere in geringen Masseanteilen enthalten sein können; abgesehen von Verunreinigungen.

Es stellt sich die Frage: *„In welcher Phase liegen die Komponenten der ehemals homogenen Schmelze im erstarrten Zustand vor?“*

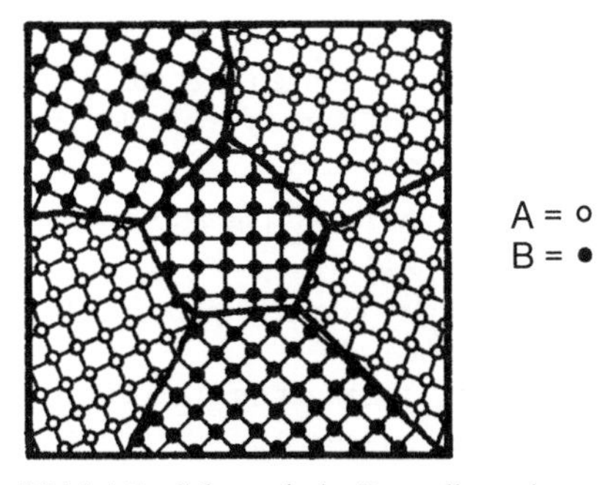

Bild 1.4-7 Schematische Darstellung eines Kristallgemisches von Komponenten A = Au-Atome, B = Si-Atome

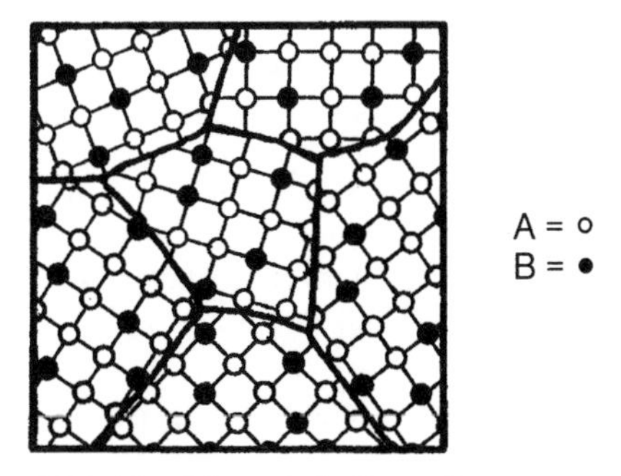

Bild 1.4-8 Schematische Darstellung von Substitutionsmischkristallen von Komponenten A = Cu-Atome, B = Ni-Atome

In der Elektrotechnik werden reine Metalle dann eingesetzt, wenn im Anwendungsfall die hohe Leitfähigkeit im Vordergrund steht. Für Widerstände und für Konstruktionen eingesetzte Werkstoffe verwendet man Legierungen, die aus zwei oder mehreren Komponenten bestehen.

Der überwiegende Anteil technischer Legierungen sind *Schmelzlegierungen*. Die homogene Schmelze wird in Formen gegossen, in denen sie erstarren.

Gusswerkstoffe erhalten ihre Form durch das Urformen, während Knetlegierungen zunächst vergossen und anschließend durch Umformen spanlos zu Blechen, Bändern, Stangen, Profilen und Drähten, Press- und Schmiedestücken verarbeitet werden.

Lässt sich mit den Komponenten keine homogene Schmelze realisieren, kann man Legierungen, die sog. *Pseudolegierungen*, auch aus Metallpulver (Pulvermetallurgie) herstellen. Die verdichteten Pulvergemische erhalten in einem Sinterprozess nahezu Eigenschaften einer „echten Legierung“.

Aus einer Schmelze mit den Komponenten A + B (binäre Legierung) können beim Übergang in den kristallinen Zustand als Grenzfälle folgende Varianten unterschieden werden:

1. Kristalle der Atomart A und Kristalle der Atomart B nebeneinander.
2. Mischkristalle, A- und B-Atome bauen gemeinsam den Kristall.
3. Mischkristalle aus A + B. Es treten zwei oder mehr Mischkristalle unterschiedlicher Zusammensetzung bzw. unterschiedlicher Git-

terstruktur auf, mehrere Kristallarten, mehrere Phasen; heterogen.

4. Neben den Varianten 1, 2 und 3 können intermetallische Verbindungen A_xB_y auftreten. Derartige Zustandsdiagramme finden im Weiteren keine Behandlung.

Welche der Varianten entsteht, hängt vor allem von folgenden Faktoren ab:

- Chemische Parameter der Komponenten, wie
  - Valenzelektronenzahl,
  - Elektronegativitätszahl und
- Geometrische Parameter, wie
  - Atomradius (Ionenradius),
  - Gittertyp und
  - Gitterkostanten.

Zu 1:
In diesem Falle können die A-Kristalle keine B-Atome aufnehmen (im festen Zustand lösen) und umgekehrt die B-Kristalle keine A-Atome. Die chemischen und geometrischen Parameter der Komponenten haben eine geringe Übereinstimmung. Aus solchen Schmelzen entsteht ein Gemisch aus A- und B-Kristallen nach Bild 1.4-7, siehe auch Tabelle 1.4-2.

Zu 2 und 3:
In diesem Fall können A-Kristalle in ihrem Gitter B-Atome aufnehmen und B-Kristalle A-Atome. Erfolgt die Aufnahme durch Substitution der A-Atome durch B-Atome und umgekehrt, spricht man von Austausch- oder Substitutions-Mischkristallen, siehe Bild 1.4-8. Diese Austauschbarkeit erfolgt in jedem Konzentrationsverhältnis beider Komponenten bei hoher Übereinstimmung der o. g. Parameter, z. B. im System Kupfer-Nickel (siehe Tabelle 1.4-3). Weichen Parameter voneinander ab, entsteht eine teilweise beschränkte Austauschbarkeit (siehe Tabelle 1.4-4). Weist einer der Partner einen wesentlich kleineren Atomradius auf, wie z. B. das Kohlenstoffatom im Gitter des Eisens beim Stahl, erfolgt keine Substitution, sondern die Einlagerung des kleineren Atoms in die Gitterlücken des Grundmetalls (Einlagerungsmischkristall).

Zu 4:
Bauen Atome, die teilweise Metall- und teilweise Ionenbindungen bilden, das Gitter auf, kann es zur Entstehung von Phasen mit kon-

Tabelle 1.4-2 Parameter für die Entstehung von Kristallgemischen der Komponenten Gold und Silizium

	Au[1])	Si[2])
Atomradius in nm	0,179	0,146
Gittertyp	kfz	Diamant
Gitterkonstante in nm	0,41	0,54
Elektronegativität	2,4	1,8
Valenzelektronen-konfiguration	$6s^1\,4f^{14}\,5d^{10}$	$3sp^3$

[1]) im Metallgitter, [2]) im Diamantgitter

Tabelle 1.4-3 Parameter für die Entstehung von Mischkristallen aus Cu- und Ni-Atomen

	Cu	Ni
Atomradius in nm	0,127	0,124
Gittertyp	kfz	kfz
Gitterkonstante in nm	0,36	0,35
Elektronegativität	1,9	1,8
Valenzelektronen-konfiguration *)	$4s^1\,3d^{10}$	$4s^2\,3d^8$

*) im Metallgitter

Tabelle 1.4-4 Parameter für die Entstehung von Mischkristallen bei teilweiser Austauschbarkeit

	Cu	Zn
Atomradius in nm	0,127	0,132
Gittertyp	kfz	hdp
Gitterkonstante in nm	0,36	a = 0,27 b = 0,48
Elektronegativität	1,9	1,6
Valenzelektronen-konfiguration *)	$4s^1\,3d^{10}$	$4s^2\,3d^{10}$

*) im Metallgitter

stantem Mengenverhältnis der Atomsorten kommen (stöchiometrisches Verhältnis). Diese Phasen werden als intermetallische Phasen (intermetallische Verbindungen) bezeichnet. Die Phasen besitzen komplizierte Gitterstrukturen und extreme Eigenschaften, wie Härte, magnetisches Verhalten oder elektrische Leitfähigkeit, siehe Tabelle 1.4-5.

Welche Phasen sich in Abhängigkeit von Konzentration und Temperatur bilden, lässt sich in Zustandsdiagrammen der jeweiligen Legierungen darstellen.

In Zustandsdiagrammen(-schaubildern) für binäre Legierungen sind nach Bild 1.4-9 die Temperatur als Ordinate, die Zusammensetzung in Massenprozent (selten in Atom-%) als Abszisse aufgetragen. Wie die Bezeichnung „Schaubild" besagt, kann man mit einem Blick aus den Linien und Zustandsfeldern für jede Zusammensetzung und technisch auftretende Temperatur die möglichen Phasen ablesen und Eigenschaften ableiten.

Wissenswert für Hersteller und Anwender sind folgende Fragen:

- Aus welchen Kristallarten und Mengenanteilen besteht die Legierung bei Gebrauchstemperatur?
- Ändert sich bei erhöhter oder erniedrigter Temperatur die Anzahl der Phasen, ihre Zusammensetzung und ihre Massenanteile?
- Bei welcher Temperatur beginnt die Legierung zu schmelzen?
- Besitzt die Legierung einen Schmelzpunkt (Erstarrungspunkt)? Bei welcher Temperatur liegt er?
- Hat die Legierung keinen Schmelz-(Erstarrungs-)Punkt, sondern ein Schmelz-(Erstarrungs-)Intervall?

Diese, nicht nur für Elektrotechniker wichtigen Fragen – denken Sie neben allgemeinen Verarbeitungseigenschaften insbesondere an metallische Leiter, Kontakte und Widerstände! – werden an den Grundtypen von Zustandsdiagrammen (Legierungstypen) verdeutlicht.

Die Zustandslinien der Zustandsdiagramme binärer Legierungen ergeben sich experimentell aus der Zusammenstellung von Abkühlungskurven nach Bild 1.4-10. Man erhält sie aus den thermischen Analysen der Komponenten A

Tabelle 1.4-5 Eigenschaften ausgewählter intermetallischer Verbindungen

Intermetallische Verbindungen	Eigenschaften	Anwendungsgebiete
WSi_2	therm. und chem. stabil	Raumfahrt
$Mo(CoSi)_2$	therm. und chem. stabil	Raumfahrt
Nb_3Ge	hohe Sprungtemperatur	Supraleiter
Mg_3Bi_2	im flüss. Zust. Halbleiter	Elektronik
$SmCo_5$	$(B\,H)_{max}$ hoch	E-Technik

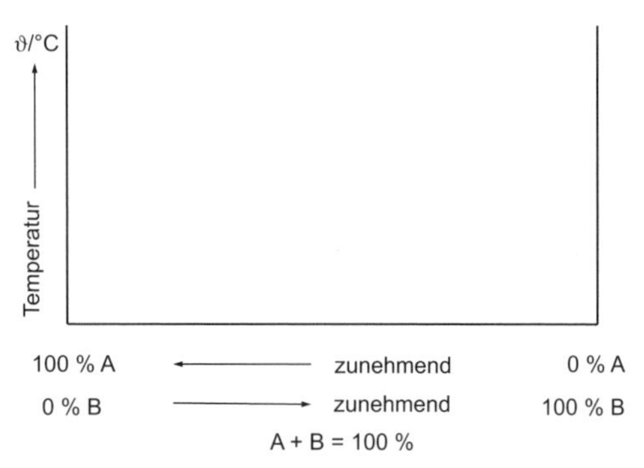

Bild 1.4-9 Koordinaten eines Zustandsdiagramms

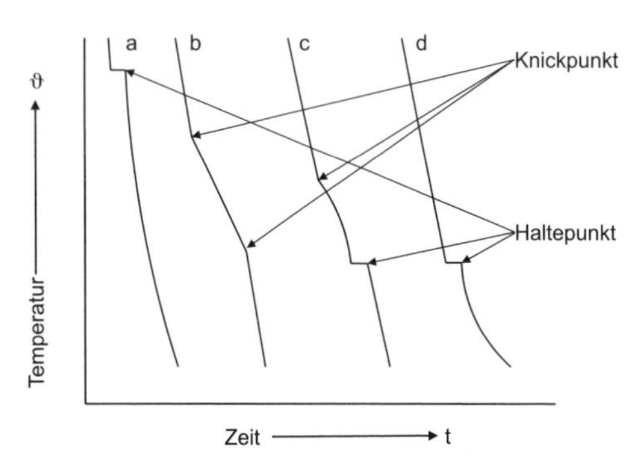

Bild 1.4-10 Erstarrungskurven von Legierungen (thermische Analyse)
a reine Stoffe
b Mischkristallbildung
c über- oder untereutektische Legierungen
d Legierung mit der eutektischen Zusammensetzung

und B und einer Vielzahl von Mischungsverhältnissen beider Komponenten. Die Abkühlungskurven weisen Halte- und/oder Knickpunkte auf. Diese Unstetigkeitsstellen in den Abkühlungskurven resultieren aus Phasenumwandlungen im System. Sie stellen deshalb die charakteristischen Temperaturen dar, die in das Zustandsdiagramm übertragen werden. Abkühlungskurven ermittelt man bevorzugt mithilfe der differenziellen Thermoanalyse (DTA). Phasenänderungen lassen sich darüber hinaus auch erkennen durch Änderung der elektrischen Leitfähigkeit, durch Volumenänderungen und Änderung des magnetischen Verhaltens.

1.4.2.1 Legierungen mit vollständiger Löslichkeit der Komponenten im flüssigen Zustand und Unlöslichkeit im festen Zustand (V-Diagramm)

Seinen Namen hat die Darstellungsform vom typischen Kurvenverlauf der Zustandslinien, die an ein *V* erinnern: *V*-Diagramm. Dieses Diagramm für völlige Unlöslichkeit der beiden Komponenten im festen Zustand, als ein Grundtyp der Legierungsbildung, wird allgemein mit den Legierungskomponenten A (Metall 1) und B (Metall 2) erläutert (Bild 1.4-11).

Die Knickpunkte in den Abkühlungskurven charakterisieren den Erstarrungsbeginn, die Summe dieser Knickpunkte ergibt die Liquiduskurve. Die Haltepunkte in den Abkühlungskurven kennzeichnen das Ende der Erstarrung, die Summe dieser Haltepunkte ergibt die Soliduskurve (*liquidus* (lat.) flüssig, *solidus* (lat.) fest).

Eutektikum:
Übergang der Schmelze in zwei feste Phasen bei konstanter Temperatur und bestimmter Zusammensetzung.

Liquidus-Temperatur = oberhalb nur Schmelze
Silidus-Temperatur = unterhalb fester Zustand

Der Bereich zwischen Solidus- und Liquiduslinie über der Konzentration ist das *Erstarrungsintervall* einer Legierung.

Das Spezifische dieses Legierungstyps besteht in folgenden Merkmalen:

1. Der Haltepunkt (Erstarrungsende) liegt immer bei der gleichen Temperatur. Es bildet sich das Eutektikum, von (griech.: *eutektos*) gut strukturiert.
2. Eine Legierung mit der eutektischen Zusammensetzung erstarrt wie ein reines Metall, sie zeigt in der Abkühlungskurve nur einen Haltepunkt (für Bild 1.4-11 Legierung mit 60 % A und 40 % B).

Nach diesem Typ erstarrt das für die Elektrotechnik bedeutende Legierungssystem aus den Komponenten Au und Si, siehe Bild 1.4-12. Aus dem Zustandsdiagramm erkennt man, dass die eutektische Legierung aus 31 % Si und 69 % Au

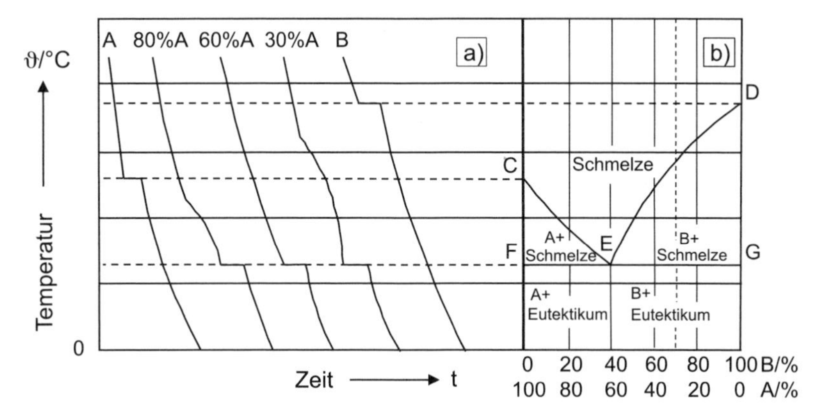

Bild 1.4-11 Allgemeines Zustandsdiagramm mit völliger Unlöslichkeit beider Legierungskomponenten im festen Zustand

a) Abkühlungskurven der Reinmetalle A und B und der homogenen Schmelze aus A und B mit 80/20; 60/40 und 30/70 Masseprozenten
b) Zustandsdiagramm, abgeleitet aus den Halte- und Knickpunkten der Abkühlungskurven in a)

Aussage des Zustandsdiagramms

Zustandsfeld	Zahl der Phasen	Zusammensetzung der Phasen
oberhalb CED	1	homogene A-B-Schmelze (CED = Liquiduslinie)
CFE	2	A-Kristalle + Schmelze
DEG	2	B-Kristalle + Schmelze
unterhalb FE	2	primäre A-Kristalle und Eutektikum aus A- und B-Kristallen
unterhalb EG	2	primäre B-Kristalle und Eutektikum aus A- und B-Kristallen
FEG	2	Eutektikale

(**Beachte:** Angabe in Atom-%!) bei 370 °C schmilzt. Dieses Verhalten nutzt man aus, um Si-Chips mit der vergoldeten Chipbondfläche keramischer Substrate bei geringer thermischer Belastung haftfest zu verbinden. Die gewählte Prozentangabe für beide Komponenten wird zur Vereinfachung meistens auf die Angabe einer Komponente reduziert und erfolgt in den meisten Fällen in Masseprozent.

Legierungen mit Bildung eines Eutektikums kommen als Lotwerkstoffe zur Anwendung und haben darum Bedeutung für die Elektrotechnik (Weichlote). Eutektische Legierungen als Lotwerkstoffe werden in Abschn. 7.3 behandelt. Kennt man die Zusammensetzung eines Lotes, dann kann man aus dem Zustandsdiagramm seine Liquidustemperatur (das Lot ist geschmolzen) und seine Solidustemperatur (das Lot ist erstarrt) entnehmen.

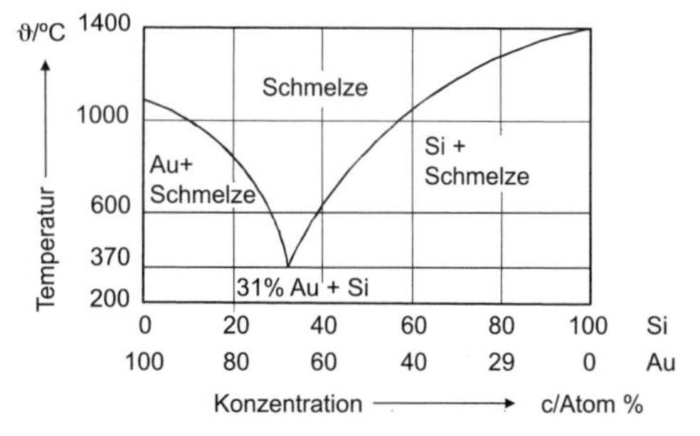

Bild 1.4-12 Zustandsdiagramm des Systems Au-Si (nach HANSEN /1/)

1.4.2.2 Legierung mit vollständiger Löslichkeit der Komponenten im flüssigen und völliger Löslichkeit im festen Zustand (Linsendiagramm)

Bei den bisherigen Beispielen sind wir von der völligen Unlöslichkeit der Komponenten im festen Zustand ausgegangen. Kristalle, die nach der Erstarrung beide Legierungskomponenten im Kristallgitter enthalten, werden Mischkristalle genannt. Besitzen diese Kristalle die gleiche Zusammensetzung wie die Schmelze, dann liegt eine Legierung mit völliger Löslichkeit im festen Zustand vor. Die Entstehung des Zustandsdiagramms, das in seiner Form einer Linse ähnelt, soll auch wieder am allgemeinen Beispiel mit den Komponenten A und B veranschaulicht werden (Bild 1.4-13).

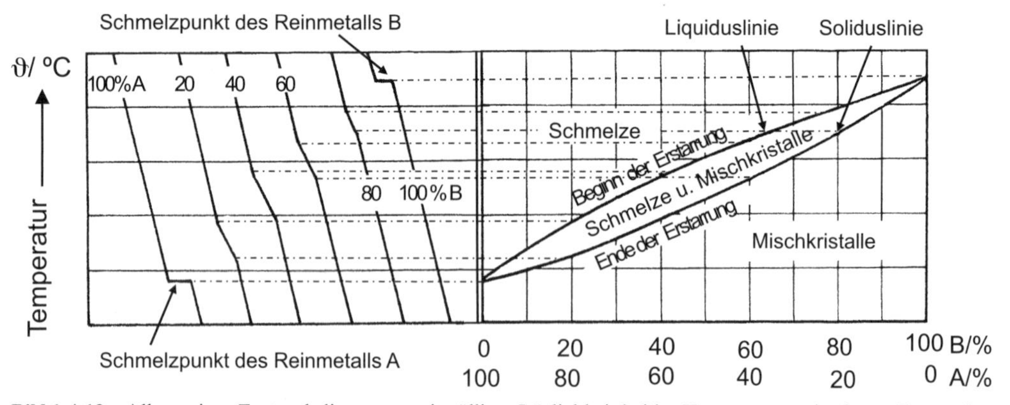

Bild 1.4-13 Allgemeines Zustandsdiagramm mit völliger Löslichkeit beider Komponenten im festen Zustand

Die Abkühlungskurven zeigen einen oberen und unteren Knickpunkt. Ein Haltepunkt tritt nicht auf. Die Summe der oberen Knickpunkte ergibt die Liquiduslinie, die der unteren die Soliduslinie.

Im Gebiet zwischen Liquidus- und Soliduslinie ändert sich mit fortschreitender Abkühlung die Zusammensetzung der Mischkristalle und damit auch der Schmelze solange, bis die Erstarrung vollständig ist. Mit Beginn der Erstarrung besitzen die wachsenden Mischkristalle einen höheren Anteil der hochschmelzenden Komponente als die damit im Gleichgewicht stehende Schmelze.

Im Zweiphasengebiet stellt sich für jede Temperatur eine bestimmte Zusammensetzung der Schmelze und der Mischkristalle ein. Die Zusammensetzung der einzelnen Phasen ist im Gleichgewichtszustand bei der jeweiligen Temperatur an der entsprechenden Zustandslinie (Schmelze = *Liquiduslinie*; Mischkristall = *Soliduslinie*) abzulesen.

Im Verlaufe der Abkühlung diffundieren zunehmend aus der Schmelze Atome der niedriger schmelzenden Komponente in das Gitter des wachsenden Mischkristalls. Das kann nur bei sehr langsamer Abkühlung, der Gleichgewichtsabkühlung, vor sich gehen. Im Realfall erfolgt eine schnellere Abkühlung, es entstehen „Zonen-Mischkristalle" von unterschiedlicher Zusammensetzung zwischen Kern- und Randzone. Man nennt diese Zonenbildung im Kristall *Kristallseigerung*.

Ein Beispiel für eine schnelle Abkühlung ist das Härten eines unlegierten Stahles. Dazu muss ein Temperaturintervall von ca. 700° in etwa 10 s durchlaufen werden, das ergibt eine Abkühlungsgeschwindigkeit von $70° \cdot s^{-1}$.

Nur bei sehr langsamer Erstarrung kann die Kristallseigerung vermieden oder durch nachträgliche Erwärmung behoben werden. Den Effekt der Anreicherung einer Komponente in der Restschmelze bei der Mischkristallbildung nutzt man in der Halbleitertechnologie zur Hochreinigung des Siliziums beim Zonenschmelzen aus.

Wie sich der Legierungstyp auf die Veränderung der Eigenschaften im Vergleich zu den Komponenten auswirkt, soll am Beispiel der Eigenschaft elektrische Leitfähigkeit verdeutlicht werden.

Liegen die beiden Komponenten einer Legierung, die nach dem „V-Diagramm" erstarrt, im festen Zustand nebeneinander vor, so ändern sich die Eigenschaften linear, in Abhängigkeit von der Zusammensetzung (siehe Bild 1.4-14). Geringe Änderungen in der Zusammensetzung bewirken auch nur eine geringe Änderung des jeweiligen Eigenschaftsniveaus.

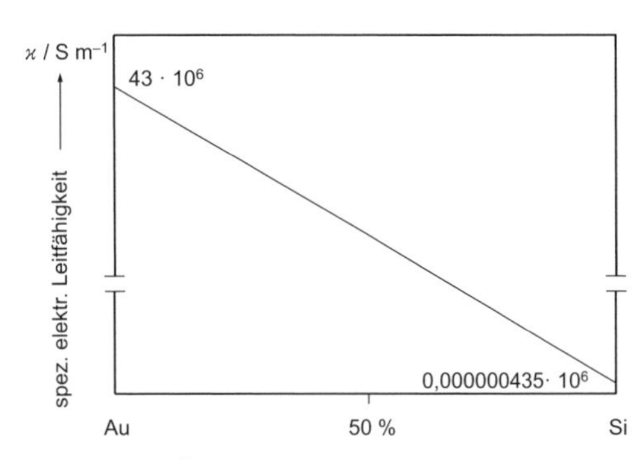

Bild 1.4-14 Änderung der spezifischen elektrischen Leitfähigkeit (ϰ) mit der Zusammensetzung für die Legierung Au-Si (V-Diagramm)

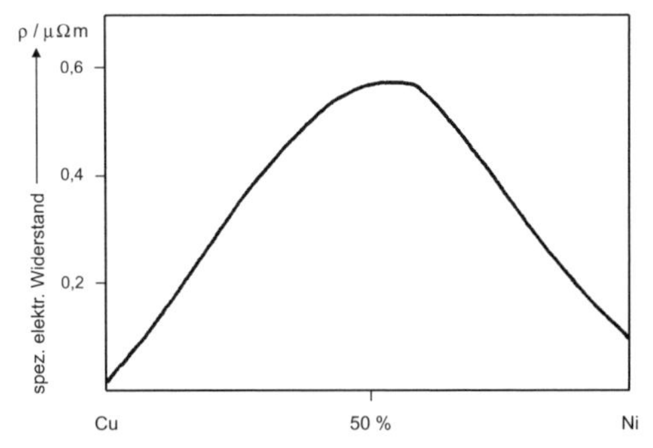

Bild 1.4-15 Änderung des spezifischen Widerstandes (ϱ) mit der Zusammensetzung für die Legierung Cu-Ni (Linsen-Diagramm)

Mischkristalle haben eine geringere elektrische Leitfähigkeit als ihre Komponenten. Sie werden bevorzugt für nachfolgende metallische Widerstände gebraucht:

CuNi	Regelwiderstände
CuNiMn AgMnSb AuAg AuCr	Mess- und Präzisionswiderstände
FeCr	
FeCrNi	Heizwiderstände

Bilden sich Mischkristalle, dann ändert sich das Eigenschaftsniveau wesentlich stärker bei geringer Konzentrationsänderung. Die im Matrixgitter eingebauten Legierungsatome stellen eine Störung des idealen Gitters dar (siehe auch 1.2.4) und bewirken damit die intensive Eigenschaftsänderung (siehe Änderung von ϱ im System Cu-Ni). Deshalb kann man einerseits z. B. aus dem Leitermetall Kupfer durch Legieren Widerstandswerkstoffe herstellen und andererseits strebt man beim Leitkupfer (E-Cu) höchste Reinheit an.

1.4.2.3 Legierungen mit vollständiger Löslichkeit der Komponenten im flüssigen und teilweiser Löslichkeit im festen Zustand (Mischungslücke)

Weichen die chemischen und geometrischen Parameter der Legierungskomponenten stärker voneinander ab, dann kann im Matrixgitter der jeweiligen Komponente nur in beschränktem Umfang eine Substitution durch die Legierungsatome erfolgen (siehe Abschn. 1.4.2). Es entsteht ein Legierungstyp mit „beschränkter Löslichkeit". Sein Zustandsdiagramm (Bild 1.4-16) besitzt eine „Mischungslücke", die diesen Legierungstyp kennzeichnet.

Im festen Zustand können zwei Mischkristallarten vorliegen, die man allgemein als α- und β-Kristalle bezeichnet. Die α-Mischkristalle besitzen das Gitter der Komponente A mit eingebauten Atomen der Komponente B, die β-Mischkristalle besitzen das Gitter der Kompo-

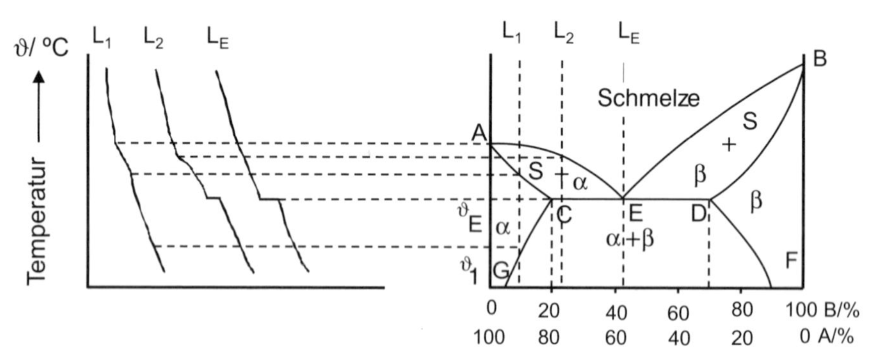

Bild 1.4-16 Allgemeines Zustandsdiagramm mit teilweiser Löslichkeit beider Komponenten im festen Zustand
α-Kristalle mit max. 20 % B- (Punkt C) und β-Kristalle mit max. 30 % A-Atomen (Punkt D) bei **eutektischer Temperatur**
α-Kristalle mit 5 % B- (Punkt G)
und β-Kristalle mit max. 10 % A-Atomen (Punkt F) bei **Raumtemperatur**

nente B mit eingebauten Atomen der Komponente A. Die Konsequenzen aus dieser Tatsache sind:

1. Es bildet sich im Bereich der Mischungslücke ein eutektisches Gemisch aus α- und β-Mischkristallen (Eutektikale CED).
2. Es kommt mit fallender Temperatur im festen Zustand zur teilweisen Ausscheidung der Legierungskomponente aus dem Matrixgitter, allerdings nicht in Form der reinen Legierungskomponente, sondern als sog. Seggregate. Aus den β-Mischkristallen scheiden sich als Seggregat B-reiche β-Mischkristalle aus und aus den α-Mischkristallen scheiden sich als Seggregat A-reiche α-Mischkristalle aus.

Aus diesem Grund finden wir in den Zustandsdiagrammen mit Mischungslücke *Sättigungslinien*, in unserem Beispiel Bild 1.4-16 sind das die Linien CG und DF. Für derartige Legierungen ist die Ausscheidung bzw. das Unterdrücken von Seggregaten, in Abhängigkeit von der Abkühlungsgeschwindigkeit, eigenschaftsbestimmend.

Das System Aluminium-Kupfer bildet eine Mischungslücke, aber nicht zwischen Al und Cu, sondern zwischen Al und der intermetallischen Verbindung Al_2Cu. Bei dieser Legierung nutzt man die Erscheinung der Abhängigkeit der Löslichkeit des Kupfers im Aluminium (allg. α-Mischkristalle, hier ω-Phase genannt) von der Temperatur zur Härtesteigerung der Legierung aus. Schreckt man die ω-Phase aus dem Temperaturgebiet von ca. 550 °C rasch in kaltem Wasser oder mit kalter Pressluft ab, dann verbleibt eine Anzahl von Cu-Atomen zwangsweise im Gitterverband; sie können nicht aus dem Kristallinneren in die Korngrenzen entweichen (diffundieren); nur bei langsamerer Abkühlung ist dies möglich. Die zwangsweise gelösten Kupferatome ordnen sich bei Raumtemperatur, oder auch etwas erhöhter Temperatur, zu „Störzonen“ (GP-Zonen, siehe Abschn. 5.2), die eine Verformung des Kristallgitters erschweren. Die Härte der Legierung hat zugenommen. Auf dieser Basis erfolgt die Verarbeitung der kalt- und warmaushärtbaren Leichtmetalllegierungen.

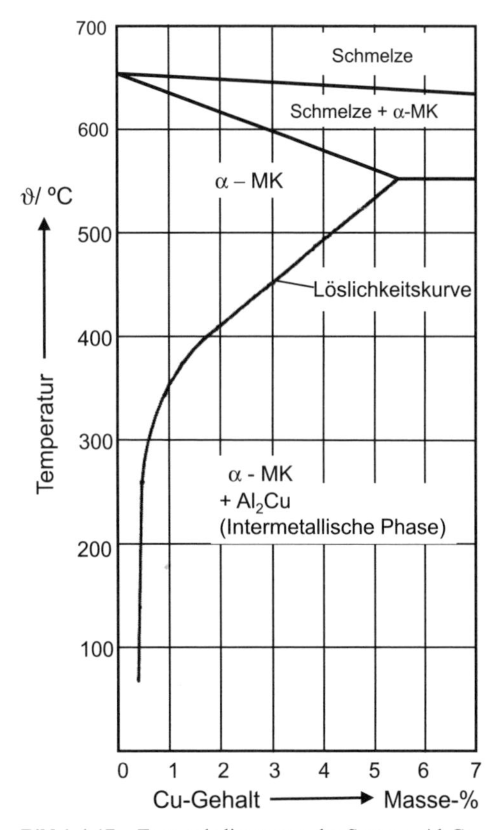

Bild 1.4-17 Zustandsdiagramm des Systems Al-Cu (Ausschnitt der Legierungen bis 6 % Cu)

Im Zustandsdiagramm (Bild 1.4-17) Al-Cu tritt bei einem Gehalt von > 5,5 % Cu die intermetallische Verbindung Al_2Cu auf. Man kann diese Phase wie eine selbstständige Komponente in einem Zustandsdiagramm behandeln. Demzufolge teilt sich das Al-Cu-Diagramm in die Teildiagramme Al-Al_2Cu und Al_2Cu-Cu auf, die analog zu den Zustandsdiagrammen mit teilweiser bzw. völliger Unlöslichkeit zu diskutieren sind.

Weitere intermetallische Phasen mit spezifischen Eigenschaften treten u.a. im System Eisen-Kohlenstoff in Form von Fe_3C (Zementit) und in Magnesiumlegierungen als Cu_2Mg und Mg_2Si auf.

Übung 1.4-1

Skizzieren Sie die Abkühlungskurve eines reinen Metalls und erläutern Sie die auftretende Unstetigkeitsstelle!

Übung 1.4-2

Begründen Sie, weshalb Spritzgussteile aus einer metallischen Legierung feinkörnig sind und welche Bedeutung sich daraus für eine weitere Bearbeitung ergibt!

Übung 1.4-3

Beschreiben Sie die Abhängigkeit zwischen Korngröße und anisotropem Verhalten von Werkstoffen und wenden Sie Ihre Feststellung auf ein praktisches Beispiel an!

Übung 1.4-4

Erklären Sie den Unterschied zwischen einem Kristallgemisch aus Kristallen der reinen Komponenten A und B und Substitutionsmischkristallen aus den Komponenten A und B (Phasenzahl und Eigenschaften)!

Übung 1.4-5

In welchen Legierungssystemen tritt ein Eutektikum auf?

Übung 1.4-6

Erklären Sie mithilfe von Skizzen des Gefüges die Begriffe: untereutektische, eutektische und übereutektische Legierung!

Übung 1.4-7

Nennen Sie eine in der Elektrotechnik benutzte eutektische Legierung! Warum wird sie gegenüber nichteutektischen bevorzugt?

Übung 1.4-8

Was versteht man unter Mischkristall-Seigerung, wie kann man sie vermindern?

Übung 1.4-9

Skizzieren Sie aus folgenden Angaben das Zustandsdiagramm:

Schmelzpunkt der Komponente Silber = 961 °C
Schmelzpunkt der Komponente Kupfer = 1083 °C. Das Eutektikum schmilzt bei 790 °C und enthält 30 % Kupfer.

Die maximale Löslichkeit des Kupfers im Silber beträgt bei eutektischer Temperatur ca. 10 %, die des Silbers in Kupfer 7 %. Bei Raumtemperatur geht die Löslichkeit des Silbers in Kupfer gegen Null, Silber löst bei Raumtemperatur ca. 3 % Kupfer.

Übung 1.4-10

Skizzieren Sie die Abkühlungskurve einer Legierung mit 20 % Kupfer und erläutern Sie die Phasenumwandlungen. Verwenden Sie dabei das Zustandsdiagramm aus Übung 1.4-9.

Übung 1.4-11

Silber ist der beste metallische Leiter. Wie ändert sich die elektrische Leitfähigkeit von Kupfer, das mit 0,2 % Silber legiert wurde (vgl. dazu Übung 1.4-9 und Abschn. 1.4.2.2)?

Übung 1.4-12

Bei 500 °C lösen sich maximal 4 % Kupfer im Aluminium. Beschreiben Sie die Phasenänderungen für diese Zusammensetzung bei langsamer Abkühlung auf Raumtemperatur. Wie verläuft die Phasenänderung bei rascher Abkühlung?

Zusammenfassung: Phasengleichgewichtsdiagramme

- Kristalle mit gleicher chemischer Zusammensetzung und gleicher Struktur bilden eine Phase. Dieser Bereich ist homogen.
- Liegen verschiedene Phasen nebeneinander vor, ist das System heterogen.
- In der Abkühlungskurve des reinen Metalls zeigt sich beim Schmelzen bzw. beim Erstarren ein Haltepunkt, da die Wärme beim Schmelzen in Bewegungsenergie umgesetzt wird, beim Erstarren verläuft der umgekehrte Vorgang.
- Das Wachsen eines Kristalls in der Schmelze beginnt immer an einem Kristallisationskeim. Man unterscheidet arteigene und artfremde Keime. Hohe Keimzahl bedeutet die Entstehung eines feinkörnigen Gefüges, geringe Keimzahl bedingt grobes Gefüge.
- Einkristalle können entstehen, wenn eine Schmelze an einem einzigen Keim erstarrt.
- Legierungen bestehen aus mindestens zwei Komponenten.
- Unterscheiden sich die Komponenten wesentlich in den chemischen und geometrischen Größen, können Legierungen mit völliger Unlöslichkeit der Komponenten im festen Zustand entstehen. Es bildet sich ein Kristallgemisch der Komponenten A und B mit einem Eutektikum. Die Eigenschaften verhalten sich additiv.
- Sind die chemischen und geometrischen Größen der Komponenten sehr ähnlich, entstehen Mischkristalle mit einem gemeinsamen Kristallgitter. Deshalb sind die Eigenschaften der Legierung in hohem Maße von seiner Zusammensetzung abhängig.
- Bei teilweiser Übereinstimmung der Parameter entstehen ebenfalls Mischkristalle, aber mit begrenzter Löslichkeit der Komponenten.
- Bildet sich in einer Legierung eine Phase mit nahezu stöchiometrischer Zusammensetzung aus, bezeichnet man diese als intermetallische Phase.

Selbstkontrolle zu Kapitel 1

1. Welcher der angegebenen Werkstoffe besitzt überwiegend Ionenbindung:
   A E-Kupfer
   B Silizium
   C Glas
   D PVC

2. Welcher der angegebenen Werkstoffe besitzt überwiegend Atombindung:
   A Al-Cu-Legierungen
   B Diamant
   C Oxid-Keramik
   D Lötzinn

3. Welches Merkmal charakterisiert einen amorphen Stoff:
   A eine hohe Koordinationszahl
   B eine kfz-Elementarzelle
   C das Auftreten einer spezifischen Röntgenbeugung
   D fehlende Fernordnung der Gitterbausteine

4. Ordnen Sie die Werkstoffe Ag, Al, Cu, α-Fe, γ-Fe, Ge, Glas, Pt, Si und Zn den jeweiligen Strukturen zu:
   A hdp
   B Diamantgitter
   C kubisch
   D amorph

5. Die elektrische Leitfähigkeit von Kupfer ändert sich wesentlich durch Verunreinigungen:
   A die nicht im Cu-Gitter gelöst werden
   B die eine intermetallische Phase mit Cu bilden
   C die sich unter Mischkristallbildung in Cu lösen oder
   D die den Schmelzpunkt des Cu herabsetzen

6. Erhöht sich die Anisotropie eines kristallinen Werkstoffs durch:
   A Verkleinerung der Kristallitgröße
   B Bildung einer Textur

C Temperaturerhöhung
D Verminderung der Konzentration an Verunreinigungen

7. In einem Kristall führen Versetzungen zu:
A Veränderung des Gittertyps
B Verringerung der plastischen Verformbarkeit
C Verbesserung der plastischen Verformbarkeit
D einer Verbesserung der elektrischen Leitfähigkeit

8. Entstehen Unstetigkeitsstellen (Halte- und Knickpunkte) in den Abkühlungskurven von Metallen infolge:
A schneller Abkühlung
B von Keimbildung
C der Phasenänderungen
D der Ausbildung von Gitterfehlern

9. Voraussetzungen für die Bildung des Legierungstyps „völlige Löslichkeit im festen Zustand" sind:
A gleicher Gittertyp; unterschiedlicher Atomradius
B gleicher Gittertyp; geringe Abweichung im Atomradius
C ähnliche Elektronegativität; unterschiedlicher Gittertyp
D ähnliche Dichte; gleiche Kordinationszahl

10. Für die Zn-Cd-Legierung der Konzentration x entsteht das Gefüge:
A übereutektisch
B übersättigte Mischkristalle
C homogen
D primäre Zinkkristalle und Eutektikum

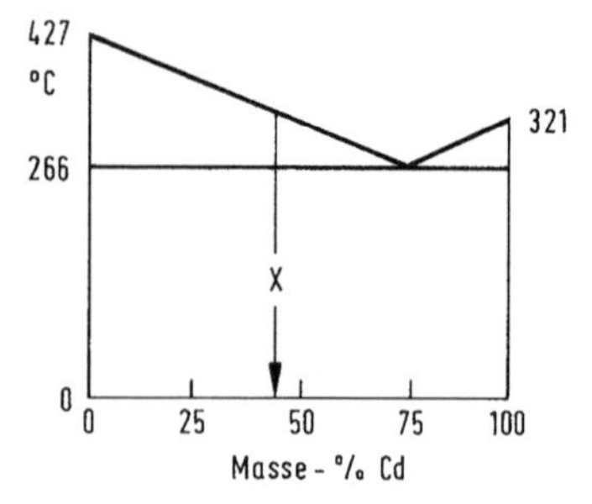

2 Das mechanische Verhalten von Werkstoffen

2.0 Überblick

In ihrem praktischen Einsatz werden die Werkstoffe der Elektrotechnik neben der Nutzung der elektrischen und magnetischen Eigenschaften außerdem mechanisch und thermisch belastet. Für technische Anwendungen unter Umwelteinflüssen ist darüber hinaus die Beständigkeit der eingesetzten Werkstoffe gegen Korrosion von großer Bedeutung.

Eine Übersicht über die möglichen Belastungen, denen Materialien in der Praxis ausgesetzt sind, gibt unten stehende Aufstellung. Zur Ermittlung der Materialtauglichkeit dienen Prüfmethoden, die in Normen niedergelegt sind.

Darum besteht das Ziel dieses Abschnittes in erster Linie darin, einen Überblick über die Vorgänge im Werkstoff bei mechanischer Belastung und die daraus resultierenden Eigenschaftsänderungen zu geben. In diese Darstellung sind nicht nur die metallischen, sondern auch organische und anorganische Werkstoffe mit einbezogen.

Anhand von Werkstoffkenngrößen lässt sich das Ausmaß der Veränderungen durch mechanische Belastung nachweisen. Dafür notwendige Kenngrößen werden beschrieben. Eine detaillierte Abhandlung der Vorschriften zur Durchführung der Prüfverfahren ist nicht Gegenstand dieses Lernbuches.

Beanspruchungsarten	
mechanische Belastung	*statisch*: gleichbleibend oder stetig ansteigend *dynamisch*: pulsierend, wechselnd, stoßend, schlagend
thermische Belastung	Aussagen zur thermischen Belastbarkeit lassen Rückschlüsse auf das Verhalten und den Einsatz der Werkstoffe unter extrem geringer oder hoher sowie schwankender thermischer Beanspruchung zu
Umweltbelastung, chemische Belastung	normale Atmosphäre (Feuchtigkeit, CO_2, SO_2, NO_x u. a.) wässrige Medien (Salzlösungen, Säuren, Basen) organische Stoffe

2.1 Ausgewählte mechanische und thermische Kenngrößen

Kompetenzen

Quantitative Angaben zu Eigenschaften von Werkstoffen erhält man aus den Ergebnissen genormter Prüfverfahren. Die Kenntnisse dieser Größen erlauben es, über werkstoffgerechte Verwendungsmöglichkeiten zu entscheiden. Eines der wesentlichen Prüfverfahren zur Ermittlung von Kenngrößen, die Einfluss auf die Konstruktion haben, ist der Zugversuch. Daraus ergeben sich Spannungs-Dehnungs-Diagramme, aus denen sich Werte für die Belastungs- und Verformungsfähigkeit des untersuchten Werkstoffes entnehmen lassen. Weitere Prüfverfahren, wie Härtemessung, Schlagversuche und Verfahren zur Ermittlung thermischer Eigenschaften, sollen vom Messprinzip und ihrer Aussage her bekannt sein.

Die im Kapitel behandelten Werkstoffkenngrößen schließen nicht nur die Gruppe der metallischen Werkstoffe, sondern entsprechend der Bedeutung für die Elektrotechnik auch solche für Kunststoffe, Gläser und Keramik mit ein.

2.1.1 Mechanische Werkstoffkenngrößen

Bestimmend für die Verwendung eines Werkstoffes unter dem Gesichtspunkt seines mechanischen Verhaltens sind grundsätzliche Kenngrößen. Dazu zählen Kenngrößen, die sich aus dem Zugversuch, aus den Härteprüfverfahren und aus Schlagversuchen ermitteln lassen.

2.1.1.1 Zugversuch nach DIN EN ISO 6892-1 für Metalle

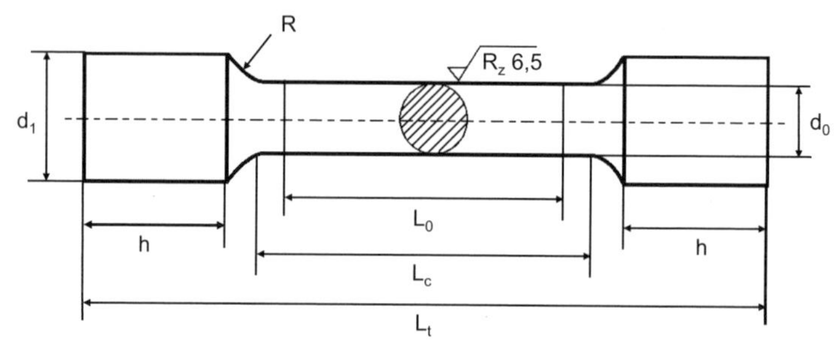

Bild 2.1.1 Zugstab nach DIN EN ISO 6892-1 Form A, langer Proportionalstab $L_0 = 10d_0$

Der Zugversuch ist eine wichtige mechanische Prüfung für Werkstoffe; einfach und zuverlässig lassen sich mit ihm Werte für die Festigkeit und Formbarkeit ermitteln. Im Zugversuch erfolgt die Messung der jeweiligen Kraft F und die dazugehörige Längenänderung ΔL des Stabes. Als Proben dienen meistens Rundstäbe mit verdickten Enden (siehe Bild 2.1-1) zum Einspannen in die Prüfmaschine. Für kleinere Werkstücke oder Bleche benutzt man Flachproben.

$$\sigma = \frac{F}{S_0}$$

$$\varepsilon = \frac{L - L_0}{L_0} \cdot 100\,\% = \frac{\Delta L}{L_0} \cdot 100\,\%$$

Aus den ermittelten Messwerten der Kräfte und Längen kann man die Spannungs- und Dehnungswerte errechnen, daraus ergibt sich das Spannungs-Dehnungs-Diagramm, Kurve a (siehe Bild 2.1-2).

Auf der Ordinate ist die Spannung σ in $N \cdot mm^{-2}$ aufgetragen. Sie ist der Quotient aus der jeweils wirkenden Kraft bezogen auf den Ausgangsquerschnitt S_0. Auf der Abszisse wird die prozentuale Dehnung ε als Quotient aus der Längenänderung bezogen auf die Ausgangslänge L_0 aufgetragen.

Die Kurve b im Bild 2.1-2 ist die sogenannte wahre Spannungs-Dehnungs-Kurve. Die *wahre Spannung* ist der Quotient aus der wirkenden Kraft und dem zu diesem Zeitpunkt vorliegenden Stabquerschnitt. Mit Beginn der Einschnürung ist das der Querschnitt der Einschnürstelle.

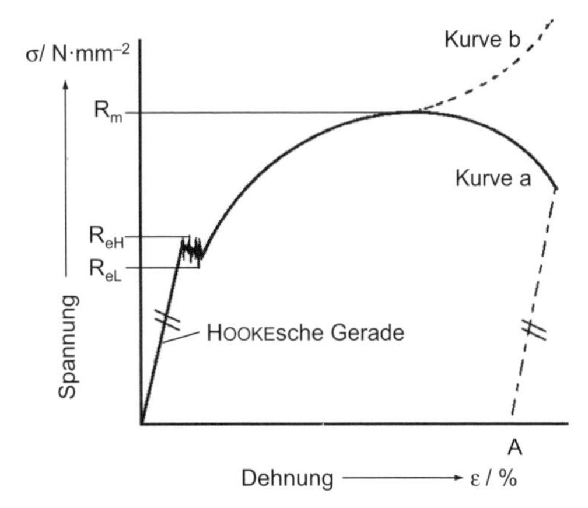

Bild 2.1-2 Spannungs-Dehnungs-Diagramm

Kenngrößen aus dem Zugversuch

Festigkeitskenngrößen

- *Streckgrenze*
  Bei gut verformbaren Stählen (Baustähle) tritt nach Überschreiten des Spannungsgebietes der elastischen Verformung im Spannungs-Dehnungs-Diagramm eine markante Unstetigkeitsstelle, die *Streckgrenze* (R_e), auf. Man unterscheidet die obere Streckgrenze (R_{eH}) von der unteren Streckgrenze (R_{eL}), wie in Bild 2.1-2 dargestellt.

- *0,2%-Dehngrenze*
  Die im Probestab beim Übergang vom elastischen in das plastische Gebiet vorhandene Spannung, nämlich die Elastizitätsgrenze E in $N \cdot mm^{-2}$, lässt sich beim Zugversuch nicht direkt ermitteln; dieser Grenzwert ist aber konstruktiv wichtig, gibt er doch die Belastungsgrenze an, bei deren Überschreiten der jeweilige Werkstoff plastisch verformt wird, das bedeutet seine Gestalt verändert sich bleibend. Falls die Ermittlung einer Streckgrenze experimentell nicht möglich ist, bestimmt man die Spannung im Stab, bei der er sich um 0,1 oder 0,2% gedehnt hat, siehe Bild 2.1-3. Die zugehörige Spannung bezeichnet man als *0,2%-Dehngrenze* ($R_{p0,2}$). Die Höchstbelastungen einer Konstruktion

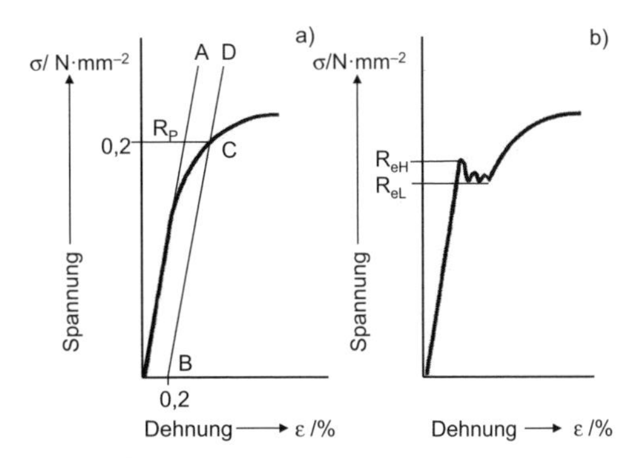

Bild 2.1-3
a) Ermittlung der $R_{p_{0,2}}$-Dehngrenze
b) σ-ε-Diagramm mit Streckgrenze

Beachte: Allgemein spricht man von der Spannung mit dem Symbol σ, die spezifische Spannungs-Kenngröße (gemessener Wert) erhält das Symbol $\boldsymbol{R}$ (Resistance franz.: Widerstand)

$\boldsymbol{R_p}$: Spannung, bei einem bestimmten Betrag bleibender Dehnung

$\boldsymbol{R_e}$: Spannung, bei der trotz zunehmender Verlängerung die Kraft (F) gleich bleibt oder fällt.

$\boldsymbol{R_m}$: Spannung bei F_{max}

müssen deutlich unter der $R_{p0,2}$-Grenze bzw. der Streckgrenze liegen.

- *Zugfestigkeit*
  Die maximale Belastbarkeit wird durch die Festigkeitskenngröße *Zugfestigkeit* (R_m) erfasst. Die Größe R_m als experimentell ermittelter Wert stellt eine wichtige Berechnungsgrundlage für den Konstrukteur dar.

- *Elastizitätsmodul*
  Im Bereich der HOOKEschen Geraden gilt: Die Spannung ist proportional der Dehnung. Der Proportionalitätsfaktor ist der *Elastizitätsmodul* (E). Der E-Modul lässt sich auch grafisch interpretieren (siehe Bild 2.1-4) als Tangens des Anstiegswinkels α der HOOKEschen Geraden.

  Je größer der E-Modul eines Werkstoffes ist, um so höher ist sein Widerstand gegen eine elastische Verformung.

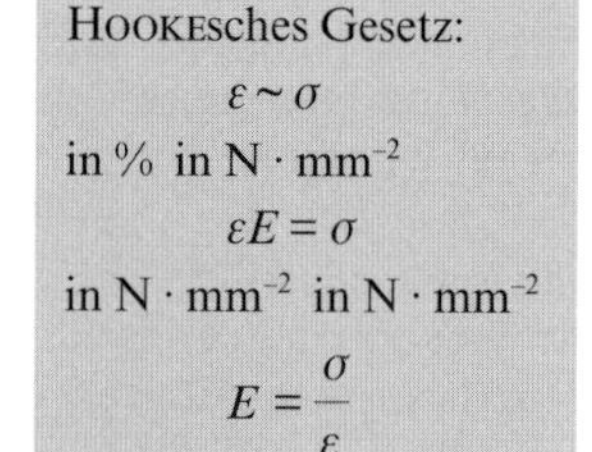

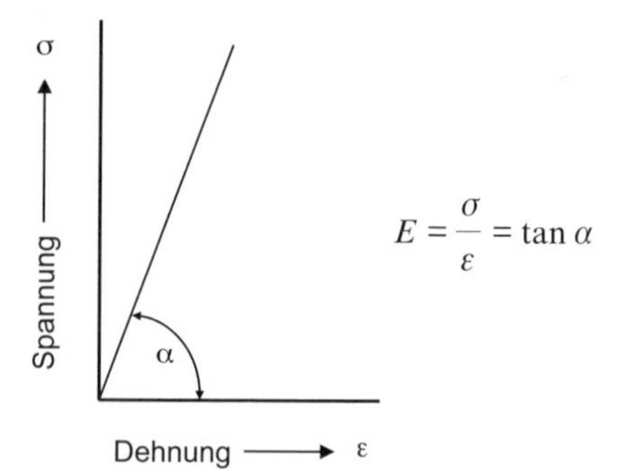

Bild 2.1-4 Grafische Bestimmung des E-Moduls aus dem σ-ε-Diagramm

Verformbarkeitskenngrößen

- *Bruchdehnung*
  Nach dem Bruch ist an den Stabbruchstücken die Längenzunahme infolge der plastischen Verformung messbar. Bruchdehnung A ist die auf die Anfangslänge L_0 bezogene bleibende Längenänderung ΔL_b nach dem Bruch der Probe in %. Sie wird mit 5 oder 10 indiziert, je nach der Probenlänge $L_0 = 5d_0$ oder $10d_0$.

- *Brucheinschnürung*

$$A = \frac{\Delta L_b}{L_0} \cdot 100\,\%$$

$$Z = \frac{\Delta S}{S_0} \cdot 100\,\%$$

Im elastischen Bereich gilt das HOOKEsche Gesetz:
$\Delta L \sim F$

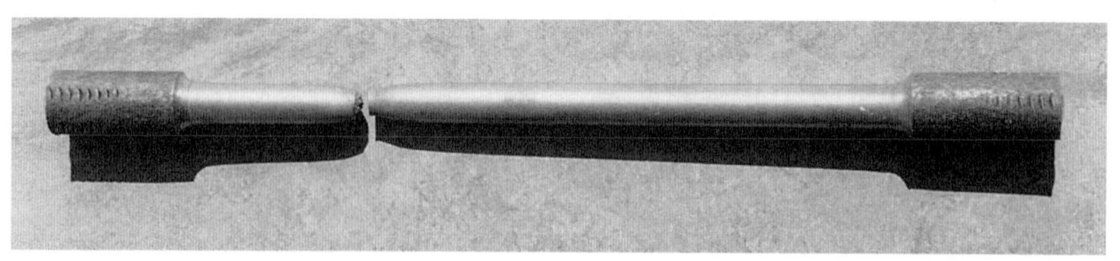

Bild 2.1-5 Eingeschnürte Zugprobe

Fazit

Die σ-ε-Diagramme geben einen Überblick über das Festigkeits- und Verformbarkeitsverhalten eines Werkstoffes und gestatten die experimentelle Bestimmung von Kennwerten.

Tabelle 2.1-1 gibt eine Übersicht über mechanische Werkstoffkenngrößen mit Symbolen und Einheiten, die mit dem Zugversuch ermittelt werden können. Die verwendeten Formelzeichen für Kenngrößen aus dem Zugversuch sind in DIN EN ISO 6892-1 festgelegt.

Tabelle 2.1-1 Mechanische Werkstoffgrößen aus dem Zugversuch (Richtwerte)

Werkstoff	$R_{p0,2}$	R_m	A_{10}
	$[N \cdot mm^{-2}]$	$[N \cdot mm^{-2}]$	[%]
E-Al 99,5 v	30	80	> 20
E-Al 99,5 k	130	180	< 1
E-Cu w	50	200	> 60
E-Cu k	400	500	< 6
CuZn 37 R300	150	300	> 60
CuZn 37 R480	400	500	< 8
Baustahl	200	300	> 18
Stahl, gehärtet	800	1000	< 6

w = warmgewalzt; k = kaltgewalzt
R300 weich; R480 federhart

2.1.1.2 Zugversuch für Kunststoffe

Der Zugversuch für Kunststoffe nach DIN EN ISO 527-1 erfolgt in großer Anlehnung an die Prüfung metallischer Werkstoffe. Unterschiede ergeben sich infolge der besonderen Eigenschaften der Kunststoffe (siehe Abschn. 2.4.1) in:

- der Durchführung der Prüfung,
- der Beurteilung der Prüfergebnisse und
- in der Definition der Kenngrößen.

Probekörper sind Schulter- oder Flachproben nach DIN EN ISO 527-2, die durch Pressen, Spritzgießen oder Spanen hergestellt werden. Prüfgeschwindigkeit und Prüftemperatur sind genauer als bei der Prüfung der Metalle einzuhalten. Es gelten die Festlegungen der DIN EN ISO 527 hinsichtlich der Prüfgeschwindigkeit zwischen 1 bis 500 mm/min in festgelegten Schritten und der Prüftemperatur von 23 °C ± 2 °C sowie einer relativen Luftfeuchtigkeit von 50 % ± 5 %. Die Prüfmaschinen sind ausgelegt für:

- niedrige Kraftbereiche,
- variable Prüfgeschwindigkeit und
- erheblich größere Verformungswege gegenüber den Metallen.

Da die mechanischen Eigenschaften von Kunststoffteilen erheblich von der Gestaltung und den Herstellungs- bzw. Verarbeitungsbedingungen abhängen, sind die Kenngrößen als Berechnungsunterlagen zur Dimensionierung von Kunststoffbauteilen nicht ausreichend und nur für erste grobe Abschätzungen geeignet. In Tabelle 2.1-2 sind die Kenngrößen für Kunststoffe zusammengefasst. Außer den in der Tabelle auf-

Tabelle 2.1-2 Durch den Zugversuch zu ermittelnde mechanische Kenngrößen für Kunststoffe

Kenngröße	Symbol		Einheit
	1)	2)	
Zugfestigkeit	σ_{zM}	σ_M	$N \cdot mm^{-2}$
Streckspannung	σ_{zS}	σ_y	$N \cdot mm^{-2}$
Reißdehnung	ε_{zR}	ε_R	%
Dehnung bei max. Spannung	ε_{zM}	ε_M	%
Reißfestigkeit	σ_{zR}	σ_R	$N \cdot mm^{-2}$
Zugspannung bei x%-Dehnung	σ_{zx}	σ_x	$N \cdot mm^{-2}$
Dehnung bei x%-Dehnspannung	ε_{zx}	ε_x	%

geführten neuen Bezeichnungen für die Kennwerte sind auch noch die bisher gebräuchlichen erlaubt, σ_s und ε_s (Streckspannung und -dehnung), σ_B und ε_B (Zugspannung und -dehnung) und σ_R und σ_R (Reißspannung und -dehnung).

Beachte: Bei der Prüfung von Kunststoffen werden die Dehnungen als Gesamtdehnungen unter Last gemessen, nicht wie bei Metallen nach der Entlastung als bleibende Dehnungen, siehe auch Bild 2.1-7. Für in der E-Technik häufig eingesetzte Kunststoffe sind im Bild 2.1-6 die Spannungs-Dehnungs-Diagramme gezeichnet.

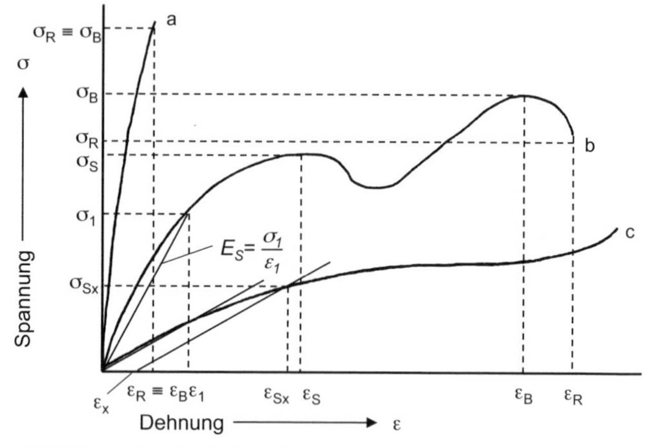

Bild 2.1-6 Charakteristische Spannnungs-Dehnungskurven für Kunststoffe
a: Duromeres, Plastomeres glasartig
b: Plastomeres verstreckbar
c: Elastomeres

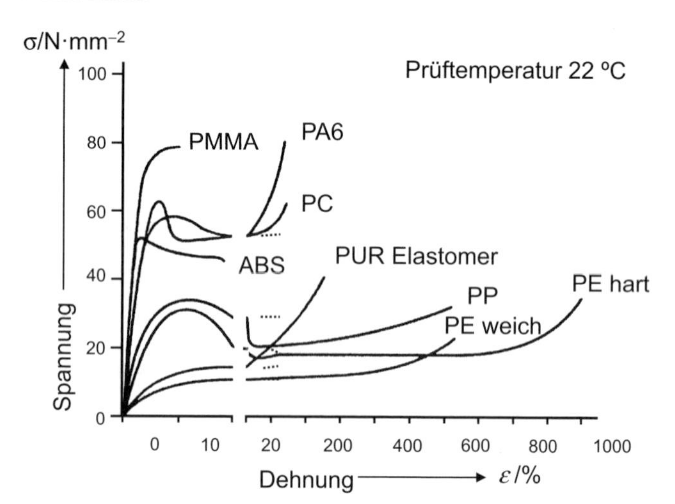

Bild 2.1-7 Spannungs-Dehnungskurven ausgewählter Kunststoffe

2.1.1.3 Härteprüfung

Härte ist der Widerstand, den ein Werkstoff dem Eindringen eines Körpers entgegensetzt. Dabei setzt man voraus, dass der Prüfkörper härter und von bestimmter Geometrie ist. Wesentlich ist, dass der Prüfkörper im Werkstoff messbare Eindrücke erzeugt.

Die älteste Methode der Härtebestimmung ist die Ritzhärte. Sie führt zur MOHSschen Härteskala. Als Härtevergleich dienen Mineralien unterschiedlicher Härte: Diamant hat als härtestes Mineral die Zahl 10, Korund 9 usw. bis zum weichen Talkum mit 1.

Beim Einpressen eines härteren Prüfwerkzeuges in einen weicheren Stoff gibt dieser zunächst elastisch nach; erst bei größerem Flächendruck verformt er sich plastisch. Im Werkstück verlaufen dabei analoge Vorgänge wie beim Zugversuch; aber das Verformungsgebiet ist eng begrenzt und die Verformungsgeschwindigkeit sehr hoch.

Für die Härtebestimmung von Werkstoffen sind die folgenden Prüfarten genormt:

Dynamische Härteprüfung

Diese Methode wird bei gummielastischen Stoffen angewandt (Shore-Härte). Es handelt sich dabei um das Rücksprung-Härteprüfverfahren nach DIN 53505. Man lässt einen Prüfkörper aus bestimmter Höhe auf die Probe fallen und schließt aus der Rückprallhöhe auf die Härte (Skleroskop zur Shore-Härte-Bestimmung und Duroskop [Rückprallwinkel], siehe Bild 2.1-8).

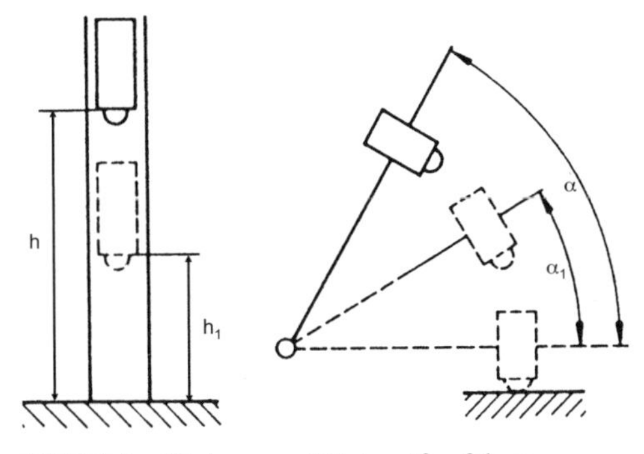

Bild 2.1-8 Rücksprung-Härteprüfverfahren

Statische Eindringverfahren

Für die Härtebestimmung von Metallen und einigen Kunststoffarten gibt es drei Prüfverfahren nach DIN EN, die VICKERS-Härte (HV) DIN EN ISO 6507, die BRINELL-Härte (HB) DIN EN ISO 6506 und die ROCKWELL-Härte (HR) DIN EN ISO 6508. Bei ihnen wird der härtere Prüfkörper stoßfrei in den Prüfling gepresst und der bleibende Eindruck vermessen (siehe Tabelle 2.1-3). Man erhält gut vergleichbare Härtezahlen.

Bei den Härteprüfverfahren für Kunststoffe handelt es sich auch um Eindringhärteprüfungen. Die Eindringtiefen werden dabei wegen der

Tabelle 2.1-3 Parameter der Härteprüfverfahren

Verfahren	Prüfkörper	Gewichtskraft [N]
VICKERS HV	Diamant-Pyramide mit quadratischer Grundfläche	49–980
ROCKWELL HR C B	 Diamantkegel Stahlkugel	 98 + 1373 98 + 1373
BRINELL HB	Stahlkugel D = 2,5; 5; 10 mm	61,3–29420

hohen elastischen Rückfederung und ihrem visko-elastischen Verhalten, im Gegensatz zu den Metallen, unter Last nach festgelegten Zeiten bestimmt. Ein Vergleich der Härtezahlen von Kunststoffen mit denen anderer Werkstoffe ist nicht möglich. Eine Beziehung zwischen Härtewert und Zugfestigkeit, wie teilweise bei Metallen, lässt sich für Kunststoffe nicht herstellen.

Häufig benutzte Prüfverfahren sind:

- die Kugeldruckhärte nach DIN EN ISO 2039-1 (für Thermoplaste und Duroplaste) und
- die Shore-Härte nach DIN 53505 und DIN EN ISO 868 (für Thermoplaste mit niedriger Glastemperatur T_g und Elastomere).

2.1.1.4 Schlagfestigkeit

Bei ihrem Einsatz unterliegen die Werkstoffe sehr häufig schlag- oder stoßartigen Beanspruchungen, es erfolgen dynamische Belastungen. Die unter statischer Belastung ermittelten Werte aus dem Zugversuch oder den Härtemessungen liefern keine Aussage über die dynamische Belastbarkeit einer Probe. Ein Versuch zur Bestimmung der dynamischen Belastbarkeit ist der Kerbschlagbiegeversuch. Die Schlagzähigkeit von Werkstoffen unterliegt stark der Beeinflussung durch die Temperatur. Für den Anwender liefern deshalb dynamische Prüfgrößen in Abhängigkeit von der Temperatur wichtige Hinweise für den Einsatz von Werkstoffen bei wechselnder Belastung. Für die metallischen Werkstoffe ist der Kerbschlagbiegeversuch in der DIN EN 10045-1 und für Kunststoffe in DIN EN ISO 179-1 beschrieben.

Die genannten Prüfverfahren geben über die bei Langzeitwirkung (Monate, Jahre) auftretenden Veränderungen im Werkstoff keinen Aufschluss. Deshalb sind Dauerprüfverfahren u. a. in Normen, wie Standversuche (DIN 53444) und Dauerschwingversuch (DIN 50100) festgelegt. Bei Dauerbelastungen nahe der Elastizitätsgrenze beginnt sich das Material ganz allmählich plastisch zu verformen, es beginnt zu kriechen.

Mit Kriechen bezeichnet man eine langsame plastische Verformung unter langzeitiger Belastung; sie kann zum Stillstand kommen (Verfestigung) oder zum Bruch führen.

Pulsierende Zug-Druck- oder Biegewechselspannungen lösen Materialermüdungen aus. Sie führen ebenfalls zur Zerstörung des Werkstoffes.

Sollen Werkstofffehler ermittelt werden, kommen zerstörungsfreie Prüfverfahren in Betracht. Mit ihnen lassen sich Fehler im Inneren des Erzeugnisses oder Haarrisse auf der Oberfläche nachweisen. Die Prüfmethoden nutzen physikalische Effekte, die gerade für den Elektrotechniker von Bedeutung sind, siehe Tabelle

Tabelle 2.1-4 Zerstörungsfreie Prüfverfahren

Fehlerart	Verfahren
Oberflächenfehler (Haarrisse)	Magnetpulververfahren Färbemethode
Volumenfehler (Risse, Blasen, Hohlräume, Einschlüsse)	Durchstrahlen (Röntgen, Neutronen), Ultraschallrückstreuung, Induktion (elektrisch, magnetisch)

2.1-4. Die Entwicklung dieser Prüfverfahren und der erforderlichen Geräte ist ohne die Elektroindustrie nicht denkbar.

2.1.2 Thermische Werkstoffkenngrößen

Wärmedehnung

Eine Zunahme des Volumens, die ein Körper durch Erwärmung erfährt, erfolgt allseitig. Isotrope Körper dehnen sich gleichzeitig nach allen Richtungen in demselben Maße aus, während einkristalline Werkstoffe sich anisotrop verhalten, siehe Abschn. 1.2.1. Im Folgenden soll nur die lineare Wärmeausdehnung isotroper Stoffe betrachtet werden. Die Prüfung erfolgt mit Geräten zur thermischen Analyse, im speziellen Fall mit einem Dilatometer. Die Probentemperatur und die Längenänderung werden auf elektronischem Wege gemessen und ausgewertet.

Der lineare Ausdehnungskoeffizient α eines festen Körpers ist das Verhältnis der Verlängerung, die der Probekörper bei einer Temperaturerhöhung um 1 K erfährt.

$$\alpha = \frac{\Delta l}{l \cdot \Delta T}$$

Für Metalle liegt α bei ca. $2 \cdot 10^{-5} \cdot K^{-1}$, unter der Annahme, dass der lineare Ausdehnungskoeffizient von Metallen unabhängig von der Ausgangstemperatur ist. Die Werte für α sind bei keramischen Werkstoffen und Gläsern um eine Größenordnung kleiner. Bei Durchführungen und Verbindungen zwischen Metall und Glas (Glühlampen, Substrate, Gasentladungslampen u.a.) muss man gleiche Werte für α anstreben. Die Legierung von Eisen mit 34 % Ni (Invar), die für elektrische Durchführungen in Gläsern verwendet wird, besitzt einen α-Wert von $0{,}1 \cdot 10^{-5} \cdot K^{-1}$.

Der α-Wert der Kunststoffe liegt im Bereich von $7–10 \cdot 10^{-5} \cdot K^{-1}$ und ist damit etwa achtmal höher als der von Stahl. Durch Füllstoffe kann α bei Kunststoffen herabgesetzt werden. Insbesondere kann der niedrige α-Wert von Glasfasern bewirken, dass glasfaserverstärkte Kunststoffe je nach Glasanteil sich dem α-Wert von Stahl nähern, was bei Faserverbunden von Bedeutung ist. Werte für die linearen Ausdehnungskoeffizienten von Werkstoffen der Elektrotechnik enthält Tabelle 2.1-5.

Tabelle 2.1-5 Linearer Ausdehnungskoeffizient α in 10^{-5}/K

Metalle	Zn	3
	Al	2
	Cu	2
	Fe	1
NMA	Glas	0,1
	Quarzglas	0,01
	Porzellan	0,5
NMO	Polyethen	20
	Polystyren	7
	Polyamid	8
	Polyester	2

Wärmeformbeständigkeit

Da die mechanischen Eigenschaften der Kunststoffe viel stärker als die anderer Werkstoffgruppen von der Temperatur abhängen, wurden für sie spezielle Prüfverfahren entwickelt. Genormte Verfahren zur Prüfung der Wärmeformbeständigkeit sind das Prüfverfahren nach DIN EN ISO 75 und das Verfahren nach MARTENS, ebenfalls in DIN EN ISO 75 enthalten. Ein bisher häufig angewandtes Verfahren war das Prüfverfahren nach VICAT (DIN EN ISO 306).

Wärmebeständigkeit

Bei lang andauernder Wärmeeinwirkung auf Kunststoffe tritt eine thermische Alterung auf, die sich auf die mechanischen Eigenschaften auswirkt. Um diese thermische Alterung vergleichbar zu machen, sind Prüfungen nach DIN EN ISO 2578 durchzuführen. Allerdings wird hier nur die Änderung der mechanischen Eigenschaften durch eine Wärmelagerung erfasst, nicht aber die Auswirkungen durch z. B. Strahlung, zusätzliche mechanische, chemische oder elektrische Beanspruchungen. Die Prüfungen erfolgen bei Raumtemperatur, und zwar vor und nach der entsprechenden Wärmelagerung. Um die Gefahr einer Wärmealterung auszuschließen, hat der VDE die Isolierstoffe in sieben Wärmeklassen mit Grenztemperaturen von 90° bis 180 °C eingeteilt. Einen Auszug gibt Tabelle 2.1-6.

Deutlich wird, dass nur Polyimide (PI), Silikone und Polytetrafluorethen (PTFE) in die höchste Beständigkeitsgruppe C > 180 °C fallen. Viele organische Isolierstoffe gehören zur Klasse E > 105 °C < 120 °C.

Übung 2.1-1

Zeichnen Sie schematisch die Spannungs-Dehnungs-Diagramme für:

1. einen hochfesten, schlecht verformbaren und
2. einen weichen, gut verformbaren Werkstoff.

Übung 2.1-2

Erklären Sie die Begriffe: Streckgrenze und $R_{p0,2}$-Dehngrenze!

Übung 2.1-3

Stellen Sie für E-Al weich und Stahl hart unter Verwendung der Werkstoffkenngrößen aus Tabelle 2.1-1 die Spannungs-Dehnungs-Kurven dar!

Übung 2.1-4

Vergleichen Sie die Zugfestigkeit und Bruch- bzw. Reißdehnung der Werkstoffe E-Cu hart mit PE weich und begründen Sie die Unterschiede aus den Bindungszuständen dieser Werkstoffe!

Übung 2.1-5

Erläutern Sie das Prinzip der statischen Härteprüfung für metallische Werkstoffe! Welche Prüfkörper kommen für die Härteprüfung nach BRINELL, VICKERS und ROCKWELL zur Anwendung?

Tabelle 2.1-6 Wärmebeständigkeitsklassen von Isolierstoffen nach VDE 0503

Klasse	max. Temperatur in °C	Werkstoffbeispiele
Y	90	Papier und Verarbeitungsformen; Thermoplaste, wie PE, PVC, UF, POM u. a.
A	105	Imprägniertes Papier, Polyamidfolie
E	120	Papier mit Phenolharz, Tränklacke, Isolierlacke, PC, PUR, EVA
B	130	Mikanit (Glimmer/Alkydharz), PET
F	155	Kombinationen Glasfaser mit EP (FR4), PSU
H	180	Silikone, Silikone mit anorganischen Füllstoffen
C	>180	PTFE, Silikone, anorganische Isolierstoffe, PI

Übung 2.1-6

Bei der Härteprüfung nach VICKERS ergibt sich im Idealfall ein quadratischer Eindruck in der Oberfläche des Prüfstückes. Welche Ursachen führen zur Abweichung vom quadratischen Eindruck?

Übung 2.1-7

Ist die Bestimmung der Kerbschlagzähigkeit den statischen oder dynamischen Werkstoffprüfverfahren zuzuordnen?

Übung 2.1-8

Je ein 0,8 m langes Rohr aus Polyethen und aus Quarzglas wurden von −15 °C auf 90 °C erwärmt. Um wie viel Millimeter haben sich die Rohre ausgedehnt?
Um welchen Faktor hat sich das Polyethenrohr stärker verlängert als das Quarzglasrohr?

Übung 2.1-9

Warum ist die Angabe der Wärmeformbeständigkeit im praktischen Einsatzfall besonders wichtig? Welche Verfahren zu ihrer Bestimmung kennen Sie?

Zusammenfassung: Mechanische und thermische Kenngrößen

- Werkstoffprüfverfahren unterscheiden sich in dynamische und statische.
- Aussagen zum mechanischen Verhalten von Werkstoffen erhält man aus:
  - Dem Zugversuch,
  - der Härteprüfung,
  - Schlagversuchen und
  - Versuchen zur Ermittlung thermischer Kenngrößen.
- Aus den Spannungs-Dehnungs-Diagrammen lassen sich u. a. ermitteln:
  - Die Streckgrenze bzw. die 0,2-%-Dehngrenze,
  - die Zugfestigkeit,
  - der Elastizitätsmodul,
  - die Bruchdehnung, für Kunststoffe die Reißdehnung,
  - die Brucheinschnürung.
- Prüftemperatur und Prüfgeschwindigkeit haben bei Kunststoffen einen bedeutend größeren Einfluss als bei Metallen.
- Härteprüfverfahren für metallische Werkstoffe sind die Verfahren nach:
  - BRINELL,
  - VICKERS und
  - ROCKWELL.
- Härteprüfverfahren für Kunststoffe sind:
  - die Kugeldruckhärte und
  - die SHORE-Härte.
- Das thermische Verhalten beschreiben Kenngrößen wie:
  - Wärmedehnung,
  - Wärmeformbeständigkeit und
  - Wärmebeständigkeit.

2.2 Das Verformungsverhalten metallischer Werkstoffe

Kompetenzen

Ursache für das typische Verformungsverhalten metallischer Werkstoffe ist die Existenz eines Kristallgitters, in dem die Metallbindung vorherrscht. Dabei sind reversible, irreversible Verformung und Bruch die Etappen, die bei Krafteinwirkung vor sich gehen können. Die plastische Verformung hängt ab von der Möglichkeit der Versetzungswanderung auf Gleitebenen. Die Anzahl der Gleitebenen wird durch den Gittertyp bestimmt. In der Folge einer plastischen Deformation verändern sich nahezu alle Eigenschaften eines Metalls. Einen weiteren Einfluss auf das Formänderungsverhalten üben Beanspruchungsbedingungen und Legierungsart aus.

Durch thermisch aktivierte Vorgänge, die Diffusion, kommt es zu einer stufenweisen Rückbildung der durch die Verformung veränderten Eigenschaften. Im Zusammenhang damit bildet sich ein neues Gefüge, es entstehen also neue Kristallite.

Die durch die Krafteinwirkung entstehenden Verformungen sind folgenden Stufen zuordenbar:

1. **Reversible Verformung**
   elastisches bzw. kautschukelastisches Verhalten
2. **Irreversible Verformung**
   plastisches bzw. viskoses Verhalten
3. **Bruch**
   Trennung im makroskopischen Bereich

Eine Systematik der mechanischen Beanspruchungen, charakterisiert durch die Angriffsrichtung der Kräfte, bezogen auf spezifische Flächenelemente der Probenkörper, enthält Bild 2.2-1.

Beanspruchung	Zug	Schub (Scherung)	Biegung	Torsion (Verdrillung)	hydrostatischer Druck
Skizze	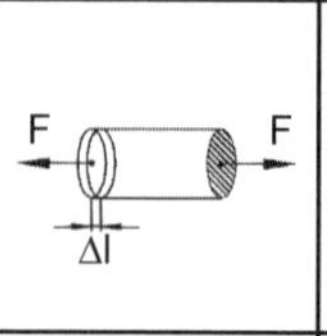	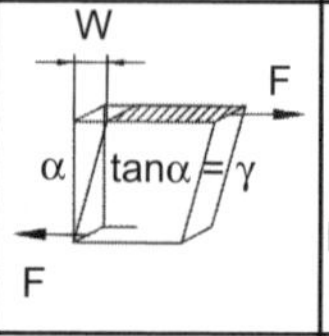	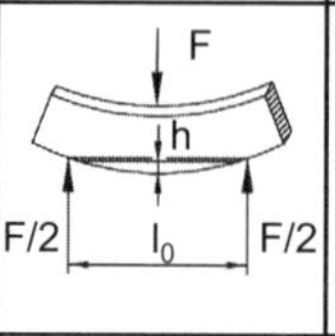	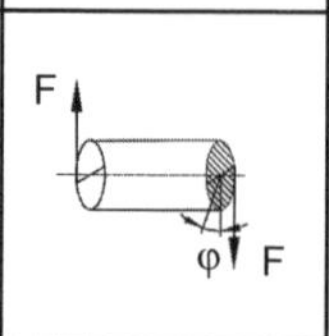	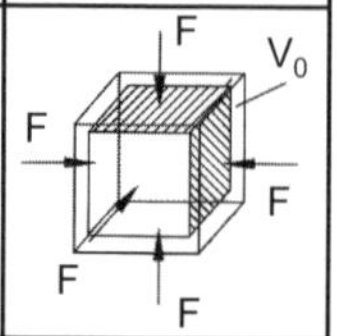
Kenngröße	Zugspannung $\sigma_{max} = F/A$	Schubspannung $\tau = F/A$	Biegespannung $\sigma_{max} = \frac{M_b}{W}$	Torsionsspannung $\tau_{max} = \frac{M_b}{W}$	allseitiger Druck $F = p \cdot A$
Veränderung am Probekörper	Dehnung $\varepsilon = \Delta l/l_0$	Schub $\gamma = \frac{W}{l} = \tan\alpha$	Durchbiegung $u = h/l_0$	Verdrillung $\nu = \varphi/l$	Kompression $k = -\Delta V/V_0$

Bild 2.2-1 Systematik der mechanischen Beanspruchungsarten (A = schraffierte Fläche)

2.2.1 Elastische und plastische Verformung

Bei einer elastischen Verformung ändern sich Abstände und Achswinkel; dabei erhöht sich der Energieinhalt des Gitters durch die aufgezwungene Spannung. Da jedes System bestrebt ist, die niedrigste Energiestufe einzunehmen, kehren die Gitterbausteine nach der Entlastung wieder in ihre stabile Ausgangslage zurück.

Die elastische Deformation eines Gitters behindert die Beweglichkeit der Leitungselektronen; d.h. bei der elastischen Deformation eines kristallinen Werkstoffes steigt der elektrische Widerstand. Man benutzt diesen Effekt zur Bestimmung elastischer Verformungen (z. B. bei Brücken, Flugzeugen) mithilfe von Dehnungsmessstreifen (DMS).

Das mechanische Verhalten und damit die zu beobachtenden Stadien der Formänderung sind von den Beanspruchungsbedingungen abhängig wie:

- Temperatur
- Belastungsdynamik (Geschwindigkeit, Stoß, statisch, dynamisch)
- Belastungsdauer
- Betrag der Belastung

Von besonderer Auswirkung sind diese Größen auf das Verformungsverhalten von Kunststoffen.

Im metallischen Werkstoff ist der Prozess der plastischen Verformung an die Möglichkeit des Wanderns von Versetzungen gebunden. Es erfolgt nicht wie in einem Ionengitter die Verschiebung einer Gitterebene gegen die benachbarte, sondern ein Ablauf in Teilschritten (vgl. Bild 2.2-2). Ausgangspunkte sind die in einer Versetzung wirkenden Bindungs- und Spannungszustände, siehe Bild 2.2-3. Zwischen den Atomen 1–2 entstehen infolge des zu großen Atomabstandes anziehende Kräfte. Sie führen zu einer Zugspannung. Infolge des zu kleinen Abstandes zwischen den Atomen 3–4 und 4–5 entstehen abstoßende Kräfte, damit eine Druckspannung. Die Bindungen zwischen den Atomen 1–3 und 2–5 werden labil und die Versetzung beginnt durch das Gitter zu wandern.

Eine anschauliche Darstellung dieses sehr komplizierten Gittervorganges finden Sie im Bild 2.2-4. Gleichzeitig verdeutlicht die Darstellung die experimentell zu beobachtende Tatsache einer sehr kleinen kritischen Schubspannung gegenüber den sehr hohen der theoretisch berechneten. Der theoretische Ansatz geht vom idealen Gitter ohne Versetzungen aus, d.h. vom Verschieben eines Gitterblockes gegen den benachbarten ohne zeitliche und räumliche Aufteilung.

Reversible Verformung:
Formänderung verschwindet unmittelbar bzw. eine bestimmte Zeit nach Beendigung der Krafteinwirkung. Der Körper kehrt in seine ursprüngliche Gestalt zurück.

Irreversible Verformung:
Formänderung bleibt nach Beendigung der Krafteinwirkung erhalten.

Belastungsarten:
Statische Belastung
konstant oder langsam ansteigend
Dynamische Belastung
stoßartig, schnell wechselnd

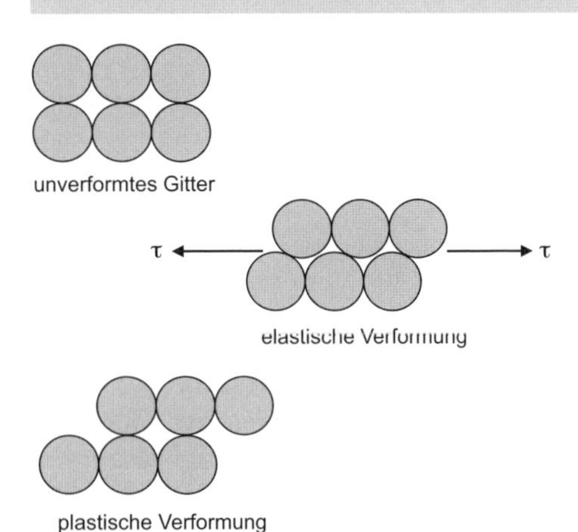

Bild 2.2-2 Elastische und plastische Verformung im Metall (Prinzip)

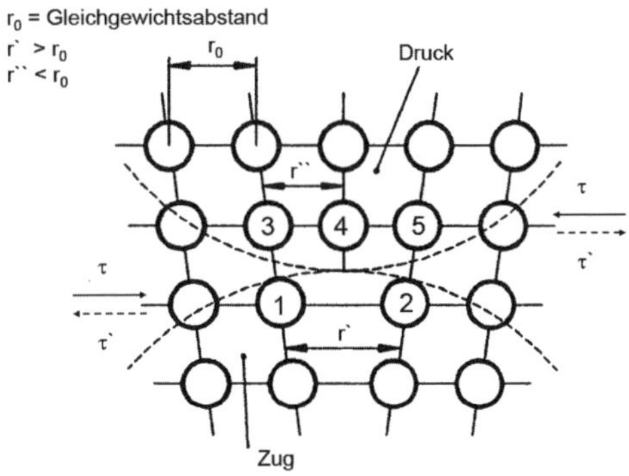

r_0 = Gleichgewichtsabstand
$r' > r_0$
$r'' < r_0$
r_0
Druck
τ
τ'
r''
r'
1 2 3 4 5
Zug

Bild 2.2-3 Start der Versetzungswanderung bei plastischer Deformation

Eine Wanderung von Versetzungen erfolgt bevorzugt auf Ebenen und Richtungen dichtester atomarer Packung. Die kubisch flächenzentrierte Elementarzelle besitzt, wie im Bild 2.2-5 dargestellt, vier dicht besetzte Gitterebenen, die sog. Gleitebenen. Da jede Gleitebene drei bevorzugte Gleitrichtungen aufweist, entstehen 12 Gleitsysteme. Gleitflächen und Gleitrichtungen bilden die Gleitsysteme. In Tabelle 2.2-1 sind Zahlenwerte für verschiedene Gittertypen aufgeführt. Im kfz-Gitter kristallisierende Metalle sind leicht verformbar (vgl. Abschn. 1.2.2). Bei langsamer Verformung von Reinstaluminium (kfz) können die Gleitlinien in der metallografischen Aufnahme sichtbar gemacht werden (siehe Bild 2.2-6). Da das hdp-Gitter nur drei Gleitsysteme besitzt, sind derartige Metalle spröde (vgl. Abschn. 1.2.2).

Je mehr Gleitebenen und Gleitrichtungen ein Kristall besitzt, umso besser lässt er sich verformen. Die Richtung einer angreifenden Kraft (Zug, Druck, Dehnung) zur Lage des Gleitsystems wirkt sich auf das Ausmaß der Verformung aus.

Im Verlaufe der plastischen Deformation des metallischen Werkstoffes kommt es makroskopisch zu einer Streckung der Kristallite, es entstehen Texturen, wie es Bild 2.2-7 zeigt. Der anisotrope Charakter nimmt also zu.

Im atomaren Bereich entstehen neue Fehlstellen in der Anordnung der Gitterbausteine, insbesondere bilden sich neue Versetzungen aus. Dadurch wird das weitere Wandern von Versetzungen erschwert – blockiert – das Metall erfährt eine Kaltverfestigung. Die Beweglichkeit der Leitungselektronen wird noch stärker als bei der elastischen Deformation behindert, der elektrische Widerstand nimmt zu.

Die Eigenschaften metallischer Werkstoffe hängen in hohem Maße von der Art und dem Ausmaß von Gitterfehlern ab. Deshalb verändert die plastische Deformation solche komplexen Eigenschaften wie:

- mechanisches Verhalten,
- elektrische Leitfähigkeit,
- magnetisches Verhalten und
- elektrochemisches Verhalten

Um die durch die plastische Verformung eines metallischen Leiters eingetretene Widerstands-

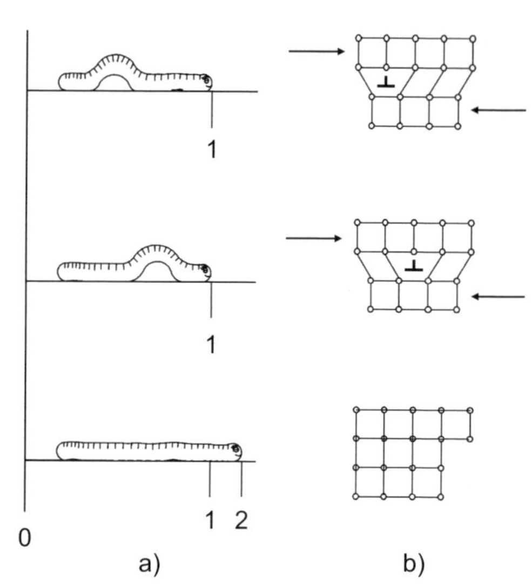

Bild 2.2-4 Modell des Gleitprozesses
a) Fortbewegung eines Regenwurms durch Verschiebung einer Faltung
b) Abgleitung längs einer Gleitebene durch Verschiebung einer Stufenversetzung

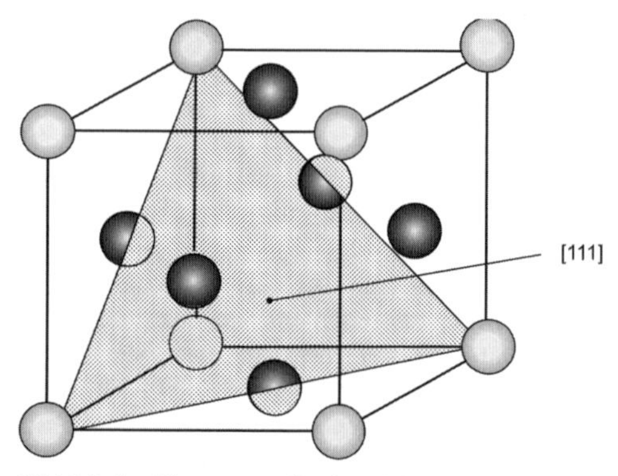

Bild 2.2-5 Elementarzelle einer kfz-Struktur mit (111)-Ebene als Gleitebene

Tabelle 2.2-1 Anzahl der Gleitsysteme verschiedener Gittertypen

Kristallart	Zahl der		
	Ebenen	Richtungen	Systeme
hdp	1	3	3
krz	4	2	8
kfz	4	3	12

erhöhung zu beseitigen, kann eine Wärmebehandlung im Sinne der Kristallerholung und Rekristallisation erfolgen. Analoge Aussagen kann man für das mechanische, magnetische und elektrochemische Verhalten treffen.

Bild 2.2-6 Gleitlinienausbildung bei langsamer Verformung von Reinstaluminium, Vergrößerung ca. 100 : 1

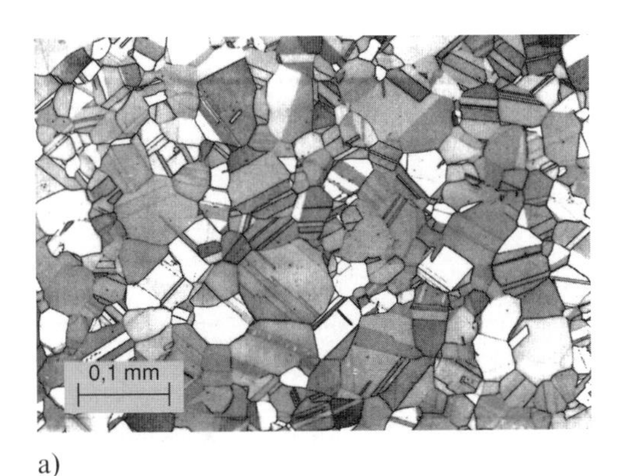

a)

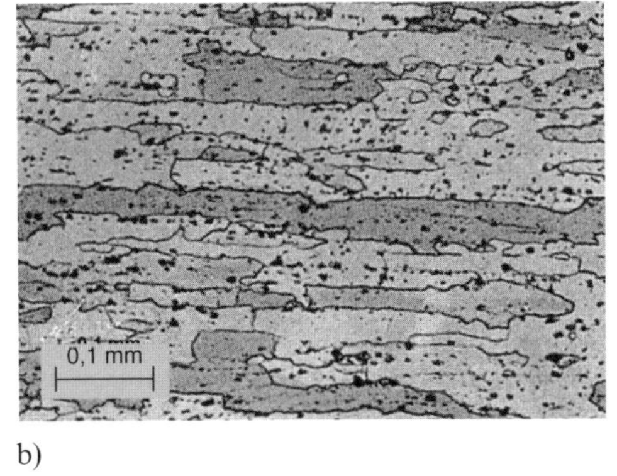

b)

Bild 2.2-7 Gefüge einer CuZn-Legierung
a) unverformtes Ausgangsgefüge; b) durch Walzen verformtes Gefüge

2.2.2 Kristallerholung und Rekristallisation

In den Gebieten mit erhöhter Versetzungskonzentration im plastisch deformierten Kristall ist der Hauptanteil der zur Verformung aufgewandten Energie gespeichert. Es existieren damit Zentren erhöhten Energieinhaltes, siehe Bild 2.2-8. Solche Gebiete wirken bei Vorgängen, die einer Aktivierungsenergie bedürfen (z. B. durch Erwärmen), bevorzugt als „Auslöser“ für Diffusionsprozesse, in deren Verlauf eine stufenweise Rückbildung der durch die Verformung veränderten Eigenschaften eintritt. Es handelt sich dabei um die Stufen (Bild 2.2-9):

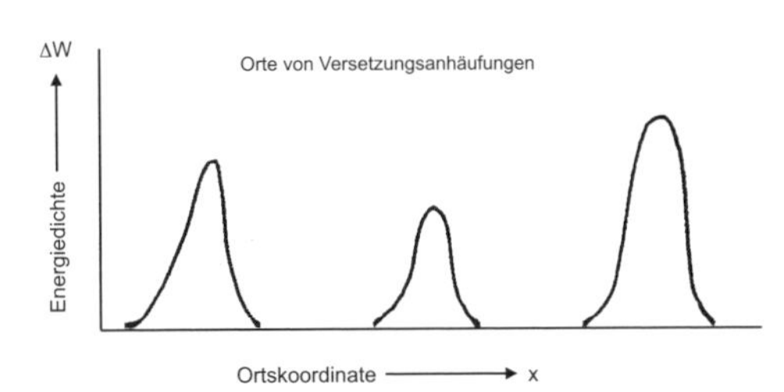

Bild 2.2-8 Energiekonzentration als $f(x)$ infolge von Versetzungsanhäufung

- Kristallerholung,
- Rekristallisation und
- Kornwachstum

Der Vorgang der Kristallerholung ist gekennzeichnet durch die Ausheilung nulldimensionaler Gitterfehler (Leerstellen, Zwischengitteratome) und die Umordnung von Versetzungen zu Versetzungslinien (Polygonisation). Eine Verringerung der Versetzungsdichte tritt während der Erholung nur in geringem Maße auf. Die elektrische Leitfähigkeit erreicht dabei nahezu den Ausgangswert, aber die Verfestigung bleibt erhalten.

In der Stufe der *Rekristallisation* wird die Dichte der Versetzungen wesentlich reduziert. Die Neubildung der Kristallite geht bevorzugt an den Stellen größter Verformung vor sich. In diesen Gebieten besitzt die Anzahl der Versetzungen die größte Dichte. Sie können die Keimstellen für eine Neuordnung der Atome im festen Zustand zu versetzungs- und damit energiearmen Kristallen sein (Bild 2.2-10). Das Wachstum dieser Kristallite beginnt bevorzugt durch thermisch aktivierten Platzwechsel an den Korngrenzen.

Das sich während der Rekristallisation ausbildende Gefüge wird wesentlich vom Verformungsgrad (V), der der Dehnung ε entspricht, und der Rekristallisationstemperatur (T_R) beeinflusst. Der Zusammenhang zwischen Verformungsgrad und Mindestrekristallisationstemperatur ist im Bild 2.2-11 dargestellt. Der Kurvenverlauf zeigt:

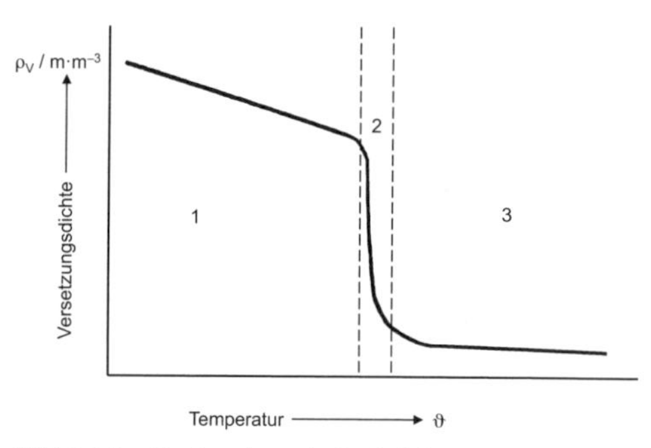

Bild 2.2-9 Stufen thermisch aktivierter Vorgänge nach Kaltverformung
1: Kristallerholung
2: Rekristallisation
3: Kornwachstum

Rekristallisation:
Neubildung und Wachstum versetzungsarmer Kristalle nach plastischer Deformation.

Beachte:

1. Durch Rekristallisation entsteht kein anderer Gittertyp im Metall.
2. Bei der Rekristallisation gehen die durch plastische Deformation verschobenen Atome nicht auf ihren alten Gitterplatz zurück (Gegensatz: elastische Deformation).

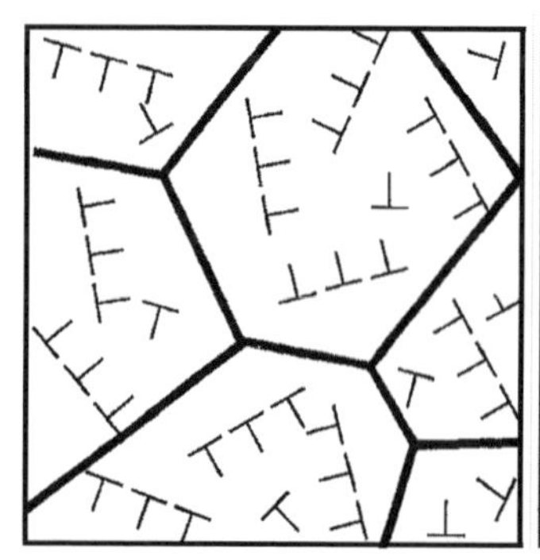

Kaltverformtes Gefüge mit Versetzungen

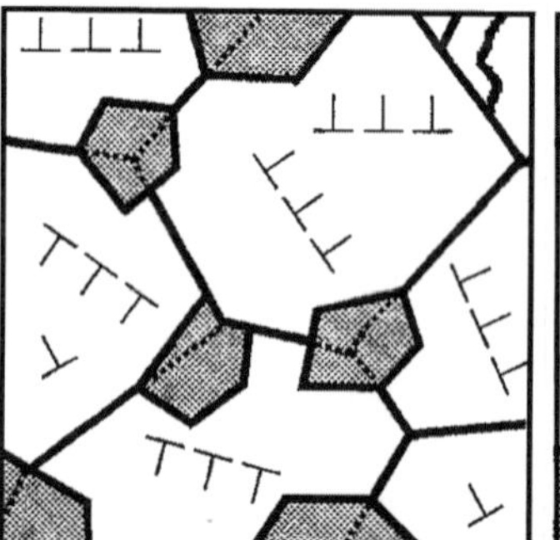

Rekristallisationskeime
Rekristallisationsgrad 10%

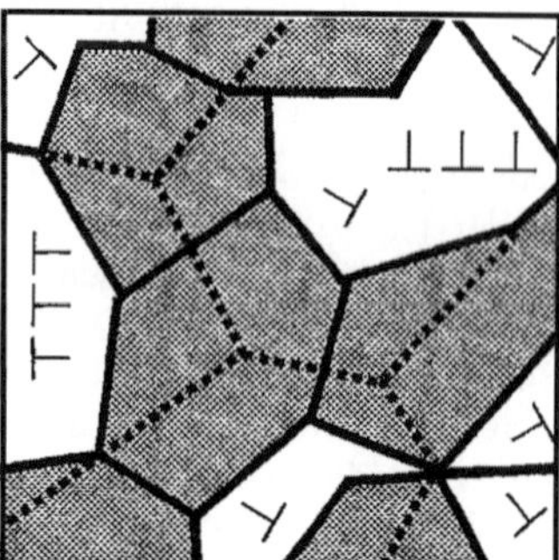

Rekristallisationsgrad 70%

Bild 2.2-10 Neubildung von Kristallen durch Rekristallisation und Wachsen versetzungsarmer Kristallite

- Mit zunehmendem Verformungsgrad *V* sinkt die Rekristallisationstemperatur.
- Auch bei sehr hohem Verformungsgrad ist eine Mindestrekristallisationstemperatur nötig.

Das Metall Blei, $\vartheta_S = 505$ K, rekristallisiert bereits unter 0 °C, es kann also nicht bei Raumtemperatur kaltverfestigt werden. Aluminium kriecht unter ständiger Last über längere Zeiträume und Erwärmung durch kurzzeitige Überlast, infolge Rekristallisation, da ϑ_{Rmin} bei ca. 150 °C liegt. Es besteht ein Zusammenhang zwischen der Mindestrekristallisationstemperatur nach maximaler Kaltumformung und dem Schmelzpunkt des Metalls (TAMMANNsche Regel).

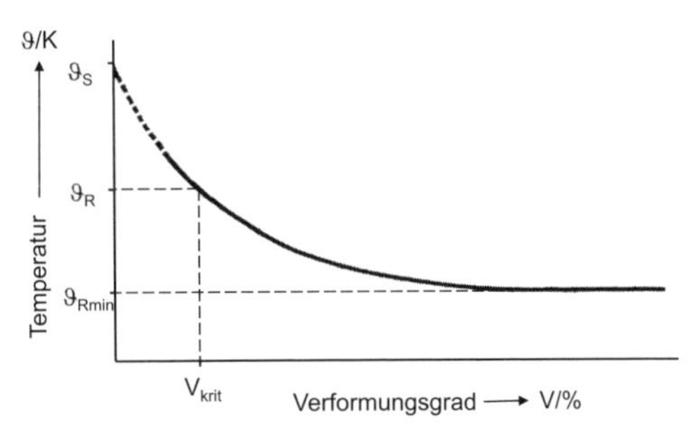

Bild 2.2-11 Abhängigkeit der Rekristallisationstemperatur vom Verformungsgrad

TAMMANNsche Regel: $\vartheta_{Rmin} \sim 0{,}4 \cdot T_S$

Am Beispiel von kaltverformtem Kupfer mit unterschiedlichen Verformungsgraden (Bild 2.2-12) kann die allgemeine Aussage belegt werden. Die Probe mit $\varepsilon = 95$ % rekristallisiert bei ca. 200 °C, die mit $\varepsilon = 50$ % bei ca. 300 °C und die mit $\varepsilon = 10$ % bei ca. 400 °C.

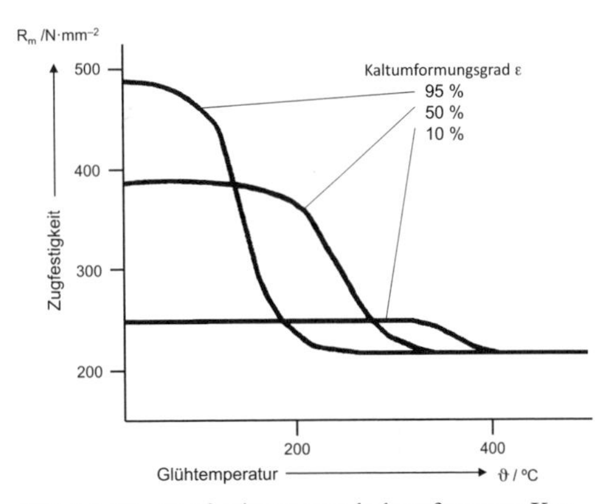

Bild 2.2-12 Entfestigung von kaltverformtem Kupfer durch Rekristallisation

Der Zusammenhang zwischen Verformungsgrad und Größe der neu gebildeten Kristallite ist im Bild 2.2-13 dargestellt.

In Analogie zur Bildung der Kristallite aus der Schmelze kann man auch bei der Rekristallisation davon ausgehen: viele Keime – viele Kristallite und damit kleine Korngrößen.

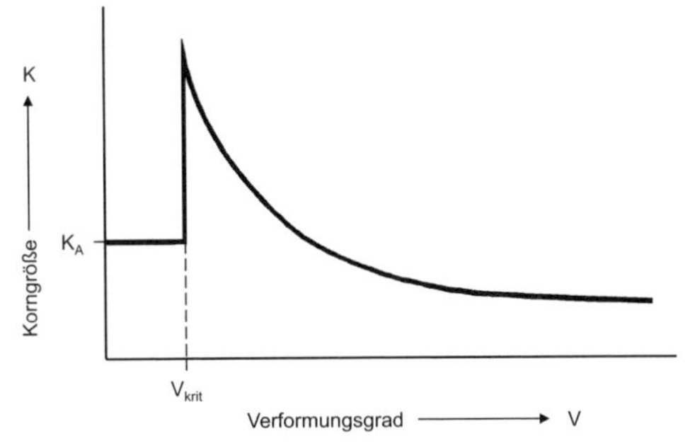

Bild 2.2-13 Abhängigkeit der Kristallitgröße vom Verformungsgrad

Wird z. B. eine keilförmige Probe aus Aluminiumblech in Längsrichtung bis zum Bruch deformiert, anschließend bei ca. 500 °C für 30 Minuten rekristallisiert und geätzt, entsteht das typische Rekristallisationsgefüge im Bild 2.2-15. Das Gebiet der stärksten Deformation in Nähe der Bruchstelle ist feinkörnig, das am anderen Ende der Probe schwachverformte Gebiet ist grobkörnig (kritischer Verformungsgrad).

In einem räumlichen Schaubild (Bild 2.2-15) lässt sich der Einfluss der Rekristallisationsbedingungen Temperatur und Verformungsgrad auf die sich einstellende Korngröße angeben.

Neben dem Verformungsgrad und der Rekristallisationstemperatur ϑ_R haben die Glühdauer und die gewählte Glühtemperatur Einfluss auf die Korngröße. Eine „Überzeitung" und/oder „Überhitzung" führt zu Grobkornbildung.

Bild 2.2-14 Rekristallisationsgefüge einer Keilzugprobe aus Aluminium

Praktische Konsequenzen der Rekristallisation sind:

- Umwandlung eines primären aus der Schmelze entstandenen grobkörnigen Gefüges nach plastischer Verformung und Rekristallisation in ein feinkörniges.
- Entfestigung von kaltverformtem Metall mit dem Ergebnis erneuter Verformbarkeit.
- Grobkornbildung in Gebieten mit kritischem Verformungsgrad (oft unerwünscht).
- Plastische Verformung oberhalb der Rekristallisationstemperatur bringt keine Verfestigung (Warmumformung).
- Beseitigung der Widerstandserhöhung.

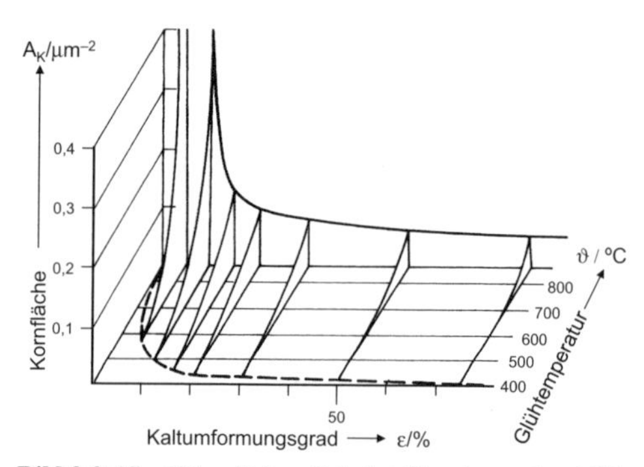

Bild 2.2-15 Räumliches Rekristallisationsschaubild

Übung 2.2-1

Ordnen Sie folgende Handhabungen einer der im Bild 2.2-1 dargestellten mechanischen Beanspruchungsarten zu:

1. Ziehen von Kupferdrähten,
2. Spannen von Freileitungen,
3. Pressen eines Polschuhes,
4. Verdrillen einer Litze,
5. Walzen von Kupferfolien und
6. Abwinkeln einer Stromschiene.

Übung 2.2-2

Warum besitzen die Leiterwerkstoffe Kupfer und Aluminium eine hohe Dehnbarkeit und das Metall Zink nicht?

Übung 2.2-3

Werden durch eine starke plastische Deformation bei Raumtemperatur die Leiterwerkstoffe Kupfer und Aluminium härter oder weicher? Begründen Sie Ihre Entscheidung!

Übung 2.2-4

Ein Kupferdraht wurde stark gedehnt. Nimmt sein elektrischer Widerstand zu oder ab? Begründen Sie Ihre Entscheidung!

Übung 2.2-5

Begründen Sie, weshalb die praktisch aufzuwendende Schubspannung für eine gerade beginnende plastische Deformation eines Metalls nur den Bruchteil der theoretisch berechneten beträgt!

Übung 2.2-6

Kann man Blei durch plastische Verformung bei Raumtemperatur verfestigen?
Wenden Sie die TAMANNsche Regel an!

Übung 2.2-7

Erläutern Sie anhand der in Bild 2.2-11 dargestellten Kurven den Zusammenhang zwischen Verformungsgrad und Mindestrekristallisationstemperatur.

Übung 2.2-8

Nach der Rekristallisation beobachten Sie an einem Aluminiumbauteil grobkörnige neben feinkörnigen Gebieten. Worin liegt die Ursache?

Übung 2.2-9

Welche Wärmebehandlungsschritte sind erforderlich, um bei kaltgezogenem Kupferdraht wieder die Leitfähigkeit vor der Verformung zu erhalten, ohne die Kaltverfestigung wesentlich abzubauen?

Übung 2.2-10

Können elastisch verformte Bauteile rekristallisiert werden?

Zusammenfassung: Verformungsverhalten metallischer Werkstoffe

- Die drei Stufen der Verformung metallischer Werkstoffe sind:
  - reversible = elastische Verformung,
  - irreversible = plastische Verformung,
  - Bruch = Trennung im makroskopischen Bereich.
- Die plastische Verformung erfolgt durch das Wandern von Versetzungen auf Ebenen und in Richtungen dichtester atomarer Packungen, den Gleitebenen. Das Produkt aus Gleitflächen und Gleitrichtungen ergibt die Gleitsysteme.
- Metalle mit kfz-Gitter besitzen 12 Gleitsysteme und sind deshalb duktil.
- Metalle mit hdp-Gitter besitzen 3 Gleitsysteme und sind deshalb spröde.
- Durch die Verformung erhöht sich der elektrische Widerstand des Metalls, da sich die Beweglichkeit der Leitungselektronen vermindert.
- Im Verlauf der plastischen Deformation nimmt die Möglichkeit der Versetzungswanderung ab, es tritt eine Verfestigung ein.
- Weiterhin verändern sich das magnetische Verhalten und die Korrosionsbeständigkeit.
- Kristallerholung und Rekristallisation bewirken die Verminderung der durch Verformung entstandenen Gitterfehler. Die Werte für die Ausgangseigenschaften bilden sich zurück.
- Bestimmend für das neue Gefüge nach der Rekristallisation sind Verformungsgrad und Rekristalisationstemperatur.

2.3 Das Verformungsverhalten nichtmetallischer Werkstoffe

Kompetenzen

Das Verformungsverhalten von Kunststoffen, Gläsern und Keramiken unterscheidet sich wesentlich von dem metallischer Werkstoffe. In Kunststoffen sind die Bausteine Makromoleküle, in den Gläsern und Keramiken vorwiegend Ionen. Sie weisen jeweils typische Strukturen auf. Dabei liegen die Makromoleküle im Kunststoff bevorzugt im amorphen Zustand vor, die Ionen der Gläser besitzen einen geringen Ordnungszustand, also ebenfalls amorph, und die Ionen bzw. Atome in keramischen Werkstoffen bilden Kristalle.

Das thermische und mechanische Verhalten der Kunststoffe lässt eine Einteilung in die Gruppen Plastomer, Elastomer und Duromer zu (siehe Bild 2.3-1). Für den Einsatz thermoplastischer Kunststoffe liefert die Glastemperatur eine Aussage darüber, in welchem Temperaturbereich der Kunststoff versprödet. Die typischen Strukturen in den Kunststoffen bestimmen ihr Verformungsverhalten.

Die spezifischen Eigenschaften von Gläsern und Keramik bei mechanischer Belastung resultieren nicht nur aus ihrer Zusammensetzung und den Bindungszuständen, sondern in bestimmtem Umfang auch aus dem Herstellungsverfahren. Kunststoffe, Gläser und Keramik haben Vor- und Nachteile hinsichtlich der mechanischen Beanspruchbarkeit. Das Silizium als ebenfalls nichtmetallischer Werkstoff wird aufgrund seiner spezifischen Eigenschaften bei den Halbleiterwerkstoffen behandelt.

2.3.1 Das Verformungsverhalten polymerer organischer Werkstoffe

Unter dem Begriff *organischer Werkstoff* sollen hier *Kunststoffe* verstanden werden. Der Baustein eines Kunststoffes ist das organische Makromolekül. Ein Kunststoff mit sehr einfach gebauten Makromolekülen ist das Polyethen (PE), vgl. Abschn. 1.1.1, Bild 1.1-9. Das Makromolekül entsteht über verschiedene Reaktionsmechanismen aus einzelnen kleinen Molekülen, den Monomeren. Es bilden sich Polymere mit unterschiedlichen Strukturen, wie im Bild 2.3-1.

Das Bild des Makromoleküls des PE soll uns für das Verformungsverhalten organischer Werkstoffe wichtige Informationen vermitteln:

1. Die im Makromolekül gebundenen Atome, vorwiegend C- und H-Atome, sind durch die Atombindung fest miteinander verbunden. Es bedarf erhöhter Energiebeträge, um diese Bindungen aufzubrechen.
2. Zwischen den einzelnen Makromolekülen wirken keine haupt-, sondern nebenvalente Bindungen, auch als zwischenmolekulare Bindungen bezeichnet. Es bedarf geringer Energiebeträge, um Kettenabschnitte gegeneinander zu verschieben. Die Zugfestigkeiten von PE-Sorten liegen deshalb im Bereich von 20–30 $N \cdot mm^{-2}$, die von Baustählen zwischen 300–500 $N \cdot mm^{-2}$.

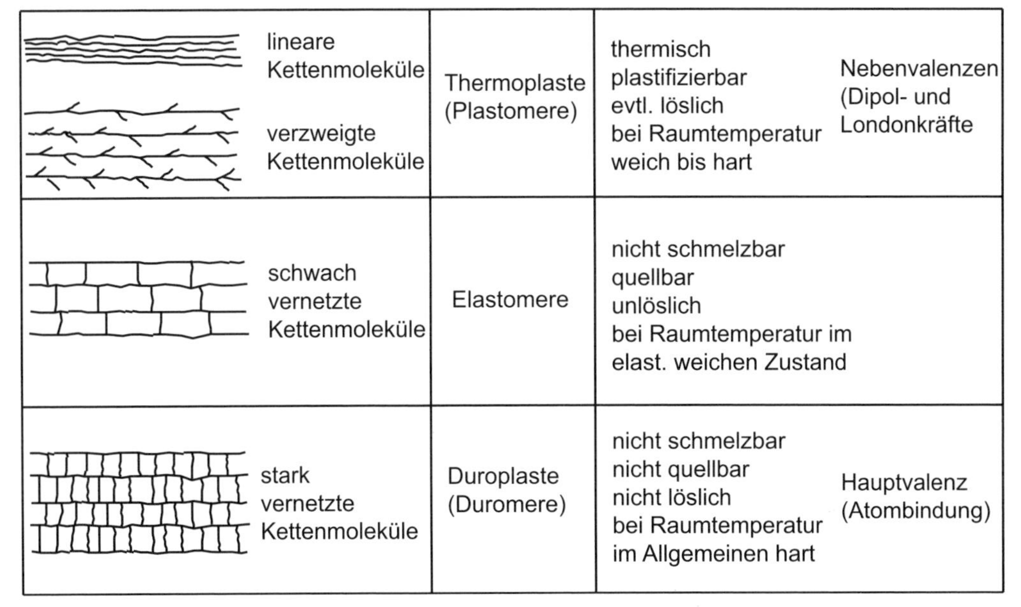

Bild 2.3-1 Einteilung der Kunststoffe nach ihrer Struktur

3. Das Makromolekül im PE ist aufgrund der Drehbarkeit der Atombindungen und ihrer Winkelung kein starres, sondern ein verschlauftes, bewegliches, in sich verknäultes Fadenmolekül.
4. Im Volumenelement des Kunststoffes existiert nur ein geringes Maß an einheitlichen Strukturelementen im Gegensatz zum Metall (Gitter). Eine örtliche Verschiebung einzelner Atome erfolgt nie isoliert, sondern in kooperativen Bewegungen in Form sich überlagernder Verformungsvorgänge.
5. Sind die Fadenmoleküle durch Hauptvalenzen miteinander verbunden (vernetzt), entstehen Elastomere oder Duromere.

In Abhängigkeit von der Anordnung der Makromoleküle ist ein typisches Verhalten der Festigkeit als Funktion der Temperatur zu beobachten, Bild 2.3-2.

Charakteristisch für das Verformungsverhalten von Plastomeren sind folgende Stufen:

- *viskoelastische Verformung (entropie-elastisch)*

  Sie ist ein reversibler Vorgang; bedingt durch die Beweglichkeit der Kettensegmente kommt es durch Krafteinwirkung zur Ver-

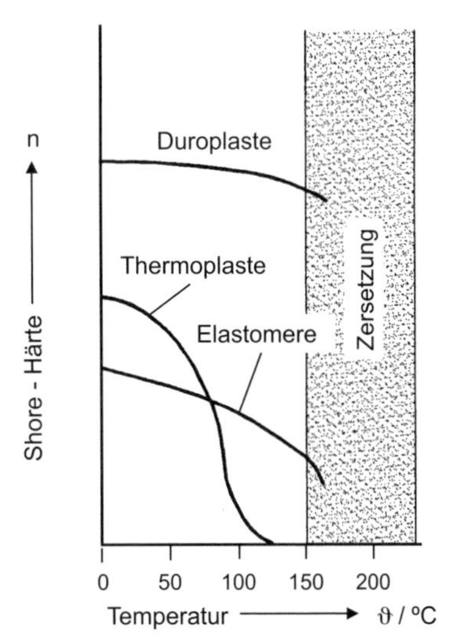

Bild 2.3-2 Aufbau und Verhalten von Kunststoffen (ohne thermisch stabile Plastomere)

schiebung und unter Einfluss der Wärmebewegung zur Rückkehr in die ursprüngliche Form. Die Nebenvalenzen werden wieder an der alten Stelle geknüpft.

- *viskoses Fließen*

  Hierbei handelt es sich um einen irreversiblen Vorgang. Er entsteht dadurch, dass die Nebenvalenzbindungen lokal gelöst werden und Kettenabschnitte aneinander vorbeigleiten, bis sie an anderer Stelle durch neu geknüpfte Nebenvalenzen festgehalten werden. Es findet die plastische Verformung statt; bei spontaner Entlastung erfolgt keine Rückkehr in die ursprüngliche Gestalt.

Das Lösen und Knüpfen der nebenvalenten Bindungen ist infolge ihrer geringen Bindungsenergie stark temperaturabhängig, also auch ihr Verformungsverhalten. Sind die Nebenvalenzen bei einer für das jeweilige Plastomere typischen Temperatur „eingefroren", verhält es sich spröde, oberhalb ist es plastisch formbar. Diese Temperatur nennt man Glastemperatur T_g oder Einfriertemperatur. Ihre Bestimmung erfolgt grafisch über Messung des spezifischen Volumens in Abhängigkeit von der Temperatur, gemäß Bild 2.3-3.

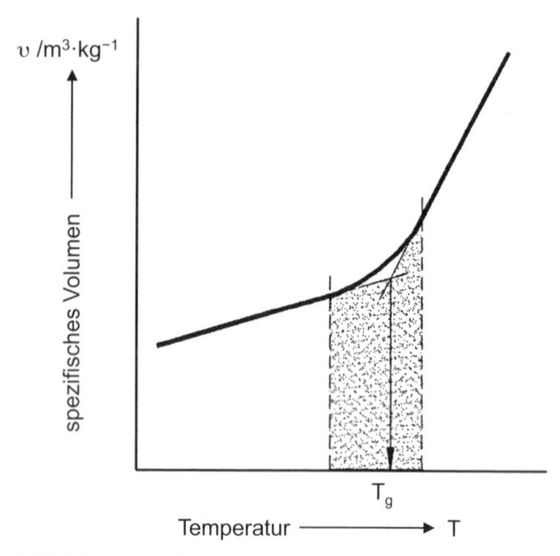

Bild 2.3-3 Bestimmung der Glastemperatur

Ein Strukturmerkmal in Kunststoffen aus Fadenmolekülen (Thermoplaste) sind die kristallinen Bereiche, siehe Bild 2.3-4. Sie sind durch eine teilweise parallele Anordnung von Kettenabschnitten gekennzeichnet, ähnlich dem Kristallgitter. Der Anteil an kristallinen Bereichen hängt wesentlich vom Herstellungs- und Verarbeitungsprozess ab.

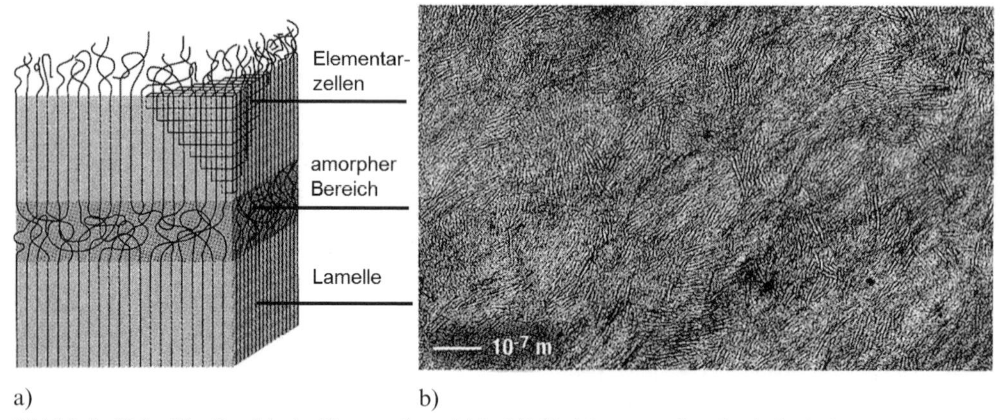

a) b)

Bild 2.3-4 Kristalline Bereiche im Thermoplast; a) Modell, b) elektronenmikroskopische Aufnahme

Eine Bestimmung von Festigkeitskenngrößen bei thermoplastischen Kunststoffen ist in hohem Maße auch abhängig von der Belastungsgeschwindigkeit. Die fadenförmigen Makromoleküle lagern sich im Belastungsfall mit zeitlicher Verzögerung um. Eine hohe Belastungsgeschwindigkeit führt zu sprödem Verhalten des Kunststoffes, unter langsamer Belastung kann der Kunststoff fließen.

Das Ausmaß einer viskosen Verformung drückt sich in einem Dehnungs-Zeit-Diagramm durch eine lineare Abhängigkeit der Dehnung von der Zeit aus. Nach Beendigung der Verformung bildet sich die viskoelastische oder relaxierende Verformung nicht unmittelbar wie bei den Metallen mit der Entlastung zurück, sondern erst über einen längeren Zeitraum. Daraus ergeben sich die wesentlichen Unterschiede im mechanischen Verhalten zwischen den Kunstoffen und den Metallen.

Mechanisches Verhalten Metall – Kunststoff:

1. Die Festigkeitswerte reiner Kunststoffe sind geringer.
2. Glasfaser- und kohlefaserverstärkte Kunststoffe erreichen nahezu die Festigkeitswerte einiger Baustähle.
3. Plastomere besitzen oft eine geringere Formsteifigkeit als metallische Konstruktionswerkstoffe.
4. Wesentlich für den Einsatz der Kunststoffe als Konstruktionswerkstoff ist die Glastemperatur.
5. Das Verhalten des Kunststoffes ist abhängig von der Belastungsgeschwindigkeit.
6. Bei Dauerbelastungen erleiden Kunststoffe Formänderungen durch Kriechen.
7. Kunststoffe sind thermisch weniger stabil im Vergleich zu Metallen. Massenkunststoffe (Polyethen, Polyvinylchlorid, Polystyren) können bis etwa 100 °C ohne Zersetzung, thermisch stabile (Polyimide, Polysulfone u. a.) bis ca. 300 °C über längere Zeit erwärmt werden.

2.3.2 Das Verformungsverhalten nichtmetallischer anorganischer Werkstoffe

Unter den anorganischen nichtmetallischen Stoffen sollen hier Gläser und Keramiken verstanden werden. In dieser Werkstoffgruppe finden sich sowohl amorphe als auch kristalline Festkörper. Aufgrund der jeweiligen chemischen Zusammensetzung herrschen zwischen den Bausteinen Ionenbeziehungen oder polarisierte Atombindungen vor.

Gläser enthalten als bestimmende Bausteine (Nahordnung) SiO_4-Tetraeder sowie Alkali- und Erdalkaliionen (siehe Tabelle 2.3-1)

Die industrielle Herstellung von Gläsern erfolgt in einem Schmelzprozess, bei dem ein Oxidgemisch z. B. aus SiO_2, und CaO bei ca. 1500 °C verarbeitet wird (siehe Tabelle 2.3-2). Das SiO_2 ist Hauptbestandteil des Quarzsandes, durch thermische Dissoziation aus Na_2CO_3 (Soda) entsteht Na_2O ebenso, wie das CaO aus $CaCO_3$ (Kalkstein).

Tabelle 2.3-1 Chemische Zusammensetzung ausgewählter Gläser (Angaben in Masseprozent)

Glasart	SiO_2	B_2O_3	Al_2O_3	PbO	CaO	BaO	MgO	Na_2O	K_2O
Massengläser	73	–	1,5	–	10	–	0,1	14	0,6
Glühlampenglas	73	–	1	–	5	–	4	17	–
Laborgeräteglas	81	13	2	–	–	–	–	4	–
Faserglas (E–Glas)	54	10	14	–	17,5	–	4,5	–	–
Bleikristallglas	60	1	–	24	–	1	–	1	13

Die SiO_4-Tetraeder bilden miteinander ein Netzwerk aus, das durch den Einbau der Alkali- und Erdalkaliionen gestört wird (Netzwerkwandler, siehe Bild 2.3-5). Es existiert damit im atomaren Bereich ein Ordnungszustand, aber keine weitreichende Fernordnung. Gläser sind deshalb amorphe Stoffe; daraus resultiert ihr thermisches und mechanisches Verhalten. Ähnlich den Kunststoffen tritt kein Schmelzpunkt, sondern ein Schmelzbereich auf, und unter Langzeitbelastung zeigen sie viskoses Fließen, stoßartige Belastung führt zum Sprödbruch. Gläser verhalten sich bei Raumtemperatur spröde (maximale Bruchdehnung ca. 3 %). Neben Massengläsern (Alkali-Kalk-Gläser) kommen Spezialgläser in der E-Technik zur Anwendung, wie z. B. in Lichtwellenleitern, als fototrope Gläser, halbleitende Gläser, Strahlenschutzgläser, Glaskeramiken und Glaslote (siehe Einbrennpasten). Die Zusammensetzung einer Auswahl von Gläsern enthält Tabelle 2.3-1. Das mechanische Verhalten der keramischen Werkstoffe resultiert aus ihrer chemischen Zusammensetzung und ihrer Herstellungs- und Bearbeitungsweise (siehe Tabelle 2.3-3). Nach ihrer chemischen Zusammensetzung lassen sich die keramischen Werkstoffe einteilen in:

- Silikatkeramik (Hauptbestandteil SiO_2)
- Oxidkeramik (Al_2O_3, ZrO_2 u. a.)
- Nichtoxidkeramik (SiC, Si_3N_4 u. a.)

Die Zusammensetzung lässt erkennen, dass als Bindungszustand Ionenbeziehung bzw. polarisierte Atombindung vorliegt.

Keramiken entstehen durch den Sintervorgang. Ihr mechanisches Verhalten ist charakterisiert durch große Sprödigkeit und Schlagempfindlichkeit sowie eine hohe Härte und Druckfestigkeit im Vergleich zu Stahl. So beträgt die

Tabelle 2.3-2 Technologie zur Herstellung von Gläsern

Stufe 1	Herstellung des Gemenges *Mahlen, Mischen der Rohstoffe*
Stufe 2	Schmelzen
Stufe 3	Formgebung *Pressen, Gießen, Ziehen, Hohlformblasen*
Stufe 4	Nachbearbeitung *Trennen, Schleifen, Polieren, Läppen*
Stufe 5	Oberflächenveredlung *Beschichten*

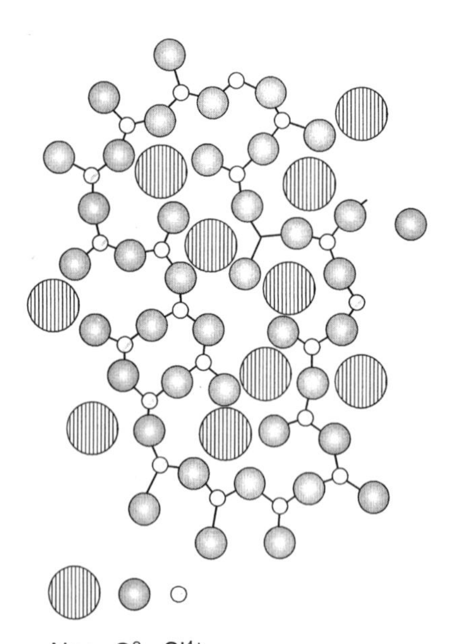

Bild 2.3-5 Netzwerk eines Na-Silikatglases

VICKERS-Härte (HV) z. B. für einen gehärteten Stahl ca. 1000; für SiC ca. 2500.

Aus der Spezifik der behandelten Werkstoffgruppen: Metalle, Kunststoffe, Glas und Keramik ergibt sich die Notwendigkeit ihrer eigenschaftsorientierten Auswahl. Hier betrachten wir nur den Komplex der mechanischen Eigenschaften, in der Praxis liegt immer eine Kombination mit anderen Werkstoffanforderungen (z. B. elektrische Leitfähigkeit, Korrosionsverhalten, Wärmeleitfähigkeit, Wärmeausdehnung) vor (siehe Tabelle 2.3-4).

Metalle zeichnen sich allgemein aus durch Kombination hoher Festigkeit und plastischer Verformbarkeit (Duktilität). Zu beachten ist, dass der metallische Werkstoff sich im Verlaufe der plastischen Verformung verfestigt, was durch Rekristallisation wieder beseitigt werden kann. Alle Metalle sind gute Leiter für Strom und Wärme. Hervorzuheben ist aber, dass sie der elektrochemischen Korrosion unterliegen, was einen zum Teil aufwendigen Korrosionsschutz erfordert.

Der thermoplastische Kunststoff kann eine extrem hohe Verformbarkeit besitzen, die sehr stark temperaturabhängig ist. Duromere sind nahezu unabhängig von der Temperatur hart und spröde. Darüber hinaus schränkt sich die thermische Belastbarkeit aller Kunststoffe durch ihre Zersetzung (chemischen Abbau) bei thermischer Beanspruchung ein. Kunststoffe sind im Allgemeinen Isolatoren und schlechte Wärmeleiter. Zu beachten ist aber in diesem Zusammenhang die Herstellung und Entwicklung von Polymerleitern (siehe Abschn. 4.2).

Keramische Werkstoffe und Gläser sind hart und spröde, auf Druck sind sie beanspruchbar. Hervorzuheben sind ihre hohe thermische Belastbarkeit und elektrochemische Korrosionsbeständigkeit.

Sintern:

Ein aus pulvrigem oder körnigem Material geformter poriger Körper wird unter dem Einfluss hoher Temperatur in einen kompakten Körper umgewandelt. Im Verlaufe der Sinterung geht das Porenvolumen von ca. 40 % auf 5 bis 10 % Restporosität zurück, in Sonderfällen unter 1 %.

Nach dem Sintern können Kristalle und/ oder glasig-amorphe Bezirke vorliegen.

Tabelle 2.3-3 Technologie zur Herstellung von Keramik

Stufe 1	Herstellung der Pulver
Stufe 2	Mahlen, Mischen der Rohstoffe
Stufe 3	Formgebung *Pressen, Gießen, Strangpressen*
Stufe 4	Grünbearbeitung *Bohren, Sägen, Prägen, Trocknen*
Stufe 5	Sintern
Stufe 6	Nachbearbeitung *Schleifen, Polieren, Läppen*
Stufe 7	Oberflächenveredlung *Beschichten*

Tabelle 2.3-4 Eigenschaftsvergleich der Werkstoffgruppen

Werkstoffgruppe	Metall	Kunststoff	Glas	Keramik
Elektrische Leitfähigkeit	hoch	gering	gering	gering
Wärmeleitfähigkeit	hoch	gering	gering	gering
Festigkeit, Härte	hoch	gering	hoch	hoch
Verformbarkeit	duktil	*)	gering	gering
Elektrochem. Korrosion	anfällig	beständig	beständig	beständig

*) großer Bereich

Diese Werkstoffe zeichnen sich, wie die Kunststoffe, durch ihr Isolationsvermögen aus. Im Gegensatz dazu stehen die keramischen Hochtemperatursupraleiter (HTSL), die im Kapitel 10 behandelt werden.

Betrachtet man die genannten grundsätzlichen Eigenschaften der aufgeführten Werkstoffgruppen, so lassen sich für den praktischen Einsatz sehr vorteilhafte, aber ebenso auch nachteilige Eigenschaften erkennen. Die Werkstoffentwicklung hat demzufolge das Ziel, bei Erhalt dieser vorteilhaften Eigenschaften die den Einsatz beschränkenden zu mindern. Das klassische Beispiel dafür ist die Entwicklung der Faserverbunde.

Übung 2.3-1

Weshalb liegen die Festigkeitswerte von Kunststoffen im Allgemeinen niedriger als die metallischer Konstruktionswerkstoffe?

Übung 2.3-2

Die Festigkeit der Kunststoffe ist in hohem Maße von der Temperatur abhängig. Erläutern Sie dies unter Verwendung der Kurven im Bild 2.3-2!
Vergleichen Sie mit metallischen Werkstoffen!

Übung 2.3-3

Stellen Sie die technologischen Schritte zur Herstellung von Gläsern dar, welche Zusammensetzung und Struktur besitzen Gläser?

Übung 2.3-4

Weshalb gibt man für thermoplastische Kunststoffe die Glastemperatur an? Aus welchen Gründen ergibt diese Kenngröße für Metalle keinen Sinn?

Übung 2.3-5

Begründen Sie das spröde Verhalten keramischer Werkstoffe!

Übung 2.3-6

Stellen Sie die technologischen Hauptschritte zur Herstellung von Keramik zusammen und nennen Sie Hauptbestandteile keramischer Werkstoffe!

Zusammenfassung: Verformungsverhalten nichtmetallischer Werkstoffe

- In nichtmetallischen Werkstoffen liegt die Atom-, Ionen- sowie die nebenvalente Bindung vor.
- Thermoplastische Kunststoffe bestehen aus fadenförmigen Makromolekülen, die gegeneinander verschiebbar sind.
- Wird die Glastemperatur überschritten, sind die nebenvalenten Bindungskräfte lösbar.
- Die Ausbildung von teilkristallinen Bereichen in Plastomeren erhöht u. a. die Festigkeit.
- Den Verlauf der Verformung von Plastomeren charakterisieren die Stufen:
  - viskoelestische Verformung (entropieelastische Verformung)
  - viskoses Fließen (plastische Verformung)
  - Zerstörung (Reißspannung und -dehnung)
- SiO_4-Tetraeder bilden das Netzwerk in den Gläsern, in das Alkali- und Erdalkalionen als Netzwerkwandler eingebaut sind. Es bildet sich keine Fernordnung der Ionen aus, Gläser sind amorph.
- Als Massengläser kommen die Alkali-Kalk-Gläser zum Einsatz. In der Elektrotechnik finden Spezialgläser Anwendung.
- Aufgrund ihrer chemischen Zusammensetzung lassen sich keramische Werkstoffe einteilen in:
  - Silikatkeramik
  - Oxidkeramik
  - Nichtoxidkeramik
- Keramiken entstehen durch Sinterverfahren, wobei die Ausgangsmaterialien in Pulverform vorliegen. Die Formkörper besitzen deshalb eine Restporosität.

Selbstkontrolle zu Kapitel 2

1. Das mechanische Verhalten metallischer Werkstoffe ist in hohem Maße abhängig von:
   A Belastungsdauer
   B Luftfeuchtigkeit
   C Temperatur und Belastungsdynamik
   D Luftdruck

2. Die Verformbarkeit metallischer Werkstoffe wird entscheidend bestimmt durch:
   A chemische Zusammensetzung
   B Gittertyp
   C Anzahl der Gleitsysteme
   D Möglichkeiten der Versetzungswanderung

3. Nach starker plastischer Deformation eines Metalls erreicht man die elektrische Leitfähigkeit des Ausgangszustandes durch:
   A Rekristallisation
   B Kornwachstum
   C Anätzen der Oberfläche
   D Kristallerholung

4. Polyethen (PE) ist aus organischen Makromolekülen mit Ketten- bzw. Fadenstruktur aufgebaut. Deshalb ist PE ein Kunststoff, der:
   A eine sehr geringe Dichte besitzt
   B in der Wärme erweicht bzw. schmilzt
   C in Wasser löslich ist
   D eine Zugfestigkeit von mindestens 370 N/mm^2 besitzt
   E teilkristalline Bereiche bilden kann

5. Die Glas- oder Einfriertemperatur gibt an:
   A den Schmelzbereich eines reinen Metalls
   B den Schmelzpunkt eines thermoplastischen Kunststoffs
   C den Erweichungsbereich von duroplastischem Material
   D dass oberhalb dieser Temperatur Werkstoff weich und dehnbar ist
   E dass Kunststoff beim Erreichen dieser Temperatur klar und durchsichtig wird

6. Keramische Werkstoffe
   A sind hart und gut dehnbar
   B besitzen eine hohe Zugfestigkeit und Bruchdehnung
   C besitzen eine hohe Härte und sehr geringe Dehnbarkeit
   D werden durch Schmelzen von Metalloxiden und anschließendem Vergießen hergestellt
   E bestehen hauptsächlich aus Natrium- und Siliziumoxid
   F werden durch Sintern von nichtmetallischen anorganischen Pulvern hergestellt

7. Das Formelzeichen für $\frac{L - L_0}{L_0} \cdot 100\,\%$ lautet:
   A σ
   B A_5
   C A_{10}
   D Z
   E ε

8. Das Formelzeichen für $\frac{\sigma}{\varepsilon}$ im elastischen Bereich lautet:
   A $R_{p0,2}$ 0,2-Dehngrenze
   B R_{eH} obere Streckgrenze
   C E E-Modul
   D R_m Zugfestigkeit
   E Z Brucheinschnürung

9. Welche Werkstoffkenngrößen erhält man durch den Zugversuch:
   A HB-Zahl
   B HRC-Zahl
   C Dauerschwingfestigkeit
   D A
   E $R_{p0,2}$

10. Bei der Bestimmung von Kenngrößen für Kunststoffe aus dem Zugversuch muss berücksichtigt werden:
    A eine sehr hohe Prüfgeschwindigkeit
    B möglichst niedrige Prüftemperaturen
    C eine geringe Prüfgeschwindigkeit und Einhalten der Prüftemperatur von 23 °C
    D eine möglichst hohe Luftfeuchtigkeit im Prüfraum
    E Prüfproben mit möglichst großem Querschnitt

11. Der lineare Ausdehnungskoeffizient α steigt in der Reihenfolge:
    A Metall – Keramik – Kunststoff
    B Metall – Kunststoff – Keramik
    C Keramik – Metall – Kunststoff
    D Keramik – Kunststoff – Metall
    E Kunststoff – Keramik – Metall

12. Thermoplastische Kunststoffe (Plastomere) sind:
    A prinzipiell schmelzbar
    B in ausgewähltem Lösungsmittel löslich
    C grundsätzlich amorph
    D unter Wärmeeinfluss plastifizierbar
    E Werkstoffe, die nur aus Kohlenstoff und Wasserstoff bestehen

13. Hohe Verformbarkeit von Werkstoffen ist gebunden an:
    A eine hohe Anzahl von Gleitebenen
    B den hexagonalen Gittertyp
    C Ionenbindung zwischen den Gitterbausteinen
    D den amorphen Zustand
    E geringe nebenvalente Bindungskräfte

3 Das elektrische Verhalten von Werkstoffen

3.0 Überblick

Das Fließen eines elektrischen Stromes ist an das Vorhandensein von nicht lokalisierten Ladungsträgern, die sich gerichtet bewegen, gebunden.

Die Entstehung solcher Ladungsträger ist in allen Aggregatzuständen möglich, wie Ionen in Lösungen und Schmelzen; Ionen und Elektronen in der Gasentladung und Elektronen im Festkörper.

Sie lernen in diesem Kapitel anhand des Bändermodells die Theorie für das Entstehen des unterschiedlichen Leitverhaltens in Festkörpern kennen, wie den Metallen, den Halbleitern und den Isolatoren. Darüber hinaus erfolgt die Darstellung der Leitungsvorgänge in Polymer- und Supraleitern.

3.1 Ursachen der elektrischen Leitfähigkeit im Festkörper

Kompetenzen

Das Bändermodell bietet eine Erklärung für die Leitfähigkeit in Festkörpern, in denen Elektronen Ladungsträger sind, wie in den Metallen, Halbleitern und Isolatoren. Das stark vereinfachte „Elektronengasmodell“ für das Metallgitter erklärt lediglich das Vorhandensein sogenannter freier Elektronen.

Im Einzelatom halten sich die Elektronen in diskreten Energieniveaus auf. Im Festkörper weiten sich diese zu Energiebändern auf. Eine vereinfachte Darstellung ermöglicht das Potenzialtrichtermodell. Sind Ionen, wie z. B. in Festelektrolyten die Ladungsträger, ist der Ladungstransport abhängig von Diffusionsvorgängen im jeweiligen Medium. Vertreter der Festelektrolyte sind hauptsächlich Oxidkeramiken.

Die Werkstoffe können nach ihrem spezifischen elektrischen Widerstand ϱ in Leiter, Halbleiter und Isolatoren eingeteilt werden (siehe Tabelle 3.1-1), eine Zwischenstellung nehmen in dieser Einteilung die Polymerleiter ein. Die Größe von ϱ des Werkstoffs hängt wesentlich von der Konzentration der beweglichen Ladungsträger (n) ab. Das Bändermodell gestattet die Erklärung dieser unterschiedlichen Konzentrationen.

Im einzelnen Atom existieren die Elektronen auf Energieniveaus mit definierten Energiebeträgen. Diese Tatsache wird nicht dadurch eingeschränkt, dass sich das Elektron als stehende Welle in Orbitalen aufhält (siehe Abschn. 1.1). In Festkörpern liegen die Atome so dicht beieinander, dass die Wechselwirkungen zwischen ihnen unbedingt berücksichtigt werden müssen. Auf der Länge von 1 nm befinden sich im Metallgitter ca. drei Metallatome (siehe Ta-

Tabelle 3.1-1 Spezifischer Widerstand ϱ von Werkstoffen (Größenordnung)

Werkstoff	ϱ (Ω m)	Leitverhalten
PTFE	$> 10^{18}$	
Polystyren	$> 10^{16}$	
PVC	$> 10^{15}$	Isolatoren
Diamant	10^{14}	
SiO_2	10^{14}	
Glas	10^{8}–10^{10}	
GaAs	$> 10^{6}$	
Silizium	$> 10^{3}$	Halbleiter
Germanium	1	
Polyacetylen	$> 10^{2}$	Polymerleiter
Polypyrrol	$> 10^{1}$	
Graphit	10^{-5}	
NiCr	10^{-6}	Leiter
Silber	10^{-8}	

Im Vergleich dazu Reinstwasser: $\varrho = 10^{5}$ Ωm

belle 1.2-2). Es kommt zu einer gegenseitigen Beeinflussung der Energieniveaus.

Nähern sich z. B. zwei Atome auf den Abstand der Gitterkonstanten, so spaltet sich jedes Energieniveau zweifach auf, treffen sechs Atome zusammen, so würde eine sechsfache Aufspaltung eintreten. Ordnen sich n Atome zu einem Kristall, so erfolgt entsprechend eine n-fache Aufspaltung der Energieniveaus. Die durch Aufspaltung entstandenen Niveaus liegen aufgrund der geringen Energiedifferenzen (etwa 10–22 eV) so dicht beieinander, dass praktisch ein Band entsteht, wir sprechen vom Bändermodell (siehe Bild 3.1-1). Die kernnahen Bänder sind, wie im Einzelatom, durch verbotene Zonen voneinander getrennt. Die Niveaus der äußeren Elektronen sind von der Aufweitung stärker betroffen als die kernnahen. Dadurch entstehen Bänder, die allen Atomen des Gitters gemeinsam gehören, oder anders ausgedrückt, sie liegen oberhalb des Potenzialtrichters (auch Potenzialberg- oder Potenzialtopfmodell) mit der Energie $> W_R^*$, die kernnahen Elektronen sind im Potenzialtrichter (Energie $< W_R^*$) am jeweiligen Kern lokalisiert (siehe Bild 3.1-2).

Für die Erläuterung des Leitfähigkeitsverhaltens sind besonders die beiden Energiebänder von Bedeutung, die unmittelbar unterhalb bzw. oberhalb von W_R^* (Fermi-Energie) vorliegen. Das untere dieser beiden Bänder wird als Valenzband (VB), das obere als Leitungsband (LB) bezeichnet. Die Energiedifferenz zwischen Valenz- und Leitungsband nennt man Anregungsenergie; damit ein Elektron vom Valenz- in das Leitungsband übergehen kann, muss dieser Energiebetrag zur Verfügung stehen und vom Elektron absorbiert werden. Elektronen im Lei-

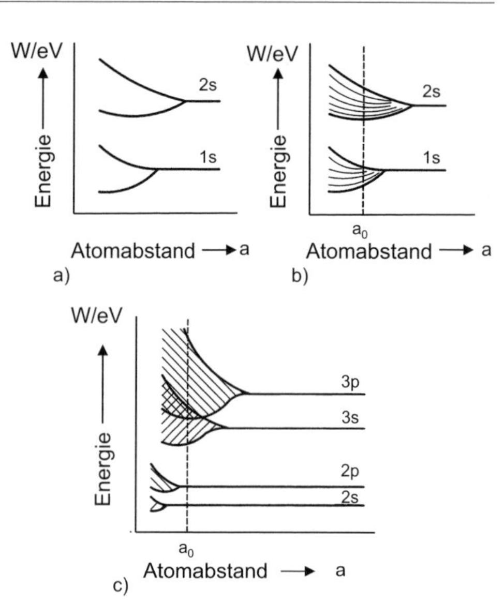

Bild 3.1-1 Aufspaltung der Energieniveaus
a) bei Annäherung von zwei Atomen
b) bei Annäherung von sechs Atomen
c) im kristallinen Festkörper

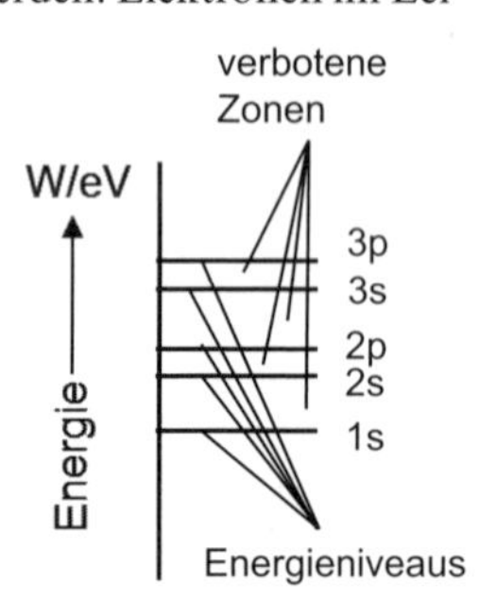

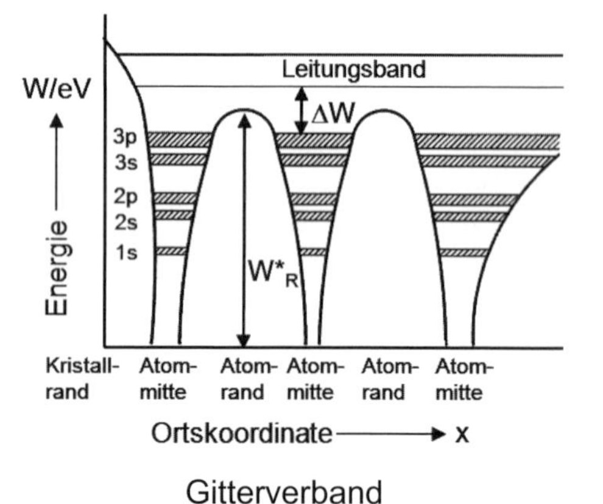

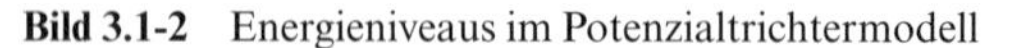

Bild 3.1-2 Energieniveaus im Potenzialtrichtermodell

tungsband sind „quasifrei" beweglich (z. B. Elektronengas, vgl. 1.1.3). Eine gerichtete Bewegung der Leitungselektronen beim Anlegen eines Feldes ist mit einer Energieaufnahme durch das Elektron verbunden. Sind alle Niveaus in einem Band besetzt, erfolgt kein gerichteter Ladungstransport, da kein erlaubter Energiezustand besetzbar ist. Prinzipielle Voraussetzung für die Entstehung von Bändern ist das Vorhandensein eines Festkörpers. Die Bildung von Elektronen als Ladungsträger resultiert hierbei aus der hohen Packungsdichte, sie sind also nicht durch Zufuhr von Aktivierungsenergie entstanden.

Eine weitere Stoffgruppe besitzt als bewegliche Ladungsträger Ionen. Elektrolyte sind derartige Ionenleiter. Flüssige Elektrolyte können sowohl Salzschmelzen als auch Lösungen von Salzen, Säuren und Basen sein. Salze und Basen, wie NaOH und KOH, besitzen im kristallinen Zustand bereits die Ionen, die dann durch Hydratation im wässrigen Medium beweglich werden. In beiden Fällen schwächt die Ionenbindung so stark ab, dass die Ionen ihre Gitterplätze verlassen können. Bei potenziellen Elektrolyten, wie z. B. HCl und NH_3 entstehen die Ionen erst durch Reaktion mit dem Lösungsmittel Wasser.

Auch im Festkörper können ebenfalls bewegliche Ionen entstehen. Diese Ionen sind meist Gitterbausteine, die sich über Gitterdefekte, bevorzugt Leerstellen, fortbewegen. Sie können sowohl intrinsisch als auch durch Dotierung entstehen. Wird z. B. Zirkondioxid (ZrO_2) mit Yttriumoxid (Y_2O_3) dotiert, bilden sich Leerstellen (vacancy), um das Ladungsgleichgewicht zwischen Kat- und Anionen herzustellen. In diesem Falle fehlen O^{2-}-Ionen.

Übung 3.1-1

Skizzieren Sie das Termschema für ein Einzelatom des Elementes Aluminium!

Übung 3.1-2

Beschreiben Sie den Unterschied in der Energieverteilung der Elektonen des Einzelatoms im Vergleich zum Festkörper.

Übung 3.1-3

Welche Bänder sind für Leitungsvorgänge im Festkörper von Bedeutung?

Zusammenfassung: Elektrische Leitfähigkeit

- Zur Charakterisierung der elektrischen Leitfähigkeit erfolgt die Einteilung der Werkstoffe in: Isolatoren, Halbleiter, Leiter und Supraleiter.
- Für die Erklärung des Leitungsmechanismus in kristallinen Festkörpern verwendet man das Bändermodell.
- Die kernfernen Energieniveaus weiten sich zu Bändern auf. Das äußerste Band erhält die Bezeichnung Leitungsband (LB), das darunterliegende Valenzband (VB). Ladungsträger im Leitungsband, auch vereinfacht Elektronengas genannt, bewegen sich unter Feldeinfluss gerichtet.
- Ionenleitung findet statt in:
  wässrigen Lösungen,
  Schmelzen von Salzen und Oxiden und Ionengittern.

3.2 Leitungsmechanismen

Kompetenzen

Mit der Ausbildung des Kristallgitters entsteht bei den Metallen eine Bandstruktur mit Leitungselektronen. Daraus resultieren metallische Leiter 1. und 2. Art. Die Leitfähigkeit von Intrinsic-Polymerleitern ist mit der Existenz von konjugierten π-Elektronen verbunden, die in der Kette verschiebbar sind bzw. durch „Hüpfprozesse" die Ketten wechseln können. Ein anderer Weg, leitfähige Polymere herzustellen, besteht in der Einarbeitung leitfähiger Füllstoffe in einen Kunststoff.

In Isolatoren liegt ohne Zufuhr von Aktivierungsenergie ein voll besetztes Valenzband vor, das durch eine breite verbotene Zone vom leeren Leitungsband getrennt ist.

Ein für Halbleiter typisches Verhalten zeigt sich in der Abnahme des spezifischen elektrischen Widerstandes bei Erhöhung der Temperatur in bestimmten Temperaturgebieten. Ursache dafür ist die Entstehung von Leitungselektronen durch Energiezufuhr. Bei der i-Halbleitung ist die Bildung von Leitungselektronen immer verbunden mit der von Defektelektronen. Dotierung beeinflusst den Leitungstyp und die Leitfähigkeit der Elementhalbleiter. Vergleichbare Leitungsmechanismen existieren in den Verbindungshalbleitern wie den $A^{III}B^{V}$-Verbindungen.

Fällt der elektrische Widerstand eines Werkstoffes auf den Wert Null, liegt Supraleitung vor. Voraussetzung dafür ist die Bildung von COOPER-Paaren, gebunden an die Sprungtemperatur, den Diamagnetismus und eine kritische Stromdichte.

In Stoffen, deren Gitterbausteine Ionen sind, wie Salze und Oxide, können bewegliche Ionen entstehen, die in einem elektrischen Feld den Ladungstransport übernehmen. Sie entstehen durch elektrolytische oder thermische Dissoziation. Potenzielle Elektrolyte liefern bei der Reaktion mit dem Lösungsmittel Wasser Ionen. Im Festelektrolyt entsteht der Ladungstransport durch Fehlstellen.

3.2.1 Leiter

In Abhängigkeit von der Bandstruktur, der Besetzung des Leitungsbandes mit Elektronen und der Temperatur findet man die Ursachen für die elektrische Leitfähigkeit in Festkörpern mit Elektronen als Ladungsträger.

Metallische Leiter

Halb besetzte Bänder entstehen aus halb besetzten Niveaus der Einzelatome, z. B. besetzen die Alkalimetalle immer das äußere s-Niveau mit einem Elektron, damit ist das letzte Band nur halb besetzt. Analoges gilt für die in der Elektrotechnik eingesetzten Metalle Aluminium, Kupfer, Silber und Gold. Diese Metalle besitzen ein halb besetztes Leitungsband und sind damit sogenannte metallische Leiter 1. Art (siehe Bild 3.2-1).

Bei dieser vereinfachten Darstellung von Leitungsvorgängen werden nur die am Vorgang beteiligten Bänder, das Valenz- und das Leitungsband, verwendet.

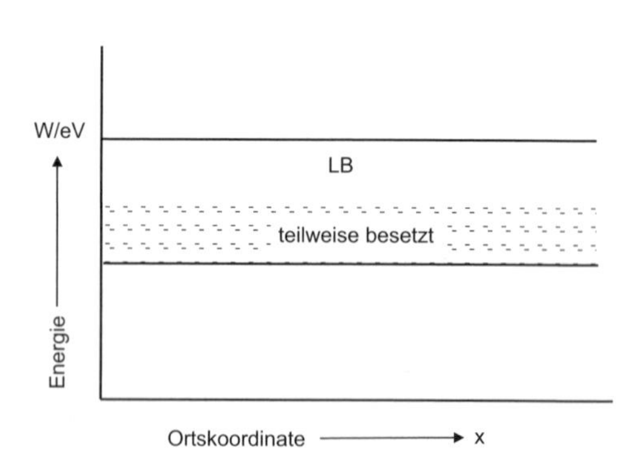

Bild 3.2-1 Energiebändermodell, metallischer Leiter 1. Art

Die Erdalkalimetalle (z. B. Magnesium) besitzen ein aufgefülltes äußeres s-Niveau; das letzte Band ist voll besetzt. Derartige Metalle sind metallische Leiter 2. Art (vgl. Bild 3.2-2). Hier verschwindet die Barriere zwischen Valenz- und Leitungsband durch Überlappung des voll besetzten Valenzbandes mit dem Leitungsband.

In beiden Fällen entstehen die Leitungselektronen nicht erst durch Zufuhr von Anregungsenergie, sie sind vorhanden als Ergebnis der Bildung des Kristallgitters.

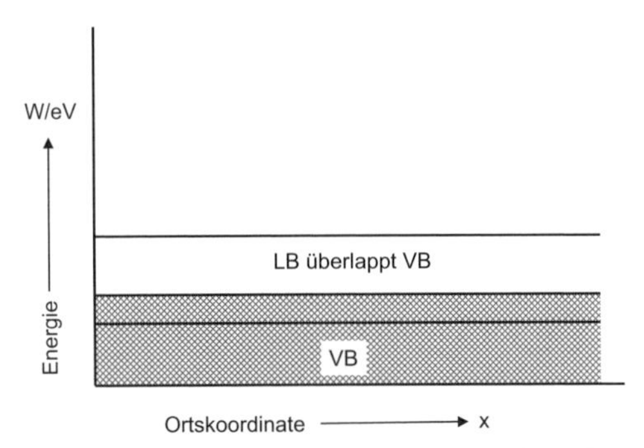

Bild 3.2-2 Energiebändermodell, metallischer Leiter 2. Art

Polyethen

konjugierte Doppelbindung

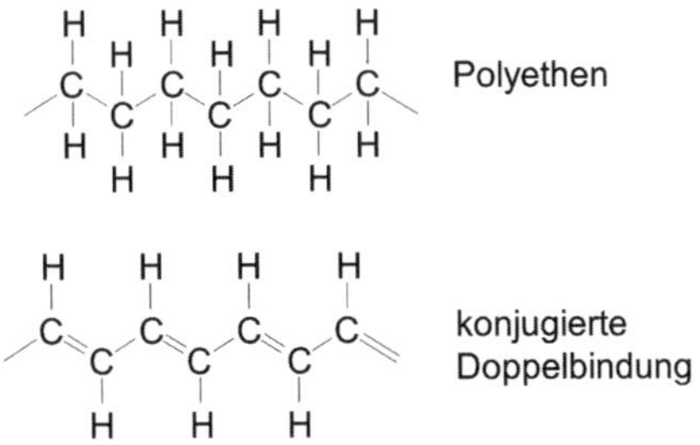

Bild 3.2-3 Struktur von Polyethen und undotiertem Polyacetylen (konjugierte Doppelbindung)

Polymerleiter

Aufgrund der kovalenten Bindungen in organischen Polymeren sind diese Stoffe Isolatoren, wie z. B. Polyethen im Bild 3.2-3. Alle Bindungselektronen sind an ihren Bindungspartner fixiert. In organischen Polymeren können aber auch Doppelbindungen auftreten. Es liegt zwischen den C-Atomen ein zusätzliches, leicht zu verschiebendes Bindungselektronenpaar, die π-Elektronen vor. Treten solche Bindungen im Makromolekül mit einer gewissen Periodizität auf, spricht man von konjugierten π-Elektronensystemen. Diese konjugierten π-Elektronen, die in einer polymeren Kette entlang dieser Kette verschiebbar sind, und durch „Hüpfprozesse" (Hopping-Leitung) die Ketten wechseln können, bilden den Leitungsmechanismus im Polymerleiter. Da in diesem Falle die Leitfähigkeit nicht durch Zusatz leitfähiger Fremdstoffe (siehe unten) erzielt wird, spricht man von intrinsisch leitenden Polymeren. Erstmals stellte SHIRAKAWA 1967 ein solches System mit dem undotierten Polyacetylen ($\varkappa = 10^{-2}\ \mathrm{S \cdot m^{-1}}$) her (siehe Bild 3.2-3).

Einer praktischen Anwendung des Polyacetylens steht allerdings eine nicht genügende Stabilität der Eigenschaften im Wege. Geeignete Werkstoffe sind heute neben Polypyrrol und Polyanilin die in der in Übersicht (Bild 3.2-4.) angegebenen Polymerleiter. In den hier aufgeführten Polymerleitern ist das typische System der regelmäßig angeordneten Doppelbindungen zu erkennen. Als organische Polymere verbinden die Polymerleiter einerseits die technisch nutzbare Leitfähigkeit in Analogie zu den Metallen und andererseits die geringe Dichte und günstige Verarbeitungseigenschaften der Kunst-

Grundstruktur	Makromolekül	Leitfähigkeit $\varkappa$ / S · m^{-1}
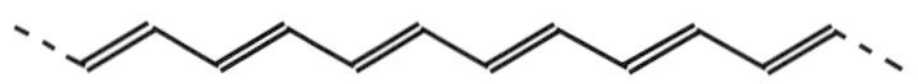	trans-Polyacetylen (PA) dotiert	10^6
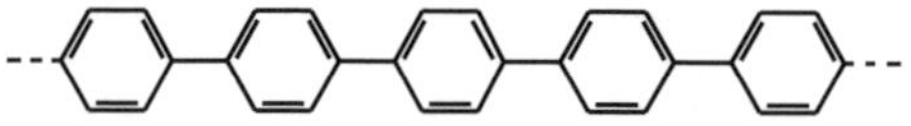	Poly-para-phenylen (PPP), dotiert	10^5
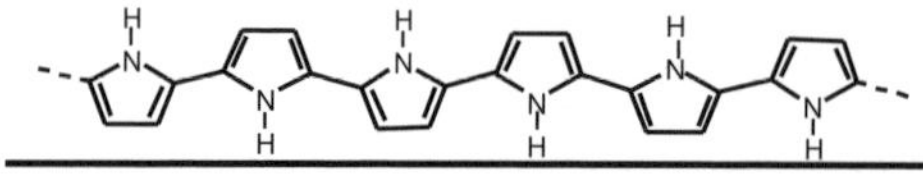	Polypyrrol, dotiert	10^4
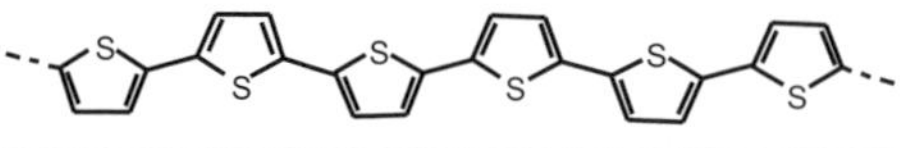	Polythiophen, dotiert	10^3
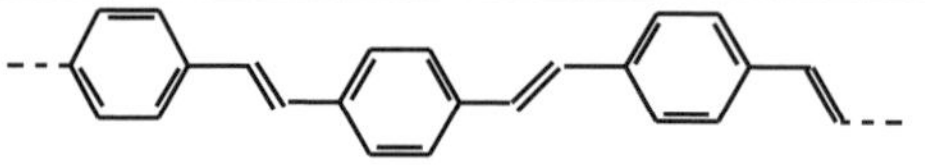	Poly-para-phenylen-vinylen (PPV), dotiert	10^2
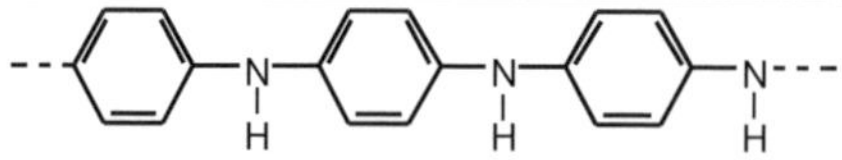	Polyanilin (PANI), undotiert	$5 \cdot 10^2$
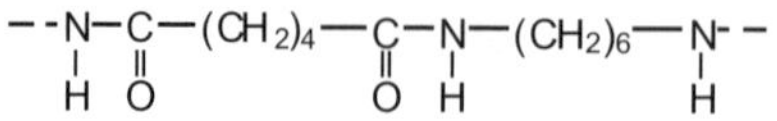 --N(H)–C(=O)–$(CH_2)_4$–C(=O)–N(H)–$(CH_2)_6$–N(H)--	Nylon	10^{-12}

Bild 3.2-4 Struktur und Leitfähigkeit von Polymerleitern

stoffe. Daraus resultiert auch der in der Praxis angewandte Begriff „organisches Metall".

Polymerleiter werden in Form von Folien z. B. in Sensorelektroden, Kondensatoren (prinzipieller Aufbau Bild 3.2-5), Displays (siehe Bild 3.2-7) und Knopfzellen eingesetzt. Aus Polyanilin und PVC in Form von Polyblends werden antistatische Verpackungen, antistatische Lacke und antistatische Klebstoffe hergestellt, deren Leitfähigkeit in weiten Grenzen variiert ($\varkappa$ zwischen $5 \cdot 10^2$ bis 10^{-7} S · m^{-1}).

Ein anderer Weg, um zu leitfähigen Kunststoffen zu gelangen, besteht in der Einarbeitung leitfähiger Füllstoffe, wie Leitruß, Graphit, Kohlefaser und Metallpulver in Polymere. Die Entwicklung elektrisch leitfähiger Polymerer auf Basis beider Varianten resultiert hauptsächlich aus folgenden Erfordernissen:

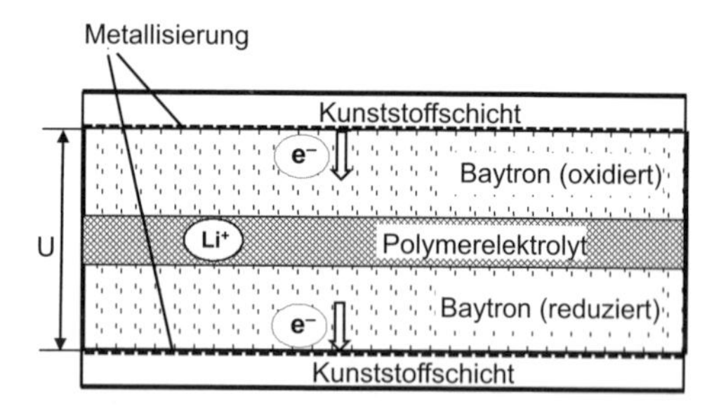

Bild 3.2-5 Querschnitt durch einen PEDT-Superkondensator mit Kapazitäten von bis zu 3000 F (PEDT = Poly-3,4-ethylendioxythiophen)

- Gehäusekunststoffe für elektronische Geräte zur Abschirmung elektromagnetischer Felder
- Vermeidung elektrostatischer Aufladungen aus Sicherheitsgründen (vgl. Bild 3.2-6)
- Elektrodenmaterial für wieder aufladbare Energieträger.

3.2.2 Nichtleiter

Bei Festkörpern mit kovalenter Bindung oder Ionenbindung (Oxidkeramik und Gläser) ist das Valenzband voll besetzt und das Leitungsband ist leer. Die Barrierenbreite (verbotene Zone) zwischen dem leeren Leitungsband und dem voll besetzten Valenzband beträgt > 3 eV (siehe Bild 3.2-8). Diese Angabe ist keine scharfe Grenze für die Zuordnung eines Stoffes zur Gruppe der Isolatoren. Wird die verbotene Zone so groß, dass sie durch thermische oder photonische Anregung der Elektronen nicht mehr ohne Schädigung des Materials zu überwinden ist, handelt es sich um einen Isolator. Zum Stromfluss kann es nur bei Zufuhr entsprechend hoher Energie kommen, wie z. B. dem Durchschlag (hohe Feldstärke, hohe Temperatur). Elektronen des Valenzbandes gelangen dann in das Leitungsband.

3.2.3 Halbleiter

Verringert sich die Barrierenbreite auf unter 3 eV (Silizium: 1,1 eV), können Leitungselektronen auch schon bei geringerer Anregungsenergie, (photonisch oder thermisch), entstehen. Es liegt die Eigenhalbleitung (i-Leitung, von engl. intrinsic) vor.

Den Vorgang des Überganges von Elektronen aus dem Valenzband in das Leitungsband nennt man Generation. Durch die Generation entsteht im LB das Leitungselektron und gleichzeitig im VB ein Defektelektron (Loch). Im Valenzband bleibt eine nicht kompensierte positive Ladung zurück. Damit ist die Konzentration der Leitungselektronen n^- gleich der Konzentration der Defektelektronen n^+. Beim Fließen der Elektronen im Leitungsband kommt es durch Wechselwirkungen mit dem Gitter zum Energieverlust, sodass Leitungselek-

Bild 3.2-6 Transportmittel für elektronische Bauelemente

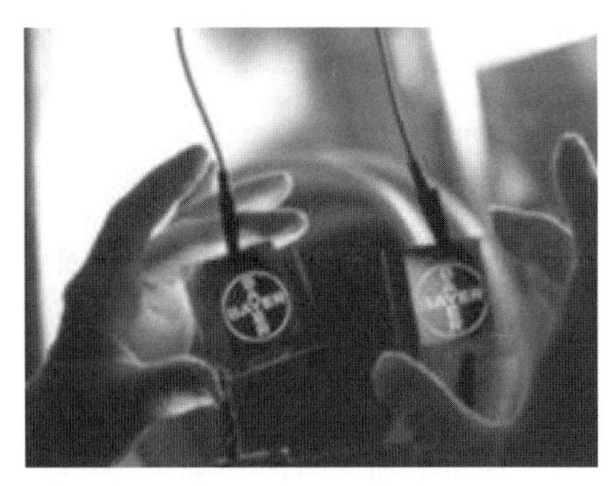

Bild 3.2-7 Polymerdisplay mit BAYTRON®-Schicht (BAYTRON P = PEDT + Polystyrolsulfonsäure) Foto: Bayer AG

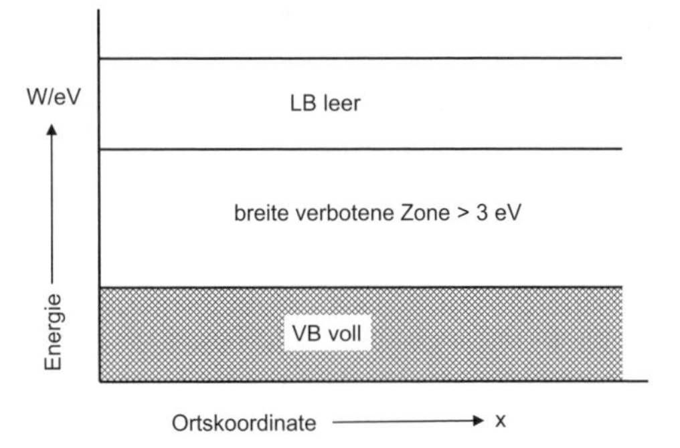

Bild 3.2-8 Energiebändermodell, Nichtleiter

tronen wieder in das Grundband unter Besetzung der Defektelektronenstelle zurückfallen (Rekombination) und der Abstrahlung des entsprechenden Energiequants (siehe Bild 3.2-9).

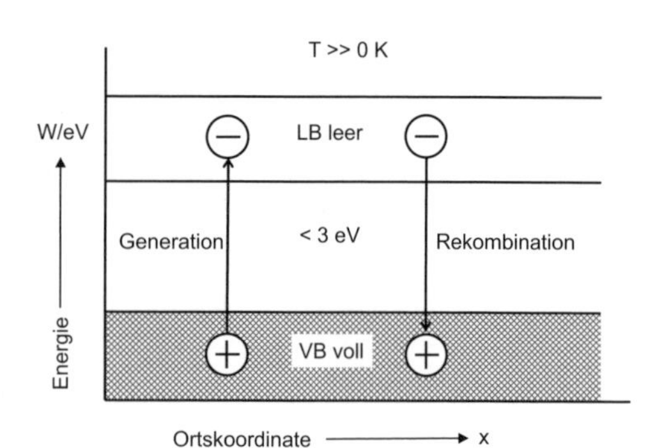

Bild 3.2-9 Energiebändermodell, Halbleiter

Es stellt sich ein Gleichgewicht zwischen Generation und Rekombination ein, anders ausgedrückt, für jede Temperatur stellt sich eine charakteristische Ladungsträgerkonzentration $n^- = n^+$ ein. Die durch Generation entstandenen Defektelektronen im vormals voll besetzten Valenzband ermöglichen die gerichtete Bewegung der verbliebenen Elektronen im Feld, in dem benachbarte Elektronen diese Defektelektronen kompensieren und dieser Vorgang setzt sich ständig fort.

Wie ein leerer Sitz in einer ansonsten voll besetzten Sitzreihe kann der Nachbarplatz durch Nachrücken frei werden. Der freie Stuhl (Loch, Defektelektron) bewegt sich dabei durch die ganze Sitzreihe entgegen der Bewegungsrichtung der einzelnen Menschen (Elektronen). Die Bewegungsrichtung der Defektelektronen im VB ist der der Elektronen im LB entgegengesetzt. Die Beweglichkeit der Defektelektronen im Vergleich zu der der Leitungselektronen im Leitungsband ist geringer.

Die Eigenhalbleitung ist im Vergleich zum metallischen Leiter charakterisiert durch:

- In hohem Maße von der Temperatur abhängig; bei 0 K ist sie nicht vorhanden, bei Raumtemperatur deutlich messbar und bei Temperaturen von über 100 °C überlagert sie die anderen Leitungsvorgänge (*n*- und *p*-Halbleitung, vgl. Kapitel 8) in technischen Halbleitern. Mit zunehmender Temperatur erhöht sich die Leitfähigkeit des Eigenhalbleiters.
- In Metallen sind die Elektronen die alleinigen am Stromtransport beteiligten Ladungsträger. In den Halbleitern sind es zusätzlich die Defektelektronen.
- Durch Einbau von Fremdatomen in den eigenhalbleitenden Werkstoff kann ein Überschuss bzw. ein Mangel an Leitungselektronen bzw. Defektelektronen geschaffen werden (Störstellenhalbleitung).

Silizium und Germanium bilden die Gruppe der Elementhalbleiter. Neben diesen zeigen Verbindungen (Verbindungshalbleiter, vgl. Kapitel 8) vom Typ $A^{III}B^{V}$, z. B. GaAs (Galliumarsenid) und einige Metalloxide (z. B. ZnO) und Metallsulfide (CdS) Halbleitereigenschaften.

3.2.4 Supraleiter

Im Zustand der Supraleitung fällt der spezifische elektrische Widerstand des Werkstoffes auf Null, der Strom in diesem Leiter fließt widerstandslos.

Die Ladungsträger können sich störungsfrei durch den Festkörper bewegen (vgl. Kapitel 5). Ladungsträger sind in diesem Falle die sogenannten COOPER-Paare. Die Entstehung dieser COOPER-Paare erklärt die BCS-Theorie (benannt nach BARDEEN, COOPER und SCHRIEFFER). Nach dieser Theorie treten bei Unterschreitung der Sprungtemperatur jeweils zwei Elektronen mit entgegengesetztem Spin und entgegengesetzt gleichem Impuls zu einem Elektronenpaar zusammen, dem COOPER-Paar.

Bei Einwirkung eines elektrischen Gleichfeldes nehmen alle COOPER-Paare den gleichen Impuls auf und bewegen sich einheitlich in Feldrichtung. Solange dieser Zustand erhalten bleibt, werden diese Elektronen im Gitter nicht gestreut, der Werkstoff ist supraleitend. Nicht jeder Stoff kann deshalb, auch in Nähe des absoluten Nullpunktes und perfektem Gitter, „automatisch“ supraleitend werden, Voraussetzung für Supraleitung ist entsprechend der BCS-Theorie die Entstehung von COOPER-Paaren.

Der supraleitende Zustand ist an drei charakteristische Merkmale gebunden:

1. Der elektrische Gleichstromwiderstand fällt bei Unterschreiten einer für den Stoff charakteristischen Temperatur T_C, der Sprungtemperatur, diskontinuierlich auf Null (siehe Bild 3.2-10).
2. Das Magnetfeld wird aus dem stromdurchflossenen Leiter verdrängt (der MEISSNER-OCHSENFELD-Effekt); der Werkstoff verhält sich wie ein Diamagnet (vgl. Bild 3.2-11 und Kapitel 11). Wirkt nun ein äußeres Magnetfeld, das den Werkstoff durchflutet, auf den Supraleiter ein, dann kann demzufolge der supraleitende Zustand wieder aufgehoben werden. Die dazu erforderliche Feldstärke ist die kritische Feldstärke H_C. Man unter-

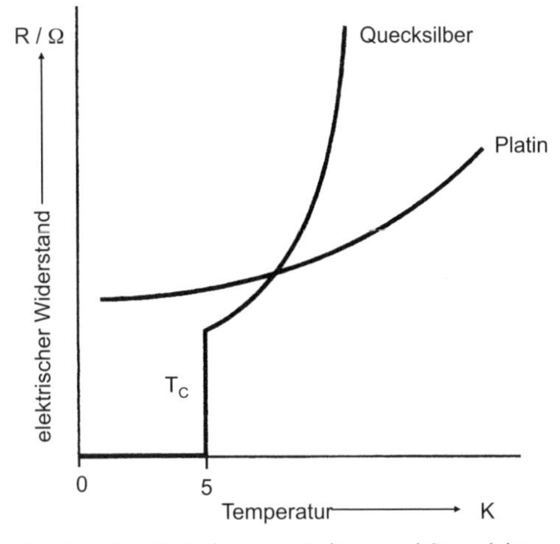

Bild 3.2-10 Verhalten von Leitern und Supraleitern in Abhängigkeit von der Temperatur

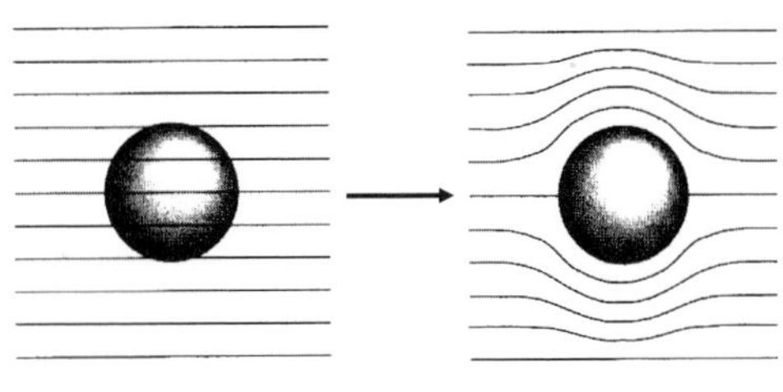

Bild 3.2-11 Modell zum MEISSNER-OCHSENFELD-Effekt

scheidet Supraleiter 1. Art und 2. Art. Die Abhängigkeit der Flussdichte im Werkstoff von der Feldstärke eines äußeren Magnetfeldes für die 1. Art zeigt Bild 3.2-12. Mit dem Überschreiten von H_C erfolgt der Übergang sprunghaft in den normal leitenden Zustand. Für eine praktische Anwendung ist dies außerordentlich kritisch. Im Falle der 2. Art entsteht ein Intervall für diesen Übergang, wie das Bild 3.2-13 zeigt. In diesem Fall dringt das äußere Magnetfeld bei der Feldstärke H_{C1} in Form sog. Flusslinien (pinnings) in den sonst weiterhin supraleitenden Werkstoff ein. Wird H_{C2} überschritten, liegt ein normal leitender Werkstoff vor. Damit sind die Supraleiter 2. Art die praktisch bedeutungsvolleren.

3. Schließlich wird der praktische Anwendungsbereich von Supraleitern durch eine kritische Stromdichte j_C begrenzt, oberhalb der die Supraleitung zusammenbricht. Die Abhängigkeit der drei kritischen Größen untereinander ist im Bild 3.2-14 zusammengefasst. Die Sprungtemperatur T_C und die kritischen Feldstärken H_{C1} und H_{C2} sind hauptsächlich von der Zusammensetzung und dem Gittertyp des Werkstoffs abhängig; die kritische Stromdichte j_C dagegen von Anzahl und Art der Gitterfehler.

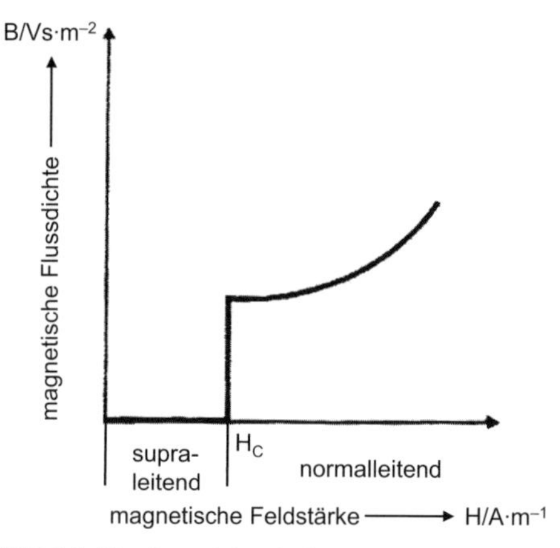

Bild 3.2-12 Supraleiter 1. Art

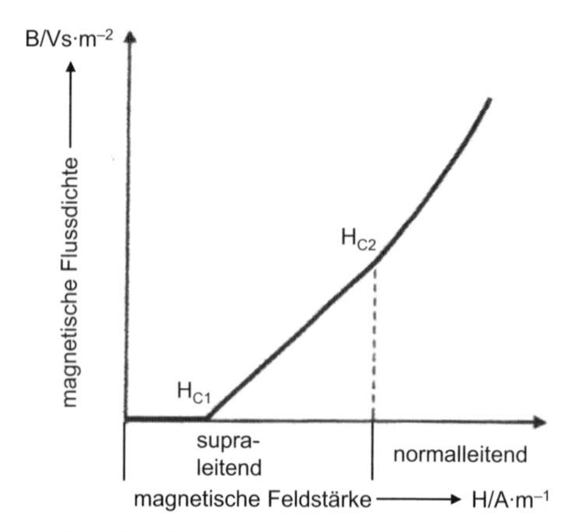

Bild 3.2-13 Supraleiter 2. Art

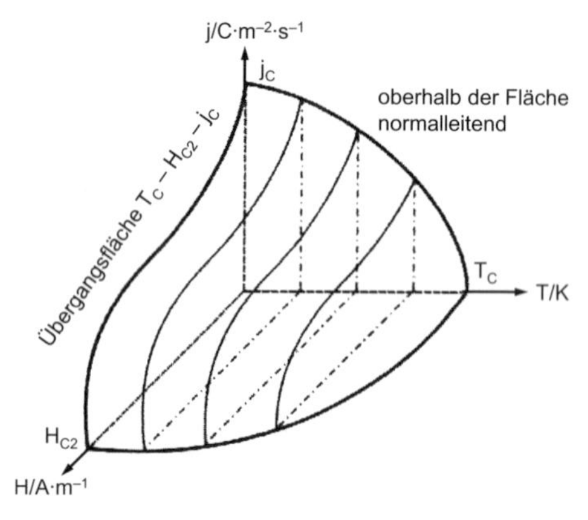

Bild 3.2-14 Zusammenhang zwischen Stromdichte, Temperatur und Feldstärke für den supraleitenden Zustand

Übung 3.2-1

Skizzieren Sie das Termschema eines Al-Atoms und leiten Sie daraus das Bändermodell für den Leiterwerkstoff Aluminium ab.

Übung 3.2-2

Erläutern Sie die Entstehung der Eigenhalbleitung unter Verwendung des Bändermodells.

Übung 3.2-3

Warum können solche Stoffe wie Al_2O_3 oder SiO_2 keinen Strom leiten? Erklären Sie das am Bändermodell.

Übung 3.2-4

Nennen Sie aktuelle Beispiele für den Einsatz von Polymerleitern. Auf welche Art und Weise kann die Leitfähigkeit in Polymeren erreicht werden?

Übung 3.2-5

Erläutern Sie die Bedingungen zur Entstehung von Supraleitung!

Übung 3.2-6

Erklären Sie die Begriffe:
Supraleiter Typ 1 und Typ 2!

Übung 3.2-7

Was bedeuten die Angaben H_{C1} und H_{C2} für Supraleiter?

Übung 3.2-8

Unter welchen Bedingungen sind die Stoffe Al_2O_3, HCl und NH_3 Elektrolytleiter?

Übung 3.2-9

Auf welche Weise entsteht in einem Festkörper Ionenleitung?

Zusammenfassung: Leitungsmechanismen

- Der Ladungstransport in Stoffen ist gebunden an das Vorhandensein von beweglichen Ladungsträgern. Das können sein:
  Elektronen, Defektelektronen, Ionen und COOPER-Paare.
- Polymere sind an sich Isolatoren, in denen die äußeren Elektronen kovalent gebunden sind. Bilden sich aber konjugierte π-Elektronensysteme aus, stehen verschiebbare Ladungsträger zur Verfügung. Das Polymer wird intrinsich leitend. Die spezifische elektrische Leitfähigkeit liegt z. B. für Polypyrrol bei 10 $S\text{-}m^{-1}$.
- Besteht in einem Festkörper eine verbotene Zone zwischen dem vollbesetzten Valenzband und dem darüberliegenden Leitungsband, deren Größe die Bildung von Ladungsträgern nicht zulässt, verhält sich der Werkstoff als Isolator. Sie liegt im Bereich > 3eV.
- Liegt die verbotene Zone zwischen vollbesetztem Valenzband und leerem Leitungsband im Festkörper unter 3 eV, können durch Zufuhr von Aktivierungsenergie Elektronen und Defektelektronen als bewegliche Ladungsträger entstehen. Es liegt Eigenhalbleitung vor. Durch Dotierung lässt sich die Ladungsträgerkonzentration bedeutend erhöhen, mit dem Ergebnis der Entstehung von *n*- bzw. *p*- Halbleitung.
- Bilden sich in einem Festkörper COOPER-Paare, kann der Werkstoff in den supraleitenden Zustand übergehen. Dem Ladungstransport wirkt kein Widerstand entgegen. Man unterscheidet Supraleiter 1. und 2. Art.
- Elektrolytleiter liegen vor, wenn bewegliche Ionen für den Ladungstransport zur Verfügung stehen.

Selbstkontrolle zu Kapitel 3

1. Beim Binden von Einzelatomen zum Festkörper kommt es zu:
   A keiner Beeinflussung der Elektronenhüllen in den Atomen
   B einer Abnahme der Anzahl der Elektronen
   C einer Aufspaltung der Energieniveaus in den Elektronenhüllen
   D einer Verringerung der energetischen Breite der einzelnen Niveaus

2. Die Zufuhr von Wärme bewirkt im metallischen Werkstoff
   A die Erzeugung von Leitungselektronen
   B das Entstehen von Defektelektronen
   C die Abnahme der elektrischen Leitfähigkeit
   D die Änderung des Leitungstyps 1. Art in einen Leiter 2. Art

3. Reines Silizium ist ein Eigenhalbleiter, weil
   A die Barrierenbreite bei ca. 10 eV liegt
   B im Gitter die Ionenbeziehung als Bindungszustand vorherrscht
   C das letzte Band halb besetzt ist
   D die Barriere zwischen dem voll besetzten Valenzband und dem leeren Leitungsband ca. 1,1 eV beträgt
   E Silizium einkristallin hergestellt werden kann

4. Stoffe mit kovalenter Bindung (Atombindung) und großer Barrierenbreite sind:
   A Halbleiter
   B Isolatoren
   C metallische Leiter 1. Art
   D Polymerleiter
   E metallische Leiter 2. Art

5. Ein Kunststoff wird elektrisch leitend, weil
   A er sehr hoch erwärmt werden kann
   B er mit Leitermaterial gemischt werden kann
   C das voll besetzte Valenzband mit dem leeren Leitungsband überlappt
   D leicht verschiebbare Bindungselektronen vorliegen
   E er, im Gegensatz zum Metall, in der Lage ist, Wasser aufzunehmen

6. Verstehen Sie unter Sprungtemperatur
   A eine plötzliche Erwärmung des Leitmaterials?
   B den sprunghaften Übergang eines normal leitenden Werkstoffs in den Zustand mit sehr geringem Restwiderstand?
   C den allmählichen Übergang eines normal leitenden Werkstoffs in den Zustand mit sehr geringem Restwiderstand?
   D den sprunghaften Übergang eines normal leitenden Werkstoffs in den Zustand ohne Widerstand?
   E eine spontane Änderung der Gitterstruktur?

7. Unter MEISSNER-OCHSENFELD-Effekt versteht man
   A den Übergang in den supraleitenden Zustand
   B den Übergang in den ferromagnetischen Zustand
   C den Übergang des Werkstoffes bei Stromfluss in den diamagnetischen Zustand
   D die Entstehung von Leitungselektronen
   E Verformung bei Stromfluss

8. Beim Überschreiten von H_C bzw. H_{C2}
   A bricht die Supraleitung zusammen
   B wird der Werkstoff diamagnetisch
   C wird der Werkstoff supraleitend
   D steigt der elektrische Widerstand stark an
   E verringert sich die Induktion

9. Elektrolytleitung liegt vor, wenn
   A im Festkörper das Elektronengas ausgebildet wird
   B im Festkörper alle regulären Gitterplätze mit Ionen besetzt sind
   C eine Salzschmelze vorliegt
   D ein Salz gelöst wird
   E in einem Ionengitter Vakancen vorliegen.

4 Elektrochemisches Verhalten metallischer Werkstoffe

4.0 Überblick

Die ersten Quellen zur Nutzung der elektrischen Energie waren galvanische Elemente. Sie ermöglichten es, chemische Energie in Form elektrischer Energie nutzbar zu machen. Weit verbreitet und in vielen Ausführungsformen bekannt, begegnen sie uns im täglichen Leben in Form von „Batterien" für Taschenlampen, Uhren, Radios, Hörhilfen u.v.a.m. Bei den elektrochemischen Spannungsquellen ist es üblich, in Primär- und Sekundärelemente zu unterscheiden. In Primärelementen ist der zur Stromerzeugung genutzte chemische Prozess umkehrbar; ist dieser Prozess abgelaufen, lässt sich kein Strom mehr entnehmen.

Bei galvanischen Elementen, in denen die chemischen Reaktionen umkehrbar sind, den Sekundärelementen, besteht die Möglichkeit, sie durch elektrischen Strom in den Ausgangszustand zurückzuführen. Eine erneute Stromentnahme ist möglich. Umgekehrt führt der Stromdurchgang durch Lösungen chemischer Verbindungen zu chemischen Reaktionen, der Elektrolyse.

Die Kopplung elektrischer mit chemischen Prozessen nennt man elektrochemische Reaktionen. Die Zerstörung metallischer Werkstoffe, z. B. an Kontaktstellen durch Korrosion, erfolgt durch derartige elektrochemische Prozesse.

4.1 Redox-Reaktionen und das elektrochemische Potenzial

Kompetenzen

Chemische Reaktionen sind häufig verbunden mit der Abgabe und Aufnahme von Elektronen durch die Reaktionspartner. Die Abgabe von Elektronen ist die Oxidation, die Elektronenaufnahme die Reduktion, den Gesamtprozess bildet die Redox-Reaktion. Eine elektrochemische Elektrode besteht aus einer elektronenleitenden und einer ionenleitenden Phase, an deren Grenzfläche der Elektronenaustausch erfolgt. Hier entsteht das elektrochemische Potenzial. Metalle zeigen die Tendenz, beim Eintauchen in einen wässrigen Elektrolyten, Kationen in Lösung zu senden, es verläuft die Oxidation. Im Falle des Gleichgewichtes kehren Kationen aus dem Elektrolyt auf die Metalloberfläche zurück, die Reduktion findet statt. Zur Beschreibung dieser komplexen Vorgänge dienen verschiedene Modelle, wie das der HELMHOLTZschen Doppelschicht oder das STERN-GRAHAM-Modell. Für die Metalle sind die Potenziale in der elektrochemischen Spannungsreihe, bezogen auf die Standard-Wasserstoffelektrode, geordnet.

Beide Vorgänge, Oxidation und Reduktion, bedingen einander, darum sprechen wir von Redox-Reaktionen. Beim Auflösen von Zink in Salzsäure handelt es sich um einen solchen Redoxvorgang.

$2\,HCl + Zn \leftrightarrows ZnCl_2 + H_2$

Als Ionengleichung:

$2\,H^+ + 2\,Cl^- + Zn \leftrightarrows Zn^{++} + 2\,Cl^- + H_2$

Beachte:
In wässrigen Lösungen hydratisiert das H^+-Ion (Proton) zu H_3O^+ (Hydroniumion) H^+ bzw. H_3O^+ sind hier gleichwertige Schreibweisen.

Das Zink wird unter Abgabe von 2 Elektronen zu Zinkionen oxidiert:

$$Zn \leftrightarrows Zn^{++} + 2\,e^-$$

Die Wasserstoffionen werden durch Aufnahme dieser Elektronen zum Wasserstoff reduziert.

$$2\,H^+ + 2\,e^- \rightarrow 2\,H \rightarrow H_2$$

Der Stoff, der die Oxidation bewirkt, also Elektronen aufnimmt, ist das Oxidationsmittel. Dieser Stoff wird reduziert.

Der Stoff, der die Reduktion bewirkt, also Elektronen abgibt, ist das Reduktionsmittel. Dieser Stoff wird oxidiert. Ein Hilfsmittel zur Formulierung von Redox-Reaktionen ist die Oxidationszahl. Ändern sich die Oxidationszahlen nicht, so liegt auch kein Redoxvorgang vor. Die Neutralisation verdünnter Schwefelsäure (Akku-Säure) mit Löschkalk ist keine Redox-Reaktion; es ändert sich keine Oxidationszahl:

$$\overset{+2}{Ca}(\overset{-2}{O}\overset{+1}{H})_2 + \overset{+1}{H}_2\overset{+6}{S}\overset{-2}{O}_4 \rightarrow \overset{+2}{Ca}\overset{+6}{S}\overset{-2}{O}_4 + 2\,\overset{+1}{H}_2\overset{-2}{O}$$

Dagegen ist das Auflösen von Kupfer in Eisen-(III)-chloridlösung ein Redoxvorgang, die Oxidationszahlen ändern sich:

$$2\,\overset{+3}{Fe}\overset{-1}{Cl}_3 + \overset{\pm 0}{Cu} \rightarrow \overset{+2}{Cu}\overset{-1}{Cl}_2 + 2\,\overset{+2}{Fe}\overset{-1}{Cl}_2$$

Diese Reaktion wurde früher zum Ätzen von Leiterplatten angewandt.

Gebräuchliche Oxidationsmittel sind neben dem Element Sauerstoff (O_2) und Ozon (O_3) solche Stoffe wie Kaliumpermanganat ($KMnO_4$), Natriumpersulfat ($Na_2S_2O_8$), Wasserstoffperoxid (H_2O_2) und Kaliumnitrat (KNO_3); gebräuchliche Reduktionsmittel Kohlenstoff (C) und elementarer Wasserstoff (H_2).

Einen Elektronenlieferanten (Reduktionsmittel) stellt auch die negative Elektrode einer Elektrolysezelle dar, die positive Elektrode den Elektronenverbraucher (Oxidationsmittel).

Redox-Vorgänge sind typische chemische Reaktionen zwischen Metalloberfläche und Elektrolyt. Eine elektrochemische Elektrode besteht aus einer elektronenleitenden Phase, wie Metall oder Halbleiter, die an eine ionenleitende Phase, wie einen wässrigen Elektrolyten, Salzschmelze oder Festelektrolyten angrenzt. In den meisten Fällen sind Elektrolyte wässrige Lösungen. Jedes Metall hat beim Eintauchen in eine wässrige Lösung ein bestimmtes Bestreben, seine Kat-

Die **Oxidationszahl** entspricht der Ladung, die auf einem Atom verbleibt, wenn die Verbindung so betrachtet wird, als ob sie ionisch wäre.

Zur Ermittlung der Oxidationszahlen gelten folgende Festlegungen:

1. Die Oxidationszahl eines Elements ist NULL, z. B.:

   $\overset{\pm 0}{Cu}$, $\overset{\pm 0}{O}_2$, $\overset{\pm 0}{H}_2$, $\overset{\pm 0}{Si}$

2. Wasserstoff in Verbindungen erhält fast immer die Oxidationszahl +1, der Sauerstoff −2, z. B.:

   $\overset{+1}{H}\overset{-1}{Cl}$ $\overset{+1}{H}_2\overset{-2}{O}$ $\overset{+3}{Al}_2\overset{-2}{O}_3$

3. In einer Verbindung erhalten die elektronegativeren Bindungspartner negative Oxidationszahlen. In Stoffen mit Ionenbeziehung ist die Oxidationszahl gleich der Ionenwertigkeit, z. B.:

   $\overset{+2}{Zn}\overset{-1}{Cl}_2$ $\overset{+4}{Si}\overset{-1}{Cl}_4$ $\overset{-3}{N}\overset{+1}{H}_3$

4. In jedem Molekül oder Ion muss die Summe aus positiven und negativen Oxidationszahlen gleich Null sein oder der Gesamtladung des Ions entsprechen, z. B.:

   $\overset{+1}{H}_2\overset{+6}{S}\overset{-2}{O}_4$ $\overset{+3}{Fe}\overset{-1}{Cl}_3$ $\overset{+5}{N}\overset{-2}{O}_3^-$

ionen in die Lösung zu senden. Die der Wertigkeit des Kations entsprechende Anzahl freiwerdender Elektronen verbleibt auf der Metalloberfläche. Dieses Phänomen charakterisiert man mit dem Begriff Lösungsdruck.

Umgekehrt haben die Kationen in der Lösung das Bestreben, auf die Metalloberfläche überzugehen und sich an der Oberfläche des Kristallgitters unter Kompensation ihrer Ladung anzulagern. Diese Tendenz ist um so größer, je höher die Konzentration der Kationen in der Lösung ist. Durch den Begriff osmotischer Druck charakterisiert man diesen Vorgang. Zwischen dem Lösungsdruck und dem osmotischen Druck stellt sich ein Gleichgewicht ein; das Redox-Gleichgewicht, das zur Ausbildung einer elektrochemischen Doppelschicht führt (HELMHOLTZsche Doppelschicht). Berücksichtigt man solche Realitäten, wie Hydratisierung und Komplexierung der Kationen sowie ihre Dehydratisierung und Entkomplexierung und die Diffusion der adsorbierten Atome zu energetisch günstigen Oberflächenplätzen, so erhält man das sogenannte STERN-GRAHAM-Modell (siehe Bild 4.1-1).

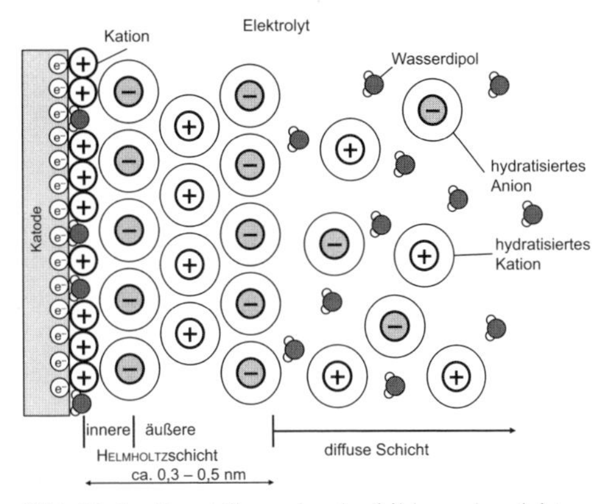

Bild 4.1-1 Darstellung der Ausbildung der elektrochemischen Doppelschicht nach STERN-GRAHAM

Diese Doppelschicht kann man mit einem Plattenkondensator vergleichen, dessen Dicke von der Größenordnung der Ionendurchmesser ist. Wenn es zu einer solchen Ladungstrennung kommt, dann entsteht ein elektrochemisches Potenzial. Es wird bestimmt durch den „Charakter des Metalls", die Konzentration der Kationen dieses Metalls im Elektrolyten und der Temperatur. Die Änderung auch nur einer dieser Größen bewirkt eine Potenzialänderung. Quantitativ beschreibt diesen Zusammenhang die NERNSTsche Potenzialgleichung. R, T, F und c sind messbare bzw. konstante Größen, $-E_0$ nicht. Zur Bestimmung von E_0 definiert man eine Bezugselektrode, nach einem Vorschlag von W. NERNST die Normalwasserstoffelektrode. Sie besteht aus einer platinierten Platinelektrode, die von Wasserstoffgas mit einem Druck von 101,3 kPa umströmt wird und in eine Lösung mit der H^+-Ionenkonzentration von 1 mol · l^{-1} bei 25 °C eintaucht. Ihr wird der Wert ± 0 zugeordnet.

NERNSTsche Potenzialgleichung

$$E = E_0 + \frac{RT}{nF} \ln c_{Me^{n+}}$$

E_0 = Standardpotenzial
R = allgemeine Gaskonstante
T = Temperatur
n = Zahl der abgegebenen Elektronen je Kation
F = FARADAYsche Konstante

Die Messung von E_0 (Normal- bzw. Standardpotenzial) eines Metalls erfolgt in einer Messanordnung, wie sie im Bild 4.1-2 dargestellt ist. Die

Normalwasserstoffelektrode und die Metallelektrode sind Halbelemente, die zum galvanischen Element in der Messanordnung verbunden wurden. Zu beachten ist aber, dass man bei dieser Messung ein Potenzial bestimmt, d. h. man muss leistungslos messen. Eine Potenzialmessung und eine Spannungsmessung unterscheiden sich demzufolge.

Spannungsreihe der Metalle

Ersetzt man in der Versuchsanordnung des Bildes 4.1-2 das Zink durch andere reine Metalle und ordnet die gemessenen Standardpotenziale E_0, dann ergibt sich die sog. Spannungsreihe der Metalle, wie sie auszugsweise in Tabelle 4.1-1 dargestellt ist.

Je negativer das Standardpotenzial der Metalle, um so größer ist ihre Tendenz, Ionen zu bilden, d. h. Elektronen abzugeben und umgekehrt. Bezogen auf das System Me/Me^{n+} – $H_2/2H^+$ bedeutet das:

Metalle mit negativem Potenzial gehen unter Wasserstoffentwicklung in verdünnten Säuren in Lösung, sie verhalten sich „unedel" (unedle Metalle).

Metalle mit positivem Potenzial können von einer Säure nicht unter Wasserstoffentwicklung angegriffen werden. Nur oxidierende Säuren, wie HNO_3 und H_2SO_4, können derartige Metalle, die Edelmetalle, angreifen.

Besteht zwischen zwei Halbelementen eine Potenzialdifferenz und kann sich diese ausgleichen, so läuft eine chemische Reaktion, eine Redox-Reaktion ab. Ein Partner wird Elektronen abgeben (Oxidation), die der andere Partner (Reduktion) aufnimmt. Entsprechend der Spannungsreihe gibt der Partner mit dem negativeren Potenzial die Elektronen ab und wird oxidiert und derjenige mit dem positiveren wird reduziert. In Redox-Systemen unterscheiden sich die Reaktionspartner immer in ihrem Standardpotenzial.

Taucht man ein Stahlblech in eine Kupfersulfatlösung, so scheidet sich auf dem Fe metallisches Kupfer ab (Zementation). Bringt man dagegen einen Silberdraht in die Kupfersulfatlösung, so findet keine Abscheidung statt. Mithilfe der Standardpotenziale (siehe Tabelle 4.1-1) lassen sich diese Beobachtungen erklären (Redox-Paare, Beispiel 1).

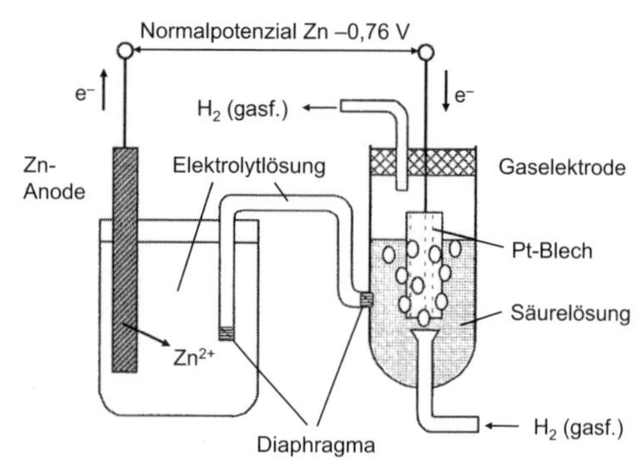

Bild 4.1-2 Messanordnung zur Bestimmung von E_0

Tabelle 4.1-1 Spannungsreihe der Metalle (Auswahl) – Normalpotenzial gegen die Wasserstoffelektrode gemessen

Halbelemente					Normalpotenzial
Red.	$\rightleftarrows$	Ox.	+	ne^-	in Volt
Na	$\rightleftarrows$	Na^+	+	$1e^-$	–2,71
Al	$\rightleftarrows$	Al^{3-}	+	$3e^-$	–1,66
Zn	$\rightleftarrows$	Zn^{2+}	+	$2e^-$	–0,76
Cr	$\rightleftarrows$	Cr^{3+}	+	$3e^-$	–0,71
Fe	$\rightleftarrows$	Fe^{2+}	+	$2e^-$	–0,44
Ni	$\rightleftarrows$	Ni^{2+}	+	$2e^-$	–0,23
Sn	$\rightleftarrows$	Sn^{2+}	+	$2e^-$	–0,14
Pb	$\rightleftarrows$	Pb^{2+}	+	$2e^-$	–0,13
H_2	$\rightleftarrows$	**$2\,H^+$**	**+**	**$2e^-$**	**±0**
Cu	$\rightleftarrows$	Cu^{2+}	+	$2e^-$	+0,35
Ag	$\rightleftarrows$	Ag^+	+	$1e^-$	+0,80
Pt	$\rightleftarrows$	Pt^{2+}	+	$2e^-$	+1,2
Au	$\rightleftarrows$	Au^{3+}	+	$3e^-$	+1,50

Für das unedle Metall gilt:

$Me \rightarrow Me^{n+} + ne^-$ (Oxidation)

$nH^+ + ne^- \rightarrow nH$ (Reduktion)

Redox-Paare:

Beispiel 1

$Fe \leftrightarrows Fe^{2+} + 2\,e^-$

$Cu \leftrightarrows Cu^{2+} + 2\,e^-$

$Ag \leftrightarrows Ag^+ + e^-$

Beispiel 2

$Fe^{2+} \leftrightarrows Fe^{3+} + 1\,e^-$

$Pb^{4+} + 2\,e^- \leftrightarrows Pb^{2+}$

Nach der Spannungsreihe sollte sich Eisen edler als Chrom verhalten, ein offenbarer Widerspruch zur Praxis, wo man doch Eisenteile durch galvanisch aufgetragene Chromschichten gegen Korrosion (Rost) schützt und nicht umgekehrt. Die Erklärung liegt in einem dünnen Chromoxidfilm, der sich an Luft auf der Chromoberfläche bildet und das Metall vor weiterer Oxidation schützt. Ähnliches geschieht bei dem noch unedleren Aluminium, dessen Oberfläche an Luft spontan zu Al_2O_3 oxidiert. Dadurch erhält das unedle Aluminium seine gute Korrosionsbeständigkeit.

Auch andere Redox-Systeme als das System Me/Me^{n+} bilden elektrochemische Potenziale aus, wie z. B. die unterschiedlichen Oxidationsstufen eines Elements (Beispiel 2).

Übung 4.1-1

Charakterisieren Sie eine elektrochemische Elektrode mit den an der Phasengrenze ablaufenden Vorgängen.

Übung 4.1-2

Erläutern Sie die Messanordnung zur Bestimmung von E_0 (siehe Bild 4.1-2).

Übung 4.1-3

Was erwarten Sie, wenn ein Kupferblech in die wässrige Lösung eines Goldsalzes getaucht wird?

Übung 4.1-4

Kupfer lässt sich mit Eisen(III)-chloridlösung auflösen. Benennen Sie für diese Reaktion das Oxidations- und Reduktionsmittel.

Übung 4.1-5

Begründen Sie, weshalb man die Kupferschicht einer Leiterplatte nicht mit Salzsäure ätzen kann!

Übung 4.1-6

Beim Einsatz stark aktivierter Flussmittel wird während des Lötens HCl freigesetzt. Die Metalle Zink, Eisen u.a. werden dadurch angegriffen. Handelt es sich um einen Redoxvorgang?

Übung 4.1-7

Die Neutralisation von Akkusäure kann mit verdünnter Natronlauge erfolgen. Handelt es sich dabei um einen Redoxvorgang? (Wenden Sie die Oxidationszahlen an)!

Zusammenfassung: Elektrochemisches Potenzial

- Oxidation und Reduktion beinhalten den Elektronenaustausch und sind die Grundlage elektrochemischer Reaktionen.
- An der Phasengrenze zwischen Elektrode und Elektrolyt bildet sich das elektrochemische Potenzial aus.
- Die Abhängigkeit des Potenzials von Temperatur, Konzentration der Ionen im Elektrolyt und dem Standardpotenzial beschreibt im Wesentlichen die NERNSTsche Potenzialgleichung. Weitere potenzialbestimmende Faktoren, wie mechanische Spannungen im Gefüge, polykristallines Gefüge, Texturen, Reinheit, u. a. m. erfasst diese Gleichung nicht.
- Verbindet man Elektroden unterschiedlichen Potenzials leitend miteinander, gleichen sich die Potenzialdifferenzen durch Elektronenaustausch aus. Nutzbar wird das in Galvanischen Zellen, schädigend wirkt sich dieser Vorgang bei der elektrochemischen Korrosion aus.

4.2 Galvanische Zellen

Kompetenzen

Durch Trennung von zwei Elektroden unterschiedlichen Potenzials in einer Zelle (Diaphragma, Stromschlüssel) kann kein direkter Elektronenaustausch erfolgen. Fließen die Elektronen über einen äußeren Stromkreis, kann elektrische Energie genutzt werden. Man unterscheidet Primär- und Sekundärelemente. Im Primärelement ist der bei der Stromnutzung ablaufende chemische Vorgang ohne Zerstörung der Zelle nicht wieder umkehrbar. Sekundärelemente lassen sich durch Umkehrung der Stromrichtung wieder in den Ausgangszustand zurückführen, wobei durch Nebenreaktionen die Anzahl der Lade- und Entladezyklen begrenzt ist.

Elektrodenmaterialien, Elektrolyte und konstruktive Gestaltung führen zu einer Vielzahl von Batterien, die ganz unterschiedliche Anforderungen erfüllen können. Zwei große Gruppen von galvanischen Zellen hinsichtlich des Anodenmaterials haben sich durchgesetzt: Batterien mit Metallanoden und Batterien mit Lithium-Ionen, eingelagert in einem Wirtsmaterial (Interkalationselektrode).

Redox-Reaktionen zwischen Metallen und Metallionen kann man bei geeigneter Versuchsanordnung in durch ein Diaphragma (Separator) getrennten Bereichen ablaufen lassen. Dabei tauchen die Elektroden in einen Elektrolyten ein. Es wird dadurch möglich, den bei spontan ablaufenden Redox-Reaktionen erfolgenden Elektronenaustausch in Form des elektrischen Stromes zu nutzen. In einem galvanischen Element wird das erreicht, indem Oxidations- und Reduktionsmittel in getrennten „Räumen" untergebracht sind (siehe Bild 4.2-1). Elektronen können dann nur über einen äußeren Weg, den elektrischen Stromkreis, fließen. Das Primärelement liefert nur solange Strom, wie der zugrunde liegende Redox-Prozess abläuft. Ist z. B. beim LECLANCHÉ-Element das Zink in Lösung gegangen, kann keine elektrische Energie mehr entnommen werden. Man müsste, um das Primärelement zu regenerieren, die Endprodukte des Redox-Prozesses entfernen, die verbrauchten Elektroden ersetzen und frischen Elektrolyten einbringen. Bei galvanischen Elementen, in denen die potenzialbestimmenden Reaktionen reversibel sind, besteht die Möglichkeit, sie durch den elektrischen Strom durch Umkehrung der Stromrichtung in den ursprünglichen Zustand zurückzuführen. Diese Art von Spannungsquellen heißen Sekundärelemente, auch als Akkumulatoren bezeichnet. Hierbei ist der Redox-Vorgang in der gewählten Zelle ohne deren Schädigung umkehrbar.

Beim Versuch der Wiederaufladung einer Primärzelle kann eine Schädigung eintreten durch:

Zelle: kleinste elektrochemische Einheit einer Spannungsquelle, ohne gebrauchsfertiges Gehäuse

Batterie: durch Kontakte miteinander verbundene Zellen in gebrauchsfertigen Gehäusen; aber auch die konfektionierte Einzelzelle

Primärzelle: Nichtwiederaufladbare Batterie (Einwegbatterie)

Sekundärzelle: Wiederaufladbare Batterie (Akkumulator)

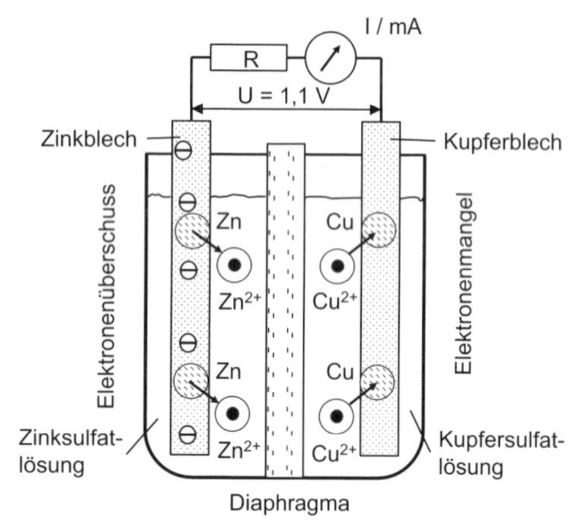

Bild 4.2-1 Galvanische Zelle als Spannungsquelle

1. Das verwendete Anodenmaterial (z. B. Zink) geht in Lösung und dabei geht die Geometrie der Elektrode verloren. Darüber hinaus besteht die Gefahr eines Kurzschlusses durch Dendritenbildung.
2. Nebenreaktionen durch Gasbildung (H_2, O_2). In der Folge des entstehenden Überdruckes kann es zur Zellöffnung kommen und Elektrolyt austreten.
3. Bei der Reduktion während des Ladevorganges bildet sich nicht wieder das duktile Metall in der ursprünglichen Form zurück.

Viele der heute eingesetzten galvanischen Zellen beruhen auf dem bereits 1866 von LECLANCHÉ entwickelten Prinzip der Oxidation von Zink, der negativen Elektrode und der Reduktion von Braunstein, der positiven Elektrode in einem sauren Elektrolyten.

In ihrer technischen Ausführung weisen die Batterien entsprechend des Verwendungszweckes vielfältige Unterschiede (siehe Tabelle 4.2-1) hinsichtlich konstruktiver Merkmale und stofflicher Vielfalt der Elektrodenmaterialien und der Elektrolyte auf. Dadurch erreicht man eine Anpassung an unterschiedliche Forderungen

Minuspol:

$Zn \rightarrow Zn^{2+} + 2\,e^-$ (Oxidation)

Pluspol:

$MnO_2 + H^+ + e^- \rightarrow MnO(OH)$ (Reduktion)

Folgereaktion:

$2\,MnO(OH) \rightarrow Mn_2O_3 + H_2O$

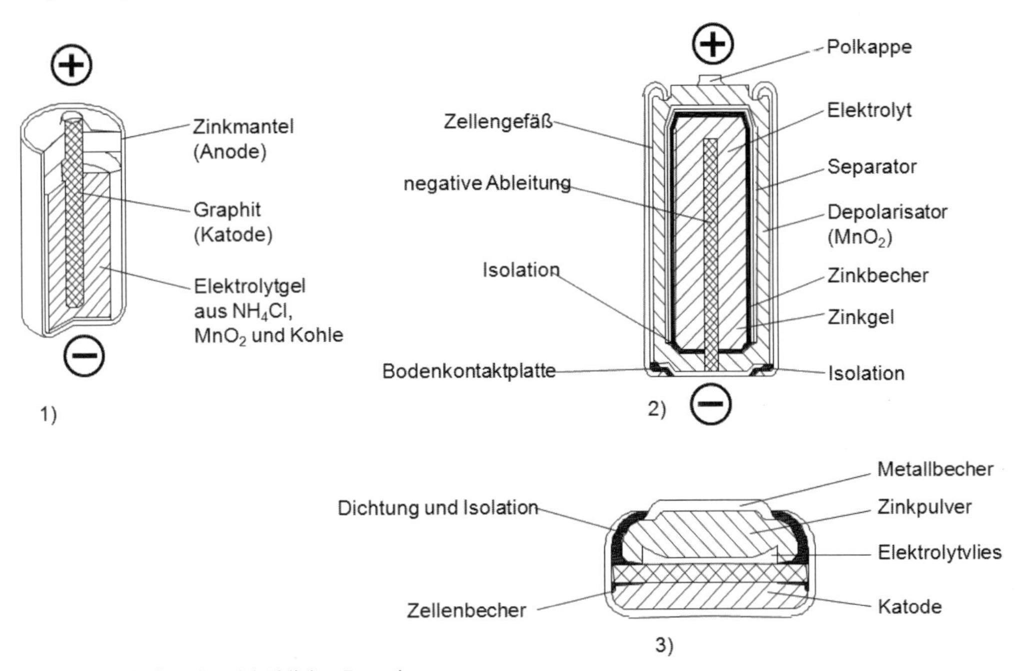

Bild 4.2-2 Aufbau handelsüblicher Batterien
a) Zink-Kohle-Zelle; b) Alkaline-Zelle; c) Knopfzelle

Tabelle 4.2-1 Übersicht zu handelsüblichen elektrochemischen Spannungsquellen

Bezeichnung	**U [V]**	**Energiedichte [Wh/kg]**	**Besondere Merkmale**	**Anwendungen**
Primärbatterien				
Zink-Kohle (ZnC) LECLANCHÉ-Element	1,5	40–70	Für weniger anspruchsvolle Anwendungen	Taschenlampen, Spielzeuge, Fernbedienungen
Alkali-Mangan (AlMn) = Alkaline	1,5	90–100	Wird hoher Stromanforderung und Dauernutzung gerecht	Tragbare Audiogeräte, Fotoapparate, Spiele
Zink-Luft (Zn-Luft)	1,4	300	Hohe Belastbarkeit	Hörgeräte, Personenrufgeräte
Lithium (Li)	3,0	250–300	Hohe Belastbarkeit, niedrige Selbstentladung	Fotoapparate mit hohem Strombedarf, elektronische Datenspeicher
Silberoxid (AgO)	1,55	120–190	Hohe bis mittlere Belastbarkeit	Uhren, Fotoapparate, Taschenrechner
Sekundärbatterien (Akkus)				
Blei-Akku	2,0	40	Bis 2000 Lade-/Entladezyclen, Gelelektrolyt, wieder aufladbar	Starterbatterie, Notstrom versorgung
Nickel-Cadmium (NiCd)	1,2	20	Sehr hohe Belastbarkeit, wieder aufladbar	Schnurlose Telefone, elektrische Zahnbürsten, Akkuwerkzeuge, Notbeleuchtungen
Nickel-Metallhydrid (NiMH)	1,2	60	Hohe Belastbarkeit, wieder aufladbar	Handys, schnurlose Telefone, Camcorder, Rasierer
Lithium-Ionen (Li-Ion), Lithium-Polymer (LiPo)	3,7	130	Hohe Belastbarkeit, hohe Energiedichte, wieder aufladbar	Handys, Camcorder, Notebooks, Organizer

der Praxis, wie Lebensdauer, Größe, Energiedichte, Entladungscharakteristik, Auslaufsicherheit (leak proof), Entsorgbarkeit, Recycelbarkeit u. a. Die auf dem Prinzip von LECLANCHÉ beruhenden Zellen, früher als Trockenzellen bezeichnet, werden in vielfältigen Ausführungsformen hergestellt (siehe Bild 4.2-2).

4.2.1 Zellen mit Metall-Anoden (Minuspol)

Eine Variante zur Zink-Braunstein-Zelle mit saurem Elektrolyten ist die alkalische Zink-Braunstein-Zelle (Alkaline). Wegen der im Vergleich zur „sauren" Zelle besseren Energiedichte, bei höherer Dauerbelastung, ist die Alkaline-Zelle für einige elektromotorische Geräte, z. B. Kameras, trotz ihres relativ hohen Preises besonders geeignet. Außerdem kann sie in begrenztem Umfang als Sekundärzelle, in Form der RAM-Zellen (Rechargeable Alkaline-Manganese), verwendet werden.

Die Zink-Silberoxid-Zelle besteht aus einer Paste aus Zinkpulver (Anode) und einer Ag_2O-Paste als Katode. Der Elektrolyt ist Kaliumhydroxidlösung. Die Zelle ist wegen ihrer hohen Energiedichte die derzeit am meisten verwendete Miniaturzelle für elektronische Uhren, Taschenrechner und weitere elektronische Geräte. Ihre Ruhespannung von 1,8 V sinkt bei Belastung auf 1,5 V und bleibt mit diesem Wert lange Zeit konstant. Dieser Vorzug erklärt die umfangreiche Anwendung der Zelle, trotz ihres hohen Preises.

In der Zink-Luft-Zelle (siehe Bild 4.2-3) ist Zink in Form von Zinkpulver wieder die Anode. Der Luftsauerstoff reagiert unter Aufnahme der Elektronen in Gegenwart von Luftfeuchtigkeit an der katalytischen Katode zu OH^--Ionen. Da die Katode sehr dünn ist, steht für das Anodenmaterial ein großes Volumen zur Verfügung, wodurch diese Zellen, im Vergleich mit anderen elektrochemischen Spannungsquellen die höchste Energiedichte erreichen. Ein typisches Einsatzgebiet sind Batterien für Hörgeräte. Im nicht aktivierten Zustand (versiegelte Luftöffnung) sind Zink-Luft-Batterien nahezu unbegrenzt lagerfähig. Bis zum Gebrauch sind sie deshalb luftdicht verschlossen zu halten. Nach ihrer Aktivierung ist die Zelle in maximal 500 h entladen.

Ein nach wie vor wichtiges Sekundärelement ist der Bleiakkumulator z. B. in Form der Starterbatterie im Auto. Der schematische Aufbau ist im Bild 4.2-4 und ein handelsüblicher Akku im Bild 4.2-5 dargestellt. Die Elektroden des Bleiakkus bestehen aus einer Anzahl von Bleigitterplatten, die mit schwammartigem Blei beschichtet sind, den Anodenplatten, oder mit Blei-(IV)-

Tabelle 4.2-2 Energiedichten von Primärelementen

Typ	Energiedichte in $Wh \cdot kg^{-1}$
LECLANCHÉ-Zelle	40–70
Alkaline-Zelle	90–100
Zink-Silberoxid-Zelle	120–190
Lithium-Zelle	250–300

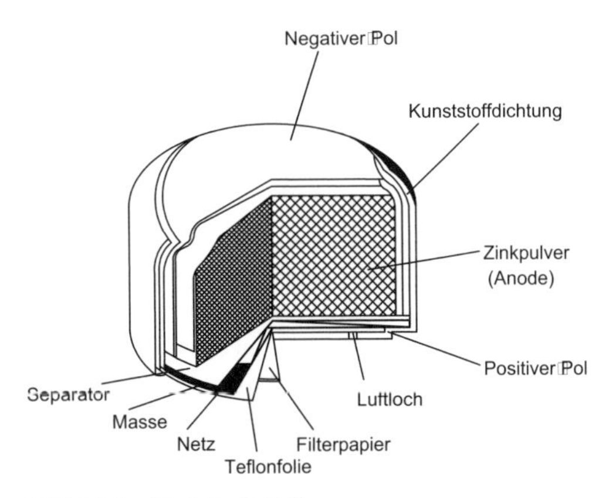

Bild 4.2-3 Zink-Luft-Zelle

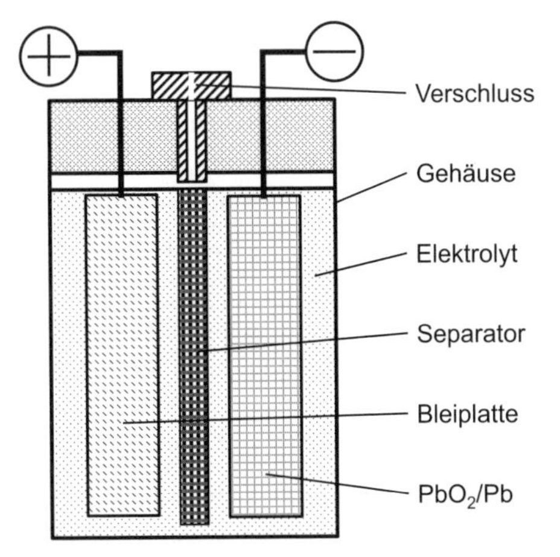

Bild 4.2-4 Aufbau einer Bleiakkumulatorzelle (schematische Darstellung)

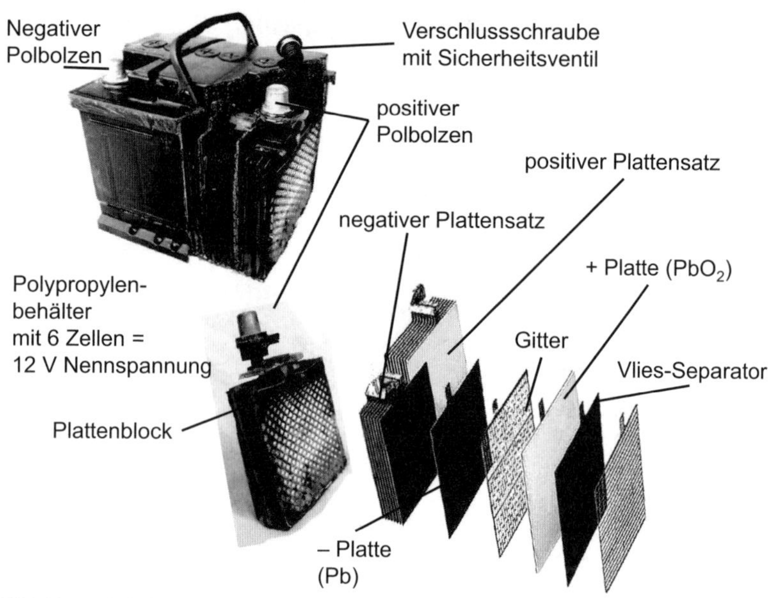

Bild 4.2-5 Schnitt durch einen handelsüblichen Bleiakku und Explosivdarstellung

oxid PbO_2, den Katodenplatten. Als Elektrolyt dient Schwefelsäure mit der Dichte zwischen 1,18 bis 1,28 g · cm^{-3}, entspricht ca. 30 %iger Schwefelsäure. Bei der Stromentnahme verläuft eine Redox-Reaktion zwischen Pb und PbO_2, dabei entsteht $PbSO_4$. Beim Laden verlaufen die umgekehrten Vorgänge.

Die Gesamtreaktion, die auch die Veränderung der Dichte beim Lade-/Entladezyklus erklärt, lautet:

$$Pb + PbO_2 + 2\,H_2SO_4 \underset{\text{Laden}}{\overset{\text{Entladen}}{\rightleftarrows}} 2\,PbSO_4 + 2\,H_2O$$

Der Zahlenwert der Säuredichte soll nicht unter 1,1 g/cm^3 sinken. Im unbelasteten Zustand des Akkumulators verlaufen die Elektrodenreaktionen des Entladevorganges mit geringen Reaktionsgeschwindigkeiten. Dabei entsteht feinkristallines und elektrisch nicht leitendes Bleisulfat, das beim Ladevorgang nicht wieder in Pb und PbO_2 rückführbar ist. Diese Erscheinung heißt Sulfatierung. Sie führt zur Verringerung der Ladekapazität (analog zur Energiedichte). Entladene Akkumulatoren sollten sofort wieder geladen werden. Der Wirkungsgrad des Bleiakkumulators beträgt 75 bis 85 %, die Energiedichte erreicht Werte zwischen 30 und 40 Wh · kg^{-1}. Die Ruhespannung der einzelnen

negativer Pol (Anode):

$$\overset{\pm 0}{Pb} \leftrightarrows \overset{+2}{Pb^{2+}} + 2e^-$$

positiver Pol (Katode):

$$\overset{+4}{Pb^{4+}} + 2e^- \leftrightarrows \overset{+2}{Pb^{2+}}$$

Zelle beträgt rund 2 V, die Ladeschlussspannung 2,7 V. Je nach Typ lassen sich 2000 Lade-/Entladezyklen erreichen.

Moderne Bleiakkumulatoren sind „wartungsfrei". Sie haben einen Gel-Elektrolyten, sodass eine Kontrolle des Elektrolytstandes entfallen kann und der Akku unabhängig von der Lage betrieben werden kann.

Man unterscheidet zwischen:

geschlossenen und *verschlossenen* Bleiakkumulatoren. Beim geschlossenen Akkumulator handelt es sich um den bereits dargestellten klassischen Typ. Nachteile, wie Gasentwicklung (O_2 und H_2) und Verbrauch von Elektrolyt (H_2O ist nachzufüllen!) führten zur Entwicklung des verschlossenen Akkumulators. Er ist charakterisiert durch:

- Der Elektrolyt ist fixiert, entweder in einem Vlies oder als Gel.
- Der an der positiven Elektrode entstehende Sauerstoff gelangt durch die im fixierten Elektrolyten vorhandenen Kanäle zur negativen Elektrode, wo er wieder durch Reduktion der OH^--Ionen zu Wasser umgesetzt wird.

Darüber hinaus werden als Akkumulatoren mit Nickel als Katode, Kaliumhydroxidlösungen unterschiedlicher Konzentrationen als Elektrolyt und unedleren Metallen als Anode eingesetzt.

Das sind:

- Nickel-Eisen-Akkumulatoren
- Nickel-Cadmium-Akkumulatoren und
- Nickel-Zink-Akkumulatoren.

Einen Vergleich dieser Akkus zum Bleiakku gibt Tabelle 4.2-3.

Tabelle 4.2-3 Vergleich des Bleiakkumulators mit anderen Akkumulatortypen

Typ	Vorteile	Nachteile
Ni-Fe	stabilere Lade-/Entladezyklen, höhere Lebensdauer, geringere Masse	Energiedichte: 15–22 Wh · kg^{-1} Wirkungsgrad der Ladereaktion: 50 % Selbstentladung unter H_2-Bildung (gasdichte Ausführung nicht möglich)
Ni-Cd	gasdichte Ausführung möglich	Energiedichte: 20 Wh · kg^{-1}, teurer RoHS* beachten!
Ni-Zn	3–4-fache Energiedichte	geringere Lebensdauer

* RoHS (*engl.*): **R**estriction **o**f (the use of certain) **h**azardous **s**ubstances

4.2.2 Zelle mit Li⁺-Ionen als Elektroden

Bei der Weiterentwicklung elektrochemischer Zellen hat sich das Metall Lithium als negative Elektrode (Anode) als sehr günstig erwiesen. Das Alkalimetall Lithium mit einem Standardpotenzial von –3,05 V reagiert leicht mit Wasser. Deshalb kommen in derartigen Zellen nur wasserfreie Elektrolyte zur Anwendung, die aus organischen und anorganischen Lösungsmitteln unter Zusatz geeigneter Salze, wie $LiBF_4$ (Lithiumtetrafluoroborat), bestehen. Da hier keine wässrigen Elektrolyte zur Anwendung kommen, spricht man von protonenfreien Elektrolyten (keine H^+-Ionen). Daraus ergibt sich für den Einsatz ein Temperaturbereich von – 55 bis + 85 °C und eine Lagerzeit bis zu 10 Jahren, bei einem Kapazitätsverlust von ca. 1% pro Jahr.

Praktische Bedeutung besitzen die **Lithium-Mangandioxid-Zellen**, wobei das MnO_2 die Katode bildet. Einsatzgebiete sind die Fototechnik, Messtechnik und Telekommunikation.

Eine ungewöhnliche Form bildet die sehr dünne **Lithium-Papier-Zelle**, deren Dicke bei 0,5 mm liegt und sich besonders zur Stromversorgung von Smartcards eignet. Das sind aktive Karten mit batteriebetriebenem Mikrochip sowie integriertem Display.

Lithium-Ionen-Zellen sind Akkumulatoren, die im Gegensatz zu den bisher beschriebenen auf einem anderen chemischen Prinzip der Energiespeicherung beruhen. In diesen Zellen liegen Lithium-Ionen im Elektrodenmaterial eingelagert vor (Interkalations-Elektroden), was für Anode und Katode gleichermaßen gilt. Die Lithium-Ionen-Batterien unterscheiden sich völlig von den o. g. Li-MnO_2-Batterien. Es liegt hier ein neuer Typ galvanischer Elemente vor; die Ionen des protonenfreien Elektrolyten sind nicht am Redox-Prozess beteiligt.

Die Interkalations-Elektroden vermitteln den Übergang der Lithium-Ionen (Li^+) zu Lithiumatomen (Li) und umgekehrt. Sie bestehen einerseits aus Verbindungen wie $LiMnO_2$ oder $LiCoO_2$ und andererseits aus Li_xnC (Graphitelektrode mit eingelagerten Li-Atomen). In beiden Fällen sind sowohl Graphit als auch CoO_2 und MnO_2Träger der Li-Atome, sie bilden das sogenannte Wirtsmaterial.

Einfach formuliert treten an der einen Elektrode Li-Atome als Li^+-Ionen in den Elektrolyten über und werden an der Gegenelektrode zu Li-Atomen reduziert und in das Wirtsgitter eingelagert. Dieser Vorgang ist umkehrbar, aus dem Pendeln der Li-Atome, über die im Elektrolyten wandernden Li^+-Ionen, von einer Elektrode zur anderen leitet sich der Begriff „Swingzelle“ ab.

Zwischen den Elektroden werden über den äußeren Stromkreis Elektronen ausgetauscht. Den Ladungsausgleich durch den Elektrolyten

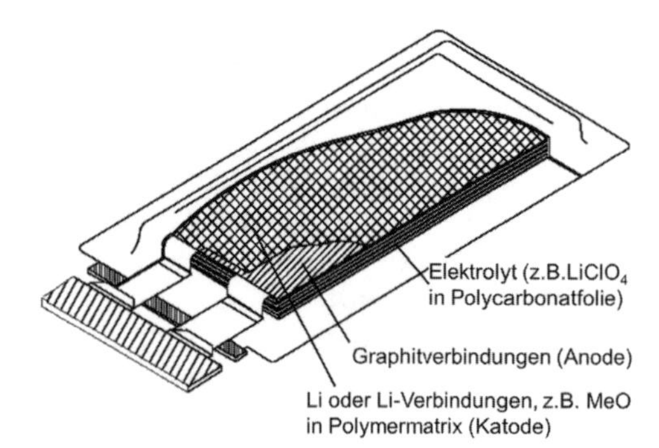

Bild 4.2-6 Prinzipieller Aufbau eines Lithium-Polymerakkumulators

Beim Entladen einer Lithium-Ionen-Batterie laufen folgende Vorgänge ab:

negative Elektrode:

$Li_xnC \rightarrow Li_{x-y} + yLi^+ + ye^-$

positive Elektrode:

$LiCoO_2 + yLi^+ + ye^- \rightarrow Li_yCoO_2$

bewirken die Lithium-Ionen. Demnach besteht eine Lithium-Ionen-Zelle aus dem Aktivmaterial $LiCoO_2$ bzw. $LiMnO_2$ als positive Elektrode, dem Aktivmaterial Graphit als negative Elektrode (siehe Bild 4.2-7).

Daraus ergibt sich folgende Halbzellenanordnung:

$LiCoO_2$

/ *Li^+ im organischen Lösungsmittel* /

Graphit mit Li-Atomen

Als organische Lösungsmittel finden Anwendung Ethylen- oder Propylencarbonat.

Ethylencarbonat — Propylencarbonat (CH_3)

Eine Weiterentwicklung des Lithium-Ionenakkumulators stellt der Lithium-Polymerakku (LiPo) dar. Als Anode dient entweder Lithiumfolie oder Li-Graphit, z. B. Li_xnC). Der Separator besteht aus einem Elektrolyten (z. B. $LiClO_4$) in einer Polymermatrix (z. B. Polycarbonat). Die Katode wird gebildet durch Metalloxid in einer Polymermatrix (siehe Bild 4.2-6). Die Vorteile von festen Polymermatrizen sind die deutlich höhere Sicherheit gegenüber herkömmlichen Akkumulatoren sowie die geringe Dicke einer Zelle von ca. 100 µm. Somit lässt sich in einem kleinen Volumen eine hohe Leistung verwirklichen. Lithium-Polymerakkus zeigen nur sehr geringe Neigung zur Selbstentladung, keinen Memory-Effekt und erwärmen sich beim Entladen nur sehr wenig. Deshalb können LiPo-Akkupacks mehrere Stunden vor Gebrauch geladen und unmittelbar nach dem Gebrauch sofort wieder geladen werden (siehe Bild 4.2-8).

Der Einsatz von Gerätebatterien, ob in Form eines Primärelementes oder Akkumulators, nimmt weltweit deutlich zu. Immer neue elektronische Geräte, die unabhängig von der „Steckdose" betrieben werden können, kommen auf den Markt. Daraus resultiert das Erfordernis, die Leistung und Sicherheit elektrochemischer Spannungsquellen zu verbessern. Ein Weg dazu ist die Verwendung neuer Werkstoffe, z. B. verbesserter Ionenleiter vom Typ der Defekt-Perowskite.

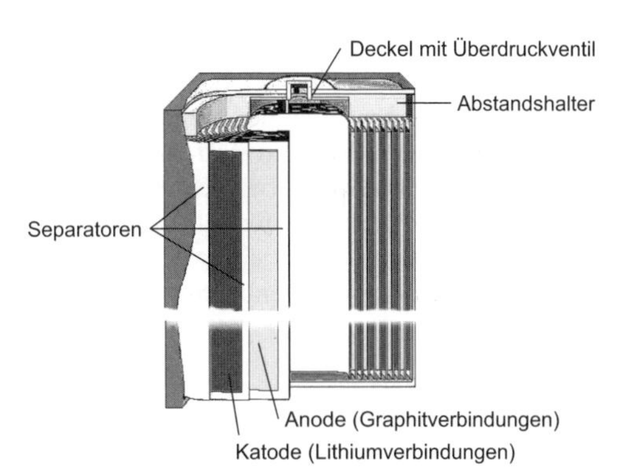

Bild 4.2-7 Schnitt durch einen Lithiumionenakkumulator (Elektroden gewickelt, durch Separatoren getrennt)

Die stark vereinfachten nebenstehenden Strukturformeln in ausführlicher Schreibweise:

H_2C–O, H_2C–O, C=O

H_2C–O, H–C–O, H_3C, C=O

Bild 4.2-8 Lithiumionenbatterie für Elektroautos (Bosch-Samsung)
Foto: Auto-Medienportal.Net/Bosch

Batterien liefern Strom durch ablaufende chemische Reaktionen. Dabei werden zur Speicherung der elektrischen Energie Stoffe verwendet, die zum Teil umweltrelevant sind. Somit ergibt sich ein weiterer Aspekt bei der Batterieentwicklung. Der Zweck der Herstellung und Verwendung von Batterien besteht in der Nutzung elektrischer Energie, die bei chemischen Reaktionen frei wird.

Übung 4.2-1

Skizzieren Sie ein galvanisches Element, das aus einer Nickel- und einer Zink-Elektrode besteht. Der Zinkstab taucht in eine Zinksulfatlösung ein, der Nickelstab in eine Nickelsufatlösung.

1. Bezeichnen Sie jeweils Anode und Katode und formulieren Sie den Anoden- und Katodenvorgang.
2. Bestimmen Sie die Bewegungsrichtung von Elektronen und Ionen beim Entladungsvorgang.
3. Berechnen Sie die Zellspannung unter Standardbedingungen.

Übung 4.2-2

Erklären Sie den Unterschied von Primär- und Sekundärelementen!

Übung 4.2-3

Welche Vorteile bringt der Einsatz wasserfreier Elektrolyte in galvanischen Zellen?

Übung 4.2-4

Stellen Sie den Aufbau und die Wirkungsweise eines LECLANCHÈ-Elementes und einer Zink-Luft-Zelle dar und formulieren Sie die Gleichungen für den jeweiligen Anoden- und Katodenprozess!

Übung 4.2-5

Charakterisieren Sie die unterschiedlichen Lithium-Zellen hinsichtlich ihrer Anwendung!

Übung 4.2-6

Welche Werkstoffe kommen in der Gruppe der Lithiumbatterien zum Einsatz; unterscheiden Sie dabei Primär- und Sekundärbatterien!

Übung 4.2-7

Warum kann man den Ladezustand eines Bleiakkumulators mit wässrigem Elektrolyten überprüfen, in dem man die Dichte der Batterieflüssigkeit misst?

Übung 4.2-8

Welche Pole der Stromquelle und des Blei-Akkus müssen beim Laden miteinander verbunden werden? Vorzeichen und Elektrodenbezeichnungen sind anzugeben!

Übung 4.2-9

Welche Elektrode des Blei-Akkus wird beim Laden reduziert?

Zusammenfassung: Galvanische Zellen

- Anodenmetalle für Batterien sind Zink, Mangan, Lithium, Blei und Nickel.
- Lithium-Ionen Batterien bilden einen völlig neuen Typ galvanischer Elemente. Sie enthalten einen protonenfreien Elektrolyten und die Interkalationselektroden.
- Im Lithium-Polymer-Akku bildet eine Lithiumfolie die Anode, der Elektrolyt besteht aus in eine Polymermatrix eingelagertem $LiClO_4$ und einer Katode aus Metalloxid, das in eine Polymermatrix eingelagert ist. Dieser Aufbau gestattet Zellendicken von ca. 0,1 mm bei hoher Leistungsdichte.
- Elektrochemische Spannungsquellen ermöglichen den Betrieb elektrischer Geräte unabhängig von einem Netzanschluss. Hieraus resultiert das Erfordernis, Leistungsdichte und Betriebssicherheit zu erhöhen.
- Aus der Anwendung umweltbedenklicher Werkstoffe in Batterien ergeben sich besondere Regeln für Umgang und Rückgewinnung.

4.3 Brennstoffzellen

Kompetenzen

Brennstoffzellen sind elektrochemische Energiewandler, die wasserstoffreiche Gase, wie den Wasserstoff selbst, Ammoniak, Methanol und Kohlenwasserstoffe, z. B. Methan, mit (Luft)sauerstoff in einer elektrochemischen Reaktion umsetzen und nicht verbrennen. Die in diesem Prozess freigesetzte Reaktionsenergie wird direkt in Form elektrischer Energie nutzbar. Die Brennstoffzelle ähnelt deshalb in ihrer Funktion einer Batterie, weil ein chemischer Prozess zur Erzeugung elektrischer Energie genutzt wird. Ein wesentlicher Unterschied zum galvanischen Element besteht aber darin, dass bei kontinuierlicher Versorgung mit dem Brenngas ein dauerhafter Betrieb möglich ist.

Es gibt heute sechs verschiedene Typen von Zellen. Sie unterscheiden sich durch den verwendeten Elektrolyten. Die ablaufenden energieliefernden Prozesse sind unabhängig vom Zelltyp durch folgende Reaktionen bestimmt:

Die Bruttoumsetzung in der Brennstoffzelle folgt der Knallgasreaktion:

$$2\,H_2 + O_2 \rightarrow 2\,H_2O \quad \Delta H = -286\ \text{kJ} \cdot \text{mol}^{-1} \qquad (1)$$

Diese Reaktion (1) teilt sich in der Brennstoffzelle auf in eine Anoden- und Katodenreaktion:

$$2\,H_2 \rightarrow 4\,H^+ + 4\,e^- \quad \text{Anode} \qquad (2)$$

$$O_2 + 4\,e^- \rightarrow 2\,O^{2-} \quad \text{Katode} \qquad (3)$$

$$2\,O^{2-} + 4\,H^+ \rightarrow 2\,H_2O \qquad (4)$$

Eine genauere Betrachtung des Verlaufes der Umsetzung der Sauerstoffionen mit den Wasserstoffionen führen zu den Gleichungen (5) und (6).

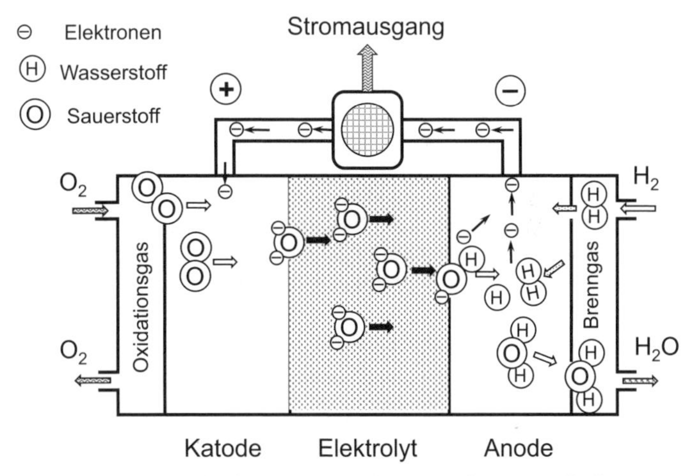

Bild 4.3-1 Wirkprinzip einer Wasserstoff-Sauerstoff-Brennstoffzelle

Folgereaktionen:

$$2\,O^{2-} + 2\,H_2O \rightarrow 4\,OH^- \quad (5)$$
$$4\,OH^- + 4\,H^+ \rightarrow 4\,H_2O \quad (6)$$

Gleichungen (5) und (6) zusammengefasst ergeben wieder die Gleichung (4), allerdings unter Berücksichtigung der Beteiligung von OH^--Ionen.

Brennstoffzellen bestehen aus Katode und Anode, die entweder durch einen Elektrolyten oder eine Membran getrennt sind. Die Umsetzung von Wasserstoff im Anodenraum mit Sauerstoff im Katodenraum zu Wasser liefert den nutzbaren Strom über den äußeren Stromkreis. Auf diese Weise entsteht auf direktem Weg elektrische Energie, ohne CO_2-Emission, wie das bei der Verstromung fossiler Energieträger ansonsten immer auftritt.

Tabelle 4.3-1 Typen von Brennstoffzellen

Zelltyp	Elektrolyt	Anodengas	Katodengas	Betriebstemperatur
AFC (Alkaline Fuel Cell)	Kalilauge (KOH)	Wasserstoff	Sauerstoff	ca. 100 °C
PEMFC (Proton Exchange Membran Fuel Cell)	protonenleitender Polymerelektrolyt	Wasserstoff, Wasserstoff aus Methanol	Sauerstoff, Luftsauerstoff	bis 100 °C
DMFC (Direct Methanol Fuel Cell)	Polymerelektrolyt	Methanol	Luftsauerstoff	90–120 °C
PAFC (Phosphoric Acid Fuel Cell)	Phosphorsäure	Wasserstoff, Wasserstoff aus Methan	Luftsauerstoff	200 °C
MCFC (Molten Carbonate Fuel Cell)	Alkalicarbonatschmelze	Wasserstoff, Methan, Kohlegas	Luftsauerstoff	650 °C
SOFC (Solid Oxide Fuel Cell)	Keramischer Festelektrolyt	Wasserstoff, Methan, Kohlegas	Luftsauerstoff	800–1000 °C

Die einzelnen Typen von Brennstoffzellen unterscheiden sich hinsichtlich der Elektroden und der Elektrolyte. Die Brenngase sind bevorzugt Wasserstoff und das Oxidationsgas Luftsauerstoff (siehe Tabelle 4.3-1).

Als klassische Brennstoffzelle kann man die im Apollo-Programm der NASA in den 1960-er Jahren entwickelte Wasserstoff-Sauerstoff-Zelle bezeichnen. Als Elektrolyt kam 75%ige KOH zum Einsatz bei 200 bis 230 °C unter Verwendung einer edelmetallaktivierten Doppelschichtelektrode aus Sinternickel. Die Weiterentwicklung dieses Zellentyps führte zur AFC-Brennstoffzelle (Alkaline Fuel Cell). Sie besitzt mit bis zu 85 % den höchsten Wirkungsgrad von Brennstoffzellen. Ein Nachteil besteht in der CO_2-Unverträglichkeit durch die Bildung von K_2CO_3 mit dem Elektrolyten, was den Einsatz von reinem Sauerstoff erfordert.

Einen anderen Lösungsweg bietet die PEM-Zelle (Proton Exchange Membrane). Eine protonenleitende Teflonmembran, beidseitig mit Platin und einer gasdurchlässigen Elektrode aus Graphitpapier beschichtet, bildet die PEM. Zwei Bipolarplatten aus Graphit sind die äußere Begrenzung. Sie tragen eingefräste Kanäle, die entweder Wasserstoff oder Sauerstoff durchströmt. In einer Anwendung der PEM-Zelle für einen Automobilantrieb stapelt man z. B. 150 Einzelzellen zu einem Stack mit einer Leistung von etwa 25 kW.

Quelle für das Brenn- oder Anodengas ist Wasserstoff aus der Elektrolyse, aus einem Reformingprozess von Methan oder Methanol und der Aufbereitung von Synthesegas (Kohlegas). Die Tabelle 4.3-1 gibt eine Zusammenfassung der wichtigsten Daten zu Brennstoffzellen.

Übung 4.3-1

Erläutern Sie das Wirkprinzip einer Wasserstoff-Sauerstoff-Brennstoffzelle!

Übung 4.3-2

Warum muss bei der Nutzung der AFC-Brennstoffzelle reiner Sauerstoff eingesetzt werden?

Übung 4.3-3

Welche Bedeutung besitzen Brennstoffzellen hinsichtlich ökologischer Aspekte?

Übung 4.3-4

Welche energetische Aussage enthält die Gleichung (1)?

Übung 4.3-5

Erläutern Sie die Abkürzung PEM!

Zusammenfassung: Brennstoffzellen

- Brennstoffzellen sind Energiewandler von chemischer direkt in elektrische Energie.
- Die Umsetzung von Wasserstoff mit Sauerstoff zu Wasser ist die Energiequelle.
- Katoden- und Anodenraum sind in einer PEM durch eine protonendurchlässige Membran mit Elektrolyten getrennt.
- Die unterschiedlichen Zelltypen unterscheiden sich im Wesentlichen in der Art des Elektrolyten und der Herkunft des Wasserstoffs.
- Brennstoffzellen haben einen modularen Aufbau und lassen sich deshalb in einem weiten Größenbereich herstellen. Sie bilden eine Alternative zu herkömmlichen Stromquellen ohne Freisetzung von CO_2.
- Entscheidende Voraussetzung für die Umweltverträglichkeit der Anwendung von Brennstoffzellen ist die Gewinnung von Wasserstoff unter Verzicht auf fossile Energieträger.

4.4 Die Elektrolyse

Kompetenzen

Ebenso bedeutungsvoll wie die Umwandlung chemischer Energie in elektrische ist für eine praktische Anwendung die Möglichkeit, chemische Reaktionen durch elektrischen Strom zu bewirken. Beim Stromdurchgang durch einen Elektrolyten findet die Entladung der Ionen, verbunden mit einer Stoffumwandlung statt. An der Katode verläuft die Metallabscheidung, an der Anode die Entladung der Anionen. Elektrolyse bedeutet wörtlich Zersetzung durch Strom.

Industriell findet die Elektrolyse Anwendung z. B. in der galvanischen Abscheidung von Metallschichten (Galvanisieren) und zur Gewinnung der Leiterwerkstoffe Kupfer und Aluminium. Für das Verständnis der Vorgänge im Verlauf der Elektrolyse ist die Kenntnis der Dissoziation von Metallsalzen, bevorzugt in wässrigen Lösungen, erforderlich. Quantitative Aussagen zur Elektrolyse ermöglichen die FARADAYschen Gesetze.

Damit die Elektrolyse ablaufen kann, ist die Zersetzungsspannung an die Elektrolysezelle anzulegen. Theoretisch wäre sie gleich der Differenz der Elektrodenpotenziale, oft liegen aber ihre Werte höher. Der reale Elektrodenprozess verläuft infolge von Polarisationsvorgängen gehemmt, was eine höhere Spannung (Zellspannung) erfordert. Den Zusammenhang zwischen der an den Elektroden abgeschiedenen Stoffmasse m und dem in der Zeit geflossenen Strom, d. h. die Ladung Q, beschreiben die FARADAYschen Gesetze.

$$m \sim Q$$

$$m \sim I \cdot t$$

Um ein Mol Metallionen mit der Ladung n^+ abzuscheiden, sind n Mol Elektronen notwendig. Ein Mol Ag^+ benötigt ein Mol Elektronen, ein Mol Cu^{2+} zwei Mol Elektronen usw.

$$Me^{n+} + ne^- \rightarrow Me$$

Die elementare Ladung eines Elektrons e_0 beträgt $1{,}6 \cdot 10^{-19}$ As. Ein Mol Elektronen hat demzufolge die Ladungsmenge:

$$1{,}6 \cdot 10^{-19}\ \text{As} \cdot 6{,}023 \cdot 10^{23} = 96500\ \text{As mol}^{-1} = 1\ \text{Faraday (F)}$$

Mithilfe dieser Ladungsmenge kann man demzufolge ein Mol einwertiger Ionen entladen bzw. mit der doppelten Ladungsmenge ein Mol zweiwertiger Ionen. Die molare Masse M von Cu^{2+} beträgt 63,55 g · mol^{-1}, das bedeutet, es können mit der Ladung von 2 · 96500 As 63,55 g Kupfer abgeschieden werden. Zusammengefasst lässt sich die bei der Elektrolyse abgeschiedene Masse m für jeden Stoff berechnen.

$$m = \frac{M \cdot I \cdot t}{n \cdot F}$$

Die Abscheidungskonstanten für Metalle in mg (As)$^{-1}$ sind Tabellenwerken zu entnehmen. Eine Auswahl finden Sie in Tabelle 4.4-1. Sehr reines Kupfer, das als E-Cu mit der Reinheit 99,9%

Tabelle 4.4-1 Metallabscheidungskonstanten

Metall	$\frac{M}{n}$	mg (As)$^{-1}$
Cu	31,79	0,329
Ni	29,35	0,304
Cr	8,66	0,090
Sn	59,35	0,651
Ag	107,88	1,118
Au	65,72	0,680

eingesetzt wird, gewinnt man durch Elektrolyse (Kupferraffination siehe Bild 4.4-1). An der Anode geht das Kupfer als Cu^{2+} in Lösung, an der Katode wird es zum Cu entladen. Die Verunreinigungen im Anodenmaterial scheiden sich nicht auf der Katode ab, die unedlen Komponenten bleiben als Ionen im Elektrolyten, die edleren bilden den Anodenschlamm. Die Gewinnung des E-Kupfers ist eine Verfahrensvariante mit löslicher Anode. Andere elektrolytische Prozesse verwenden inerte Anoden, wie z. B. aus Platin oder Graphit bei der Abscheidung von Gold auf Kontakten oder bei der elektrolytischen Zersetzung des Wassers zur Gewinnung von H_2 und O_2.

In der Praxis verlaufen die Reaktionen nicht mit der theoretischen Ausbeute. Es entstehen Verluste durch Wärme und Nebenreaktionen (Wirkungsgrad = Stromausbeute).

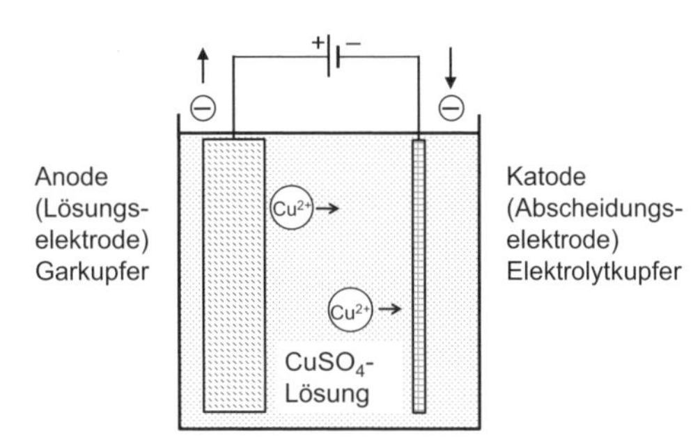

Bild 4.4-1 Schema einer Elektrolysezelle der Kupferraffination

Bild 4.4-2 Industrieanlage zur Kupferelektrolyse
Quelle: http://ruby.chemie.uni-freiburg.de/Vorlesung/metalle_8_2.html

Übung 4.4-1

Aus einer Silbernitratlösung werden in 5 Stunden 400 g Silber elektrolytisch abgeschieden. Wie groß ist die Stromstärke bei dieser Elektrolyse, unter der Annahme von 100 % Stromausbeute?

Übung 4.4-2

Begründen Sie die Möglichkeit, durch Elektrolyse aus Rohkupfer E-Kupfer herzustellen.

Übung 4.4-3

Formulieren Sie die Elektrodenvorgänge bei der elektrolytischen Zersetzung des Wassers.

Übung 4.4-4

Als wertvolles Nebenprodukt bei der Kupferraffination fällt Gold an. Benutzen Sie zur Begründung die Angaben in Tabelle 4.1-1!

Zusammenfassung: Elektrolyse

- Durch Anlegen einer Spannung, die höher als die theoretische Zersetzungsspannung ist, wird die Elektrolyse eingeleitet.
- Den Zusammenhang zwischen geflossener Ladungsmenge und an der Katode abgeschiedenen Stoffmasse geben die FARADAYschen Gesetze.
- In der Praxis kommen lösliche und inerte Anoden zur Anwendung.
- Elektrolysen verlaufen sowohl in wässrigen Lösungen als auch in Schmelzen.
- Abscheidungskonstanten der Metalle sind tabellarisch erfasst.
- Die realen Abscheidungsreaktionen verlaufen infolge der Wärmeverluste und Nebenreaktionen nicht mit der theoretischen Ausbeute.

4.5 Die elektrochemische Korrosion

Kompetenzen

Allgemein versteht man unter Korrosion die von der Oberfläche ausgehende unerwünschte Zerstörung von Werkstoffen durch chemische oder elektrochemische Reaktionen, wobei Feuchtigkeit und Luftsauerstoff der umgebenden Medien die Auslöser sind. Korrosionsvorgänge sind immer an Redoxreaktionen gebunden. Verlaufen diese in Anwesenheit eines Elektrolyten, spricht man von elektrochemischer Korrosion, ohne Elektrolyten kann eine chemische Korrosion ablaufen. Eine weitere Ursache der elektrochemischen Korrosion ist das Vorhandensein von Potenzialdifferenzen im Werkstoffsystem. Chemische und elektrische Prozesse sind bei der elektrochemischen Korrosion aneinander gekoppelt. Aufgrund der Kosten, die durch Korrosion verursacht werden und allein in Deutschland einige Milliarden Euro jährlich betragen, ist eine Vielzahl von Korrosionsschutzverfahren entwickelt worden, die man in aktive und passive einteilt. Die Kenntnis von wesentlichen Ursachen und Möglichkeiten zur Vermeidung elektrochemischer Korrosion ist für die Beschäftigten in allen technischen Bereichen damit ein entscheidender Wirtschaftsfaktor.

Ursachen und Wirkungen

Wir betrachten in diesem Abschnitt ausschließlich die elektrochemische Korrosion von Metallen. Sind die Halbelemente einer galvanischen Zelle unmittelbar miteinander verbunden, also kurzgeschlossen, läuft der elektrochemische Prozess spontan ab. Die chemische Energie ist dabei nicht nutzbar, im Gegenteil, die unedlere Elektrode geht in Lösung, sie korrodiert, der Werkstoff wird zerstört (Anodenvorgang). Ein Modell dieser Vorstellung gibt Bild 4.5-1.

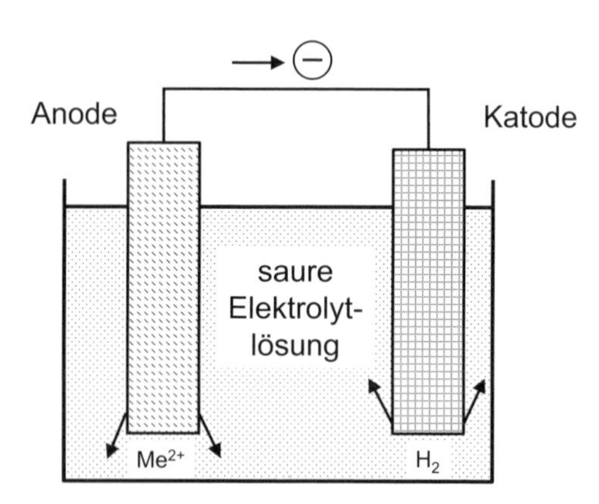

Bild 4.5-1 Modell eines Korrosionselementes

Die elektrochemische Korrosion findet immer dann statt, wenn drei Voraussetzungen wirken:

1. Ausbildung einer Potenzialdifferenz.
2. Katoden- und Anodenbereich sind leitend verbunden.
3. Im Elektrolyten muss durch einen Reduktionsvorgang der Elektronenverbrauch ablaufen (Katodenprozess).

Beim Fehlen einer dieser drei Voraussetzungen kann die elektrochemische Korrosion nicht stattfinden. Potenzialdifferenzen bilden sich z. B. in Lokalelementen aus, wie sie beim Fügen unterschiedlicher metallischer Werkstoffe auftreten. Damit sind zwei verschiedene Metalle, charakterisiert durch ihr Normalpotenzial (vgl. Tabelle 4.1-1), kurzgeschlossen und können in Gegenwart eines Elektrolyten korrodieren. Nach der NERNSTschen Gleichung (vgl. Abschn. 4.1) entsteht eine Potenzialdifferenz auch durch Konzentrationsunterschiede im Elektrolyten und Temperaturdifferenzen. Diese Gleichung erfasst aber nicht alle Faktoren, die zur

Ausbildung einer Potenzialdifferenz führen können, wie z. B. mechanische Spannungen und unterschiedliche Gitterorientierungen.

Im Bild 4.5-2 ist eine Auswahl aus der Vielfalt der Möglichkeiten zur Ausbildung von Potenzialdifferenzen veranschaulicht.

Korrosionsschutzmaßnahmen ergeben sich aus den Ursachen der elektrochemischen Korrosion:

1. Fernhalten des Elektrolyten.
2. Vermeidung der Ausbildung von Potenzialdifferenzen durch entsprechende Werkstoffauswahl.

Metallseitig:
Kontakt unterschiedlicher Metalle, Einschlüsse, verschiedene Gefügeteile, ungleichmäßige Kalt-Verformung, Temperaturdifferenz

Mediumseitig:
(Elektrolyt):
Konzentrationsunterschiede
Phasenunterschiede,
unterschiedliche Strömungsgeschwindigkeit
Temperaturdifferenz

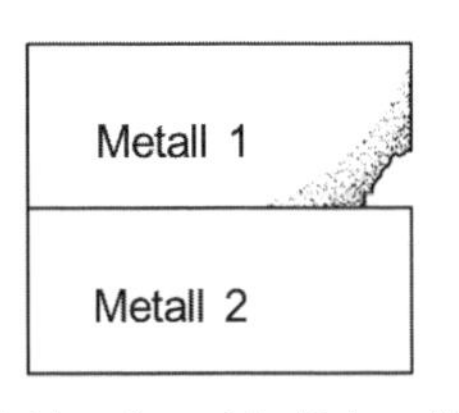

Kontakt unterschiedlicher Metalle

Risse in Oxidschicht

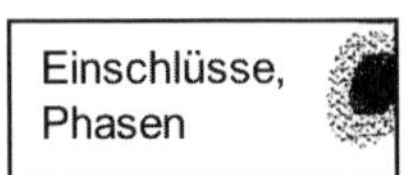

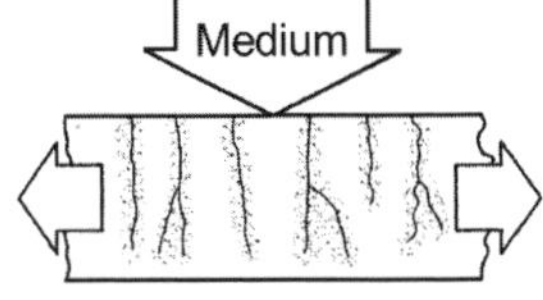

Statische und dynamische Zugbeanspruchung

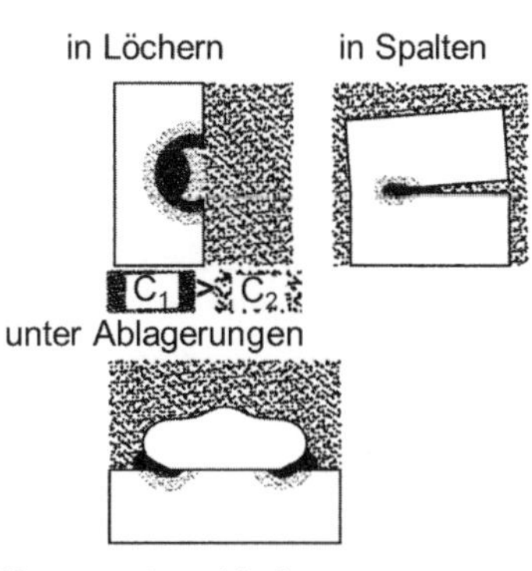

Phasenunterschiede

Kondensatbildung

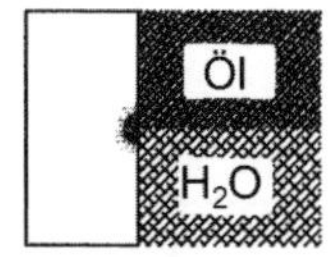

zweiphasige Flüssigkeit

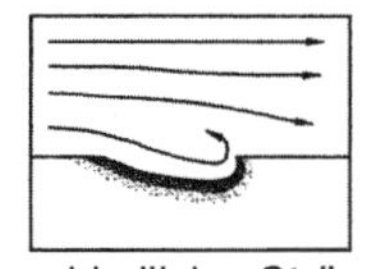

unterschiedliche Strömungsgeschwindigkeit

Bild 4.5-2 Mögliche Ursachen der Korrosion

3. Unterbrechung der elektrischen Leitung zwischen Katoden- und Anodengebiet.
4. Unterdrückung bzw. Verlangsamung der elektrochemischen Reaktion (Inhibitoren).

Darüber hinaus müssen bereits bei der Entwicklung und Konstruktion von Erzeugnissen Lösungen zur Minimierung der Korrosionsfaktoren einfließen. Korrosionsschutzmaßnahmen lassen sich in passive und aktive einteilen.

Passiver Korrosionsschutz

ergibt sich aus der Anwendung von Verfahren zur Trennung des metallischen Werkstoffes vom Elektrolyten durch Beschichtungen bzw. Reaktionen der Metalloberfläche zur Ausbildung passiver Konversionsschichten.

Aktiver Korrosionsschutz

umfasst alle Maßnahmen, die einen Eingriff in die Reaktionsfolge der Korrosionsvorgänge darstellen, mit dem Ergebnis der Vermeidung der Korrosion oder einer verminderten Korrosionsgeschwindigkeit.

Mithilfe von Inhibitoren, die man dem Korrosionsmedium zugibt, lässt sich die Korrosionsrate durch Bildung von Passivierungsschichten im Anoden- bzw. im Katodenbereich herabsetzen. Diese Möglichkeit des aktiven Korrosionsschutzes besitzt deshalb Bedeutung für die Kühl- und Heizwassertechnik, die Erdöl- und Erdgasgewinnung sowie für Lagerung, Transport u. ä.

Durch Beeinflussung des elektrischen Potenzials der zu schützenden Anlagenteile ergibt sich ein sehr wirksamer Korrosionsschutz. Das geschieht in einer katodischen Schutzanlage mittels galvanischer Anode (Opferanode), siehe Bild 4.5-3.

Als Materialien für Opferanoden setzt man bevorzugt Magnesiumlegierungen, Aluminium und Zink ein. Da sich das Anodenmaterial verbraucht, muss es nach bestimmten Zeitabständen erneuert werden. Die Überwachung erfolgt durch ständige Messung des anliegenden Potenzials.

Eine zweite Variante ist der katodische Schutz mit Fremdstromanlage, siehe Bild 4.5-4. Hierzu erhält das Schutzobjekt durch Anschluss an den Minuspol der Schutzanlage ein edleres Potenzial als die Umgebung, dadurch verhindert man ein Abfließen von im Anodenprozess freiwer-

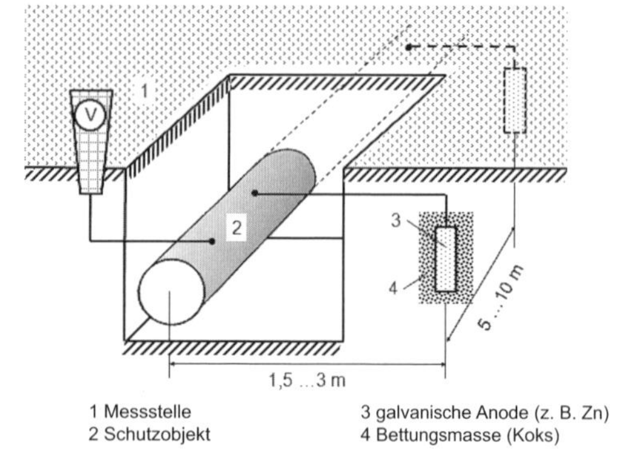

Bild 4.5-3 Katodische Schutzanlage mit „Opferanode“

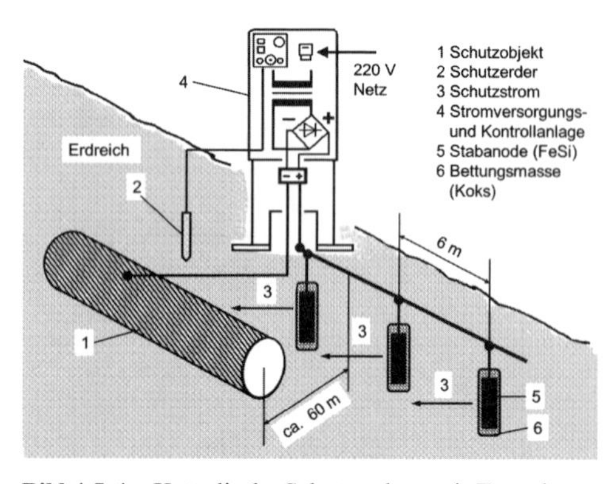

Bild 4.5-4 Katodische Schutzanlage mit Fremdstromanlage

denden Elektronen. Den Pluspol der Fremdstromanlage bilden preiswerte Elektroden aus Graphit oder Eisen-Silizium-Legierungen und platinierte Titanelektroden für besondere Anforderungen. Wichtige Methoden des Korrosionsschutzes sind in Tabelle 4.5-1 zusammengefasst.

Tabelle 4.5-1 Übersicht über Methoden des Korrosionsschutzes

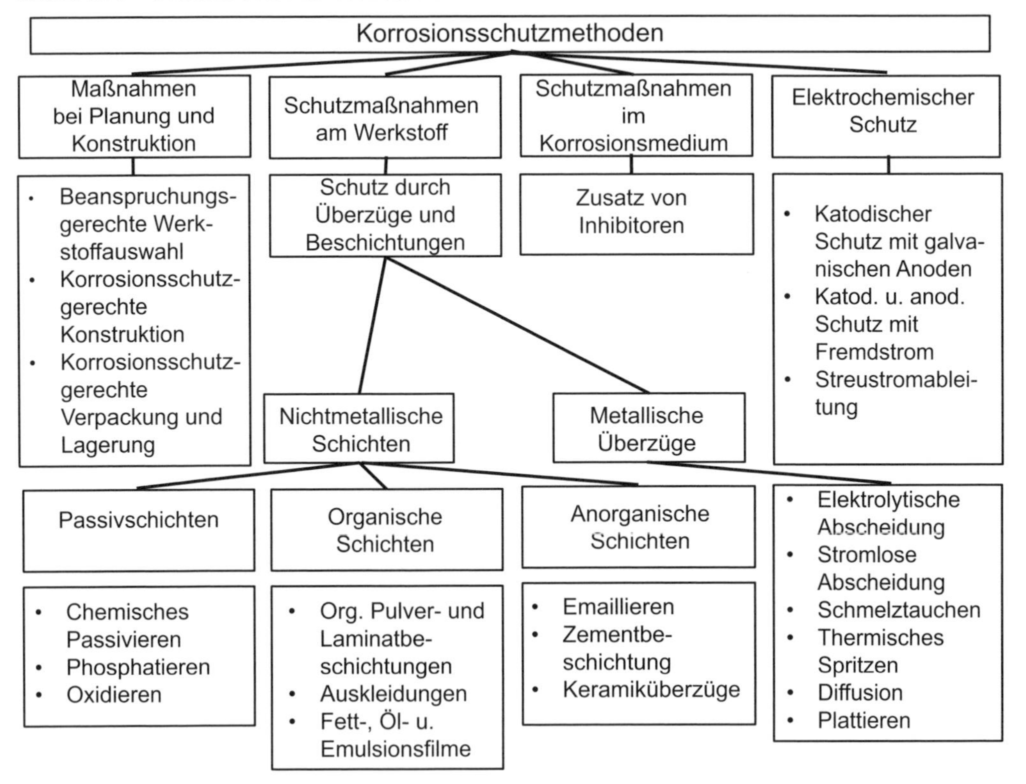

Übung 4.5-1

Wie beurteilen Sie die Korrossionsschutzwirkung eines verzinkten und verzinnten Eisenteils bei Beschädigung des Überzuges?

Übung 4.5-2

Erklären Sie die Entstehung der Potenzialdifferenz bei den im Bild 4.5-2 gezeigten Beispielen!

Übung 4.5-3

Nennen Sie jeweils drei Methoden des passiven und aktiven Korrosionsschutzes!

Übung 4.5-4

Eine Ergdgasleitung wird aktiv vor Korrosion geschützt, indem man diese mit Opferanoden aus Zink leitend verbindet.

1. Wie kontrollieren Sie die Wirksamkeit der Anlage?
2. Welche Stromrichtung stellen Sie dabei fest?

Zusammenfassung: Elektrochemische Korrosion

- Die elektrochemische Korrosion verursacht hohe wirtschaftliche Schäden.
- Korrosionsschutzmaßnahmen ergeben sich aus der Kenntnis der Ursachen für die Korrosion.
- Für den Korrosionsschutz eignen sich aktive und passive Maßnahmen.
- **Aktiv** bedeutet Eingriff in den Ablauf der Korrosionsvorgänge, **Passiv** Schutz der Oberfläche vor dem Benetzen durch den Elektrolyten.
- Nur beim Zusammenwirken der drei Faktoren
  - Anwesenheit eines Elektrolyten
  - Bildung von Potenzialdifferenzen und
  - leitender Verbindung zwischen Anoden- und Katodengebiet

  findet elektrochemische Korrosion statt.
- Von besonderer Bedeutung für die Vermeidung von Korrosionsschäden ist das korrosionsgerechte Konstruieren.

Selbstkontrolle zu Kapitel 4

1. Welche Umsetzungen sind Redoxreaktionen
   A Säure + Base
   B unedles Metall + verdünnte Säure
   C Metalloxid + Säure
   D Lösen von Kupfersulfat in Wasser
   E Ätzen von Leiterplatten

2. $Fe_2O_3 + 2\ Al \rightarrow Al_2O_3 + 2\ Fe$
   A Fe_2O_3 wird oxidiert
   B Fe_2O_3 ist Oxidationsmittel
   C Al ist Reduktionsmittel
   D Al wird reduziert
   E Al_2O_3 wird reduziert

3. Die FARADAYsche Konstante gibt an
   A Gramm je mol
   B Gramm je m^3
   C Ladung je mol
   D Zahl der Ionen je Liter
   E Zahl der Atome je Mol

4. Katode ist die Bezeichnung für
   A den Pol mit Elektronenüberschuss
   B den Pol mit Elektronenmangel
   C Pol, aus dem die Elektronenfließen
   D Pol, in den die Elektronen hineinfließen
   E Pol, an dem sich das unedlere Metall abscheidet

5. Ein Primärelement
   A kann wieder aufgeladen werden
   B setzt chemische in elektrische Energie um
   C ist ein Akkumulator
   D wandelt Wasserstoff in elektrische Energie um
   E ist unbegrenzt lagerfähig

6. Nach NERNST wird das elektrochemische Potenzial einer Metallelektrode wesentlich bestimmt durch
   A die Dichte des Materials
   B die Stellung des Metalls im Periodensystem
   C die Temperatur und die Konzentration der Metallionen im Elektrolyten
   D seine elektrische Leitfähigkeit
   E das Standardpotenzial

7. In Brennstoffzellen findet statt:
   A die Umwandlung von Strahlungsenergie in elektrische
   B die direkte Umwandlung von chemischer in elektrische Energie
   C die Nutzung elektrischer Energie zur Synthese chemischer Verbindungen
   D die Umsetzung von reinem Sauerstoff und Wasserstoff zu Wasser unter Stromgewinnung
   E die Umsetzung von Wasser in Wasserstoff und Sauerstoff

8. Elektrolyse ist
   A die Entladung eines galvanischen Elements
   B die Abscheidung eines Metalls aus der Metallsalzlösung durch Zementation
   C der Ladevorgang eines Akkumulators
   D die Abscheidung eines Metalls aus der Metallsalzlösung durch Strom
   E die Herstellung von Aluminium durch Reduktion von Al_2O_3 mittels Strom in der Schmelze

9. Elektrochemische Korrosion tritt auf bei
   A direktem Kontakt von edlem und unedlem Metall in Anwesenheit von Luftfeuchtigkeit
   B direktem Kontakt von edlem und unedlem Metall und sehr geringer Luftfeuchte
   C in Legierungen mit heterogenem Gefüge
   D bei sehr reinen Metallen
   E Konzentrationsunterschieden der Metallionen in Elektrolyten

5 Leiterwerkstoffe

5.0 Überblick

Durch Leiterwerkstoffe soll der elektrische Strom möglichst verlustfrei geleitet werden, was aber für metallische Leiter nicht zutrifft. Ein Maß dafür bildet die spezifische elektrische Leitfähigkeit bzw. ihr Kehrwert, der spezifische elektrische Widerstand. Die Faktoren, die in den Leiterwerkstoffen die spezifische elektrische Leitfähigkeit beeinflussen, stehen im Mittelpunkt dieser Betrachtungen.

Unter dem Einfluss der ständigen Miniaturisierung von Bauelementen, der Vergrößerung der Funktionsdichte und der Einsparung von Masse und Volumen werden Leiterwerkstoffe nicht nur in der klassischen kompakten Form, wie z. B. als Draht oder Schiene usw. angewendet, sondern in Form von Schichten auf Substraten.

5.1 Der spezifische elektrische Widerstand

Kompetenzen

Die spezifische elektrische Leitfähigkeit bzw. der spezifische elektrische Widerstand eines Werkstoffes ergibt sich als Produkt der Konzentration der Ladungsträger und ihrer Beweglichkeit. In Metallen und Polymerleitern sind die Ladungsträger Elektronen. In Halbleitern kommen Defektelektronen hinzu. In Metallen ist die Konzentration der Leitungselektronen nahezu konstant und nicht temperaturabhängig. Eine Änderung des elektrischen Widerstandes ist demzufolge an die Änderung der Elektronenbeweglichkeit gebunden. Einen bedeutenden Einfluss haben deshalb die Größen Temperatur, Reinheit und Verformungsgrad sowie Legierungstyp. Die spezifische elektrische Leitfähigkeit muss man deshalb unter definierten Bedingungen ermitteln.

Erfolgt die Abscheidung von Metallen im Sinne der Dünnschichttechnik auf Substraten, nimmt mit abnehmender Schichtdicke der Widerstand exponentiell zu. Eine reproduzierbare Schichtqualität ist damit die Voraussetzung für den Einsatz derartiger Bauteile.

Die höchste Leitfähigkeit besitzt ein Metall dann, wenn es in völlig reiner Form ohne Gitterdefekte vorliegt. Man gibt die spezifische elektrische Leitfähigkeit $\varkappa$ immer für das reine Metall und für eine bestimmte Temperatur an, wie z. B. in Tabelle 5.1-1. Neben der Leitfähigkeit spielt der Preis für die Anwendung eine entscheidende Rolle. Aus diesem Grunde werden die zwar chemisch beständigen und gut leitenden, aber teuren Edelmetalle Au und Ag nur in kleinen Abmessungen oder als Schichten angewandt.

Der Betrag der spezifischen elektrischen Leitfähigkeit wird bestimmt durch die Zahl Z der Leitungselektronen, die in der Zeiteinheit den Leiterquerschnitt A durchströmen. Am Modell des Bildes 5.1-1 soll das verdeutlicht werden.

Tabelle 5.1-1 Spezifische elektrische Leitfähigkeit $\varkappa$ von Metallen bei 25 °C, in 10^6 S · m^{-1}

Metall	$\varkappa$	Metall	$\varkappa$
Ag	ca. 62	Zn	17
Cu	54–60	Ni	15
Au	46	Fe	10
Al	34–38	Pt	10
Mg	22	Pb	5
Mo	19	Hg	1
W	18	Pd	9

Die Konzentration der Leitungselektronen in Leitermetallen liegt bei ca. 10^{22} cm^{-3} bzw. 10^{28} m^{-3}.

Die Zahl Z ist proportional der Konzentration der Leitungselektronen ne^-, dem Leiterquerschnitt A und der Driftgeschwindigkeit der Leitungselektronen v_D (Gleichung 1).

Wie groß ist die Konzentration der Leitungselektronen ne^- (Anzahl pro Volumeneinheit) in einem Metall?

In einem Mol eines Stoffes sind ca. $6 \cdot 10^{23}$ Teilchen enthalten (vgl. Kapitel 1). Ein Mol Kupfer sind also $6 \cdot 10^{23}$ Kupferatome. Gibt jedes Kupferatom ein Elektron in das Leitungsband ab, dann entstehen $6 \cdot 10^{23}$ Leitungselektronen. Ein Mol Kupfer verkörpert die Masse von rund 64 g. Es sind demnach in 64 g Kupfer $6 \cdot 10^{23}$ Leitungselektronen enthalten. Die Dichte des Kupfers beträgt rund 9 g cm^{-3}. 1 cm^3 Kupfer enthält also rund $8{,}4 \cdot 10^{22}$ Leitungselektronen.

Bei den anderen Leiterwerkstoffen, wie Aluminium, Gold und Silber, liegen die Konzentrationen der Leitungselektronen in der gleichen Größenordnung.

Gelangen die Leitungselektronen unter den Einfluss eines elektrischen Feldes E, dann wird ihre willkürliche Bewegung (thermische Geschwindigkeit) durch eine gerichtete Bewegung (Driftgeschwindigkeit) überlagert. Die Driftgeschwindigkeit v_D, als Geschwindigkeitsgröße, erhält die Maßeinheit $m \cdot s^{-1}$, die Feldstärke E die Maßeinheit $V \cdot m^{-1}$. Wenn die thermische Geschwindigkeit den in der Zeiteinheit absolut zurückgelegten Weg angibt, ist die Driftgeschwindigkeit ein Maß für die Fließbewegung in Feldrichtung, siehe Bild 5.1-1.

Aus der Proportionalität zwischen v_D und E (2) wird durch Einsetzen des Proportionalitätsfaktors μ (Ladungsträgerbeweglichkeit, im metallischen Leiter auch Elektronenbeweglichkeit) die Gleichung (3).

Durch Einsetzen von v_D in Gleichung (1) und Umformung von (4) bis (9) erhalten wir die Formel (10) für die spezifische Leitfähigkeit $\varkappa$.

Die Anzahl der Elektronen multipliziert mit der Elementarladung e_0 ergibt I, den fließenden Strom. Beide Seiten von (5) mit e_0 multipliziert ergibt (6).

Berücksichtigen wir nun noch das OHMsche Gesetz

$$U = I \cdot R$$

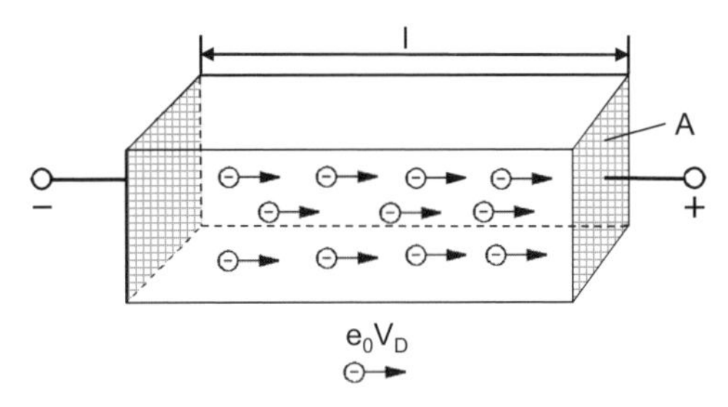

Bild 5.1-1 Modell der Fließbewegung von Leitungselektronen unter Einwirkung eines elektrischen Feldes

$$Z \sim n \cdot e^- \cdot A \cdot v_D \quad (1)$$

$$v_D \sim E \quad (2)$$

$$v_D = \mu \cdot E \quad (3)$$

$$\mu = \frac{v_D}{E} \left(\frac{m^2}{V \cdot s}\right)$$

$$Z = n \cdot e^- \cdot A \cdot \mu \cdot E \quad (4)$$

da gilt $E = \frac{U}{l}$

$$Z = n \cdot e^- \cdot A \cdot \mu \cdot \frac{U}{l} \quad (5)$$

$$Z \cdot e_0 = n \cdot e^- \cdot A \cdot \mu \cdot \frac{U}{l} \cdot e_0 \quad (6)$$

$$I = n \cdot e^- \cdot A \cdot \mu \cdot \frac{U}{l} \cdot e_0 \quad (7)$$

$$\frac{I}{U} = \frac{n \cdot e^- \cdot A \cdot \mu \cdot e_0}{l} \quad (8)$$

$$\frac{1}{R} = \frac{n \cdot e^- \cdot A \cdot \mu \cdot e_0}{l} \quad (9)$$

$$R = \frac{\varrho \cdot l}{A} \quad \text{bzw.}$$

$$\varrho = \frac{1}{\varkappa} \quad \text{folgt}$$

$$\varkappa = e_0 \cdot n \cdot e^- \cdot \mu \left(\text{As} \frac{m^2}{m^3 \cdot Vs}\right) \quad (10)$$

Beachte

$$\left(\frac{A}{V \cdot m}\right) = \left(\frac{S}{m}\right)$$

und die Bemessungsgleichung

$$R = \frac{\varrho \cdot l}{A},$$

so erhalten wir (10). Die spezifische elektrische Leitfähigkeit $\varkappa$ ist das Produkt der Elementarladung mit der Konzentration der Elektronen und ihrer Beweglichkeit und wird in SIEMENS pro Meter angegeben (vgl. Tabelle 5.1-1). Sind die Konzentration der Elektronen und ihre Beweglichkeit für das jeweilige Metall bekannt, lässt sich $\varkappa$ berechnen (vgl. Tabelle 5.1-2). Für die praktische Beurteilung von Leitermaterialien ist interessanter, wie der Ladungstransport durch den Werkstoff vermindert wird; deshalb erfolgt häufig die Angabe des spezifischen elektrischen Widerstandes ϱ anstelle von $\varkappa$.

Bei der vorangegangenen Ableitung zum Stromtransport im metallischen Leiter ist der Ausgangspunkt die Fließbewegung vorhandener Leitungselektronen beim Anlegen einer Gleichspannung. Bei Wechselspannung ändert sich die Fließbewegung der Elektronen mit der Frequenz der Spannung. Die Elektronen oszillieren im Werkstoff. Die Aussage zu $\varkappa$ (10) wird im Niederfrequenzbereich dadurch nicht beeinflusst.

Betrachtungen hinsichtlich der Veränderung der Leitfähigkeit von Metallen können sich demnach auf die Beweglichkeit der Leitungselektronen beschränken.

In ihrer gerichteten Bewegung im Feld werden die Ladungsträger gestreut. Sie werden aus ihrer ursprünglichen Bewegungsrichtung abgelenkt und verringern ihre Geschwindigkeit. Je mehr derartige Streuvorgänge stattfinden, desto geringer ist der geradlinig in Feldrichtung zurückgelegte Weg. Für eine erneute Beschleunigung der abgebremsten Ladungsträger muss Energie aus dem Feld aufgenommen werden. Die Bremsenergie äußert sich in der Erwärmung des Leiters. Betrachtet man den Leitungsvorgang unter Ausschluss der thermischen Schwingungen der Gitterbausteine und dem Vorliegen eines perfekten Gitters (keine Strukturdefekte), erreicht der Werkstoff seine höchstmögliche Leitfähigkeit. Dies ist nicht dem supraleitenden Zustand gleichzusetzen; dafür muss es zur Ausbildung sogenannter COOPER-Paare kommen, siehe Kapitel 10.

Tabelle 5.1-2 Ladungsträgerbeweglichkeit und Ladungsträgerkonzentration wichtiger Leitermetalle

Metall	Elektronen-konzentration	Elektronen-beweglichkeit
	($m^{-3} \cdot 10^{28}$)	($m^2 \cdot V^{-1} \cdot s^{-1} \cdot 10^{-3}$)
Ag	5,8	6,6
Cu	8,5	4,3
Al	8,3	2,7

Für Metalle gilt:
ne^- ist konstant, μ ist variabel.

Der spezifische elektrische Widerstand eines Leiterwerkstoffes setzt sich demzufolge zusammen aus einem thermischen Anteil ϱ_{th} und einem Anteil, verursacht durch Strukturdeffekte ϱ_s, als nicht temperaturabhängigen Anteil, wie im Bild 5.1-2 dargestellt. Diese Einflussfaktoren finden ihren Ausdruck in der Regel von MATTHIESSEN.

Der Temperaturkoeffizient des spezifischen elektrischen Widerstandes TK_ϱ (auch α) charakterisiert den Einfluss der Temperatur. Die Schwingungsamplituden der Gitterbausteine nehmen mit steigender Temperatur zu, was zur verstärkten Streuung der Leitungselektronen führt. Die Beweglichkeit sinkt, ϱ steigt. Die Widerstandsänderung infolge der Temperaturänderung ist dem Widerstand selbst proportional. Der Proportionalitätsfaktor ist der Temperaturkoeffizient α, entsprechend Gleichungen (11) bis (13).

Man bezieht den spezifischen elektrischen Widerstand ϱ auf eine Temperatur, meistens von 20 °C (ϱ_{20}) oder 293 K (ϱ_{293}). Ändert sich die Bezugstemperatur um 1 K, dann erhöht sich der ϱ-Wert bei Metallen um den Faktor α. Er beträgt bei reinen Metallen ca. 0,004 K^{-1}, d. h. bei einem Temperaturunterschied von ± 1 K ändert sich der Widerstand um ± 0,4 %. Das ist eine ganz erhebliche Änderung! Wenn z. B. Kupfer um 125 K erwärmt wird, dann steigt der Widerstand auf das Einundeinhalbfache, entsprechend der Gleichung (14). Sie gilt für geringe Temperaturdifferenzen, bei denen die Widerstandsänderung nahezu linear verläuft. Bei extrem hohen Temperaturdifferenzen, z. B. der Wolframwendel einer Glühlampe mit 2500 °C, muss Gleichung (14) um das quadratische Glied erweitert werden, entsprechend Gleichung (15). Dieser glühende Wolframdraht besitzt den 19-fachen Widerstand gegenüber dem kalten Glühfaden.

Der TK_ϱ selbst ist nicht konstant, sondern temperaturabhängig; man muss ihn deshalb für ein bestimmtes Temperaturgebiet, meistens für 0 bis 100 °C oder 100 bis 200 °C angeben. In der Tabelle 5.1-3 sind die Temperaturkoeffizienten von Leiterwerkstoffen im Gebiet zwischen 0 und 100 °C und im Bild 5.1-3 ist die Abhängigkeit des ϱ von der Temperatur im Gebiet von –200 bis +200 °C dargestellt. Wir erken-

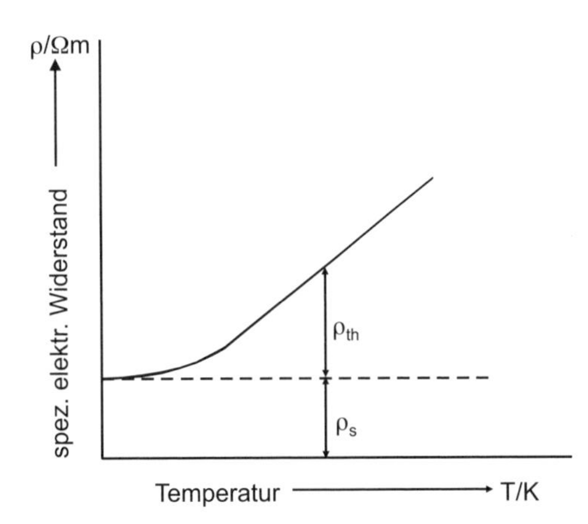

Bild 5.1-2 Aufspaltung des spezifischen Widerstandes von Metallen in einen temperaturabhängigen und nichttemperaturabhängigen Teil

Regel von MATTHIESSEN:
$\varrho = \varrho_{th} + \varrho_S$

$$\frac{d_\varrho}{d_T} = \alpha \cdot \varrho \qquad (11)$$

$$TK_\varrho = \alpha$$

Gleichung (11) ist näherungsweise lösbar durch Umformen in

$$\ln \varrho = \alpha \cdot T + \ln C \qquad (12)$$

$$\varrho = C \cdot e^{aT} \qquad (13)$$

Durch Reihenentwicklung erhält man:

$$\varrho_T = \varrho_{293} (1 + \alpha \Delta T) \qquad (14)$$

Bei extrem hohen Temperaturdifferenzen ist das quadratische Glied der Reihe zu berücksichtigen:

$$\varrho_T = \varrho_{293} (1 + \alpha \Delta T + \beta \Delta T^2) \qquad (15)$$

Tabelle 5.1-3 Temperaturkoeffizienten von Leiterwerkstoffen im Bereich von 0 bis 100 °C in $K^{-1} \cdot 10^{-3}$

Al	4,6	Pt	3,9
Pb	4,2	Ag	4,1
Fe	6,6	W	4,8
Au	4,0	Zn	4,2
Cu	4,3	Sn	4,6

nen, dass bei reinen Metallen der TK_ϱ positiv und in diesem Temperaturbereich nahezu linear verläuft.

Eine besondere Bedeutung für die Beeinflussung von ϱ kommt den Strukturdefekten zu, besonders deshalb, weil sie bewusst im gesamten technologischen Prozess gesteuert werden können. Die große Palette von Bauelementen der Elektrotechnik kann deshalb mit relativ wenigen Grundmetallen auskommen, wie Cu, Al, Au, Ag, Ni und Fe.

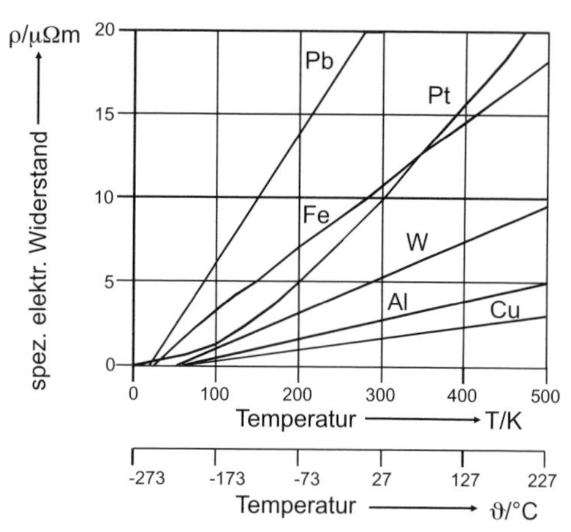

Bild 5.1-3 TK_ϱ ausgewählter Metalle

Reinheit

Die Leitfähigkeit reagiert sehr empfindlich auf den Reinheitsgrad der Werkstoffe. Je höher der Reinheitsgrad, desto besser ist die Leitfähigkeit der Metalle (siehe Bild 5.1-4). Auch Fremdatome von besser leitenden Elementen verringern die Leitfähigkeit des Grundwerkstoffes. Dabei müssen wir beim Begriff Verunreinigung davon ausgehen, dass der Mengenanteil der Fremdatome so gering ist, dass sie in das Gitter des Grundmetalls eingebaut werden können. Daraus resultieren hohe Anforderungen an den Reinheitsgrad für die Leiterwerkstoffe Kupfer und Aluminium. Der Einfluss der Fremdatome auf die elektrische Leitfähigkeit macht sich besonders bei niedrigen Temperaturen bemerkbar, wenn der temperaturabhängige Widerstandsanteil ϱ_{th} gegen Null geht.

In Metallen ist infolge ihrer Bandstruktur (Leiter 1. und 2. Art) die Anzahl der Leitungselektronen unter allen physikalischen Bedingungen, in denen der Festkörper vorliegt, konstant. Eine gezielte Änderung von ϱ wird durch Legierungsbildung möglich.

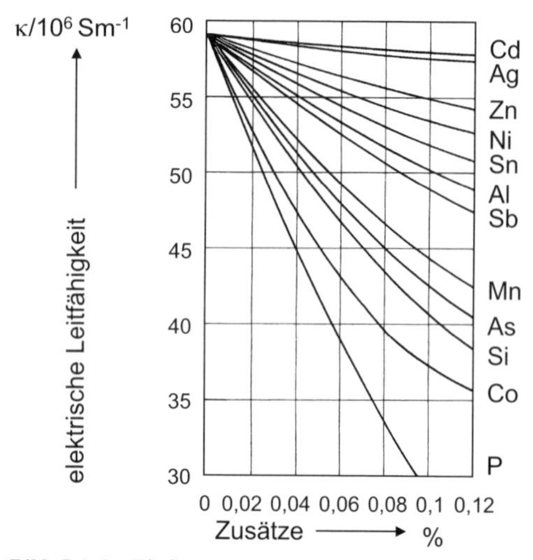

Bild 5.1-4 Einflüsse verschiedener Verunreinigungen auf die elektrische Leitfähigkeit von Kupfer

Legierungsart

Bilden die Komponenten einer Legierung eigene Phasen (Kristallgemisch, vgl. Abschn. 1.3), dann hängt ϱ nahezu linear von den Volumenanteilen der an der Legierung beteiligten Phasen ab, wie im Bild 5.1-5 dargestellt.

In unserem Falle sind das die reinen Kristalle der Komponenten A und B. Ein Ersatzschaltbild dafür wäre ein Netzwerk aus in Reihe und parallel geschalteter Widerstände der Sorte A und B. Es handelt sich demzufolge um ein geometrisches Problem der Menge und Anordnung

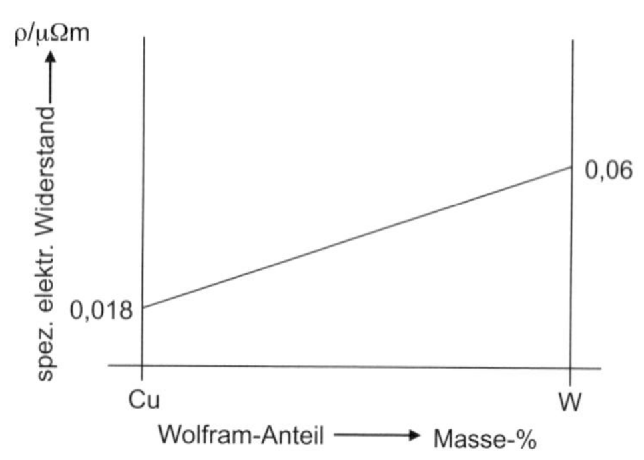

Bild 5.1-5 $\varrho = f(c)$ für ein System mit völliger Unlöslichkeit der Komponenten

von zwei Phasen unterschiedlicher elektrischer Leitfähigkeit.

Bauen die Komponenten unter Mischkristallbildung gemeinsam das Gitter auf, erfolgt eine nichtlineare Änderung von ϱ in Abhängigkeit von der Zusammensetzung. Durch den Einbau der Atome von A in B oder B in A wird der regelmäßige Gitteraufbau erheblich gestört. Es tritt eine starke Streuung der Leitungselektronen an diesen nulldimensionalen Gitterfehlern, den substituierten Atomen, auf. Die Beweglichkeit μ der Leitungselektronen sinkt, ϱ steigt. Lösen sich in der Komponente A die Atome von B, so verändert sich ϱ der Legierung bereits bei geringen Anteilen von B sehr stark. Mit zunehmendem B-Anteil wird dieser Einfluss schwächer, die Kurve $\varrho = f(c)$ erreicht allmählich ein Maximum. Das gilt analog für zunehmenden A-Anteil in Komponente B (Bild 5.1-6).

Im Falle der teilweisen Löslichkeit der Komponenten liegen ebenfalls Mischkristalle vor, aber im Gebiet der Mischungslücke zwei Arten von Mischkristallen (α und β) nebeneinander. Damit ergibt sich für die Abhängigkeit $\varrho = f$ (Konzentration) eine Kombination aus den oben genannten Legierungstypen (siehe Bild 5.1-7).

Aus der MATTHIESSENschen Regel folgt, dass Legierungen mit Mischkristallbildung kleinere TK_ϱ-Werte besitzen als die Metalle, aus denen sie bestehen. Da das im Gitter gelöste Fremdatom einen Strukturdefekt darstellt, wird darum der strukturabhängige Widerstandsanteil ϱ_s stärker beeinflusst als der temperaturabhängige Anteil ϱ_{th}. Nimmt also ϱ mit Zunahme der Legierungskomponente ebenfalls zu, fällt TK_ϱ ab, wie das Bild 5.1-8 zeigt.

Als Regel gilt für Legierungen:

Das Produkt aus ϱ und α ist konstant.

Verformungsgrad

Bei starker plastischer Deformation (Kaltverformung) erhöht sich die Anzahl der Strukturdefekte durch Entstehung neuer Leerstellen, Zwischengitteratomen und vor allem Versetzungen. Die Leitungselektronen werden an diesen Defektstellen zusätzlich gestreut, μ sinkt, ϱ steigt.

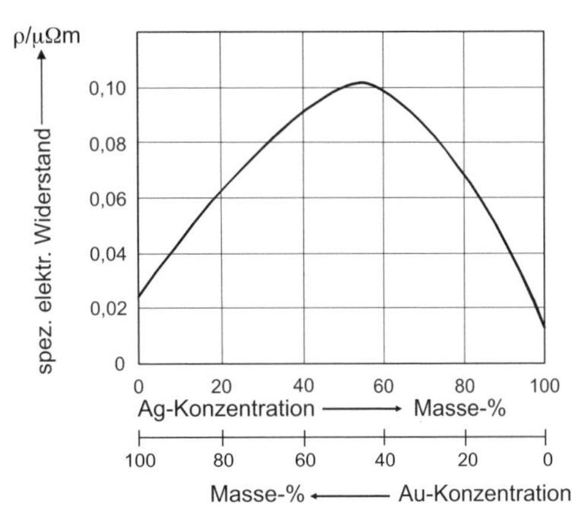

Bild 5.1-6 $\varrho = f(c)$ für ein System mit völliger Löslichkeit der Komponenten

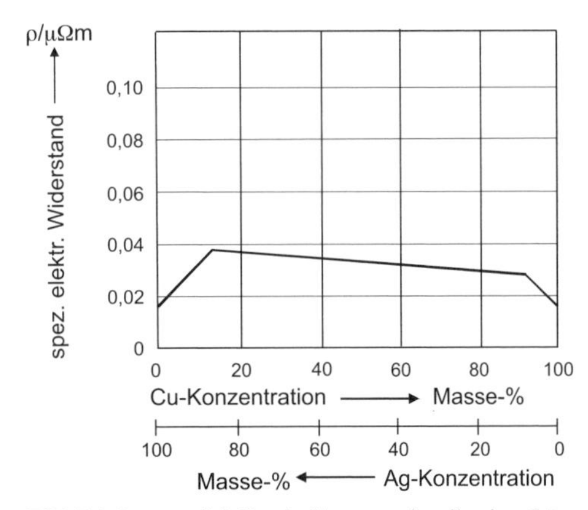

Bild 5.1-7 $\varrho = f(c)$ für ein System mit teilweiser Löslichkeit der Komponenten

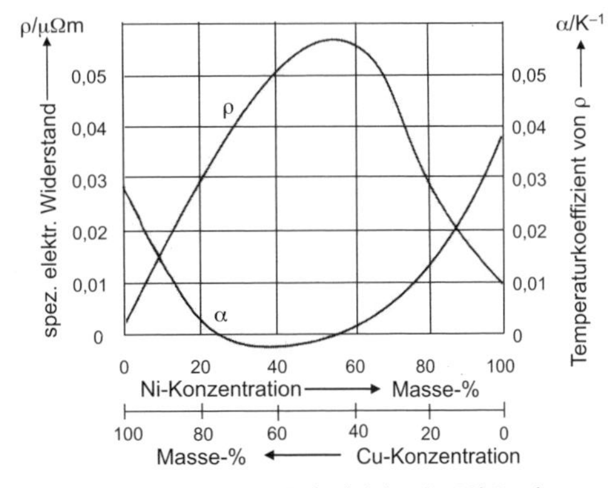

Bild 5.1-8 $\alpha = f(c)$ am Beispiel der Cu-Ni-Legierung

Der Einfluss starker Verformung auf die Leitfähigkeit von Leiterwerkstoffen wird aus Tabelle 5.1-4 ersichtlich.

Die durch die plastische Deformation eingetretene Widerstandserhöhung kann durch eine Wärmebehandlung im Sinne der Kristallerholung wieder rückgängig gemacht werden (siehe Bild 5.1-9). Die infolge der plastischen Deformation erreichte Verfestigung würde erst bei Erreichen der Rekristallisationstemperatur verloren gehen (siehe Abschn. 2.2).

Schichtausbildung

Die bisherigen Ausführungen zur Beeinflussung von ϱ beziehen sich darauf, dass der Leiterwerkstoff in kompakter Form als Draht, Blech, Folie u. ä. vorliegt. Die Entwicklung der Elektrotechnik führte zunehmend zur Anwendung der Leiterwerkstoffe in Form von Schichten, so z. B. als Leiterplatte mit einer Schichtdicke von 5 bis ca. 70 μm Cu. Zur Streuung der Leitungselektronen an Strukturfehlern (ϱ_s in der MATTHIESSENschen Regel) kommt nun noch ein zusätzlicher Widerstandsanteil (ϱ_d) hinzu. Zum Beispiel tritt dieser Effekt bei Goldschichten unter 150 nm und bei Kupferschichten unter 300 nm auf.

Unterschreiten wir aber die Schichtdicke von ca. 1 μm (Dünnschichttechnik), treten zusätzliche Faktoren für die Beeinflussung von ϱ auf.

- Durch Reaktion des Schichtwerkstoffes mit dem Substratwerkstoff einerseits und der Umgebung andererseits kommt es zu einer Verminderung des Querschnittes des reinen Leiterwerkstoffes.
- Erreicht die Schichtdicke d_s für den ungestörten Leiterwerkstoff (ohne Grenzschichten) Werte, die unter der mittleren freien Weglänge der Leitungselektronen liegen, tritt eine wesentliche Erhöhung des spezifischen elektrischen Widerstandes ein. Das Elektron wird in seiner Driftbewegung in Feldrichtung bereits gestört, bevor es mit einem Strukturdefekt in Wechselwirkung tritt.

Die Abscheidung einer dünnen Schicht erfolgt auf einem Substrat. Eine Schicht ohne Substrat (z. B. Membranen) lässt sich in den wenigsten Fällen technisch nutzen.

Die Schicht bildet zwei Grenzflächen: Grenzfläche zum Substrat und Grenzfläche zur

Tabelle 5.1-4 Widerstandserhöhung von Leiterwerkstoffen durch das Drahtziehen

Werkstoff	Widerstandserhöhung in %
Cu	3
Al	1,3
Cu-Cd-Legierung	5–12
AlMgSi	4

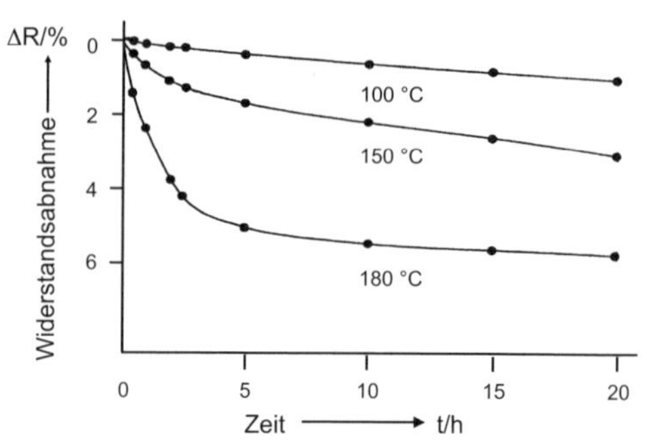

Bild 5.1-9 Widerstandsabnahme eines Platindrahtes durch Kristallerholung

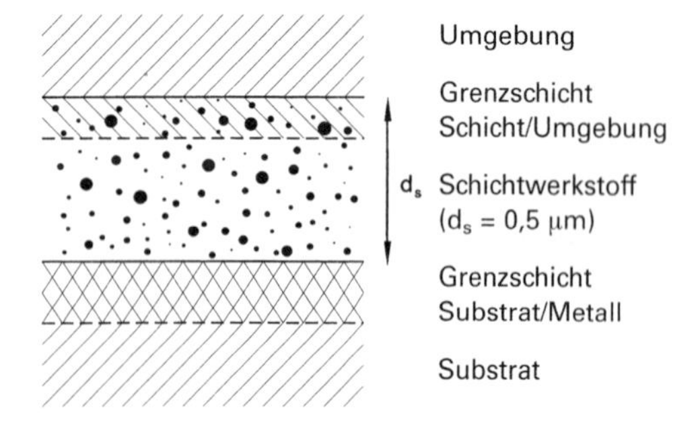

Bild 5.1-10 Modell zur Erklärung von ϱ_d

Umgebung. Infolge der Wechselwirkung des Schichtwerkstoffes mit dem Substratwerkstoff einerseits und den Stoffen aus der Umgebung andererseits, besitzen diese Grenzgebiete abweichende Eigenschaften gegenüber den Gebieten im Inneren (siehe Bild 5.1-10).

Bei großer Schichtdicke (kompakter Werkstoff) werden die Materialeigenschaften durch diese Grenzflächeneffekte nicht beeinflusst, bei Übergang zur dünnen Schicht ist ihr Einfluss eigenschaftsbestimmend. Im Bild 5.1-11 wird dieser Zusammenhang am Beispiel der Abhängigkeit des spezifischen elektrischen Widerstandes einer dünnen Schicht von der Schichtdicke grafisch dargestellt.

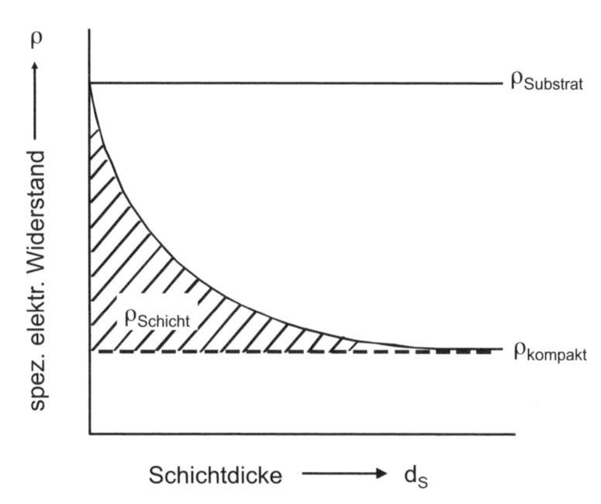

Bild 5.1-11 $\varrho = f(d)$ für dünne metallische Schichten

Übung 5.1-1

Kupfer wird mit flüssigem Stickstoff auf ca. – 200 °C abgekühlt. Wie ändert sich die Anzahl der Leitungselektronen?

Übung 5.1-2

Ein Leitermetall wird plastisch verformt. Ändert sich sein elektrischer Widerstand? Begründen Sie Ihre Antwort!

Übung 5.1-3

Durch unterschiedliche Wärmebehandlung von Aluminiumdrähten gleicher Reinheit liegt in einem Fall Grobkorn, im anderen Feinkorn vor. Wie verhalten sich die Werte des spezifischen elektrischen Widerstandes zueinander und woraus resultieren mögliche Unterschiede?

Übung 5.1-4

Für Legierungen aus Silber/Palladium liegen folgende Messwerte für die spezifische elektrische Leitfähigkeit $\varkappa$ vor:

Pd-Konzentration c (%)	$\varkappa\,(S \cdot m^{-1}) \cdot 10^6$
3	30
30	6,5
40	5,0
50	3,0

Entscheiden Sie anhand der grafischen Darstellung $\varkappa = f(c)$, um welchen Legierungstyp es sich handelt!

Übung 5.1-5

Berechnen Sie die Beweglichkeit der Leitungselektronen für das Metall Gold!

Gegeben: ϱ für Au = $19{,}28 \cdot 10^6\ g \cdot m^{-3}$
molare Masse M = $197\ g \cdot mol^{-1}$
(vgl. Abschn. 1.1.1)

Gehen Sie davon aus, dass pro Au-Atom ein Leitungselektron entsteht.

Übung 5.1-6

Ein Widerstandsthermometer enthält einen Platinmesseinsatz mit einem Widerstand von 100 Ω bei 20 °C. Wie groß ist der TK_ϱ des verwendeten Platins, wenn bei 100 °C 138,3 Ω gemessen werden? Vereinfachen Sie Gleichung (14) durch Ersatz von ϱ durch R!

Übung 5.1-7

Der Leiterwerkstoff Kupfer liegt in Form eines Drahtes mit 0,1 mm Durchmesser vor. Aus einem Stück von diesem Kupferdraht wurde durch Aufdampfen auf Glas eine Schicht mit einer Stärke von 150 nm erzeugt. Unterscheiden sich die Werte für ϱ? Begründung!

Zusammenfassung: Spezifischer elektrischer Widerstand

- Die Konzentration der Leitungselektronen in Metallen liegt bei 10^{22} cm^{-3}.
- Der elektrische Widerstand eines Metalls resultiert aus der Streuung der sich in Feldrichtung bewegenden Elektronen und führt damit zur Verringerung der mittleren freien Weglänge.
- Der *spezifische* elektrische Widerstand eines Leiterwerkstoffes setzt sich zusammen aus dem thermischen Anteil ϱ_{th} und dem durch Strukturdefekte hervorgerufenen Anteil ϱ_S; zusammengefasst in der Regel nach MATTHIESSEN.
- Die Leitfähigkeit hängt in hohem Maße von der Reinheit ab. Je höher der Reinheitsgrad, um so größer ist die Leitfähigkeit des Metalls.
- Eine gezielte Änderung von ϱ ist durch Legierungsbildung möglich.
- Die durch starke plastische Deformation entstandenen Strukturdefekte führen zur Erhöhung des Widerstandes, durch Kristallerholung kann sie beseitigt werden.
- Bei dünnen Schichten (≤ 0,5 µm) erhöht sich der elektrische Widerstand gegenüber kompaktem Material durch:
  1. Ausbildung von zwei Grenzflächen: Schichtwerkstoff-Substrat und Schichtwerkstoff-Umgebung.
  2. Das Elektron wird in seiner Driftbewegung in Feldrichtung bereits gestreut, bevor es mit einem Strukturdefekt in Wechselwirkung tritt.

5.2 Werkstoffe für kompakte Leiter

Kompetenzen

Kupfer und Aluminium sowie deren Legierungen sind die wichtigsten Werkstoffe für Kabel, Drähte, Verdrahtungen, elektrische Anschlüsse u. a. m. Für die Anwendung als Leiterwerkstoff müssen beide Metalle hochrein hergestellt werden. Durch Elektrolyse von Hüttenkupfer gewinnt man E-Cu und durch Schmelzflusselektrolyse von Al_2O_3 das entsprechende Al.

Durch Legieren des Kupfers mit Zink entstehen Messinglegierungen. Da sich Mischkristalle bilden, sinkt die Leitfähigkeit gegenüber der von reinem Kupfer, verbunden mit der Erhöhung z. B. der Härte und Zugfestigkeit. Zinkgehalte über 50 % führen zur Versprödung. Neben Messing haben die Bronzen mit den Legierungselementen Zinn bzw. Aluminium spezifische Anwendungsgebiete.

Aluminium weist im Vergleich zu Kupfer die bedeutend geringere Dichte, aber den wesentlich geringeren Leitwert auf. Soll Aluminium als Leiterwerkstoff dienen, sind technische und wirtschaftliche Gesichtspunkte abzuwägen. Eine bedeutende Steigerung der Festigkeit des Aluminiums erreicht man durch das Wärmebehandlungsverfahren „Aushärten".

Als Leiterwerkstoff in Form von Draht, Blech, Band, Profil u. a. kommen reine und niedriglegierte Metalle zum Einsatz, bevorzugt Kupfer, Aluminium, Silber und Gold. Hauptanwendungsgebiete sind:

- Kabel zur Elektroenergieübertragung (Cu, Al und Legierungen, wie z. B. AlMgSi und Bronzen),
- Drähte für Spulenwicklungen in Elektromaschinen, Transformatoren, HF-Bauteilen u. a. (Cu in reiner Form, Reinaluminium),

- Kabel und Leitungen zur Informationsübertragung, z. B. Fernmeldekabel und -leitungen,
- Kabel für die HF-Technik, Wellenleiter (Cu in reiner Form, Silber),
- Verdrahtungen in elektrischen und elektronischen Geräten (Cu in reiner Form, Cu als Leiterbahn, Cu-Legierungen, Reinaluminium),
- Anschlüsse, wie z. B. Polschuhe (Cu, Messing), Presshülsen (Cu, Messing, Al), bedrahtete Widerstände und Kondensatoren (Cu verzinnt), Anschlusskämme in IC (Cu, Fe-Ni-Legierungen),
- Feinst- bzw. Mikrodrähte zum Drahtbonden (Au, AlSi-Legierungen).

Kupfer und Aluminium sind die dominierenden Kompakt-Leiterwerkstoffe.

Kupfer und Kupferlegierungen

Die technisch wichtigste Eigenschaft des Kupfers ist seine elektrische Leitfähigkeit, die in hohem Maße vom Reinheitsgrad abhängig ist. Kupfer als Leitmaterial muss eine Leitfähigkeit von mindestens $57 \cdot 10^6$ S $\cdot$ m^{-1} besitzen. Nach DIN 1708 erhalten diese Sorten den Zusatz „E“ in ihrer Bezeichnung. Das Prinzip der Herstellung von E-Kupfer durch Elektrolyse wird in Abschn. 4.4 dargestellt.

Durch Legierungszusätze wird die mechanische Festigkeit von Reinkupfer erhöht, damit verbunden ist das Absinken der elektrischen Leitfähigkeit. Kupfer bildet mit diesen Legierungselementen Substitutionsmischkristalle (siehe Abschn. 1.4.2.2). Trotzdem übernehmen oft Kupferlegierungen neben konstruktiven auch elektrische Aufgaben. Darüber hinaus ändern sich die Verarbeitungs- und Gebrauchseigenschaften. Verbessert werden die

- spanende Formbarkeit und
- Gießbarkeit,
- Warmfestigkeit,
- Gleitfähigkeit (Lager, Getriebeteile, Gleitkontakte),
- Korrosionsbeständigkeit (trifft für Bronzen zu).

Diese Effekte erreicht man nur durch Legierungsanteile > 2 % (hochlegierte Sorten, siehe Tabelle 5.2-1). In diesem Abschnitt werden deshalb nur die hochlegierten Sorten behandelt.

Tabelle 5.2-1 Kupferlegierungen (hochlegiert)

Legierungselement	Legierung
Zn	CuZn, Messing
Zn + Zusätze	Sondermesssing
Sn	CuSn, Zinnbronze
Sn + Pb	CuSnPb, Bleibronzen
Al	CuAl, Aluminiumbronzen
Al + Fe + andere	Al-Mehrstoffbronzen

Messing ist eine Legierung des Kupfers mit Zink.

CuZn-Legierungen, Messing

DIN EN 1982 CuZn-Gusslegierungen
DIN 17660 CuZn-Knetlegierungen

Das Zustandsdiagramm (Bild 5.2-1) zeigt, dass sich Zn-Atome bis ca. 35 Masseprozent im Kupfer unter Bildung von α-Mischkristallen lösen. Die α-Mischkristalle sind ebenso wie das reine Kupfer kubisch flächenzentriert. Durch die Mischkristallbildung steigen Härte- und Festigkeitswerte an, aber infolge des kubisch flächenzentrierten Gitters bleibt die Verformungsfähigkeit wie bei reinem Kupfer erhalten. Die Verformungsfähigkeit der α-Mischkristalle ist wegen der bei der Kaltverformung auftretenden Verfestigung nicht unbegrenzt. Deshalb muss nach starker Verformung rekristallisiert werden (siehe Abschn. 2.3), um weiter verformen zu können. In den Bildern 5.2-2 und 5.2-3 ist das Gefüge von Messingblech der Sorte CuZn37 nach Kaltumformung und Rekristallisation abgebildet. Tabelle 5.2-2 gibt die fünf genormten Lieferzustände der Messingknetlegierung CuZn37 wieder.

Oberhalb 37 % Zn ist die Aufnahmefähigkeit erschöpft; darüber hinaus gehende Zinkgehalte bilden bei der Erstarrung neben den α-Mischkristallen kubisch raumzentrierte β-Mischkristalle mit dem Kupfer. Dadurch steigen Härte und Festigkeit, das Verformungsvermögen verringert sich. Es entsteht eine zähharte Legierung, die für konstruktive Zwecke geeignet ist.

Bei > 50 % Zn entstehen so harte und spröde Kristalle (Auftreten der γ-Mischkristalle), dass solche Legierungen für viele Anwendungsgebiete unbrauchbar sind.

Die Abhängigkeit der Härte (HB), der Zugfestigkeit (R_m) und der Bruchdehnung (A) vom Zinkgehalt der jeweiligen Messingsorte zeigt Bild 5.2-4.

Als reine Kupfer-Zink-Legierung besitzt Messing auch nachteilige Eigenschaften. Aufgrund des Vorliegens von α- und β-Mischkristallen bei zinkreichen Messingsorten gehen durch elektrochemische Korrosion die unedleren β-Mischkristalle in Lösung. An dieser Stelle bildet sich ein Hohlraum, in dem sich das mit in Lösung gegangene Kupferion wieder als schwammiges metallisches Kupfer abscheidet. Man spricht

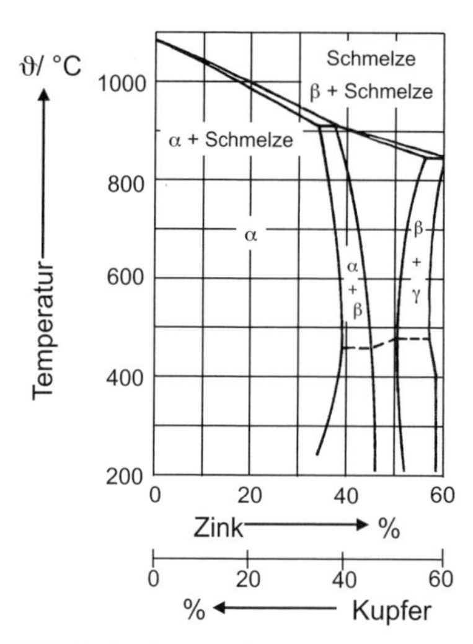

Bild 5.2-1 Kupferseite des Zustandsdiagramms der CuZn-Legierungen

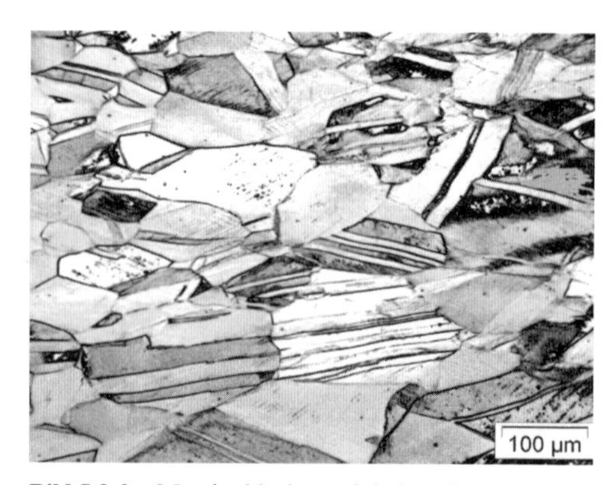

Bild 5.2-2 Messingblech, stark kaltverformt

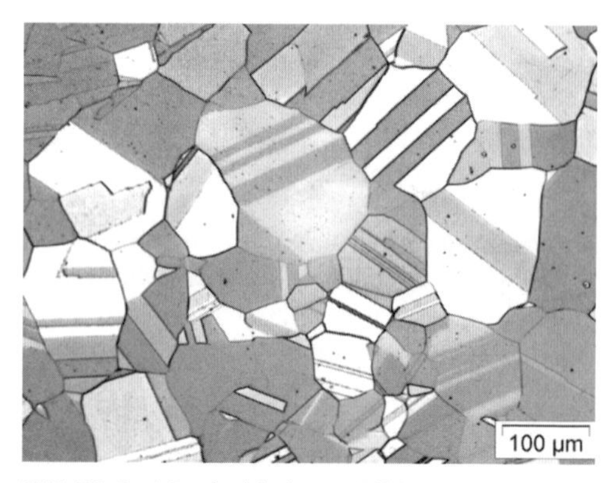

Bild 5.2-3 Messingblech von Bild 5.2-2, rekristallisiert

von der Entzinkung als Erscheinung einer selektiven Korrosion. Zusätze von Arsen unterbinden diese Korrosionserscheinung. In feuchter NH_3- oder SO_2-haltiger Atmosphäre bekommen Messingteile, die mechanisch belastet sind, feinste Risse im Gefüge. Diese als Spannungs-Riss-Korrosion bezeichnete Erscheinung lässt sich durch Legierungszusätze wie Silizium und Mangan vermeiden. Günstiger aber ist es, bei derartigen Belastungen Messing nicht zu verwenden.

Außer zur Verbesserung der Korrosionsbeständigkeit werden durch Zusatz von weiteren Legierungselementen zur Kupfer-Zink-Legierung wie Al, Fe, Mn, Ni, Si und/oder Sn die Festigkeit und die Gleiteigenschaften positiv beeinflusst. Diese Legierungen werden unter dem Begriff Sondermessing geführt.

Kupfer-Zink-Legierungen, die außer Cu und Zn nur noch Pb enthalten, zählen nicht zum Sondermessing, weil Blei als heterogener Gefügebestandteil (eigene Phase, nicht im Cu löslich) ausschließlich die Spanbarkeit verbessern soll.

Messing wird als Halbzeug in Form von Bändern, Blechen, Rohren, Stangen, Drähten u. a. angeboten. Insgesamt decken weit mehr als 100 Legierungen den in der Praxis vorhandenen Bedarf ab. Das weite Anwendungsgebiet der Kupfer-Zink-Legierungen basiert neben dem Preis auf dem Eigenschaftsspektrum.

Für die Elektrotechnik besitzen die dem Messing verwandten Cu-Zn-Ni-Legierungen (Neusilber) zur Herstellung von Kontakten Bedeutung. Neusilber besteht aus 47–64 % Cu, 10–25 % Ni und 15–42 % Zn.

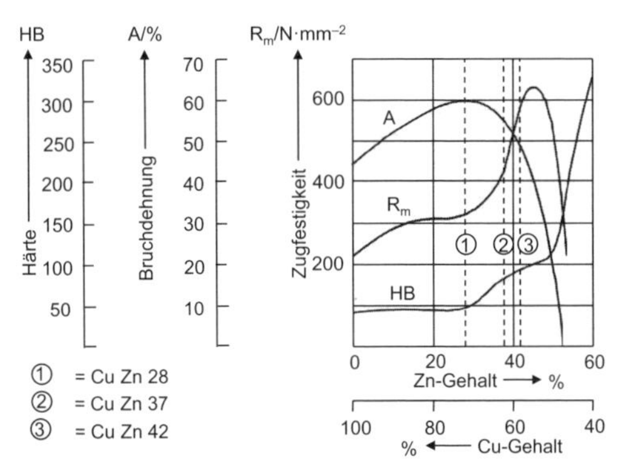

Bild 5.2-4 Mechanische Eigenschaften von Messingknetlegierungen

Tabelle 5.2-2 Verfestigungszustände der Legierung CuZn37

Für CuZn37 werden laut DIN EN 1652 fünf F-Zustände angeboten (F steht für Zugfestigkeit)

F 30	R_m = 300 Nmm^{-2} = weich
F 37	R_m = 370 Nmm^{-2} = halbhart
F 44	R_m = 440 Nmm^{-2} = hart
F 54	R_m = 540 Nmm^{-2} = federhart
F 61	R_m = 610 Nmm^{-2} = doppelfederhart

Bronzen

Die wichtigsten Bronzen sind:

Kupfer-Zinn-Legierungen
= Zinnbronzen DIN EN 1982

Kupfer-Aluminium-Legierungen
= Aluminiumbronzen ISO 197-1, DIN EN 1982

In der Elektrotechnik werden beide Bronzearten für mechanisch hochbelastete, stromführende Teile eingesetzt (Bleche, Bänder, Profile). Die Löslichkeit des Sn bzw. des Al im Cu liegt unter praktischen Abkühlungsbedingun-

Bronzen
sind Kupferlegierungen mit mehr als 60 % Kupfer und Legierungselementen, wobei Zink nicht der wichtigste Zusatz ist.

gen bei ca. 10 %. Bis zu diesem Gehalt liegt ein homogenes Gefüge aus α-Mischkristallen vor; im Gegensatz zur wesentlich höheren Löslichkeit des Zinks im Kupfer bei Messinglegierungen (vgl. Bild 5.2-5). Im Abschn. 1.4 erfolgte bereits die Darstellung der Ursachen für die Mischkristallbildung aus Cu und Zn.

Die geringe Verwandtschaft der Zinnatome zu den Kupferatomen erklärt die wesentlich geringere Löslichkeit von Zinn in Kupfer und vor allem den wesentlich höheren Störeffekt der Zinnatome im Mischkristall (siehe Tabelle 5.2-3). Es ist weiterhin zu beachten, dass bei Messing zwei Nebengruppenelemente kombiniert werden und bei der Bronze das Nebengruppenelement mit einem Hauptgruppenelement. Vergleichbares gilt für die Kombination Cu/Al.

Darüber hinaus kommen Berylliumbronzen, Zinn-Blei-Bronze und Sonderbronzen in der Elektrotechnik zum Einsatz.

Bronzen, insbesondere die Aluminium-Bronzen, zählen zu den korrosionsbeständigsten Kupferwerkstoffen und zeichnen sich durch hervorragende Widerstandsfähigkeit gegen atmosphärische Einflüsse aus, da sie sich mit einer fest haftenden, dichten Schutzschicht überziehen. In Verbindung mit ihrer guten Gießbarkeit finden sie bevorzugt Anwendung im Maschinen- und Apparatebau. Kupfer-Zinn-Zink-Gusslegierungen mit 1,5–11 % Sn, 1–9 % Zn und meist auch 2,5–7 % Pb bilden eine Legierungsgruppe mit der auch heute noch üblichen Bezeichnung Rotguss. Er dient z. B. zur Herstellung von Gleitlagern mit Notlaufeigenschaften.

Für viele technische Anwendungen ergibt sich ein Kompromiss zwischen Leitfähigkeit und Festigkeit. Der Tabelle 5.2-4 kann man für ausgewählte Kupferlegierungen dieses Verhalten entnehmen.

Kupfer für die Leiterplattentechnik

Leiterplatten werden nach wie vor als Bauelementeträger für elektronische Schaltungen eingesetzt (Bild 5.2-6 und 5.2-7). Ein günstiger Faktor ist dabei die reproduzierbare Fertigung in hohen Stückzahlen. Das Ausgangsmaterial zur Herstellung von Leiterplatten ist das Basismaterial. Es besteht prinzipiell aus einem nicht-

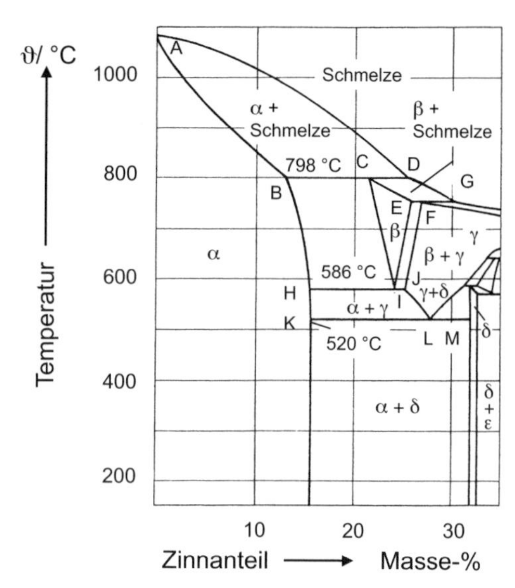

Bild 5.2-5 Kupferseite des Zustandsdiagramms CuSn (technische Abkühlungsgeschwindigkeit)

Tabelle 5.2-3 Parameter für die Entstehung von Kupfer-Zinn-α-Mischkristallen

	Cu	Sn
Atomradius /nm	0,127	0,141
Gittertyp	kfz	tetragonal
Gitterkonstante /nm	0,36	a = 0,58 c = 0,32
Elektronegativität	1,9	1,7
Valenzelektronen-konfiguration	$4s^23d^9$	$5s^25p^2$

Bild 5.2-6 Unbestückte Leiterplatte

Tabelle 5.2-4 Eigenschaften und Anwendungsfälle von E-Cu und Kupferlegierungen

Werkstoff	κ in 10^6 Sm^{-1} bei 20 °C	R_m in Nmm^{-2} bei °C: 20	250	500	Verwendung
1. E-Cu weichgeglüht	57	210	150	80	Leiterwerkstoff Schienen
2. E-Cu hartgezogen	56	340	250	80	Drähte Kabel
3. CuAg (≈ 0,05) hartgezogen	56	370	besser als 1. und 2.		Kommutatorlamellen
4. CuCd 0,75 hartgezogen	≈ 48	470	verschleißfest ≈ wie 3.		Fahrleitungen Freileitungen (große Spannweite)
5. CuCr 0,6 warm u. kalt-verfestigt	≈ 47	480	gute Warmfestigkeit ≈ 400 °C		Kommutatorlamellen stromführende Federn Schweißelektroden
6. CuZr 0,2	≈ 50	490	sehr warmfest ≈ 550 °C		hoch wärmebeanspruchte Teile Reaktoren Luft- und Raumfahrt
7. CuZrCr	≈ 45	490			
8. CuBe 2	8 bis 18	420 bis 1500	warmfest bis >350		hoch beanspruchte Federn, Hebel, Buchsen u. a.

leitenden Trägermaterial und der darauf befindlichen Kupferfolie, der Träger kann aus starrem oder flexiblem Material bestehen. Basismaterialien für starre Schaltungen sind Schichtpressstoffe, z. B. aus Phenolharz-Hartpapier oder glasfaserverstärktem Epoxidharz (vgl. Kapitel 13). Für flexible Leiterplatten kommen Polyester-, Polycarbonat- und für höhere thermische Belastungen Polyimidfolien zum Einsatz.

Das Kupfer auf dem Basismaterial ist elektrolytisch abgeschiedenes Kupfer in Folienform mit einer Reinheit von > 99,85 %. Träger und Kupferfolie werden miteinander zum Basismaterial durch Heißpressen verklebt. Die Kupferfoliendicke liegt zwischen 5 und 70 µm, Standarddicken sind 17,5, 35 und 70 µm; die Tendenz geht zu geringeren Schichtdicken. Dadurch ist neben der Materialeinsparung vor allem die Verringerung der Strukturbreite das Ziel. Aus der Kupferfolie wird durch ein abtragendes Verfahren das Leiterbild herausgeätzt. Eine durch Fotolithografie aufgebrachte Maske schützt dabei die Leiterzüge vor dem

Bild 5.2-7 Bestückte Leiterplatte

Ätzmittel. Die Leiterbahndicke entspricht der Foliendicke. Das Kupfer der Leiterbahn besitzt die gleichen Eigenschaften wie kompaktes Kupfer mit der gleichen Reinheit. Durch Übereinanderstapeln mehrerer Schaltungsebenen erhöht sich die Packungsdichte (Einlagen-, Mehrlagenleiterplatte).

Aluminium und Aluminiumlegierungen

Nach Eisen ist Aluminium wegen seiner Eigenschaften und Verarbeitungsfähigkeit durch Knet- und Gießverfahren das meist benutzte Metall. Seine chemische Beständigkeit und Oberflächenhärte kann durch eine elektrochemisch verstärkte Al_2O_3-Schicht verbessert werden (Eloxieren). Unter den Metallen hat Aluminium eine geringe Dichte (2,7 g · cm^{-3}). Einige Aluminiumlegierungen mit erhöhter Zugfestigkeit besitzen ein günstiges Verhältnis von Festigkeit zu Dichte, und damit sind sie für Anwendungen im konstruktiven Bereich geeignet; allerdings ist der Herstellungspreis u. a. wegen des hohen Energiebedarfs (Schmelzflusselektrolyse) gegenüber Eisenwerkstoffen hoch.

Die wichtigsten Elemente zur Herstellung von Al-Legierungen sind:

Cu, Mg, Si, Zn und Mn.

Hauptanwendungsgebiete von Aluminiumlegierungen als Konstruktionswerkstoff in der Elektrotechnik sind:

- **Anlagentechnik**
  Gehäuse für Motoren, Generatoren, Transformatoren; Lüfter, Lagerschilde, Leichtbauprofile für Schaltschränke
- **Messtechnik**
  Montageplatten, Montagerahmen, Gehäuse, Zeiger, Zählerteile
- **Nachrichtentechnik**
  Teile zur Abschirmung, Abstimmkoppelspulen, Antennenkonstruktionen
- **Beleuchtungstechnik**
  Lampengehäuse, Reflektoren
- **Elektronik**
  Bonddrähte (AlSi), Kühlkörper, Verkapselung, Abschirmung, Gehäuse, Rahmen
- **Kommunikationstechnik**
  Beschichtungen für CD, Trommelkörper für die Elektrofotographie, Gehäuse, Rahmen, Bildaufzeichnungstechnik.

Eine wesentliche Festigkeitssteigerung kann man durch das Wärmebehandlungsverfahren Aushärten erreichen. Der Aushärtungsvorgang vollzieht sich in drei Arbeitsstufen:

1. *Lösungsglühen*
   Das Werkstück mit heterogenem Gefüge wird je nach Legierungsart bei einer Temperatur zwischen 450 und 525 °C 1 bis 2 Stunden geglüht, wobei sich aus den beiden Phasen homogene Mischkristalle bilden.
2. *Abschrecken*
   Hohe Abkühlungsgeschwindigkeit (z. B. Eintauchen in Wasser) führt zu zwangsgelösten Legierungselementatomen im Aluminium.
3. *Aushärten*
   Bei Raumtemperatur Bildung von GP-Zonen (siehe Abschn. 1.4.2.3; Bilder 5.2-8 und 5.2-9).

Aluminiumgusslegierungen sind auf der Grundlage der eutektischen Zusammensetzung der Al-Si-Legierung aufgebaut (DIN EN 573). Sie zeichnen sich neben guter Festigkeit durch ausgezeichnete Vergießbarkeit aus.

Reine Al-Si-Legierungen bilden eine sehr grobe Gussstruktur aus (siehe Bild 5.2-10), die praktisch nicht einsetzbar sind. Erst durch Zugabe von geringen Mengen der Elemente Natrium und Strontium während des Erstarrungsvorganges (Veredlung) erhält man ein feinkristallines Gefüge (vgl. Bild 5.2-11).

Aluminium als Leiterwerkstoff (DIN 1712, Teil 3) muss eine Leitfähigkeit von mindestens

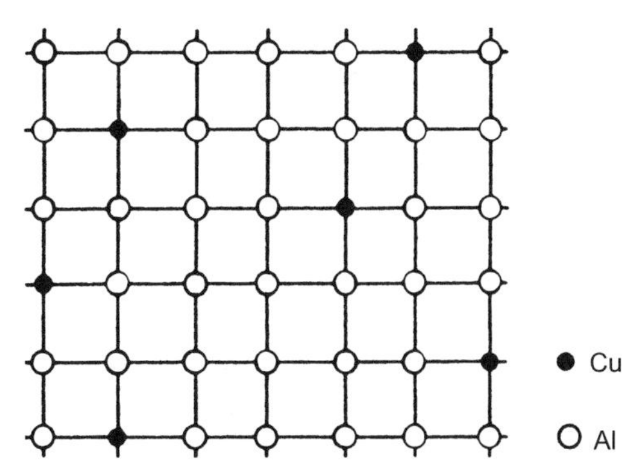

Bild 5.2-8 AlCu-Mischkristall nach Lösungsglühen (schematische Darstellung)

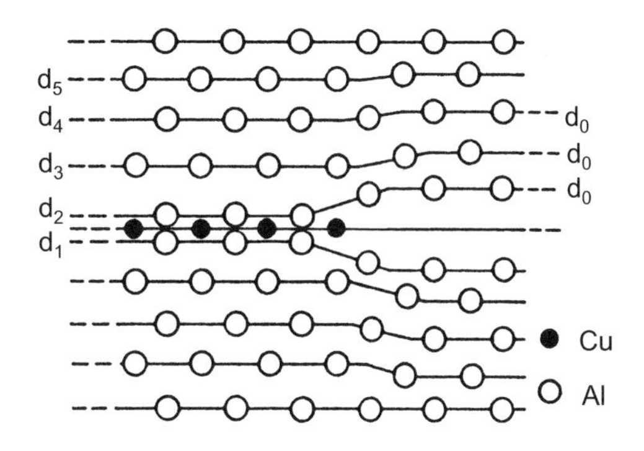

Bild 5.2-9 AlCu-Mischkristall, ausgehärtet, mit GUINIER-PRESTON-Zonen (GP-Zonen) (schematische Darstellung)

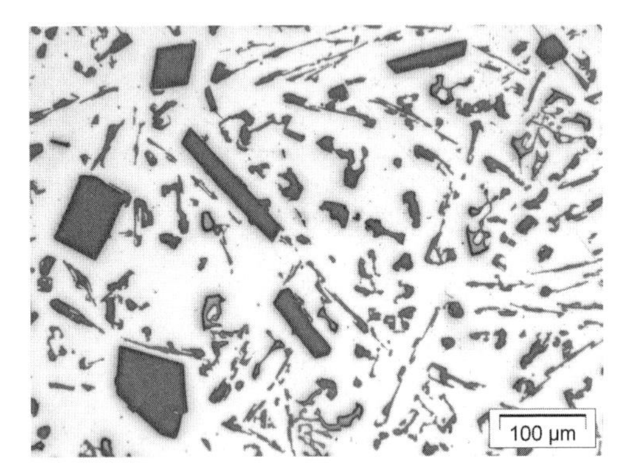

Bild 5.2-10 AlSi-Gusslegierung, grobkristallin, unveredelt

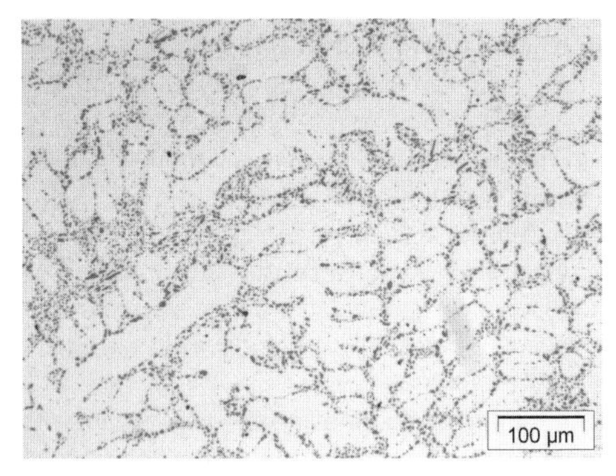

Bild 5.2-11 AlSi- Gusslegierung, feinkristallin, veredelt

$36 \cdot 10^6$ S · m^{-1} besitzen, dazu ist ein Reinheitsgrad von 99,5 % Al erforderlich. Im Prozess der Schmelzflusselektrolyse (vgl. 1.1.2) von reinem Al_2O_3 wird das Aluminium mit dem geforderten Reinheitsgrad abgeschieden. Gegenüber dem Kupfer besitzt das Aluminium ein günstigeres Verhältnis von elektrischer Leitfähigkeit zur Dichte. Für das Verhältnis $\varkappa$ zu ϱ führen wir den Begriff charakteristischer Leitwert ein. Je größer der Zahlenwert für dieses Verhältnis wird, um so mehr erfüllt der Werkstoff die Forderung nach hoher elektrischer Leitfähigkeit bei geringem Gewicht. Das war der entscheidende Grund dafür, dass Aluminium das Kupfer aus dem Hochspannungs-Freileitungsbau nahezu verdrängt hat. Neben dem charakteristischen Leitwert spielt für Leiterseile die Zugfestigkeit R_m die entscheidende Rolle.

$$\frac{\varkappa}{\varrho} = \text{charakteristischer Leitwert}$$

für Al gilt:

$$\frac{37 \cdot 10^6\ \text{S} \cdot \text{m}^{-1}}{2{,}7 \cdot 10^6\ \text{g} \cdot \text{m}^{-3}} = \text{ca. } 14 \left(\frac{\text{S} \cdot \text{m}^2}{\text{g}}\right)$$

für Cu gilt:

$$\frac{58 \cdot 10^6\ \text{S} \cdot \text{m}^{-1}}{8{,}9 \cdot 10^6\ \text{g} \cdot \text{m}^{-3}} = \text{ca. } 6{,}5 \left(\frac{\text{S} \cdot \text{m}^2}{\text{g}}\right)$$

Als Möglichkeiten für eine Festigkeitssteigerung bei metallischen Werkstoffen stehen dem Ingenieur folgende Varianten zur Verfügung:

1. Kaltverfestigung durch plastische Deformation (hart gezogene Drähte)
2. Legieren unter Mischkristallbildung
3. Aushärtbare Legierungen
4. Armierung des Grundwerkstoffes mit höher festem Material.

Übertragen wir das auf Aluminium, findet man die in der Praxis angewandten Möglichkeiten:

1. Aluminiumleiterseile aus hart gezogenen Al-Drähten mit Mindestzugfestigkeiten von $R_m = 170$ N · mm^{-2}.
2. Seile aus aushärtbaren Al-Legierungen auf Basis des Legierungstyps Al-Mg-Si (ALDREY-Legierungen, Tabelle 5.2-5).
3. Aluminium-Stahl-Verbundseile, bevorzugte Zugfestigkeit beträgt ca. 290 N · mm^{-2} bei $\varkappa = 30 \cdot 10^6 \cdot$ S · m^{-1}, siehe Bild 5.2-12.

Tabelle 5.2-5 Vergleich der Leiterwerkstoffe E-Al/ E-AlMgSi

Werkstoff	R_m/N · mm^{-2}	$\varkappa$/S · m^{-1}
E-Al	40–170	$35{,}6–36 \cdot 10^6$
E-AlMgSi	300–350	$30–33 \cdot 10^6$

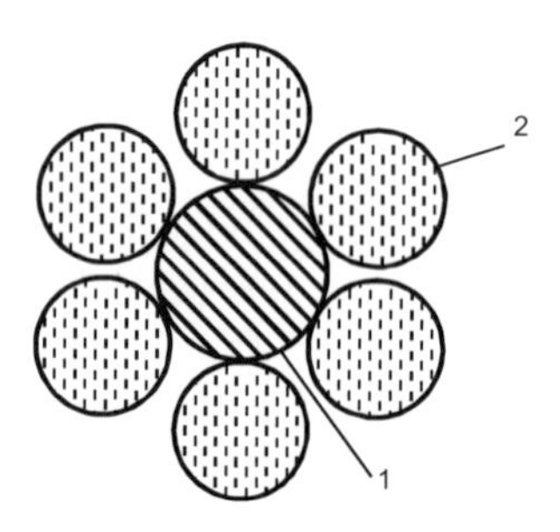

1 verzinkter Stahldraht (Seele)
2 Al-Draht F 170, hart gezogen

Bild 5.2-12 Aluminium-Stahl-Verbundseil

Für die ebenfalls aushärtbaren AlCuMg-Legierungen (Duralumin) ist der Leitfähigkeitsabfall nach dem Aushärten auf ca. $20 \cdot 10^6 \cdot$ S · m^{-1} zu hoch, um als Leiterwerkstoff Anwendung zu finden; einer Anwendung als Konstruktionswerkstoff (Flugzeug und Fahrzeugbau) steht dies nicht im Wege.

Aluminium bildet immer mit dem Sauerstoff der Umgebung eine fest haftende Deckschicht aus Al_2O_3 (natürliche Oxidschicht). Sie wirkt als Isolierschicht und bereitet Schwierigkeiten bei der Verbindungs- und Kontaktiertechnik. In Klemmverbindungen kommt es beim Aluminium zum „Kriechen“. Liegt die lokale Belastung unterhalb der Streckgrenze, setzt eine plastische Formänderung ein. Das führt zum Fließen des Aluminiums und damit zur Lockerung der Verbindungsstelle.

Als Leiterwerkstoffe stehen Kupfer und Aluminium miteinander in Konkurrenz. Es gibt keine Vorschrift für die Wahl des besser geeigneten Werkstoffes zur Verwendung als Kabel, Spulenwicklungen, Verdrahtungen, Anschlüsse u. a. m.; man muss vielmehr für jeden Verwendungsfall technische und wirtschaftliche Gesichtspunkte prüfen und dann entscheiden. Die Tabelle 5.2-6 soll Ihnen dabei helfen.

Tabelle 5.2-6 Vergleichszahlen für E-Cu mit E-Al (Die betreffenden Werte für E-Cu werden 1 gesetzt!)

	Cu:Al
1. *querschnittsgleich*	
Gewicht	1:0,37
Leitwert	1:0,63
Stromstärke bei gleicher Erwärmung	1:0,8
2. *leitwertgleich*	
Querschnitt	1:1,6
Durchmesser u. Oberfläche	1:1,27
Gewicht	1:0,49
Therm. Grenzstromdichte*	1:1,06
Schmelzstrom	1:1
3. *erwärmungsgleich*	
Querschnitt	1:1,37
Durchmesser u. Oberfläche	1:1,17
Gewicht	1:0,42
Therm. Grenzstromdichte	1:0,93
Schmelzstrom	1:0,87

* Thermische Grenzstromdichte ist die Stromdichte S in $A \cdot mm^{-2}$, bei der nach 1 s Belastung die Leitertemperatur von 35 °C auf 200 °C steigt (Wärmeableitung vernachlässigt).

Übung 5.2-1

Was bedeuten die Symbole E-Cu und E-Al? Wie werden diese Werkstoffe hergestellt?

Übung 5.2-2

Bei welchen Temperaturen erreichen E-Cu und E-Al nach einer Kaltverformung die ursprünglichen Werte der elektrischen Leitfähigkeit?

Übung 5.2-3

Nennen Sie Methoden, um die Festigkeit von Leiterwerkstoffen zu erhöhen!

Übung 5.2-4

Weshalb wendet man Aluminiumwerkstoffe bevorzugt im Freileitungsbau an?

Übung 5.2-5

Kupferdraht für Installationen hat bei einem Durchmesser von 2,25 mm einen OHMschen Widerstand von 4,485 Ω je 1000 m Länge, die Masse liegt bei etwa 35 kg. Es ist der Mittelwert der spezifischen elektrischen Leitfähigkeit und der Dichte zu berechnen!

Übung 5.2-6

Berechnen Sie den charakteristischen Leitwert von Silber!

Übung 5.2-7

Zwei Aluminiumteile sollen elektrisch leitend dauerhaft verbunden werden. Was ist zu beachten?

Übung 5.2-8

Welche Werkstoffe werden zur Herstellung von Basismaterialien für Leiterplatten verwendet?

Übung 5.2-9

Berechnen Sie das Durchmesser- und Masseverhältnis für leitwertgleiche Kupfer- und Aluminiumleitungen! Gehen Sie davon aus, dass die Leitungen bei gleicher Länge den gleichen OHMschen Widerstand besitzen.

($\varrho_{Cu} = 8{,}96\ g \cdot cm^{-3}$, $\varrho_{Al} = 2{,}70\ g \cdot cm^{-3}$)

Übung 5.2-10

Berechnen Sie um wie viel größer die Oberfläche (Mantelfläche) einer Leiterbahn auf einer Leiterplatte im Vergleich zu einem leitwertgleichen Kupferdraht ist!

(Leiterzugdicke = 17,5 μm, Leiterzugbreite = 6 mm)

Übung 5.2-11

Welchen maximalen prozentualen Zinkanteil besitzen handelsübliche Messingsorten? Warum begrenzt man den Zinkgehalt?

Übung 5.2-12

Beurteilen Sie anhand des Bildes 5.2-4 Festigkeit und Verformbarkeit der Messingsorten CuZn28 und CuZn42! Begründen Sie das unterschiedliche Verhalten!

Übung 5.2-13

Wozu dienen in der Elektrotechnik Aluminium- und Bleibronzen?

Zusammenfassung: Kompakte Leiter

- Durch Verunreinigungen bzw. Legierungsbildung sinkt die Leitfähigkeit der Leiterwerkstoffe.
- Härte und Zugfestigkeit des Kupfers erhöhen sich durch Legieren.
- Kupfer bildet mit einer Reinheit > 99,85 % Cu (E-Cu) das Folienmaterial für Leiterplatten.
- Messing sind Zinklegierungen, Bronzen sind in der Hauptsache mit Zinn (Zinnbronze) bzw. Aluminium (Aluminiumbronze) legiert.
- Zinkgehalte über 37 % in Messing führen zur Ausbildung von α- und β-Mischkristallen, wodurch sich die Korrosionsbeständigkeit vermindert (Lochfraß).
- Al-Legierungen können durch das Aushärten eine wesentliche Steigerung der Zugfestigkeit und Härte erfahren.
- Reines Aluminium findet in Kombination mit verzinktem Stahldraht als Seele Anwendung in Leiterseilen für Überlandstromleitungen.

5.3 Werkstoffe für Leitschichten und Schichtkombinationen

Kompetenzen

Bedingt durch die Komplexität elektrischer Funktionseinheiten die eine immer größere Packungsdichte erfordern, führt das zur Anwendung von Leiterwerkstoffen als Schicht und nicht als Kompaktmaterial.

Mithilfe der Verfahren der Dünn- und Dickschichttechnik lassen sich durch Kombination von Leiterwerkstoffen mit ausgewählten Substraten elektrische Komponenten mit besonderen Eigenschaften herstellen. Von großem Einfluss ist dabei die Wechselwirkung zwischen Träger- und Schichtmaterial. Herstellungsverfahren und Herstellungsbedingungen bestimmen entscheidend alle Eigenschaften und ermöglichen so deren Variation.

Dünnschichttechnik bedeutet Schichtherstellung durch Aufdampfen bzw. Sputtern, Dickschichttechnik das Drucken mit Pasten.

Schichten und Schichtkombinationen werden durch Verfahren des Beschichtens hergestellt. Sie sind in der DIN 8580 klassifiziert. Von Interesse sind:

- Beschichten aus dem gas- oder dampfförmigen Zustand und
- Beschichten aus dem flüssigen, breiigen oder pastenförmigen Zustand.

Anwendung finden Leitschichten hauptsächlich als Leitbahnen in integrierten Schaltkreisen (IC) (siehe Bild 5.3-1), Hybridbauelementen (Bild 5.3-3), LCD-Anzeigen sowie Solarzellen und als Kontaktflächen z. B. auf Gehäusen für Halbleiterbauelemente, Bondinseln auf dem IC (Bild 5.3-2) u. v. a. m.

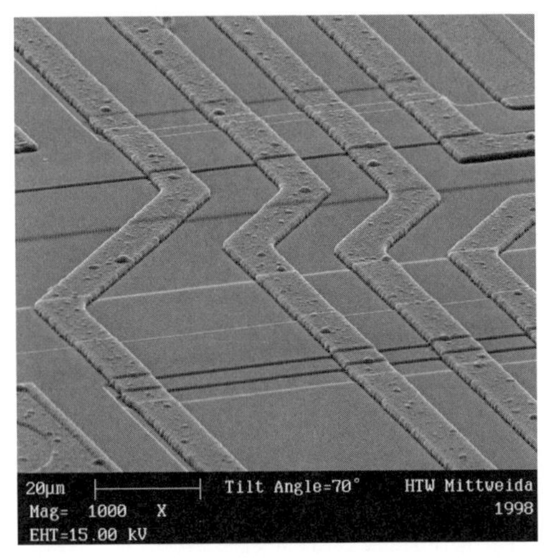

Bild 5.3-1 Leiterstrukturen im Schaltkreis (REM)

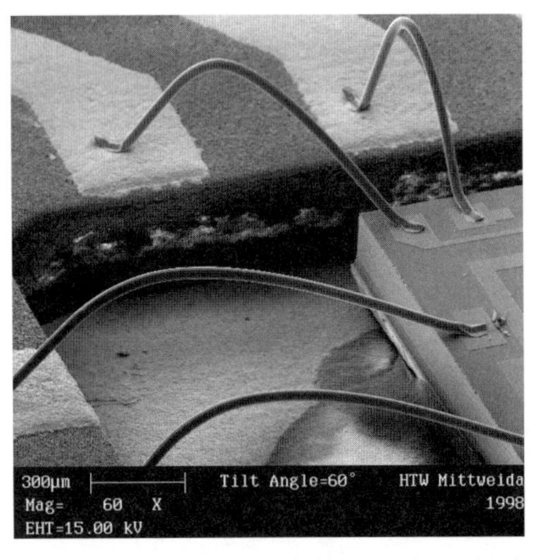

Bild 5.3-2 Verbindung vom Chip zum Gehäuse durch Bonden (REM)

In der Regel werden Schichtwerkstoffe für Leiterbahnen auch als Kontaktschichten genutzt. Schichtsysteme sind üblich, wobei die Anpassung der Wärmeausdehnungskoeffizienten der einzelnen Werkstoffe besondere Bedeutung hat. Die abschließende Schicht ist heute Gold. Damit wird eine Korrosionsstabilität und dadurch Langzeitverbindbarkeit erreicht.

Zur Herstellung von Leitschichten sind die Dünnschicht- und Dickschichttechnik entwickelt worden. Eine Abgrenzung der Dünnschicht- von der Dickschichttechnik bei ca. 0,5 μm ist kein geeignetes Unterscheidungskriterium; es ist vielmehr die benutzte Herstellungstechnologie:

Einerseits sind es die Drucktechniken unter Verwendung von Pasten (Dickschicht). Hierbei gelangt eine Druckpaste durch ein Metallsieb mit der vorgegebenen Struktur durch Druck und Bewegung mit einer Rakel auf das Substrat (siehe Bild 5.3-4). Andererseits geschieht das durch Aufdampfen und/oder Sputtern aus der Gas- bzw. Dampfphase (Dünnschicht) (siehe Bild 5.3-5).

Dünnschichttechnik

Das Schichtherstellungsverfahren bestimmt die Eigenschaften der Schicht, das heißt, neben der stofflichen Zusammensetzung beeinflussen Verfahrensparameter wesentlich die mechanischen und elektrischen Kenngrößen sowie Haftung des entstandenen Systems.

Stoffseitige Einflussgröße

- Substrat (Rauigkeit, chemische Beschaffenheit der Oberfläche, Wärmeleitfähigkeit, Wärmeausdehnungskoeffizient)
- Schichtwerkstoff (qualitative und quantitative Zusammensetzung)
- Umgebung (Gasraum)
- Abscheiderate
- Abscheidezeit
- Umgebungsdruck
- Anlagengeometrie
- Temperaturverteilung

Das führt zu den

Kenngrößen der Schicht

- Schichtdicke
- Schichtzusammensetzung

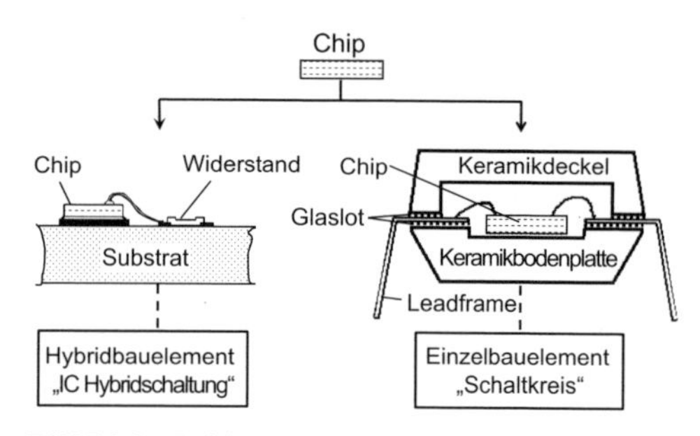

Bild 5.3-3 Leitbahnen in elektronischen Bauelementen

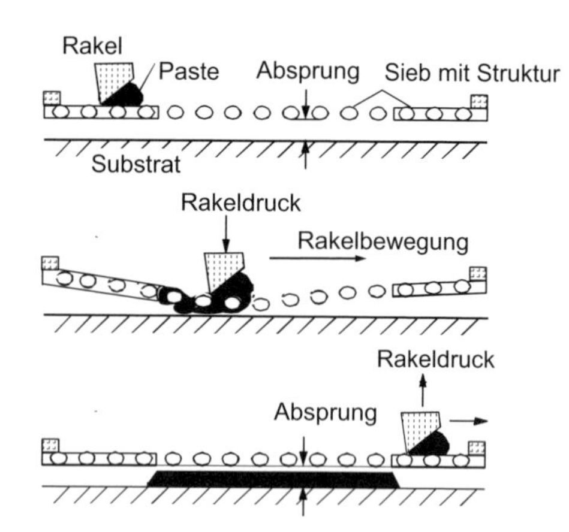

Bild 5.3-4 Siebdruckverfahren zur Herstellung von Dickschichtstrukturen

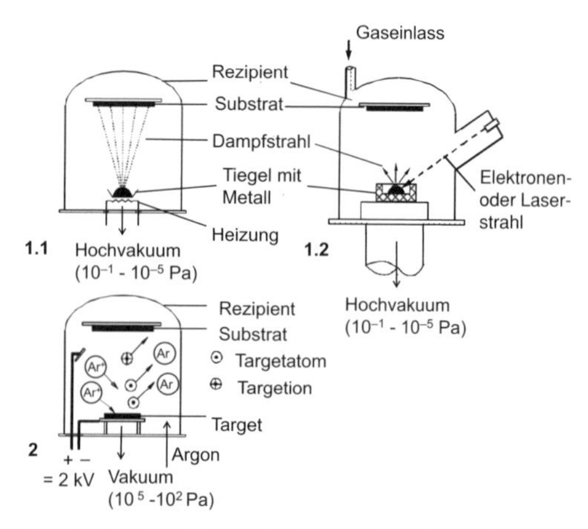

Bild 5.3-5 Verfahren der Dünnschichtherstellung
1 Vakuumaufdampftechnik (PVD)
1.1 = thermischer Verdampfer
1.2 = Elektronenstrahl- oder Laserverdampfer
2 Sputtertechnik (PVD)

- Kristallitgröße
- Kristallstruktur
- Haftung

Neben den physikalischen Kenngrößen, wie ϱ, TK_ϱ und Härte sind für die Anwendung von Schichtsystemen die Ausbildung von Spannungen und die Alterungsbeständigkeit wichtig. Bedampfen und Sputtern, die hauptsächlich in der Dünnschichttechnik angewandten Verfahren, besitzen spezifische Vor- und Nachteile. Das einfache Verdampfen lässt sich nur bei reinen Metallen und solchen Verbindungen anwenden, die dabei nicht dissoziieren. Bei der Verdampfung von Legierungen entstehen infolge der unterschiedlichen Dampfdrücke der Komponenten vom Verdampfungswerkstoff abweichende Zusammensetzungen. Stoffe, wie Silicide und Nitride können wegen ihrer hohen Schmelzpunkte oder einer möglichen thermischen Zersetzung nur schwer oder gar nicht verdampft werden.

Leitbahnen aus den Elementleiterwerkstoffen, wie Al, Cu und Au lassen sich durch Bedampfen abscheiden. Ein wesentlicher Vorteil von Aufdampfschichten ist ihre kontrollierbare Reinheit.

Um z. B. hochschmelzende Stoffe als dünne Schicht abscheiden zu können, wurde das Sputtern entwickelt. Durch den intensiven Ionenbeschuss (Ar^+, Bild 5.3-5) können nicht nur Metalle und Legierungen, sondern auch hochschmelzende Verbindungen stöchiometrisch vom Target abgestäubt (sputtern) und auf dem Substrat zur Abscheidung gebracht werden.

Eine Alternative zu den bisherigen Leitbahnwerkstoffen stellen Silicide und Polysilizium dar, die sich mithilfe des Sputterns abscheiden lassen. Polysilizium kann aber außerdem auch durch CVD (chemicalvapourdeposition) erzeugt werden. Silicide (vgl. Tabelle 5.3-1) besitzen im Gegensatz zu Metallen, wie vor allem dem Aluminium, eine geringe Neigung zur Elektromigration. Sie führt infolge von Diffusionsvorgängen im Leiterwerkstoff unter Feldeinwirkung zum Ausfall der Funktion infolge der Unterbrechung oder des Kurzschlusses.

Tabelle 5.3-1 Ausgewählte Werkstoffe für Leiterbahnen und Kontaktschichten

Schichtwerkstoff	Herstellung	spez. elektr. Widerstand [μΩ m · 10^{-2}]	Besonderheiten
Al $AlCu_2$	Bedampfen Sputtern	3–10	Elektromigration
Cu	Sputtern	2–15	
Ni, Ni-Legierungen mit Fe, Cu, Sn und Cr	Sputtern	7–20	als Haftschicht für Cu und Au, als Sperrschicht für Au
Au + Au-Legierungen mit	Sputtern		Haftschicht bei Al_2O_3- oder Glassubstraten erforderlich
Co und Ni	Bedampfen	2,5–3	Sperrschicht Ni bei Schichtkombinationen
Silizide, z. B. $TaSi_2$, WSi_2, $CoSi_2$	Sputtern	35–45 ca. 70 18–20	keine Migration, oxidierbar, therm. stabil., LZB < 0,8 μm
Poly-Si	CVD Sputtern	> 300	keine Migration, oxidierbar LZB < 1,0 m

Dickschichttechnik

Das Drucken einer Paste auf ein Substrat stellt die typische Verfahrensweise in der Dickschichttechnik dar. Allen Pasten ist gemeinsam:

- Wirksubstanz und
- Binde- und Lösemittel.

Unterschiedliche Pastenarten ergeben sich aus den Haftmechanismen zwischen Substrat und Paste. Wir unterscheiden:

- Pasten mit Glasfritte
- Pasten mit Polymerfritten
- Pasten ohne Fritte (Lotpaste).

Darüber hinaus kennt man noch Leitkleber, die ähnlich einer Polymerpaste, aus einem organischen Kleber und der metallischen Wirksubstanz bestehen.

Jede der Komponenten einer Paste erfüllt eine spezifische Funktion.

Die Wirksubstanz realisiert das beabsichtigte Maß an Leitfähigkeit im Bereich der Leitbahn über den Widerstand bis zum Isolator. Sie liegt z. B. als Metallpulver mit definierter Korngröße und Korngestalt vor (siehe Tabelle 5.3-2).

Bindemittel, organische Polymere, halten alle Bestandteile der Paste zusammen und bestimmen im Zusammenspiel mit dem Lösemittel über Viskositätseinstellung die Druckfähigkeit der Paste. Als Lösemittel eignen sich höherwertige Alkohole, Terpineol und Kohlenwasserstoffe.

Tabelle 5.3-2 Ausgewählte Werkstoffe für Pasten

Fritte	Wirksubstanz	mittlerer Flächenwiderstand R_F [Ω/□]	Besonderheiten
Glas	Ag	$2 - 4 \cdot 10^{-3}$	Ag_2S-Bildung, Elektromigration, Löslichkeit bei PbSn
	AgPd	$25 - 35 \cdot 10^{-3}$	schwefelfest, keine Elektromigration, mit PbSn 10 verzinnbar
	Au	$5 \cdot 10^{-3}$	Au-Si-Eutektikum, haftfeste Verbindung für Si-Chip-Keramikgehäuse
	W	$14 \cdot 10^{-3}$	nicht lötbar, bondbar, cofiring auf Al_2O_3-Keramik
	Cu	$2 - 4 \cdot 10^{-3}$	in Reinstickstoff einzubrennen, keine Elektromigration
Polymer	Ag		
	Graphit		
ohne Fritte	PbSn		Lotpaste, Variation der Einbrenntemperatur durch Zusammensetzung
	Ag	$20 - 50 \cdot 10^{-3}$	Leitkleber, Epoxidharz Aushärten bei 120–150 °C
	Cu	$20 - 50 \cdot 10^{-3}$	Leitkleber, Polyester

Beachte: PbSn wird substituiert durch bleifreie Lotpasten, siehe Abschn. 13.3 und Abschn. 7.2

Durch Erweichung der Glasfritte im Einbrennprozess entsteht zwischen den Körnern der Wirksubstanz eine ca. 0,1 μm dicke Glasschicht, die für die Leitungselektronen noch durchlässig ist. Außerdem bewirkt die Fritte die haftfeste Verbindung zwischen Schicht und Substrat (Bild 5.3-6).

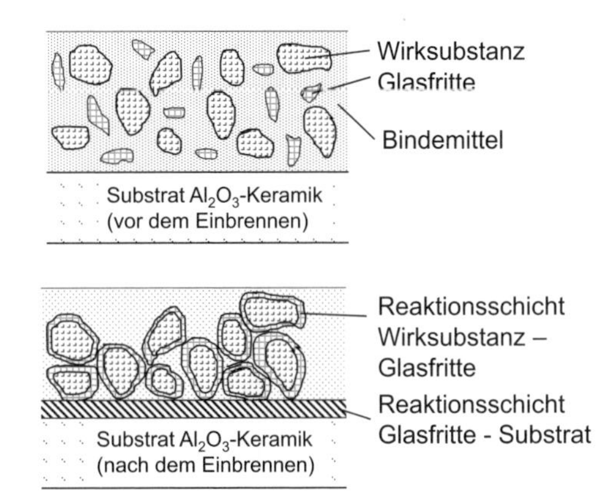

Bild 5.3-6 Pastenbestandteile vor und nach dem Einbrennen

Glasfritten sind bei niedrigen Temperaturen (etwa 600 bis 800 °C) erweichende Glaspulver auf Basis von SiO_2, B_2O_3 und PbO unter Zusatz von Bi_2O_3 als Flussmittel. Entsprechend ihrer Zusammensetzung bezeichnet man die jeweiligen Glasarten als Borsilikat- bzw. Bleiborsilikatglas.

In Polymerpasten, die nicht zum Einbrennen vorgesehen sind, erfüllt die Polymerfritte gleichzeitig die Funktion des Bindemittels. Sie verbindet die Wirksubstanzkörner und bewirkt die Haftung auf dem Substrat; sie besteht aus Reaktionsharz und Härter. Reaktionsharze sind Epoxid-, Silikon- und Acrylharze. Die Polymerfritte vernetzt bei ca. 120 bis 200 °C zum Duromeren. Damit kann man als Substratwerkstoff auch Kunststoffe einsetzen; der technologische Aufwand ist geringer. Durch den Schrumpfungsvorgang beim Vernetzen der Harze kommt es zum Kontakt der Wirksubstanzkörner.

Lotpasten ermöglichen einen dosierten Auftrag von Lotwerkstoffen für oberflächenmontierbare Bauteile, beim Spaltlöten u. a. Das wird möglich durch die Verteilung von kugelförmigen Lotkörnern mit ca. 50 µm Durchmesser (Wirksubstanz) in einem organischen Bindemittel. Bevorzugt kommt dafür Kolophonium mit Anteilen an Kunststoffen und Flussmitteln zur Anwendung.

In Analogie zur Dünnschichttechnik bestimmen die Verfahrensparameter der Dickschichttechnik über die Eigenschaften der Leiterbahnen und Kontaktflächen (siehe Bild 5.3-7).

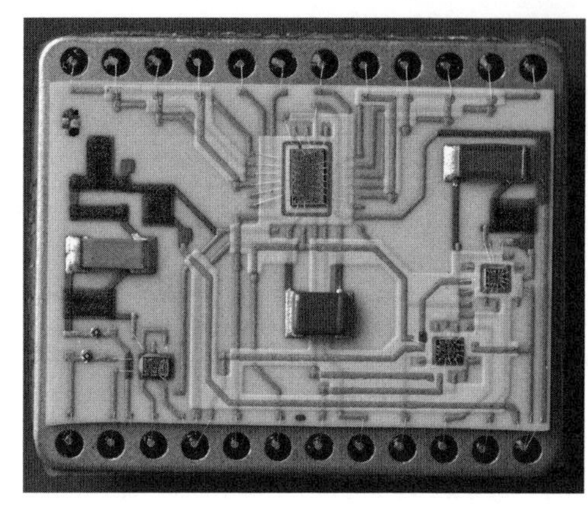

Bild 5.3-7: Hybridschaltung in Dickschichttechnik

Stoffseitige Einflussgrößen

- Substrat (thermische Stabilität)
- Paste (qualitative Zusammensetzung der Wirksubstanz und ihr quantitativer Anteil, Korngrößenverteilung der Wirksubstanz und ihre Geometrie, chemische und physikalische Eigenschaften der Fritte)

Verfahrensseitige Einflussgrößen

- Viskosität der Paste
- Siebdruckparameter (Maschenweite, Absprung, Rakelgeschwindigkeit)
- Trocken- und Einbrennregime

Das führt zu den

Kenngrößen der Schicht

- Schichtdicke
- Haftung
- Schichtzusammensetzung
- Schichtmorphologie

Bedingt durch die hohe Anzahl von Faktoren, die die Schichteigenschaften beeinflussen, ergibt sich eine sehr große Variationsbreite in der Anwendung der Dickschichttechnik.

Zur Beschreibung des Widerstandes von Schichten wird oft der Flächenwiderstand R_F verwendet, da der Schichtwiderstand nicht mehr allein durch den spezifischen elektrischen Widerstand der Metallkomponente bestimmt wird. Im Flächenwiderstand sind die beiden schlecht messbaren Größen spezifischer elektrischer Widerstand und Schichtdicke zusammengefasst. Der praktische Nutzen der Angabe von R_F besteht darin, dass R als ganzzahliges Vielfaches von R_F berechnet werden kann. Es ergibt

Erklärung des Flächenwiderstandes R_F:

$$R = \varrho \cdot \frac{l}{A}$$

$$R_{\text{Schicht}} = \varrho \cdot \frac{l}{d_S \cdot b}$$

Es gilt: l = Länge des Leiters
b = Breite des Leiters
d_s = Dicke des Leiters

$$\frac{\varrho}{d_S} = R_F$$

$$R = R_F \cdot \frac{l}{b}$$

Wenn $l = b$ wird, entsteht ein Quadrat; $R = R_F$

Beachte: Die Angabe für R_F erfolgt geschrieben:
R_F (Ω/□)
und gesprochen:
Ohm pro Quadrat

sich der Flächenwiderstand, der praktisch den Widerstand des Werkstoffs unter dem betrachteten Oberflächenquadrat angibt. Teilt man die Leitbahnlänge in Segmente, für die $b = l$ gilt, erhält man den Widerstand der Bahn als Produkt aus R_F mal Anzahl der Segmente (Bild 5.3-8).

Die an den Beispielen kompakter Leiter und Leitschichten dargestellten Faktoren zur Beeinflussung ihrer Leitfähigkeit gelten gleichermaßen für die im Folgenden behandelten Werkstoffanwendungen für Widerstände, Kontakte und Kondensatoren.

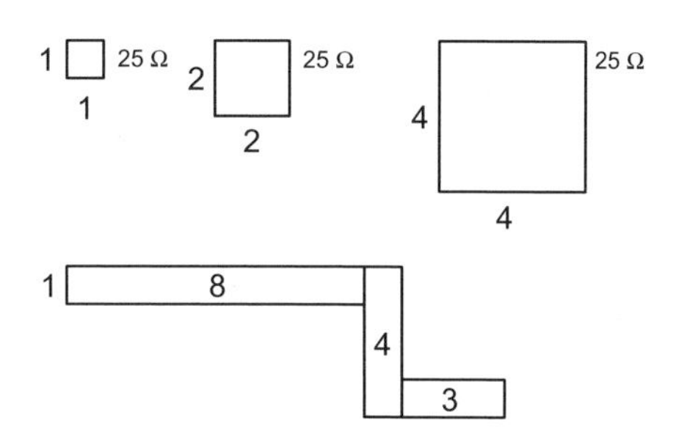

Der Flächenwiderstand R_F soll 25 Ω□ für jedes beliebige Quadrat betragen.
Der Leiterzug besteht aus 8+4+3 = 15 Quadraten damit ergibt sich für R = 15·25 Ω = 375 Ω.

Bild 5.3-8 Beispiel zur Anwendung der Angabe „Flächenwiderstand"

Übung 5.3.-1

Erklären Sie, weshalb der spezifische elektrische Widerstand ϱ einer durch Vakuumbedampfen hergestellten Metallschicht vom ϱ eines Drahtes aus gleichem Material abweicht?

Übung 5.3.-2

Nennen Sie die Bestandteile einer Paste, die bei ca. 800 °C eingebrannt wird und erläutern Sie die Funktion der einzelnen Bestandteile.

Übung 5.3.-3

Nennen Sie die Bestandteile einer Paste, die bei ca. 150 °C aushärtet, und erläutern Sie die Funktion der einzelnen Bestandteile.

Übung 5.3.-4

Nennen Sie Entscheidungskriterien für die Auswahl einer Paste mit Polymerfritte oder Glasfritte.

Übung 5.3.-5

Erklären Sie den Begriff Flächenwiderstand und seine Bedeutung!

Übung 5.3.-6

Stellen Sie die eigenschaftsbestimmenden Faktoren der Dünnschicht und der Dickschichttechnik einander gegenüber! Leiten Sie daraus wesentliche Einsatzgebiete in der Elektrotechnik für die jeweilige Technologie ab!

Übung 5.3.-7

Was verstehen Sie unter Elektromigration? Wie lässt sie sich vermeiden?

Zusammenfassung: Leitschichten

- Leitschichten lassen sich bevorzugt durch Dünn- und Dickschichttechnik herstellen.
- Das Verfahren zur Schichtherstellung bestimmt wesentlich die Eigenschaften der Schicht.
- Dünnschicht-Verfahren sind die der PVD-Technik, wie Aufdampfen und Sputtern.
- Durch Sputtern kann eine Abscheidung hochschmelzender Verbindungen ohne Zersetzung erfolgen, wie z. B. Silicide. Sie besitzen eine geringe Neigung zur Elektromigration.
- In der Dickschichttechnik setzt man Pasten zum Drucken ein.
- Allen Siebdruckpasten gemeinsam sind Wirksubstanz und eine Kombination aus Binde- und Lösemittel.
- Unterschiedliche Pasten ergeben sich aus den verschiedenen Materialien für Fritten, wie Glas- oder Polymerfritte.
- Die Charakterisierung des Widerstandes von Schichten erfolgt durch Angabe des Flächenwiderstandes R_F.

Selbstkontrolle zu Kapitel 5

1. Der spezifische elektrische Widerstand eines Metalls ist abhängig von:
   A Dichte
   B Gittertyp
   C Schmelzpunkt
   D Ladungsträgerkonzentration
   E der thermischen Geschwindigkeit der Ladungsträger
2. Die spezifische elektrische Leitfähigkeit ist:
   A der Quotient aus Dichte und Beweglichkeit der Leitungselektronen
   B das Produkt der Beweglichkeit und Konzentration der Leitungselektronen
   C das Produkt der thermischen Geschwindigkeit und Konzentration der Leitungselektronen
   D die Summe aus der Konzentration der Leitungs- und Defektelektronen eines Metalls
   E die Differenz von Kernladungszahl und Anzahl der Leitungselektronen
3. Die Regel nach Matthiessen gibt an:
   A die Mindestrekristallisationstemperatur eines Metalls
   B den Zusammenhang zwischen Anzahl der Phasen und Leitfähigkeit
   C den spezifischen elektrischen Widerstand als Summe eines thermischen Anteils und eines Gitteranteils
   D die Widerstandserhöhung pro Grad Temperaturerhöhung
   E die Widerstandserhöhung in Abhängigkeit vom Kaltumformungsgrad
4. Nickel wird mit 10 % Kupfer legiert.
   A die Leitfähigkeit steigt an
   B der Widerstand steigt an
   C die Leitfähigkeit bleibt unverändert
   D der Temperaturkoeffizient wird kleiner
   E die Legierung ist besser verformbar als reines Kupfer
5. Dünne Schichten besitzen einen höheren elektrischen Widerstand als das kompakte Material, weil
   A die Schicht sich amorph abgeschieden hat
   B die Anzahl der Ladungsträger abgenommen hat
   C der Schichtwerkstoff mit dem Substratwerkstoff wechselwirkt
   D der Schichtwerkstoff mit Fremdatomen aus dem Substrat und der Umgebung verunreinigt wurde
   E die Dichte abnimmt
6. Kupfer als Leitmaterial muss eine Leitfähigkeit von mindestens $57 \cdot 10^6$ S $\cdot$ m^{-1} besitzen. Das wird erreicht durch
   A Legieren von Kupfer mit Silber
   B Erhöhung des P-Gehaltes bei der Abscheidung des Elektrolytkupfers
   C Elektroraffination
   D eine Wärmebehandlung
   E Ziehen des Kupfers zu dünnen Drähten
7. Aluminium wird im Hochspannungs-Freileitungsbau bevorzugt eingesetzt, wegen
   A seiner höheren Leitfähigkeit gegenüber Kupfer
   B einem günstigen charakteristischen Leitwert
   C der geringen Herstellungskosten von Al
   D der Verfestigung von Aluminium durch Drahtziehen
   E seiner natürlichen Al_2O_3-Schutzschicht
8. Typische Verfahren der Dünnschichttechnik sind
   A Drucken von Pasten
   B Abscheidung galvanischer Schichten
   C Herstellen von Bonddrähten
   D chemische Abscheidung aus Lösungen
   E Aufdampfen und Aufsputtern
9. Pasten, die für ein Einbrennen vorgesehen sind, bestehen aus
   A Polymerfritten und Wirksubstanz
   B Glasfritten und Wirksubstanz
   C Wirksubstanz und organischem Bindemittel
   D der reinen Wirksubstanz
   E Lösemittel und Wirksubstanz
10. Die Eigenschaften von Dickschichtleitbahnen sind abhängig von
    A der chemischen Zusammensetzung des Substrates
    B dem Verhältnis Wirksubstanz zu Fritte
    C dem Trocken- und Einbrennregime
    D der Temperaturverteilung im Substrat
    E der Viskosität des Lösemittels

6 Widerstandswerkstoffe

6.0 Überblick

Der Begriff „Widerstand" wird für die Größe *R* in Ω und für das Bauelement benutzt. Von Widerstandswerkstoffen spricht man dann, wenn der spezifische elektrische Widerstand ϱ zwischen 0,1 und 1,5 μΩ m liegt. Damit besitzen sie einen Widerstand ϱ, der um ein bis zwei Größenordnungen höher liegt als bei Leitermetallen. Zur Charakterisierung des Verhaltens von Widerstandswerkstoffen dienen die gleichen Größen wie für Leiterwerkstoffe. Aus der Anwendung der Widerstandswerkstoffe ergeben sich darüber hinaus weitere Kenngrößen, wie:

- die Größe und der Verlauf von TK_ϱ
- die zeitliche Konstanz des elektrischen Widerstands (Alterung)
- die thermische Belastbarkeit
- die Thermospannung

Zur Herstellung von elektrischen Widerständen finden vorwiegend folgende Werkstoffgruppen Anwendung:

- Metalle (z. B. Tantal, Wolfram, Gold)
- Legierungen (z. B. Ni-Cr, Cu-Ni, Cu-Mn)
- Carbide (z. B. SiC)
- Kohleschichten (z. B. kolloidaler Kohlenstoff)
- Oxide (z. B. RuO_2, $Bi_2Ru_2O_7$, MoO_2)
- Nitride (z. B. TaN)
- Kombination Metall/Metalloxid (z. B. Cr/SiO_2, Au/SiO_2)

Auch bei Widerstandswerkstoffen findet man, wie bei den Leiterwerkstoffen, die Anwendung als Kompakt- und/oder Schichtwerkstoff. Da bei den Widerstandswerkstoffen ganz spezielle Eigenschaften bei der Anwendung im Vordergrund stehen und nicht nur der Widerstand, erfolgt im Weiteren die Behandlung unter dem Gesichtspunkt ihres Einsatzes.

6.1 Werkstoffe für kompakte Widerstände

Kompetenzen

Hinsichtlich ihrer Eigenschaften weisen Widerstände aus Kompaktmaterial spezielle Eigenschaften auf, wie einen kleinen TK_ϱ, Auftreten einer Thermospannung an der Kontaktstelle, thermische Belastbarkeit und Widerstandswert. Der Unterschied zwischen Kompakt- und Schichtmaterial in der Anwendung als Bauelement lässt sich zur Erzielung besonderer Einsatzmöglichkeiten nutzen. Insbesondere eignen sich Kompaktwiderstände für Temperaturmessungen, auch bei hohen Temperaturen und in einem engen Temperaturintervall mit hoher Genauigkeit.

Als eine besondere Gruppe von Bauelementen sind hier die Thermistoren und Varistoren einzuordnen. Ihr Leitungsmechanismus ist vergleichbar mit der Ionenleitung in Festkörpern bzw. mit der Halbleitung (vgl. Kapitel 8).

In ihrer Anwendung als Heizwiderstände zeichnen sie sich neben der hohen thermischen Belastbarkeit durch geringe Neigung zur Verzunderung (Oxidbildung) und hohe Warmfestigkeit aus.

6.1.1 Präzisions- und Messwiderstände

Anwendungsgebiete dieser Widerstände findet man in Messgeräten, Kompensationsschaltungen, Eichwiderständen, Widerstandsnormalen, technischen Widerständen mit festem oder mechanisch veränderbarem Widerstandswert in Schaltungen der Elektrotechnik (Schiebewiderstand, Potenziometer). Dabei liegt das Widerstandsmaterial in Draht- oder Bandform vor. Für diese Anwendung zählt ausschließlich die hohe Konstanz des Widerstandswertes, der sich deshalb nicht mit der Temperatur, nicht mit der Einsatzdauer und nicht durch Thermospannung an Kontaktstellen ändern darf.

Beachte:
Kombinationen aus Metalloxiden (Basis keramischer Werkstoffe) und Metallen tragen die Bezeichnung *Cermet,* aus engl. **cer**amic **met**al.

An die Werkstoffe sind folgende Anforderungen, entsprechend ihres Anwendungsgebietes, zu stellen:

- kleiner Temperaturkoeffizient des Widerstandes; $TK_\varrho < 2 \cdot 10^{-5}\,K^{-1}$
- geringe Thermospannung gegenüber Kupfer; U_T bei 20 °C $< 10\,\mu V \cdot K^{-1}$
- hohe zeitliche Konstanz des Widerstandes, jährliche Widerstandsänderung: $< 5 \cdot 10^{-3}\,\%$

Werkstoffe, die diese Anforderungen erfüllen, sind Legierungen auf der Basis von Cu-Mn, Ag-Fe, Au-Cr, Au-Ag und Ni-Cr.

Thermospannung (Seebeck-Effekt):
Befinden sich im Stromkreis (siehe Bild 6.1-1) Kontaktstellen von zwei Metallen (Me_1, Me_2) auf unterschiedlicher Temperatur, dann entsteht eine zusätzlich von der Temperaturdifferenz ΔT abhängige Potenzialdifferenz U_T.

$U_T \sim \Delta T$

$U_T = \alpha \Delta T$

Die Thermospannung kann erwünscht oder unerwünscht sein. Im Falle der Präzisions- und Messwiderstände muss sie klein sein, da sonst das Messergebnis verfälscht wird. Andererseits kann die Thermospannung zur Temperaturmessung genutzt werden.

Die Potenzialdifferenz U_T ist proportional der Temperaturdifferenz ΔT. Der Proportionalitätsfaktor α wird als Seebeck-Koeffizient bezeichnet und stellt die werkstoffabhängige Größe dar.

Verwendet man in dem Werkstoffpaar Platin als Bezugsmetall (Me_1), lassen sich Thermospannungen verschiedener Werkstoffe (Me_2) in Bezug auf Platin im definierten Temperaturintervall bestimmen. Ordnet man sie nach Betrag und Vorzeichen, erhält man die thermoelektrische Spannungsreihe (siehe Tabelle 6.1-1), die hinsichtlich der formalen Methodik der elektrochemischen Spannungsreihe der Metalle entspricht (vgl. Abschnitt 3.1).

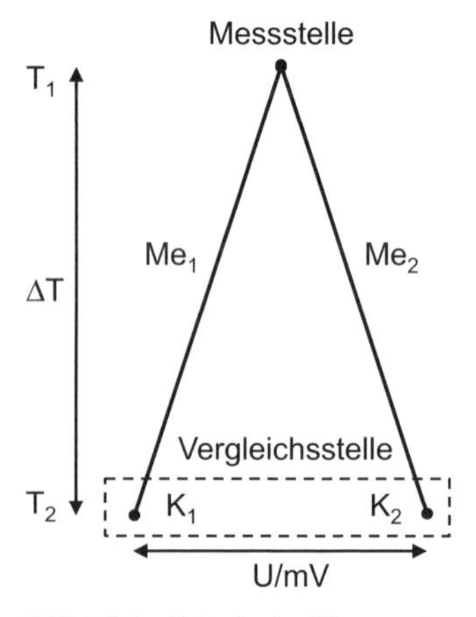

Bild 6.1-1 Prinzip des Thermoelementes

Tabelle 6.1-1 Auszug aus der thermoelektrischen Spannungsreihe (bezogen auf Platin), Temperatur der Kontaktstellen 0 und 100 °C

Werkstoff	Thermospannung/mV
CuNi44	– 3,47 ... – 3,04
Ni	– 1,94 ... – 1,92
Pt	**± 0**
Sn	+ 0,41 ... + 0,46
Al	+ 0,47 ... + 0,41
Au	+ 0,56 ... + 0,8
CuMn12Ni	+ 0,57 ... + 0,82
Ag	+ 0,67 ... + 0,79
Cu	+ 0,72 ... + 0,77
Si	+ 44,8

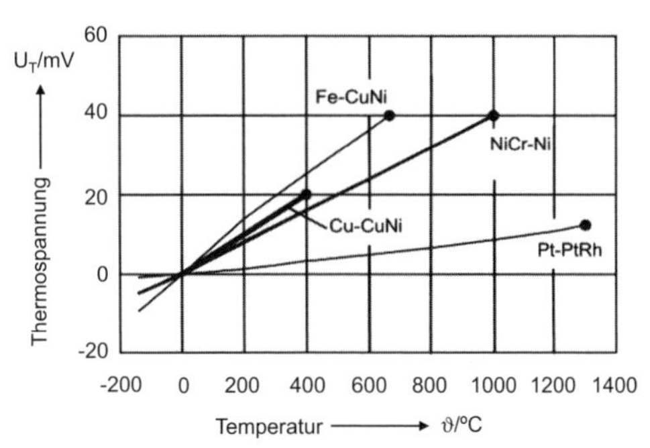

Bild 6.1-2 Thermospannung in Abhängigkeit von der Temperatur für ausgewählte Thermoelementpaarungen

CuNi: = 55 % Cu, 44 % Ni, 1 % Mn (Konstantan)
NiCr: = 90 %Ni, 10 % Cr
PtRh: = 90 % Pt, 10 % Rh
- obere Arbeitstemperatur bei Dauergebrauch

Für die Temperaturmessung stehen in einem großen Temperaturbereich (siehe Bild 6.1-2) viele Thermopaare zur Verfügung.

Eine weitere Methode der elektrischen Messung von Temperaturen besteht in der Ausnutzung des Temperaturkoeffizienten des elektrischen Widerstandes in Form des Widerstandsthermometers. Hier nutzt man die annähernd lineare Temperaturabhängigkeit des spezifischen Widerstandes reiner Metalle aus. Wegen seiner chemischen Beständigkeit kommt Platin am häufigsten zur Anwendung. Der Anwendungsbereich liegt zwischen – 220 °C bis ca. 1000 °C. Für den Temperaturbereich von – 60 °C bis 200 °C ist auch Nickel zu verwenden (vgl. Bild 6.1-3).

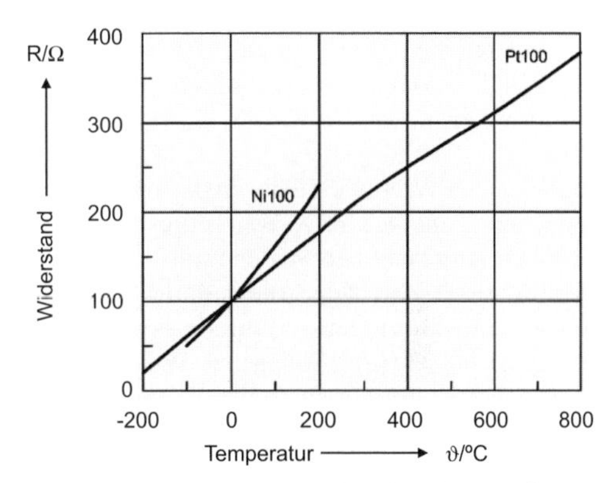

Bild 6.1-3 Kalibrierkurven für die Widerstandsthermometer Pt100 und Ni100 (DIN EN 60751)

6.1.2 Heizwiderstände (DIN 17470)

Heizwiderstände benutzt man zur Umwandlung von Elektro- in Wärmeenergie, z. B. in der Anlagentechnik und in Elektrowärmegeräten der Industrie, des Gewerbes und des Haushaltes. An Werkstoffe für Heizleiter werden neben dem hohen spezifischen elektrischen Widerstand vor allem folgende Anforderungen gestellt:

- hohe thermische und chemische Beständigkeit (Verzunderung)
- hohe Warmfestigkeit
- Stabilität des spezifischen elektrischen Widerstandes (durch Gefügeveränderungen bei hohen Temperaturen ändert sich ϱ zusätzlich).

Diese Anforderungen werden bis zu Temperaturen von etwa 1250 °C durch Metalllegierungen erfüllt; bei höheren Temperaturen durch hoch schmelzende Metalle und Siliziumcarbid. Die technisch wichtigsten Legierungen bestehen aus Eisen, Chrom und Aluminium oder Nickel und Chrom. Die Zunderbeständigkeit wird durch die Ausbildung einer dichten und fest haftenden Schicht aus Aluminium- und Chromoxiden bewirkt. Die Fe-Cr-Al-Legierungen sind unter der Handelsbezeichnung *Kanthal* bekannt. Eine Auswahl häufig eingesetzter Heizleiterwerkstoffe enthält Tabelle 6.1-2.

Tabelle 6.1-2 Werkstoffe für Heizwiderstände

Werkstoffgruppe	Werkstoff	max. Gebrauchstemperatur/°C
Legierungen	FeCrAl	1100–1250
	NiCr	1100–1200
reine Metalle	Mo, Ta, W	2000–2500
Nichtmetalle	SiC, $MoSi_2$	1500

6.1.3 Werkstoffe für Dehnungsmessstreifen

Bei elastischer Verformung von metallischen Werkstoffen kommt es durch die Gitterdeformation zu einer Verringerung der Ladungsträgerbeweglichkeit und damit zur Erhöhung des elektrischen Widerstandes. Es besteht ein direkter Zusammenhang zwischen der Widerstandsänderung und der Dehnung des Materials. Bei Dehnungsmessstreifen (DMS) aus metallischen Werkstoffen liegen die Werte für K zwischen 2 und 4. Der K-Wert drückt den Zusammenhang zwischen Widerstands- und Längenänderung aus. Zur Anwendung gelangen Widerstandsdrähte mit Durchmessern zwischen 20 und 30 µm, Folien aus Widerstandsmaterial mit Dicken zwischen 2 und 10 µm und aufgedampfte Schichten. Die Folien und Aufdampfschichten bieten die Möglichkeit,

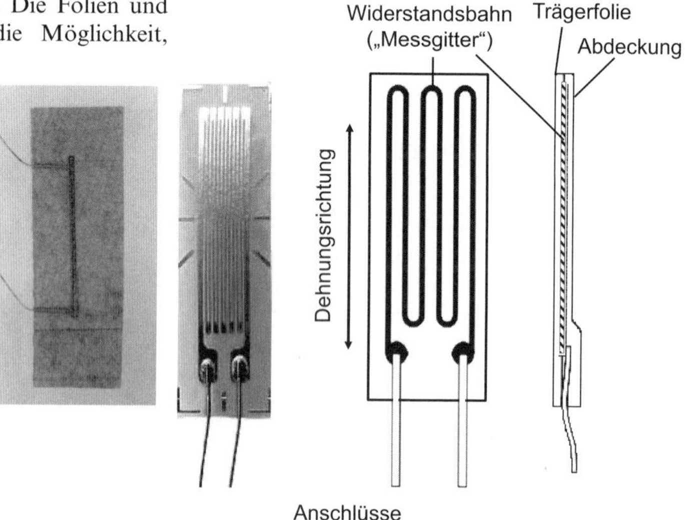

Bild 6.1-4 Dehnungsmessstreifen

mithilfe der Fotolithografie kompliziertere Strukturen herzustellen (siehe Bild 6.1-4). Durchgesetzt haben sich heute DMS mit Polyimidträgerfolien und Strukturen aus NiCr.

Zwei verschiedene Einsatzbereiche sind zu unterscheiden:

- Messung einer Dehnung (z. B. Dehnung von Maschinenteilen, Schiffskörpern, Brückenkonstruktionen)
- Messung von komplexen Größen (z. B. Druck, Stoß, Beschleunigung).

Übung 6.1-1

Metallische Kompaktwiderstände werden häufig aus Legierungen hergestellt. Um welchen Legierungstyp handelt es sich dabei hauptsächlich? Begründung!

Übung 6.1-2

Warum ist der Temperaturkoeffizient des Widerstandes bei Kupfer-Nickel-Legierungen kleiner als beim Kupfer?

Übung 6.1-3

Temperaturen lassen sich auf elektrischem Wege bevorzugt nach drei Prinzipien messen. Erklären Sie das jeweilige Messprinzip an einem Beispiel!

Übung 6.1-4

Welche Funktion müssen die Legierungselemente für Heizleiterwiderstände, z. B. auf der Basis von Eisen erfüllen? Nennen Sie diese Legierungselemente.

Übung 6.1-5

Ein Thermopaar aus Pt und PtRh (10 %) liefert die folgenden Temperatur-Spannungs-Werte. (Die Verbindungsstelle Thermopaar – Ableitung wurde konstant auf 0 °C gehalten.)

1. Die Funktion $U_T = f(\vartheta)$ ist zu zeichnen!
2. Wie groß ist im angegebenen Temperaturintervall der mittlere Wert für die Thermospannung je Grad?
3. Um welchen Betrag in mV sind die Messwerte kleiner, wenn als konstante Vergleichstemperatur 20 °C gewählt wird?

Tabelle zu Übung 6.1-5

ϑ/°C	10	20	30	40	50	60	70	100
U_T/mV	0,065	0,113	0,173	0,235	0,290	0,364	0,431	0,643

Übung 6.1-6

Der Widerstand eines Drahtes aus einer Cu-Ni-Legierung beträgt bei 20 °C bei einem Durchmesser von 1 mm und einer Länge von einem Meter, $R = 0{,}636\ \Omega$. Zu welcher WM-Gruppe zählt der Werkstoff? (Die früher gebräuchliche Angabe der WM-Gruppe bedeutet: Widerstandsmaterial und wird vom spezifischen Widerstand in $\Omega \cdot mm^2 \cdot m^{-1}$ und dem Multiplikator 100 gebildet).

Wie groß ist die maximale Stromdichte, wenn die Höchstbelastung für einen frei in der Luft ausgespannten Draht 12 A beträgt?

Zusammenfassung: Kompakte Widerstände

- Werkstoffe für Kompaktwiderstände sind: Metalllegierungen, Cermets, Nichtoxidkeramiken.
- Anwendung finden sie in Präzisions- und Messwiderständen sowie in Heizwiderständen.
- Die Kombination verschiedener metallischer Widerstandswerkstoffe ermöglicht die Nutzung des SEEBECK-Effektes zur Temperaturmessung mithilfe von Thermoelementen.
- Da der Temperaturkoeffizient des Widerstandes temperaturabhängig ist, gilt der Wert immer nur in einem bestimmten Temperaturbereich.
- Heizwiderstände auf Basis von Metallen, wie Wolfram und Molybdän, erlauben Arbeitstemperaturen bis 2500 °C.
- Eine früher gebräuchliche Kennzeichnung war die Einteilung in WM-Gruppen.

6.2 Werkstoffe für Widerstandsschichten

Kompetenzen

Zur Herstellung von Widerstandsschichten eigenen sich ebenfalls die Verfahren zur Abscheidung von Leitschichten. Als Werkstoffe kommen neben Metallen und Legierungen auch Kohlenstoff in verschiedenen Varianten sowie Metalloxidkombinationen zum Einsatz. Es besteht ein enger Zusammenhang zwischen Herstellungsverfahren und den damit erreichbaren Kenngrößen, wie Widerstandsbereich, Toleranz und TK_ϱ. Schichtwiderstände finden sich in unterschiedlichen Formen der Bauelemente wieder, wie MELF- und Rechteck-Chip-Widerständen sowie Widerstandsnetzwerken. Die Normung der Widerstände erfolgt im Rahmen der CECC-Spezifikationen. Durch die Kennzeichnung lassen sich die Chipwiderstände (SMD) von den zylinderförmigen (MELF) unterscheiden.

Schichtwiderstände bestehen aus einem Träger (Keramik, Glas, gefüllte Kunststoffe), auf dem die Widerstandsschicht aus einem Metall, einer Metalllegierung, Kohlenstoff, Cermets oder einer Widerstandspaste aufgebracht ist.

Die Verfahren zum Aufbringen der Schichten sind die gleichen, wie sie zur Herstellung von Leitschichten angewandt werden. Ihre Erläuterung finden Sie in Abschn. 5.3. Wie für die Leitschichten, hat auch für die Widerstandsschichten das jeweilige Verfahren wesentlichen Einfluss auf die Kenngrößen:

- Widerstandsbereich
- Flächenwiderstand
- Temperaturkoeffizient (TK_ϱ)
- Toleranzklasse
- Widerstandsdrift bzw. Alterung.

Die Widerstandsschichten der meisten Metallschichtwiderstände bestehen aus Ni-Cr-Legierungen (Tabelle 6.2-1). Wird die Schicht aus den entsprechenden Legierungen durch Aufdampfen abgeschieden, entstehen inhomogen zusammengesetzte Schichten (Zonen) infolge der unterschiedlichen Verdampfungsgeschwindigkeiten der beiden Legierungspartner. Das führt zu Problemen bei der Einhaltung der Widerstandskennwerte, was sich aber durch das Aufsputtern der Schichten vermeiden lässt. Die Zusammensetzung des Targets wird so gewählt, dass man das Minimum von TK_ϱ erreicht (siehe Bild 6.2-1).

Die Widerstandsschichten der Kohleschichtwiderstände bestehen aus im Wesentlichen drei Anwendungsformen: *reinem Kohlenstoff* in Form von Glanzkohle durch Pyrolyse von Koh-

Tabelle 6.2-1 Kennwerte für Dünnschichtwiderstände auf Ni-Cr-Basis (ca. 80 % Ni, 20 % Cr)

Parameter	
Flächenwiderstand	30–300 Ω/□
Widerstandsbereich	$10–10^6$ Ω
Flächenbelastung auf Glas	ca. 0,3 Ω/cm²
Temperaturkoeffizient (TK_ϱ)	$+50$ bis $+100 \cdot 10^{-6}\ K^{-1}$
Toleranz mit Abgleich	< 0,1 %
Alterung nach 1000 h unter Last bei 100 °C	< 0,5 %

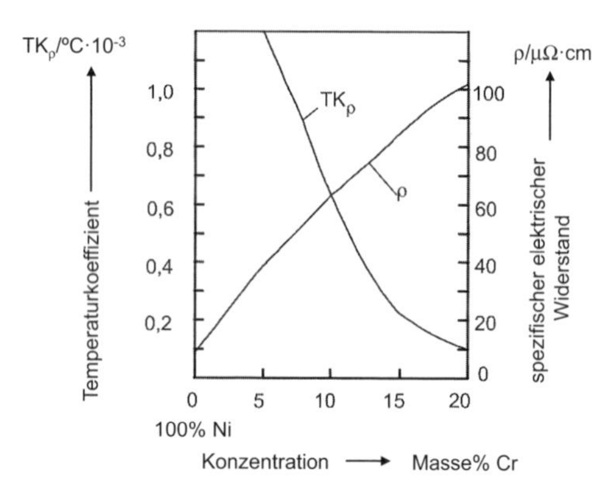

Bild 6.2-1 ϱ und TK_ϱ in Abhängigkeit von der Zusammensetzung der Ni-Cr-Legierung

lenwasserstoffen, *Kohlenstoff mit Zusatz von Bor* oder *Kolloidkohle*. Die Reihenfolge Kohleschicht, Borkohleschicht und Kolloidkohleschicht ist gleichzeitig eine Wertung bezüglich der zeitlichen Konstanz und Toleranz der Widerstandswerte. In der Kolloidkohleschicht liegt Kohlenstoff feindispers verteilt in einem organischen Polymeren vor. Durch Variation des Anteils an kolloidalem Kohlenstoff ergibt sich ein weiter Widerstandsbereich, bis hin zu Höchstohmwiderständen (bis GΩ).

Als Wirkkomponente in Dickschichtwiderständen kommen heute bevorzugt Metalloxide, wie RuO_2, $Pb_2Ru_2O_6$ (Bleiruthenat) und vor allem $Bi_2Ru_2O_7$ (Wismutruthenat), zur Anwendung. Sie werden als Dickschichtpaste auf den Träger aufgedruckt und anschließend eingebrannt. Die Kennwerte enthält Tabelle 6.2-2.

Etwa 80% der diskreten Bauelemente in der Elektrotechnik sind Widerstände. Dem trägt die enorme Vielfalt hinsichtlich der Abmessungen und Formen sowie der Bereiche der Widerstandskenngrößen Rechnung.

Aus der Vielzahl von Widerstandsbauelementen sollen zwei verschiedene Bauformen die Herstellungsprinzipien verdeutlichen. Es handelt sich um die *MELF-Widerstände* und die *Rechteck-Chip-Widerstände*. MELF ist die Abkürzung für **M**etal **EL**ectrode **F**ace-bonding. Sie werden wie die bewährten Metallschichtwiderstände hergestellt. Auf einem Keramikträger aus Al_2O_3 wird im Vakuum eine Metallschicht aufgedampft (siehe Abschn. 5.3). Die beschichteten Widerstände erhalten metallische Kontaktkappen, anschließend erfolgt mit einem Laserstrahl durch Wendelung der Abgleich auf den Endwert. Der abgeglichene Widerstand wird zum Schutz gegen Umwelteinflüsse zwischen den Kappen lackiert. Zum Abschluss erhalten die Kappen einen Zinnüberzug. Bis zum Abgleich ist das Fertigungsverfahren der MELF-Widerstände und bedrahteter Widerstände gleich. Der Anschlussdraht wird vor dem Lackieren angeschweißt (siehe Bild 6.2-2).

Zur Herstellung der Rechteck-Chip-Widerstände wird die Widerstandsschicht im Siebdruckverfahren auf ein rechteckiges Keramiksubstrat aufgebracht und anschließend eingebrannt (Dickschichttechnik). Die einzelnen Widerstandswert-Bereiche lassen sich durch

Tabelle 6.2-2 Kennwerte für Dickschichtwiderstände auf Oxidbasis

Parameter	$Pb_2Ru_2O_6$	$Bi_2Ru_2O_7$
Flächenwiderstand Ω/□	$1–10^7$	$0,1–10^4$
Widerstandsbereich Ω	$10–10^6$	$10–10^6$
Temperaturkoeffizient 10^{-6} K^{-1}	200	100
Drift %/*a*	0,25	< 0,2

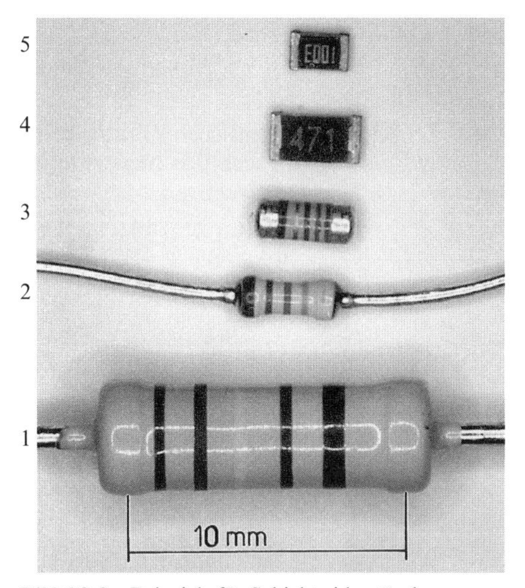

Bild 6.2-2 Beispiele für Schichtwiderstände
1 und 2: bedrahtete Widerstände, 3: MELF-Widerstand, 4 und 5: Rechteck-Chip-Widerstand

Verwendung von Pasten unterschiedlicher Leitfähigkeit schon beim Druck grob einstellen und mit einem Laser oder einem Sandstrahl auf den gewünschten Endwert mit der geforderten Nenntoleranz abgleichen. Die Anschlusskontakte sind ebenfalls gedruckt, danach mit einer Nickelschicht versehen und galvanisch verzinnt worden. Zum Schutz gegen Umwelteinflüsse erhält die Widerstandsschicht einen isolierenden Überzug (siehe Bilder 6.2-2 (4 und 5) und 6.2-3).

Widerstandsnetzwerke lassen sich in Dünnschicht- und Dickschichttechnik mit anschließendem Abgleich als komplexes Bauelement herstellen. Die Miniaturisierung der diskreten Widerstände (Mini-MELF) führte zur Möglichkeit, Netzwerke aus einer beliebigen Kombination diskreter Metallschichtwiderstände und im Bedarfsfalle mit Mini-MELF-Dioden herzustellen (Bild 6.2-4). Auf ein vermessingtes Gitter aus Stahlblech schweißt man bei der Fertigung von Netzwerken die einzelnen Bauelemente in einem Spezialverfahren auf. Diese Netzwerke können wie Dünnschicht- oder Dickschichtschaltungen eingesetzt werden, bieten aber eine Reihe von Vorteilen, wie:

- freie Wahl von Metallschichtwiderständen mit verschiedenen Toleranzen,
- preisgünstig, auch bei kleinen Serien,
- Musterfertigung kurzfristig möglich,
- Änderungen bei laufender Serienfertigung ohne Zusatzkosten.

Einen Vergleich der wesentlichen Werkstoffe für Schichtwiderstände hinsichtlich Widerstandsbereich und TK_ϱ enthält Tabelle 6.2-3.

Die Normung der Widerstände erfolgt im Rahmen der CECC-Spezifikationen, wobei für die Fachgrundspezifikation „Festwiderstände" die CECC 40 000 (DIN EN 140 000) und ihre weiteren Untersetzungen zutrifft. Die Kennzeichnung unterscheidet in Chipwiderstände (SMD) und zylinderförmige (MELF). Die DIN EN 60 062 legt die Normreihe der Widerstandsnennwerte entsprechend der Toleranzklassen (E24, E96 und E192) ebenso wie ihre Kennzeichnung fest.

SMD-Widerstände sind auf der Oberseite durch einen Aufdruck (drei- oder vierstellig) in codierter Form mit ihrem Widerstandswert bezeichnet.

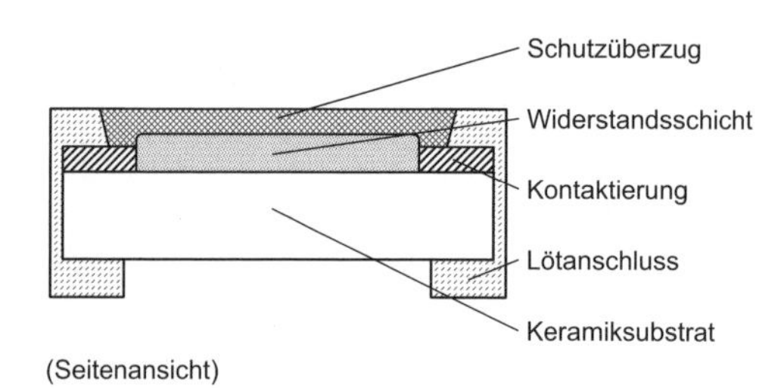

Bild 6.2-3 Aufbau eines Rechteck-Chip-Widerstandes (schematisch)

Bild 6.2-4 Widerstandsnetzwerk aus Metallschichtwiderständen

Tabelle 6.2-3 Eigenschaften von Schichtwiderständen (Zusammenfassung)

Widerstands-werkstoff	Widerstands-Bereich/Ω	$TK_\varrho/10^{-5} \cdot K^{-1}$
Metallschicht (Dünnschicht)	$10–22 \cdot 10^6$	± 50, ± 25, ± 15, ± 10, ± 5
Paste (Metallglasur)	$10–10^7$	± 200, ± 100, ± 50
Metalloxid	$10–10^6$	± 200
Kohleschicht	$10–22 \cdot 10^6$	– 1500 bis – 200

In der Ausführungsform MELF gibt die Farbe des Widerstandskörpers den Schichtwerkstoff an, Kohleschichtwiderstände weinrot und Metallschichtwiderstände hellblau. Bei der internationalen Farbcodierung (vgl. Tabelle 6.2-4) ist zu beachten, dass der letzte breite Farbring die Toleranz und der vorletzte die Zehnerpotenz des Widerstandswertes in Ω angibt. Außerdem erfolgt die TK-Kennzeichnung bei der „Fünfringcodierung" durch einen Farbpunkt auf dem letzten Ring oder durch einen zusätzlichen schmalen Farbring.

Beispiel zur Kennzeichnung von Chipwiderständen:

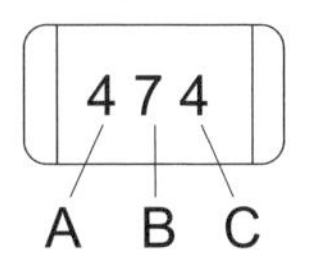

A = erste Ziffer des Widerstandswertes
B = zweite Ziffer des Widerstandswertes
C = letzte Ziffer Zehnerpotenz des Widerstandes in Ω (gilt immer, sowohl für drei- als auch vierstellig codierte Chipwiderstände)

Damit ergibt sich für das Beispiel:

$47 \cdot 10^4\ \Omega = 470\ k\Omega$

Weitere Beispiele:

Aufdruck: **101** entspricht $10 \cdot 10^1\ \Omega = 100\ \Omega$
Aufdruck: **122** entspricht $12 \cdot 10^2\ \Omega = 1\,200\ \Omega = 1{,}2\ k\Omega$
Aufdruck: **5493** entspricht $549 \cdot 10^3\ \Omega = 594\ k\Omega$

Tabelle 6.2-4 Internationale Farbcodierung von MELF-Widerständen

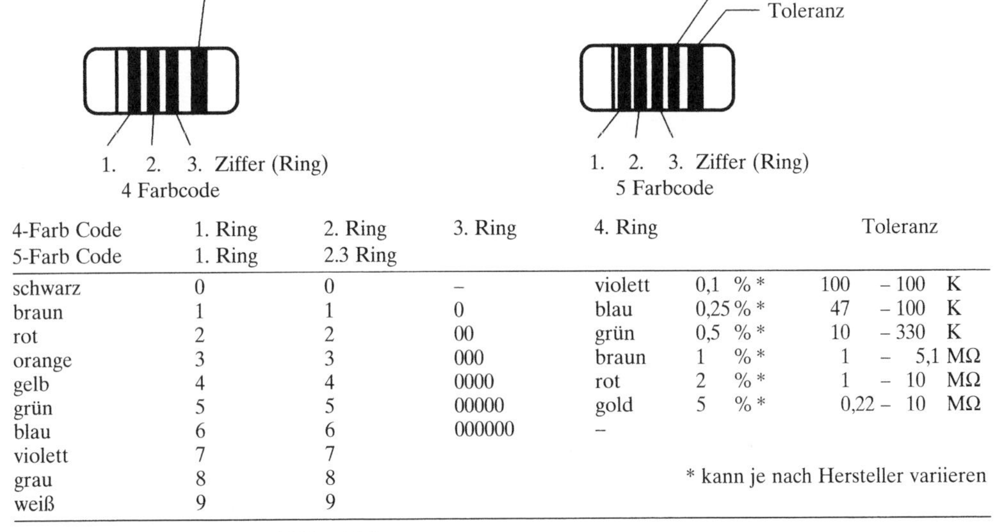

4-Farb Code 5-Farb Code	1. Ring 1. Ring	2. Ring 2.3 Ring	3. Ring	4. Ring		Toleranz
schwarz	0	0	–	violett	0,1 % *	100 – 100 K
braun	1	1	0	blau	0,25 % *	47 – 100 K
rot	2	2	00	grün	0,5 % *	10 – 330 K
orange	3	3	000	braun	1 % *	1 – 5,1 MΩ
gelb	4	4	0000	rot	2 % *	1 – 10 MΩ
grün	5	5	00000	gold	5 % *	0,22 – 10 MΩ
blau	6	6	000000	–		
violett	7	7				
grau	8	8			* kann je nach Hersteller variieren	
weiß	9	9				

Beispiel: orange-orange-rot = 3300 = 3,3 k

Beispiel: gelb, violett-, schwarz-, orange-, braun = 470 000 = 470 k ± 1%
oder rot-, violett-, gelb-, rot-, braun = 27 400 = 27,4 k ± 1%

Übung 6.2-1

Nennen Sie Werkstoffgruppen für Schichtwiderstände und das Prinzip der Schichtabscheidung!

Übung 6.2-2

Begründen Sie, weshalb die Cr-Ni-Metallschichtwiderstände bevorzugt durch Sputtern und nicht durch Bedampfen hergestellt werden!

Übung 6.2-3

Begründen Sie die zunehmende Anwendung von Chipwiderständen und erläutern Sie den prinzipiellen Aufbau!

Übung 6.2-4

Ein Chipwiderstand trägt den Aufdruck: 1001. Ermitteln Sie den Widerstandswert und geben Sie den Toleranzbereich an!

Übung 6.2-5

Ein MELF-Widerstand trägt den Farbcode: rot, orange, grün, gelb, gold. Ermitteln Sie den Widerstandswert und geben Sie den Toleranzbereich an!

Zusammenfassung: Schichtwiderstände

- Schichten für Dünnschichtwiderstände bestehen bevorzugt aus Ni-Cr-Legierungen.
- Aufdampfschichten sind inhomogen; durch Sputtern lassen sich homogene Schichten abscheiden.
- Kohleschichtwiderstände bestehen aus
  - reinem Kohlenstoff,
  - Kohlenstoff mit Borzusatz oder
  - Kolloidkohle.
- Für Dickschichtwiderstände finden Metalloxide, wie RuO_2, $Pb_2Ru_2O_6$ und vor allem $Bi_2Ru_2O_7$ Anwendung.
- Schichtwiderstände haben eine spezielle Kennzeichnung.

Selbstkontrolle zu Kapitel 6

1. Neben Kompaktwiderständen gibt es eine Vielzahl an Schichtwiderständen. Sie zeichnen sich aus durch:
   A einfachere Herstellung
   B sehr kleine Abmessungen
   C thermisch höhere Belastbarkeit
   D geringere Alterungsbeständigkeit
   E einen breiten Widerstandsbereich

2. Die obere Grenze für Pt-PtRh-Thermoelemente in °C ist:
   A 700
   B 900
   C 1100
   D 1300
   E 1500

3. Unter dem Begriff SEEBECK-Effekt versteht man:
   A die Ausbildung einer elektrischen Spannung durch mechanische Spannung
   B den sprunghaften Anstieg der Leitfähigkeit bei geringer Temperatur
   C die Abnahme von TK_ϱ bei Legierungsbildung
   D das Auftreten einer elektrischen Spannung an der Kontaktstelle zweier Metalle in Abhängigkeit von der Temperatur
   E die Ausbildung einer elektrischen Spannung an der Kontaktstelle zweier Metalle aufgrund ihrer Standardpotenziale.

4. Von Präzisions- und Messwiderständen wird gefordert:
   A ein hoher spezifischer elektrischer Widerstand
   B eine geringe Thermospannung
   C ein kleiner TK_ϱ und hohe Alterungsbeständigkeit
   D eine Spannungsabhängigkeit des Widerstandes
   E eine sprunghafte Änderung des Widerstandes in kleinen Temperaturbereichen

5. Für Heizleiter kommen als Basismetalle zum Einsatz:
   A Cr
   B Al
   C Fe
   D Ni
   E Mn

6. Als Widerstandswerkstoff kommen Cermets zur Anwendung. Darunter versteht man:
   A Systeme mit SiC als Basiswerkstoff
   B Mischungen von BaO mit TiO_2
   C Mischungen von Metallpulver mit Glasfritte
   D Legierungen auf Cr-Basis
   E Kombinationen aus Metalloxiden und Metallen.

7. Wie kann man einen genauen Widerstandswert für einen Schichtwiderstand bei gegebenem Werkstoff und Verfahren einstellen. Durch:
   A Abgleich mittels Strukturierung
   B Alterung
   C Wärmebehandlung
   D Verkappung
   E Herstellung eines Widerstandsnetzwerkes

8. Ein Widerstand trägt eine „Fünf-Ring-Codierung". Das bedeutet:
   A geringste Toleranzbreite des Widerstandes
   B Präzisionswiderstand
   C Heizelement
   D Kennzeichnung nach DIN IEC 62
   E Massewiderstand

9. Wismutruthenat wird bevorzugt eingesetzt zur Herstellung von:
   A Thermoelementen
   B Widerstandsthermometern
   C Dickschichtwiderständen
   D MELF-Widerständen
   E Varistoren

10. Wie groß ist der „Meterwiderstand" eines Drahtes aus einer Au-Ag-Legierung, wenn der Durchmesser 1 mm und $\varrho = 0{,}31 \cdot 10^{-4}\ \Omega\text{cm}$ beträgt?
    A $3{,}9 \cdot 10^2\ \Omega/\text{m}$
    B $0{,}25\ \Omega/\text{m}$
    C $3{,}95\ \Omega/\text{m}$
    D $3{,}95\ \text{m}/\Omega$
    E $2 \cdot 10^{-3}\ \Omega$

7 Kontaktwerkstoffe

7.0 Überblick

Durch Berührung zweier Strom leitender Teile entsteht der elektrische Kontakt. Gleichzeitig beschreibt der Begriff Kontakt auch das Bauelement. Elektrische Kontakte haben die Aufgabe Stromkreise zu schließen, die Stromleitung für kürzere oder längere Zeit zu übernehmen und den Stromkreis, je nach Anwendung, wieder zu öffnen.

Eine Systematik für die Vielzahl der Kontaktarten und Bauelemente ergibt sich aus der Betrachtung der Wechselbeziehungen zwischen den technischen Anforderungen an den elektrischen Kontakt sowie den daraus resultierenden Anforderungen an die Werkstoffe.

Kaum ein anderes elektrisches Bauelement ist derart vielen unterschiedlichen Beanspruchungen ausgesetzt wie ein Kontakt. Es werden Werkstoffeigenschaften komplex beansprucht.

Als Einteilung der Kontakte erscheint die nach den folgenden fünf Gesichtspunkten ausgewählte am zweckmäßigsten:

1. Kontaktgabe

Nach Art der Kontaktgabe unterscheidet man **bewegliche Kontakte,** wie *Druck-, Abhebe- bzw. Unterbrecherkontakte* (z.B. Relais) und *Schleifkontakte* sowie **ruhende Kontakte**, wie *Steck- und Klemmverbindungen, Wickel- und Pressverbindungen.*

2. Lösbarkeit

Nach dem Grad der Lösbarkeit teilt man ein in **lösbare Kontakte,** wie *Steck- und Klemmverbindungen,* **bedingt lösbare Kontakte**, wie *Lot- und Wickelverbindungen* sowie **unlösbare Kontakte**, wie *Press- und Bondverbindungen.*

Aus der Art der Kontaktgabe und der Lösbarkeit ergibt sich die Einteilung in bewegte bzw. feste Kontakte.

3. Elektrische Belastung

Nach ihrer elektrischen Belastung ergeben sich Kontakte für **leistungslose** und **niedrige Belastung**, wie in der Informations- und Nachrichtentechnik sowie Mess- und Regelungstechnik und mittlere und hohe Belastung, wie in der Installationstechnik und Starkstrom- und Energieübertragungstechnik.

4. Werkstoffe

Nach Art des Werkstoffes kommen zum Einsatz **Kontakte auf metallischer Basis**, wie *schmelzmetallurgisch* hergestellte und *pulvermetallurgisch* hergestellte Werkstoffe und Werkstoffe auf „**Kohlebasis**".

5. Ausführungsformen

Nach Ausführungsformen, wie **Kompakt- und Schichtkontakte**, wie *Lamellen-, Bürsten- und Federkontakte* sowie *innere und äußere Kontakte.*

7.1 Der bewegte Kontakt

Kompetenzen

Die Vielfalt der Art der Belastung und der Kontaktgabe führt zu mehreren Möglichkeiten der Systematisierung der Kontakte. Aus der jeweiligen Art der Beanspruchung ergeben sich zahlreiche Anforderungen an die Eigenschaften der auszuwählenden Werkstoffe. Am bewegten Kontakt tritt, werkstoffabhängig, die Ausbildung von Fremdschichten auf mit dem Ergebnis der Widerstandserhöhung. Außerdem verursacht die Rauigkeit der Kontaktoberfläche den Engewiderstand. Beide summieren sich zum Kontaktübergangswiderstand. Darüber hinaus, bedingt durch Öffnen und Schließen unter mechanischer und elektrischer Last, kann es zur Materialwanderung kommen.

An einen idealen Schaltkontakt sind folgende Forderungen zu stellen:

- Ströme in beliebiger Stärke in kürzester Zeit zu schließen,
- widerstandsloses Verbinden,
- schlagartiges Unterbrechen des Stromes beim Öffnen und
- beliebig oft wiederholbares Schalten.

Es sind besonders zwei Erscheinungen, die den idealen Kontakt nicht ermöglichen, die Wirkung eines *Kontaktübergangswiderstandes* R_K und das Auftreten von *Materialwanderung.*

7.1.1 Physikalische und chemische Vorgänge am Kontakt

Am idealen Kontakt geht der Widerstand im geschlossenen Zustand gegen Null, im geöffneten gegen Unendlich. Am realen Kontakt tritt zusätzlich zum elektrischen Widerstand des Werkstoffes der sogenannte *Engewiderstand* R_E auf. Die Entstehung des Engewiderstandes soll am Bild 7.1-1 modellhaft dargestellt werden.

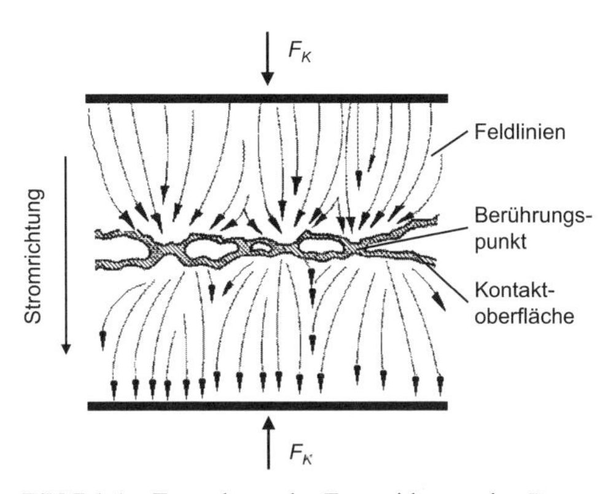

Bild 7.1-1 Entstehung des Engewiderstandes R_E

Trennt man einen kompakten elektrischen Leiter in zwei Teile und drückt anschließend die beiden „Kontaktstücke" mit einer Kraft F_K, der *Kontaktkraft,* zusammen, steht für den Elektronenfluss der Ausgangsquerschnitt nicht mehr zur Verfügung; wird A kleiner, muss R zunehmen (siehe Gleichung). Die für den Stromfluss zur Verfügung stehende wahre Berührungsfläche zwischen den Kontakthälften hängt von drei wesentlichen Faktoren ab:

- Rauigkeit der Kontaktoberflächen,
- Kontaktkraft und
- mechanische Eigenschaften der eingesetzten Kontaktwerkstoffe.

Beim Schließen des Kontaktes mit der Kraft F_K kommt es zur elastischen Deformation. Damit ist der E-Modul für die sich bildende Berührungsfläche die entscheidende Werkstoffkenngröße. Bei gleicher Kontaktkraft F_K bedeutet ein hoher Wert für E geringere elastische Verformung und damit einen größeren Engewiderstand R_E und umgekehrt. Wird die Fließgrenze des Werkstoffes überschritten, kommt es zur plastischen Deformation, wodurch sich zwar die effektive Berührungsfläche vergrößert, aber die Kontaktstückgeometrie dauerhaft verändert, insbesondere der Kontaktabstand. Der Kontaktkraft sind damit Grenzen gesetzt. Die

Fließgrenze korrespondiert mit der mechanischen Eigenschaft Härte, die deshalb die Eignung eines Werkstoffes für Kontakte mit bestimmt.

Durch Bildung von Fremdstoffschichten auf der Kontaktoberfläche entsteht zusätzlich zum Engewiderstand R_E der *Fremdschichtwiderstand* R_F. Der Fremdschichtwiderstand wird bestimmt durch den spezifischen elektrischen Widerstand der Schicht, dem Hautwiderstand ϱ_H und der Schichtdicke d der Fremdschicht auf dem Kontakt. Fremdschichten entstehen durch Adsorption und/oder chemische Reaktion.

$$R = \frac{\varrho \cdot l}{A}$$

$$R_K = R_E + R_F$$

$$R_F \sim \varrho_H \cdot d$$

Staubpartikel, Gasmoleküle (N_2, O_2) und H_2O-Moleküle können sich adsorptiv auf der Kontaktoberfläche anlagern. Die thermische und elektrische Belastung beim Schaltvorgang kann diese Adsorptionsschichten in Reaktionsschichten umwandeln.

$$Ag \xrightarrow{\text{Einwirkung. v. } H_2S} Ag_2S$$

$$Cu \xrightarrow{\text{Einwirkung. v. } O_2} Cu_2O$$

In Abhängigkeit von der chemischen Stabilität des Kontaktwerkstoffes bilden sich, unabhängig vom Schaltvorgang, durch chemische Reaktionen mit der Umgebung Oxide, Sulfide u.a. Diese Reaktionen verlaufen je nach Kontaktbeanspruchung bei erhöhten Temperaturen beschleunigt.

Der Kontaktübergangswiderstand bewirkt eine zusätzliche Erwärmung an der Kontaktstelle. Bei einer punktförmigen Kontaktstelle (siehe Bild 7.1-1) führt das nach Kohlrausch und Holm, auch bei sehr kleinen Spannungen, zu Temperaturen von ca. 3000 °C. Damit wird die Schmelztemperatur vieler Kontaktmetalle erreicht bzw. überschritten. Die Oberfläche des Kontaktes verändert sich mit der Zunahme an Schaltvorgängen chemisch und geometrisch; es entstehen Krater und Spitzen, die Funktion des Kontaktes geht verloren.

Elektrische Entladungen beim Schaltvorgang führen zu Werkstoffabbrand, Werkstoffwanderung und zum Verschweißen der Kontaktstücke.

Das Abbrandverhalten ist besonders zur Charakterisierung der in der Starkstromtechnik eingesetzten Kontaktwerkstoffe wichtig (hohe Ströme und Spannungen, große Schaltleistungen). Unter diesen Bedingungen sind auch Verschweißerscheinungen der Kontakte möglich. Kontaktabbrand tritt auf bei Ausbildung eines stabilen Plasmas im Kontaktspalt und führt zum Materialverlust beider Kontakthälften.

Das Material verdampft und verteilt sich in der Umgebung. Der beim Öffnen auftretende Abbrand wird als Ausschaltabbrand bezeichnet, der beim Schließen als Einschaltabbrand.

Am belasteten Kontakt kann es aber auch zur Wanderung von Material von einem Kontaktstück auf das andere kommen. Bei der Grobwanderung findet vorzugsweise eine Werkstoffübertragung von der Katode zur Anode statt; bei der Feinwanderung in umgekehrter Richtung (siehe Bild 7.1-2). Ursache für die Grobwanderung sind wiederum Lichtbögen. Aus dem Plasma des Bogens werden positive Ionen zur Katode beschleunigt, aus der sie Material herausschlagen, das sich auf der Anode ablagert. Für die Auswahl geeigneter Werkstoffe sind deshalb die Schaltleistungen zu ermitteln, bei deren Überschreitung es zur Zündung von Lichtbögen kommt. Für einige Kontaktwerkstoffe gibt Tabelle 7.1-1 Minimalwerte für Strom und Spannung ohne Lichtbogenbildung an. Bild 7.1-3 enthält Lichtbogengrenzkurven für verschiedene Kontaktwerkstoffe.

Der Materialtransport verläuft bei der Feinwanderung von der Anode zur Katode, ohne Auftreten des Lichtbogens (siehe Bild 7.1-2). Der Begriff resultiert aus der minimalen pro Schaltung gewanderten Stoffmenge von etwa 10^{-13} bis 10^{-11} g, das bedeutet 10 mg bis 1 mg bei 10^8 Schaltungen. Erklären lässt sich diese Erscheinung mit der „Theorie der kurzen Bögen“: Erreicht der Abstand der Kontakthälften die Größenordnung der mittleren freien Weglänge der Leitungselektronen, können Elektronen aus der Katode austreten und ohne Energieverlust auf die Anodenoberfläche auftreffen. Dabei schlagen sie einzelne Atome aus dem Gitterverband heraus, die auf der Katodenoberfläche kondensieren. So lässt sich erklären, das sich z.B. der hoch schmelzende Kontaktwerkstoff Wolfram auf dem viel niedriger schmelzenden Kontaktpartner Silber abscheidet.

Die Ausführungen zu den physikalischen und chemischen Vorgängen am bewegten Kontakt haben gezeigt, dass die Anforderungen an den Werkstoff äußerst vielfältig und teilweise entgegengesetzt sind. Für die Auswahl eines je nach Anwendungsfall geeigneten Kontaktwerkstoffes sind u.a. nachfolgende Gesichtspunkte zu beachten:

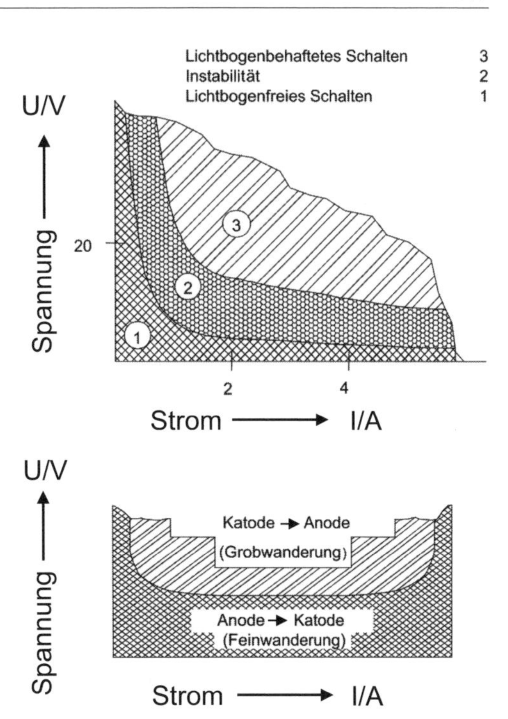

Bild 7.1-2 Prinzip der Grob- und Feinwanderung bei Schaltkontakten

Tabelle 7.1-1 Minimalwerte für Strom und Spannung ohne Lichtbogenbildung

Werkstoff	U/V	I/A
Ag	12	0,4
Au	15	0,3
Pd	15–16	0,8
Pt	17	1,0
U	12–13	0,4
Ni	14	0,5
W	15–16	1,0
C	20	0,015

- hohe elektrische Leitfähigkeit,
- hoher Schmelz- und Siedepunkt,
- hohe chemische Stabilität,
- entsprechende mechanische Eigenschaften.

Diese Komplexität von Eigenschaften eines Kontaktwerkstoffes lässt keinen universellen Werkstoff zu. So verhalten sich zum Beispiel die spezifische elektrische Leitfähigkeit und der Siedepunkt von Kontaktmetallen entgegengesetzt, wie aus Tabelle 7.1-2 zu entnehmen ist.

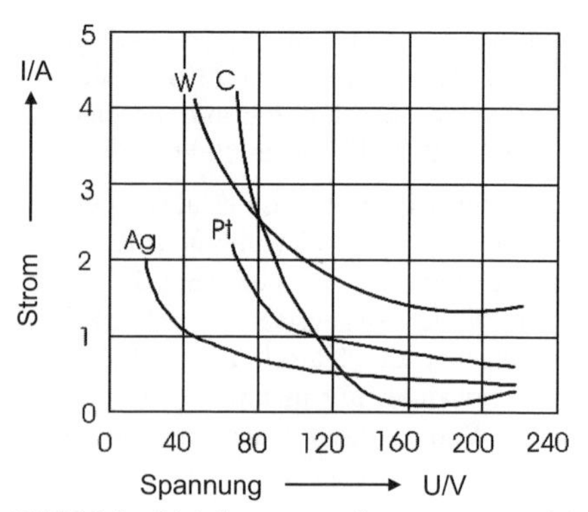

Bild 7.1-3 Lichtbogengrenzkurven ausgewählter Kontaktwerkstoffe
(*Lesen der Kurven:* Punkte, deren Koordinaten (*U, I*) oberhalb der Kurve für den jeweiligen Werkstoff liegen, führen zum Lichtbogen, unterhalb ist lichtbogenfreies Schalten möglich)

Tabelle 7.1-2 Kontaktwerkstoffe, geordnet nach spezifischer elektrischer Leitfähigkeit und Siedepunkt (Sdp.)

	κ		Sdp.
	Ag		Ag
	Cu		Cu
	Au		Au
	Mo		Pd
	W		Pt
	Pd		Mo
	Pt		W

7.1.2 Werkstoffe für bewegte Kontakte

Ausgehend von der Beanspruchung des Werkstoffes als Kontakt teilt man ein in:

- Werkstoffe für Kontakte mit niedrigen Schaltleistungen,
- Werkstoffe für Kontakte mit mittleren Schaltleistungen und
- Werkstoffe für Kontakte mit hohen Schaltleistungen.

Niedrige Schaltleistungen fordern im besonderen Maße einen geringen Kontaktübergangswiderstand. Das wird durch den Einsatz von Edelmetallen und ihren Legierungen erreicht (siehe Tabelle 7.1-3). Solche Kontakte sind von ihren geometrischen Abmessungen klein und lassen nur geringe Kontaktlasten zu. Das Aufbrechen einer Fremdschicht beim Schalten erfolgt deshalb nicht. Die Selbstreinigung, wie sie bei hohen Leistungen durch Lichtbögen möglich ist, entfällt.

Tabelle 7.1-3 Werkstoffe für Kontakte mit niedrigen Schaltleistungen

Werkstoff	Eigenschaften Vor- und Nachteile	Anwendungsform	Einsatzbeispiel
Gold	V: chem. sehr beständig, hohes κ, N: geringe Härte, geringe Abriebfestigkeit	meist galvanisch vergoldete Kontakte (ca. 0,5 µm)	Kontaktstifte, Steckverbinder U bis 60 V
Silber	V: höchstes κ, billigstes Edelmetall N: Ag_2S-Bildung, geringe Verschleißfestigkeit	meist galvanische Überzüge	Schalter
Silber-Palladium-Legierung	V: geringe Schwefelempfindlichkeit, härter und verschleißfester als Silber N: katalytische Wirkung, Preis	massive Kontakte	Abhebekontakte, Präzisionspotentiometer, Relais
Gold-Silber-Legierung (ca. 20% Ag)	V: härter als Au, preisgünstiger als Au, abriebfester	massive Kontakte	für den gesamten Schwachstromsektor, µA bis 1A

Für Kontakte bei mittleren Schaltleistungen werden neben Edelmetalllegierungen auch unedlere Werkstoffe eingesetzt, da Fremdschichten durch höhere Kontaktlasten und elektrische Bögen zerstört werden. Tabelle 7.1-4 enthält eine Werkstoffauswahl.

Tabelle 7.1-4 Werkstoffe für Kontakte mit mittleren Schaltleistungen

Werkstoff	Eigenschaften Vor- und Nachteile	Anwendungsform	Einsatzbeispiel
Silber-Nickel-Legierung ca. 0,15 % Ni	V: härter als Ag N: geringere Leitfähigkeit als Ag	massive Kontakte	thermisch beanspruchte Kontakte in Haushaltgeräten, Heimelektronik u. ä.
Silber-Cadmium-Legierung ca. 15 % Cd	V: geringe Schweißneigung N: Wärme- und elektrische Leitfähigkeit geringer als bei Ag	massive Kontakte	Schaltschütze
Silber-Kupfer-Legierung	V: geringe Schweißneigung, N: Bildung von Deckschichten, höhere Kontaktkräfte	massive Kontakte	Relaiskontakte, Haushaltgeräte
Silber-Graphitverbund	V: extrem hohe Schweißfestigkeit, gute Gleiteigenschaften	massive Kontakte	Schleifringe, Bürsten, Schaltkontakte

An Kontakte für hohe Schaltleistungen besteht vor allem die Forderung nach hoher Abbrandfestigkeit und geringer Neigung zur Grobwanderung. Deshalb findet man hier bevorzugt Sinterwerkstoffe aus einer Komponente mit hohem Schmelz- und Siedepunkt, aber oft geringer Leitfähigkeit, und einer Komponente, die eine hinreichende Leitfähigkeit sichert. In Tabelle 7.1-5 sind ausgewählte Werkstoffbeispiele enthalten.

Beim Schalten hoher Leistungen darf kein stabiler Lichtbogen entstehen. Neben einer entsprechenden Werkstoffauswahl wird das Löschen der Schaltlichtbögen unterstützt durch:

- Ausblasen durch Pressluft oder Löschgase,
- „Ausblasen“ durch ein Magnetfeld,
- Schalten unter Öl,
- Schutzgaskontakt unter Schwefelhexafluorid (SF_6)

Tabelle 7.1-5 Werkstoffe für Kontakte mit hohen Schaltleistungen

Werkstoff	Eigenschaften Vor- und Nachteile	Anwendungsform	Einsatzbeispiel
Silber-Nickel-pseudolegierung (10–40 % Ni)	V: hohe Abbrandfestigkeit, geringe Schweißneigung, geringe Stoffwanderung	Sinterkontaktstücke	Gleichstromschaltgeräte mit hoher Schalthäufigkeit und hohen Stromstärken
Wolfram-Silber-pseudolegierung (10–70 % Ag)	V: hohe Abbrandfestigkeit, geringe Schweißneigung, N: Oxidation des Ag	Sinterkontaktstücke	Leistungsschalter als Abreißkontakt, Regler für Kranschalter
Wolfram-Kupfer-pseudolegierung (20–40 % Cu)	V: hohe Abbrandfestigkeit, N: Oxidbildung im Lichtbogen	Sinterkontaktstücke	Abbrandkontakt für Hochspannungsschaltgeräte, Trafolastschalter
Silber-Cadmium-dispersions-werkstoff (6–12 % CdO)	V: oxidationsbeständig, hohe Abbrandfestigkeit, N: empfindlich gegen Schwefelverbindungen	Kontaktstücke Niet- und Auflötschaltstücke	mittlere bis hohe Schaltleistungen in der Starkstromtechnik
Wolfram	V: höchste Abbrandfestigkeit N: geringe Leitfähigkeit, Bildung oxidischer Deckschichten	Sinterkontaktstücke	Hochleistungsschalter für schnelle Schaltfolgen

Übung 7.1-1

Welche Kontaktarten hinsichtlich ihrer elektrischen Belastung finden Sie in der Informations- und Nachrichtentechnik, in der Installationstechnik und der Energieübertragungstechnik?

Übung 7.1-2

Nach welchen Gesichtspunkten lassen sich Kontakte klassifizieren?

Übung 7.1-3

Erläutern Sie die Ausführungsformen von Kontakten am konkreten Beispiel!

Übung 7.1-4

Wodurch entsteht am bewegten Kontakt der Engewiderstand, wie kann er minimiert werden?

Übung 7.1-5

Wie entsteht am bewegten Kontakt der Fremdschichtwiderstand, wodurch lässt er sich minimieren?

Übung 7.1-6

Aus welchen Teilwiderständen setzt sich der Gesamtwiderstand der im Bild dargestellten Anordnung zusammen, wenn an der angegebenen Stelle gemessen wird? Stellen Sie die Verhältnisse in einem Ersatzschaltbild dar!

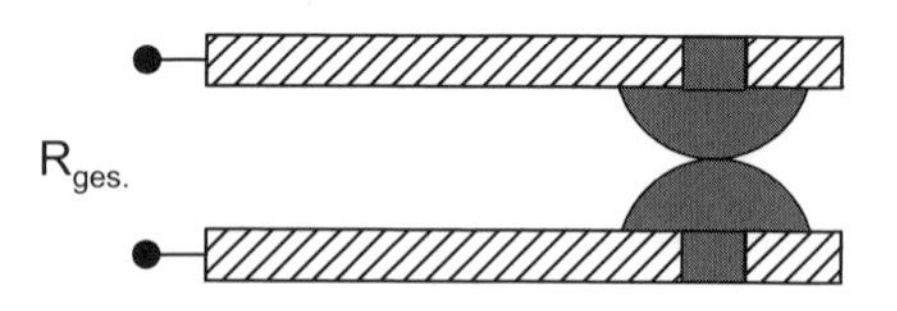

Übung 7.1-7

Silberkontaktstücke sind wenig abbrandfest. Welche Legierung auf Silberbasis wäre geeignet?

Übung 7.1-8

Welche Vor- und Nachteile besitzt Silber als Kontaktwerkstoff? Welche Möglichkeiten zur Kompensation der Nachteile kennen Sie?

Übung 7.1-9

Wolfram-Kupfer-Kontakte werden pulvermetallurgisch gefertigt.
Begründen Sie, weshalb diese Legierung nicht schmelzmetallurgisch hergestellt werden kann und nennen Sie Einsatzgebiete! Bestimmen Sie die spezifische elektrische Leitfähigkeit aus 60 % W und 40 % Cu! ($\varkappa$ für Cu $60 \cdot 10^6\ \text{S} \cdot \text{m}^{-1}$, $\varkappa$ für W $18 \cdot 10^6\ \text{S} \cdot \text{m}^{-1}$)

Übung 7.1-10

Kontakte sollen in folgenden Fällen vergoldet werden:

1. In Stromkreisen mit geringsten Leistungen.
2. Bei geringen Kontaktlasten.
3. In Atmosphäre mit hohen Schadgasanteilen.
4. Bei ruhenden und selten betätigten Kontakten.

Die einzelnen Fälle sind zu begründen!

Übung 7.1-11

Geben Sie Möglichkeiten an, um die Ausbildung eines stabilen Lichtbogens zu verhindern!

Übung 7.1-12

Ein Kontaktpaar besteht aus einem Ag- und einem W-Kontaktstück. Auf dem Ag-Kontaktstück wird nach einer hohen Schaltzahl die Abscheidung von Wolfram nachgewiesen. Wie kommt es dazu?

Übung 7.1-13

In der Tabelle sind die Messwerte aus folgendem Versuch angegeben:

Kontaktstücke gleicher Geometrie aus einer Ag-Cu-Legierung und einer Ag-Pd-Legierung werden unterschiedlichen Zeiten einer H_2S-Atmosphäre ausgesetzt. Die Messung des Kontaktübergangswiderstandes R_K erfolgt mit gleicher Kontaktkraft gegen eine Goldplatte.

Stellen Sie diese Messergebnisse grafisch dar und diskutieren Sie den Verlauf der Kurven.

Ag-Cu		Ag-Pd	
R_K/mΩ	t/h	R_K/mΩ	t/h
2	0	6	0
100	1	6	1
82	6	8	6
110	17	5	17
115	48	5	48
120	73	15	73

Zusammenfassung: Der bewegte Kontakt

- Ein idealer Schaltkontakt lässt sich praktisch nicht realisieren, da es zur Ausbildung des Kontaktübergangswiderstandes kommt und eine Materialwanderung stattfinden kann.
- Der Kontaktübergangswiderstand ist die Summe aus Engewiderstand und Fremdschichtwiderstand. Daraus resultieren die Forderungen nach hoher chemischer Stabilität und genügender mechanischer Festigkeit.
- Der Fremdschichtwiderstand ist bedingt durch die Ausbildung von isolierenden Schichten an der Kontaktoberfläche.
- Der Engewiderstand entsteht an den punktförmigen Berührungsstellen des Kontaktpaares.
- An den Berührungsstellen führen die sich ergebenden hohen Stromdichten zu starker thermischer Belastung. Daraus ergibt sich die Forderung nach hoher thermischer Belastbarkeit.
- Am bewegten Kontakt kann es bei Überschreiten der Grenzwerte für U und I zur Lichtbogenbildung (Grobwanderung) kommen.
- Feinwanderung kann immer auftreten.

7.2 Der feste Kontakt

Kompetenzen

Methoden zur Herstellung von festen Kontakten beruhen auf Verfahren der Fügetechnik, wie sie in DIN 8580:2003-09 klassifiziert sind. Unmittelbar damit stehen spezielle Anforderungen an mechanische, thermische und chemische Eigenschaften der Kontaktpaare. Es zeigen sich wesentliche Unterschiede zwischen festem und bewegtem Kontakt.

Hervorheben lassen sich mechanische Verfahren, Schweiß- und Löttechniken und das Kleben. Die Eignung des auszuwählenden Kontaktierverfahrens hängt neben Werkstoffeigenschaften insbesondere auch von Abmessung und Geometrie der Kontaktstelle, der Handhabbarkeit des Verfahrens und Automatisierbarkeit ab.

Im Vordergrund seitens des Werkstoffes für feste Kontakte stehen Festkörperreaktionen in den Grenzbereichen der Kontaktzone, wie Diffusion, Legierungsbildung und Adhäsion.

Im Gegensatz zum bewegten Kontakt müssen aufgrund der spezifischen Funktion andere Anforderungen an den Werkstoff gestellt werden. An den idealen Festkontakt sind folgende Forderungen zu stellen:

- Minimierung des elektrischen Widerstandes der Kontaktstelle,
- hohe Festigkeit bei einachsiger bzw. mehrachsiger und wechselnder Krafteinwirkung,
- zeitliche Konstanz der elektrischen, mechanischen und chemischen Eigenschaften der Kontaktstelle (hohe Alterungsbeständigkeit).

Diesen Forderungen entgegen wirken im realen Belastungsfall im Gefüge ausgelöste Diffusionsvorgänge, z. B. durch Wärme, verbunden mit der Änderung der Leitfähigkeit und der Entstehung mechanischer Spannungen. Chemischer Angriff auf den Festkontakt führt zum Ausfall, da keine Kontaktkraft die entstandene Schadstelle wieder schließt. Eine mechanische Belastung kann das Lösen der Kontaktstelle bewirken.

Die Funktionssicherheit des Festkontaktes ist wesentlich abhängig vom Verfahren seiner Herstellung. Typische Verfahren sind:

1. **An- und Einpressen**
   Schrauben, Klemmen, Verpressen, Crimpen
2. **Umformen**
   Wickeln, Quetschen, Nieten
3. **Stecken**
   Steckverbindungen
4. **Schweißen**
   Thermokompressionsschweißen (Bonden)

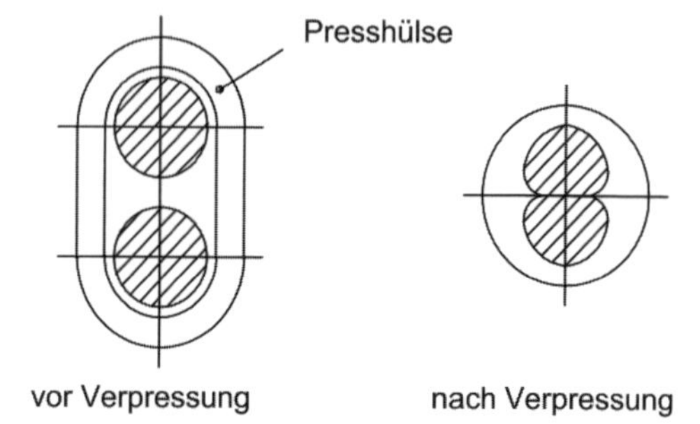

Bild 7.2-1 Schematische Darstellung des Verpressens

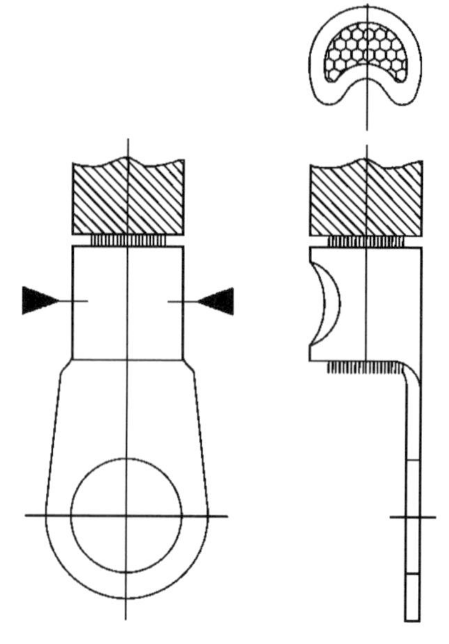

Bild 7.2-2 Kabelschuh als Crimpverbindung

5. Löten
Weich- und Hartlöten

6. Kleben

Die Verfahren 1 und 3 sichern die Kontaktgabe durch eine plastische oder nur elastische Verformung von einem oder mehreren Verbindungselementen (kraft- und formschlüssige Verbindung), sowohl während des Fügens als auch nach dem Fügevorgang. Bei den Verfahren 4 bis 6 erfolgt die Kontaktierung durch eine stoffschlüssige Verbindung.

Bei *Schraub-Klemmverbindungen* erfolgt die Kontaktierung der Leiter mittelbar oder unmittelbar durch besondere Anschlusselemente. Wird Aluminium als Leiterwerkstoff eingesetzt, ist das Kriechverhalten unter Einwirkung der Klemmkraft zu berücksichtigen. *Verpressen* ist das Fügen zweier Leiterenden mithilfe einer Presshülse, die beide Stränge umschließt und nach dem Verformen in einem Presswerkzeug eine kraft- und formschlüssige Verbindung herstellt, siehe Bild 7.2-1. *Quetschen* ist das Kontaktieren eines Leiterendes mit einem Endstück (Kabelschuh, Crimphülse usw.), das den Leiter umschließt und durch Verformen kraft- und formschlüssig mit diesem verbunden wird (Prinzip siehe Bild 7.2-2), Ausführungsform dieser Endstücke zeigt Bild 7.2-3. Unter dem *Wickeln* versteht man ein Verfahren zur Herstellung einer kraftschlüssigen Verbindung zwischen dem Leiter und einer Armatur. Der Leiter wird in mehreren Windungen unter Zugspannung um die Armatur gewickelt und dabei plastisch verformt. Das Prinzip ist im Bild 7.2-4 dargestellt.

Durch Stecken entstehen Festkontakte, die aber bei Bedarf sofort lösbar sind. Die Kontaktelemente sind vorgefertigte Leiterenden, die mit einer Armatur oder untereinander verbunden werden. Während der Kontaktgabe der Verbindungselemente erfolgt durch ihre Federwirkung die Sicherung der Verbindung. Ausführungsformen von Steckverbindungen sind im Bild 7.2-5 dargestellt. Die DIN EN 60352-2 fasst „Lötfreie Verbindungen“ zusammen.

Das *Schweißen* als Kontaktierverfahren soll in diesem Zusammenhang auf die Herstellung des festen Kontaktes zwischen den Bondinseln eines Halbleiterbauelementes und dem Bonddraht begrenzt werden (siehe dazu auch Abschn. 5.3,

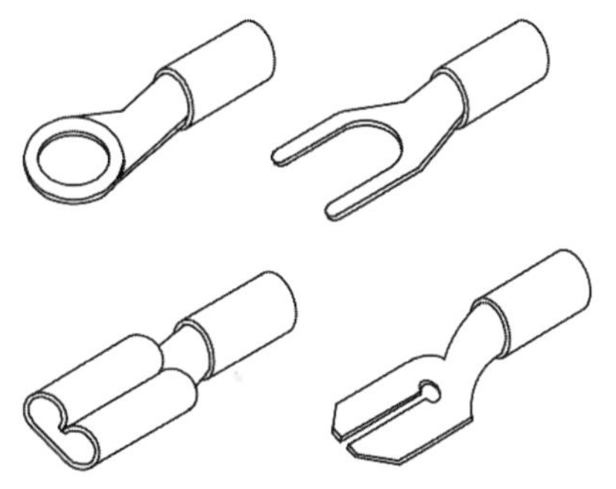

Bild 7.2-3 Beispiele für Ausführungsformen von Crimpkontakten

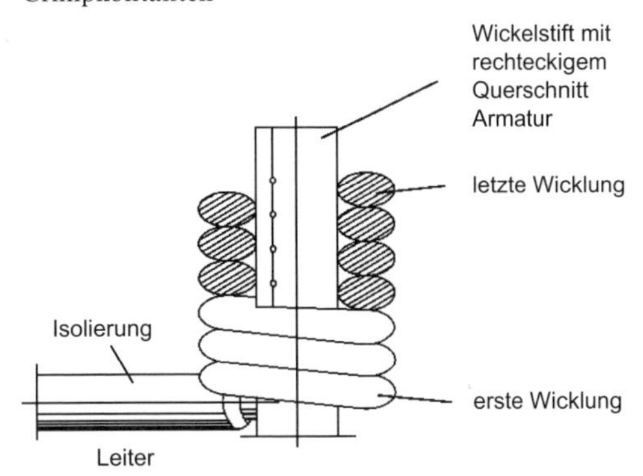

Bild 7.2-4 Wickelverbindung

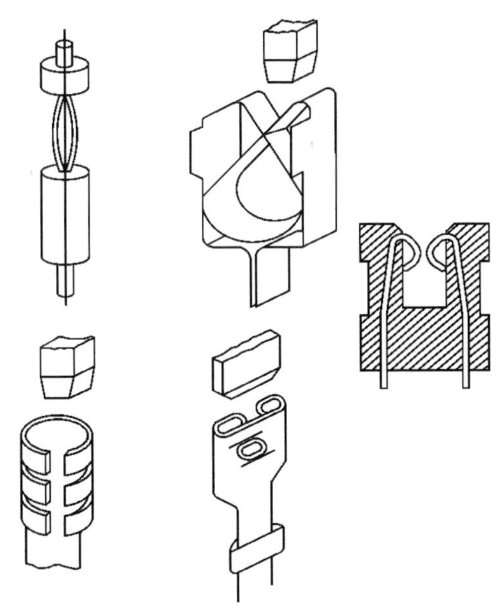

Bild 7.2-5 Ausführungsformen von Steckverbindungen

Bild 5.3-2). Heute werden drei Verfahren angewandt:

- das Nail-Head- oder Ball-Bondverfahren oder Thermokompressionsbonden,
- das Wedge- oder Keilbondverfahren oder Ultrasonicbonden und
- das Thermosonicbonden.

Alle drei Verfahren beinhalten folgende Schritte:

1. Das aus dem Werkzeug herausragende Ende des Bonddrahtes wird mit einer bestimmten Anpresskraft auf die Bondinsel (Pad) gedrückt.
2. Bedingt durch Anpressdruck, evtl. Ultraschall und evtl. Erwärmung tritt eine Verschweißung von Draht und Pad ein (einige Millisekunden).
3. Bewegung des Bondwerkzeuges mit dem Draht zum zweiten Pad und Bonden (wie 1 + 2).
4. Bondwerkzeug hebt ab und bewegt sich zum nächsten Pad, wobei es zur Trennung des Drahtes durch Abreißen kommt.

Als Material für den Bonddraht setzt man beim Nail-Head-Verfahren Golddrähte im Durchmesserbereich 15–50 µm und einer Reinheit von 99,999 % ein. Durch eine Kondensatorentladung wird das Ende des Golddrahtes zu einer Kugel verschmolzen und auf die Bondinsel gedrückt, dabei verschweißt die Kugel mit der Goldschicht der Bondinsel. Dort wird der Draht mit hoher Geschwindigkeit aufgedrückt, so dass lokale Erwärmungen zur Diffusion und damit zur Ausbildung von Haftzentren führen. Danach verläuft der Prozess, wie in den Schritten 3 und 4 beschrieben. Das Prinzip und ein Ausführungsbeispiel zeigen die Bilder 7.2-6 und 7.2-7.

Beim Wedge-Bonding verwendet man bevorzugt Aluminium-Bonddraht im Durchmesserbereich 18–100 µm mit einem Si-Gehalt von 1 %. Für die Dickdrahttechnik stehen Drähte mit >100 µm zur Verfügung. Ähnlich wie beim Nail-Head-Bonding, jedoch hier durch einen Keil, erfolgt das Anquetschen der Drahtenden nacheinander auf beiden Kontaktflächen, die hier Al-Schichten sind (siehe Bilder 7.2-8 und 7.2-9).

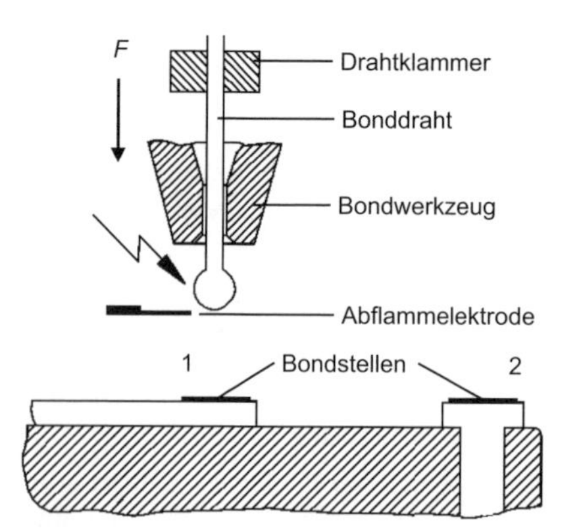

Bild 7.2-6 Prinzip des Nail-Head-Bonding vor (Schritt 2)

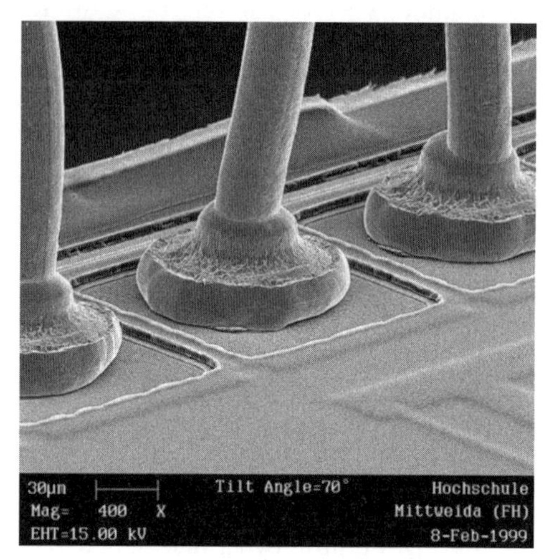

Bild 7.2-7 Nail-Head-Bondstellen in einer CPU (REM)

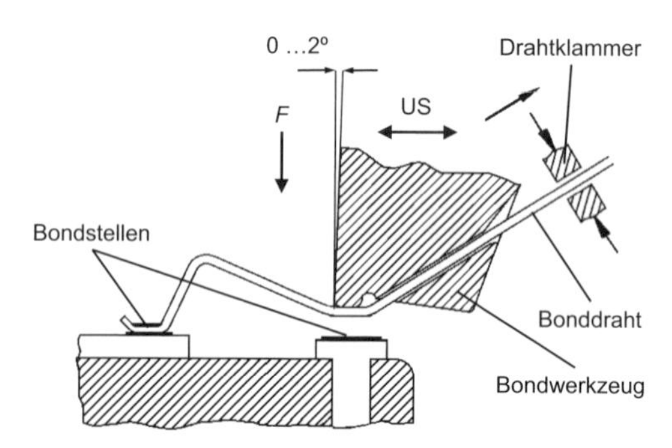

Bild 7.2-8 Prinzip des Wedge-Bonding (Schritt 3)

Welches der beiden Verfahren Anwendung findet, hängt hauptsächlich von der geforderten Zuverlässigkeit und wirtschaftlichen Gesichtspunkten ab.

Löten ist ein Verfahren zum Verbinden metallischer Werkstoffe mithilfe eines geschmolzenen Zusatzmetalls (Lotwerkstoff), dessen Schmelzpunkt unterhalb des Schmelzpunktes vom Grundwerkstoff liegt. Die Festigkeit der Lötverbindung wird bestimmt durch das Ausmaß der Diffusion, es kommt zur Wanderung von Bausteinen des Grundwerkstoffes in das Lot und umgekehrt, wie das schematisch im Bild 7.2-10 dargestellt ist.

Von entscheidender Bedeutung für die Ausbildung der Legierungszonen ist das *Benetzen* der zu verbindenden Metalle durch das Lot. Äußerlich zeigt sich das durch das Breitfließen des geschmolzenen Lotes auf der Metalloberfläche. Das ist nur möglich, wenn die Wechselwirkungskräfte zwischen flüssigem Lot und Metalloberfläche größer sind als die Bindungskräfte im Lot. Die quantitative Beschreibung dieser Verhältnisse erfolgt durch die Oberflächenspannung. Ist die Oberflächenspannung der Lotschmelze größer als die Adhäsion zwischen Lot und Metalloberfläche, zieht sich das Lot zum Tropfen zusammen (vgl. Wassertropfen auf Fett); also keine Benetzung. Die notwendige Benetzung des Metalls durch das Lot besitzt nur die reine Metalloberfläche.

Durch Zugabe von Flussmitteln im Lötprozess werden solche, die Benetzung vermindernden Faktoren, wie Schmutz- und Fettreste und vor allem Oxidschichten beseitigt. Den schematischen Ablauf eines Lötvorganges mit dem Lötkolben zeigt Bild 7.2-11. Als Flussmittel kommen bevorzugt organische Säuren (z. B. Kolophonium, Salicylsäure, Adipinsäure) und thermisch wenig stabile anorganische Salze, wie NH_4Cl, das sich in HCl und NH_3 zersetzt, zur Anwendung. Der Nachteil der Anwendung von Flussmittel im Lötprozess besteht in der Bildung korrosiv wirkender Rückstände, die deshalb zu beseitigen sind.

Der Lötvorgang lässt sich nach verschiedenen Gesichtspunkten systematisieren, wie:

- nach der Art der Lötstelle (Auftragslöten, Spaltlöten)

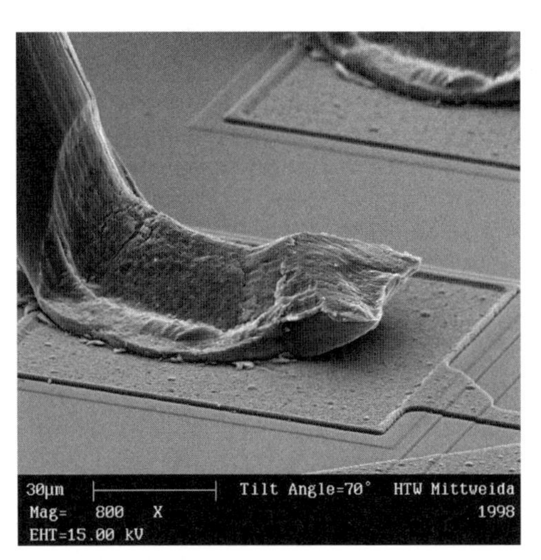

Bild 7.2-9 Wedge-Bondstellen in einem Schaltkreis (REM)

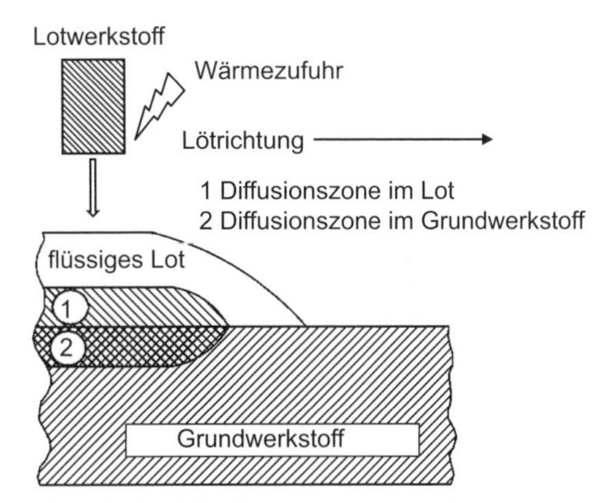

Bild 7.2-10 Diffusionszonen zwischen Lot- und Grundwerkstoff

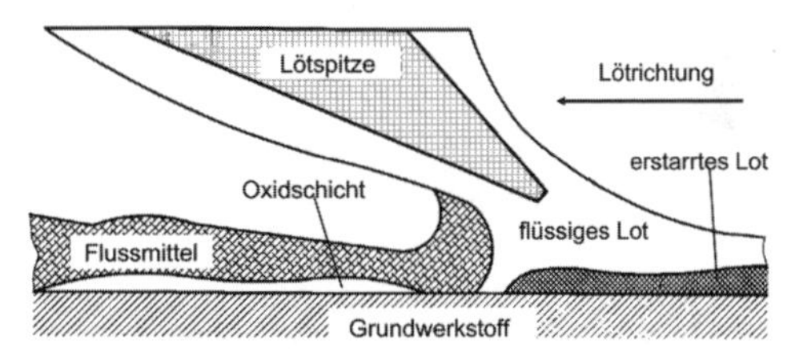

Bild 7.2-11 Schematischer Ablauf eines Lötvorganges

- nach der Art der Lotzufuhr (mit angesetztem Lot, mit eingelegtem Lot, mit Lotdepot, mit vorbeloteten Teilen, Tauchlöten)
- nach der Art der Oxidbeseitigung (Löten unter reduzierendem oder inertem Schutzgas)
- nach der Art der Fertigung (Handlöten, automatisches Löten).

Eine Einteilung der Lotwerkstoffe erfolgt nach der Arbeitstemperatur und der mechanischen Festigkeit des Lotes selbst.

Weichlote (DIN 1707-100 (2011-09-00)) sind in der Hauptsache durch ihre niedrige Arbeitstemperatur unterhalb von 450 °C und ihre geringe Festigkeit gekennzeichnet. Ihre Hauptanwendung finden sie in der Elektroindustrie.

Hartlote zeichnen sich demgemäß durch Arbeitstemperaturen oberhalb 450 °C und höhere Festigkeiten aus.

Weichlote bestanden bisher vorwiegend aus den Elementen Blei und Zinn mit einer eutektischen Temperatur von 183 °C mit der Zusammensetzung des Eutektikums von 61,9 % Sn, Rest Pb. Die Zusammensetzung der Legierung bestimmt das Schmelz- bzw. Erstarrungsintervall.

Infolge der Richtlinie 2002/95/EG (RoHS-directive, Restriction of Hazardous Substances) ist der Einsatz bleihaltiger Lote in elektrischen Geräten seit 1. Juli 2006 verboten. Die Substitution der bisher verwandten PbSn-Legierungen konzentriert sich auf die Auswahl der in Tabelle 7.2-1 angegebenen eutektischen Legierungen. Als preisgünstige Alternative zu diesen teuren patentierten Zinnlegierungen mit Kupfer und Nickel werden Zinnlegierungen mit Kupfer und Silber eingesetzt, z. B. Sn95.5Ag3.8Cu0.7 (Schmelztemperatur etwa 220 °C).

Außerhalb Europas ersetzt man das Blei gerne durch Bismut. Bei Privatanwendungen und für bestimmte (s. o.) Einsatzgebiete sowie für Bleiakkumulatoren dürfen jedoch weiterhin bleihaltige Lote verwendet werden.

Legierungen für Hartlote basieren auf Silber mit Kupfer-, Cadium- und Zink- und Kupfer mit Zink- und Zinnzusätzen. Die Arbeitstemperaturen liegen im Bereich 600 bis 1000 °C.

Eine leitende Verbindung durch Kleben ist im Vergleich der Verbindungsbildung durch Schweißen oder Löten durch eine geringere thermische und mechanische Stabilität gekennzeichnet. Leitkleber enthalten eine elektrisch leitende Wirkkomponente, wie Silber, Kupfer u. a. in einem vernetzbaren Polymeren. Als Polymere dienen in erster Linie Epoxidharze, aber auch Polyimide und Silikone. Allgemein problematisch bei Klebeverbindungen ist ihre Alterung. Infolge der Verwendung dieser polaren Polymeren und der damit verbundenen Aufnahme von Luftfeuchtigkeit kommt es zur Abnahme der mechanischen Festigkeit sowie der Verschlechterung der thermischen und elektrischen Leitfähigkeit. Sie dienen heute der leitenden Befestigung von Chip-Bauelementen und IC's mit geringeren Anforderungen.

Tabelle 7.2-1 Bleifreie Weichlote (Auswahl)

Legierung	**Schmelzbereich/°C**	**Bemerkungen**
SnSb5	232–240	für Installationstechnik eingesetzt; gute Schubfestigkeit
SnCu2.0Sb0.8Ag0.2	219–235	
Sn	232	
SnCu0.7	227	für das Wellenlöten
SnAg2.5Cu0.8Sb0.5	217–225	
SnAg4.0Cu0.5	217–224 *	
SnAg3.9Cu0.6	217–223 *	
SnAg3.5	221	
SnAg2.5Bi1.0Cu0.5	214–221	
SnAg3.0Cu0.5	217–220 *	
SnAg3.8Cu0.7	217–218 *	
SnAg3.5Cu0.7	217–218 *	häufig verwendet
SnAg2.0Bi3.0Cu0.75	207–218	
SnAg3.5Cu0.9	217 *	eutektische Zusammensetzung
SnIn4.0Ag3.5Bi0.5	210–215	
SnAg3.4Bi4.8	201–215	
SnBi7.5Ag2.0	191–216	
SnIn8.0Ag3.5Bi0.5	197–208	
SnZn9	199	zeigt atmosphärische Korrosion und Oxidation
SnZn8Bi3	191–198	neigt zu atmosphärischer Korrosion und Oxidation
SnIn20Ag2.8	175–187	
SnBi57Ag1	137–139	
SnBi58	138	eutektische Zusammensetzung
SnIn52	118	eutektische Zusammensetzung

* **Hinweis:** Die Solidustemperatur von 217 °C dieser SnAgCu-Legierungen entspricht der Schmelz- bzw. Erstarrungstemperatur des Eutektikums. Abweichende Zusammensetzungen davon führen zu den angegebenen Schmelzbereichen. Die indiumhaltigen Lote zeichnen sich durch den hohen Preis aus.

Zahlenangaben nach: www.peromatic.ch/d/bleifreie_legierungen.htm, aufgerufen 01.11.2012

Übung 7.2-1

Erklären Sie die Begriffe stoffschlüssiger und kraftschlüssiger Kontakt! Nennen Sie Beispiele!

Übung 7.2-2

Worin unterscheiden sich das Nail-Head-Bonding und das Wedge-Bonding?

Übung 7.2-3

Was bedeutet die Angabe SnZn9? Bei welcher Temperatur und mit welcher Zusammensetzung erstarrt das Eutektikum?

Übung 7.2-4

Nennen Sie die notwendigen technologischen Maßnahmen zur Erzielung einer funktionsfähigen Lötstelle und begründen Sie diese!

Übung 7.2-5

In einer Fertigung folgen zwei Prozessstufen aufeinander, in denen Lötverbindungen herzustellen sind. In der zweiten Prozessstufe wird das eutektische Lot SnBi58 eingesetzt. Wählen Sie für die erste Prozessstufe ein geeignetes Lot aus (Legierungszusammensetzung, minimale Arbeitstemperatur!)

Übung 7.2-6

Welche Probleme ergeben sich aus der Substitution der bleihaltigen Weichlote bei der Kontaktierung elektronischer Bauelemente?

Übung 7.2-7

Eine 1 µm dicke Silberkontaktbahn wird mit einem Weichlot kontaktiert. Bei Überprüfung der Haftfestigkeit wird festgestellt, dass die Silberschicht fehlt. Erklären Sie diese Erscheinung! Wie kann man sie vermeiden?

Zusammenfassung: Festkontakt

- Anforderungen an den Festkontakt sind geringer elektrischer Widerstand, hohe Festigkeit bei wechselnder Krafteinwirkung und Alterungsbeständigkeit.
- Die Kontaktgabe resultiert aus der elastischen bzw. plastischen Deformation der Kontaktmetalle oder einer stoffschlüssigen Verbindung.
- Beim Bonden entstehen stoffschlüssige Verbindungen durch Wärmeeinwirkung und Ultraschall bzw. durch Kombination beider.
- Weichlote sind Legierungen mit einem niedrigschmelzenden Eutektikum. Bleifreie Lote enthalten bevorzugt Zinn-Silber und Zinn-Kupfer mit Zusatzmetallen.
- Man unterscheidet zwischen Weich- und Hartloten.
- Die Haftung zwischen Lot- und Grundwerkstoff ist an die Benetzung der Metalloberfläche durch das geschmolzene Lot und damit der Diffusion der atomaren Bausteine gebunden.
- Für thermisch gering belastbare Kontaktstellen finden Leitkleber Verwendung. Sie enthalten eine elektrischleitende metallische Wirkkomponente in einem thermoplastischen oder duromeren organischen Polymeren.

Selbstkontrolle zu Kapitel 7

1. Für Gleichspannungskontakte mittlerer Schaltleistungen eignen sich sehr gut:
   A AgCu-Legierungen
   B Ag
   C CuAl-Legierungen
   D WCu-Sinterkontakte
   E WAg-Sinterkontakte

2. Für Schleifkontakte eignet sich am besten:
   A Pb
   B Al
   C Graphit
   D W
   E Ag

3. Der Kontaktübergangswiderstand wird vermindert durch:
   A Ausbildung von Passivierungsschichten
   B hohe Kontaktkraft
   C Aufrauung der Kontaktoberfläche
   D Verwendung von Kontaktfett
   E Schalten unter Vakuum

4. Ursache für das Auftreten der Grobwanderung ist:
   A der Materialtransport von der Anode zur Katode
   B das Auftreten von Lichtbögen
   C das Überschreiten der Lichtbogengrenzstromkurven
   D die Verwendung unedler Kontaktwerkstoffe
   E Metalle mit hohem Schmelzpunkt

5. Die Haftfestigkeit einer Lötverbindung wird erreicht durch:
   A kraftschlüssige Verbindung zwischen Lot und Grundwerkstoff
   B möglichst hohe Löttemperatur
   C Ausbildung von Legierungszonen
   D niedrig schmelzende Lote
   E Lotwerkstoffe hoher Festigkeit

6. Weichlote für die Elektrotechnik werden eingesetzt, weil:
   A die Legierungsmetalle billige Werkstoffe sind
   B die Legierungsmetalle eine lückenlose Mischkristallreihe bilden
   C die saubere Kontaktfläche benetzt wird
   D sie Legierungssysteme mit Eutektikum bilden
   E die Legierungen korrosionsfest sind

7. Die Verbindungstechnik „Bonden“ dient der Kontaktierung von:
   A Chipwiderständen auf Leiterplatten
   B Leistungsbauelementen
   C Steckverbindungen
   D mikroelektronischen Chips
   E bedrahteten Bauelementen

8. Ursache der Feinwanderung ist:
   A das Auftreten von Lichtbögen
   B das Aufschmelzen von punktförmigen Stellen auf der Kontaktoberfläche
   C Diffusionsvorgänge zwischen Anode und Katode am geschlossenen Kontakt
   D Abbrand der Katode
   E Auftreten von kurzen Bögen

9. Eine leitende Verbindung durch Kleben ist vorteilhaft, wenn:
   A der Kontakt lösbar sein soll
   B eine hohe Leitfähigkeit verlangt wird
   C wenn der Grundwerkstoff thermisch nicht belastbar ist
   D hohe Alterungsbeständigkeit verlangt wird
   E strukturierte Kontaktflächen benötigt werden

10. Eine unzureichende Benetzung einer Kupferschicht durch geschmolzenes Lot tritt auf, weil:
   A im Lotwerkstoff andere Bindungsverhältnisse vorliegen als im Kupfer
   B das Flussmittel als organische Substanz die Bindung zwischen den beiden Metallen verhindert
   C Oxidschichten und Reste von Schmutz die Oberfläche verunreinigen
   D unwirksames Flussmittel eingesetzt wurde
   E Kupfer edler als das Lot ist

8 Halbleiterwerkstoffe

8.0 Überblick

Kein Gebiet der angewandten Forschung hat sich, abgesehen von der Gentechnik, in den letzten Jahrzehnten so stürmisch entwickelt wie die Elektronik, insbesondere bedingt durch neu beobachtete elektrophysikalische Effekte an Kristallen. Von besonderer Bedeutung war die Entdeckung der Möglichkeit, damit Stromsignale zu verstärken oder Wechselströme gleichzurichten, ohne die aufwendige, energieintensive und großvolumige Röhrentechnik verwenden zu müssen.

Im Jahre 1948 wurde in den USA der erste brauchbare Transistor auf der Basis von Germanium entwickelt. Obgleich man sofort die große zivile und militärische Bedeutung dieser Erfindung erkannte, blockierte man sie nicht durch Geheimpatente, sondern veröffentlichte die Ergebnisse. Ausgelöst durch diese Grundlagenuntersuchungen entwickelte sich in der Elektrotechnik das Gebiet der Elektronik.

Der technische Durchbruch zur Massenproduktion elektronischer Bauteile setzte 1956 ein, als durch die Erfindung des Zonenschmelzens Silizium- und Germaniumkristalle sich in bisher nicht erzieltem Reinheitsgrad herstellen ließen. Jetzt konnten durch kleine, leistungsstarke Bauelemente, wie Dioden, Ströme gleichgerichtet, mit Transistoren und Thyristoren Ströme verstärkt und geschaltet, ganze Komplexe von Einzelfunktionen auf einem monolithischen Einkristall, dem Chip, in integrierten Schaltungen zusammengefasst werden. Das war eine der Voraussetzungen für die gegenwärtig angewendeten Geräte der Kommunikations- und Rechentechnik. Die dafür eingesetzten Werkstoffe sind zunehmend auch organische Makromoleküle.

In diesem Kapitel lernen Sie die wichtigsten Halbleiterwerkstoffe, die physikalischen Vorgänge, die sich in ihnen abspielen sowie sich daraus ergebende genutzte Effekte kennen. Halbleiterwerkstoffe sind u.a. Basis für die Photovoltaik. Einen Überblick über wesentliche technologische Schritte zur Herstellung von Halbleitern, insbesondere des hochreinen und einkristallinen Siliziums werden in Kapitel 13 behandelt.

Bild 8.0-1 REM-Aufnahme der Oberfläche eines IC-Chips

8.1 Werkstoffe für Sperrschicht gesteuerte Halbleiterbauelemente

Kompetenzen

Charakteristische Merkmale eines Halbleiterwerkstoffes sind der Bindungszustand, das gleichzeitige Vorhandensein von Elektronen und Defektelektronen und die typische Abhängigkeit der Leitfähigkeit von der Temperatur. Im Halbleiter entstehen die Ladungsträger, im Gegensatz zu den Metallen, erst durch die Zufuhr von Anregungsenergie. Durch Dotierung mit bestimmten Elementen entsteht die n- und p-Halbleitung. Das Bändermodell ermöglicht das Verstehen der n- und p-Halbleitung, ausgehend vom Modell der Eigenhalbleitung. Die Kenntnis des Einflusses der Temperatur auf die elektrische Leitfähigkeit dotierter Halbleiter bildet die Voraussetzung der Eigenschaften elektronischer Bauelemente. Die Vorgänge am belasteten und unbelasteten p-n-Übergang bestimmen die Eigenschaften der Halbleiterbauelemente. Die Entstehung von Raumladungen ist als Ursache für die Durchlass- bzw. Sperrwirkung von Dioden und Transistoren zu erkennen.

Aufbau und Wirkungsweise einer Lumineszenzdiode stehen in engem Zusammenhang mit der Zusammensetzung von $A^{III}B^{V}$-Verbindungen als Grundwerkstoff für LEDs und der Wellenlänge des jeweils emittierten Lichtes.

Halbleiterwerkstoffe sind Festkörper, die im reinen Zustand in der Nähe des absoluten Nullpunktes der Temperatur isolieren, jedoch bei Zimmertemperatur eine Leitfähigkeit von mehr als 10^{-10} S · cm^{-1} besitzen, die Bildung von Ladungsträgern muss also erst angeregt werden.

Daraus ergeben sich die für einen Halbleiterwerkstoff charakteristischen Eigenschaften:

- Der Bindungszustand ist vorherrschend kovalent und die Breite der verbotenen Zone zwischen Valenz- und Leitungsband beträgt < 3 eV, Elektronen oder Ionen als bewegliche Ladungsträger sind also nicht vorhanden.
- Die Bildung beweglicher Ladungsträger erfolgt durch Dotierung, Temperaturerhöhung und Bestrahlung. Die Leitfähigkeit ist stark von Gitterstörungen abhängig und nimmt in bestimmten Bereichen mit der Temperatur zu (TK_{ϱ} = negativ).
- In Halbleitern, in denen der Leitungsvorgang durch bewegliche Elektronen verursacht wird (elektronische Halbleiter), sind auch immer gleichzeitig Defektelektronen beteiligt (siehe Kapitel 3).
- Charakteristisch für Halbleiterwerkstoffe ist ihr spezifischer elektrischer Widerstand von 10^{-4} bis 10^{10} Ω cm.

Es gibt sowohl halbleitende Elemente *(Elementhalbleiter)* als auch halbleitende Verbindungen *(Verbindungshalbleiter)*, vgl. Tabelle 8.1-1. Die Atome der Elementhalbleiter der 4. Haupt-

Tabelle 8.1-1 Ausgewählte Element- und Verbindungshalbleiter

Element-halbleiter	Verbindungshalbleiter A^{IV} B^{IV}	A^{III} B^{V}	A^{II} B^{VI}	Organische HL
Si	SiC	GaAs	ZnS	Phtalocyanin
Ge	GeSi	GaP	CdS	dotiertes Polyacetylen
Se		InSb	PbS	Anthracen
		GaAsP	ZnTe	Pentacen
			Cu_2O	Poly(p-Phenylenvinylen) PPV
			ZnO	Poly(3-Alkylthiophen) P3AT
			TiO_2*	
			ZrO_2*	
			FeO	

* Eine Zuordnung zur Gruppe $A^{II}B^{VI}$ ist auch dann richtig, wenn die Wertigkeiten verdoppelt werden. Beispiel: Ti 4wertig = 2 × 2 und sechste HGr. = 2 × 6

gruppe besitzen 4 Valenzelektronen, die unter Ausbildung von Elektronenpaaren sich mit je 4 Nachbaratomen kovalent binden. Es entsteht also immer eine „Achterschale“.

Dieses **formale** Prinzip lässt sich verwenden, um die Bildung von Verbindungshalbleitern durch Kombination von Elementen der dritten und fünften Hauptgruppen (z. B. GaAs Galliumarsenid) zu verstehen, oder durch Kombination von Elementen der zweiten und sechsten Hauptgruppe (MgS Magnesiumsulfid). Eine Erweiterung dieses formalen Prinzips besteht in der Anwendung auf die Kombination von Nebengruppenelementen mit Elementen der fünften und sechsten Hauptgruppen (Tabelle 8.1-2).

Tabelle 8.1-2 Stellung der Halbleiterwerkstoffe im PSE

Gruppe / Periode	I H Gr.	I N Gr.	II H Gr.	II N Gr.	III H Gr.	III N Gr.	IV H Gr.	IV N Gr.	V H Gr.	V N Gr.	VI H Gr.	VI N Gr.
2			Be		B		C		N		O	
3			Mg		Al		Si		P		S	
4		Cu	Ca	Zn	Ga		Ge	Ti	As		Se	
5		Ag	Sr	Cd	In		Sn	Zr	Sb		Te	
6		Au	Ba	Hg	Tl		Pb	Hf	Bi		Po	

Die reinen Elementhalbleiter Germanium und Silizium sind Eigenhalbleiter (siehe 4.2.3). Ihre Leitfähigkeit bei Raumtemperatur ist sehr gering, sie beträgt für Silizium $\varkappa = 2 \cdot 10^{-7}\ \mathrm{S \cdot m^{-1}}$ und für Germanium $\varkappa = 6{,}5 \cdot 10^{-3}\ \mathrm{S \cdot m^{-1}}$. Um eine für die praktische Anwendung genügende Leitfähigkeit zu erreichen, erfolgt eine Dotierung mit dem Ergebnis, dass n- oder p-Leitung entsteht (Tabelle 8.1-3). Durch das Dotieren erfolgt eine Störung des Bindungszustandes und in geringem Maße der Struktur des Gitters. Der dadurch erzielte Effekt der Erhöhung der Leitfähigkeit heißt darum auch Störstellenhalbleitung.

Tabelle 8.1-3 Band- und Niveauabstände in wichtigen Halbleitern

		Material	Dotierung	Bandabstand W_i/eV	Donatorabstand W_n/eV	Akzeptorabstand W_p/eV
Element-HL	i-Leitung	Si	–	1,1	–	–
		Ge	–	0,68	–	–
	n-Leitung	Si	P	1,1	0,044	–
		Si	As	1,1	0,049	–
		Si	Sb	1,1	0,039	–
	p-Leitung	Si	B	1,1	–	0,045
		Si	Al	1,1	–	0,057
		Si	Ga	1,1	–	0,067
Verbindungs-HL	$A^{III}B^{V}$	GaAs	–	1,4	–	–
		GaSb	–	0,67	–	–
		InSb	–	0,18	–	–
	$A^{II}B^{VI}$	CdSe	–	1,7	–	–
		CdS	–	2,4	–	–

8.1.1 Leitungsmechanismen, die n- und p-Leitung

Die gezielte Fremdstoffzugabe zum Eigenhalbleiter und der Einbau in das Gitter wird als Dotieren bezeichnet. Der zugesetzte Fremdstoff heißt Dotierungselement. Im Vergleich zu den Defektelektronen haben *n-Halbleiter* einen Überschuss an Elektronen (*n* für *n*egative Ladung). Sie werden deshalb als Überschusshalbleiter bezeichnet. Die Dotierungselemente besitzen mehr Valenzelektronen als die Atome des Grundstoffs. Für das in der Halbleitertechnik wichtigste Element Silizium bedeutet das: n-Silizium entsteht durch Dotieren von reinstem Silizium mit Elementen der fünften Hauptgruppe, wie Phosphor (P), Arsen (As) und Antimon (Sb).

Mithilfe des Gittermodells lässt sich die Entstehung der n-Leitung folgendermaßen erklären: Im Siliziumgitter ist jedes Siliziumatom mit vier benachbarten Siliziumatomen durch Ausbildung von vier Atombindungen (vier Elektronenpaare) verbunden; es gibt kein „überschüssiges" Elektron. Substituiert man ein Siliziumatom z. B. durch ein Phosphoratom, dann bleibt das fünfte Valenzelektron des Phosphors „überschüssig", es wird für die Ausbildung einer Bindung nicht benötigt und ist damit ein bewegliches Elektron (siehe Bild 8.1-1). Man bezeichnet diejenigen Dotierungsatome, die bei Anregung Leitungselektronen abgeben, als

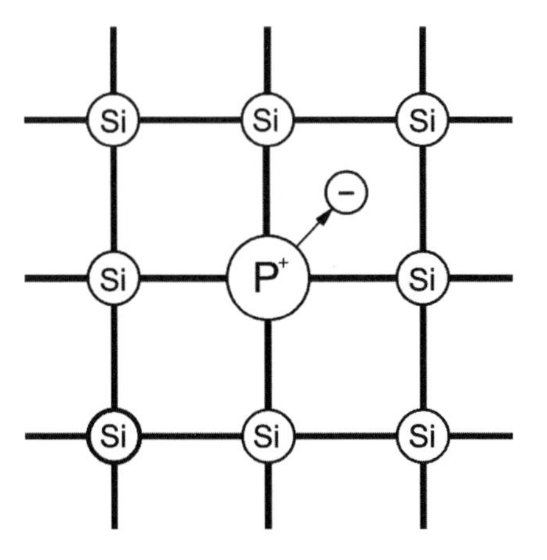

Bild 8.1-1 Erläuterung der n-Halbleitung am Gittermodell

Donatoratome bzw. Donatoren (von lateinisch = donare, geben, schenken).

P	**+**	**ΔW_P**	**=**	**$P^+ + e^-$**
Phosphoratom		Anregungsenergie für Phosphor		Phosphorion Leitungselektron

ne^- = Anzahl der Leitungselektronen
ne^+ = Anzahl der Defektelektronen

Der Mangel der Darstellung der Halbleitung am Gittermodell besteht darin, dass damit die Beteiligung von Defektelektronen am Leitungsmechanismus im Halbleiter und die Entstehung einer Raumladung im Halbleiterwerkstoff nicht erklärt werden können. Diesen Mangel behebt die Anwendung des Bändermodells (siehe Abschnitt 3.2). Das Donatoratom baut in die verbotene Zone des Siliziums dicht unterhalb des Leitungsbandes ein mit einem Elektron besetztes Energieniveau (Donatorniveau D_N) ein. Um die Elektronen vom Donatorniveau in das Leitungsband des Siliziums zu heben und damit Leitungselektronen zu erzeugen, sind nur kleine Energiebeträge erforderlich (vgl. Tabelle 8.1-3); das Donatorniveau liegt also in der verbotenen Zone. Durch den Verlust eines Elektrons wird das Donatoratom zum positiven Ion, man kann auch sagen, es erfolgt eine Ionisierung der Donatoratome. Die ionisierten Donatoratome bilden die positive Raumladung. Durch den Übergang des Elektrons aus dem Donatorniveau in das Leitungsband entsteht kein Defektelektron. Donatorniveaus sind voneinander getrennte Einzelniveaus; sie überlappen nicht zu einem Band. Nur in einem Band können sich Ladungsträger unter Feldeinwirkung im festen Körper gerichtet bewegen. Bei Raumtemperatur liegen die Donatoratome praktisch bereits ionisiert vor, das bedeutet, das Silizium hat bei Raumtemperatur Leitungselektronen zusätzlich zu den bei dieser Temperatur in sehr geringer Anzahl entstehenden Elektronen aus der i-Leitung. Für die Ladungsträgerkonzentration im n-Halbleiter gilt demzufolge:

$ne^- > ne^+$

Die Defektelektronen stammen aus dem geringen Anteil Eigenhalbleitung bei Raumtemperatur. Vereinfacht entspricht die Konzentration der Leitungselektronen der Anzahl der Donatoratome bei Raumtemperatur. Im n-Halbleiter sind die Leitungselektronen die Majoritätsladungsträger, die Defektelektronen die Minoritätsladungsträger. Zusammengefasst sind die Betrachtungen zum Bändermodell im Bild 8.1-2. In einem Kubikzentimeter n-Si befinden sich ca. 10^{17} Donatoratome. Die *p-Halbleitung* entsteht durch Dotieren von reinstem Silizium mit Elementen der dritten Hauptgruppe, wie Bor (B), Aluminium (Al), Gallium (Ga) und Indium (In). Mithilfe des Gittermodells lässt sich in Analogie zur n-Leitung die p-Leitung folgendermaßen erklären:

Wird ein Siliziumatom z. B. durch ein B-Atom substituiert, dann fehlt für die Ausbildung von vier gemeinsamen Elektronenpaaren ein Elektron, es entsteht eine Elektronenlücke (siehe Bild 8.1-3). Sie kann bei Anregung durch benachbarte Elektronen besetzt werden, damit entsteht die Elektronenlücke an anderer Stelle neu. Die *Dotierungsatome*, die bei Energiezufuhr Elektronenlücken oder Löcher erzeugen, bezeichnet man als Akzeptoratome bzw. Akzeptoren (von lat.: accipere = annehmen).

B +	ΔW_B	**=**	$B^- + e^+$
Boratom	Anregungsenergie für Bor		Borion Defektelektron

Wendet man zur Erklärung der p-Halbleitung wiederum das Bändermodell an, so ergibt sich:

Das Akzeptoratom baut in die verbotene Zone des Siliziums dicht oberhalb des Valenzbandes ein nichtbesetztes, aber erlaubtes Energieniveau (Akzeptorniveau A) ein. Bei energetischer Anregung gehen Elektronen des Valenzbandes über in das Akzeptorniveau und hinterlassen im Valenzband eine Elektronenlücke (Loch, Löcherleitung). Dadurch können sich die Elektronen im Valenzband gerichtet im elektrischen Feld bewegen. Durch die Aufnahme eines Elektrons wird das Akzeptoratom zum negativen Ion. Die ionisierten Akzeptoratome bilden eine negative Raumladung, die nicht mit Leitungselektronen gleichgesetzt werden dürfen. Wie beim n-Typ sind bereits bei Raumtemperatur die Akzeptoratome ionisiert, das bedeutet, das Silizium hat bei Raumtemperatur Defektelektronen, zusätzlich zu denen bei dieser Temperatur aus der i-Leitung in geringem Maße vorhanden. Für die Ladungsträgerkonzentration im p-Halbleiter gilt demzufolge:

$ne^+ > ne^-$

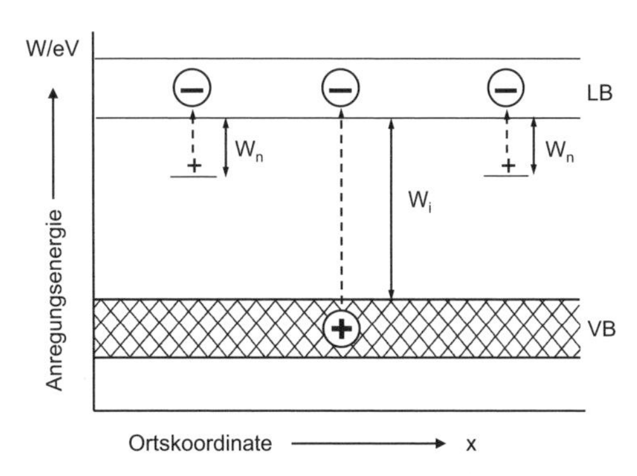

Bild 8.1-2 Bändermodell des n-Halbleiters

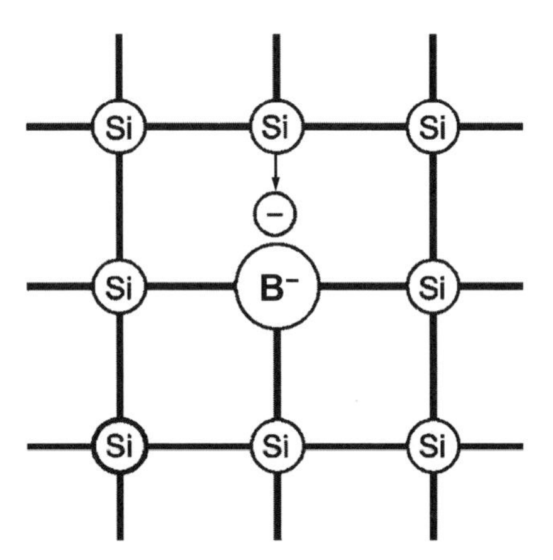

Bild 8.1-3 Gittermodell des p-Halbleiters

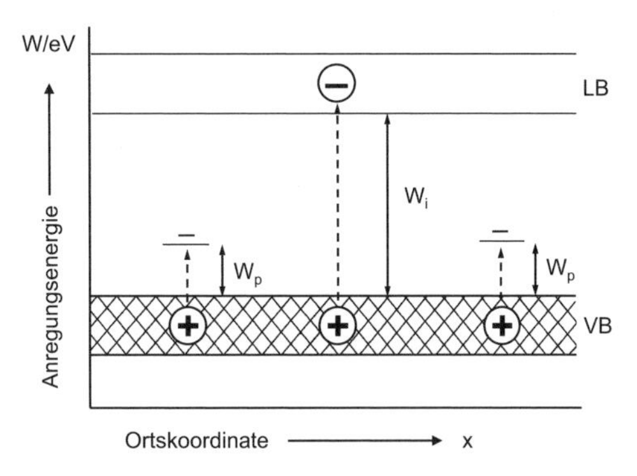

Bild 8.1-4 Bändermodell des p-Halbleiters

Der Ladungstransport im Valenzband des p-Halbleiters erfolgt, entgegen der Bewegungsrichtung der Elektronen im Leitungsband, durch positive Löcher, den Defektelektronen, siehe auch 3.2.3. Im p-Halbleiter sind die Defektelektronen die Majoritätsladungsträger. Eine Darstellung des Bändermodells finden Sie im Bild 8.1-4.

8.1.2 Die spezifische elektrische Leitfähigkeit von Halbleiterwerkstoffen

Die Leitfähigkeit eines Werkstoffes ist immer direkt proportional der Konzentration der beweglichen Ladungsträger und ihrer Beweglichkeit. In Analogie zum metallischen Leiter (siehe Abschnitt 3.2), der nur Leitungselektronen als Ladungsträger besitzt und für den gilt:

$$\varkappa = e_0 n e^- \mu$$

ergibt sich deshalb die spezifische elektrische Leitfähigkeit des Halbleiters als Summe der Anteile von *Elektronenleitfähigkeit* $\varkappa^-$ und *Defektelektronenleitfähigkeit* $\varkappa^+$

$$\varkappa = \varkappa^- + \varkappa^+$$
$$\varkappa = e_0 n e^- \mu^- + e_0 n e^+ \mu^+$$
$$\varkappa = e_0 (n e^- \mu^- + n e^+ \mu^+)$$

Die Berechnung der elektrischen Leitfähigkeit von Störstellenhalbleitern vereinfacht sich, wenn man davon ausgeht, dass im n-Typ die Elektronen und im p-Typ die Defektelektronen die Majoritätsladungsträger sind. Der Summand des jeweiligen Minoritätsladungsträgers kann vernachlässigt werden. Bei der Interpretation der Gleichung für $\varkappa$ muss beachtet werden, dass beim Störstellenhalbleiter bewegliche Ladungsträger erst durch Dotierung und Anregung entstehen, die beim Metall von vornherein vorhanden sind. Die Konzentration der Ladungsträger im Halbleiterwerkstoff ist abhängig von Quantum und Qualität der Dotierungsmaterialien. In welcher Größenordnung die Konzentration der Dotanten liegt, soll Bild 8.1-5 veranschaulichen.

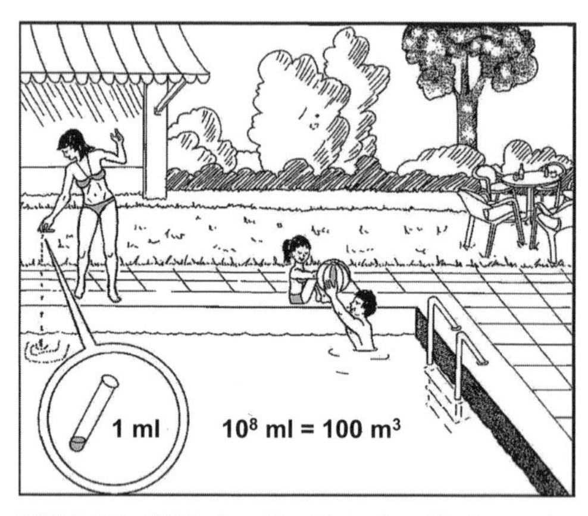

Bild 8.1-5 Bildhafter Vergleich einer Dotierung im Verhältnis 1 Dotierungsatom auf 10^8 Siliziumatome

Ein reproduzierbarer Wert für den Anteil ne^- oder ne^+ lässt sich deshalb für den Störstellenhalbleiter nur erreichen, wenn das zu dotierende Ausgangsmaterial, wie z. B. das Silizium, hochrein vorliegt. Eine unkontrollierte Menge an Fremdatomen (Verunreinigung) führt zum unkontrollierbaren Wert für $\varkappa$. Darin liegt die

Ursache für die erste wesentliche Etappe der Siliziumtechnologie – die Herstellung von hochreinem Silizium (siehe Kapitel 13). Die Ladungsträgerbeweglichkeit hängt auch beim Halbleiterwerkstoff von der Perfektion des Gitters ab, Gitterfehler führen zu ihrer Verminderung. Korngrenzen im polykristallinen Material stellen Gebiete angehäufter Gitterfehler dar. Im Vergleich zu den Metallen besitzen die Störstellenhalbleiter eine wesentlich geringere Ladungsträgerkonzentration (Metalle ca. 10^{22} e^- pro cm^3, Halbleiter ca. 10^{16} Ladungsträger pro cm^3). Damit ist eine möglichst hohe Ladungsträgerbeweglichkeit Bedingung für eine technisch nutzbare Leitfähigkeit. Die Konsequenz für die Siliziumtechnologie daraus war die Bereitstellung von einkristallinem und versetzungsfreiem Silizium. Außerdem würden die Korngrenzen im Polykristall die homogene Verteilung der Dotanten durch Anreicherung im Gebiet der Korngrenzen verhindern.

Eine Temperaturerhöhung bewirkt, wie immer beim Ladungstransport im Festkörper, die verstärkte Streuung der Ladungsträger; ihre Beweglichkeit nimmt ab. Der thermisch bedingte Widerstand steigt also bei Metallen und Halbleitern. Bei Metallen ändert sich die Leitungselektronenkonzentration nicht in Abhängigkeit von der Temperatur, selbst nicht beim Übergang fest/flüssig. Anders bei Halbleitern; hier erfolgt die thermische Anregung der Akzeptor- bzw. Donatorterme. Der Effekt der Erhöhung der Ladungsträgerkonzentration wirkt sich viel stärker aus als der die Leitfähigkeit vermindernde Effekt thermischer Gitterschwingungen. Im Bild 8.1-6 sind diese Zusammenhänge dargestellt und erläutert. Für den praktischen Einsatz von Halbleiterbauelementen ergibt sich die obere Belastungstemperatur aus diesem charakteristischen Leitverhalten. Überschreitet man durch Temperaturerhöhung die Zone 2, wächst $\varkappa$ steil an, der Widerstand des Halbleiters bricht zusammen, das Bauelement verliert seine Funktion.

Silizium mit einer verbotenen Zone von 1,1 eV benötigt gegenüber Germanium mit einer verbotenen Zone von 0,7 eV eine höhere Anregungstemperatur der Eigenhalbleitung. Siliziumbauelemente haben deshalb eine höhere Einsatztemperatur.

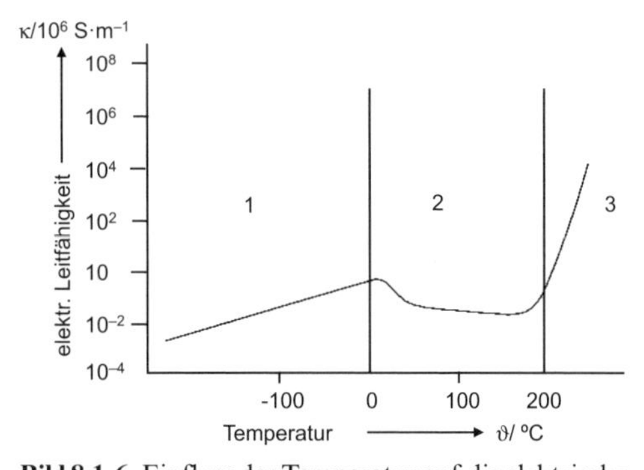

Bild 8.1-6 Einfluss der Temperatur auf die elektrische Leitfähigkeit dotierter Halbleiter (schematisch)

1 = Temperaturgebiet bis Raumtemperatur, Anregung der Donator- bzw. Akzeptorniveaus; durch Zunahme der Ladungsträgerkonzentration wird die Abnahme der Ladungsträgerbeweglichkeiten überkompensiert

2 = alle Dotanten sind ionisiert, μ nimmt weiter ab (Erschöpfungsfall)

3 = zunehmende Anregung der Eigenhalbleitung

8.1.3 Vorgänge am p-n-Übergang

In der Anwendung der Halbleiterwerkstoffe kann man zwei prinzipielle Gruppen unterscheiden:

- die Sperrschicht- und
- die Volumenhalbleiterbauelemente.

Die Eigenschaften von Sperrschichthalbleiterbauelementen werden im Wesentlichen durch die Erscheinungen und Vorgänge bestimmt, die sich in den Übergangszonen mit unterschiedlichen Ladungsträgerkonzentrationen ergeben. Bei Volumenhalbleitern wird das Verhalten durch das gesamte Volumen des Bauelementes bestimmt.

Derartige Übergangszonen können sich ausbilden, z. B. zwischen dem Halbleiterwerkstoff und einem Kontaktmetall, zwischen p- und n-leitendem Material oder auch zwischen hoch- und niedrigdotiertem Halbleitermaterial gleichen Leitungstyps. Es gibt also eine Vielzahl von Ursachen für die Ausbildung von Übergangszonen, die zum Sperrschichteffekt führen können. Die notwendige Systematisierung wird nach folgendem Prinzip vorgenommen:

1. Man unterscheidet zwischen *Homoübergängen* (gleicher Grundwerkstoff auf beiden Seiten der Grenzschicht) und *Heteroübergängen* (verschiedene Werkstoffe beiderseits der Grenzschicht)

   Symbolisierung:

S	für Halbleitermaterial (engl.: semiconductor)
M	für Metall (engl.: **m**etal)
I	für Isolator (engl.: **i**nsulator)

2. Die Konzentration an Dotanden wird symbolisiert durch:

p^{++}, n^{++}	für sehr hohe Dotierung
p^{+}, n^{+}	für hohe Dotierung
p, n	für normale Dotierung
p^{-}, n^{-}	für geringe Dotierung

Von großer Bedeutung sind die p-n-Übergänge. Sie sind in vielen Halbleiterbauelementen für das Verhalten bestimmend. Transistoren, ob integriert oder als diskretes (einzelnes) Bauelement und Halbleiterdioden beruhen darauf. Mit dem Begriff p-n-Übergang ist nicht unbedingt verbunden, dass die Konzentrationen an

> Am unbelasteten p-n-Übergang bildet sich ein Gleichgewichtszustand zwischen Diffusionsstrom I_{Diff} und Feldstrom I_E aus.

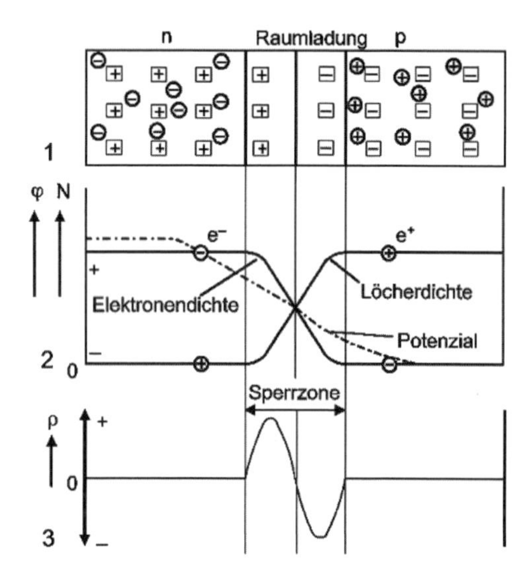

1 = unbelasteter p-n-Übergang nach Herausbildung der Verarmungszone (Sperrzone)
2 = Ladungsträgerdichte und Potenzialverlauf am unbelasteten p-n-Übergang
3 = Raumladungsdichte am unbelasteten p-n-Übergang

Bild 8.1-7 Der unbelastete p-n-Übergang

Donatoren in der n-Schicht und Akzeptoren in der p-Schicht gleich groß sein müssen. Sind beide Konzentrationen gleich groß, spricht man von symmetrischen, sind sie unterschiedlich von asymmetrischen Übergängen. Die Erläuterung des möglichen Ladungstransportes an p-n-Übergängen soll modellhaft am symmetrischen Homoübergang einer p-n-Siliziumgrenzschicht erfolgen.

Zunächst sollen diese Vorgänge am unbelasteten und ohne äußere Feldeinwirkung vorliegenden p-n-Übergang betrachtet werden (siehe Bild 8.1-7). Aufgrund der unterschiedlichen Ladungsträgerkonzentrationen in beiden Schichten kommt es in der Grenzschicht zu einer Diffusion der beweglichen Ladungsträger, da ein Konzentrationsausgleich angestrebt wird. Aus der n-Zone wandern die Elektronen in Richtung p-Zone und umgekehrt. Diese Ladungsträgerdiffusion führt zur Ausbildung eines Diffusionsstromes, dessen Größe in der Hauptsache abhängig ist vom Konzentrationsgefälle. Gelangen Defektelektronen in das n-Gebiet, kommt es zur Rekombination, ebenso bei der Wanderung von Leitungselektronen in das p-Gebiet. Es entsteht so die an Elektronen und Defektelektronen verarmte Randzone. Durch das Abwandern von Elektronen aus dem n-Gebiet werden die positiven Ladungen der Donatoren nicht mehr kompensiert, es entsteht eine positive Raumladung.

Gleiches gilt für das Entstehen der negativen Raumladung im p-Gebiet. Diese Raumladungen bilden für den vollständigen Ladungsausgleich durch Diffusion eine elektrostatische Barriere, von der die gleichnamigen Ladungsträger zurückgestoßen werden. Es kann daher nur eine begrenzte Zahl beweglicher Ladungsträger die p-n-Grenzschicht überqueren. Das Ergebnis ist ein Gleichgewichtszustand zwischen dem Diffusionsstrom I_{Diff} und dem Rückstoß- oder Feldstrom I_{E}. Am p-n-Übergang hat sich damit eine hochohmige Sperrschicht ausgebildet.

Legt man an den p-n-Übergang eine Spannung an, so kann es, in Abhängigkeit von der Polung, zum Fließen oder Sperren eines Stromes kommen (siehe Bild 8.1-8). Verbindet man die p-Zone mit dem Pluspol und die n-Zone mit dem Minuspol, befindet sich der p-n-Übergang

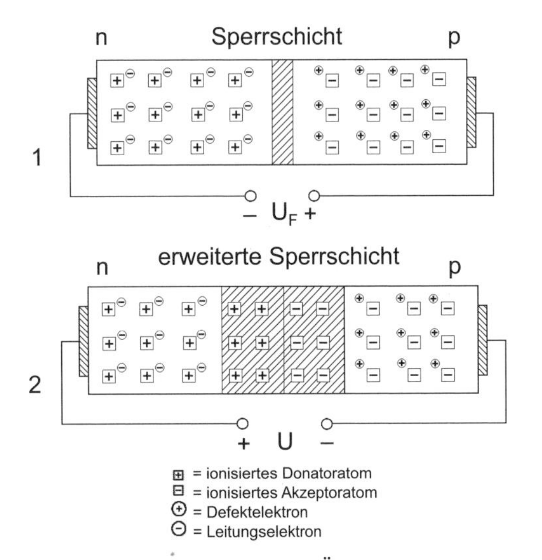

Bild 8.1-8 Der belastete p-n-Übergang

in Durchlassrichtung, die Verarmungszone wird für die Ladungsträger durchlässig (Fall 1). Die vom Minuspol abgestoßenen Leitungselektronen wandern in die Verarmungszone, ebenso die vom Pluspol abgestoßenen Defektelektronen in der p-Schicht. Die ladungsträgerarme Sperrschicht wird dünner und mit Elektronen und Defektelektronen angereichert. Die ionisierten Donator- und Akzeptoratome neutralisieren sich und die Raumladungen werden abgebaut. Zunächst bleibt der Feldstrom I_E bei Spannungserhöhung konstant. Bei weiterer Erhöhung der Spannung wird die Raumladungspotenzialschwelle ständig kleiner, bis sich schließlich e^+ und e^- ohne elektrostatische Behinderung durch den p-n-Übergang bewegen können. Eine solche Spannung heißt *Durchlassspannung* U_F und der fließende Strom *Durchlassstrom* I_F. Die bei Polung in Flussrichtung an die Verarmungszone heran diffundierenden Ladungsträger sind die Majoritätsträger. Damit wird die Stärke des Flussstromes auch durch die Größe der Majoritätsladungsträgerkonzentration bestimmt.

In Sperrrichtung ist das äußere Feld dem inneren gleichgerichtet!

Bei umgekehrter Polung (Fall 2) verbreitert sich die Sperrschicht durch Abwandern der jeweiligen Ladungsträger in Richtung der Elektroden. Damit baut sich eine erhöhte Diffusionsspannung als Barriere auf. Die Elektronen und Löcher werden vom Übergang zurückgedrängt. Die Diffusionsspannung vergrößert sich um den Betrag der angelegten Spannung U. Bei dieser Polung fließt nur ein verhältnismäßig kleiner Strom, der Sperrstrom, da nur noch die Minoritätsladungsträger durch die Sperrschicht wandern. Als Ursache des Sperrstromes kann die i-Leitung angesehen werden, die ihrerseits durch den eingesetzten Grundwerkstoff bestimmt wird. Deshalb ist der Sperrstrom stark temperaturabhängig. Silizium hat einen kleineren Sperrstrom als Germanium.

Versieht man eine p-n-Schichtenfolge mit Kontakten, entsteht ein elektronisches Bauelement, der Gleichrichter oder die Diode. Mithilfe einer Diodenkennlinie lässt sich das Verhalten des Bauelementes *Gleichrichter* charakterisieren. Die Kurve in Bild 8.1-9 kann man folgendermaßen diskutieren:

Beim Anlegen einer Wechselspannung an die Diode kommt es je nach Polung zum Durchlass

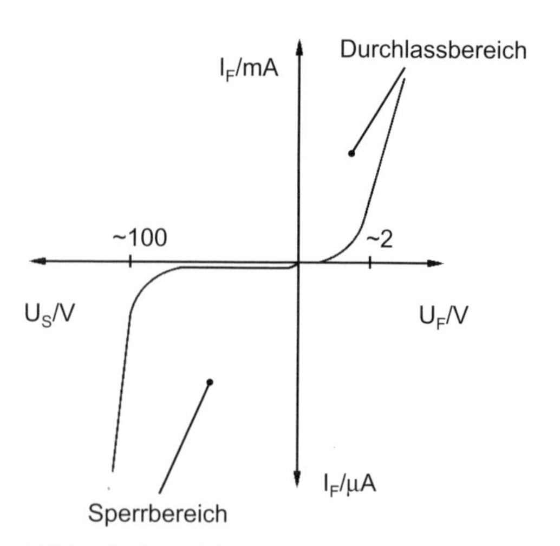

Bild 8.1-9 Kennlinie einer Si-Diode bei Raumtemperatur

der entsprechenden Halbwelle und beim Ansteigen der Spannung zum Ansteigen des Durchlassstromes bei 0,7 V. Gleichrichter dürfen in Durchlassrichtung nur mit bestimmten Stromdichten belastet werden. Beim Überschreiten dieser Maximalwerte kommt es zu einer starken Erwärmung, wodurch die i-Leitung weiter angeregt wird. Kommt es infolge der Erwärmung zu irreversiblen Strukturveränderungen, so wird der Gleichrichter zerstört. Leistungsgleichrichter benötigen deshalb eine Kühlung.

Ein p-n-Übergang in Sperrrichtung verhält sich wie ein Kondensator. Die n- und p-Zonen entsprechen den Kondensatorplatten, und die verbreiterte Sperrschicht dem Dielektrikum (vgl. Bild 8.1-8). So gesehen lässt sich die bekannte Beziehung zwischen Kapazität und Abmessungen für den Plattenkondensator auf die Diode übertragen. Durch Veränderung der Sperrspannung ist es möglich, die Sperrschichtdicke zu variieren und damit die Sperrschichtkapazität. Diese Erscheinung wird als *Varaktor-Effekt* bezeichnet. Unter anderem nutzt man diesen Effekt bei Kapazitätsdioden.

$$C = \varepsilon_0 \cdot \varepsilon_r \frac{A}{d}$$

auf die Diode übertragen

$$C_S = \varepsilon_0 \cdot \varepsilon_r \frac{A}{d_S}$$

C_S = Sperrschichtkapazität
A = Querschnittsfläche am p-n-Übergang
d_S = Sperrschichtdicke

Bisher bezogen sich die Vorgänge am p-n-Übergang auf die Wechselwirkung zwischen dem äußeren elektrischen Feld und dem Werkstoff. Die Konzentration der entstehenden Ladungsträger ist abhängig von der Temperatur und den spezifischen Eigenschaften des jeweiligen Halbleiterwerkstoffes (Dotierungskonzentration, Dotierungsart, Grundwerkstoff u.a.). Nicht nur durch die Wärmeenergie, sondern auch durch Einstrahlung von Lichtenergie bilden sich durch Absorption der Lichtquanten (Photonen) Ladungsträger. Diesen Vorgang bezeichnet man als *inneren Fotoeffekt*. Werden Elektronen, durch Photonen ausgelöst, von einer Oberfläche emittiert, spricht man vom *äußeren Fotoeffekt*.

Bestrahlt man einen *in Sperrrichtung vorgespannten p-n-Übergang* mit Licht, so kommt es durch Absorption der Lichtquanten zur Anregung von Eigenleitung, es entstehen Elektronen und Defektelektronen. Die bei Lichteinwirkung in der Sperrschicht entstehenden Ladungsträger führen zur Vergrößerung des Sperrstromes, der der Strahlungsleistung proportional ist. Die Nutzung dieses Effektes finden wir in Form der Fotodiode.

In einem *unbelasteten p-n-Übergang* können sich die durch Bestrahlung entstehenden Ladungsträger unter dem Einfluss des inneren Feldes trennen. Die n- und p-Gebiete laden sich unterschiedlich auf. Es bildet sich eine Fotozelle. Prinzipiell baut sich ein p-n-Fotoelement auf aus einer einkristallinen p-dotierten Siliziumscheibe, mit einer n-leitenden lichtdurchlässigen Oberflächenschicht, die durch Umdotierung mit Phosphor entsteht. Die beiden Zonen werden mit geeigneten Metallen sperrschichtfrei kontaktiert, siehe Bild 8.1-10. Durch Einstrahlung von Photonen bilden sich in der n-Schicht Leitungselektronen und in der p-Schicht Defektelektronen. Sie fließen zu den jeweiligen Kontakten. Die Urspannung von Fotoelementen beträgt maximal 0,5 V.

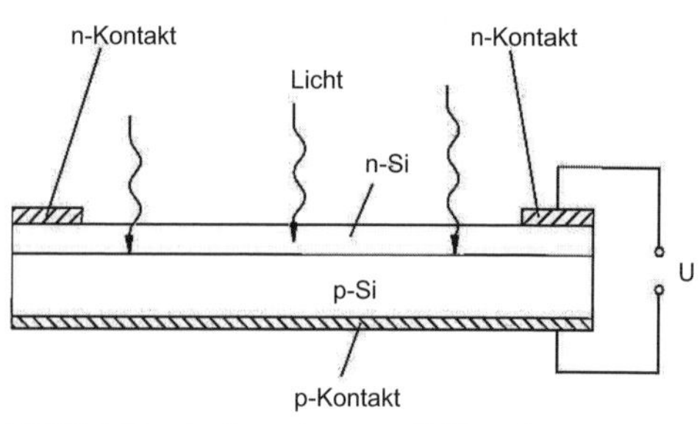

Bild 8.1-10 Aufbau eines p-n-Si-Fotoelements

Solarzellen

Zur Nutzung des Sonnenlichtes (Fotovoltaik) über die Fotozelle ist es erforderlich, eine große Anzahl einzelner Fotoelemente in Form von Sonnenbatterien in Reihe zu schalten und zur Erzielung großer Leistungen entsprechende Flächen zu installieren. Die analoge Bezeichnung zur Fotozelle ist Solarzelle oder fotovoltaische Zelle. Am Beispiel der Silizium-Solarzelle soll die Wirkungsweise dargestellt werden.

Jede Si-Solarzelle besteht aus mindestens vier Schichten, von denen die n- und p-Schicht halbleitend sind. Die dünne Oberflächenschicht erhält durch Phosphor bei 800 °C die n-Dotierung. Durch Diffusion der P-Atome in das mit Bor schwach p-dotierte Silizium erfolgt also eine Umdotierung. Die durch Absorption der Photonen am p-n-Übergang erzeugten Ladungsträger (Elektronen und Defektelektronen) sollen nicht unter Lichtemission, wie bei LED, rekombinieren. Das innere elektrische Feld bewirkt die Beschleunigung der Defektelektronen zum p-Kontakt, die der Elektronen zum n-Kontakt. Ein Teil der Ladungsträger rekombiniert auf dieser Strecke und die Energie geht in Form von Wärme verloren. Die entstandene Potenzialdifferenz ermöglicht den Stromfluss zum Verbraucher in einem äußeren Stromkreis (Fotostrom). Die Rekombinationszeit liegt im Bereich weniger Mikrosekunden ($1 \cdot 10^{-6}$ s) und ist ein wesentliches Maß für die Qualität des eingesetzten Werkstoffes. Eine Einteilung der

Tabelle 8.1-4 Parameter für Werkstoffe von Solarzellen

Werkstoff	Wirkungsgrad/%	Lebensdauer/Jahre
Si (amorph)	5–10	< 20
Si (polykristallin)	14–20	25–30
Si (einkristallin)	16–22	25–30
GaAs (Einschicht)	15–20	–
GaAs (Zweischicht)	20	–
GaAs (Dreischicht)	25–30	> 20
GaInP + GaInAs	40	–
CdTe	5–12	> 20

Solarzellen kann man nach den folgenden Kriterien vornehmen:

- Dickschicht- und Dünnschichtzellen
- kristallin oder amorph
- eingesetzte Werkstoffe.

Bevorzugt verwendete Werkstoffe für Solarzellen sind:

- Si-Zellen in Dickschichttechnik, mono- und polykristalllin
- Si-Zellen in Dünnschichttechnik, amorph und mikrokristallin
- $A^{III}B^{V}$-Verbindungen, wie GaAs, GaInP, GaAs kombiniert mit Ge
- $A^{II}B^{VI}$-Verbindungen, wie CdTe
- $A^{I}B^{III}C^{VI}$-Verbindungen, wie CuInGa-Diselenid und CuIn-Disulfid
- organische Verbindungen, wie z.B. Farbstoffe.

Ein weiterer Parameter einer Solarzelle ist ihr Wirkungsgrad η. Er gibt den Anteil der Leistung an, den die Solarzelle vom einfallenden Licht in Strom umwandelt. Bei industriell gefertigten Zellen beträgt η 10 bis 15 Prozent, seine Degradation liegt bei ca. 10 % in 25 Jahren. Die Tabelle 8.1-4 enthält für ausgewählte Werkstoffe Angaben zu Wirkungsgrad und Lebensdauer.

Licht emittierende Dioden (LED)

Rekombinieren Ladungsträger in einer Sperrschicht, entstehen Photonen. Nur ein Teil davon kann emittiert werden, da es im Festkörpergitter durch Wechselwirkung mit den Gitterbausteinen zur Absorption kommt. Welche Wellenlänge das emittierte Licht besitzt, hängt von der Bandbreite und damit vom Werkstoff ab. Soll sichtbares Licht (ca. 400–800 nm) austreten, steht dafür nur eine sehr begrenzte Anzahl von Werkstoffen zur Auswahl (siehe Bild 8.1-11).

Die Licht emittierenden Dioden (LED) und Laserdioden (LD) sind elektronische Bauelemente, für die man diesen Effekt ausnutzt. Nach Anlegen einer Spannung in Durchlassrichtung kommt es am p-n-Übergang zur Rekombination und damit zur Lichtemission, auch Elektrolumineszenz genannt (siehe Bild 8.1-12). Der Wirkungsgrad einer LED beträgt ca. 1 %. Die hierfür verwendeten Halbleiterwerkstoffe basieren auf den $A^{III}B^{V}$-Verbindungen (siehe Tabelle 8.1-1). In Laserdioden wird die stimulierte Emission zur Lichtverstärkung eingesetzt. Sie

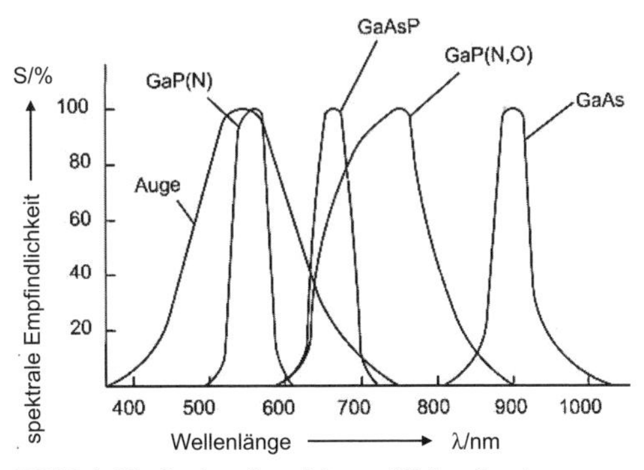

Bild 8.1-11 Spektralbereich von Elektrolumineszenz-Bauelementen

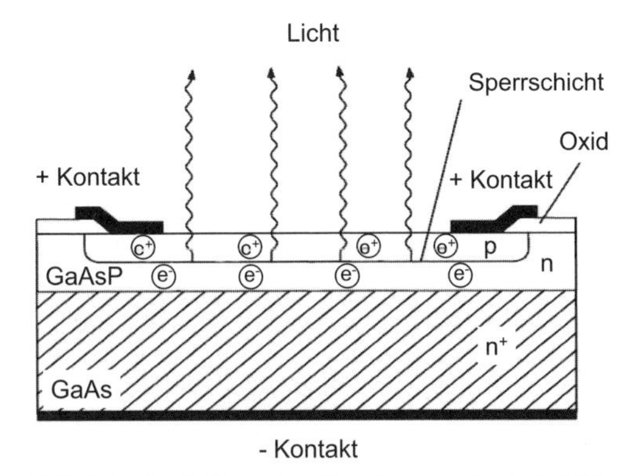

Bild 8.1-12 Aufbau einer Lumineszenzdiode (LED)

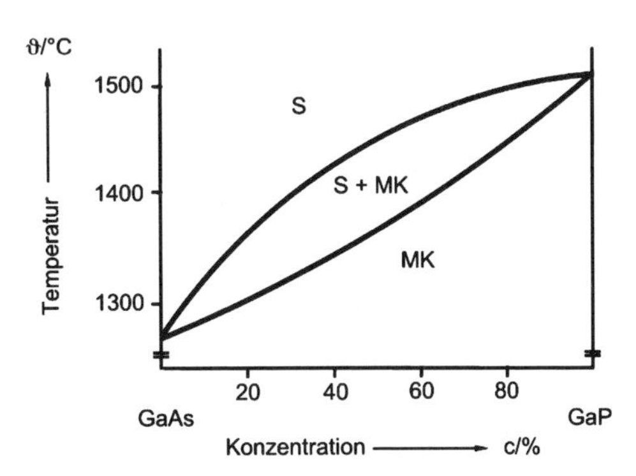

Bild 8.1-13 Zustandsdiagramm des Systems GaAs/GaP

haben daher gegenüber LEDs eine wesentlich höhere Ausgangsleistung, die über 5 mW liegt, und sind daher z. B. für lange Übertragungsstrecken in Lichtwellenleitern geeignet (siehe Abschnitt 12.2).

Die $A^{III}B^{V}$-Verbindungen zeichnen sich gegenüber dem Silizium durch eine Reihe besonderer Eigenschaften aus (siehe Tabelle 8.1-5). Für ihre Anwendung in elektronischen Bauelementen sind von besonderer Bedeutung:

- Große Varianz der verbotenen Zonen (je nach Verbindung 0,17 bis ca. 5 eV),
- durch Mischkristallbildung zwischen einzelnen $A^{III}B^{V}$-Verbindungen Bandabstände gezielt einstellbar
- teilweise enorm hohe Ladungsträgerbeweglichkeiten

Die $A^{III}B^{V}$-Verbindungen GaAs und GaP (gesprochen: *GaAs: Galliumarsenid, GaP: Galliumphosphid*) bilden ein System mit völliger Löslichkeit im festen Zustand (siehe Bild 8.1-13).

In Abhängigkeit von der Zusammensetzung lässt sich dadurch zwischen den Grenzwerten für die Barrierenbreite für reines GaAs mit 1,38 eV und reinem GaP mit 2,25 eV jeder beliebige Wert erzielen und damit die Wellenlänge des emittierten Lichtes vorherbestimmen (Bild 8.1-14).

Eine auf Basis von GaAs/GaP-Mischkristallen aufgebaute LED emittiert im roten Lichtspektrum (650 nm). Die Wellenlänge von 650 nm entspricht gemäß der PLANCKschen Strahlungsgleichung einem definierten Energiebetrag von $3 \cdot 10^{-19}$ Ws, gleich 1,88 eV der Photonen.

Aus dem Diagramm im Bild 8.1-14 entnimmt man für die Zusammensetzung des Grundmaterials dieser Diode ca. 40 % GaP und 60 % GaAs. Für die Zusammensetzung solcher Legierungen findet man folgende Schreibweise:

$$GaAs_{0,6}P_{0,4}$$

Je nach Zusammensetzung emittieren Legierungen aus InGaAl-Phosphit rot, orange oder gelb. Dioden aus InGa-Nitrid liefern grünes oder blaues Licht. Eine Alternative zu diesen anorganischen LED stellen die organischen Leuchtdioden (OLED, siehe Tabelle 8.1-1).Wird langwelligeres Licht, z. B. im Infrarot-Gebiet emittiert, handelt es sich um IRED, engl.: Infra Red Emitting Diode.

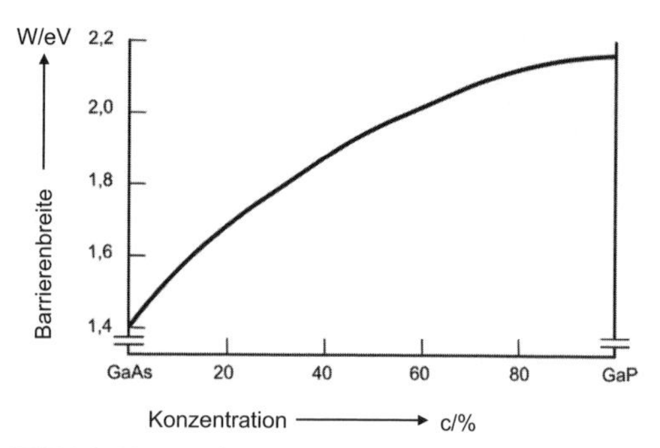

Bild 8.1-14 Barrierenbreite in Abhängigkeit von der Zusammensetzung im System GaAs/GaP

Tabelle 8.1-5 Ausgewählte Eigenschaften von $A^{III}B^{V}$-Verbindungen

	Schmelzpunkt/°C	Barrierenbreite ΔW/eV	$\mu^{-}/cm^{2} \cdot (Vs)^{-1}$
Vergleich: Si	1415	1,12	1350
AlN	2150	3,80	
AlP	> 1500	3,00	3500
AlAs	> 1600	2,16	1200
AlSb	1060	1,49	900
GaN	~ 1500	3,3	
GaP	1465	2,25	300
GaAs	1238	1,38	8600
GaSb	706	0,68	5000
InN		2,50	
InP	1070	1,27	5300
InAs	940	0,36	33000
InSb	525	0,17	80000

Mehrere LED in Form von Segmenten angeordnet ergeben ein Anzeigefeld, z. B. für Ziffern, Buchstaben und Zeichen als 7-Segmentanzeige (siehe Bild 8.1-15). Die Anordnung der LED als Matrix gestattet eine freie Darstellung von Bild- und Schriftinformationen.

Durch Zusammenfassung von LED und Ansteuerschaltkreis zu einem komplexen Bauelement kann die Ansteuerung direkt vom Rechnerbus aus erfolgen. Optokoppler bestehen aus einem Strahlungssender und -empfänger; beide befinden sich in einem strahlungsdichten Gehäuse, sodass der Empfänger nur Strahlung seines Senders empfangen kann. Als Strahlungssender dienen bevorzugt IRED's, als Empfänger Fotodioden, Fototransistoren u. a. Optokoppler finden Anwendung zur galvanischen Trennung von Stromkreisen und potenzialfreien Übertragung von Gleich- und Wechselgrößen.

Bild 8.1-15 7-Segmentanzeigen

Ein weiterer, sich ständig entwickelnder Anwendungsbereich findet sich auf dem Gebiet der Leuchtmittel. Neben der Raumbeleuchtung kommen LED zunehmend für die Hintergrundbeleuchtung von Flüssigkristallbildschirmen, in der Kraftfahrzeugtechnik, für Verkehrsampeln und für Anzeigetafeln zum Einsatz.

LED-Leuchtmittel zur Raumbeleuchtung erfordern Weißlicht. Dafür sind verschiedene Möglichkeiten bekannt:

1. Blau, rot und grün emitierende LED werden so angeordnet, dass das Mischlicht weiß erscheint.
2. Eine UV-LED kombiniert man mit fotolumineszierendem Materialien (rot, grün und blau fluoreszierend), dabei erfolgt eine Umwandlung in sichtbares Licht, insbesondere Weiß, das dem Tageslicht sehr nahe kommt. Nachteile bestehen darin, dass durch das UV eine Schädigung des Gehäusematerials auftritt. Eine Beschichtung mit UV-Schutz führt zu einem Ausbeuteverlust.
3. Durch Beschichtung von blau leuchtenden LED mit nur einem gelben Leuchtstoff (Cer-dotiertem Yttrium-Aluminium-Granat-Pulver) entsteht weißes Licht, mit dem Fehlen von grünen und roten Anteilen, als preisgünstige Variante.

Im Verlaufe der Entwicklung der LED ließ sich die Lichtausbeute ständig verbessern. Heute liegen Power-LED im Bereich > 100 Lumen/Watt, im Vergleich dazu die Leuchtstofflampe mit 50 bis 80 Lumen/Watt. Derzeitige Spitzenwerte werden mit 250 Lumen/Watt angegeben.

8.1.4 Vorgänge in der p-n-p- bzw. n-p-n-Grenzschicht

Folgt auf einen p-n-Übergang eine zweite p-Schicht, entsteht ein Bauelement mit zwei Grenzschichten p-n und n-p. Gleiches ergibt sich aus der Folge n-p-n. Diese Schichtenfolge ermöglicht die Transistorwirkung.

Transistoren sind Halbleiterbauelemente mit drei Elektroden. Sie finden Anwendung zur Verstärkung und Schwingungserzeugung sowie als Regler und Schalter. Nach dem Leitungsmechanismus unterscheidet man zwischen Bipolar- und Unipolartransistoren. Bei Bipolartransistoren wird die Funktionsweise hauptsächlich durch beide Ladungsträgerarten bestimmt, bei den Unipolartransistoren erfolgt der Ladungstransport nur mit einer Ladungsträgerart.

Die Elektroden des bipolaren Transistors: *Emitter*, *Basis* und *Kollektor* haben folgende Funktionen:

Der Transistor wirkt wie ein durch den Basisstrom gesteuerter Verstärker.

Der *Emitter* sendet Ladungsträger aus (emittieren). Der *Kollektor* sammelt die Ladungsträger (lat. collectus = gesammelt). Die *Basis*, als Schicht zwischen Emitter und Kollektor, hat die Aufgabe, den Ladungsträgerfluss zu steuern. Die Emitter- und Kollektorzone besitzen eine höhere Anzahl von Dotanten als die Basis. Die Basisschicht ist sehr dünn, sie misst nur einige Nanometer (siehe Bild 8.1-16).

Sind z.B. beim n-p-n-Typ die Basis-Emitter-Strecke in Durchlassrichtung (Minus an n) und die Kollektor-Basis-Strecke in Sperrrichtung (Plus an n) geschaltet, so fließt ein Elektronenstrom vom Emitter durch die Grenzschicht in die Basis. Da die Basisschicht sehr dünn ist, durchlaufen die Elektronen sie nahezu vollzählig und gelangen in die Grenzschicht Basis-Kollektor. Dort werden sie von der positiven Kollektorelektrode angezogen, es fließt der Emitterstrom (I_E). Ist die Basis nicht angeschlossen, so fließt kein Kollektorstrom, der dem Emitterstrom entgegengesetzt wäre, weil

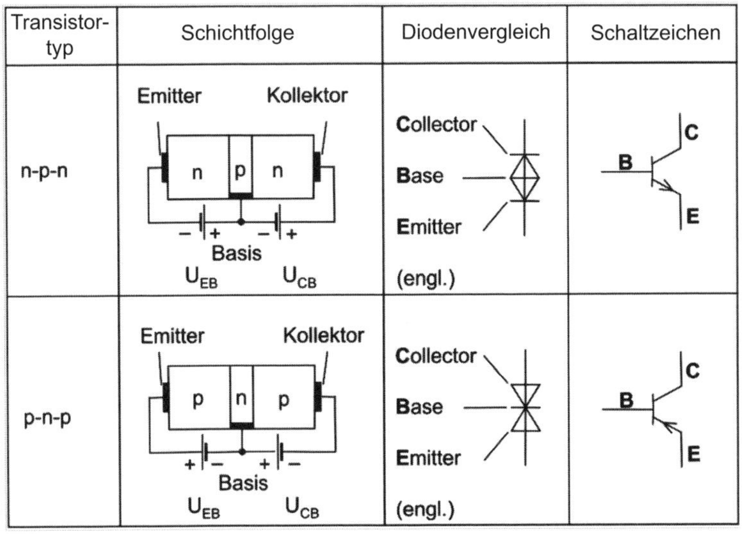

Transistor-typ	Schichtfolge	Diodenvergleich	Schaltzeichen
n-p-n	Emitter Kollektor n p n – + – + Basis U_{EB} U_{CB}	Collector Base Emitter (engl.)	B C E
p-n-p	Emitter Kollektor p n p + – + – Basis U_{EB} U_{CB}	Collector Base Emitter (engl.)	B C E

Bild 8.1-16 Schichtenfolge bei Bipolartransistoren

die Kollektor-Basis-Strecke in Sperrrichtung geschaltet ist. Lässt man aber einen Strom über die Basis fließen, so wird die in Sperrrichtung befindliche Kollektor-Basis-Strecke durchlässig, es fließt ein Kollektorstrom. Beim Transistor verursacht eine kleine Änderung des Basisstroms (I_B) eine weit größere Änderung des Kollektorstromes (I_C), worin die Verstärkerwirkung begründet ist. So hat ein Basisstrom von 500 µA einen Kollektorstrom von etwa 50 mA zur Folge (Bild 8.1-17).

Die Transistoren erhalten ihre Haupteigenschaften durch den Grundwerkstoff, der heute bevorzugt Silizium ist und durch das entsprechende Herstellungsverfahren. Im Abschnitt 13.1 werden die Grundprinzipien der Technologie zur Herstellung von Transistor-Schichtfolgen beschrieben.

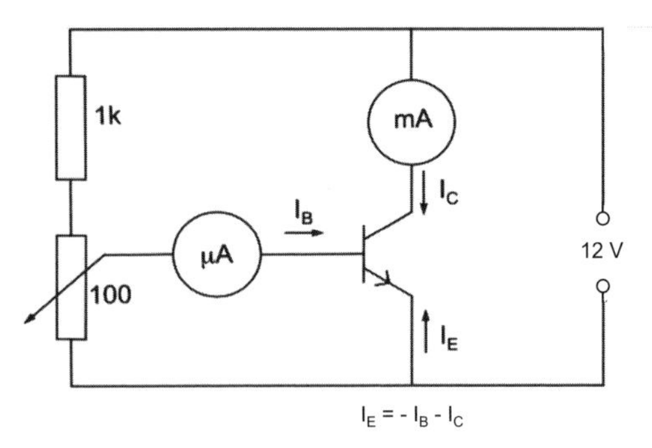

Bild 8.1-17 Messschaltung

8.1.5 Vorgänge im Feldeffekttransistor (FET)

Im Gegensatz zu dem bisher behandelten Bipolartransistor erfolgt beim Unipolartransistor der Ladungstransport mithilfe einer Ladungsträgerart, dem Majoritätsladungsträger. Die Funktion ist also nicht an die n-p-n-Folge (oder p-n-p) als Sperrschichten gebunden. Der Ladungsträgertransport erfolgt durch einen *Kanal*. Beim Unipolartransistor wird der Widerstand der Halbleiterstrecke (Kanal) für den Laststrom durch ein elektrisches Feld gesteuert, welches den Durchfluss der Ladungsträger verändert (siehe Bild 8.1-18). Daraus ergibt sich die Bezeichnung Feldeffekttransistor (FET). Man unterscheidet FET mit n-Kanal und FET mit p-Kanal. Der Kanal endet in den Anschlüssen *Source* (Quelle) und *Drain* (Senke). Der elektrische Kontakt an den Kanal ist das *Gate* (Tor). Das Gate muss gegenüber dem Kanal isoliert sein, damit bei angelegter Steuerspannung von Gate nach Source kein Strom fließen kann. Dazu gibt es zwei Möglichkeiten:

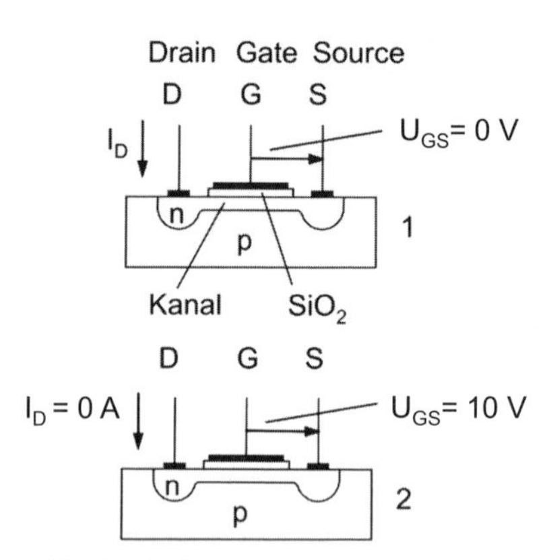

Bild 8.1-18 Prinzip eines FET
1 = ohne Steuerspannung U_{GS}
2 = mit Steuerspannung U_{GS}

Als Isolierschicht zwischen Kanal und Gate befinden sich

1. eine Schicht aus SiO_2 oder Al_2O_3. Das entspricht dem Begriff IG-FET (Isolier-Gate-FET). Hierzu zählen:

   MOSFET (metal-oxide-semiconductor-FET) Grundwerkstoff: Si, Isolator: SiO_2

   MISFET (metal-insulator-semiconductor-FET) Grundwerkstoff: GaAs, Isolator: SiO_2

   MASFET (metal-alumina-semiconductor-FET) Grundwerkstoff: Si, Isolator: Al_2O_3

   MESFET (metal-semiconductor-FET)

2. eine Schicht aus Halbleitermaterial von anderem Leitungstyp als der Kanal (z. B. bei n-Kanal ein p-Gate); p-n-Übergang in Sperrrichtung.

Die Feldeffekttransistoren besitzen gegenüber den bipolaren Transistoren eine kleinere Rauschspannung, weil sich die Ladungsträgerkonzentration durch das Steuern nicht verändert; ihre Schaltgeschwindigkeit ist geringer, da zwischen Gate und Kanal eine Kapazität wirkt.

Übung 8.1-1

Charakterisieren Sie den Begriff Halbleiterwerkstoff an vier spezifischen Merkmalen!

Übung 8.1-2

Begründen Sie am Bändermodell, weshalb Silizium und Germanium Eigenhalbleiter sind!

Übung 8.1-3

Wie kommt es im Silizium zur Entstehung von Elektronen bzw. Defektelektronen als Majoritätsladungsträger?

Übung 8.1-4

Welche Wellenlänge besitzt die elektromagnetische Strahlung, die bei Rekombinationsvorgängen in reinem Si auftritt?

Übung 8.1-5

Warum verwendet man Halbleitersilizium hochrein und einkristallin?

Übung 8.1-6

Erklären Sie am Bändermodell:
1. Was versteht man unter einem Ladungsträgerpaar?
2. Wie entsteht es?
3. Wie kann es verschwinden?

Übung 8.1-7

Steigt oder fällt die Leitfähigkeit eines Elementhalbleiters durch Dotierung? Welche Dotanten erzeugen Elektronen bzw. Defektelektronen?

Übung 8.1-8

Aus welchen Größen ist die Leitfähigkeit der Halbleiter rechnerisch zu ermitteln?

Übung 8.1-9

Beurteilen Sie, inwieweit die Leitfähigkeit dotierter Halbleiter in Abhängigkeit von der Temperatur durch die i-Halbleitung beeinflusst wird!

Übung 8.1-10

Begründen Sie, weshalb Si-Bauelemente thermisch höher belastbar sind als solche aus Ge!

Übung 8.1-11

Erklären Sie, warum es an einem p-n-Übergang eine Durchlass- und eine Sperrrichtung gibt!

Übung 8.1-12

Skizzieren und erläutern Sie die Kennlinie einer Si-Diode bei Raumtemperatur!

Übung 8.1-13

Ein p-n-Übergang in Sperrrichtung verhält sich wie ein Kondensator. Welche technische Anwendung ergibt sich daraus?

Übung 8.1-14

Skizzieren und erläutern Sie den Aufbau und die Wirkungsweise einer Solarzelle!

Übung 8.1-15

Wodurch unterscheiden sich Solarthermie und Fotovoltaik?

Übung 8.1-16

1. Was beinhaltet die Bezeichnung $A^{III}B^{V}$?
2. Welche Zusammensetzung hat ein LED-Bauelement auf Basis von GaAs-GaP, das im roten Spektralbereich (650 nm) emittiert?

Übung 8.1-17

Erklären Sie die Wirkungsweise des Emitters, der Basis und des Kollektors im bipolaren Transistor!

Übung 8.1-18

Beschreiben Sie eine Alternative zu den sperrschichtgesteuerten Transistoren. Erläutern Sie den Effekt an einer Prinzipskizze!

Übung 8.1-19

Ein mit Phosphor dotiertes ($n = 2 \cdot 10^{16} \cdot \text{cm}^{-3}$) Siliziumplättchen ($l = 1$ cm, Querschnitt $A = 0{,}05\ \text{cm}^2$) hat bei 300 K einen Widerstand von 6,24 Ω.
Wie groß ist die Beweglichkeit der Majoritätsladungsträger?

Zusammenfassung: Sperrschichthalbleiter

- Sperrschichtgesteuerte Halbleiterbauelemente sind an den p-n-Übergang gebunden.
- Ausgangsmaterial für p- bzw. n-Silizium ist Reinstsilizium (6N).
- n-Silizium entsteht durch Dotieren mit Elementen der fünften Hauptgruppe, hauptsächlich Arsen und Antimon.
- p-Silizium entsteht durch Dotieren mit Elementen der dritten Hauptgruppe, hauptsächlich Bor, Aluminium und Indium.
- Die Donatoren (n-Halbleiter) geben bei Anregung ein Elektron in das Leitungsband ab. Zurück bleibt ein positives Donatorion, kein Defektelektron, und bewirkt die positive Raumladung in der n-Schicht.
- Die Akzeptoren (p-Halbleiter) nehmen bei Anregung ein Elektron auf. Zurück bleibt im Grundband ein Defektelektron und ein negatives Akzeptorion, kein Leitungselektron, und bewirkt die negative Raumladung in der p-Schicht.
- In Abhängigkeit von der Temperatur ändert sich die Leitfähigkeit des dotierten Halbleiters charakteristisch.
- Die spezifische elektrische Leitfähigkeit ist die Summe der Anteile von Elektronen- und Defektelektronenleitfähigkeit.
- Am unbelasteten p-n-Übergang entsteht eine an Ladungsträgern verarmte Randzone, die bei Belastung zum Fließen (Durchlassrichtung) oder Sperren (Sperrrichtung) des Stromes führt.
- Am p-n-Übergang kann Licht den Stromfluss bewirken und steuern (Fotodiode, Fotoelement, Solarzelle) oder der Strom führt zur Lichtemission (LED).
- Der Bipolartransistor ist charakterisiert durch eine Folge von p-n-p- oder n-p-n-Übergängen.
- Der unipolare Feldeffekttransistor ist nicht an eine Sperrschichtenfolge gebunden. Der Ladungsträgertransport erfolgt durch einen Kanal aus p- oder n-Silizium, dessen Widerstand durch das elektrische Feld gesteuert wird.

8.2 Werkstoffe für Volumenhalbleiterbauelemente

Kompetenzen

Im Unterschied zu sperrschichtgesteuerten Halbleiterbauelementen sind Volumenhalbleiterbauelementen in ihren Eigenschaften über das Bauelementevolumen homogen. Für ihre jeweilige Funktion sind p-n-Übergänge keine Bedingung. Diese Tatsache bildet die Voraussetzung für das Verständnis der Wirkungsweise derartiger Bauelemente, wie Fotowiderstände und HALL-Generatoren.

Der Aufbau, die Wirkungsweise und die praktische Nutzung von Fotowiderständen und HALL-Sonden können beschrieben werden. Dafür ist die Theorie zum inneren Fotoeffekt und zum HALL-Effekt heranzuziehen.

Mithilfe der Grenzwellenlänge als Charakteristikum der Fotowiderstände lassen sich deren Anwendungsmöglichkeiten verstehen. Da die Driftgeschwindigkeit der Ladungsträger für den praktischen Einsatz von HALL-Sonden ausschlaggebend ist, muss der Unterschied zu ihrer Geschwindigkeit herausgestellt werden.

Die Erkenntnis, dass bei polykristallinen Werkstoffen an den Korngrenzen p-n-Übergänge wirken, kann man für die Erklärung der elektrischen Eigenschaften von Thermistoren und Varistoren anwenden.

8.2.1 Werkstoffe für Fotowiderstände

Fotowiderstände sind ohmsche Halbleiterwiderstände ohne Sperrschicht, deren Widerstandswert vom inneren Fotoeffekt, auch innerer lichtelektrischer Effekt, bestimmt wird. Damit dieser Effekt praktisch genutzt werden kann, sind zwei Voraussetzungen notwendig:

1. Der Werkstoff muss das eingestrahlte Licht absorbieren (siehe Kapitel 8.1). Das bedeutet, die Wellenlänge λ des eingestrahlten Lichtes und damit die Energie des Photons muss den Übergang von Elektronen des Grundbandes in das Leitungsband ermöglichen. Daraus leitet sich der Begriff der *Grenzwellenlänge* als charakteristische Werkstoffkenngröße ab. Überschreitet λ einen bestimmten Wert (W des Photons wird kleiner), kann kein Übergang mehr stattfinden.
2. Die so erzeugten Ladungsträger müssen eine genügend große Lebensdauer besitzen. Bei einer entsprechend hohen Lebensdauer können pro Zeiteinheit mehr Ladungsträger fließen, ohne zu rekombinieren.

Für die Anwendung bedeutet das, Werkstoffe mit einer charakteristischen spektralen Empfindlichkeit (S) auszuwählen (siehe Bild 8.2-1). Die Stärke des fließenden Stroms hängt ab von der Intensität des eingestrahlten Lichtes. Als Empfindlichkeit wird der Quotient von Ursache und Wirkung definiert. Für Fotowiderstände kann dies das Verhältnis Widerstand (R) zu Beleuchtungsstärke (B_S) sein, vgl. Bild 8.2-2. Insbesondere aufgrund der hohen Empfindlichkeit des CdS im sichtbaren Spektrum haben Fotowiderstände auf dieser Basis eine breite Anwendung gefunden. Außerdem kommen weitere Verbindungen aus den Gruppen $A^{II}B^{VI}$ und $A^{III}B^{V}$ zur Anwendung, wie CdSe, CdTe, PbS, PbSe, PbTe, InSb und InAs.

Im Sinne eines isotropen Verhaltens des Fotowiderstandes stellt man meist polykristalline Strukturen durch Aufdampfen, Aufspritzen und Pressen her. Fotowiderstände finden Anwendung zur Lichtmengen- und Beleuchtungsstärken-Messung, Beleuchtungs- und Helligkeitsregelung, Spannungsregelung, Lichtschranken und Schwellwertschalter.

$$S = \frac{R}{B_S} \frac{[\Omega]}{[\mathrm{lx}]}$$

lx steht für Lux
$1\,\mathrm{lx} = 1\,\mathrm{lm} \cdot \mathrm{m}^{-3}$
lm steht für Lumen
$1\,\mathrm{lm} = 1\mathrm{cd} \cdot \mathrm{sr}$
cd steht für die Basiseinheit Candela
sr steht für Steradiant

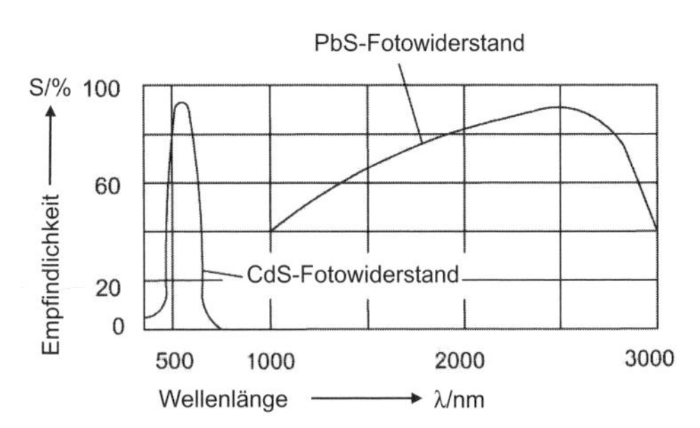

Bild 8.2-1 Spektrale Empfindlichkeit verschiedener Fotowiderstände

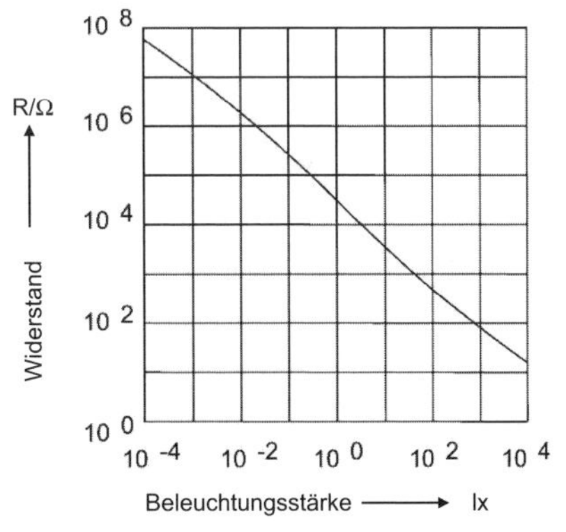

Bild 8.2-2 Abhängigkeit des Widerstandswertes eines CdS-Fotowiderstandes von der Beleuchtungsstärke

8.2.2 Werkstoffe für HALL-Sonden

Leitet man einen elektrischen Strom durch ein Metall- oder Halbleiterplättchen und durchflutet es gleichzeitig senkrecht zur Stromrichtung mit einem Magnetfeld, dann werden die Elektronen aus ihrer Driftrichtung abgelenkt, wie das im Bild 8.2-3 schematisch dargestellt ist. Diese Ablenkung ist eine Folge der auftretenden LORENTZ-Kraft. Auf der Seite des Plättchens, nach der die Elektronen abgelenkt werden, entsteht ein Elektronenüberschuss; auf der Gegenseite ein Elektronenmangel. Die so entstehende Potenzialdifferenz bezeichnet man als HALL-Spannung U_H. Die Aufladung erfolgt so lange, bis das resultierende elektrische Feld die ablenkende Wirkung des Magnetfeldes aufhebt. Die Größe der auftretenden HALL-Spannung ist direkt proportional zur magnetischen Flussdichte B und zum Strom I und umgekehrt proportional zur Dicke d des Plättchens. Den Proportionalitätsfaktor bildet die Werkstoffkonstante R_H, die HALL-Konstante. Eine große HALL-Spannung ergibt sich nur dann, wenn die HALL-Konstante groß ist. Die HALL-Konstante ihrerseits ist umgekehrt proportional zur Ladungsträgerkonzentration; eine kleine Ladungsträgerkonzentration, wie sie in Halbleitern vorliegt, führt also zu großen Werten für R_H

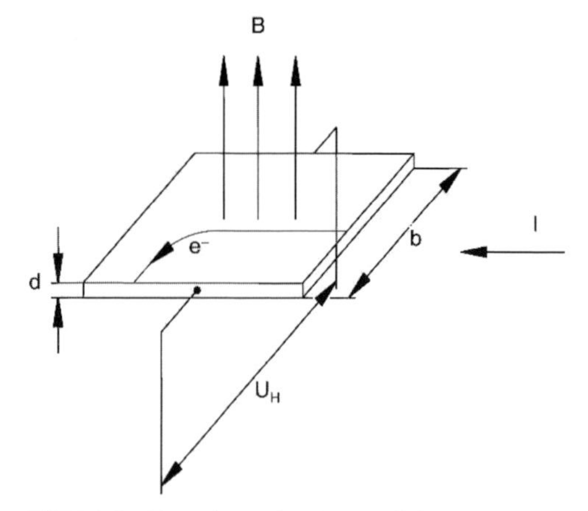

Bild 8.2-3 Entstehung des HALL-Effektes

Praktisch genutzt wird der HALL-Effekt in HALL-Sonden. Diese Bauelemente erlauben die Messung magnetischer Größen durch Spannungsmessung, die Bestimmung der Ladungsträgerart und -konzentration und Spannungserzeugung zwischen 0,1 bis 1 V. Um einer HALL-Sonde Leistung entnehmen zu können, muss seine elektrische Leitfähigkeit groß sein. Bei Halbleiterwerkstoffen, bei denen die Ladungsträgerkonzentrationen $n \cdot e^-$ und $n \cdot e^+$ klein sind, muss demzufolge die Ladungsträgerbeweglichkeit sehr groß sein.

$$U_H = \frac{R_H}{d} IB$$

$$R_H = \frac{3\Pi}{8e_0 n \cdot e^+}$$

$$R_H = \frac{3\Pi}{8e_0 n \cdot e^-}$$

Die Anforderungen an Werkstoffe für HALL-Sonden werden am besten von einigen $A^{III}B^{V}$-Verbindungen erfüllt. InAs besitzt eine Ladungsträgerbeweglichkeit von $30\,000\ cm^2 \cdot (Vs)^{-1}$, InSb $80\,000\ cm^2 \cdot (Vs)^{-1}$. In der Praxis verwendet man fast ausschließlich InAs, da das InSb stärker temperaturabhängig ist.

8.2.3 Werkstoffe für Thermistoren und Varistoren

Thermistoren sind Widerstände, deren Leitfähigkeit sich in einem kleinen Temperaturgebiet sprunghaft ändert. Wir unterscheiden Widerstände mit negativem Temperaturkoeffizienten, NTC-Widerstände (siehe Bild 8.2-4) und PTC-Widerstände mit positivem Temperaturkoeffizienten. Im Gegensatz zu den bisher genannten Widerständen bestehen Thermistoren aus Oxiden. Die NTC-Widerstände bestehen bevorzugt aus einem Gemisch von Fe_2O_3 und TiO_2 mit Zusätzen.

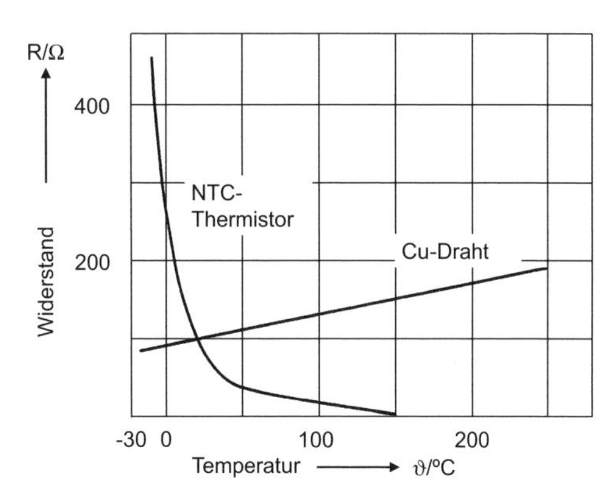

Bild 8.2-4 Kennlinien von NTC-Thermistoren im Vergleich mit Cu

Bei ihrer Herstellung mischt man die Oxide, und die Formgebung erfolgt unter Zusatz organischer Bindemittel durch Pressen oder Ziehen. Einen entscheidenden Prozessschritt für die zu erreichenden Widerstandswerte stellt das anschließende Sintern zu einem polykristallinen porösen Körper dar. Die Herstellung von Thermistoren ist damit eine Keramiktechnologie (siehe Abschnitt 2.3.2). Es liegen nun eine Vielzahl miteinander verbundener Widerstände in Kristallitgröße vor. Sie sind parallel, in Reihe oder vermascht „geschaltet".

Wie entsteht in einer „Thermistorkeramik" Leitfähigkeit durch Elektronentransport?

Im Verlaufe des Herstellungsprozesses wird ein Defizit an Sauerstoffionen im Ionengitter der Oxide eingestellt. Zur Kompensation können durch Zufuhr einer geringen Anregungsenergie bewegliche Elektronen entstehen (siehe nebenstehende Gleichungen). Der Leitungsmechanismus entspricht dem halbleitender Verbindungen. Thermistoren sind Halbleiterwiderstände. Wäre ein ungestörtes Ionengitter vorhanden (exakte Kompensation der Ionenladungen), sind es Isolatoren.

Entstehung von e^- in Thermistoren:

$Fe^{+++} + e^- \leftrightarrows Fe^{++}$

NTC-Thermistoren (Heißleiter) finden Anwendung als Mess- und Kompensationswiderstände, z. B. zur Temperaturmessung und -regelung sowie als Anlasswiderstände zur zeitlichen Verzögerung von Einschaltvorgängen, zur Füllstandsmessung, zur Flüssigkeits- oder Gasflussmessung, Feueralarmgeber, Ansteuerungen für TV-Ablenkeinheiten u. v. a. m.

Auf der Basis von BaO und TiO_2 hergestellte Thermistoren haben einen positiven Temperaturkoeffizienten (PTC) des elektrischen Widerstandes (Kaltleiter). Ihre Besonderheit besteht im Anwachsen des Widerstandes um Größenordnungen bei geringer Temperaturerhöhung und umgekehrt (siehe Bild 8.2-5). Der Kaltleiter passt seine elektrisch aufgenommene Leistung stets der thermisch abgeführten Leistung an. Nutzt man den Kaltleiter als Wärmequelle, ist keine zusätzliche Temperaturregelung erforderlich. Darüber hinaus lassen sich PTC-Heizungen ohne glühende Teile aufbauen. Eine Feuergefahr bei Wärmestau, wie bei Glühdrahtheizungen, besteht nicht.

Deshalb finden wir Kaltleiter im Automobilbau (z. B. Außenspiegelbeheizung, Scheibenwaschdüsenbeheizung, Ansaugluftvorwärmung, Diesel-Kraftstofffilterbeheizung, Türschlossheizung) und im Haushalt (z. B. Warmhalteplatten für Kaffeemaschinen, Waschmaschinentürverriegelung).

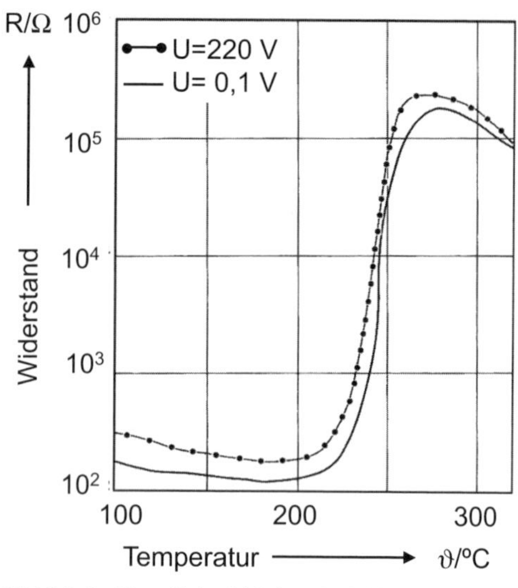

Bild 8.2-5 Kennlinienfeld eines Kaltleiters

Eine weitere Gruppe keramischer Widerstände sind die Varistoren. Es sind spannungsabhängige Widerstände (siehe Bild 8.2-6), die als Spannungsstabilisatoren und als Überspannungsbegrenzer eingesetzt werden. Varistoren können elektrische Anlagen und Geräte vor Schäden schützen. Ihre Ansprechzeiten liegen im Nanosekunden-Bereich bei Stromstößen im Bereich einiger kA.

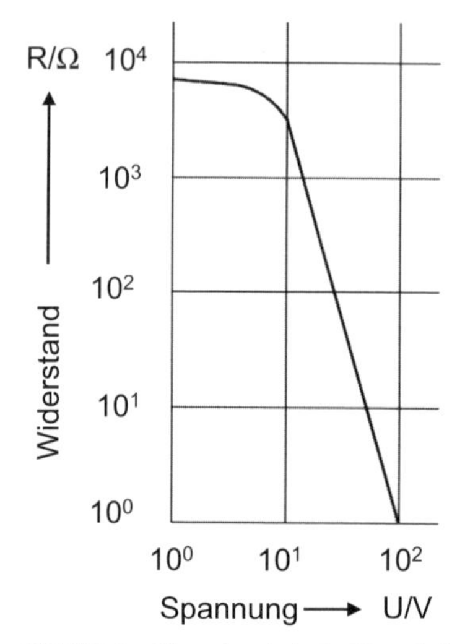

Bild 8.2-6 Charakteristische Kennlinie eines Varistors

Der Grundwerkstoff für Varistoren, das SiC, ist im Reinstzustand ein Isolator. Durch gezielte Zugabe von Aluminium und Eisen entstehen Abweichungen von der stöchiometrischen Zusammensetzung, die die nutzbare Leitfähigkeit verursachen. Streng genommen führen diese Zugaben zum Halbleiterverhalten. Es entstehen p- bzw. n-leitende Gebiete (siehe Abschnitt 8.1). Das Ausmaß, in dem zwischen den n- und p-leitenden Gebieten Ladungsträger fließen, ist spannungsabhängig.

Die Thermistoren und Varistoren bezeichnet man in der Praxis auch als Massewiderstände, wozu man auch die hier nicht behandelten Widerstände aus Graphit, Ruß u. ä. zählen kann.

Übung 8.2-1

Begründen Sie, weshalb in HALL-Generatoren die halbleitende Schicht sehr dünn sein muss!

Übung 8.2-2

Ein Cu-Plättchen mit der Breite $b = 0{,}02$ m und einer Elektronendichte $ne^- = 8{,}9 \cdot 10^9$ $As \cdot m^{-3}$ wird von einem Strom der Dichte $S = 0{,}5 \cdot 10^6$ $A \cdot m^{-3}$ durchflossen; gleichzeitig wird es senkrecht magnetisch mit einer Flussdichte $B = 1$ T durchflutet. Welche HALL-Spannung wird erzeugt?

R_H für Cu: $1 \cdot 10^{-10}$ $m^3 \cdot (As)^{-1}$

$\left(\text{Beachte: } S = \frac{I}{d \cdot b}\right)$

Übung 8.2-3

Begründen Sie, warum als Material für Fotowiderstände das PbS im infraroten und CdS im sichtbaren Bereich eingesetzt werden.

Übung 8.2-4

Was verstehen Sie unter dem Begriff NTC- und PTC-Widerstand? Nennen Sie die jeweilige Werkstoffbasis und begründen Sie anhand ihrer charakteristischen Temperaturabhängigkeit Anwendungsmöglichkeiten!

Übung 8.2-5

Begründen Sie unter Verwendung der Kennlinie aus Bild 8.2-6 die Wirkung eines Varistors bei Variation der Spannung in einem elektrischen Stromkreis!

Zusammenfassung: Volumenhalbleiter

- Im Volumenhalbleiter erfolgt der Ladungstransport homogen im Bauelementvolumen.
- Der innere lichtelektrische Effekt bewirkt in Fotowiderständen die Erzeugung von Ladungsträgern durch Absorption von Lichtquanten in Abhängigkeit von deren Wellenlänge und Intensität.
- Die so entstandenen Ladungsträger müssen eine genügend hohe Lebensdauer besitzen, da sonst die Rekombination überwiegt.
- Neben $A^{III}B^{V}$-Verbindungen, wie InAs und InSb, kommen $A^{II}B^{VI}$-Verbindungen, wie CdS, PbS und ZnS, in Fotowiderständen zum Einsatz.
- Der HALL-Effekt ermöglicht mit HALL-Sonden die Messung magnetischer Größen, die Bestimmung der Ladungsträgerart und -konzentration sowie eine Spannungserzeugung.
- Sehr hohe Ladungsträgerbeweglichkeiten sind die Voraussetzung für eine große HALL-Konstante bei kleinen Ladungsträgerkonzentrationen. Werkstoffe wie InAs und InSb erfüllen diese Forderung.
- Thermistoren sind Widerstände auf Basis von Oxiden. Der Leitungsmechanismus entspricht dem halbleitender Verbindungen, da Ladungsträger durch Anregungsenergie entstehen.
- Varistoren sind Widerstände auf Basis von SiC. Auch sie sind dem Leitungsmechanismus nach Halbleiter, da sich durch Dotierung in den Korngrenzen p- bzw. n-leitende Gebiete ausbilden.
- Thermistoren und Varistoren sind Bauelemente aus keramischen Werkstoffen.

Selbstkontrolle zu Kapitel 8

1. Der Bindungszustand in Halbleiterwerkstoffen ist bevorzugt:
   A Ionenbeziehung
   B van der WAALS-Bindung
   C kovalente Bindung
   D Atombindung
   E Wasserstoff-Brückenbindung

2. Unter einem Leitungsband versteht man:
   A ein voll besetztes Band
   B ein leeres Band
   C ein halbbesetztes Band
   D die Zone über dem Valenzband
   E die am p-n-Übergang auftretende Verarmungszone

3. Rekombination bedeutet:
   A Energieaufnahme
   B Elektronen gehen vom Leitungs- in das Valenzband über
   C Elektronen gehen vom Valenz- in das Leitungsband über
   D Erhöhung des Widerstandes
   E die Zunahme der Zahl an Ladungsträgern

4. Unter einem Akzeptoratom versteht man:
   A ein Elektronen abgebendes Atom
   B ein Bor-Atom
   C ein Arsen-Atom
   D ein elektronenaufnehmendes Atom
   E ein Silizium-Atom

5. Eine Arsen-Dotierung im Siliziumkristall bewirkt:
   A erhöhte i-Leitung
   B n-Leitung
   C geringere i-Leitung
   D p-Leitung
   E die Ausbildung einer positiven Raumladung

6. Warum muss man Halbleiter-Si hochrein herstellen?
   A damit Si eine maximale Leitfähigkeit erreicht
   B damit die Bauelemente thermisch höher belastbar sind
   C damit die Si-Bauelemente preiswert sind
   D damit eine hohe Ladungsträgerkonzentration entsteht
   E damit eine gezielte Dotierung erfolgen kann

7. Das Symbol n^{++} bedeutet:
   A hohe Dotierung mit Akzeptoratomen
   B hohe Dotierung mit Donatoratomen
   C normale Dotierung mit Donatoratomen
   D sehr hohe Dotierung mit Donatoratomen
   E Defektelektron

8. Die gesperrte p-n-Übergangszone im p-dotierten Gebiet bedeutet:
   A arm an e^+
   B arm an e^-
   C arm an Kationen
   D arm an Anionen
   E wird durch Photonenabsorption hochohmiger

9. Bestrahlt man einen in Sperrrichung vorgespannten p-n-Übergang mit Licht, so kommt es:
   A zur Anregung der Eigenhalbleitung
   B zum Stromfluss
   C zur Entstehung von Elektronen und Defektelektronen
   D zur Vergrößerung des Sperrstroms
   E zur Aussendung von Photonen.

10. Welche Bauelemente lassen sich durch Angabe einer Grenzwellenlänge charakterisieren?
    A Fotodiode
    B FET
    C Solarzelle
    D Fotowiderstände
    E Lumineszenzdiode

11. Weshalb ist die Basis in Bipolartransistoren sehr dünn? Wegen:
    A Materialersparnis
    B der Größe des Bauelementes
    C der Anwendung für höhere Frequenzen
    D der Realisierung eines geringen Basisstromes

E der Realisierung eines großen Basisstromes

12. Beruht die Wirkung eines FET auf:
    A dem Vorhandensein von p-n-Übergängen
    B einem in der Leitfähigkeit homogenen Volumen
    C einer dünnen Basiszone
    D der Ausbildung eines Kanals zwischen Source und Drain
    E dem Fließen eines messbaren Stromes zwischen Gate und Drain

13. Ist InSb ein geeigneter Werkstoff für HALL-Generatoren, weil:
    A es eine hohe Leitfähigkeit besitzt
    B thermisch hoch belastbar ist
    C die Ladungsträgerbeweglichkeit sehr groß ist
    D die HALL-Konstante groß ist
    E es leicht umformbar ist

14. Die elektrische Leitfähigkeit in einem Thermistor entsteht durch:
    A Zusatz von Metallpulver zur Keramik,
    B Überlappung des leeren Leitungsbandes mit dem vollbesetzten Grundband,
    C Sintern der Oxide bei hohem Druck,
    D Bildung eines Defizites an Sauerstoffionen im Gitter der Oxide,
    E Wanderung von Leerstellen.

15. NTC-Thermistoren finden Anwendung für:
    A Drucksensoren,
    B Temperaturmessungen,
    C Füllstandsmessungen,
    D Heizwiderstände,
    E Thermoelemente.

9 Isolierstoffe und dielektrische Werkstoffe

9.0 Überblick

Isolier- und dielektrische Werkstoffe besitzen keine im elektrischen Feld beweglichen Ladungsträger. Darum können sie den elektrischen Strom nicht fortleiten, sondern verhindern einen Stromfluss. Das heißt nicht, dass in diesen Werkstoffen keine Ladungsträger vorliegen. Die Elektronenhülle eines jeden Atoms ist negativ geladen, aber die Elektronen sind im Isolierstoff am positiven Kern lokalisiert. Stoffe können Kationen und Anionen enthalten, die in der Festkörperstruktur gebunden sind. Werden solche Ionen beweglich, kann es zu einer elektrischen Leitfähigkeit auf Basis eines Ionenstromes kommen. Die Wechselwirkung des elektrischen Feldes mit dem Nichtleiter besteht in der Trennung der lokalisierten Ladungsträger. Diese Verschiebung der Ladungsschwerpunkte führt zur *Polarisation*. Beide Eigenschaften: *Isolieren und Polarisieren* finden spezifische Anwendungen und erfordern spezifisches Werkstoffverhalten (siehe Bilder 9.0-1 und 9.0-2).

Bild 9.0-1 Hochspannungsisolatoren (380 kV-Steiermarkleitung 1685.jpg)

Eine mögliche Definition für Isolier- und dielektrische Werkstoffe ist deshalb:

Dielektrika sind Isolierstoffe ($\varrho > 10^{10}\ \Omega \cdot \text{cm}$), *die in charakteristischer Weise mit dem elektrischen Feld in Form der Polarisation wechselwirken.*

Die Aufgaben dieser Werkstoffe sind vielseitig, darum ist ihr Sortiment sehr breit. Handelt es sich bei den Leiterwerkstoffen hauptsächlich um zwei *Metalle*, nämlich Kupfer und Aluminium, so finden wir jetzt *anorganische* und *organische Verbindungen*. Außer der Wechselwirkung mit dem elektrischen Feld spielen beim Einsatz konstruktive, chemische und thermische Beanspruchungen eine entscheidende Rolle. Jede Beanspruchungsart lässt sich hinsichtlich der Nutzung weiter untersetzen, wie das aus Tabelle 9.0-1 ersichtlich ist.

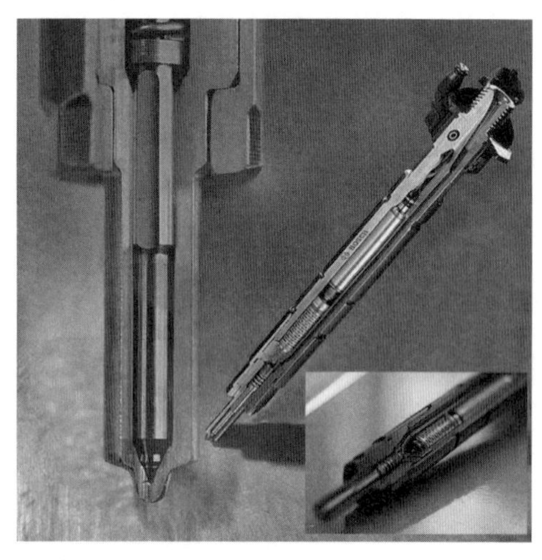

Bild 9.0-2 Piezokeramik Einspritzdüsen (Foto: BOSCH)

Durch genormte Prüfverfahren erfolgt die Charakterisierung der jeweiligen Beanspruchungsart durch Angabe von Kenngrößen.

Tabelle 9.0-1 Übersicht über Eigenschaften und Beanspruchungen von Isolier- und dielektrischen Werkstoffen

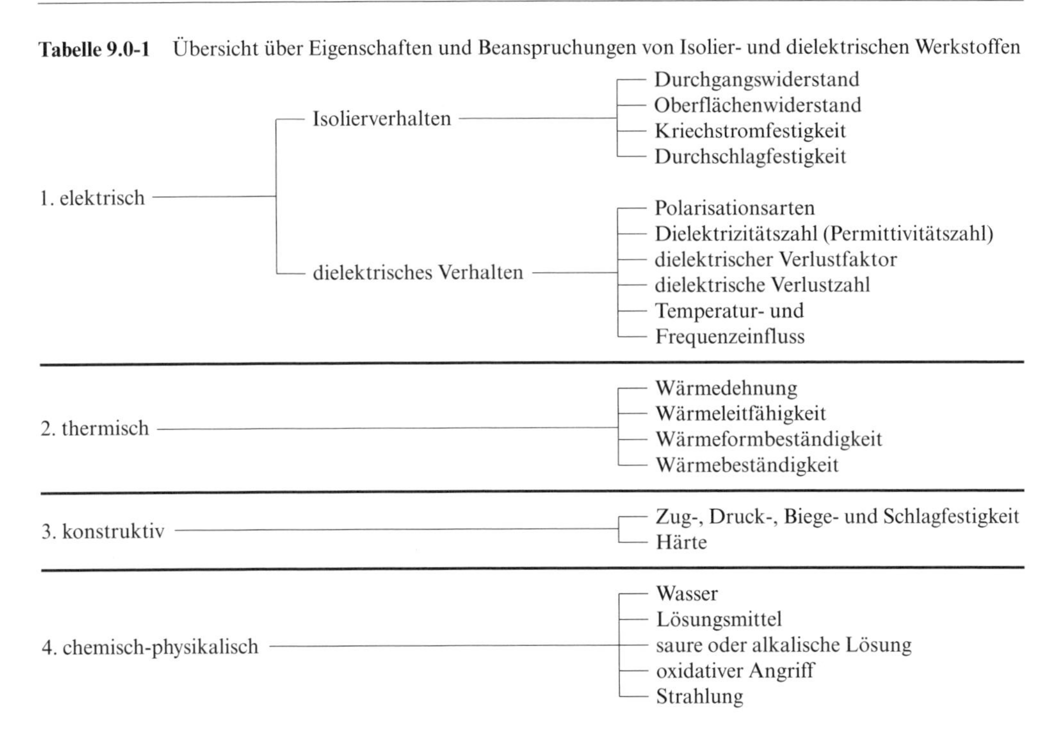

Beanspruchung	Verhalten	Eigenschaft
1. elektrisch	Isolierverhalten	Durchgangswiderstand
		Oberflächenwiderstand
		Kriechstromfestigkeit
		Durchschlagfestigkeit
	dielektrisches Verhalten	Polarisationsarten
		Dielektrizitätszahl (Permittivitätszahl)
		dielektrischer Verlustfaktor
		dielektrische Verlustzahl
		Temperatur- und Frequenzeinfluss
2. thermisch		Wärmedehnung
		Wärmeleitfähigkeit
		Wärmeformbeständigkeit
		Wärmebeständigkeit
3. konstruktiv		Zug-, Druck-, Biege- und Schlagfestigkeit
		Härte
4. chemisch-physikalisch		Wasser
		Lösungsmittel
		saure oder alkalische Lösung
		oxidativer Angriff
		Strahlung

Ein anderes Ordnungsprinzip der Wechselwirkung von Nichtleitern mit dem elektrischen Feld berücksichtigt allein die Tatsache der Polarisation. Man unterscheidet in *Diaelektrika*, *Paraelektrika* und *Ferroelektrika*. Dieses Prinzip wurde in Analogie zur Klassifizierung des Verhaltens von Werkstoffen im äußeren magnetischen Feld gewählt (vgl. Kapitel 11).

Im Folgenden erhält der Lernende einen Einblick in den Aufbau sowie einen Überblick über die Eigenschaften und die dazugehörenden Kenngrößen der technisch eingesetzten Isolierstoffe und Dielektrika. Die wesentlichsten Anwendungsfelder werden beschrieben.

9.1 Elektrische Kenngrößen

Kompetenzen

Ursache für den hohen spezifischen elektrischen Widerstand der Isolierstoffe ist die hohe Barrierenbreite zwischen dem vollbesetzten Grundband und dem leeren Valenzband bei Raumtemperatur, wie das im Abschnitt 3.1 dargestellt wird. Davon ausgehend lässt sich der Unterschied im Leitverhalten zu den Leiterwerkstoffen und Halbleitern herausarbeiten. Für die Auswahl und den Einsatz von Isolierstoffen und Dielektrika sind Kenntnisse über die Zusammenhänge zwischen Einflüssen der Umgebung, wie Luftfeuchtigkeit, Luftinhaltsstoffen und Temperatur, auf die Alterung der Werkstoffe erforderlich. Das führt u. a. zu einer beträchtlichen Änderung der elektrischen Kenngrößen, wie Durchgangs- und Oberflächenwiderstand sowie Kriechstromfestigkeit. Es sind darum Kenntnisse der zulässigen Grenzwerte zu berücksichtigen. Grundsätzlich ist zwischen Durchgangswiderstand und Oberflächenwiderstand zu unterscheiden.

9.1.1 Spezifischer Durchgangswiderstand (Innenwiderstand)

Der spezifische Durchgangswiderstand ϱ_D ist der in Ohm mal Meter gemessene Widerstand eines Würfels von einem Meter Kantenlänge (Bild 9.1-1). Bezieht man auf eine Kantenlänge von 1 cm, erfolgt die Angabe in Ω · cm. In Analogie zum spezifischen elektrischen Widerstand ϱ des Leiters formuliert man für den Widerstand des Isolierstoffs

$$R_D = \frac{r_D \cdot l}{A}$$

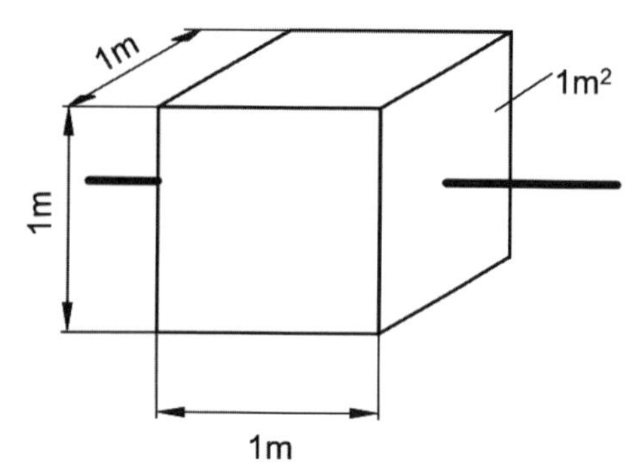

Bild 9.1-1 Veranschaulichung der Definition des Durchgangswiderstandes

R_D bezeichnet man auch als Volumen- oder Innenwiderstand. Die Messmethode nach DIN IEC 60093 ist aus Bild 9.1-2 ersichtlich. An beiden Seiten einer planparallelen Probe der Fläche A von 120 mm mal 120 mm und der Dicke d werden kreisförmige Elektroden angelegt. Es darf nur der *durch* die Probe, und nicht der über die Oberfläche der Probe fließende Strom gemessen werden (ringförmige Schutzelektrode).

Für die Größe des gemessenen Durchgangswiderstandes eines Isolators ist seine chemische Zusammensetzung und damit der Bindungszustand zwischen den Bausteinen *primär*. Gläser und keramische Isolierstoffe sind anorganische Stoffe, die bevorzugt aus Ionen aufgebaut sind. Kunststoffe besitzen im Makromolekül die Atombindung, die auch teilweise polarisiert sein kann und zu Dipolen führt. Daraus ergeben sich *sekundäre* Veränderungen des Durchgangswiderstandes durch:

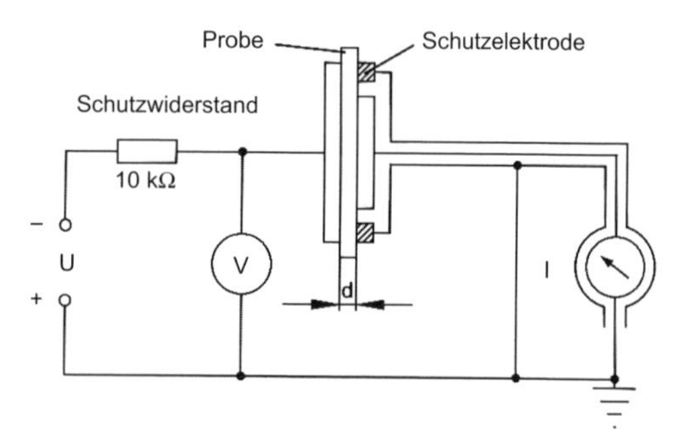

Bild 9.1-2 Schaltbild einer Widerstandsmesseinrichtung nach DIN IEC 60093

- Aufnahme von Wasser entstehen bewegliche Ionen,
- die Veränderung der lokalen Zusammensetzung durch Diffusionsprozesse,
- Änderung der Struktur, z. B. durch Modifikationsänderung und
- durch Alterung, das bedeutet Änderung des Isolierverhaltens über längere Zeiträume.

9.1.2 Oberflächenwiderstand

An der Oberfläche von Isolierstoffen bilden sich oft Schichten von Schmutzablagerungen. Dieses Reaktionsprodukt aus Atmosphäre und Wasserfilm setzt den Widerstand stark herab. Bei Kunststoffoberflächen kommt es oft zu einer elektrostatischen Aufladung, z. B. durch Reibung, was die Ablagerung von Fremdpartikeln begünstigt. Deshalb muss der Oberflächenwiderstand R_O streng vom Durchgangswiderstand R_D unterschieden werden. R_O unterscheidet sich meistens beträchtlich von R_D. R_O beträgt oft nur ein Prozent von R_D. Der Wertebereich für Isolierstoffe liegt zwischen 10^6 und $10^8\ \Omega$. Dabei spielt der sehr unterschiedliche Charakter der Oberflächen von Kunststoffen, Keramik- und Glas-Oberflächen eine wichtige Rolle. *Anorganische Isolierstoffe* adsorbieren lediglich an der Oberfläche infolge des Ionengitters, eine Volumensorption findet nicht statt. Allerdings kann es zur Wasseraufnahme durch Kapillarwirkung in offenen Poren kommen, die durch fehlerhaftes Sintern entstanden sein können. Kunststoffe lagern wegen ihrer amorphen Struktur Wassermoleküle zwischen den Makromolekülen ein. Unterstützt wird dies durch die Anwesenheit von polaren Gruppen und Füllstoffen.

Die Messschaltung nach DIN 53482 bzw. VDE 0303, Teil 3/67 geht aus Bild 9.1-3 hervor. Geprüft wird eine Minute bei 1000 V Gleichspannung an ebenen Proben von etwa 150 mm mal 150 mm. Ein spezifischer Oberflächenwiderstand lässt sich nicht ausrechnen, da der stromdurchflossene Querschnitt nicht ermittelbar ist. Der Oberflächenwiderstand wird darum in Ohm angegeben.

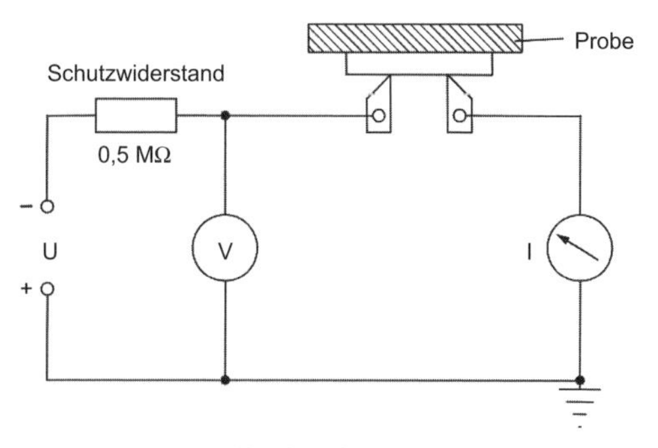

Bild 9.1-3 Schaltbild für die Bestimmung des Oberflächenwiderstandes

9.1.3 Kriechstromfestigkeit

Unter der Kriechstromfestigkeit ist die Widerstandsfähigkeit eines Isolierstoffes gegen die Bildung von Kriechspuren zu verstehen.

Treten an einer realen Isolierstoffoberfläche Bedingungen wie Wasserhaut, Verschmutzungen, Reaktionsprodukte auf, dass es zur Ausbildung einer leitfähigen Spur kommt, fließt ein Kriechstrom. Diese Kriechspuren werden in zwei Grundformen untergliedert. Eine ist bei Kunststoffen durch Aufquellen und Verkohlen der Oberfläche gekennzeichnet. Diese Erscheinungen verlaufen in Richtung des elektrischen Feldes. Die zweite Grundform hat rillenartige Aushöhlungen, die senkrecht zur elektrischen Feldrichtung entstehen und durch thermische Zersetzung des Isolierstoffes infolge überspringender Entladungen hervorgerufen werden. Bei der weiteren Zerstörung entstehen Kriechwege, es ist dies die lückenlose Aneinanderreihung von Kriechspuren, wodurch praktisch eine leitende Kohlenstoffbrücke zwischen den Elektroden entsteht. Zur Bestimmung der Kriechstromfestigkeit (VDE-Bestimmung 0303, Teil 1) erzeugt man zwischen zwei Elektroden durch Auftropfen einer leitenden Prüfflüssigkeit und Anlegen einer Messspannung künstlich eine Kriechspur (siehe Bild 9.1-4). Eine Kriechspur hat sich dann ausgebildet (Ende der Messung), wenn ein Strom > 0,5 A fließt. Es erfolgt eine Bewertung in fünf Stufen, wobei die Stufe eins eine geringe Kriechstromfestigkeit ausdrückt. Anorganische Isolierstoffe sind weniger kriechstromanfällig als organische. Bei den organischen Isolierstoffen ist die Kriechstromfestigkeit stark von der chemischen Zusammensetzung der Makromoleküle abhängig. Ersetzt man z. B. die C-H-Bindung durch die stabilere C-F-Bindung, wie in Polytetrafluorethen (PTFE), erhöht sich die Kriechstromfestigkeit; gleiches gilt für die Si-O-Bindung in den Silikonen. Durch Substitution von C-Atomen durch N-Atome im aromatischen Ring der Phenolharze entstehen Melaminharze mit einer höheren Kriechstromfestigkeit.

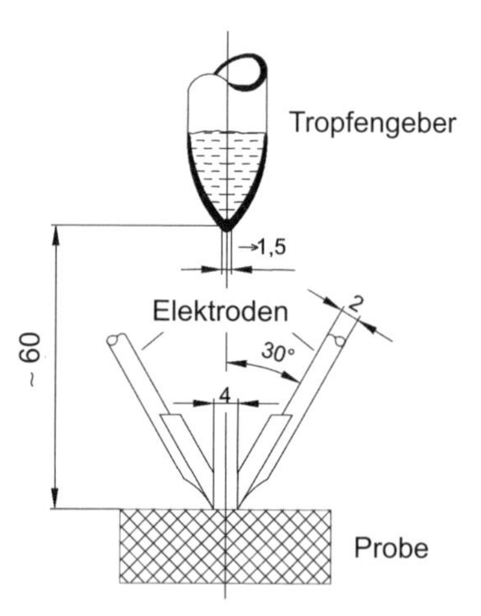

Bild 9.1-4 Prüfvorrichtung zur Bestimmung der Kriechstromfestigkeit

9.1.4 Durchschlagfestigkeit

Der Verlust des Isoliervermögens eines Stoffes über sein Volumen beim Anlegen eines elektrischen Feldes wird als Durchschlag bezeichnet. Die Spannung, bei der der Durchschlag des

Stoffes erfolgt, wird als Durchschlagspannung (U_D), die entsprechende Feldstärke als Durchschlagfeldstärke (E_D) bezeichnet. Die Durchschlagfeldstärke wird häufig auch mit Durchschlagfestigkeit bezeichnet. Da in der Hochspannungs- und Dünnschichttechnik hohe Feldstärken auftreten, ist die Erscheinung des elektrischen Durchschlages dort von besonderer Bedeutung. Für die elektrische Festigkeit eines Isolierstoffes ist also die Feldstärke und nicht die Spannung maßgebend. Um eine gleichgroße Durchschlagspannung unter Anwendung verschiedener Isolierstoffe zu erreichen, kann für den Stoff mit der höheren Durchschlagfeldstärke die Dicke d (auch Schlagweite genannt) des Isolierstoffes verringert werden. So hat z. B. eine Folie aus Polyethen (PE) mit einer Dicke von 0,04 mm eine Durchschlagfestigkeit von 110 kV · mm^{-1}, eine Folie von 0,5 mm Dicke aus dem gleichen Material eine Durchschlagfestigkeit von 80 kV · mm^{-1} (U_D in beiden Fällen gleichgroß).

Der Wert der Durchschlagfestigkeit von Isolierstoffen hängt hauptsächlich von folgenden Faktoren ab:

- **werkstoffliche**
  - Zusammensetzung
  - Füllstoffe
  - Weichmacher
  - Inhomogenitäten
  - Wasseraufnahme
- **prüftechnische**
  - Geometrie des Dielektrikums
  - Größe und Form der Elektroden
  - umgebendes Medium
  - Prüfverfahren und Prüfbedingungen
- **fertigungstechnische**
  - Porenfreiheit
  - Homogenität
  - Downrecycling bei organischen Isolierstoffen (Qualitätsverlust mit steigender Zyklenzahl)

Die Prüfung der Durchschlagfestigkeit erfolgt nach DIN EN 60243-1, DIN EN 60243-2 und DIN EN 60243-3, mithilfe der im Bild 9.1-5 dargestellten Messanordnung. Für ausgewählte Isolierstoffe enthält Tabelle 9.1-2 die mit diesem Messverfahren bestimmten Durchschlagfestigkeiten.

Die Durchschlagfestigkeit ist die höchste Feldstärke, mit der ein Werkstoff vor dem Durchschlag belastet werden kann.

Durchschlagfestigkeiten verschiedener Materialien lassen sich nur vergleichen, wenn die Proben, an denen die Messwerte ermittelt wurden, gleiche Dicken hatten.

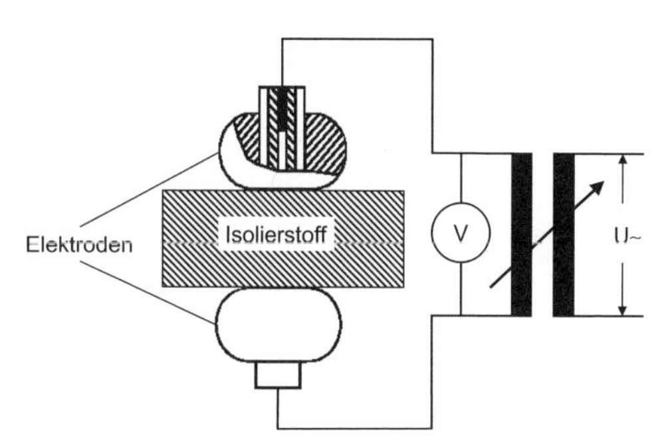

Bild 9.1-5 Messanordnung zur Bestimmung der Durchschlagfestigkeit nach DIN EN 60243-1, DIN EN 60243-2 und DIN EN 60243-3

Tabelle 9.1-1 Prüfbedingungen zur Bestimmung der Durchschlagfestigkeit gemäß Bild 9.1-5

Prüfkörper	ebene Platten 150 mm × 150 mm
Elektrode	Kugeln oder Platten
Spannungserhöhung	1 kV · s^{-1}
Stehzeit vor dem Durchschlag	> 40 s
Messergebnis	> 5 Einzelwerte wegen starker Streuung

Zur Erklärung der im Werkstoff ablaufenden Vorgänge, die zum elektrischen Durchschlag führen, muss man von der Überlagerung verschiedener Effekte ausgehen (vgl. Bild 9.1-6). Den Beginn bildet die Beschleunigung einzelner Elektronen, die beim Aufprall auf die Elektronenhüllen anderer Atome weitere bewegliche Elektronen freisetzen. Es entstehen Ionen. Mit zunehmender Feldstärke steigt sowohl die Anzahl der Elektronen als auch die der aus den Bindungen abgelösten Ionen. Es kommt zum Durchschlag. Diese Prozesse verstärken sich durch Erwärmung von außen bzw. durch die JOULEsche Wärme beim Stromfluss (Wärmedurchschlag).

In inhomogenen Isolierstoffen (Poren, Risse, Gaseinschlüsse) wird aufgrund der geringeren Dielektrizitätszahl in diesen Gebieten die kritische Feldstärke bei geringerer Spannung erreicht und der elektrische Durchschlag eingeleitet. Bei Dauerbeanspruchungen von Isolierstoffen kommt es zum chemischen Abbau im Werkstoff (chemischer Durchschlag ab ca. 10^4 s).

Tabelle 9.1-2 Richtwerte für Durchschlagfestigkeiten ausgewählter Isolierstoffe in $kV \cdot mm^{-1}$, $d = 1$ mm, Prüfdauer 1 min

E-Porzellan	30 bis 35
ölgetränktes Kabelpapier	bis 100
Trafoöl	bis 30
Polyesterharz (UP)	bis 30
Polyvinylchlorid (PVC)	bis 50
Polystyren (PS)	bis 100
Polyethen (PE)	bis 200

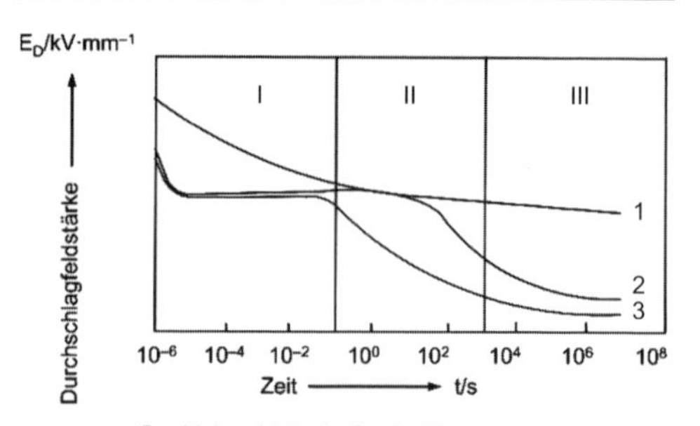

Bild 9.1-6 Durchschlagfestigkeit in Abhängigkeit von der Prüfdauer

Übung 9.1-1

Ein organischer Isolierstoff enthält als Füllstoff Papier. Wie und warum verändern sich der Durchgangswiderstand und die Durchschlagfestigkeit?

Übung 9.1-2

Zwei keramische Isolierkörper aus dem gleichen Grundmaterial unterscheiden sich durch ihre Porendichte. Der eine hat 90 % der theoretischen Dichte, der andere 98 %. Welcher der beiden Körper besitzt das bessere Isolationsverhalten?

Übung 9.1-3

Begründen Sie die Tatsache, dass Isolierstoffe auf der Basis von UP eine Durchschlagfeldstärke von ca. 30 $kV \cdot mm^{-1}$, aber Polyethen von ca. 200 $kV \cdot mm^{-1}$ haben!

Übung 9.1-4

Wodurch entstehen auf der Oberfläche organischer Isolierstoffe Kriechströme?

Zusammenfassung: Elektrische Kenngrößen

- Durchgangswiderstand oder Innenwiderstand, Oberflächenwiderstand, Kriechstromfestigkeit und Durchschlagfestigkeit charakterisieren das Isolationsverhalten von Werkstoffen.
- Volumenabhängig sind Durchgangswiderstand und Durchschlagfestigkeit, da sich durch Alterung und Diffusionsvorgänge die chemische Zusammensetzung und Struktur ändern.
- Oberflächenwiderstand und Kriechstromfestigkeit hängen in bedeutendem Maße von der Beschaffenheit der Oberfläche ab (Rauigkeit, Fremdschichten, Reaktionsschichten).
- Die Reproduzierbarkeit der Messwerte und ihre Aussage zum Isolierverhalten erfordern die exakte Einhaltung der Prüfverfahren und Prüfbedingungen.

9.2 Dielektrisches Verhalten

Kompetenzen

Das Verständnis für das dielektrische Verhalten von Werkstoffen setzt die Kenntnis der Polarisationsmechanismen voraus. Das sind Elektronen- und Ionenpolarisation, die durch die Verschiebung von Ladungsschwerpunkten entstehen. Die Orientierungspolarisation erfordert bereits vorhandene Dipole. Im Falle der Ferroelektrika kommt es zur spontanen Polarisation.

Die Parallelität zwischen ferroelektrischen und ferromagnetischen Werkstoffen sollte hier bereits erkannt werden.

Für die quantitative Erfassung des dielektrischen Verhaltens sind die Permittivitätszahl ε_r und der dielektrische Verlustfaktor tan δ heranzuziehen.

Eine Erklärung für den Einfluss von ε_r auf die Kapazität von Kondensatoren ist an Kenntnisse zu Werkstoffeigenschaften sowie deren Temperatur- und Frequenzabhängigkeit gebunden.

9.2.1 Polarisation und Polarisationsmechanismen

In vielen in der Elektrotechnik angewandten Bauelementen nutzt man die Wechselwirkung des elektrischen Feldes mit lokalisierten Ladungen im Werkstoff im Sinne einer Polarisation aus. Unter Polarisation verstehen wir Ladungsverschiebungen, die zur Bildung elektrischer Dipole führen bzw. die Orientierung vorhandener Dipole (permanente Dipole) im elektrischen Feld. Permanente Dipole existieren also ohne Einwirkung eines äußeren elektrischen Feldes, sie sind im Stoff vorhanden. Ein Maß für die Stärke des Dipols ist das Dipolmoment μ. Das Dipolmoment des induzierten Dipoles P durch Ladungsverschiebung ist abhängig von der elektrischen Feldstärke. In Abhängigkeit von der Art der Dipole ergeben sich bei der Wechselwirkung des Feldes mit dem Werkstoff spezifische Polarisationsmechanismen; die *Verschiebungspolarisation* und die *Orientierungspolarisation.*

$\mu = Q \cdot l$
Q = Ladung
l = Abstand der Ladungsschwerpunkte

$P = \alpha \cdot E$
P = Dipolmoment induzierter Dipole
α = Polarisierbarkeit

Die *Verschiebungspolarisation* tritt auf in Form der Elektronen- und Ionenpolarisation. *Elektronenpolarisation* entsteht durch die Verschiebung der negativen Elektronenhülle gegenüber dem positiven Kern (siehe Bild 9.2-1). Da jeder Stoff aus Atomen aufgebaut ist, tritt die Elektronenpolarisation in jedem Stoff auf. Sie ist reversibel, da nach Abschalten des Feldes der Ausgangszustand wieder eingenommen wird. Dieser Vorgang verläuft nahezu trägheitslos, weil die Masse der Elektronenhülle äußerst gering ist. Damit kann sie deshalb praktisch ohne zeitliche Verzögerung in den Ausgangszustand zurückkehren, die Relaxationszeit ist

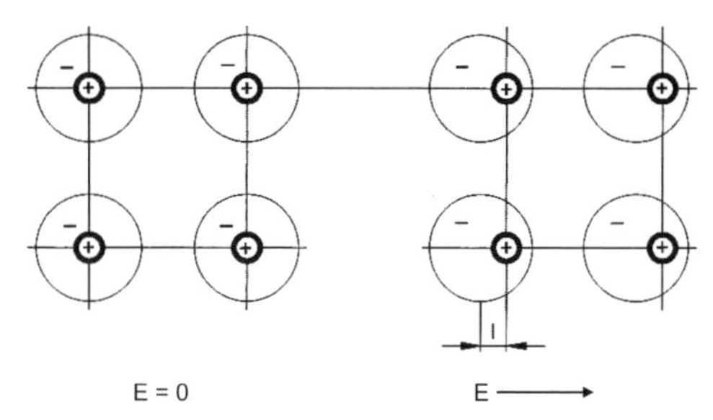

Bild 9.2-1 Elektronenpolarisation

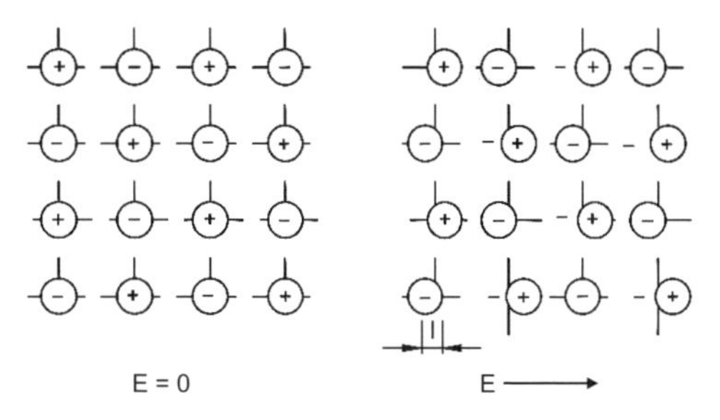

Bild 9.2-2 Ionenpolarisation

sehr gering. Beim Anlegen eines Wechselfeldes folgt die Elektronenpolarisation dem Feldwechsel ohne Phasenverschiebung bis in einen Frequenzbereich von 10^{14} Hz.

Die *Ionenpolarisation* tritt auf in Isolierstoffen, die aus einem Ionengitter aufgebaut sind, wie z. B. Porzellan, Keramik und Glas. Hierbei wird das Kationenuntergitter gegen das Anionenuntergitter verschoben, vgl. Bild 9.2-2. Der Vorgang ist reversibel, aber aufgrund der größeren Masse der Ionen tritt eine deutlich höhere Relaxationszeit auf. Daraus folgt, im Wechselfeld schwingen die Ionen bis zur Frequenz von 10^{12} Hz mit.

Bei Anwesenheit von permanenten Dipolen im Dielektrikum kommt es zur *Orientierungspolarisation*. Die Dipole drehen sich in Feldrichtung, sie orientieren sich (vgl. Bild 9.2-3). Da hierbei Moleküle oder Molekülgruppen mit dem Feld wechselwirken, beträgt die Relaxationszeit 10^{-9} bis 10^{-11} s, d. h., im Wechselfeld folgt die Orientierungspolarisation der Frequenz bis ca. 10^{11} Hz, bei höheren Frequenzen fällt sie aus. Kunststoffe mit polaren Gruppen zeigen Orientierungspolarisation. Da das Wassermolekül ein starkes permanentes Dipolmoment besitzt, kommt es in Dielektrika bei Anwesenheit von Wasser zur Überlagerung der Polarisation des Grundwerkstoffes durch die des Wassers.

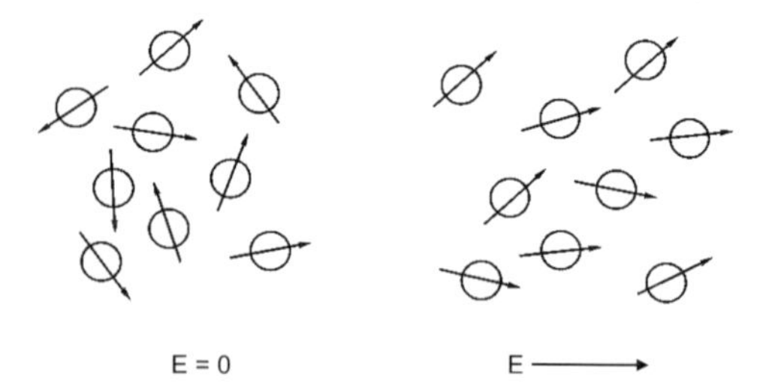

Bild 9.2-3 Orientierungspolarisation

Ein besonderer Fall der Orientierungspolarisation in Dielektrika ist die *spontane Polarisation*,

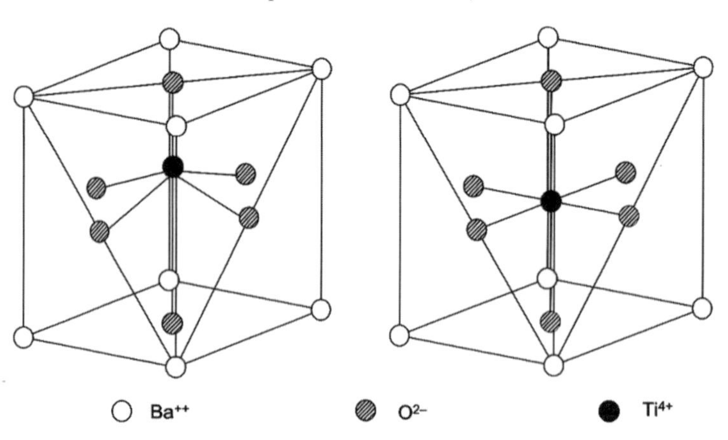

Bild 9.2-4 Elementarzelle des $BaTiO_3$ (Perovskit-Typ); links: unterhalb CURIE-Temperatur, rechts: oberhalb

die das ferroelektrische Verhalten verursacht. Entgegen den Wärmeschwingungen der Dipole, die ihre völlig gleichsinnige Orientierung verhindern, kommt es in den Ferroelektrika unter bestimmten strukturellen Bedingungen zur *gleichsinnigen* Orientierung von Dipolen. Diejenigen Gebiete, in denen die Dipole derart gekoppelt sind, nennt man *Domänen*. Sie entsprechen den WEISSschen Bezirken in Ferromagnetika.

Diese spezielle Strukturbedingung erfüllt die Perovskit-Struktur, wie sie im Bariumtitanat ($BaTiO_3$, das entspricht $BaO \cdot TiO_2$) vorliegt. Bild 9.2-4 zeigt die Elementarzelle des $BaTiO_3$. Das raumzentrierte Ti^{4+}-Ion ist im Realgitter um einen kleinen Betrag aus der zentralen Lage verschoben und verursacht ein permanentes Dipolmoment, da die Ladungssymmetrie gestört ist. In einem Perovskit-Gitter können diese Dipole spontan, ohne äußeres elektrisches Feld, koppeln und Domänen bilden (siehe Bild 9.2-5).

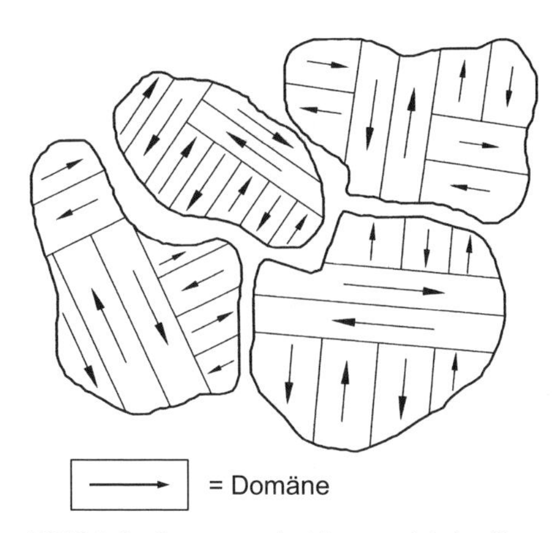

Bild 9.2-5 Spontan polarisierter polykristalliner keramischer Werkstoff (Körner einer gesinterten Keramik)

Ohne äußeres Feld sind die Domänen zueinander unterschiedlich orientiert, durch Domänenwände sind sie voneinander getrennt. Die Dipolmomente der Domänen heben sich dadurch gegenseitig mehr oder weniger auf. Sie haben kein nach außen wirkendes Dipolmoment. Erst durch die Einwirkung eines äußeren elektrischen Feldes kommt es zu einer zunehmend gleichsinnigen Orientierung der Domänen bis zur Sättigung, wie das Bild 9.2-6 zeigt.

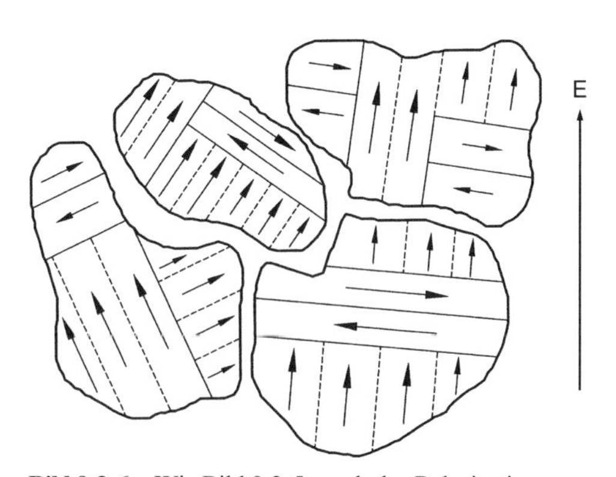

Bild 9.2-6 Wie Bild 9.2-5, nach der Polarisation

In Analogie zu den Ferromagnetika verläuft die Orientierung der Domänen bei der erstmaligen Polarisation durch das äußere Feld nicht vollständig reversibel (Neukurve). Nach Abschalten des Feldes kehren die Domänen *nicht* in ihre Ausgangslage zurück, es verbleibt eine remanente Polarisation. Sie kann nur durch ein entgegengesetzt gerichtetes Feld wieder auf den Wert 0 gebracht werden (elektrische Koerzitivfeldstärke). Es ergibt sich die ferroelektrische Hysteresekurve wie im Bild 9.2-7. Einen Vergleich zwischen den Erscheinungen und Begriffen bei Ferroelektrika und Ferromagnetika enthält Tabelle 9.2-1.

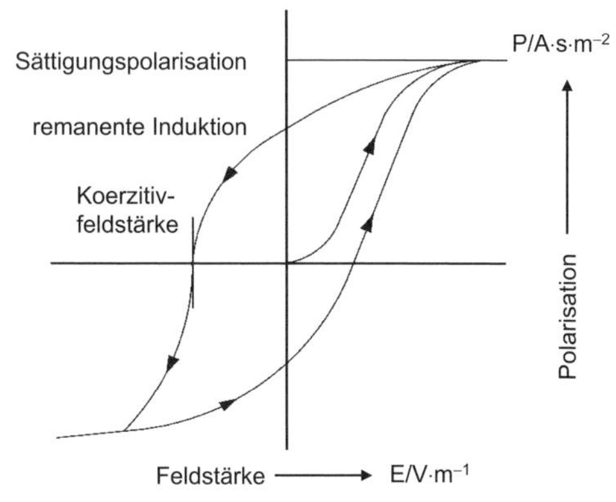

Bild 9.2-7 Ferroelektrische Hysteresekurve

Tabelle 9.2-1 Vergleich Ferroelektrika – Ferromagnetika

Ferromagnetika	Ferroelektrika
Elementarmagnete	Dipole
spezielle Gitterstruktur	spezielle Gitterstrukturen
Verhältnis: Gitterkonstante zu Radius 3d-Niveaus	(Perovskit-Gitter)
spontane Magnetisierung	spontane Polarisation
Hysterese	Hysterese
WEISSsche Bezirke	Domänen
BLOCH-Wände	Domänenwände
oberhalb CURIE-Temperatur T_C: paramagnetisch	oberhalb CURIE-Temperatur T_C: paraelektrisch
Magnetostriktion	Elektrostriktion

Das Verhalten von Nichtleitern im elektrischen Feld kann man vergleichen mit dem Verhalten von Werkstoffen im magnetischen Feld. Dem permanenten elektrischen Dipol in einem Dielektrikum entspricht das nicht abgesättigte Spinmoment in einem unpaarig besetzten Energieniveau. Davon ausgehend ergeben sich folgende Begriffszuordnungen:

diaelektrisch	**diamagnetisch**
keine permanenten Dipole	keine unpaarigen Spinmomente
paraelektrisch	**paramagnetisch**
permanente Dipole	freie Spinmomente
ferroelektrisch	**ferromagnetisch**
spontane Polarisation	spontane Magnetisierung

9.2.2 Permittivitätszahl (Dielektrizitätszahl)

Ein elektrisches Feld mit der Feldstärke E erzeugt durch Polarisation im Werkstoff eine elektrische Flussdichte D, die auch Verschiebungsdichte genannt wird, (1) und (2). Die elektrische Flussdichte D ändert sich linear mit der Größe und Richtung des elektrischen Feldes E (3). Die Verschiebungsdichte im Vakuum D_0 ist demzufolge ebenfalls proportional E. Durch Einführung des Proportionalitätsfaktors der elektrischen Feldkonstante ε_0 entsteht Gleichung (5). Die elektrische Flussdichte in einem Stoff D_S ist stets größer als die Flussdichte im Vakuum D_0. Das Zahlenverhältnis D_S/D_0 heißt

$$D \sim P \text{ (im Dielektrikum)} \quad (1)$$

$$D_0 \sim P \text{ (im Vakuum)} \quad (2)$$

$$P \sim E \quad (3)$$

$$D_0 \sim E \quad (4)$$

$$D_0 = \varepsilon_0 \cdot E \quad (5)$$

$$\varepsilon_0 = 8{,}9 \cdot 10^{-12}\,\text{As} \cdot (\text{Vm})^{-1}$$

$$\frac{D_S}{D_0} = \varepsilon_r \quad (6)$$

Permittivitätszahl ε_r, auch Dielektrizitätszahl ε_r (6). Sie ist eine wichtige Werkstoffkenngröße und gibt den Verstärkungsfaktor für die vom Felderreger erzeugte Flussdichte im Werkstoff gegenüber dem Vakuum (Luft) an. Deshalb gilt: Je ausgeprägter das polare Verhalten eines Werkstoffes ist, desto größer ist auch seine Permittivitätszahl (Dielektrizitätszahl). Stoffe mit ausschließlich Elektronenpolarisation (unpolar) besitzen kleine Werte für ε_r, bei Stoffen mit Ionen- bzw. Orientierungspolarisation wird ε_r größer und ist bei Ferroelektrika am größten (siehe Tabelle 9.2-2). Es wird ein Bereich 2 bis ca. 10^4 überstrichen.

> ε_r entspricht der Permeabilitätszahl μ_r im Magnetfeld.

In einer Kondensatoranordnung (siehe Bild 9.2-8) gewinnt die Größe von ε_r eine besondere Bedeutung. Ein Dielektrikum befindet sich zwischen zwei Metallplatten als Kontakt. Die durch COULOMBsche Kräfte im Dielektrikum erzeugte Ladungsverschiebung (Polarisation) ist dem Potenzial U der erregenden Feldstärke E entgegen gerichtet. Durch die in einem paraelektrischen Werkstoff orientierten Dipolmomente werden Ladungsträger kompensiert, und es können weitere Ladungsträger aus der Spannungsquelle auf die Metallplatten fließen, die Ladung Q dieses Kondensators wird damit größer. Für den Kondensator gilt Gleichung (7). Bei konstanter Spannung steigt die Kapazität des Kondensators mit zunehmendem Wert für ε_r Die Permittivitätszahl ergibt sich aus dem Verhältnis der Kapazität des Kondensators mit

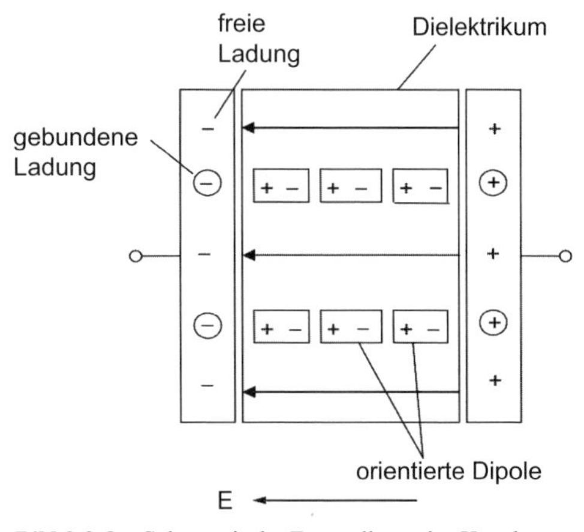

Bild 9.2-8 Schematische Darstellung der Kondensatorfunktion

Tabelle 9.2-2 Kenngrößen ausgewählter dielektrischer Werkstoffgruppen

Werkstoffgruppe	ε_r	tan δ	Beispiele
unpolare Kunststoffe	2,0–2,5	$>5 \cdot 10^{-4}$	Polyethen $[-\mathrm{CH_2}-\mathrm{CH_2}-]_n$
polare Kunststoffe (ohne Füllstoffe)	2,5–6	$1 \cdot 10^{-3}$–$2 \cdot 10^{-2}$	Polyester $[-\mathrm{O}-\mathrm{CH_2}-\mathrm{CH_2}-\mathrm{O}-\mathrm{CO}-\mathrm{C_6H_4}-\mathrm{CO}-\mathrm{O}-]_n$
Keramik (paraelektrisch)	3,5–10	10^{-4}–$1,5 \cdot 10^{-2}$	Silicatkeramik $(Na, K)_2 \cdot Al_2O_3 \cdot SiO_2$
Gläser	4,0–8,0	$5 \cdot 10^{-4}$–$1 \cdot 10^{-2}$	Natron-Kalk-Glas $Na_2O \cdot CaO \cdot SiO_2$
Ferroelektrika	$2 \cdot 10^2$–10^4	$2 \cdot 10^{-3}$–$2 \cdot 10^{-2}$	PZT Blei-Zirkonat-Titanat (Perovskit) $PbO \cdot ZrO_2 \cdot TiO_2$

Dielektrikum und der Kapazität dieses Kondensators im Vakuum C_0, siehe Gleichung (8). Da aber die Kapazität darüber hinaus direkt proportional der Fläche der Kondensatorplatten A und umgekehrt zum Abstand d ist, gilt Gleichung (9).

9.2.3 Dielektrischer Verlustfaktor

Wirkt auf einen Kondensator mit Dielektrikum eine Wechselspannung, dann ändern sich im Dielektrikum die Verschiebungs- oder Drehrichtungen der Ladungsschwerpunkte. Im Takte der angelegten Frequenz ändert sich im Werkstoff die Polarisationsrichtung, die Dipole schwingen mit der Frequenz. Durch diese Schwingungen entsteht Wärme. Man bezeichnet die dadurch bedingten Verluste als dielektrische Verluste. Die Änderung der Polarisationsrichtung erfordert eine Arbeit, die bei der Kondensatorspannung U durch den Wirkstrom I_W geleistet wird. Neben dem erwünschten Verschiebungsblindstrom I_b, der die Polarisation im Dielektrikum bewirkt, und der der angelegten Wechselspannung um π/2 voreilt, fließt der zusätzliche Wirkstrom I_W, der mit der angelegten Spannung phasengleich ist. Beide Ströme überlagern sich und bilden den Gesamtstrom I; sein Phasenwinkel liegt zwischen 0 und π/2 und wird durch den Komplementwinkel δ zu 90° ergänzt. Das Verhältnis von Wirkstrom zu Blindstrom nennt man den Verlustfaktor. Aus der grafischen Darstellung im Bild 9.2-9 des Zusammenhangs von I_W und I_b ergibt sich $I_{(Gesamt)}$ aus dem Tangens des Winkels δ, der tan δ wird als Kenngröße dielektrischer Verlustfaktor genannt. Je größer das Dipolmoment und die Zahl der Dipole je Volumeneinheit sind, um so größer sind die auftretenden „Reibungsverluste". Dielektrizitätszahl und dielektrischer Verlustfaktor ändern sich also gleichsinnig (siehe Tabelle 9.2-2). Das Produkt aus ε und tan δ wird dielektrische Verlustzahl ε'' genannt.

$$Q = C_S U \qquad C_S = \text{Kapazität des Kondensators mit Dielektrikum} \tag{7}$$

$$\varepsilon_r = \frac{C_S}{C_0} \qquad \text{daraus folgt } C_S = \varepsilon_r \cdot C_0 \tag{8}$$

$$C_S = \varepsilon_0 \cdot \varepsilon_r \frac{A}{d} \tag{9}$$

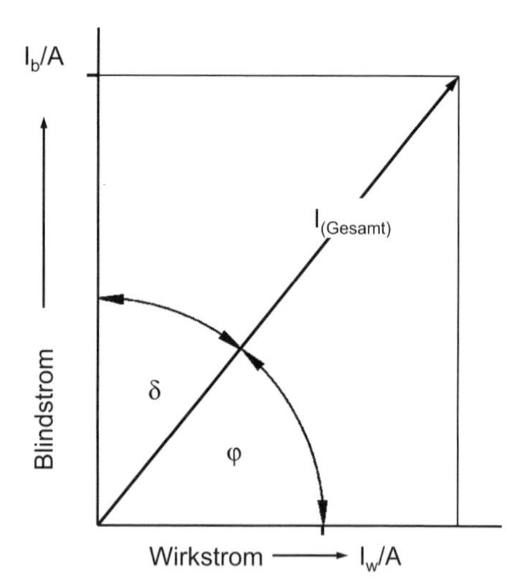

Bild 9.2-9 Phasenlage des Gesamtstromes im verlustbehafteten Kondensator

9.2.4 Temperatur- und Frequenzabhängigkeit

Bei Diaelektrika vermindert sich ε_r mit steigender Temperatur geringfügig, da infolge der Wärmeausdehnung die Anzahl der induzierten Dipole pro Volumeneinheit abnimmt; TK_ε ist negativ.

Bei paraelektrischen Stoffen mit Ionengitterpolarisation sind die TK_ε-Werte positiv. Hierbei wird die Elektronenpolarisation überkompensiert. Die Paraelektrika mit permanenten Dipolen besitzen sowohl positive als auch negative TK_ε-Werte, da zwei entgegen gesetzte Effekte wirken. Einerseits sind die Dipolmoleküle mit steigender Temperatur leichter beweglich, das bedeutet Zunahme von ε_r. Zum anderen nimmt mit steigender Temperatur die Neigung zur Unordnung zu, was die Abnahme von ε_r bewirkt. Je nachdem, welcher Vorgang dominiert, ergibt sich ein positiver oder negativer Wert für TK_ε.

Von besonderer Bedeutung ist das für die Ferroelektrika, da in ihnen die spontane Polarisation in den Domänen verloren gehen kann. Wenn die CURIE-Temperatur erreicht wird, fällt ε_r stark ab (vgl. Bild 9.2-10).

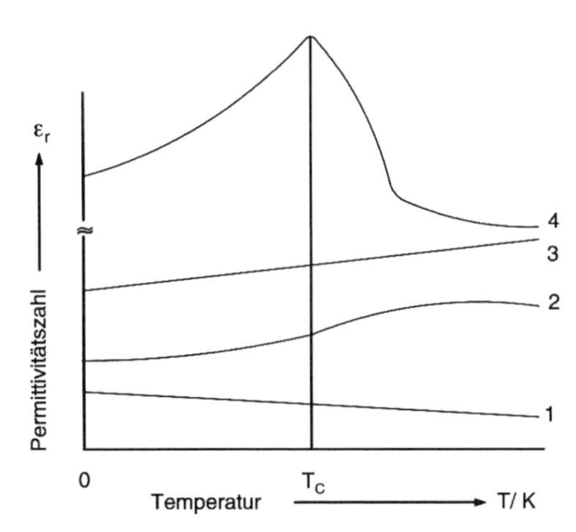

Bild 9.2-10 Abhängigkeit $\varepsilon_r = f(T)$

1 = Dielektrikum mit Elektronenpolarisation, wie PE und andere unpolare Kunststoffe

2 = Dielektrikum mit Ionenpolarisation, z.B. Al_2O_3 und andere nichtferroelektrische Keramik

3 = Dielektrikum mit Orientierungspolarisation, z.B. PCV, Polyester und andere polare Kunststoffe, Gläser

4 = Dielektrikum mit spontaner Polarisation, z.B. PZT-Keramik (Blei-Zirkonat-Titanat-Keramik), mit einer CURIE-Temperatur T_c von ca. 200 °C

Die Polarisation ist ein zeitabhängiger Vorgang. Sowohl eine Ladungsverschiebung durch das Feld bzw. das Eindrehen von Dipolen in das Feld als auch die Umkehrung dieser Vorgänge benötigen eine Einstell- und Rückstell-(Relaxations-)zeit. Damit sind ε_r und tan δ frequenzabhängige Größen. Für Werte von ε_r und tan δ erfolgt deshalb immer die Angabe der Messfrequenz.

Die im Bild 9.2-11 dargestellte Frequenzabhängigkeit von ε_r ist auf den jeweiligen Polarisationsmechanismus (siehe 9.2.1) zurückzuführen. Die charakteristische Frequenzabhängigkeit von tan δ resultiert aus der Resonanz zwischen Eigenfrequenz der Dipole und der Frequenz des Wechselfeldes. Es kommt zu besonders großen Reibungsverlusten und damit zum Ansteigen von tan δ. Die Maxima treten immer bei den Frequenzen auf, bei denen einer der dabei typischen Polarisationsmechanismen ausfällt, wobei ε_r stark abfällt.

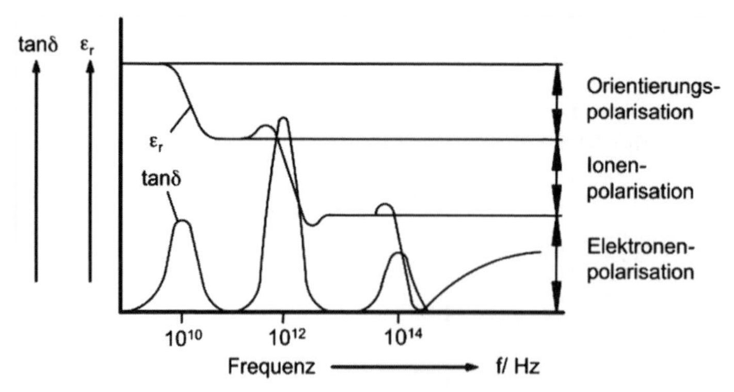

Bild 9.2-11 Prinzipieller Verlauf der Abhängigkeit der Dielektrizitätszahl und des dielektrischen Verlustfaktors von der Frequenz

Übung 9.2-1

Welche Polarisation entsteht in:
1. einem Si-Einkristall,
2. Salzen,
3. polaren Isolierstoffen,
4. Metallen,
5. Edelgasen?

Übung 9.2-2

Woraus resultiert ferroelektrisches Verhalten eines Dielektrikums?

Übung 9.2-3

Erläutern Sie, weshalb ε_r temperatur- und frequenzabhängig ist!

Übung 9.2-4

Begründen Sie die unterschiedlichen Werte für ε_r der Isolierstoffe Polyethen und Polyester!

Übung 9.2-5

Ordnen Sie anhand des Bereiches von ε_r die vorherrschende Polarisationsart den charakteristischen Stoffklassen zu!

Übung 9.2-6

Erläutern Sie die Kenngröße dielektrischer Verlustfaktor!

Übung 9.2-7

Welche Kapazität hat ein Plattenkondensator mit den Plattenabmessungen 50 mm × 100 mm, dem Plattenabstand von 0,1 mm und Polystyrol als Dielektrikum? ($1\ \text{F} = 1\ \text{A} \cdot \text{s} \cdot \text{V}^{-1}$)

Übung 9.2-8

Ein Plattenkondensator mit dem Dielektrikum Luft wird auf eine Spannung U_1 = 12 V aufgeladen, danach wird die Spannungsquelle abgeschaltet. Dann legt man ein Dielektrikum genau schließend zwischen die Platten. Jetzt beträgt die Spannung zwischen den Platten U_2 = 4 V. Wie groß ist ε_r des Dielektrikums, welcher Werkstoff könnte das sein?

Übung 9.2-9

Sind die Kenngrößen ε_r und tan δ Werkstoffkonstanten? Begründen Sie Ihre Entscheidung!

Übung 9.2-10

Warum wirken sich dielektrische Verluste in der HF-Technik besonders stark aus und wozu führt das? Wie kann man dem durch entsprechende Werkstoffauswahl begegnen?

Zusammenfassung: Dielektrisches Verhalten

- Lokalisierte Ladungsträger unterliegen im elektrischen Feld der Polarisation.
- Durch die Verschiebung der Ladungsschwerpunkte durch ein äußeres Feld kommt es zur Elektronen- bzw. Ionenpolarisation.
- Die Orientierungspolarisation setzt bereits vorhandene Dipole voraus, die sich im Feld mehr oder weniger gleichsinnig orientieren.
- Findet eine gleichsinnige Orientierung vorhandener Dipole statt, bilden sich Domänen als Voraussetzung für ferroelektrisches Verhalten von Werkstoffen.
- Basiswerkstoffe für Ferroelektrika sind Bariumtitanat und Blei-Zirkonat-Titanat.
- Permittivitätszahl und dielektrischer Verlustfaktor einschließlich ihrer Temperatur- und Frequenzabhängigkeit charakterisieren die Eigenschaften von Dielektrika.
- Die Kapazität von Kondensatoren bestimmen neben der Kenngröße ε_r geometrische Faktoren wie Dicke des Dielektrikums und ihre Fläche.

9.3 Isolierstoffe

Kompetenzen

Anhand der Bindungs- und Strukturarten in Keramik, Kunststoffen und Glas lassen sich die Eigenschaften von Isolierstoffen beurteilen und systematisieren und daraus sind die wesentlichen Anwendungsfällen dieser Werkstoffe abgeleitet.

Dadurch ist es möglich, ihre wesentliche Anwendung für Kabel und Leitungen, Leiterplattenbasismaterial sowie keramische Substrate und Gehäuse zur Hermetisierung von Baugruppen und Bauelementen darzustellen und zu begründen.

Herausragende Eigenschaften einzelner Werkstoffe und ihre Nutzung können am Beispiel erläutert werden.

Als Isolierstoffe finden Kunststoffe, keramische Werkstoffe und Gläser Anwendung. Sie besitzen einen spezifischen elektrischen Widerstand von größer als $10^6\ \Omega \cdot m$. Der Isolierstoff muss die galvanische Trennung elektrischer Leiter unter Betriebsbedingungen realisieren. Er darf demzufolge keine freien Ladungsträger (Elektronen und/oder Ionen) enthalten bzw. es dürfen keine durch elektrische Felder erzeugt werden. Kennzeichnend für die elektrischen Isolierstoffe sind vor allem der elektrische Innen- und Oberflächenwiderstand sowie die Durchschlagfestigkeit. Hinzu kommen gemäß Tabelle 9.0-1 weitere Größen, die sich aus den Anwendungsfällen ergeben. In Kabeln und Leitungen sind es bevorzugt Kunststoffe, bei den Substraten Keramiken und Gläser. Kunststoffe finden wir, neben anderen Werkstoffen auch als Hermetisierung von Bauelementen. Spezielle Anwendungen, wie z. B. die Isolation von Heizleitern mit Keramik oder isolierte Durchführungen mittels Glas u.a. werden hier nicht behandelt.

Für die Systematisierung der Vielzahl von Isolierstoffen gibt es verschiedene Gesichtspunkte, wie:

- nach dem Aggregatzustand in feste, flüssige und gasförmige;
- nach der Werkstoffart in organische (Kunststoffe) und anorganische (Keramik und Glas).

Wir benutzen eine Einteilung unter dem Gesichtspunkt der Verwendung der Isolierstoffe in der Elektrotechnik.

9.3.1 Isolierstoffe für Kabel und Leitungen

Für diese Anwendung kommen bevorzugt Polymere zum Einsatz. Das sind:

Thermoplaste (Plastomere), wie Polyvinylchlorid (PVC), Polyethen (PE), Polypropen (PP) und Polyamid (PA)

Copolymere aus: Ethen und Vinylacetat (EVA), Ethen und Methacrylsäureethylester (EEA), Ethen und Methacrylsäurebutylester (EBA), Ethen und Tetrafluorethen (ETFE), Tetrafluorethen und Hexafluorpropen (FEP)

Elastomere auf Basis Natur- und Synthesekautschuk, Silikonkautschuk (SiK) und chloriertem Polyethen (CM)

Duroplaste (Duromere), wie Epoxidharze (EP) und Polyurethanharze (PUR)

Polymermischungen (Polyblends), wie Polyolefine und Kautschuk, thermoplastisches Polyurethan und Polyester.

Strukturmerkmale von Kunststoffen

Thermoplaste bestehen aus fadenförmigen Makromolekülen und lassen sich deshalb bei höheren Temperaturen erweichen, in manchen Fällen bis hin zur Schmelze. *Elastomere* entstehen durch schwache Vernetzung von fadenförmigen Makromolekülen untereinander. *Duromere* sind hoch vernetzte Makromoleküle und darum thermisch nicht erweich- bzw. schmelzbar und unlöslich (siehe Abschnitte 1.1.1 und 2.4). Diese Kunststoffe genügen in vielen Fällen nicht den spezifischen Anforderungen der Elektrotechnik. Deshalb stellt man *Copolymere*, ausgehend von zwei und mehr Monomeren her, die gemeinsam das Makromolekül aufbauen. Ein anderer Weg besteht in der Mischung von Polymeren miteinander zum *Polymerengemisch* (*Blend*).

Neben den elektrischen und dielektrischen Anforderungen an Isolierstoffe treten bei Kabeln und Leitungen spezifische Merkmale wie flexibles Verhalten, auch bei tiefen Temperaturen, Beständigkeit gegen Säuren, Laugen, Lösungsmittel und Öle in den Vordergrund. Außerdem zeichnen sie sich durch günstige Formgebungseigenschaften aus. Eine Zusammenfassung der wichtigsten Isolierstoffe für Kabel und Leitungen mit diesen Eigenschaften enthält Tabelle 9.3-1.

9.3.2 Isolierstoffe für elektronische Baugruppen und Bauelemente

Darunter sollen Werkstoffe für Leiterplattenbasismaterial, keramische Substrate und Gehäuse zur Hermetisierung verstanden werden. Bei diesen Anwendungen stehen neben den typischen Isolier- und dielektrischen Eigenschaften folgende im Vordergrund:

- hohe Wärmeleitfähigkeit
- anpassbarer thermischer Ausdehnungskoeffizient
- Oberflächenrauigkeit
- ausreichende Temperaturbeständigkeit

Deshalb finden hierfür nicht nur Kunststoffe, sondern insbesondere Keramiken und Gläser Anwendung.

Zur Herstellung von Leiterplatten kommen unterschiedliche Basismaterialien als Träger des Leiterbildes und der Bauelemente zur Anwendung. Es sind dies starre oder flexible Isolierstoffe mit oder ohne Metallauflage. Als Basismaterial für starre Leiterplatten werden überwiegend Verbünde aus einem *Bindemittel* (Harz, Kunststoff) und dem *Trägermaterial* (Fasern, Gewebe, Vliese) eingesetzt.

Als *Trägermaterial* setzt man Natronzellulosepapier, Glasfasern in verschiedenen Verarbeitungsformen und Kunststofffasern aus Aramid ein. Die unterschiedlichen Trägermaterialien bewirken unterschiedliche Wasseraufnahmefähigkeiten, verschiedene Biegebelastbarkeiten und differenzierte Materialpreise, vor allem unter dem Aspekt der breiten Anwendung der Leiterplatte in der Elektrotechnik. Die gebräuchlichen *Bindemittel* sind Phenol- und Epoxid-

Tabelle 9.3-1 Eigenschaften von Isolierstoffen für Kabel und Leitungen

Bezeichnung				Eigenschaften					
				elektrisch	dielektrisch		chemisch		
Kurzzeichen	chemisch	VDE	zulässige Betriebstemperatur nach VDE in °C	spez. Durchg.-widerstand in $\Omega \cdot$ cm bei 20 °C	Verlustfaktor $\tan \delta$ 50 Hz bei 20 °C	Permittivitätszahl ε_r 50 Hz bei 20 °C	Öle – Fette	Lösungsmittel	verdünnte Säuren – Laugen
	Thermoplaste								
PVC	Polyvinylchlorid-Mischungen	Y	70–105	10^{12}–10^{15}	10^{-2}–10^{-3}	4,0–6,5	mäßig – mittel	mäßig	gut
LDPE	Low Density PE (PE mit niedriger Dichte)	2Y	70	> 10^{16}	~ 10^{-4}	2,25–2,6	mittel	mittel – gut	sehr gut
HDPE	High Density PE (PE mit hoher Dichte)	2X	90	> 10^{16}	~ 10^{-4}	2,4–2,5	mittel	mittel – gut	sehr gut
VPE	vernetztes Polyethen	2X	90	~ 10^{16}	~ 10^{-4}	2,3–2,6	mittel	mittel – gut	sehr gut
	geschäumtes Polyethen	02Y	70	~ 10^{17}	~ 10^{-4}	~ 1,6	mittel	mittel – gut	sehr gut
PA	Polyamid	4Y	80	~ 10^{15}	~ 10^{-2}–10^{-3}	~ 4,0	sehr gut	gut	sehr gut
PUR	Polyurethan	11Y	80	~ 10^{12}	~ 10^{-2}	~ 6,0	gut	gut	mäßig – mittel
	Elastomere								
NR SBR	Naturkautschuk Styrol-Butadien-Kautschuk-Mischungen	G	60	–	–	–	schlecht	schlecht	mittel
SiR	Silikonkautschuk	2G	180	~ 10^{-15}	~ 10^{-3}	~ 3,0	gut	schlecht	mäßig
EPR	Ethen-Propen Mischpolymere-Mischungen	3G	90	~ 10^{12}–10^{-15}	~ 10^{-2}–10^{-3}	3,0–3,8	mäßig – mittel	mäßig	gut
EVM	Ethen-Vinylacetat-Copolymer-Mischungen	4G	120	~ 10^{13}	~ 10^{-2}	~ 6,0	mäßig – mittel	mäßig	mittel
CR	Polychloropren-Mischungen	5G	60–90	–	–	–	gut – sehr gut	mittel	gut
CM	Chloriertes Polyethen-Mischungen	9G	80–100	–	–	–	gut – sehr gut	mittel	gut
CSM	Chlorsulfoniertes Polyethen-Mischungen	6G	100	–	–	–	gut – sehr gut	mittel	gut
	Spezial-Mischungen								
ohne	flammwidrige – halogenfreie Polymer-Mischungen – vernetzt	H	70–90	–10^{13}–10^{14}	10^{-2}–10^{-3}	~ 4	mäßig – mittel	mäßig	gut
ohne	flammwidrige – halogenfreie Polymer-Mischungen – unvernetzt	H	70–90	–10^{12}–10^{14}	~ 10^{-3}	~ 4	mittel	mittel	gut

harz. Weitere Bindemittelarten sind Polyimide, ungesättigte Polyesterharze, Melaminharz, Silikonharze und PTFE. Alle genannten Bindemittel, außer PTFE, sind duromere Kunststoffe, die unlöslich, mechanisch und thermisch stabil sind. Neben starren Basismaterialien für Leiterplatten haben Trägerfilme aus Polyimidfolien Bedeutung erlangt. Die mit einer Kupferschicht versehene Folie wird ähnlich wie die Leiterplatte subtraktiv strukturiert (vgl. Abschn. 13.3). Ihr Vorteil besteht aber in der Flexibilität der Folie und der thermischen Belastbarkeit bis zu 360 °C. Eine Zusammenfassung wichtiger Trägermaterialien und Bindemittel und die daraus resultierenden Eigenschaften findet sich in Kapitel 13, Tabelle 13.3-1.

Keramiksubstrate verwendet man vor allem unter dem Gesichtspunkt erhöhter Wärmeleitfähigkeit und geringeren thermischen Ausdehnungskoeffizienten gegenüber polymeren Trägermaterialien. Die Herstellung mikroelektronischer Strukturen erfordert eine rasche Ableitung der Verlustleistung (Wärmeleitung) und bei den vorhandenen kleinen Haftflächen die Vermeidung der Ausbildung von Spannungen zwischen Substrat und Schichtwerkstoffen. Für den Vergleich keramischer Substratwerkstoffe mit Polymeren soll FR 4 (Epoxidharz/Glasfaser, siehe Abschn. 13.3.2) mit dem thermischen Ausdehnungskoeffizienten $20 \cdot 10^{-6} \cdot K^{-1}$ und der Wärmeleitfähigkeit von $0{,}05\ W \cdot m^{-1} \cdot K^{-1}$ bei 20 °C dienen. Aus den Angaben in Tabelle 9.3-2

Tabelle 9.3-2 Eigenschaften von Substratkeramiken

Substratwerkstoff	Eigenschaften					
	Wärmeleitfähigkeit bei 20 °C in W/mK	thermischer Ausdehnungskoeffizient* in 10^{-6}/K	ε_r bei 1 MHz	tan δ bei 1 MHz	Durchschlagfeldstärke in MV/m	spez. Widerstand bei 20 °C in Ω/cm
Al_2O_3 (95%)	14	8	8,8	0,001	9,9	$>10^{16}$
Al_2O_3 (99,9%)	40	8	10,1	0,0001	15,8	$>10^{16}$
BeO	160–280	7–8	6	0,0001–0,001	9,5–13,8	$>10^{16}$
AIN	40–260	4–6	8,8–8,9	0,0001	15	10^{13}
Pyrokeram	2–4	0,2–0,4	5,5–6,3	0,0017–0,013	9,9–11,9	10^{12}
Si_3N_4	12–30	2,5–3,5	6,1	0,0001	15,8–19,8	10^{13}–10^{14}
ZrO_2	8–20	4,3–8,3	12	0,001	~5	10^9
($MgO \cdot SiO_2$) Steatit	3	6,9–7,8	6	0,0008–0,0035	7,9–13,8	10^{17}

*) = zwischen 20–300 °C

geht deutlich die wesentlich höhere Wärmeleitfähigkeit und die geringere thermische Ausdehnung von Keramik gegenüber organischen Substratwerkstoffen hervor.

In der Leistungselektronik versieht man das gut wärmeleitende Al_2O_3-Substrat mit einer Metallschicht, die strukturiert wird und als Träger der Bauelemente dient. Zusätzlich kann die Rückseite ganzflächig zur erhöhten Wärmeableitung metallisiert sein. Die Metallisierung kann nach zwei Varianten erfolgen:

- *Ceramic Coatet Metal (CCM)*
  Ein Al_2O_3-Substrat wird beidseitig mit oxidierter Kupferfolie plattiert. Die hohe Haftung zwischen Al_2O_3-Substrat und Cu erfolgt über eine Cu_2O-Zwischenschicht (siehe Bild 9.3-1).
- *Metallisierte Substrate*
  Auf ein Al_2O_3-Substrat wird Wolframpaste aufgedruckt, eingebrannt und anschließend stromlos vernickelt (siehe Abschn. 13.2). Nach Bedarf lassen sich hierauf weitere Metallschichten abscheiden, wie z. B. Gold als Kontaktschicht.

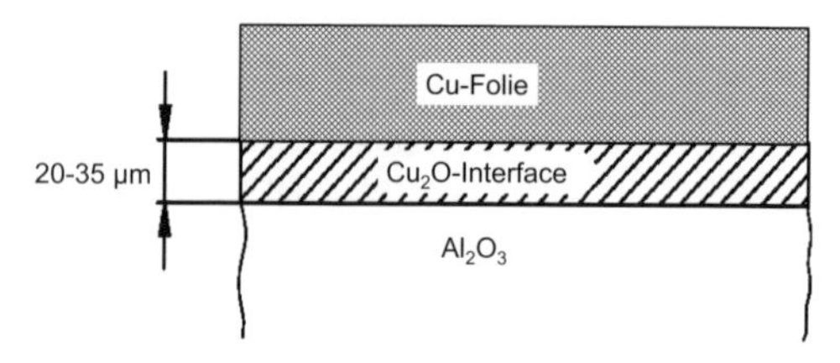

Bild 9.3-1 Prinzipieller Aufbau von CCM-Substraten

Eine andere Variante stellt der Einsatz emaillierter Stahlsubstrate (ESS) dar. Stahlblech wird mit Emailleschlicker beschichtet und eingebrannt. Auf die Emailleschicht lässt sich durch Pastendruck eine Leitstruktur aufbringen. Diese Substrate mit einer guten Wärmeableitung sind preiswert und besitzen außerdem eine abschirmende Wirkung auf Magnetfelder (Fe ist ferromagnetisch!).

Bei höherer Packungsdichte an Bauelementen auf der Substratoberfläche muss man zur Mehrlagentechnik übergehen, sowohl bei Keramiksubstraten als auch in der Leiterplattentechnik (siehe Abschn. 13.3). Sie ermöglicht es erst, die erforderliche Vielzahl der Verbindungen der Bauelemente untereinander herzustellen. Die einzelnen Ebenen werden durch Steigleitungen (Vias), die durch Löcher in den Substraten geführt sind, miteinander verbunden. Von den keramischen Substratmaterialien für eine Ebene, die nur wenige Zehntelmillimeter dick sind und in Foliengießtechnik hergestellt werden, wird deshalb hohe Maßgenauigkeit der Kontur und der Lochung sowie

Ebenheit verlangt. Von gleicher Wichtigkeit ist die Oberflächengüte, von der die Zuverlässigkeit der aufgebrachten Leiterbahnen entscheidend abhängt. Außerdem verlangt der Siebdruck zum Aufbringen der Leiterbahnen eine hohe Biegefestigkeit der gesinterten Substrate (siehe Bild 9.3-2).

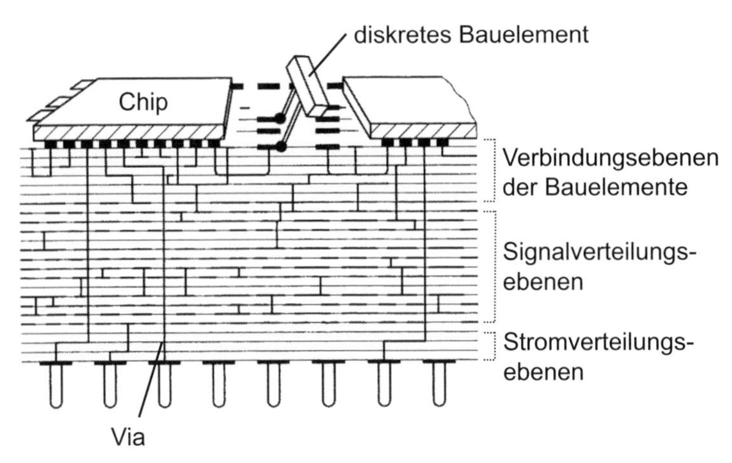

Bild 9.3-2 Mehrlagenkeramik

Die Mikrohybridtechnik geht von nichtgesinterten, also noch flexiblen Keramikfolien (grüne Keramik) aus, die zuerst bedruckt und dann als Grünfolie mit einem Sinterglas bei erhöhter Temperatur zusammengefügt werden.

Soll die Oberflächenrauigkeit eines Substrates unter der von Keramiksubstraten liegen, setzt man Glassubstrate ein. Sie ermöglichen dünne Schichten von ca. 0,1 µm Dicke und Strukturbreiten von ca. 0,5 µm. Eine ganz spezifische Eigenschaft der Glassubstrate besteht in ihrer Lichtdurchlässigkeit, was man in inkrementalen Gebern, optischen Gittern, Chrommasken u. a. m. ausnutzt. Als Substratgläser lassen sich nur alkalifreie Glassorten einsetzen. Durch die Natrium- und Kaliumionen, die bei Erwärmung zur Oberfläche diffundieren und dort mit H_2O-Molekülen NaOH bzw. KOH bilden, löst sich eine Metallschicht, z. B. Al, auf (siehe Bild 9.3-3). Werkstoffkennwerte für Substratgläser im Vergleich zu Alkaliglas enthält Tabelle 9.3-3.

Bei Verwendung der Isolierstoffe für Gehäuse im Sinne der Hermetisierung von Bauelementen gelten vergleichbare Grundsätze wie für Substrate. Das Spezifische besteht in der zusätz-

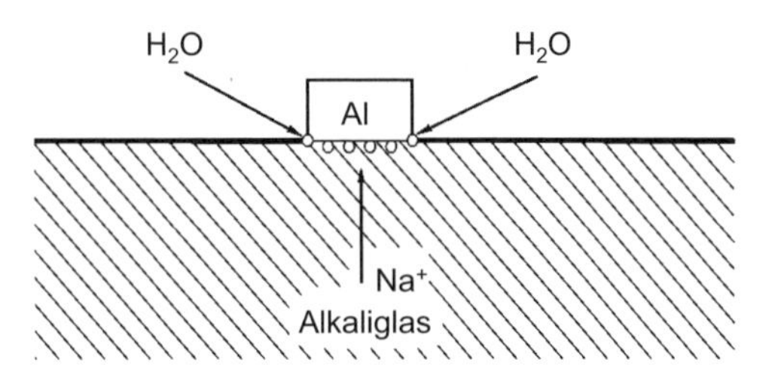

$$Al + NaOH + 3H_2O \rightarrow NaAl(OH)_4 + 1{,}5\ H_2$$

Aluminium löst sich unter Aluminatbildung auf!

Bild 9.3-3 Zerstörung von Al-Leitschichten auf Alkaliglas

Tabelle 9.3-3 Vergleich der Kennwerte von Substratgläsern mit Alkaliglas

Substrat-werkstoff	Eigenschaften					
	Wärmeleitfähigkeit bei 20 °C in W/mK	thermischer Ausdehnungskoeffizient* in 10^{-6}/K	ε_r bei 1 MHz	tan δ bei 1 MHz	Durchschlagfeldstärke in MV/m	spez. Widerstand bei 20 °C in Ω/cm
Alkaliglas ($Na_2O \cdot CaO \cdot SiO_2$)	0,1–2	5–9	4–8	0,0005–0,01	7,8–13,2	10^{12}
Quarzglas (SiO_2)	0,1	0,4–0,5	3,8–5,4	0,0003	15–25	10^{14}–10^{18}
Blei–Borsilikatglas ($PbO \cdot B_2O_3 \cdot SiO_2$)	1,4–1,5	9	6–8	0,003	16–40	10^{12}
Borsilikatglas ($B_2O_3 \cdot SiO_2$)	1,3	3–4	4–6	0,003	16–40	10^{12}–10^{14}

*) = zwischen 20–300 °C

lichen Schutzfunktion vor mechanischer und chemischer Beschädigung. Die Ausführung erfolgt nach typischen Fertigungsverfahren unter Verwendung von keramischen Stoffen und Kunststoffen.

Zunächst liegt auf dem Substrat die elektrische Funktionseinheit ungeschützt vor. Drei Wege der Umhüllung haben sich in der Praxis durchgesetzt. Für Schaltkreise, die aufgrund ihrer mikroelektronischen Struktur (siehe Bilder 5.3-1 bis 5.3-3) äußerst empfindlich gegen Einflüsse von außen sind, wendet man aus Gründen der Zuverlässigkeit die Verkapselung des Si-Chips auf dem Keramiksubstrat mit einem „Keramikdeckel“ an (siehe Bild 9.3-4). Der im Bild mit angegebene Begriff „cofiring“ charakterisiert die bei der Gehäusefertigung gleichzeitig ablaufenden Vorgänge – Sintern der grünen Keramik und Einbrennen der Paste. Keramikverkappungen bieten nicht nur eine höhere Sicherheit gegen das Eindringen von Feuchtigkeit gegenüber Kunststoffumhüllungen, sondern an den Verbindungsstellen Metall/Keramik kommt es bei Erwärmung nur zu geringen mechanischen Spannungen, da die Temperaturkoeffizienten beider annähernd gleich sind. Legierungen auf Basis Fe-Ni-Co, z. B. FeNi28Co18 mit Handelsnamen Kovar, besitzen einen Längenausdehnungskoeffizienten α von ca. $7{,}5 \cdot 10^{-6} \cdot K^{-1}$ wie die Al_2O_3-Keramiken. Im Gegensatz dazu bestehen bei der Kunststoffumhüllung große Unterschiede zwischen den thermischen Ausdehnungskoeffizienten.

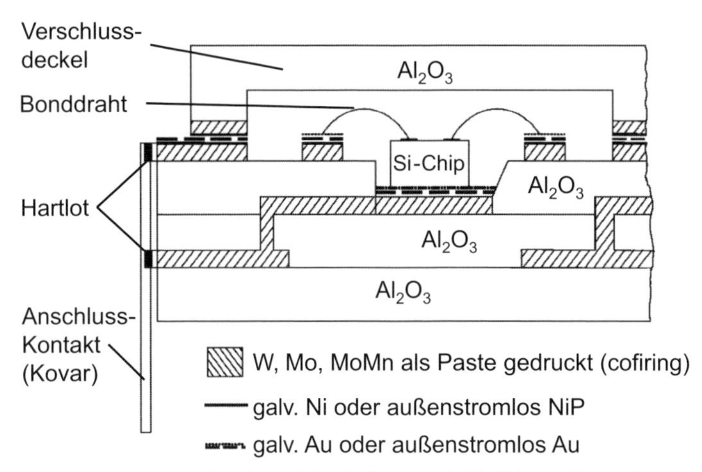

Bild 9.3-4 Querschnitt eines Al_2O_3-Gehäuses mit Si-Chip und keramischem Verschluss

Wesentlich geringere Herstellungskosten verursachen Umhüllungen mit Kunststoffen. Das resultiert hauptsächlich aus den speziellen Verarbeitungseigenschaften. Kunststoffharze, wie z. B. Epoxidharze, lassen sich vergießen und danach zum thermisch stabilen, unlöslichen Duromeren vernetzen. Eine andere Variante geht von Pulver oder Granulat eines thermisch vernetzbaren Kunststoffes aus (EP-Harzmasse, Silikonpressmasse). Durch Pressen oder Spritzpressen wird im Temperaturbereich um 160 °C das Bauelement umhüllt, wobei der Kunststoff vernetzt. Im erweiterten Sinne gilt als Hermetisierung auch das Umhüllen von Kabeln und Leitungen. Bevorzugte Werkstoffe dafür sind Polyethen, PVC-weich und Zellulosederivate. In Tabelle 9.3-4 sind Kunststoffe zur Umhüllung zusammengefasst.

Drahtlackierungen bestehen meist aus reinen thermoplastischen Kunststoffen, die in Lösungsmittel gelöst, als Lacke aufgebracht werden. Als Kunststoffe eignen sich z. B. Polyamide, Polyurethane und Polyimide. Darüber hinaus ist es erforderlich, im Elektromaschinen-, Anlagen- und Gerätebau Drahtwicklungen zu fixieren und zusätzlich zu isolieren. Die Basis bilden auch hier mit Lösungsmitteln verdünnte Harze, die Träufel- und Tränklacke und in besonderen Fällen Thermoplaste, wie PA als „Backlacke“. Flüssige Isolierstoffe kommen in Form der Isolieröle nach DIN VDE 0370-1 zum Einsatz, insbesondere in Leistungstransformatoren und

Tabelle 9.3-4 Eigenschaften von Kunststoffen zur Hermetisierung von Bauelementen

Umhüllungswerkstoff	Eigenschaften								
	Wärmeleitfähigkeit bei 20 °C in W/mK	thermischer Ausdehnungskoeffizient in 10^{-6}/K	ε_r bei 1 MHz	tan δ bei 1 MHz	Durchschlagfeldstärke in MV/m	spez. Widerstand bei 20 °C in Ω/cm	Schwindungsmaß [in %]	Temperaturbeständigkeit (max.) [in °C] (obere Gebrauchstemperatur)	Wasseraufnahme [in %]
Epoxidharzmasse	0,4–0,8	ca. 25	4	0,02	50–100	10^{15}	0,5	80–180	0,2–0,3
Silikonpreßmasse	0,25	40	2,9	0,004	250	10^{16}	0,6	155	0,4
Polyethen (PE)	~0,35	180	2	0,0003	800	10^{16}–10^{18}	–	90	0,02
PVC (weich)	~0,12–0,14	70	5	0,02	40	10^{11}–10^{15}	–	60–80	0,6
Zelluloseacetate	0,2	100–140	4,5–5,5 (800 Hz)	0,02 (800 Hz)	< 300	10^{13}–10^{15}	–	70–110	2–4
Zellulosebutyrate	0,2	100–140	3,3–3,7 (800 Hz)	0,01 (800 Hz)	< 300	10^{12}–10^{13}	–	70–110	2

Leistungsschaltern. Die Isolieröle gewinnt man aus der Erdölfraktion mit dem Siedebereich höher 350 °C. Charakteristische Eigenschaften sind der Flammpunkt (>150 °C) und die Viskosität.

Übung 9.3-1

Welche Möglichkeiten kennen Sie, um Kunststoffe als Isolierstoffe für Kabel und Leitungen ihrer Verwendung entsprechend anzupassen? Erläutern Sie am Beispiel!

Übung 9.3-2

Erklären Sie, weshalb Polyethen als Isolation für Kabel und Leitungen bei tiefen Temperaturen (– 80 °C) flexibel ist?

Übung 9.3-3

Welche Elemente sind vornehmlich in Kunststoffen enthalten?

Übung 9.3-4

Geben Sie Unterscheidungsmerkmale für thermoplastische und duromere Kunststoffe an! Wie stellen Sie das praktisch fest?

Übung 9.3-5

In den Isolierstoffen Zelluloseacetate und Zelluloseacetobutyrate ist Zellulose Ausgangsstoff. Nennen und begründen Sie die unterschiedlichen Werte für ε_r und die Wasseraufnahme!

Übung 9.3-6

Welche Möglichkeiten kennen Sie, um bei Kunststoffen die Isolier-, mechanischen und thermischen Eigenschaften dem Verwendungszweck anzupassen?

Übung 9.3-7

Nennen Sie die Kurzbezeichnungen für je drei als Isolierstoff eingesetzte Thermoplaste und Duroplaste und ihre Verarbeitungseigenschaften und Anwendungsgebiete!

Übung 9.3-8

Wählen Sie einen Substratwerkstoff aus für:

- eine Dickschicht-Hybridschaltung
- einen Träger für Leistungsbauelemente und
- den Einsatz im GHz-Bereich

und begründen Sie Ihre Entscheidung!

Übung 9.3-9

Entscheiden Sie über den Einsatz von Keramiken, Kunststoffen oder Gläsern für Leiterplatten, Gehäuse, Substrate und Kabel!

Übung 9.3-10

Weshalb setzt man alkalifreie Gläser als Substratwerkstoff ein?

Übung 9.3-11

Erklären Sie die Bezeichnung FR4!

Übung 9.3-12

Welche flüssigen Isolierstoffe werden in der E-Technik eingesetzt und wie begründen Sie deren Einsatzgebiete?

Zusammenfassung: Isolierstoffe

- Entsprechend ihrer Anwendung ist zu unterscheiden in Isolierstoffe für Kabel und Leitungen und Isolierstoffe als Träger für elektronische Baugruppen und Bauelemente.
- Als Werkstoffe kommen für Kabel und Leitungen Plastomere, Elastomere, Duromere, Copolymere und Polyblends zum Einsatz.
- Neben dem Isolierverhalten besitzen diese Werkstoffe hohe chemische Beständigkeit gegenüber Säuren, Laugen, Lösungsmitteln und Ölen, in vielen Fällen Flexibilität auch weit unterhalb der Raumtemperatur sowie kostengünstige Verarbeitbarkeit.
- Bei Isolierstoffen als Träger stehen im Vordergrund die Wärmeleitfähigkeit, der thermische Ausdehnungskoeffizient, die Oberflächenrauigkeit und die Temperaturbeständigkeit. Außer Kunststoffen finden deshalb keramische Werkstoffe und Gläser Anwendung.
- Isolierstoffe stehen darüber hinaus zur Hermetisierung elektrischer Bauelemente zur Verfügung.

9.4 Dielektrika für Kondensatoren

Kompetenzen

Der Kapazitätsbegriff wird als Grundlage für den Einsatz von Kondensatoren verstanden. Ihre Einteilung in Gruppen resultiert im Wesentlichen aus der Bauform und den als Dielektrikum eingesetzten Werkstoffen. Für die Zuordnung der Kondensatoren zu ihren Anwendungsgebieten sind Kapazitäts- und Spannungsbereich heranzuziehen. Das Prinzip und die Wirkungsweise von Wickel-, Schicht- und Elektrolytkondensatoren kann dargestellt werden. Die Realisierung der allgemeinen Forderung nach Verminderung des Bauelementvolumens lässt sich mit den Kenntnissen zur Geometrie und den eingesetzten Werkstoffen für Kondensatoren ableiten.

Der ideale Kondensator besitzt nur Kapazität, verschiebt die Phasenlage zwischen Strom und Spannung um 90° und setzt keine elektrische Energie in Wärme um. Der reale Kondensator in Form des Bauelementes unterscheidet sich durch:

- parasitäre Komponenten (Widerstand, Induktivität),
- auftretende Energieverluste,
- die Temperatur- und Frequenzabhängigkeit der Kapazität,
- die Abhängigkeit der Kapazität von der Feldstärke.

Aus diesen Gegebenheiten resultiert die Vielzahl von Werkstoffen und Bauformen für Kondensatoren. Eine Systematisierung kann sein:

1. *Veränderbarkeit der Kapazität*; fest- und veränderbare Kondensatoren
2. *Polarität*; gepolte und ungepolte Kondensatoren
3. *technische Bauformen*; Platten-, Wickel-, Vielschicht- und Massekondensatoren
4. *Anwendungsfall*; Durchführungskondensatoren, Schutz- und Leistungskondensatoren
5. *Art des Dielektrikums*; Keramik, Papierkondensatoren, Kunststofffoliekondensatoren, Elektrolytkondensatoren u. a.

Als Einteilungsprinzip dienen hier die Werkstoffgruppen, die als Dielektrikum in Kondensatoren zum Einsatz gelangen (vgl. Bild 9.4-1).

In der Praxis besteht die Notwendigkeit, auch bei Kondensatorbauelementen die gewünschte Kapazität in kleinen Volumina zu verwirklichen, was bedeutet, immer kleinere Bauelemente herzustellen. Dabei müssen die Kondensatoreigenschaften nach Möglichkeit unempfindlich gegenüber Schwankungen der Umgebungs-

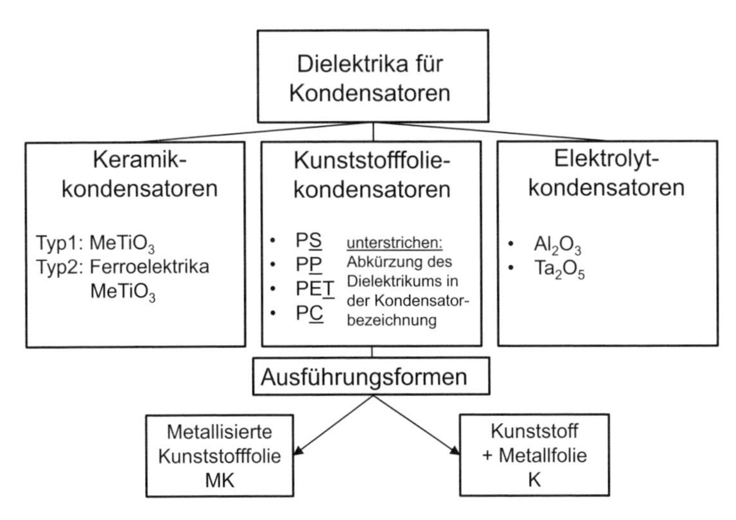

Bild 9.4-1 Dielektrika für Kondensatoren

temperatur und der Lagerung über längere Zeit sein. Neben der Forderung nach einem bestimmten Bereich für ε wird ein kleiner Temperaturkoeffizient der Kapazität TK_C gewünscht sowie eine hohe Alterungsbeständigkeit. Für die Einstellung des Kapazitätsbereiches sind entsprechend der Gleichung für die Kapazität eines Kondensators (siehe Abschn. 9.2) sowohl von der Werkstoffseite durch Variation von ε_r als auch vonseiten der Geometrie, Fläche und Abstand der Elektroden, Möglichkeiten gegeben.

Eine möglichst große Kondensatorfläche A und ein geringer Abstand d führen zu hohen Werten von C, ohne dabei den Einfluss von ε_r zu berücksichtigen. Umsetzen kann man das in den verschiedenen Bauformen von Wickelkondensatoren, Elektrolytkondensatoren und Keramik-Vielschichtkondensatoren. Sehr hohe ε_r-Werte sind nur über ferroelektrische Keramiken zu erreichen.

Bei *Wickelkondensatoren* (siehe Bild 9.4-2) sind die „Kondensatorplatten" entweder separate Metallfolien, die mit dem Dielektrikum als dünnes Band aufgewickelt werden, oder das Dielektrikum ist bereits mit dem **M**etall beschichtet. Das preiswerteste Dielektrikum ist **P**apier, das bevorzugt eingesetzte Metall das Aluminium, dies sind MP-Kondensatoren. Bedampft man das Papier mit Al, erreicht man größere Kapazitätswerte gegenüber Metallfolie, da d kleiner ist. Ein großer Vorteil der MP-Kondensatoren

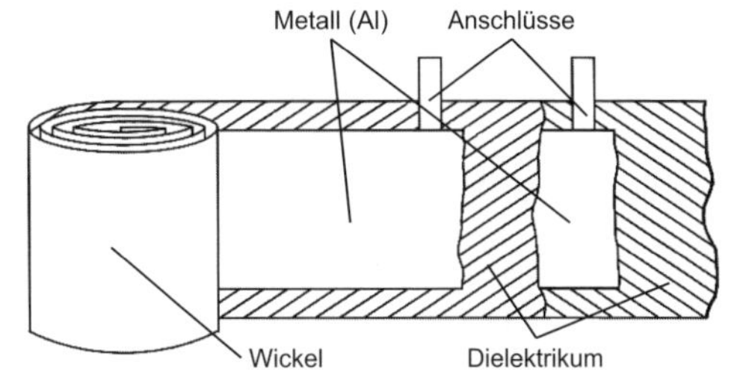

Bild 9.4-2 Aufbau eines Wickelkondensators

ist ihre Selbstheilung bei Durchschlag. An der Durchschlagstelle verdampft die dünne Metallschicht, ein Kurzschluss wird verhindert. MP-Kondensatoren werden heute noch als Sieb- und Motorkondensatoren verwendet.

In Kunststoffwickelkondensatoren (MK) besteht das Dielektrikum aus Kunststofffolie, wie PP, PS, PET, PBT und PC und Aluminium als Metallisierung. Die MK-Kondensatoren sind wie die MP-Kondensatoren selbst heilend. MK haben einen sehr kleinen tan δ, sehr hohe Kapazitätskonstanz und einen sehr hohen Isolierwiderstand. Das resultiert aus der Verwendung von Kunststoff- gegenüber Papierfolie. Ihr Einsatz erfolgt in der Funk-, Video- und Audiotechnik und in der Mess-, Regel- und Nachrichtentechnik.

Elektrolytkondensatoren haben als Dielektrikum eine dünne Oxidschicht, die auf einem Metall liegt und die Anode bildet. Die Katode wird heute bevorzugt als trockene oder halbtrockene Elektrode ausgeführt. Als Beispiel für die halbtrockene Ausführung ist im Bild 9.4-3 die Schichtenfolge im Aluminium-Elektrolytkondensator dargestellt, für die trockene Variante zeigt Bild 9.4-4 den Tantal-Festelektrolytkondensator. In beiden Fällen erzeugt man die Oxidschicht, die das Dielektrikum darstellt, durch den sog. Formierungsprozess. Durch Anlegen einer Gleichspannung findet an der Anode die Oxidation statt, dafür wird der Elektrolyt benötigt. Bei ungepolten Aluminium-Elektrolytkondensatoren sind beide Aluminiumbänder formiert. Der gepolte Elektrolytkondensator darf nur mit angegebener Polung betrieben werden. Elektrolytkondensatoren zeichnen sich durch hohe Kapazitäten bei kleinen Abmessungen aus und finden deshalb in nahezu allen Bereichen der Elektrotechnik Anwendung.

Ist das Dielektrikum Keramik, führt die Vergrößerung der Kondensatorfläche durch eine Parallelschaltung vieler Plattenkondensatoren zum *Keramik-Vielschichtkondensator* (siehe Bild 9.4-5). Auf Keramikfolien wird eine Einbrennpaste aufgedruckt, danach werden die Folien gestapelt und anschließend gesintert. Das einzelne Bauelement entsteht durch Trennen der Stapel und anschließendes Aufbringen der Elektrodenkontaktierung (vgl. Abschn. 5.3).

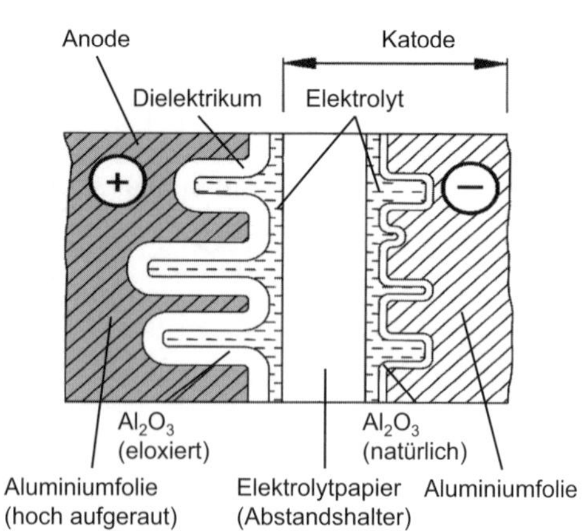

Bild 9.4-3 Schichtenfolge eines Al-Elektrolytkondensators

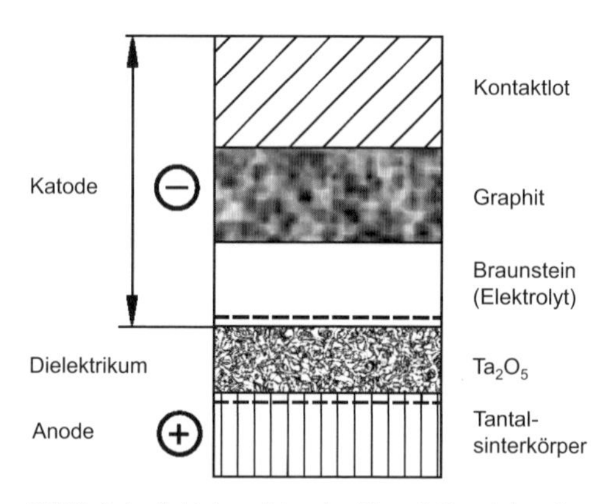

Bild 9.4-4 Schichtenfolge des Tantal-Festelektrolytkondensators

Der zweite Faktor zur Variation der Kapazität ist ε_r. Die Permittivitätszahl der organischen Dielektrika, Kunststoffe, Zellulosederivate und Papier ist auf einen Bereich unter 10 begrenzt. Hohe Werte für ε_r sind nur mit keramischen Dielektrika zu erreichen. Die Keramikkondensatoren werden nach DIN 45910 in folgende Klassen eingeteilt:

Klasse 1

ε_r 20–200, $\tan\delta < 1 \cdot 10^{-3}$

Zusammensetzung: $TiO_2 \cdot CaO$ bzw. MgO gemischt

Diese Kondensatoren besitzen einen kleinen Temperaturkoeffizienten, niedrige Verluste und geringe Spannungsabhängigkeit. Sie werden in Schwingkreisen und Filtern eingesetzt.

Klasse 2

ε_r 500–16000, $\tan\delta < 1\text{–}2 \cdot 10^{-2}$

Zusammensetzung: Ferroelektrika auf Basis von BaO und CaO mit TiO_2 und ZrO_2

Kondensatoren mit diesen Dielektrika haben eine nichtlineare Abhängigkeit der Kapazität von der Temperatur und der Spannung sowie höhere Verluste.

Anwendung: Kopplung, Entstörung, Siebung

Durch die Anwendung von Keramik mit hohen Werten für ε_r lässt sich eine beträchtliche Volumenverminderung der Bauelemente erreichen. Das gewählte Beispiel (Bild 9.4-6) geht von einer einheitlichen Kapazität von 10 nF aus.

Mit der Entwicklung von elektrochemischen Doppelschichtkondensatoren (Ultracaps), unter Verwendung meist organischer Elektrolyte, erreicht man sehr hohe Kapazitätswerte bei weiterer Volumenverminderung, was einer sehr hohen Kapazitätsdichte entspricht.

Der Ultracap nutzt die elektrochemische Doppelschicht als Kondensator (siehe Kapitel 3). Damit beträgt die Dicke des Dielektrikums nur noch einige Nanometer, und entspricht ungefähr dem Kationenradius. In Form der Ultracaps steht eine Kondensatorkonfiguration zur Verfügung, die gekoppelt mit einer Bleibatterie eine hohe Leistungsreserve für wenige Sekunden ermöglicht (Starter-Bremsbetrieb). Ihre Spannungsfestigkeit beträgt systembedingt nur 2,7 V, sodass für höhere Spannungen Zusam-

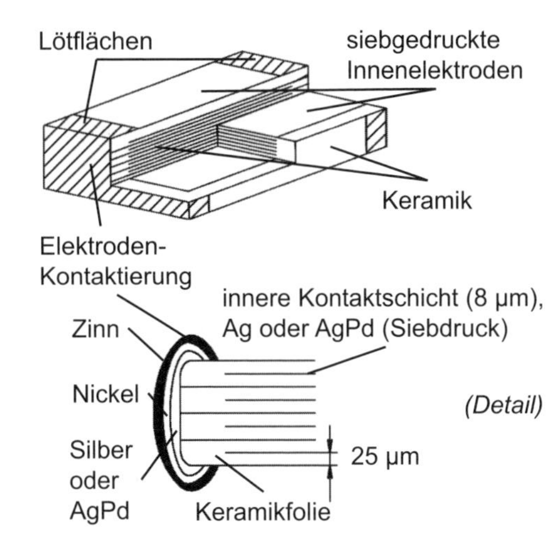

Bild 9.4-5 Aufbau eines Keramik-Vielschichtkondensators

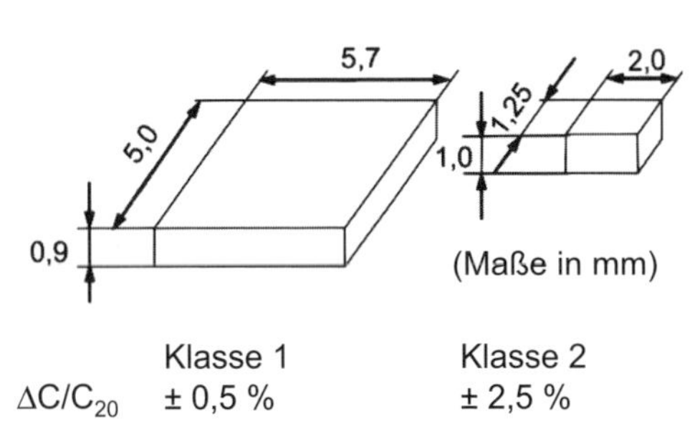

Bild 9.4-6 Einfluss von ε auf das Bauelementvolumen bei Keramikkondensatoren

menschaltungen und gegebenenfalls Spannungswandler einzusetzen sind.

Kapazitäts- und Spannungsbereiche für die beschriebenen Kondensatorarten sind in Bild 9.4-7 zusammengestellt.

Eine Zusammenfassung der Bauformen von Kondensatoren, den dabei verwendeten Dielektrika und daraus resultierenden Bereichen für Kapazität und Einsatzspannung finden Sie in Tabelle 9.4-1.

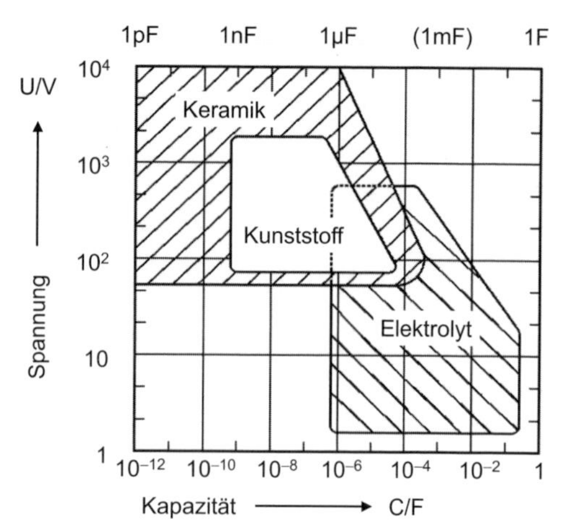

Bild 9.4-7 Kapazitäts- und Spannungsbereiche verschiedener Kondensatordielektrika

Tabelle 9.4-1 Kondensator-Bauformen, -Dielektrika und -Einsatzbereiche

Bauformen				Kapazität	Spannung [in V]
Wickelkondensatoren		Metallpapier-Kondensatoren		0,01 µF ... 50 µF	160 ... 20000
Wickelkondensatoren	Kunststofffolien-kondensatoren	Polypropylenkondensatoren, metallisiert		10 nF ... 4,7 µF	30 ... 670
Wickelkondensatoren	Kunststofffolien-kondensatoren	Polyesterkondensatoren, metallisiert		4,7 nF ... 100 µF	30 ... 1000
Wickelkondensatoren	Kunststofffolien-kondensatoren	Polykarbonatkondensatoren, metallisiert		10 nF ... 50 µF	30 ... 1000
Wickelkondensatoren	Elektrolyt-konden-satoren	Aluminium-Elektrolyt-Kondensatoren		0,5 µF ... 150000 µF	3 ... 500
Wickelkondensatoren	Elektrolyt-konden-satoren	Tantal-Folien-Kondensatoren		0,15 µF ... 580 µF	3 ... 450
Masse-kondensatoren	Keramik-konden-satoren	Keramik-Kleinkondensatoren		1 pF ... 0,1µF	30 ... 700
Masse-kondensatoren	Keramik-konden-satoren	Keramik-Leistungskondensatoren		1 pF ... 10 nF	2000–20000
Masse-kondensatoren	Elektrolyt-konden-satoren	Tantal-Sinter-Kondensatoren	nass	0,9 µF ... 2200 µF	6 ... 630
Masse-kondensatoren	Elektrolyt-konden-satoren	Tantal-Sinter-Kondensatoren	trocken	1 nF ... 680 µF	3 ... 125
Schicht-konden-satoren		Keramik-Vielschichtenkondensatoren		5 pF ... 8 µF	5–500
Schicht-konden-satoren		Elektrochemische Doppelschichtkondensatoren (Ultracaps)		5 F ... 3600 F	2,7

Übung 9.4-1

Mithilfe welcher Reaktion wird in den Elektrolytkondensatoren das Dielektrikum erzeugt?

Übung 9.4-2

Warum haben die Keramikkondensatoren der Klasse 2 wesentlich höhere Werte für ε als die der Klasse 1?

Übung 9.4-3

Was ist beim Einsatz von Keramikkondensatoren der Klassen 1 und 2 zu beachten?

Übung 9.4-4

Wählen Sie einen Kondensatortyp mit Selbstheilungseffekt aus und nennen Sie den typischen Kapazitäts- und Spannungsbereich für seinen Einsatz!

Übung 9.4-5

Vergleichen Sie Kondensatoren mit Kunststoffdielektrika mit Keramikkondensatoren hinsichtlich Bauform, Bauelementvolumen, Kapazitäts- und Spannungsbereich!

Übung 9.4-6

Ein Plattenkondensator mit dem Plattenabstand d liegt an einer Batteriespannung U_B. Bei weiterhin angeschlossener Batterie werden die Kondensatorplatten auf den Abstand $2d$ gebracht.

1. Fließt dabei ein Strom?
2. Falls ein Strom fließt, gibt die Batterie Energie ab oder nimmt sie Energie auf?

Zusammenfassung: Kondensatordielektrika

- Die entscheidende Werkstoffkenngröße ist die Permittivitätszahl ε_r.
- Eine mögliche Einteilung der Vielzahl von Kondensatortypen ist die Unterscheidung nach Art des Dielektrikums und/oder der technischen Bauform.
- Als Dielektrika kommen zur Anwendung: Keramische Werkstoffe auf Basis von CaO, BaO, MgO und TiO_2, Kunststoffe, wie PS, PP, PET und PC sowie Elektrolyte.
- Nach den Bauformen lassen sich Wickel-, Masse- und Schichtkondensatoren unterscheiden.
- Hohe Kapazitäten bei vergleichbar geringem Volumen erreicht man mit Elektrolytkondensatoren.
- Der größte Effekt bei der Volumenverminderung lässt sich durch die Verwendung von Keramik in Vielschichtkondensatoren erzielen.

9.5 Dielektrika für Sensoren und Aktuatoren

Kompetenzen

Für das Verstehen des Prinzips von Aktuatoren und Sensoren auf der Basis von Dielektrika sind Kenntnisse zum direkten piezoelektrischen und inversen piezoelektrischen Effekt Voraussetzung. Die Grundlage dafür bildet werkstoffseitig das ferroelektrische Verhalten, das am Beispiel von Bariumtitanat und Blei-Zirkonat-Titanat (PZT) erläutert werden kann.

Die Vielzahl der Anwendungsmöglichkeiten sind dem Piezoeffekt bzw. dem inversen Piezoeffekt zuzuordnen.

Die Wirkung von piezoelektrischen Sensoren und Aktuatoren lässt sich unter Einbeziehung des elektromechanischen Koppelfaktors und der Curie-Temperatur erklären.

Ferroelektrische Keramiken eignen sich aufgrund ihrer sehr hohen Dielektrizitätszahl und Domänen-Struktur nicht nur zur Herstellung von Kondensatoren, sondern darüber hinaus für piezoelektrische Bauelemente. Wird piezoelektrisches Material mechanisch belastet, so führt die Verformung zur Trennung der positiven und negativen Ladungen des polaren Werkstoffs. Daraus resultiert die Aufladung der Außenflächen des Körpers (siehe Bild 9.5-1). Sein Volumen kann dabei mit guter Näherung als konstant betrachtet werden. Diese Vorgänge entsprechen dem Begriff *direkter piezoelektrischer Effekt*, dieser findet vorwiegend Anwendung in der Sensorik (Sensoren).

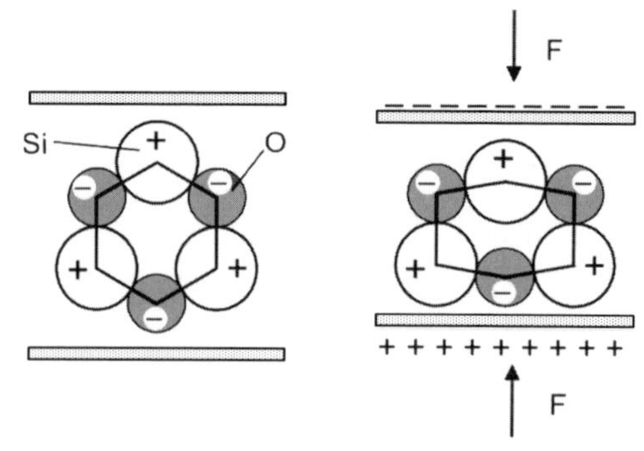

Bild 9.5-1 Entstehung des piezoelektrischen Effekts in Quarz (SiO_2-Einkristall)

Beim *inversen piezoelektrischen Effekt* erfährt ein piezoelektrisches Material durch Anlegen einer elektrischen Spannung eine Verformung, dieser Effekt wird in der Aktorik (Aktuatoren) ausgenutzt. Im Zusammenhang mit der Aktorik spricht man oft vom piezoelektrischen Effekt – genau genommen betrifft dies aber den inversen piezoelektrischen Effekt.

Alle ferroelektrischen Werkstoffe sind zugleich auch piezoelektrisch, jedoch muss ein piezoelektrischer Werkstoff nicht unbedingt ferroelektrisch sein. So ist z. B. Bariumtitanat ($BaTiO_3$) piezo- und ferroelektrisch, Quarz (SiO_2) ist piezo-, aber nicht ferroelektrisch. Quarz wird in einkristalliner Form als piezoelektrischer Werkstoff eingesetzt, wenn es auf eine besonders große Temperaturstabilität und Güte ankommt. Weitaus häufiger gelangen ferroelektrische Keramiken mit Perovskit-Struktur, auf Basis von Bariumtitanat oder Blei-Zirkonat-Titanat (PZT, Pb von lat.: *plumbum* = Blei), zum Einsatz. Die Werkstoffentwicklung, mit dem Ziel der Erhöhung der CURIE-Temperatur und des Piezoeffektes, geht vom PZT aus, dem Metalloxide von 2-, 3-, 4- und 5-wertigen Metallen zugesetzt werden.

Beachte: Bei Einwirkung des elektrischen Feldes auf paraelektrische Stoffe kommt es ebenfalls zur Verformung, dem *elektrostriktiven Effekt*. Die der elektrischen Spannung proportionale Verformung ist geringer. Man spricht von *Relaxor-Ferroelektrika*; im Vergleich zu den *Piezoelektrika*.

Zur Charakterisierung piezoelektrischer Materialien dient hauptsächlich der elektromechanische Koppelfaktor k. Er ist ein Maß für das Verhältnis von umgewandelter und gespeicherter Energie zur aufgenommenen Energie eines piezokeramischen Bauteils. Unter Berücksichtigung der Schwingungsformen und der konkreten Geometrie des Bauteils existieren unterschiedliche Koppelfaktoren für den glei-

$$\underset{\text{mech. Arbeit}}{F \cdot \Delta x} = \underset{\text{elektr. Arbeit}}{Q \cdot U}$$

F = Kraft
Q = Ladung
x = Weg

$$F = \sigma \cdot A$$

σ = mech. Spannung

$$\sigma \cdot A \cdot \Delta x = Q \cdot U$$

$$\frac{Q}{A} = D$$

D = Verschiebungsdichte

$$\boldsymbol{D = \sigma \cdot d}$$

chen Werkstoff. Grundlegend aber für die Anwendung des piezoelektrischen Werkstoffs ist der Anteil aufgewandter mechanischer Arbeit im Verhältnis zur freigesetzten elektrischen Arbeit oder umgekehrt. Dieser Zusammenhang lässt sich durch die Einführung des piezoelektrischen Koeffizienten d als Quotient aus der Deformation Δx und der elektrischen Spannung U beschreiben. Die sich daraus ergebenden vielseitigen Anwendungen sind im Bild 9.5-2 zusammengefasst. Der inverse Piezoeffekt hat in den letzten Jahren einen festen Platz in der Aktorik eingenommen. Piezo-Aktuatoren zeichnen sich durch die nahezu unbegrenzte Feinheit der Stellbewegung (Auflösung bis in den nm-Bereich) und die hohe erreichbare Dynamik aus. Hohe realisierbare Kräfte, bis zu 30 t Belastbarkeit, weitgehende Verschleißfreiheit, Spielfreiheit der Bewegung und ein sehr geringer Energiebedarf bei statischen Bewegungen sind die markantesten und für die Anwendung interessantesten Merkmale dieser Werkstoffe. Um nicht mit sehr hohen Spannungen arbeiten zu müssen, wird eine Parallelschaltung mehrerer dünner piezokeramischer Scheiben verwendet, es entsteht der piezoelektrische gestapelte Aktuator, oder einfach Piezostapel.

Piezoelektrische Bauteile werden nach den bekannten keramischen Verfahren hergestellt (vgl.

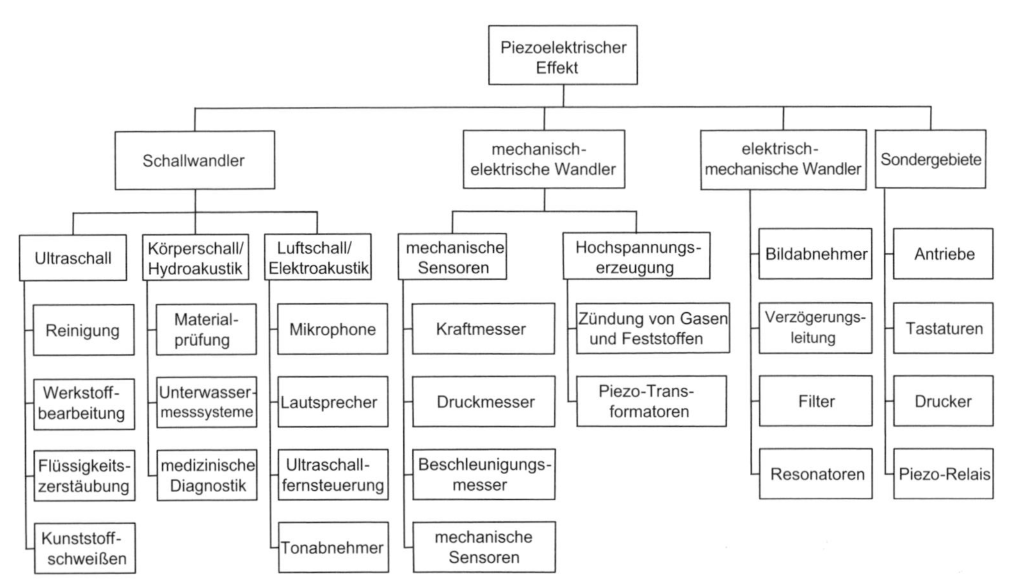

Bild 9.5-2 Anwendungen des piezoelektrischen Effekts

Abschnitt 2.3.2). Aus reinen Oxid- und Karbonatpulvern entsteht durch Kalzinieren die chemische Endzusammensetzung des Produktes. Je nach Formgebungsverfahren, z. B. Foliengießen oder Trockenpressen, enthält die Masse entsprechende Plastifizierungsmittel und Binder. Nach dem Sintern erfolgt die Feinbearbeitung und Metallisierung. Noch ist das Bauteil nur ein polykristalliner Körper mit regellos orientierten Domänen. Erst durch die Polarisation, durch das Anlegen einer hohen elektrischen Spannung, orientieren sich die Domänen in Feldrichtung. Auch nach dem Abschalten des Polarisationsfeldes bleibt diese Ausrichtung im Wesentlichen erhalten (ferroelektrische Hysterese) und verleiht dem keramischen Bauteil seine piezoelektrischen Eigenschaften.

Einige Anwendungsbeispiele für piezoelektrische Keramiken sollen die im Bild 9.5-2 aufgeführten Einsatzgebiete veranschaulichen.

Rückfahrsensor

Der piezokeramische Wandler sendet einen kurzen Luft-Ultraschallimpuls, der vom Hindernis reflektiert und vom gleichen Piezowandler wieder empfangen wird. Über die Laufzeit kann die Entfernung zum Hindernis bestimmt werden (siehe Bild 9.5-3). Anwendung z. B. als Einparkhilfe für Kraftfahrzeuge.

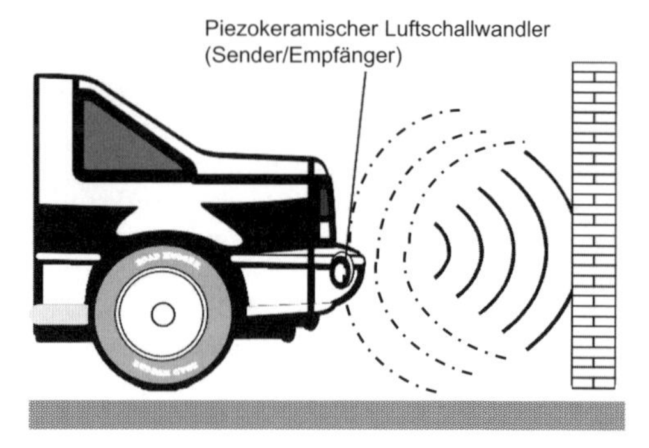

Bild 9.5-3 Piezokeramischer Rückfahrsensor

Zerstörungsfreie Materialprüfung

Ein piezokeramischer Wandler wird direkt oder über ein Koppelmedium mit dem zu prüfenden Werkstück verbunden. Der Wandler strahlt ein Ultraschallwellenpaket in den Prüfkörper ein, wo es entweder an Inhomogenitäten reflektiert wird oder den Prüfkörper ohne Behinderung durchdringt. Reflektierte Schallwellen empfängt der gleiche piezoelektrische Wandler und signalisiert so die Fehler im Werkstück.

Ultraschallreinigung

Das Wirkprinzip besteht darin, dass in der Reinigungsflüssigkeit Kavitation ausgelöst wird. Kavitation ist die Bildung kleinster lokaler Gasblasen aufgrund von Druckunterschieden in der Flüssigkeit, die nach sehr kurzer Zeit wieder implodieren. Diese Erscheinung sorgt an der Oberfläche des zu reinigenden Füllgutes für eine intensive Reinigung auch bei komplizierten Formen. Die Ultraschallenergie wird über den

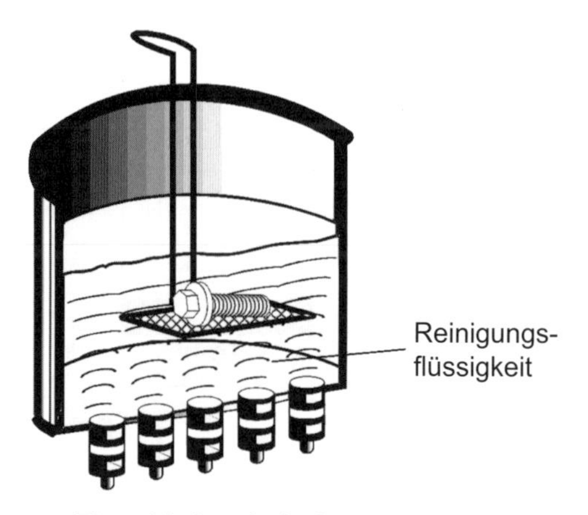

Bild 9.5-4 Schnitt durch einen Ultraschall-Reiniger

Boden und die Wände der Reinigungswanne oder über eingehängte Tauchschwinger in die Reinigungsflüssigkeit abgestrahlt (siehe Bild 9.5-4).

Ultraschall-Schweißen

Beim US-Schweißen nutzt man die Tatsache, dass durch Reibung Wärme entsteht, zur lokalen Erwärmung einer Fügestelle aus. Presst man zwei Formteile an ihren Verbindungsflächen aneinander und regt sie mit hochfrequentem Ultraschall an, so erhitzen sich die Oberflächen der beiden Verbindungspartner so stark, dass die Verbindungsflächen miteinander verschmelzen. Das Verfahren eignet sich sowohl für das Verschweißen von Metallen als auch von Kunststoffen. Die Ultraschallenergie wird den Fügeteilen durch eine sog. Sonotrode (siehe Bild 9.5-5) zugeführt und fokussiert den Ultraschall auf der Werkstoffoberfläche.

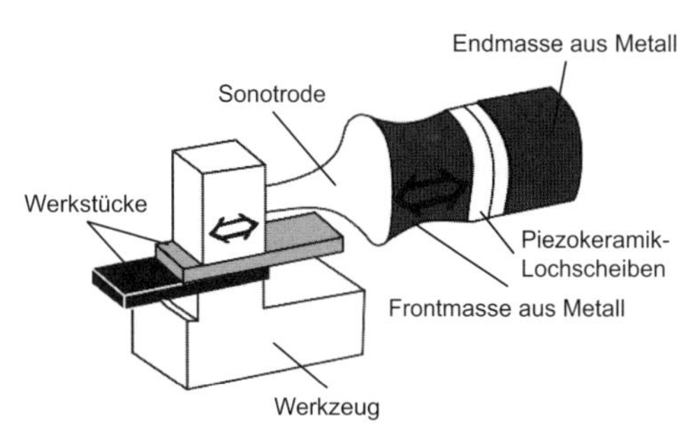

Bild 9.5-5 Schweißen mit Ultraschall

Pneumatische/Hydraulische Ventile

In modernen pneumatischen und hydraulischen Anwendungen benötigt man immer kürzere Schaltzeiten der Ventile. Hier stellt der piezokeramische Vielschichtaktuator mit Kräften im kN-Bereich und Stellwegen von bis zu 50 µm eine interessante Lösung dar. Aufgrund der erreichbaren hohen Energiedichten lässt sich ein kleines Aktuatorvolumen erreichen. Die Ansprechzeiten liegen mit 10 ms weit unter denen von elektromagnetischen Antrieben. Damit ist eine gesteuerte Einspritzmenge an Kraftstoff in einen Verbrennungsmotor möglich, die dem tatsächlichen Brennstoffbedarf aufgrund des Belastungszustandes des Motors entspricht (siehe Bild 9.5-6).

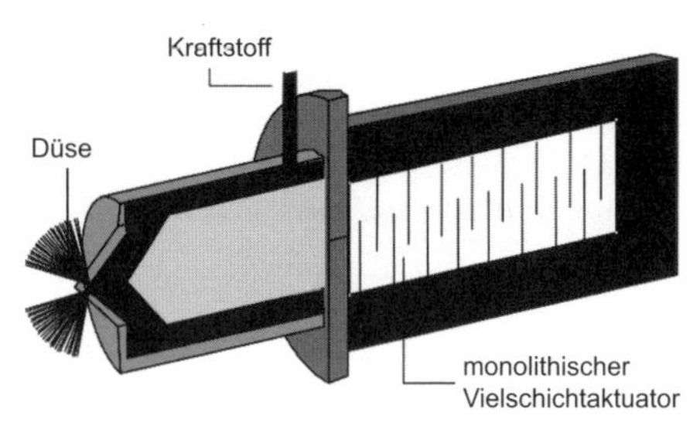

Bild 9.5-6 Piezokeramisches Ventil

US-Zertrümmerer

Viele einzelne piezokeramische Elemente sind an der Innenseite einer konkaven Schale angebracht. Alle Elemente werden zur gleichen Zeit mit einem Hochfrequenz-Hochleistungsimpuls erregt und erzeugen eine mechanische Stoßwelle im Ultraschall (US). Diese lässt sich durch die konkave Schale auf einen Punkt konzentrieren und findet somit in der Medizintechnik Anwendung. Liegt z. B. ein Nierenstein im Fokus, wird er zertrümmert und die Bruchstücke können ausgeschieden werden (vgl. Bild 9.5-7).

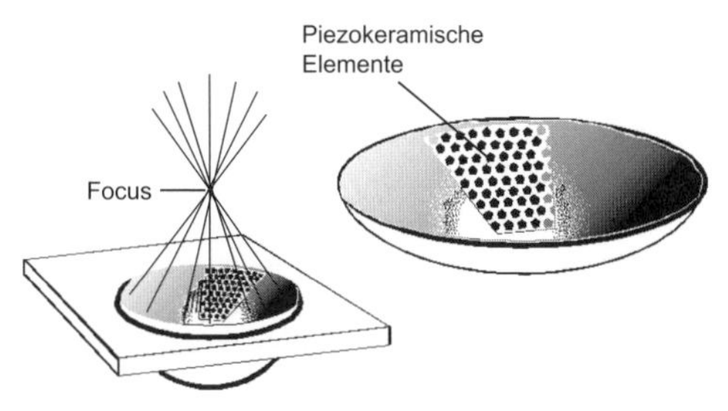

Bild 9.5-7 US-Zertrümmerer

US-Vernebler

Auf dem Boden eines mit Flüssigkeit gefüllten Behälters ist eine piezokeramische Scheibe angekoppelt, die mit hoher Frequenz schwingt. Durch den auf die Flüssigkeit wirkenden Ultraschall entstehen auf deren Oberfläche Kapillarwellen. Bei ausreichend großer Schallintensität schnüren sich von der Flüssigkeitsoberfläche Tröpfchen ab, deren Durchmesser von der Frequenz der Ultraschallwellen abhängt. Auf diese Weise lassen sich z. B. Inhalationsgeräte aufbauen. Da die Piezokeramik mit wenig Energie anregbar ist, lassen sich batteriebetriebene Geräte herstellen (siehe Bild 9.5-8).

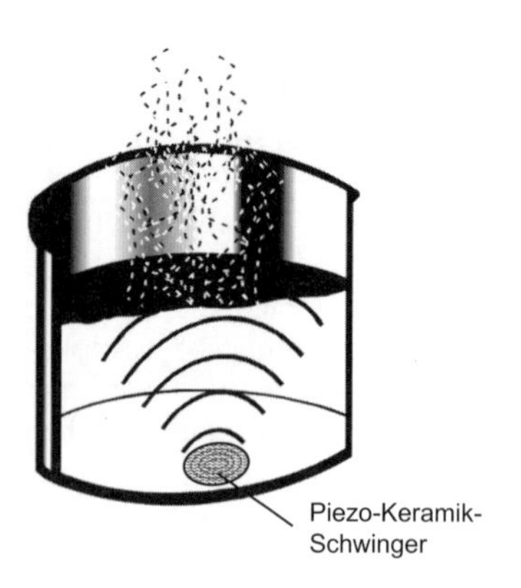

Bild 9.5-8 US-Vernebler

Haushalt-Gasanzünder

Beim Betätigen eines Gasanzünders wird ein großer mechanischer Druck auf die Stirnflächen eines piezokeramischen Zylinders ausgeübt, der Spannungen von mehreren kV erzeugt. Diese Hochspannung führt an der Funkenstrecke des Anzünders zur Entladung und Entzündung des Luft-Gas-Gemisches.

Einbruchmeldeanlagen

Bei der Objektsicherung sind piezokeramische Sensorplättchen am Objekt angebracht. Diese Sensoren nehmen den Körperschall auf und wandeln ihn in elektrische Signale um. Durch eine selektive elektronische Signalverarbeitung führen einbruchtypische Geräusche zur Alarmauslösung.

Mit dieser Auswahl für Anwendungen des Piezo- und inversen Piezoeffektes lässt sich nur ein Bruchteil der technischen Möglichkeiten andeuten. Durch die Entwicklung neuartiger piezoelektrischer Werkstoffe, wie z. B. Polyvinylidenfluorid (PVDF), ergeben sich neue Möglichkeiten, die in der Nutzung der Kunststoffeigenschaften dieser piezoelektrischen Folien bestehen können.

Ferroelektrizität ist nicht nur an den festen Zustand gebunden. In den letzten Jahren entwickelte man ferroelektrische Flüssigkristalle (FELIX; als Pseudonym dafür). Ohne äußeres Feld richten sich die elektrischen Dipole der langgestreckten Flüssigkristallmoleküle, ähnlich wie die in ferroelektrischen Festkörpern gleichsinnig aus (spontane Polarisation). Wirkt nun ein äußeres elektrisches Feld auf diesen

Stoff, richten sich alle Moleküle in Feldrichtung aus. In dieser Stellung verbleiben sie auch dann, wenn das Feld nicht mehr wirkt. Ein kurzer Spannungsstoß mit umgekehrter Polarität genügt, die Moleküle in eine zweite, ebenfalls stabile Lage zu bringen. Wegen dieser zwei möglichen Orientierungen eignen sich ferroelektrische Flüssigkristalle als digitale Speicher. Neuere Anwendungen findet man in Form von FLC-Displays als Flachbildschirm.

Übung 9.5-1

Was verstehen Sie unter einer piezoelektrischen Keramik? Nennen Sie Werkstoffe!

Übung 9.5-2

Weshalb eignen sich ferroelektrische Keramiken als Aktuatorwerkstoff?

Übung 9.5-3

Beschreiben Sie die beiden physikalischen Effekte, die beim Anlegen eines elektrischen Feldes zur Erzeugung einer Dehnung genutzt werden!

Übung 9.5-4

Weshalb muss Piezokeramik polarisiert werden?

Übung 9.5-5

Warum setzt man in Aktuatoren Piezostapel ein?

Übung 9.5-6

Stellen Sie anhand der Äquivalenzbeziehung zwischen mechanischer und elektrischer Arbeit die Anforderungen an einen Kraftsensor zusammen!

Zusammenfassung: Sensoren und Aktuatoren

- Der direkte Piezoeffekt ist die Umwandlung von mechanischer in elektrische Energie, der inverse Piezoeffekt die Umkehrung davon.
- Der Koppelfaktor *k* charakterisiert den Wirkungsgrad.
- Viele Piezoelektrika sind ferroelektrische Werkstoffe, wie $BaTiO_3$ und PZT.
- Die Curie-Temperatur bestimmt wesentlich ihre Anwendungsgebiete.
- Fertigungsverfahren für piezoelektrische Bauteile beinhalten die zur Keramikherstellung angewandten Schritte.
- Die Bedeutung des Piezoefffektes zeigt sich in den vielfältigen Anwendungsfällen.

Selbstkontrolle zu Kapitel 9

1. Der Durchgangswiderstand ϱ_D in Ω cm eines sehr guten Isolators ist etwa
   A 10^2
   B 10^6
   C 10^{10}
   D 10^{15}
   E 10^{20}

2. Der Wert der Durchschlagfestigkeit von Isolierstoffen hängt ab von
   A der Wasseraufnahme
   B der Prüfstromstärke
   C vom Weichmachergehalt
   D der Dichte
   E der Dicke des Prüfkörpers

3. Ionenpolarisation tritt auf bei
   A Gläsern
   B keramischen Isolatoren
   C Plastomeren
   D Duromeren
   E Isolierölen

4. Ferroelektrika sind Werkstoffe mit
   A Orientierungspolarisation
   B polaren Gruppen
   C spontaner Polarisation
   D guter Leitfähigkeit
   E sehr hohen Werten für ε_r

5. Werkstoffe mit paraelektrischem Verhalten besitzen
   A geringe Kriechstromfestigkeit
   B permanente Dipole
   C ausschließlich induzierte Dipole
   D kristalline Strukturen
   E Domänen

6. Werkstoffe mit ε_r-Zahlen mit >100 sind
   A unpolar
   B polare Kunststoffe
   C Al_2O_3-Keramik
   D Keramik auf Basis von Bariumtitanat
   E Gläser

7. Die Dielektrizitätszahl ist temperaturabhängig, weil
   A sich die Wasseraufnahme ändert
   B die Schwingungsamplitude der Bausteine temperaturabhängig ist
   C der Widerstand mit der Temperatur zunimmt
   D sich der Gittertyp ändert
   E die CURIE-Temperatur überschritten wird

8. Die Kapazität eines Kondensator steigt, wenn
   A tan δ groß wird
   B der Plattenabstand klein wird
   C die Fläche klein wird
   D ε_r groß wird
   E der Oberflächenwiderstand klein wird

9. Als Trägermaterial für Leiterplatten setzt man Natronzellulosepapier ein. Dadurch erreicht man
   A eine geringe Wasseraufnahmefähigkeit
   B hohe Durchschlagfestigkeit
   C kleine Werte für ε_r
   D kostengünstige Herstellung
   E hinreichende dielektrische Parameter

10. Keramiksubstrate wendet man an, wenn
    A man einen hohen thermischen Ausdehnungskoeffizienten anstrebt
    B man einen geringen thermischen Ausdehnungskoeffizienten anstrebt
    C man eine erhöhte Wärmeleitfähigkeit benötigt
    D man eine geringe Wärmeleitfähigkeit benötigt
    E man flexibles Material benötigt

11. Der Einsatz von Mehrlagentechnik ermöglicht
    A eine Flächeneinsparung
    B die Verminderung des technologischen Aufwandes
    C eine Erhöhung der Zuverlässigkeit
    D höhere Packungsdichten
    E die Erleichterung von Reparaturen

12. Hermetisierung mit Keramik erfolgt dann, wenn
    A eine Hermetisierung mit Kunststoff zu teuer ist
    B es an Verbindungsstellen nur zu geringen Spannungen kommen darf
    C Wasserdampfdurchlässigkeit unzulässig ist
    D Schutz vor mechanischer Beschädigung erreicht werden soll
    E hohe Zuverlässigkeit angestrebt wird

13. Elektrolytkondensatoren haben als Dielektrikum
    A eine Salzlösung
    B Papier
    C dünne Oxidschicht
    D Kunststofffolie
    E Keramikplättchen

14. Ferroelektrische Werkstoffe verhalten sich
    A piezoelektrisch
    B ferromagnetisch
    C elektrisch leitend
    D isolierend
    E unpolar

15. Piezoaktuatoren zeichnen sich aus durch
    A feinste Stellbewegungen
    B geringe Dynamik
    C nur geringe Kräfte realisierbar
    D hohen Energiebedarf bei statischer Bewegung
    E weitestgehende Verschleißfreiheit

10 Supraleitende Werkstoffe

10.0 Überblick

Mit der Supraleitung verfügt man heute über eine Werkstoffeigenschaft, die zunehmenden Einfluss auf wesentliche Bereiche der Technik, der Naturwissenschaften und der Medizin nehmen wird. Einfach ausgedrückt verstehen wir unter einem Supraleiter einen Stoff, der dem elektrischen Strom keinen Widerstand entgegensetzt. Widerstandsfreie Leitung des elektrischen Stromes heißt, dass er verlustfrei fließt. Supraleitende Kabel würden eine ideale Energieübertragung zwischen Kraftwerk und Verbraucher ermöglichen.

Unter Verwendung normal leitender Werkstoffe gehen heute ca. 30 % der elektrischen Energie in Form von nichtnutzbarer Wärme verloren. Der entscheidende Schritt zur kommerziellen Nutzung der Supraleitung war die Entdeckung der Hochtemperatursupraleiter (HTSL) im Jahre 1987. Wenn man bis dahin nur im Temperaturbereich von –260 °C (Flüssigwasserstoff) bis ca. –270 °C (Flüssighelium) den supraleitenden Zustand erzeugen konnte, so gelang das jetzt bereits mit Flüssigstickstoff bei –190 °C.

Den Effekt der Supraleitung endeckte 1911 bei Arbeiten zur Verflüssigung des Heliums (Sdp.: –269 °C) der holländische Physiker HEIKE KAMMERLINGH ONNES am Quecksilber. Bis zum Jahre 1987 war Supraleitung im Experiment und der Theorie an den metallischen Zustand gebunden. K. A. MÜLLER und J. G. BEDNORZ entdeckten an oxidkeramischen Werkstoffen den Zustand der Supraleitung bei wesentlich höheren Temperaturen als bisher. Von der Anwendung der Supraleitung kann man bis weit in das 21. Jahrhundert hinein starke Impulse für Innovationen erwarten. Ausgehend vom bereits erreichten Stand spiegelt sich diese Erwartung in der Darstellung der Verteilung von Marktpotenzialen verschiedener Anwendungsgebiete bis zum Jahre 2020 wider.

10.1 Werkstoffentwicklung und Anwendungsmöglichkeiten

Kompetenzen

Für das Verständnis der Werkstoffentwicklung auf dem Gebiet der Supraleiter ist neben der Begriffsdefinition Supraleitung die Entwicklung der Hochtemperatursupraleiter (HTSL) heranzuziehen. Die Werkstoffgruppen, die heute als Supraleiter zur Anwendung kommen, sind durch die bereits im Abschnitt 3.2.4 beschriebenen vier Merkmale gekennzeichnet: Ausbildung von COOPER-Paaren, MEISSNER-OCHSENFELD-Effekt, kritische Stromdichte und Sprungtemperatur.

Anhand ausgewählter Beispiele für HTSL in der Energietechnik und Elektronik ist ihre Bedeutung hinsichtlich Energieeinsparung und Erzeugung hoher magnetischer Flussdichten darzustellen. Aus der Gegenüberstellung von metallischen und keramischen Supraleitern sind die Probleme für Herstellung und Einsatz der HTSL abzuleiten.

Neben der Höhe der Sprungtemperatur und der kritischen Feldstärke treten bei der Anwendung der Supraleiter fertigungstechnische Aspekte in den Vordergrund. Im Sinne des elektrischen Leiters sollen die supraleitenden Werkstoffe in Draht-, Band- oder Rohrform mit möglichst großer Länge herstellbar sein. Damit stellt sich heute folgende Werkstoffsituation dar:

- Fertigung des metallischen supraleitenden Materials unter Nutzung seiner Verformbarkeit, aber T_C bei Flüssighelium bzw. -Wasserstoff (z. B. Nb, NbTi)
- T_C bei Flüssigwasserstoff, aber spröde intermetallische Phasen (z. B. Nb_3Sn)
- T_C bei Flüssigstickstoff, aber spröde keramische Werkstoffe in Form der HTSL (z. B. $YBa_2Cu_3O_7$)

Bemerkenswert bei der Entwicklung von Supraleitern mit immer höheren Sprungtemperaturen (siehe Bild 10.1-1) war die Entdeckung von oxidischen keramischen Supraleitern. Für eine praktische Anwendung der Supraleiter stehen heute Werkstoffe aller drei Kategorien zur Verfügung. Eine Auswahl enthält Tabelle 10.1-1.

Für supraleitende Kabel mit NbTi fertigt man die Legierung zunächst schmelzmetallurgisch. Die NbTi-Legierung gießt man zu Stäben von ca. 2 m Länge und 2 cm Durchmesser. Diese werden in Kupferhülsen gesteckt und zu mehreren 100 Stück in einem Kupfermantel zusammengefasst, es entsteht ein runder Block von 30 cm Durchmesser. Durch langsames Ziehen mit großer Kraft entsteht ein viele Kilometer langes, 1–2 mm dickes Kabel, wie das im Bild 10.1-2 wiedergegeben ist. Dieser Kupfermantel hat eine wichtige Schutzfunktion. Wenn das supraleitende Material punktuell in den normal leitenden Zustand übergeht, führt das Kupfer die frei werdende Wärme ab, ohne dass das System zerstört wird. Bei der Fertigung von Nb_3Sn-Kabeln geht man den umgekehrten Weg. Einzelne Zinndrähte (Sn-Kern) werden mit Nb-Filamenten umhüllt und zum Kabel gebündelt (siehe Bild 10.1-3). Durch Diffusion des Zinns in das Niob beim Reaktionsglühen entsteht der Supraleiter.

Will man die Hochtemperatursupraleiter hinsichtlich ihrer Herstellung und stofflichen Eigenschaften verstehen, muss man berücksichtigen, dass es sich hier um oxidkeramische Werkstoffe handelt. Die Kristallstrukturen der polykristallinen Keramiken sind weitestgehend geklärt. Bei HTSL handelt es sich um nicht stöchiometrische Perovskitstrukturen (vgl. Kapitel 9). Der Grundtyp des Perovskit-Gitters (siehe Bild 10.1-4) ist am Beispiel $YBaCuO_4$ dargestellt. Die Elektronen für die COOPER-Paare entstammen dem vierfachkoor-

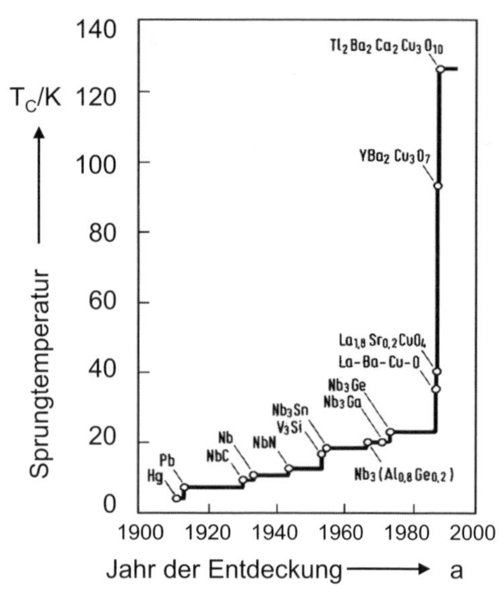

Bild 10.1-1 Entwicklung von T_C ab 1911

Tabelle 10.1-1 Auswahl supraleitender Werkstoffe

Stoff	T_C in K	H_C in 10^6 A · m^{-1}
Al	1,19	0,00008
Hg	4,15	0,00033
Nb	9,2	0,002
Sn	3,7	0,00025
Ti	0,39	0,0001
Nb.Sn	18,5	16
Nb,Ge	23,2	34
NbTi	8–10	9–12
Nb, $(Al_{0,7}Ge_{0,2})$	20,7	15
$YBa_2Cu_3O_7$	90	40–70 *)
$Tl_2Ba_2Ca_2Cu_3O_{10}$	130	>100 *)

*) Wert für H_{C2}

dinierten Kupferoxid, welches aus einer nicht stöchiometrischen Zusammensetzung resultiert. Diese nicht stöchiometrische Perovskitstruktur enthält *geordnete Sauerstoffleerstellen* (vacancy).

Einer umfassenden industriellen Nutzung der keramischen HTSL stehen drei Hindernisse im Wege:

1. Die Bereitstellung von Yttrium, Lanthan und weiteren Seltenerdmetallen (z. B. Nd) in großem Umfang ist schwierig.
2. Keramische Werkstoffe sind spröde Werkstoffe.
3. Die Steuerung und Reproduzierbarkeit der nicht stöchiometrischen Zusammensetzung ist kompliziert.
4. HTSL sind empfindlich gegenüber Hydrolyse (Luftfeuchtigkeit) und Sauerstoff, was sich insbesondere auf die Langzeitstabilität auswirkt.

Bevorzugte Varianten zur Herstellung von HTSL gehen heute aus von polykristallinen Keramiken und Schichttechnologien. Polykristalline Keramiken stellt man nach der traditionellen Sintertechnik her. Polykristalline Schichten entstehen durch reaktives Sputtern, Laserstrahlverdampfen und Plasmasprühen. Für Schichten sind geeignete Substratwerkstoffe auszuwählen.

Hauptanwendungsgebiete für Supraleiter finden wir in der *Energietechnik* in Generatoren, Transformatoren, Strombegrenzern/Schutzschaltern, Energiespeichern, SMES (**S**uperconducting **M**agnetic **E**nergy **S**torage), Hochleistungskabeln, magnetischen Erzscheidern, Magneten für Teilchenbeschleuniger, Fusionsreaktoren und Magnetbahnen. Ein zweites Gebiet bildet die **Elektronik** mit HTSL in Hochfrequenzantennen, Hohlraumresonatoren sehr hoher Güte, SQUID-Sensoren (**S**uperconducting **Qu**antum **I**nterference **D**evice), supraleitenden Verdrahtungen (JOSEPHSON-Kontakte), supraleitender Schaltungslogik (RSFQ-Logik von **R**apid **S**ingle **F**lux **Q**uantum). Ein ganz spezielles Anwendungsgebiet bildet die **Medizintechnik** mit der Nutzung in MRI-Tomographen (**M**agnetic **R**esonance **I**maging) und SQUID-Sensoren zur Messung von Hirn- und Herzaktivitäten.

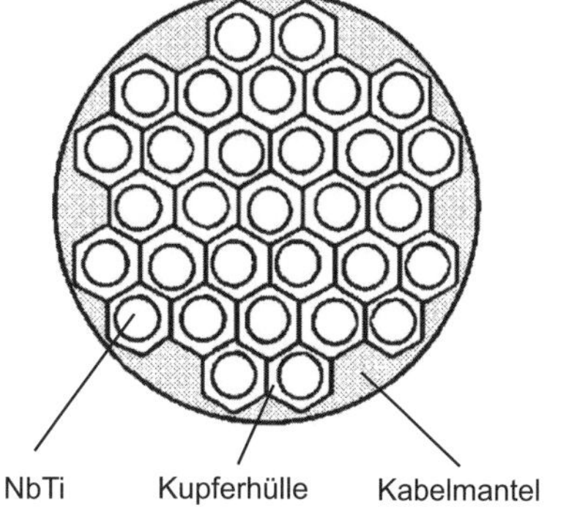

Bild 10.1-2 Querschnitt durch ein NbTi-Kabel

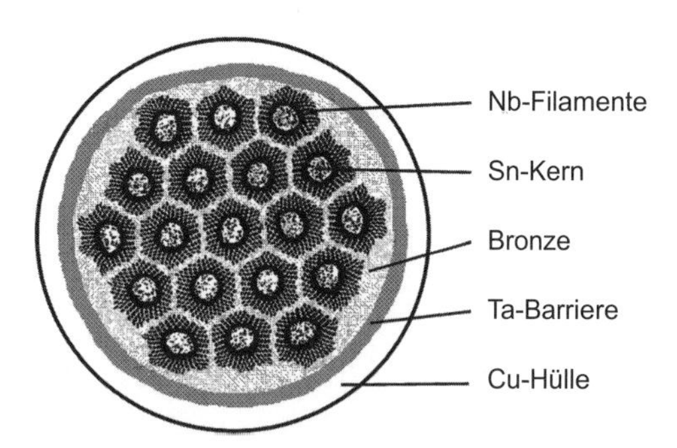

Bild 10.1-3 Nb_3Sn-Multifilamentkabel vor dem Reaktionsglühen

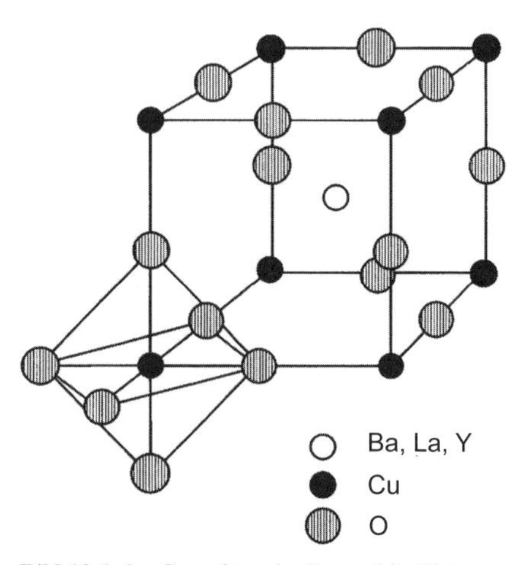

Bild 10.1-4 Grundtyp des Perovskit-Gitters

Energiekabel

Es handelt sich um einen HTSL-Werkstoff als Supraleiter in einer Silbermatrix bei Flüssigstickstoff-Temperatur (siehe Bild 10.1-5). Das Prinzip der Herstellung von HTSL-Vielkernleitern zeigt Bild 10.1-6. Bei gleichem Durchmesser im Vergleich zu herkömmlichen Leitungen ist mehr als die dreifache elektrische Leistung übertragbar, unter gleichzeitiger Verringerung der Übertragungsverluste und Einsparung von Umspannebenen, da die Übertragungsspannung anstatt wie bisher bei 400 kV jetzt bei 110 kV liegen wird. Stromversorgung erfolgt über unterirdische Trassen. Zur Zeit sind Kabel von 50 m Länge und einer Übertragungsleistung im GVA-Bereich herstellbar.

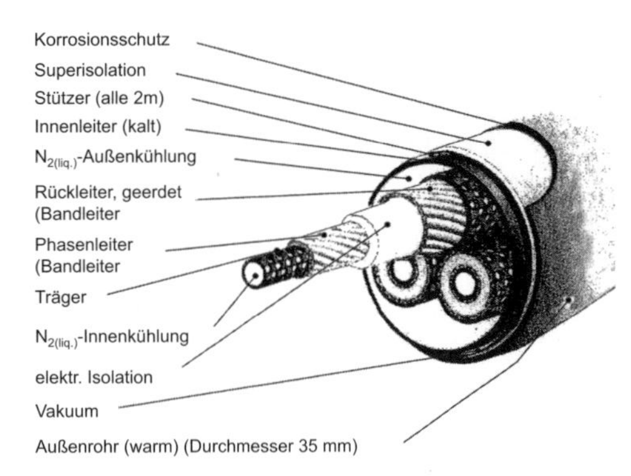

Bild 10.1-5 Prinzipieller Aufbau eines dreiphasigen HTSL-Starkstromkabels

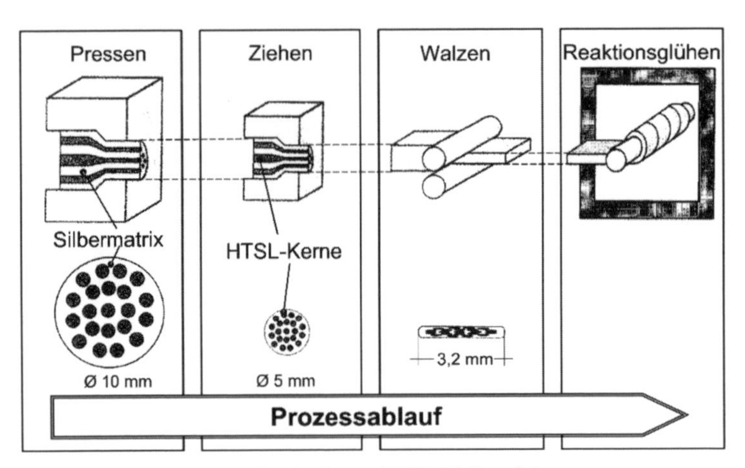

Bild 10.1-6 Prinzp der Technologie von HTSL-Vielkernleitern

Magnetscheider

Insbesondere beim Einsatz der Magnetscheidung (siehe Bild 10.1-7) für paramagnetische Stoffe sind außer starken Feldgradienten auch hohe Magnetfelder notwendig. Für möglichst große Materialdurchsätze benötigt man darüber hinaus ein möglichst großes mit Magnetfeld erfülltes Trennvolumen. Der Verwendung von normal leitenden Magneten sind Grenzen gesetzt, zum einen durch die Sättigung des Eisens bei 2 T und zum anderen bei Verwendung von eisenlosen Spulen durch unvertretbar hohen Verbrauch an elektrischer Energie.

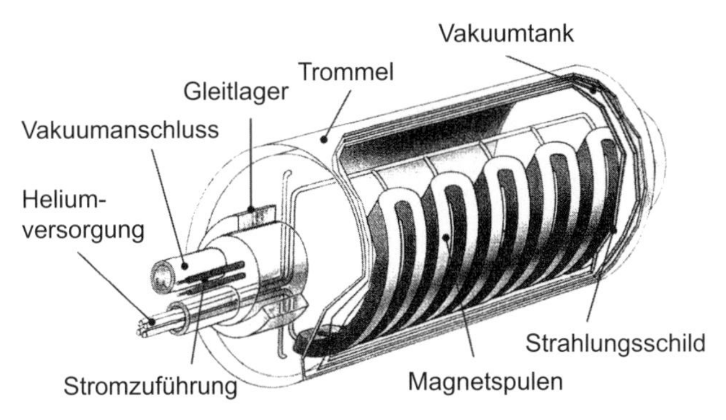

Bild 10.1-7 Supraleitende Spulen im Magnetscheider

JOSEPHSON-Element

Ein JOSEPHSON-Element besteht aus zwei durch eine Barriere getrennten Supraleitern, wobei die Barrierendicke 2 nm beträgt und so beschaffen sein muss, dass ein begrenzter Strom durch sie hindurchfließen kann (durchtunneln) (siehe Bild 10.1-8).

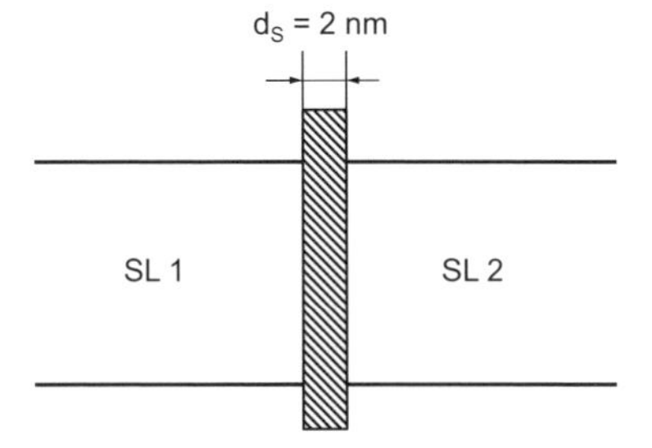

Bild 10.1-8 Strukturprinzip eines JOSEPHSON-Elementes

Systeme dieses Aufbaus haben die Eigenschaft, dass durch sie verlustlos ein Strom fließen kann. Dieser Zustand bleibt solange erhalten, bis die von außen angelegte Spannung U ausreicht, die Supraleitung zusammenbrechen zu lassen. Am JOSEPHSON-Übergang tritt dann ein endlicher Spannungsabfall auf, der durch den im Stromkreis liegenden äußeren Widerstand beeinflusst wird. Mit der gegebenen Umschaltungsmöglichkeit vom supraleitenden zum normal leitenden Zustand lässt sich eine Speicherzelle aufbauen. JOSEPHSON-Elemente zeichnen sich durch extrem kurze Schaltzeiten von < 1 ns aus und stellen eine Alternative zur Halbleitertechnik dar. Auf dieser Basis wird zur Zeit die RSFQ-Logik entwickelt, die höchste Rechnerleistungen mit Taktraten von mehreren 100 GHz erlaubt.

SQUID's

Bei dieser Anwendung der Supraleitung handelt es sich um Magnetfeldsensoren für die biomagnetische Diagnostik und in magnetischen Messgeräten, z. B. in der Defektoskopie (siehe Bilder 10.1-9 und 10.1-10). Mit diesen Sensoren lassen sich Magnetfelder bis zu einer Feldstärke von 10 fT (Femtotesla) nachweisen, das ist weniger als ein Milliardstel des Erdmagnet-

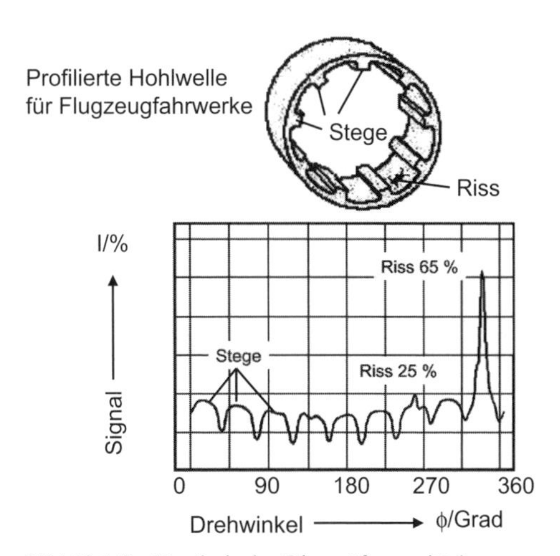

Bild 10.1-9 Ergebnis der Rissprüfung mittels SQUID-Sensor

feldes. Das bedeutet z. B., dass sich Magnetfelder, hervorgerufen durch die Herz- oder Gehirntätigkeit, berührungslos an der Körperoberfläche messen lassen. Diese Diagnostik benötigt keine energiereiche Strahlung, worin ein weiterer Vorteil besteht. Unzureichend ist derzeit noch die Reproduzierbarkeit und Langzeitstabilität sowie das Verhalten in externen Störfeldern. SQUID-Systeme finden bereits Anwendung bei der Rissprüfung von Flugzeugteilen.

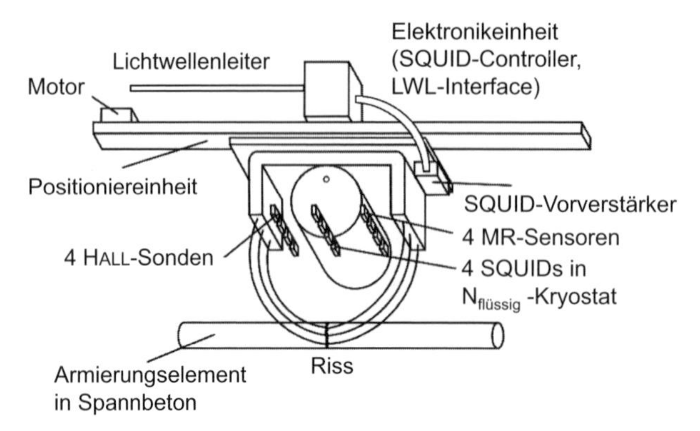

Bild 10.1-10 Rissprüfung in Stahlarmierungen von Spannbeton mithilfe von SQUID-Sensoren

Übung 10.1-1

Nennen Sie Beispiele für supraleitende Verbindungen und erläutern Sie an einem das Herstellungsprinzip!

Übung 10.1-2

Kann jedes Metall, wenn es nur auf genügend tiefe Temperatur abgekühlt wird, supraleitend werden? Begründen Sie Ihre Aussage!

Übung 10.1-3

Nennen Sie Werkstoffe für HTSL und erläutern Sie unter Verwendung des Gittermodells einer Perovskitstruktur die Entstehung von Supraleitung!

Übung 10.1-4

Erklären Sie die prinzipielle Arbeitsweise eines JOSEPHSON-Elementes!

Übung 10.1-5

Stellen Sie die Bedeutung von SQUID-Sensoren anhand eines Beispiels dar!

Übung 10.1-6

Welche Faktoren schränken gegenwärtig einen umfassenden Einsatz von Supraleitern in der Technik ein?

Zusammenfassung: Werkstoffe und Anwendungen von Supraleitern

- Fertigung von metallischen Supraleitern ist möglich unter Nutzung ihrer Verformbarkeit, aber T_c liegt bei Flüssigwasserstoff-Temperatur.
- Bei keramischen Werkstoffen für HTSL liegt die Sprungtemperatur bei Flüssigstickstoff, sie sind aber spröde.
- Hinderungsgründe für eine umfassende industrielle Nutzung der oxidkeramischen HTSL sind neben ihrer Sprödigkeit die Bereitstellung von Seltenerdmetallen in ausreichender Menge, die Steuerung und Reproduzierbarkeit der Zusammensetzung und ihre Empfindlichkeit gegenüber Luftfeuchtigkeit und Sauerstoff. Anwendung finden die Supraleiter in der Energieübertragungstechnik, bei der Erzeugung starker Magnetfelder, z. B. in Magnetscheidern und in der Elektronik, z. B als JOSEPHSON-Element und als Magnetfeldsensoren in Form der SQUID's.

Selbstkontrolle zu Kapitel 10

1. HTSL bestehen aus
   A metallischen Legierungen
   B reinem Metall
   C einem Pulvergemisch von Metall und Oxiden
   D aus Oxidkeramik mit Spinellgitter
   E aus Oxidkeramik mit PEROVSKIT-Gitter und CuO

2. Ein wesentlicher Hinderungsgrund für die breite Anwendeung von HTSL ist:
   A eine Sprungtemperatur von ca. – 190 °C
   B Empfindlichkeit gegenüber Luftfeuchtigkeit
   C einem Pulvergemisch von Metall und Oxiden
   D die hohe Driftgeschwindigkeit der Elektronen
   E die Sprödigkeit von Oxidkeramik

3. NbTi-Supraleiter werden hergestellt durch
   A Sintern von Nb- und Ti-Pulvergemischen
   B Reduktion von Nb- und Ti-Oxiden
   C schmelzmetallurgische Gewinnung einer Nb-Ti-Legierung, Bündelung zu einem Cu-ummantelten Block
   D Reaktionsglühen
   E Reaktives Sputtern von NbTi-Schichten

4. Supraleiter finden Anwendung
   A in elektrostriktiven Bauelementen
   B bei der Messung sehr kleiner Magnetfelder
   C als Lichtwellenleiter
   D in Lumineszenzdioden
   E als Widerstandswerkstoffe

5. Supraleiter dienen darüber hinaus der Herstellung von
   A Halbleiterbauelementen
   B Stromkabeln
   C Spulen zur Erzeugung hoher magnetischer Feldstärken
   D Kondensatordielektrika
   E Dehnungsmessstreifen

11 Magnetwerkstoffe

11.0 Überblick

Bisher haben wir uns ausschließlich mit der Bewegung von Ladungsträgern wie Elektronen, Defektelektronen und Ionen und mit der Polarisation lokalisierter Ladungsträger beschäftigt. Damit können wir die für die Elektrotechnik nutzbaren Eigenschaften der Werkstoffe in Form von Leitern, Widerständen, Halbleitern, Supraleitern, Isolatoren und Dielektrika verstehen. Offen sind noch die magnetischen Eigenschaften von Werkstoffen geblieben, die ebenso von praktischer Bedeutung für die Elektrotechnik sind.

Fließt ein elektrischer Strom durch einen Leiter, wirkt nach außen sowohl ein elektrisches als auch magnetisches Feld; darum gibt es für beide Felder korrespondierende Größen, die man einander gegenüberstellen kann (siehe Tabelle 11.1-1). Für das unterschiedliche magnetische Verhalten der Werkstoffe sind wiederum der Bau der einzelnen Atome und ihre räumliche Anordnung verantwortlich.

Unter Ferromagnetismus versteht man gewöhnlich die Eigenschaft des Eisens magnetisierbar zu sein. Betrachtet man dagegen die Vielfalt der eingesetzten Werkstoffe zur Nutzung ihrer magnetischen Eigenschaften in Erzeugnissen, so ist eine wesentliche Erweiterung des Begriffes Magnetismus notwendig. Bevor wir also Anwendungen und die dafür eingesetzten Werkstoffe behandeln, wenden wir uns den Grundlagen des Magnetismus zu.

11.1 Das magnetische Verhalten von Werkstoffen

Kompetenzen

Unter Anwendung der Kenntnisse zum Atombau, wie die Bewegung der Elektronen in Orbitalen und deren Spinmoment, lässt sich das Auftreten des magnetischen Bahnmomentes im Unterschied zum Spinmoment erklären. Das Auftreten von diamagnetischem und paramagnetischem Verhalten kann damit begründet werden. Zur Erklärung beider Arten der Wechselwirkung mit dem äußeren magnetischen Feld ist die Permeabilitätszahl μ_r heranzuziehen. Die wichtigsten Kenngrößen der Wechselwirkung zwischen magnetischem Feld und Stoff können definiert werden. Die Analogie zwischen den Kenngrößen des magnetischen und elektrischen Feldes ist zu erkennen.

Für die Erklärung des Ferromagnetismus wird die Möglichkeit der Ausbildung Weissscher Bezirke betrachtet. Der Vergleich zum ferroelektrischen Verhalten mit der Ausbildung von Domänen soll geführt werden.

Die Erscheinung des Ferrimagnetismus ist klar vom Ferromagnetismus zu trennen, insbesondere hinsichtlich der Werkstoffe auf Basis von Metalloxiden.

11.1.1 Magnetische Größen

Die *magnetische Feldstärke H*, auch magnetische Quellenspannung genannt, erzeugt das magnetische Feld. 1 A · m^{-1} ist die Feldstärke, die im Vakuum von einem elektrischen Strom der Stärke 1 A (Ampere) durch einen unend-

$$H = \frac{I \cdot n}{l} \quad \frac{A}{m}$$

n = Windungszahl
l = Länge der Kraftlinien

lich langen geraden Leiter von kreisförmigem Querschnitt auf dem Rand einer zum Leiterquerschnitt konzentrischen Kreisfläche von 1 m (Meter) Umfang hervorgerufen wird.

Die *magnetische Flussdichte B*, früher magnetische Induktion, wird in $Vs \cdot m^{-2}$ gemessen, das entspricht 1 Tesla. 1 $Vs \cdot m^{-2}$ ist die magnetische Flussdichte eines homogenen magnetischen

> **Beachte:**
> Dort, wo bei den elektrischen Kenngrößen die Einheit V steht, ist es bei den magnetischen Kenngrößen die Einheit A und umgekehrt. Für die korrespondierenden Größen sind die Einheiten für Länge und Zeit gleich.

Tabelle 11.1-1 Kenngrößen elektrischer und magnetischer Felder und ihre Wechselwirkung mit Stoffen

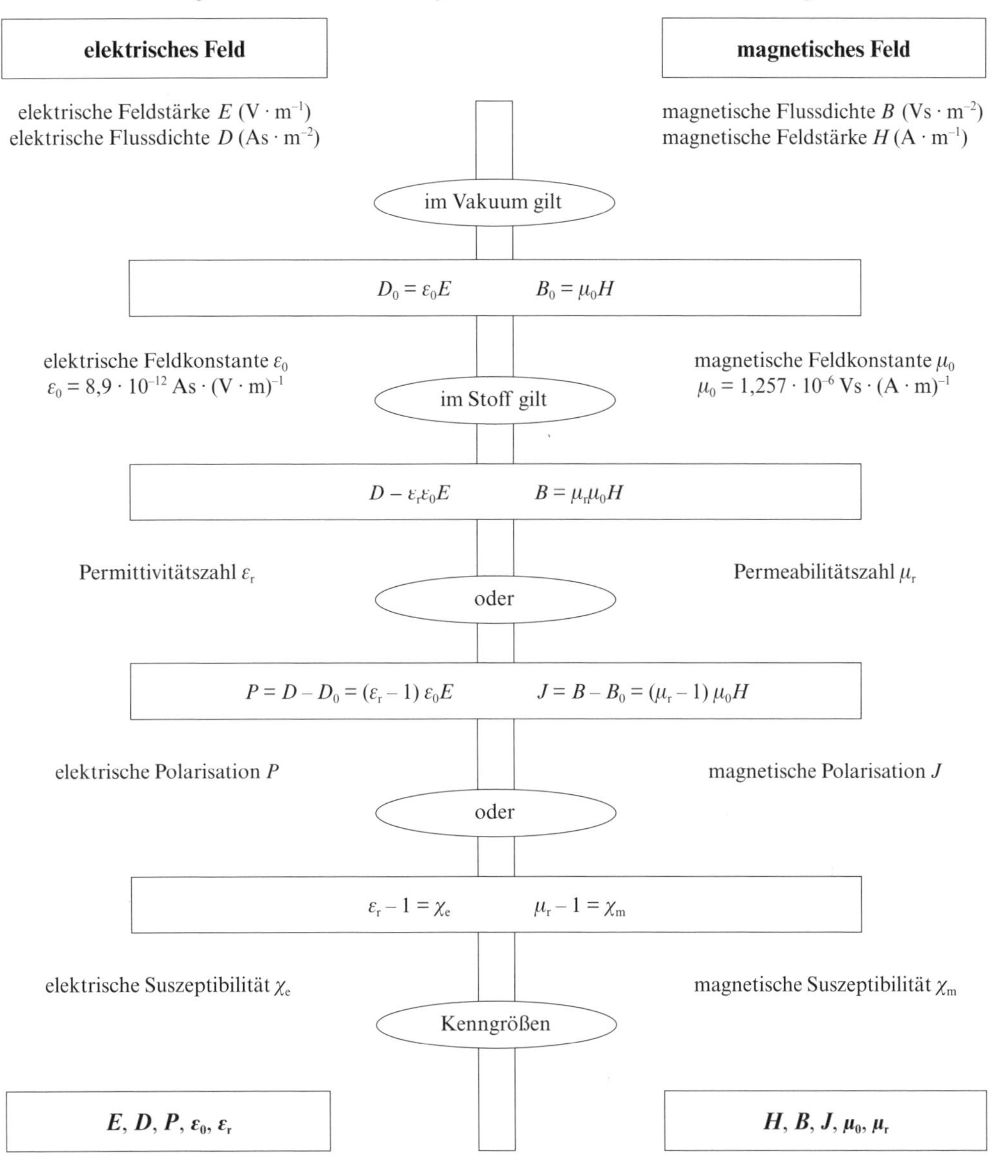

Flusses, der eine Fläche von 1 m^2 senkrecht mit der Stärke von 1 Vs durchsetzt.

Die *Permeabilitätszahl* μ_r ist ein Zahlenwert, der den Verstärkungsfaktor der magnetischen Flussdichte gegenüber dem Vakuum angibt. Permeabilität heißt wörtlich: „Hindurchgehfähigkeit". Die Permeabilität μ ist das Produkt aus der magnetischen Feldkonstante μ_0 und der Permeabilitätszahl μ_r.

Damit ergibt sich $B = \mu \cdot H$ als Basisbeziehung zwischen Stoff und Feld. So wie ε ein Maß für die Polarisation des Stoffes durch das elektrische Feld ist, so charakterisiert μ die Wechselwirkung des magnetischen Feldes mit dem Stoff.

Um die magnetische Flussdichte, die nur vom Stoff verursacht wird, zu erfassen, bildet man die Differenz aus B und B_0, sie heißt *magnetische Polarisation J*.

Beachte:
In Feldern fließt nichts! Es entstehen nur Feldzustände; sie werden geschwächt, verstärkt, ausgelöscht oder umgepolt.

11.1.2 Ursachen des Magnetismus

Elementare Träger des Magnetismus sind die sich um den Atomkern bewegenden Elektronen. Für unsere Betrachtungen gehen wir von der vereinfachten Vorstellung der Elektronenbahn des BOHRschen Atommodells aus. Demnach entsteht durch die Bewegung des Elektrons auf dieser Bahn ein magnetisches Bahnmoment. Es besitzt die Größe eines BOHRschen Magnetons. Ein BOHRsches Magneton (μ_B) liegt vor, wenn ein Elektron auf der K-Schale den Kern eines Wasserstoffatoms umkreist. Jedes Elektron für sich besitzt infolge seines Spins (siehe Kapitel 1) ein magnetisches Spinmoment. Ist das Energieniveau paarig mit Elektronen umgekehrten Spins besetzt, sind auch deren magnetische Spinmomente umgekehrt und heben sich auf. Es bleibt kein freies, nach außen wirkendes Spinmoment übrig. Unpaarig besetzte Energieniveaus besitzen nicht kompensierte magnetische Spinmomente.

$\mu_B = 0{,}927 \cdot 10^{-23}\ \mathrm{A \cdot m^2}$

Bei Einwirkung eines äußeren magnetischen Feldes auf den Werkstoff kommt es zur Wechselwirkung mit den Bahn- und Spinmomenten. Das Feld bewirkt ein Eindrehen des Bahnmomentes in Feldrichtung. Es werden Kreisströme induziert, die nach der LENZschen Regel grundsätzlich dem erzeugenden Feld entgegengerichtet sind. Bleibt dies die einzige Wechselwirkung, wird das Feld im Stoff geschwächt, μ_r wird kleiner 1. Solche Stoffe bezeichnet man als diamagnetisch (siehe Bild 11.1-1).

Besitzt der Werkstoff unpaarige Elektronen, kommt es außerdem zu einer Ausrichtung der Spinmomente in Feldrichtung; das Feld wird im Werkstoff verstärkt. Überwiegt dieser Effekt, obwohl der diamagnetische immer wirkt, liegt ein paramagnetischer Stoff vor, μ_r ist größer 1 (siehe Bild 11.1-1). Genau wie in Diamagnetika tritt auch bei Paramagnetika durch das äußere Magnetfeld in jedem Atom ein magnetisches Moment auf, das dem äußeren Feld entgegengerichtet ist. Das durch unpaarige Elektronen verursachte paramagnetische Moment ist im Vergleich zu dem diamagnetischen so groß, dass man das letztere vernachlässigen kann. Durch Ausbildung von Atombindungen (gemeinsame Elektronenpaare!) verschwindet der Paramagnetismus der betreffenden Atome meist vollständig. Das findet statt, wenn sich Moleküle bilden (H_2O, CH_4) oder Atomgitter (Siliziumkristalle). Bei metallischen Werkstoffen liegen kompliziertere Verhältnisse vor, da sich die Leitungselektronen im Gitterverband unter dem Einfluss des äußeren Magnetfeldes bewegen. Metalle können sowohl dia- als auch paramagnetisch sein (siehe Tabelle 11.1-2).

Ferromagnetisches Verhalten ist an zwei Bedingungen gebunden:

1. Der Stoff muss paramagnetisch sein (freie Spinmomente).
2. Die freien Spinmomente müssen sich ohne äußere Feldeinwirkung in größeren Bezirken, den WEISSschen Bezirken, gleichsinnig orientieren. Man spricht von der spontanen Magnetisierung.

Wieso kann es ohne ein Feld von außen zur spontanen Magnetisierung kommen?

Die erste Bedingung wird durch die Elemente, die 3d-Niveaus besetzen, erfüllt. So hat Mangan z. B. 5 unpaarig besetzte 3d-Niveaus, Eisen 4 usw. (siehe Bild 11.1-2 und vgl. Kapitel 1). Von diesen Elementen sind aber nur Eisen, Kobalt und Nickel ferromagnetisch. Sie erfüllen die strukturelle Voraussetzung für die spontane Magnetisierung. Die Gitterkonstante a muss gegenüber dem Radius der 3d-Niveaus groß sein (siehe Bild 11.1-3).

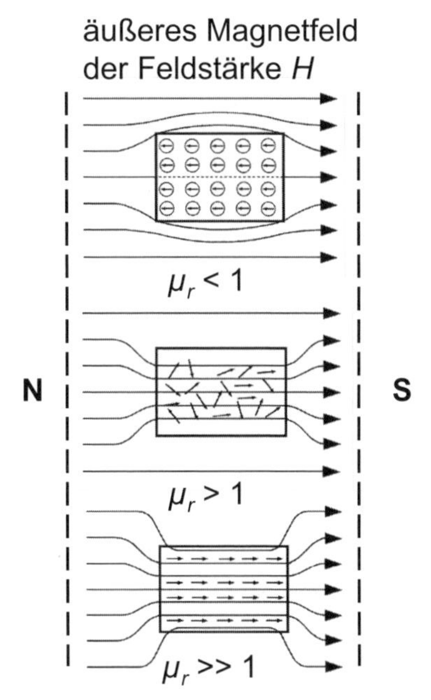

Bild 11.1-1 Schematischer Verlauf von Feldlinien

> Stoffe, deren Atome, Ionen oder Moleküle unpaarig besetzte Elektronenniveaus aufweisen, sind paramagnetisch.

Tabelle 11.1-2 Magnetische Suszeptibilität ausgewählter Stoffe [nach MÜNCH]

Substanz	$\chi \cdot 10^6$	
Bi	–153	*diamagnetisch*
Au	– 34	
Ag	– 25	
Cu	– 7,4	
Ge	– 7,7	
H_2O	– 9	
CO_2	– 0,012	
N_2	– 0,006	
Pt	+264	*paramagnetisch*
Al	+ 21	
O_2	+ 1,86	

Es gilt die Bedingung: $a/r_{3d} > 3$. Bei Erfüllung dieser Bedingung ist die Austauschenergie positiv. Wie man dem Bild 11.1-4 entnehmen kann, haben die Elemente Eisen (α-Fe, krz!), Kobalt und Nickel (das Gadolinium vernachlässigen wir aus praktischen Erwägungen) eine positive Austauschenergie, sie sind daher ferromagnetisch. Sofern Chrom und Mangan als reine Metalle vorliegen, bilden sie trotz hoher atomarer magnetischer Momente infolge der Wechselwirkungen kein ferromagnetisches Gitter. Aus obiger Formel lässt sich ableiten, dass sich bei Vergrößerung von a der Quotient ebenfalls vergrößert. Durch Legieren z. B. des Mangans mit Kupfer und Aluminium kommt es unter Mischkristallbildung zur Gitteraufweitung. Die so entstandenen HEUSLER-Legierungen sind ferromagnetisch.

Der Vollständigkeit wegen sei auf die Erscheinung des Antiferromagnetismus hingewiesen, bei dem die Elementarmagnete genau wie bei Ferromagnetismus spontan, jedoch antiparallel geordnet sind, wie das beim Element Chrom der Fall ist. Dadurch kompensieren sie sich, und es verbleibt kein freies Moment.

Der ferromagnetische Werkstoff besteht aus einer Vielzahl WEISSscher Bezirke, wobei das Volumen eines einzelnen Bezirks ca. 0,01 mm³ beträgt, die durch BLOCH-Wände voneinander getrennt sind. Die Herausbildung unterschied-

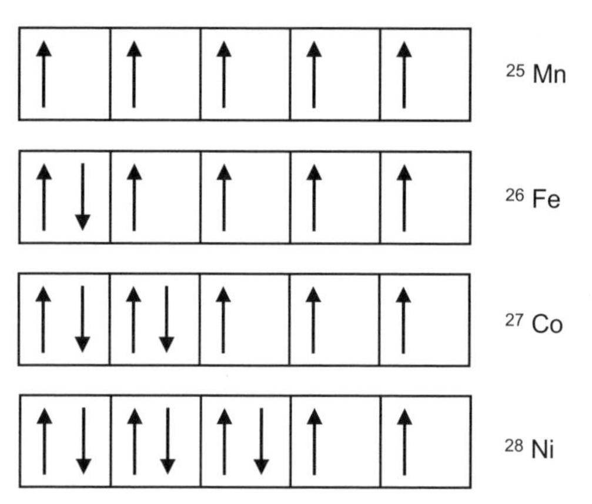

Bild 11.1-2 Elektronenverteilung in den 3d-Niveaus der Elemente der Ordnungszahlen 25 bis 28

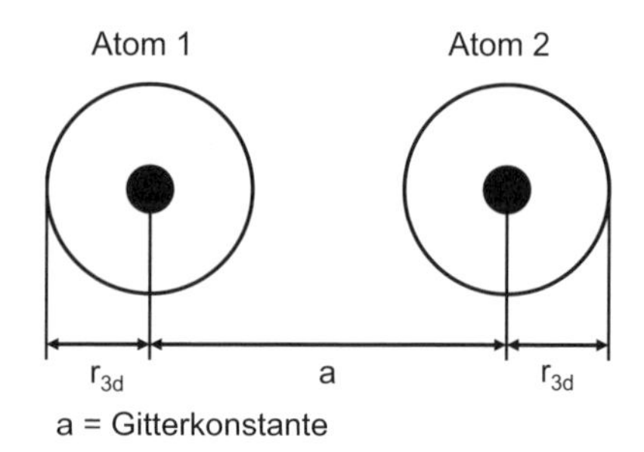

Bild 11.1-3 Schematische Darstellung von a im Verhältnis zu r_{3d}

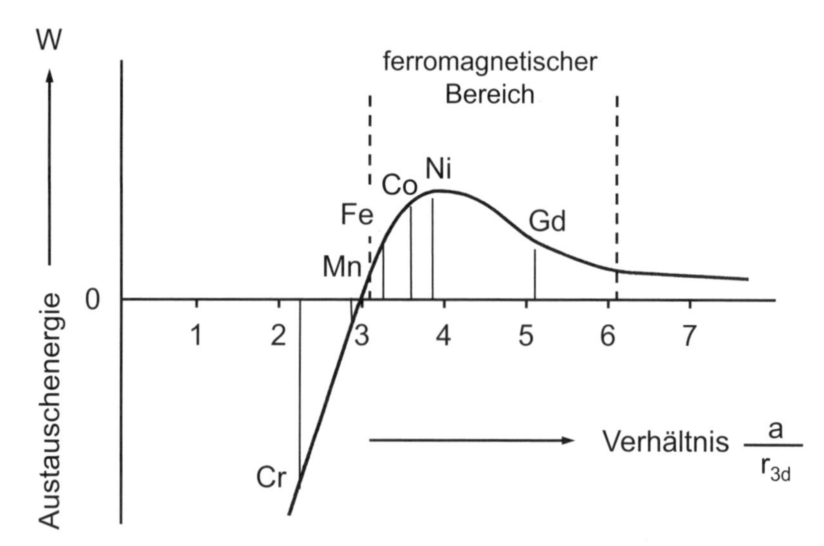

Bild 11.1-4 Austauschenergie für ferromagnetische Metalle

lich orientierter WEISSscher Bezirke resultiert aus dem Bestreben, einen geschlossenen magnetischen Kreis für die Elementarmagnete zu bilden (siehe Bild 11.1-5) und sich in die Richtung der leichtesten Magnetisierbarkeit auszurichten (ferromagnetische Anisotropie). Für das α-Eisen ist die Würfelkante ([100]-Richtung) die Richtung der leichtesten Magnetisierbarkeit und damit die des leichtesten Koppelns.

Beachte:
Ferromagnetismus ist nicht ausschließlich an die Ausbildung WEISSscher Bezirke gebunden, z. B. amorphe Ferromagnetika. Die Ausführungen im Lehrbuch beziehen sich auf kristalline Werkstoffe.

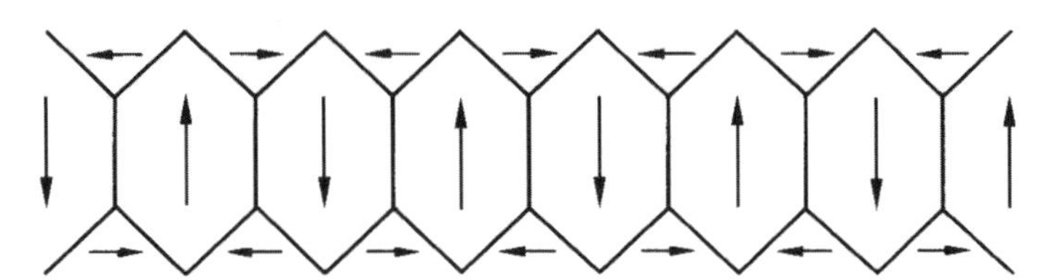

Bild 11.1-5 Anordnung der WEISSschen Bezirke vor dem erstmaligen Magnetisieren (schematisiert)

Innerhalb der BLOCH-Wand (Dicke ca. 0,1 µm, das entspricht ca. 1000 Atomabständen) ändert der Magnetisierungsvektor stetig seine Magnetisierungsrichtung, sodass ein energetisch günstiger Übergang zwischen den WEISSschen Bezirken entsteht (siehe Bild 11.1-6).

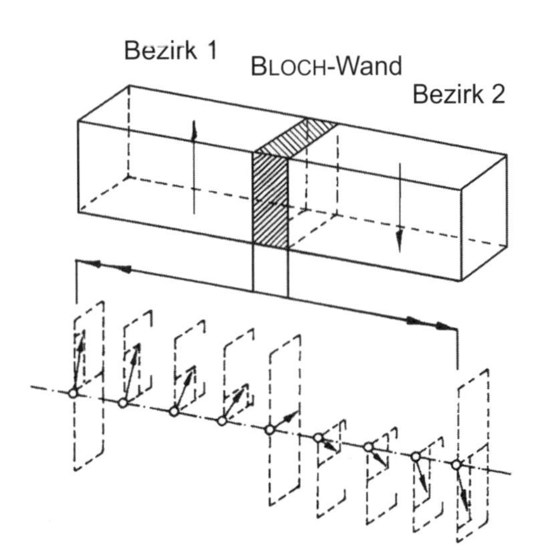

Bild 11.1-6 180°-Drehung des magnetischen Momentes innerhalb einer BLOCH-Wand

Die BLOCH-Wände lassen sich mit der BITTER-Streifen-Methode relativ einfach sichtbar machen (siehe Bild 11.1-7). Man bringt einen Tropfen einer Suspension aus Wasser und Magnetit auf die Probenoberfläche. Die an den BLOCH-Wänden aus der Oberfläche heraustretenden Feldlinien ziehen die Fe_3O_4-Teilchen an und ordnen sie entlang der BLOCH-Wand.

Unter dem Begriff magnetischer Werkstoff darf man nicht nur das ferromagnetische Verhalten sehen, sondern es sind auch die ferrimagnetischen Werkstoffe, die Ferrite, mit einzubeziehen. Ferrite sind oxidkeramische Werkstoffe, die im Spinellgitter kristallisieren (siehe Abschnitt 1.3). Das Ionengitter besteht prinzipiell aus Fe^{3+}-Ionen und zweiwertigen Metallionen, wie Fe^{2+}, Mn^{2+}, Ni^{2+} usw. und O^{2-} als Anionen. Die Sauerstoffionen ordnen sich kubisch-flächenzentriert an; die Fe^{3+}-Ionen bilden ein Oktaederuntergitter, die zweiwertigen ein Tetraederuntergitter (siehe Bild 11.1-8). Die Momente der jeweiligen Untergitterionen koppeln spontan, woraus für jedes Untergitter ein magnetisches Moment resultiert. In Analogie zum Antiferromagnetismus sind diese Momente entgegengesetzt orientiert. Nur wenn sich der Betrag der Untergittermomente unterscheidet, verbleibt ein nach außen wirkendes resultierendes Moment.

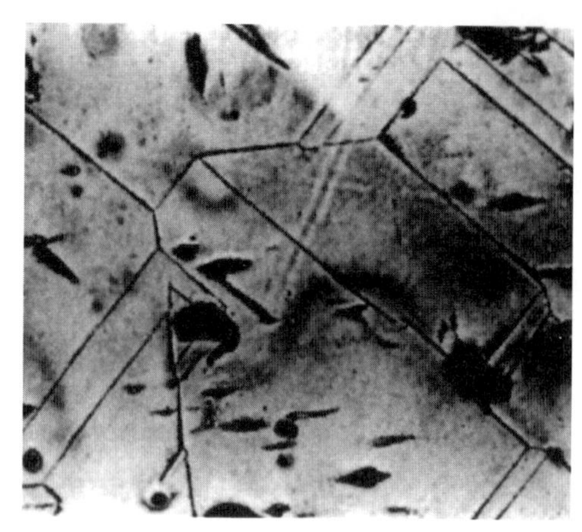

Bild 11.1-7 180°- und 90°-BLOCH-Wände bei FeSi; BITTERsche Streifen. (Mit freundlicher Genehmigung von VACUUMSCHMELZE GmbH, Hanau)

> Verschiedenartige Ionen mit verschieden großen Momenten M in unterschiedlichen Untergittern führen zu einem wirksamen Differenzmoment.
>
> $m_r \gg 1$, aber kleiner als bei Ferromagnetika
>
> Der einfachste Ferrit ist Magnetit mit der Zusammensetzung $FeO \cdot Fe_2O_3$, in anderer Schreibweise $Fe^{2+}Fe_2^{3+}O_4^{2-}$.
>
> Durch Austausch der Fe^{2+}-Ionen durch andere zweiwertige Metallionen entsteht die Vielfalt an Ferriten.

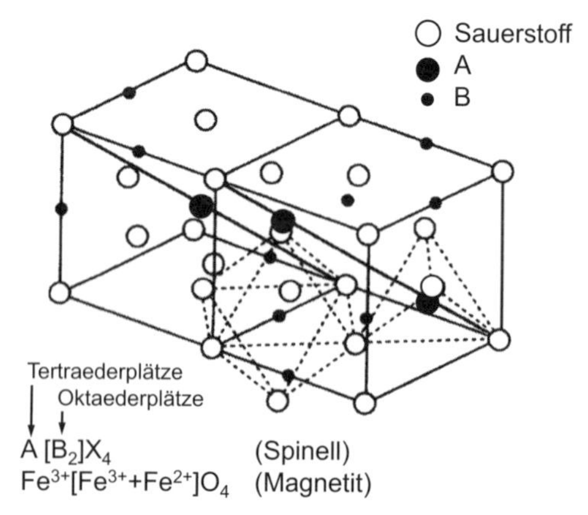

Bild 11.1-8 Ausschnitt aus einem Spinellgitter mit Oktaeder- und Tetraederteilgittern

Übung 11.1-1

Welche Wechselwirkungen können zwischen einem äußeren Magnetfeld und Atomen eines Stoffes auftreten?

Übung 11.1-2

Können Gase ferromagnetisch sein?

Übung 11.1-3

Stellen Sie den Zusammenhang $B = f(H)$ graphisch für einen dia-, para-, ferri- und ferromagnetischen Werkstoff dar und erläutern Sie den Kurvenverlauf!

Übung 11.1-4

Worin unterscheiden sich die Größen magnetische Induktion B und magnetische Polarisation J?

Übung 11.1-5

Warum sind HEUSLER-Legierungen ferromagnetisch?

Übung 11.1-6

Verschaffen Sie sich einen Überblick über die Abmessungen vom Durchmesser eines Eisenatoms, dem Abstand der Eisenatome im α-Eisen, der Ausdehnung eines WEISSschen Bezirks, der Ausdehnung einer BLOCH-Wand und der durchschnittlichen Größe der Kristallite in polykristallinem Eisen und halten Sie dies tabellarisch fest!

Übung 11.1-7

Erklären Sie, weshalb es bei der spontanen Magnetisierung in einem Eiseneinkristall nicht zur Ausbildung eines einzigen WEISSschen Bezirks über das gesamte Volumen kommen kann!

Übung 11.1-8

Begründen Sie, weshalb Werte für B von Ferrimagnetika kleiner sind als die von ferromagnetischen Metallen!

Übung 11.1-9

Gibt es natürlich vorkommende Stoffe mit einem nach außen wirkenden permanenten Magnetfeld auf der Erde?

Zusammenfassung: Magnetisches Verhalten

- Der Charakterisierung des Verhaltens von Werkstoffen im magnetischen Feld dienen die magnetische Feldstärke H, die magnetische Flussdichte B, die Permeabilitätszahl μ_r, die magnetische Polarisation J und die magnetische Suszeptibilität X_m.
- Das magnetische Bahnmoment und das magnetische Spinmoment bestimmen das dia- bzw. paramagnetische Verhalten.
- Kommt es beim paramagnetischen Werkstoff zur spontanen Magnetisierung, kommt es zum Ferromagnetismus, gekennzeichnet durch die Ausbildung WEISSscher Bezirke und deren Trennung durch BLOCH-Wände.
- Ferrite besitzen ebenfalls Werte für $\mu_r \gg 1$.
- Ferrimagnetismus resultiert aus dem wirksamen Differenzmoment des Oktaeder- zum Tetraederuntergitter.

11.2 Ferromagnetische Werkstoffe

Kompetenzen

Die Erklärung der Neukurve ist die Voraussetzung für das Verständnis der Ursachen und der Möglichkeiten zur Beeinflussung des Verhaltens von hart- und weichmagnetischen Werkstoffen. Von entscheidender Bedeutung sind dafür BLOCH-Wandverschiebungen und die ferromagnetische Anisotropie. Es ist deshalb erforderlich die wesentlichen Faktoren, die BLOCH-Wandverschiebungen erschweren bzw. erleichtern, zu kennen.

Um das Verhalten ferromagnetischer Werkstoffe im Wechselfeld zu verstehen, ist die Hysteresekurve heranzuziehen und die entscheidenden Kenngrößen, wie Koerzitivfeldstärke und Remanenzinduktion bzw. Remanenzpolarisation, zu verwenden.

Die Auswahl geeigneter Hartmagnetika, insbesondere im Hinblick auf die Verminderung des Bauelementevolumens, sind die Koerziztivfeldstärke, die Einsatztemperatur und die spezifische Kenngröße maximales Energieprodukt $(B \cdot H)_{max}$ zu berücksichtigen. Für die Entwicklung hartmagnetischer Werkstoffe wird das Ausscheidungshärten und die Kristallanisotropie als wesentlich erkannt.

Das Verständnis des Verhaltens weichmagnetischer Werkstoffe ist an die Erklärung der Ummagnetisierungsverluste gebunden. Die Möglichkeit, amorphe Metalle als Weichmagnetika einzusetzen, lässt sich somit verstehen.

Solange kein äußeres Magnetfeld auf einen ferromagnetischen Werkstoff einwirkt, orientieren sich die WEISSschen Bezirke entsprechend den kristallografisch bevorzugten Magnetisierungsrichtungen; es bilden sich 180°- und 90°-BLOCH-Wände aus. Wenn nun ein äußeres Feld wirkt, kommt es letzten Endes zur gleichsinnigen Ausrichtung aller Einzelmomente der WEISSschen Bezirke in die Feldrichtung. Die magnetische Sättigung ist erreicht. Eine weitere Erhöhung von H führt zu keiner weiteren Vergrößerung von B bzw. J.

Die Darstellung der Messdaten $B = f(H)$ bei der erstmaligen Magnetisierung führt zur sog. Neukurve, wie sie Bild 11.2-1 zeigt. Den Verlauf der Neukurve bestimmen sowohl reversible als auch irreversible Veränderungen in WEISSschen Bezirken. Bei kleinen Feldstärken kommt es in den WEISSschen Bezirken, deren Magnetisierungsrichtung bereits günstig zum äußeren Feld orientiert ist, zur Vergrößerung der Bezirke durch BLOCH-Wandverschiebungen. Nimmt man in diesem Stadium das Feld zurück, wird B wieder Null, der Vorgang ist reversibel. Überschreiten wir die Feldstärke im Punkt P_2, kommt es zu „Umklappvorgängen", die eine Orientierung der WEISSschen Bezirke annähernd in Feldrichtung bewirken. Das entspricht der sog. 180°-Verschiebung. Nach wie vor aber

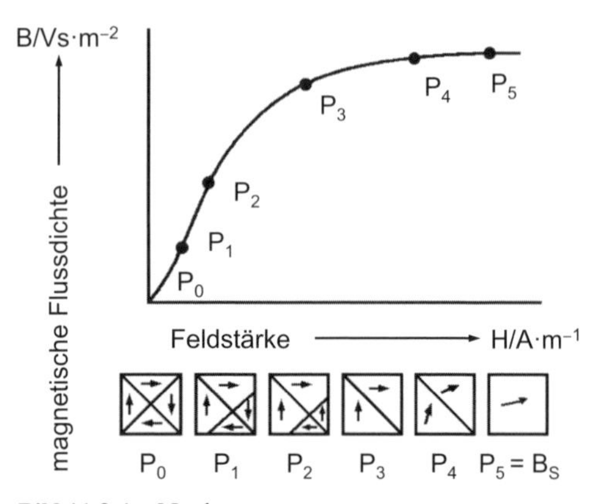

Bild 11.2-1 Neukurve
$P_0 - P_1$ = reversible BLOCH-Wandverschiebungen
$P_1 - P_2$ = irreversible BLOCH-Wandverschiebungen
$P_3 - P_5$ = reversible Drehprozesse

befinden sich die WEISSschen Bezirke in einer kristallografisch bevorzugten Magnetisierungsrichtung. Oberhalb P_3 werden die Momente aus dieser bevorzugten Lage „gewaltsam" in Feldrichtung gedreht, im Punkt P_5 ist die magnetische Sättigung erreicht. Schaltet man das Feld ab, drehen die Bezirke in die magnetische Vorzugslage zurück. Die Funktion verläuft nun nicht mehr deckungsgleich mit der Neukurve. Infolge der irreversiblen Teilprozesse verbleibt ein Restmagnetismus, die Remanenzinduktion B_r bzw. die Remanenzpolarisation J_r (siehe Bild 11.2-2).

Polt man den das Feld erregenden Strom um, erhält man eine entgegengesetzte magnetische Feldstärke $-H$, die eine entgegengesetzte Magnetisierung der Probe bewirkt. Im Bild 11.2-3 ist dies in Form der Hysteresekurve dargestellt. Die zur Beseitigung der Remanenz B_r (J_r) erforderliche magnetische Feldstärke heißt Koerzitivfeldstärke H_C, in diesem Quadranten $-H_C$. Erhöht man H über H_C hinaus, dann erhält man den absteigenden Kurvenabschnitt im dritten Quadranten bis zum Sättigungspunkt 2 $-B_S$ ($-J_S$), er liegt punktsymmetrisch zum Punkt 1, er ist 180° um den Nullpunkt des Achsenkreuzes gedreht. Mit sinkendem H fällt B (J) wieder. Am Nullwert von H (Punkt 3) verbleibt im Werkstoff eine negative Remanenz $-B_r$ ($-J_r$) in gleicher Stärke wie $+B_r$. Ab diesem Punkt wiederholen sich die dargestellten Vorgänge mit umgekehrtem Vorzeichen, am Punkt 1 ist die Hysteresekurve dann geschlossen.

Da die von der Hysteresekurve eingeschlossene Fläche ein Maß für die aufzuwendende Ummagnetisierungsarbeit ist, bedeutet eine breite und hohe Hysteresekurve, H_C und B_r groß, einen schwer umzumagnetisierenden Werkstoff. Diese Werkstoffe sind hartmagnetisch. Weichmagnetische Werkstoffe besitzen eine schmale Hysteresekurve.

Charakteristische Kurven zeigt Bild 11.2-4. Die Permeabilitätszahl (μ_r stellt den Zusammenhang zwischen B und H her und ist deshalb die entscheidende Kenngröße eines ferromagnetischen Werkstoffes (vgl. ε_r für Ferroelektrika). Man muss aber bei Anwendung der Permeabilitätszahl beachten, dass sie keine Konstante ist, sondern von der Feldstärke H abhängt.

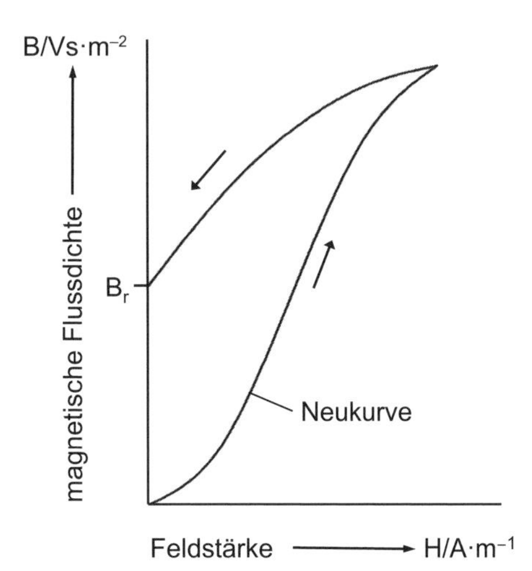

Bild 11.2-2 Neukurve und Entstehung von B_r bei $H = 0$

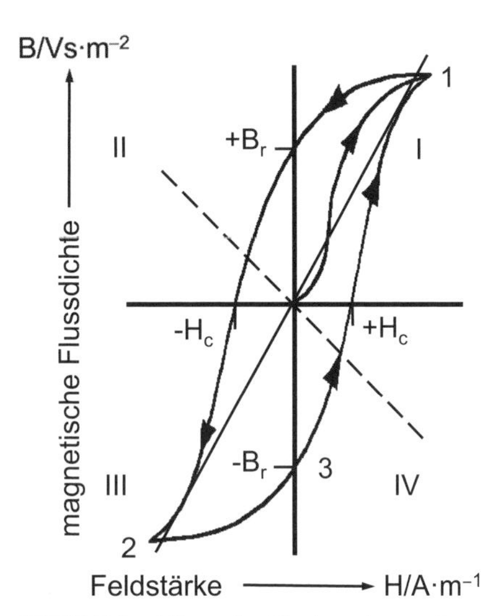

Bild 11.2-3 Allgemeine Hysteresekurve eines magnetischen Werkstoffes

$\mu = f(H)$

Da μ von H abhängt, muss bei Verwendung von μ_r-Werten immer H mit angegeben werden!

Alle Faktoren, die eine Verschiebung der BLOCH-Wände erschweren, wie z. B. mechanische Spannungen, heterogene Gefüge, Verunreinigungen, Ausscheidungen, Texturen u. a. m., führen zur Beeinflussung des magnetischen Verhaltens, wodurch die Hysteresekurve in ihrer Form geprägt wird. Im Bild 11.2-5 sind die wesentlichen Faktoren zusammengefasst. Bei der Herstellung und dem Einsatz von ferromagnetischen Werkstoffen ergeben sich zum Teil extreme Forderungen.

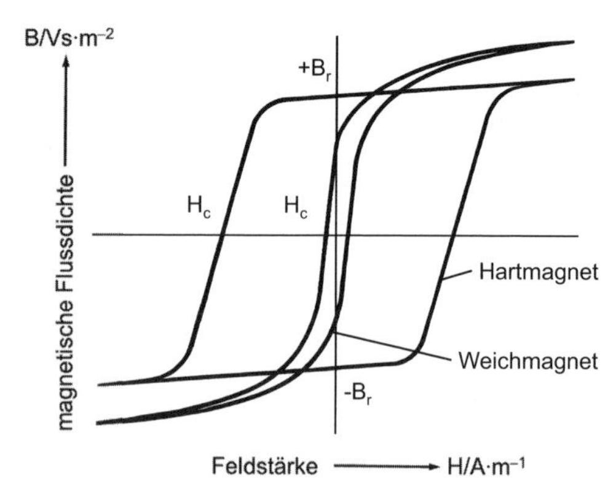

Bild 11.2-4 Hysteresekurve von hart- und weichmagnetischen Werkstoffen

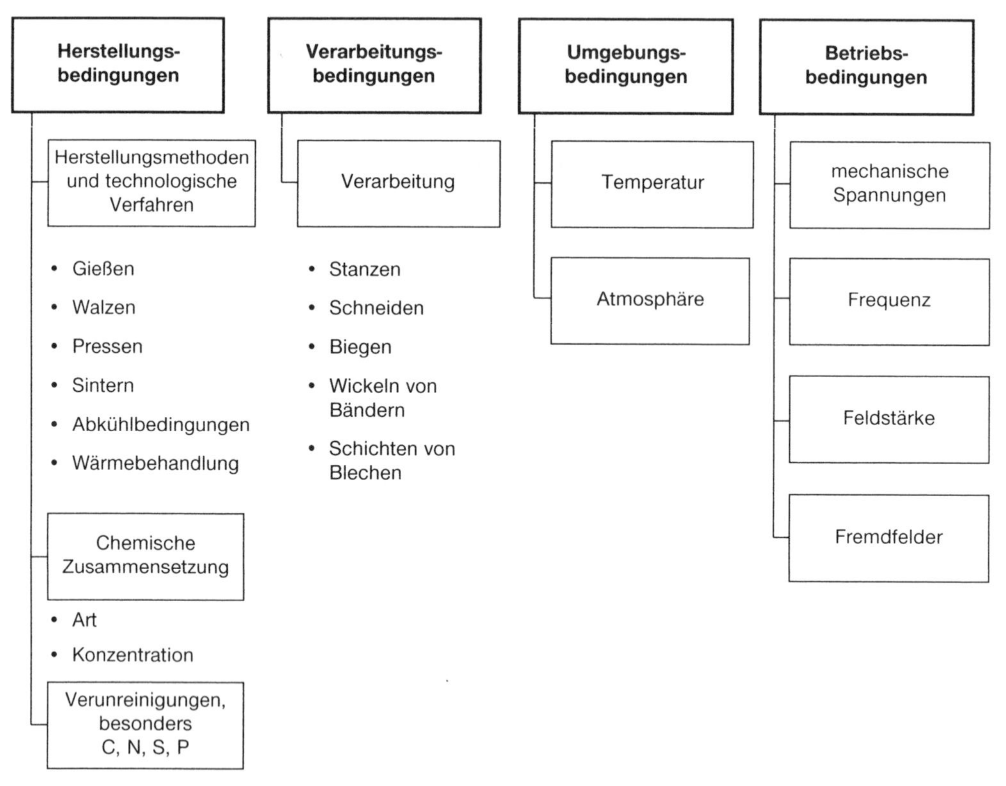

Bild 11.2-5 Einflussfaktoren auf die Eigenschaften von Magnetwerkstoffen

Der Einfluss der Temperatur resultiert aus der Überlagerung von zwei Effekten. Eine Temperaturerhöhung erleichtert die Verschiebung der BLOCH-Wände, wie den Kurven im Bild 11.2-6 zu entnehmen ist. Andererseits führen die zunehmenden thermischen Gitterschwingungen der Atome bzw. Ionen zu einer erschwerten Orientierung der Spinmomente in Feldrichtung. Es ändert sich das Verhältnis a/r_{3d} und damit die Grundbedingung für die spontane Magnetisierung. Beim Überschreiten einer bestimmten Temperatur, der CURIE-Temperatur T_C, ist eine spontane Magnetisierung nicht mehr möglich, die WEISSschen Bezirke existieren nicht mehr, der Stoff wird paramagnetisch. Beim Erreichen der CURIE-Temperatur geht der Ferromagnetisnus nicht sprunghaft verloren. Deshalb wird die CURIE-Temperatur definiert. Wird der über seine CURIE-Temperatur erwärmte ferromagnetische Werkstoff wieder abgekühlt, erfolgt beim Unterschreiten von T_C erneut die Ausbildung von WEISSschen Bezirken. Welchen Einfluss die gewählte Einsatztemperatur auf die magnetischen Eigenschaften ausübt, hängt hauptsächlich davon ab, wie weit diese Temperatur unter T_C liegt. Analoge Betrachtungen gelten auch für Ferrimagnetika, mit der Besonderheit, dass vor Erreichen der CURIE-Temperatur die Permeabilität stark ansteigt.

Mit der Ausbildung der WEISSschen Bezirke und ihrer Ausrichtung im äußeren Feld kommt es zu einer Längen- bzw. Volumenänderung des Werkstoffes, der Magnetostriktion. Das Ausmaß der Längenänderung lässt sich durch den Magnetostriktionskoeffizienten λ ausdrücken, der für ausgewählte Magnetwerkstoffe in Tabelle 11.2-1 angegeben ist. Die Magnetostriktion kann positiv (Ausdehnung) oder negativ (Verkürzung) sein. Da die Deformation infolge der Magnetisierung zu magnetostriktiven Spannungen führt, soll bei weichmagnetischen Werkstoffen λ klein sein.

Für die Magnetisierbarkeit der WEISSschen Bezirke gibt es Vorzugsrichtungen im Gitter, die Magnetisierbarkeit ist also anisotrop. Wirkt ein Magnetfeld in eine der Vorzugsrichtungen, so ist die zur Magnetisierung aufzubringende Energie gering. Die ferromagnetischen Elemente Eisen, Kobalt und Nickel unterscheiden sich darin, siehe Bild 11.2-7.

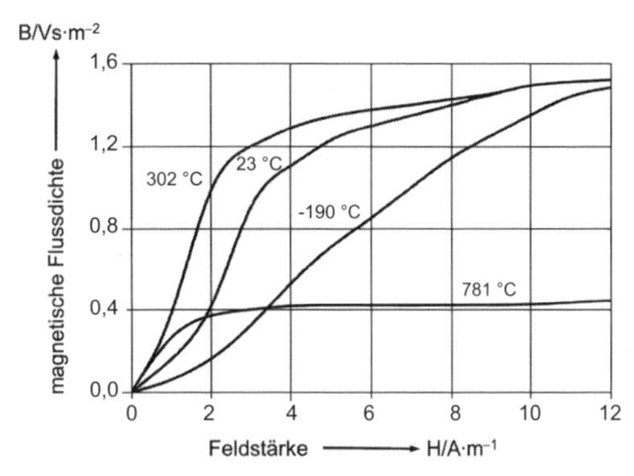

Bild 11.2-6 Neukurven für Eisen bei verschiedenen Temperaturen

> Die CURIE-Temperatur ist die Temperatur, bei der die Sättigungspolarisation auf 10 % ihres Wertes bei Raumtemperatur gesunken ist.
>
> T_C für Fe 770 °C
> Co 1 120 °C
> Ni 358 °C

Tabelle 11.2-1 Magnetostriktionskoeffizienten bei Raumtemperatur und 1 T

$$\lambda = \frac{\Delta l}{l_0}$$ l_0 = Länge vor dem Magnetisieren

Fe	$-8 \cdot 10^{-6}$
Co	$+55 \cdot 10^{-6}$
Ni	$-35 \cdot 10^{-6}$
Ferrite	$(-100 \text{ bis } +40) \cdot 10^{-6}$

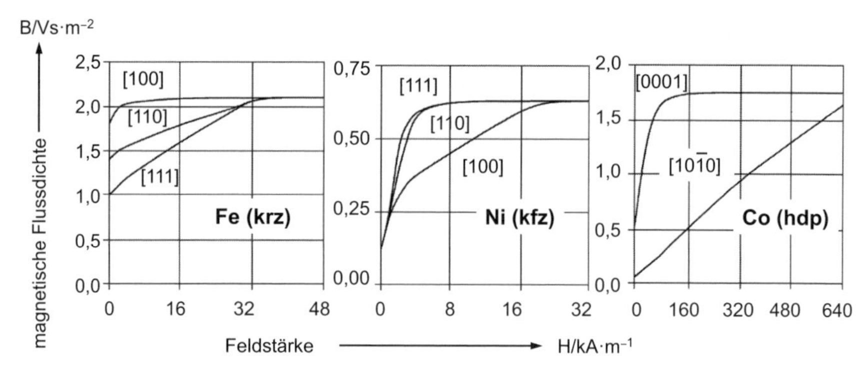

Bild 11.2-7 Magnetisierungskurven von Fe-, Ni- und Co-Einkristallen mit verschiedenen Orientierungen zum äußeren Feld

Unmittelbaren Einfluss auf die magnetischen Eigenschaften nehmen damit die Herstellungsmethoden und technologischen Verfahren, wie:

- Erzeugen von Texturen durch Kaltumformung und Rekristallisation,
- Gezieltes Erstarren von Schmelzen zu Stängelkristallen,
- Erstarren im Magnetfeld,
- Formgebung durch Pressen bei gleichzeitiger Magnetfeldeinwirkung u. a.

Alle magnetischen Kenngrößen können durch Zusätze in bestimmten Grenzen für ein konkretes Anwendungsgebiet angepasst werden. Durch gezieltes Legieren von Eisen mit Silizium, Nickel, Aluminium, Kobalt u. a. gelangt man sowohl zu hart- als auch zu weichmagnetischen Werkstoffen. Verunreinigungen in Form der Carbide (siehe Bild 11.2-8), Sulfide und Nitride stören den Gitterbau und behindern auf diese Weise die Beweglichkeit der BLOCH-Wände, des Weiteren stören sie den gewünschten Effekt von Wärmebehandlungen, wie z. B. das Aushärten.

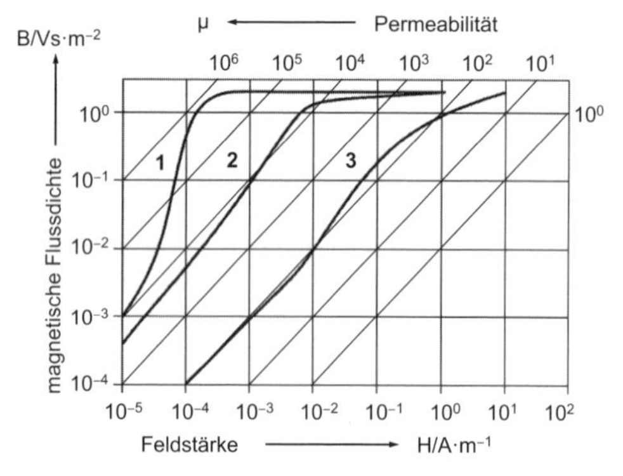

Bild 11.2-8 Magnetisierungskurven von Eisen in Abhängigkeit von der Reinheit
1 = Reinsteisen ca. 0,05 % C; 2 = Carbonyleisen ca. 0,1 % C- und O-Anteile; 3 = Gusseisen C > 2 %, P, Si, N und O

11.2.1 Hartmagnetische Ferromagnetika

Hartmagnetische Werkstoffe bauen ein permanentes Magnetfeld mit hoher Flussdichte auf, daher auch die Bezeichnung Permanent- oder Dauermagnete. Fremde Magnetfelder sollen nach Möglichkeit das Feld nicht abbauen. Hieraus resultieren prinzipiell die Forderungen nach hoher Koerzitivfeldstärke und hoher Remanenz. Der Verlauf der Hysteresekurve im

Kenngrößen hartmagnetischer Werkstoffe

- Koerzitivfeldstärke H_C ($A \cdot m^{-1}$)
- Remanenzinduktion B_r ($Vs \cdot m^{-2}$); $1\,T = Vs \cdot m^{-2}$
- maximales Energieprodukt $(B \cdot H)_{max}$ ($Ws \cdot m^{-3}$); ($kJ \cdot m^{-3}$)
- Ausbauchungsfaktor γ

2. Quadranten, die Entmagnetisierungskurve, beschreibt das Entmagnetisierungsverhalten. Für die Güte hartmagnetischer Werkstoffe lassen sich daraus die Kenngrößen ermitteln.

Aus einem geschlossenen Ringmagnet treten keine Feldlinien aus. Um ein nutzbares magnetisches Feld zu erzeugen, muss ein Luftspalt vorhanden sein (siehe Bild 11.2-9). Oft leitet man die Feldlinien über ein weichmagnetisches Poleisen an die gewünschte Stelle, außerdem beeinflusst die Geometrie der Poleisen die des Feldes. Im Luftspalt ist die Feldstärke geringer als die im Magnetwerkstoff, und zwar um so mehr, je größer die Länge des Luftspaltes ist. Die maximale Spaltweite besitzt der Stabmagnet. Die Abmessungen des Magneten, Länge und Querschnitt, bestimmen die Luftspaltinduktion und sind deshalb maßgebliche Größen. Bei sonst gleich bleibenden Bedingungen kann ein Dauermagnet um so kürzer gestaltet werden, je größer die Arbeitsfeldstärke H_M ist. Man erhält für jeden Magnetwerkstoff auf der Entmagnetisierungskurve, bei gegebenen Arbeitsbedingungen einen Arbeitspunkt A für die maximale Flussdichte im Werkstoff (siehe Bild 11.2-10). Sind die Abmessungen des Luftspaltes sowie die Luftspaltflussdichte festgelegt, so ergibt sich ein möglichst kleines Volumen für den Magneten durch ein großes Produkt $B_M \cdot H_M$ am Arbeitspunkt. Entlang der Entmagnetisierungskurve gibt es einen Arbeitspunkt, bei dem das Produkt aus B mal H einen maximalen Wert besitzt, das maximale Energieprodukt $(B \cdot H)_{max}$. Dies ist die wichtigste Gütegröße zur Charakterisierung hartmagnetischer Werkstoffe. Eine Miniaturisierung magnetischer Baugruppen erfordert den Einsatz von Werkstoffen mit hohen Werten für $(B \cdot H)_{max}$ (siehe Bild 11.2-11). Dividiert man $(B \cdot H)_{max}$ durch das Produkt aus B_r und H_C, so erhält man den Ausbauchungsfaktor γ, praktische Werte liegen bei 0,8.

Betrachtet man die Werkstoffentwicklung, so lässt sich diese durch drei Gesichtspunkte bestimmen:

1. Erzeugung einer ausgeprägten einachsigen ferromagnetischen Anisotropie. Sie liefert die Basis für die Stabilität des magnetischen Zustandes gegen Entmagnetisierung und damit die Voraussetzung für eine hohe Koerzitivfeldstärke.

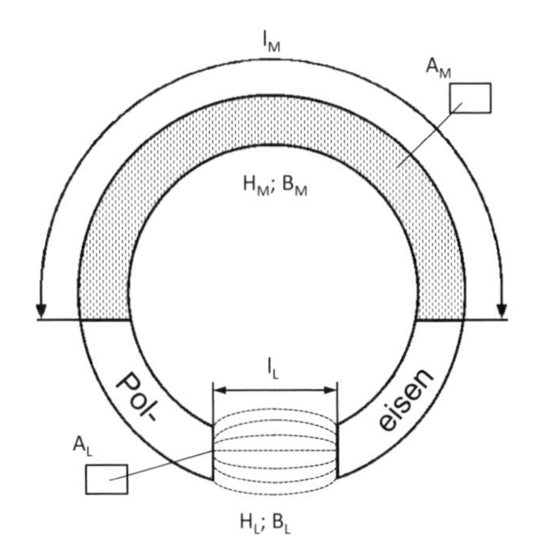

Bild 11.2-9 Magnetischer Kreis mit Luftspalt
l_M: Länge des Magneten; l_L: Länge des Luftspaltes; A_M: Querschnitt des Magneten; A_L: Querschnitt des Luftspaltes; B_M: Induktion des Magneten; B_L: Induktion des Luftspaltes; H_M: Feldstärke des Magneten am Arbeitspunkt; H_L: Feldstärke im Luftspalt

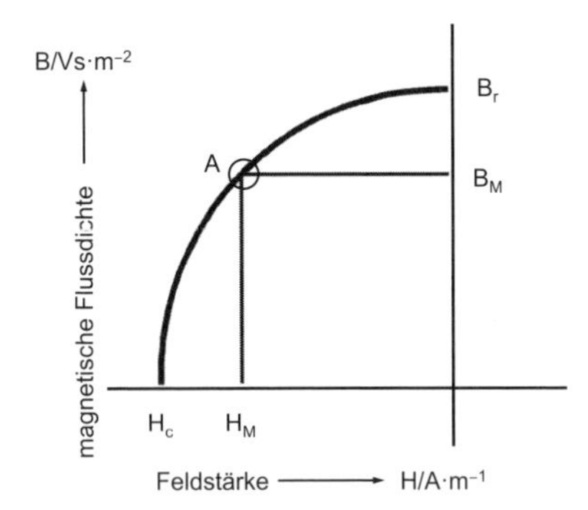

Bild 11.2-10 Arbeitspunkt auf der Entmagnetisierungskurve

$$l_M = \frac{B_L \cdot l_L \cdot \sigma_P}{\mu_0 \cdot H_M}$$

σ_P = Potenzialverlustfaktor (zwischen 1 und 1,5)

$$V_M = \frac{B_L^2 \cdot V_L \cdot \sigma_P \cdot \sigma_S}{\mu_0 \cdot H_M \cdot B_M}$$

σ_P = Streuverlustfaktor (zwischen 1 und 10)

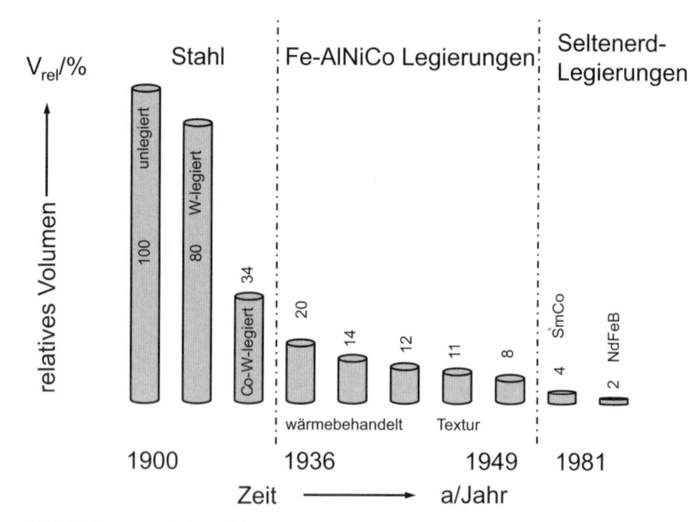

Bild 11.2-11 Miniaturisierung der Dauermagnete durch Vergrößerung von $(B \cdot H)_{max}$, siehe auch Bild 11.2-14

2. Verwirklichung einer hohen magnetischen Sättigungsinduktion. Sie garantiert hohe Werte der Remanenzinduktion.
3. Realisierung einer hohen CURIE-Temperatur.

Dafür kommen zwei wesentliche Lösungsrichtungen in Betracht, das sind einmal ausscheidungshärtbare Legierungen auf Basis von FeAlNiCo-Legierungen (gesprochen „Alnico“, ohne das Fe!). Durch die Wärmebehandlung Ausscheidungshärten entstehen in einer schwach- oder unmagnetischen Matrix ferromagnetische Ausscheidungen in der Größe WEISSscher Bezirke (siehe Bild 11.2-12). Eine Magnetisierung über die BLOCH-Wandverschiebung ist damit erschwert. Die zweite Richtung finden wir in den Seltenerd-Magneten umgesetzt, wie SmCo- und NdFeB-Legierungen. Das hartmagnetische Verhalten wird hier durch die außerordentlich starke magnetische Kristallanisotropie erzielt. In der Tabelle 11.2-2 sind

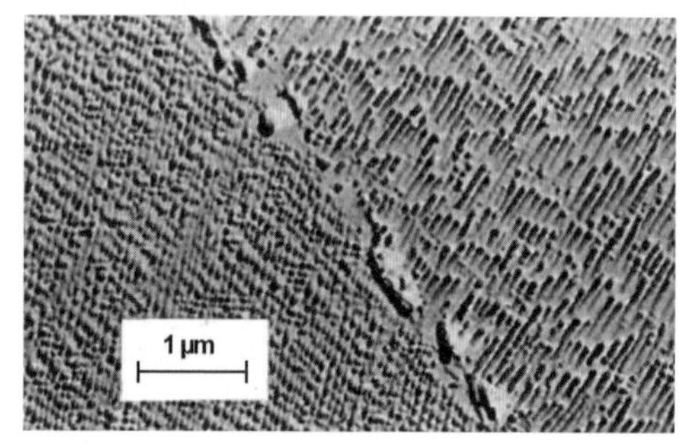

Bild 11.2-12 AlNiCo-Legierung mit ausgeschiedener ferromagnetischer Phase

Tabelle 11.2-2 Gütekenngrößen ausgewählter Hartmagnetika

Werkstoff	B_r in mT	H_C in kA/m	$(BH)_{max}$ in KJ/m^3	CURIE-Temperatur TC in °C	Max. Einsatztemperatur in °C
AlNiCo 500	1300	51	45	800	> 500
$SmCo_5$	1000	760	190	720	> 250
SmCo 2:17	1050	760	210	820	> 350
NdFeB	1300	850	320	310	> 120

die Gütekenngrößen der wichtigsten Ferromagnetika enthalten.

Im Bild 11.2-13 sind die Entmagnetisierungskurven verschiedener Hartmagnetika dargestellt. Die Werkstoffe für die Kurven 1 und 2 sind die AlNiCo-Legierungen AlNiCo-S16 und AlNiCoG-56. S steht für Sinter-G für Gussmagnet. Da Gussmagnete sehr spröde und darum sehr schwer bearbeitbar sind, stellt man kleine und komplizierte Formen sintertechnisch her. Die Kurve 3 entspricht der Legierung MnAlC, die Kurve 4 PtCo und 5 $SmCo_5$. Die Kurven 6 und 7 sind die von hartmagnetischen Ferriten, vgl. Abschnitt 11.3.

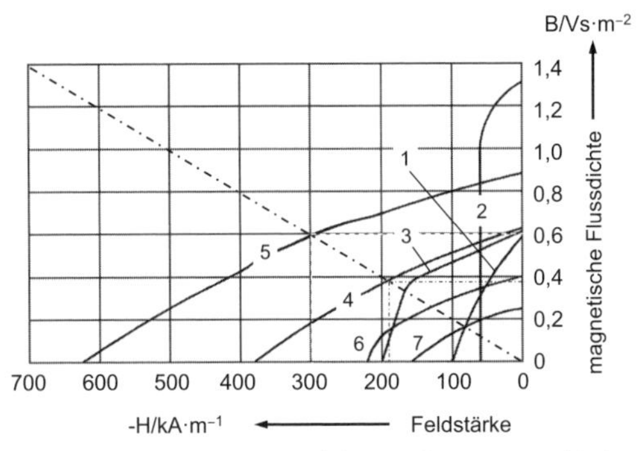

Bild 11.2-13 Entmagnetisierungskurven verschiedener Hartmagnetika
1 = AlNiCo-S16, 2 = AlNiCo-G56, 3 = MnAlC, 4 = PtCo, 5 = SmCo5, 6 = Maniperm 822, 7 = Maniperm 861

Metallische Dauermagnetlegierungen auf der Basis von AlNi und AlNiCo führen bei ECS Magnet Engineering GmbH, Essen, den Markennamen Koerzit. Allen Koerzit-Magneten ist die sehr geringe Abhängigkeit der magnetischen Eigenschaften von der Temperatur gemeinsam. Sie können bei Umgebungstemperaturen bis ca. 500 °C ohne Schädigung eingesetzt werden. In Abhängigkeit von der Zusammensetzung und vom Fertigungsverfahren lassen sich sowohl isotrope als auch anisotrope Koerzit-Dauermagnete herstellen. Den anisotropen Magneten entsprechen die hochkoerzitiven Sorten Koerzit 450 und Koerzit 1800 mit H_C-Werten von 120 bzw. 160 kA · m^{-1}.

Hartmagnete der Zusammensetzung SmCo führen die Bezeichnung *Koermax*, für die Magnete auf Basis NdFeB den Handelsnamen *Koerdym*.

Neben einer weiteren Steigerung von $(B{\cdot}H)_{max}$ weist Koerdym gegenüber den Koermax-Magneten eine wesentlich günstigere Rohstoffbasis auf. Neodym ist in einem 8- bis 10-mal höheren Anteil als Samarium in den Seltenerd-Metallerzen enthalten. Die historische Entwicklung der Hartmagnetika, gemessen an $(B \cdot H)_{max}$, wird im Bild 11.2-14 veranschaulicht.

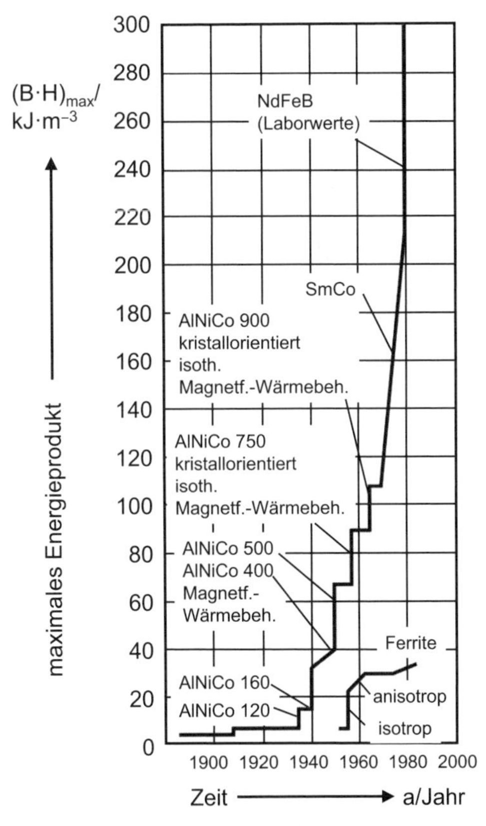

Bild 11.2-14 Historische Entwicklung der Hartmagnetika

Elektrotechnik
Elektronik

- **Nachrichtentechnik**
  Lautsprecher
  Fernsehbildröhren
  Telefontechnik
  Mikrofone
  Magnetron
  Audio/Videotechnik (Hartferrite, NdFeB)
- **Messtechnik**
  Elektrizitätszähler
  Drehspulmesswerke
  Kreuzspulmesswerke
  Schwingungs-, Bewegungs- und Kraftindikatoren
  (AlNiCo, SmCo, NdFeB)
- **Antriebstechnik**
  Motoren (Hartferrite, NdFeB)
  Linearantriebe
  Servoantriebe (AlNiCo, SmCo)
- **Energietechnik**
  Generatoren
  Zündlichtgeneratoren
- **Elektron. Datenverarbeitung** (SmCo, NdFeB)

Maschinenbau/
Automatisierungstechnik

- **allgemein**
  Permanent-Haftsysteme,
  magnetische Hartferrite
- **Brems- und Dämpfungsanlagen**
  Wirbelstrom- und Hysteresebremsen
- **Kupplungen**
  Dauermagnetische Kupplungen
  (SmCo, Hartferrite, NdFeB)
- **Pumpenantriebe**
- **Blechverarbeitung und Transport**
- **Positioniersysteme**
- **Separierung ferromagnetischer Teile**
  (Hartferrite, NdFeB)

Bild 11.2-15 Übersicht zur Anwendung von Hartmagnetika

Dauermagnete finden Anwendung in elektromagnetisch wirkenden Anlagen und Geräten, in magneto-mechanischen und magneto-elektrischen Systemen. Eine Übersicht dazu gibt Bild 11.2-15. In der Darstellung finden solche „Anwendungen", wie Magnetdecken, -pflaster und dergleichen keine Berücksichtigung. Statischen Magnetfeldern schreibt man allerlei therapeutische Wirkungen zu.

Was ist daran wahr?

Dauermagnete können statische Magnetfelder bis zu 0,3 T*) unmittelbar an ihrer Oberfläche ausbilden. Im Abstand von wenigen Zentimetern ist das Feld jedoch bereits geringer als das Erdmagnetfeld mit 0,04 mT. Die biologischen Wirkungsschwellen für statische Magnetfelder aber sind bekannt. Die ICNIRP, ein internationales Strahlenschutzgremium, empfiehlt für statische Felder 200 mT bei Dauerbelastung nicht zu überschreiten. Deshalb muss die Wirksamkeit dieser „Magnetheilmittel" ange-

*) 1 T (*Tesla*) = 1 Vs · m^{-2}, abgeleitete SI-Einheit der magnetischen Flussdichte

zweifelt werden. Allerdings lassen sich Beeinträchtigungen für Träger bestimmter Herzschrittmachertypen (schon ab 0,5 mT) nicht ausschließen. Ähnliches trifft für Magnetkarten, Uhren u. ä. zu.

Verteilt man ferromagnetische Pulver, z. B. NdFeB, in einem Kunstharz, so entsteht durch Heißpressen in einem Formwerkzeug ein kunststoffgebundener Dauermagnet. Durch die statistische Verteilung der magnetischen Vorzugsrichtungen in den Pulverkörnern erhält man isotrope Magnete. Die Magnete können in jede beliebige Richtung relativ zur Geometrie des Formkörpers magnetisiert werden. Zu beachten ist dabei natürlich das Absinken des Energieprodukts von ca. 280 auf 80 kJ · m^{-3} und H_C von etwa 800 auf 450 kA · m^{-1}.

11.2.2 Weichmagnetische Ferromagnetika

Weichmagnetisch: $H_C < 1$ kA · m^{-1}
Hartmagnetisch: $H_C < 30$ kA · m^{-1}

Weichmagnetisch nennt man einen Werkstoff, der nach Wegfall der magnetisierenden Wirkung seinen Magnetismus größtenteils wieder verliert. Bei weichmagnetischen Werkstoffen ist die Hysteresekurve sehr schmal, d. h., Weichmagnetika besitzen im Gegensatz zu Dauermagneten sehr kleine Koerzitivfeldstärken (siehe Bild 11.2-4). Die Koerzitivfeldstärke variiert zwischen den magnetisch weichsten und den magnetisch härtesten Werkstoffen um sechs bis sieben Größenordnungen. Wenn die Hysteresekurve eines sehr hochpermeablen weichmagnetischen Werkstoffes in einer Breite von 1 mm gezeichnet würde, dann müsste bei maßstäblicher Darstellung die Kurve des hochkoerzitiven Materials ca. 1 000 m breit sein (vgl. Bild 11.3-4).

Der Einsatz von Weichmagneten erfolgt vornehmlich in Wechselfeldern, wobei sie im Takt der Frequenz ummagnetisiert werden. Hierbei entstehen Verluste durch Umwandlung von Feldenergie in Wärme. Die Verluste resultieren aus drei Anteilen, den *Hystereseverlusten* V_h, den *Wirbelstromverlusten* V_w und den *Nachwirkungsverlusten* V_n. Die von der Hysteresekurve umschlossene Fläche ist ein Maß für die Arbeit, die während einer Periode im Stoff in Wärme umgewandelt wird. Setzt man B und H in den Einheiten ein, so erhält man das Energieprodukt in Ws · m^{-3}. Es ist das Maß für die Um-

$$V = V_h + V_w + V_n$$

$$V_h = W_U \cdot \frac{f}{\varrho} \, (W \cdot \text{kg}^{-1})$$

W_U = Ummagnetisierungsarbeit
ϱ = Dichte (kg · m^{-3})

magnetisierungsarbeit je Volumeneinheit und Zyklus. Durch Berücksichtigung von Frequenz und Dichte ergibt sich die Hystereseverlustleistung, bezogen auf die Masse des Magnetwerkstoffes. Diese Ummagnetisierungsarbeit hängt natürlich davon ab, wie leicht sich BLOCH-Wände verschieben lassen. Alle Maßnahmen, Hystereseverluste niedrig zu halten, bestehen darin, bei kleinen Feldstärken große Flussdichten zu erzielen (steiler Anstieg der Neukurve). Die Magnethersteller erreichen dies durch:

- definierte Stoffe, ohne unerwünschte Nebenbestandteile
- Gitter mit möglichst wenig Störstellen (Wärmebehandlungs- und Verarbeitungstechnologie einhalten!)
- Einsatz von Texturblechen.

Magnetisierungskurven von Fe-Einkristallen zeigen, dass diese sich besonders gut in Richtung der Würfelkanten, z. B. [100], magnetisieren lassen. Wird ein WEISSscher Bezirk umorientiert (Ummagnetisierung des Werkstoffs!), dann klappt er um 90° bzw. 180° um, befindet sich wieder in der energetisch bevorzugten Kantenorientierung. Im polykristallinen Werkstoff sind die Kristallite unterschiedlich zueinander orientiert. Durch eine Texturierung orientieren sich die Kristallite in eine Kantenrichtung. Je nach Beschaffenheit des Bleches erhält man als Vorzugsorientierung der Körner entweder die GOSS- oder die Würfeltextur, wie Bild 11.2-16 zeigt. Bei der GOSS-Textur stimmen Walzrichtung und Würfelkante in [100]-Richtung überein. Hier ist die Walzrichtung die Richtung der leichtesten Magnetisierbarkeit bzw. Ummagnetisierbarkeit. Ein Abweichen der Orientierung des Texturbleches gegenüber dem äußeren Feld bedeutet zusätzliche Energieverluste beim Betrieb. Die Würfeltextur kann sowohl längs als auch quer zur Walzrichtung im Feld sein, ohne dass die Verluste steigen. Die Oberfläche eines Bleches mit Würfeltextur gibt die metallografische Aufnahme im Bild 11.2-17 wieder.

Man unterscheidet bei den Verlusten zwischen denen bei sehr schwacher magnetischer Aussteuerung, wie sie z. B. für die Güte von Filterspulen der Nachrichtentechnik maßgebend sind, und denen bei hoher Aussteuerung, die man allgemein die „Ummagnetisierungsver-

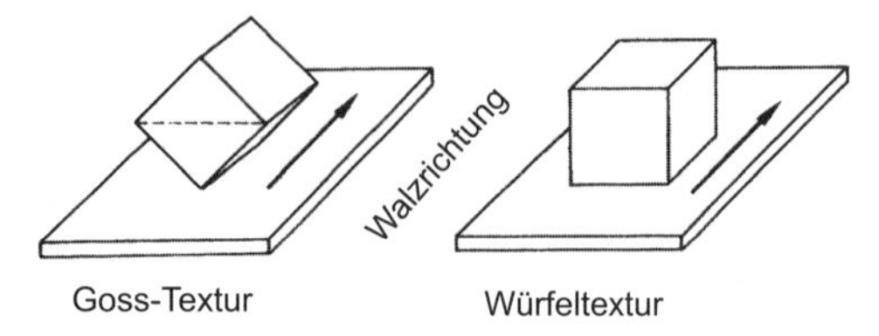

Bild 11.2-16 Anisotrope Texturbleche

Bild 11.2-17 Blech mit Würfeltextur

luste“ nennt, und z. B. als Kennziffern für die Qualität von Elektroblechen von Bedeutung sind.

Bei Einwirkung eines magnetischen Wechselfeldes auf einen Werkstoff endlicher Leitfähigkeit werden in diesen elektrische Spannungen induziert, die ihrerseits Wirbelströme senkrecht zum magnetischen Wechselfeld hervorrufen. Dadurch kommt es zur Schwächung des Feldes und zu Energieverlusten. Das Besondere der Entstehung von Wirbelstromverlusten besteht in ihrer Abhängigkeit von der Frequenz zum Quadrat. Maßnahmen zur Verringerung der Wirbelstromverluste, wie sie sich aus der nebenstehenden Gleichung für gegebenes B und f ableiten lassen, sind die Blechdicke und die spezifische Leitfähigkeit. Die Dichte ist nur gering variierbar.

$$V_w = \frac{d^2 \cdot f^2 \cdot B_{max}^2 \cdot \varkappa}{\varrho}$$

d = Blechdicke
ϱ = Dichte
$\varkappa$ = spez. elektr. Leitfähigkeit

Durch Lamellieren und Isolieren von Blechen geringer Dicke und Erhöhung des elektrischen Widerstandes durch Mischkristallbildung (FeSi, FeNi) oder Einbetten von ferromagnetischem Pulver in Kunststoff lassen sich die Wirbelstromverluste senken. Für hohe Frequenzen können infolge zu hoher Wirbelstromverluste keine metallischen Ferromagnetika mehr eingesetzt werden. Erst die Ferrite, als Oxide und damit Nichtleiter, ermöglichen mit den hohen Werten für μ_r die Bereitstellung von Magnetwerkstoffen für den Einsatz bei höchsten Frequenzen.

Die Nachwirkungsverluste spielen meist nur eine untergeordnete Rolle. Sie resultieren aus thermisch bedingten Verzögerungen der Drehprozesse und Diffusionsvorgängen von Verunreinigungen im Kristallgitter. Für besonders hohe Flussdichten haben die Nachwirkungsverluste gegenüber den anderen nur eine untergeordnete Bedeutung.

Weichmagnetische Ferromagnetika lassen sich seitens der Zusammensetzung in vier Gruppen einteilen:

- Reineisen
- Eisen-Silizium-Legierungen
- Nickel-Eisen-Legierungen und
- Kobalt-Eisen-Legierungen.

Aus der Übersicht in Tabelle 11.2-3 lassen sich die Hauptentwicklungsrichtungen metallischer Weichmagnetika ableiten.

Tabelle 11.2-3 Eigenschaften und Anwendungsgebiete weichmagnetisch metallischer Ferromagnetika (nach: Weichmagnetische Werkstoffe und Halbzeuge, Vakuumschmelze GMBH und Co, KG Hanau, 2002)

Werkstoff	Zusammensetzung (Richtwerte in %, Rest vorwiegend Fe)	Blechdicke (mm)	Ummagnetisierungsverlust in $W \cdot kg^{-1}$ bei 50 Hz	Permeabilitätszahl μ_r (max.)	Anfangspermeabilität (bei $0{,}4\ A \cdot m^{-1}$)	Sättigungspolarisation in T	Koerzitivfeldstärke H_C in $A \cdot m^{-1}$	Anwendungsbeispiele
Reineisen	–	–	–	30 000 bis 40 000	1 500 bis 2 000	2,15	≥ 6,4	
Fe-Si-Legierungen nicht orientiert[1]	0,5 Si 4 Si	0,5 0,35	$P_{1,0}$ ≈ 3 ≈ 1	6000 9000	– –	2,1 1,95	48 16	Elektrische Maschinen Transformatoren
kornorientiert schlussgeglüht[2]	≈ 3 Si	0,3 0,35	≈ 0,5 ≈ 35	60000	3000	2,0	8	Transformatoren
Ni-Fe-Legierungen	ca. 36 Ni	0,3	0,5 … 1	8000 bis 20000	2000 bis 3000	1,3	20 … 50	Übertrager, Drosseln, Filter
	47 … 50 Ni 50 … 65 Ni	0,2 0,2	≈ 0,25 ≈ 0,15	60000 90000	6000 45000	1,55 1,5	5 1,5	Teile für Relais, Messsysteme, Abschirmungen, Stromwandler, Übertrager, Messwandler, mit Rechteckhysterese: Magnetverstärker, Zähl- und Speicherkerne
	70 … 80 Ni	0,2	$P_{0,5}$ 0,025	120000	45000	0,8	1,5	Übertrager, Magnetverstärker, Abschirmungen, Teile für Relais und Messsysteme
	70 … 80 Ni	0,05	0,01	300000	130000	0,8	0,5	Mit Rechteckhysterese: Schalt- und Speicherkerne

[1] DIN EN 10106: Kaltgewalztes nicht kornorientiertes Elektoblech und -band im schlussgeglühten Zustand
[2] DIN EN 10107: Kornorientiertes Elektoblech und -band im schlussgeglühten Zustand

Für Elektrobleche, wie Dynamo- und Transformatorenbleche, kommen Eisen-Silizium- und Nickel-Eisen-Legierungen zur Anwendung. Im Vordergrund steht hier die Senkung der Ummagnetisierungsverluste, was sich durch hohen Siliziumgehalt (Grenze bei ca. 4% Si infolge Versprödung) und Texturierung (kornorientiert) erreichen lässt.

Die hochpermeablen Werkstoffe für Abschirmungen, Übertrager, Messsysteme u.a. gehören zur Gruppe der Nickel-Eisen-Legierungen. Die Verluste erhalten entsprechend der bei der Messung angewandten Flussdichten von 0,5 $Vs \cdot m^{-2}$, 1,0 $Vs \cdot m^{-2}$ oder 1,5 $Vs \cdot m^{-2}$ die Symbole $P_{0,5}$, $P_{1,0}$, oder $P_{1,5}$. Ein Vergleich der Verluste ist nur bei gleicher Messinduktion sinnvoll.

Neben den kristallinen metallischen Weichmagnetika kommen heute auch amorphe Metalle als weichmagnetische Legierungen zum Einsatz. Amorphe Metalle lassen sich durch rasche Abkühlung (1 Mio $K \cdot s^{-1}$) aus dem schmelzflüssigen Zustand herstellen. Dabei wird die Metallschmelze, z.B. eine Legierung aus Fe, Ni und Co mit B- und Si-Anteilen, durch eine Düse auf eine schnell rotierende Kühlwalze gegossen, die Schmelze wird „eingefroren“ und bleibt deshalb amorph. Es entstehen Metallfolien der Dicke von ca. 20 µm.

Amorphe Metalle besitzen ausgezeichnete weichmagnetische Eigenschaften aus folgenden Gründen:

1. Leichte Bloch-Wandverschiebung infolge fehlender Korngrenzen und fehlender *Kristallanisotropie.*
2. Erhöhter elektrischer Widerstand bewirkt geringere Ummagnetisierungsverluste.

Die amorphen Magnetwerkstoffe bilden hinsichtlich des Einsatzes bei hohen Frequenzen und hoher Flussdichte eine gewisse Alternative zu den Ferriten. Ein weiterer Vorteil liegt in der Herstellungstechnologie, die die Schwierigkeiten einer Keramikfertigung umgeht.

Anwendungsgebiete für amorphe Weichmagnete sind verlustarme Kerne für induktive Bauelemente, magneto-elastische Sensoren, Kabelabschirmungen, magnetische Federn, Magnetköpfe, Antennen u.a.m. in den Lieferformen Bänder, Ringbandkerne, Stanzteile, Abschirmgeflechte, induktive Bauelemente, Ätzteile u.a.

In der Tabelle 11.2-4 sind ausgewählte amorphe Legierungen mit der Handelsbezeichnung VITROVAC® der Firma VACUUMSCHMELZE GmbH-Hanau zusammengestellt.

Tabelle 11.2-4 Eigenschaften der amorphen Legierungen VITROVAC

Werkstoff	Hauptbestandteile	Permeabilität μ_4*) (50 Hz)	Statische Koerzitivfeldstärke*) in $mA \cdot cm^{-1}$	Sättigungsinduktion in T	Sättigungsmegnetostriktion in 10^{-6}	Spez. elektr. Widerstand in $\Omega mm^2 \cdot m^{-1}$	Zugfestigkeit, Streckgrenze in $N \cdot mm^{-2}$
VITROVAC 7505	Fe	3000	40	1,5	+ 30	1,3	1500–2000
VITROVAC 4040	Fe, Ni	20000	10	0,8	+ 8	1,35	1500–2000
VITROVAC 6025	Fe	150000	4	0,55	< 0,3	1,35	1500–2000

*) Werte für Bandkerne mit rechteckiger Hystereseschleife

Für eine Spule mit magnetischem Kern ist neben der Induktion ihre Güte Q maßgebend. In der Güte Q drücken sich die Kern- und die Wicklungsverluste aus. Bei konstanter Windungszahl ist die Induktivität L durch die Abmessungen und die Permeabilität des Kernwerkstoffes beeinflussbar. Stehen Geometrie und Kernwerkstoff fest, kann man diese Größen zum A_L-Wert zusammenfassen.

$$\tan \delta = \frac{R_{Cu} + R_K}{\omega \cdot L}$$

ω = Winkelgeschwindigkeit
L = Induktivität

Der A_L-Wert entspricht der Induktivität, die bei **einer** Spulenwindung zu erreichen ist.
A_L in Nanohenry $nH = 10^{-9}$ H;
$1 H = 1 Vs \cdot A^{-1}$

Übung 11.2-1

Welche Prozesse laufen im ferromagnetischen Werkstoff bei der erstmaligen Magnetisierung ab? Erläutern Sie die Vorgänge anhand der Funktion $B = f(H)$!

Übung 11.2-2

In welchem Größenbereich liegen die Werte für H_C von hart- bzw. weichmagnetischen Werkstoffen? Welche Faktoren begünstigen das jeweilige Verhalten?

Übung 11.2-3

Der Wert für λ beträgt bei Eisen $-8 \cdot 10^{-6}$ und für Kobalt $+55 \cdot 10^{-6}$. Diskutieren Sie diese Angaben!

Übung 11.2-4

Wovon ist der Wert für μ_r abhängig?

Übung 11.2-5

Leiten Sie anhand der Entmagnetisierungskurve die Gütegröße $(B \cdot H)_{max}$ ab und ordnen Sie nach dieser Größe die Werkstoffe $SmCo_5$, AlNiCo, NdFeB, Hartferrit!

Übung 11.2-6

Finden Sie in Druckschriften von Hartmagneten Angaben über μ-Werte? (Begründung)

Übung 11.2-7

Wie erzeugt man in AlNiCo-Legierungen hartmagnetisches Verhalten?

Übung 11.2-8

Worin sind die AlNiCo-Legierungen den SmCo-Legierungen überlegen?

Übung 11.2-9

Wodurch entstehen die Hystereseverluste bzw. Wirbelstromverluste?

Übung 11.2-10

Die Ummagnetisierungsverluste von nicht orientierten FeSi-Legierungen liegen bei 1 $W \cdot kg^{-1}$, die von kornorientierten bei 0,35 $W \cdot kg^{-1}$ (bei 50 Hz und 1 $Vs \cdot m^{-2}$ gemessen). Erklären Sie diesen Unterschied!

Übung 11.2-11

Die Ummagnetisierungsverluste von NiFe-Legierungen gleicher Zusammensetzung liegen für eine Banddicke von 0,3 mm bei 1,1 $W \cdot kg^{-1}$, bei 0,1 mm liegen sie bei 0,15 $W \cdot kg^{-1}$. Erklären Sie diesen Unterschied!

Übung 11.2-12

Warum sind amorphe Werkstoffe auf Basis von Fe, FeNi bzw. Co weichmagnetisch? Wie stellt man sie her?

Übung 11.2-13

Bei Überarbeitung einer Geräteentwicklung ist die durch einen hartmagnetischen Werkstoff erzeugte Luftspaltinduktion B_L auf den doppelten Wert zu erhöhen. Wie ändert sich das Volumen des Magnetwerkstoffes, wenn:

1. Der bisher eingesetzte Werkstoff weiter verwendet wird?
2. Statt der hartmagnetischen Legierung AlNi 120 der Werkstoff AlNiCo 500 zur Auswahl steht?

Ermitteln Sie das maximale Energieprodukt für die einzusetzende Magnetlegierung in Bezug auf AlNi 120, wenn das Volumen gleich bleiben soll!

Beachte: In der Werkstoffbezeichnung z. B. AlNi 120 ist der Zahlenwert die Angabe für $(B \cdot H)_{max} = 120 \cdot 10^4$ Gauss Oerstedt bzw. $120 \cdot 80\ Ws \cdot m^{-3} = 9600\ Ws \cdot m^{-3} = 9{,}6\ kJ \cdot m^{-3}$. Außerdem bleiben σ_P, σ_S und V_L konstant.

Übung 11.2-14

Die Ummagnetisierungsverluste ergeben sich aus den Hysterese-, Wirbelstrom- und Nachwirkungsverlusten (siehe Abschnitt 11.2.2), den Hauptanteil bilden V_h und V_w. Für Transformatorenbleche auf Fe-Si-Basis lassen sich die Hystereseverluste V_h bei einer Frequenz $f = 50$ Hz nach folgender Gleichung abschätzen:

$$V_h = 0{,}2\ \frac{H_C \cdot B}{\varrho}$$

1. Ermitteln Sie V_h von Elektroblechen der Dichte $\varrho = 7{,}7\ g \cdot cm^{-3}$, einer Koerzitivfeldstärke $H_C = 16\ A \cdot m^{-1}$ bei einer magnetischen Flussdichte von $B = 0{,}9$ T.
2. Berechnen Sie die Wirbelstromverluste V_w unter Berücksichtigung oben angegebener Daten, bei einer Blechdicke $d = 2{,}5$ mm und einer elektrischen Leitfähigkeit der Bleche von $\varkappa = 5 - 10^6\ S \cdot m^{-1}$.
3. Ermitteln Sie den Anteil von V_h und V_w am Gesamtverlust!

Zusammenfassung: Ferromagnetika

- Bei der erstmaligen Magnetisierung eines kristallinen ferromagnetischen Werkstoffs laufen die Vorgänge reversible und irreversible BLOCH-Wandverschiebungen sowie reversible Drehprozesse ab. Ursache dafür ist die ferromagnetische Anisotropie, die gleichermaßen für die verbleibende Remanenzinduktion B_r verantwortlich ist.
- Die zur Beseitigung von B_r erforderliche magnetische Feldstärke ist die Koerzitivfeldstärke H_c.
- Ein Maß für die aufzuwendende Ummagnetisierungsarbeit ist die von der Hysteresekurve eingeschlossene Fläche.
- Wird die CURIE-Temperatur überschritten, geht der ferromagnetische Werkstoff in den paramagnetischen Zustand über.
- Der Verlauf der Entmagnetisierungskurve charakterisiert das hartmagnetische Verhalten. Daraus ergeben sich die Kenngrößen:
  - Koerzitivfeldstärke H_c in $A \cdot m^{-1}$
  - Remanenzinduktion B_r in $Vs \cdot m^{-2}$
  - maximales Energieprodukt $(B \cdot H)_{max}$ in $Ws \cdot m^{-3}$
  - Ausbauchungsfaktor γ
- Die Basis für hartmagnetische metallische Werkstoffe sind:
  - AlNiCo-Legierungen
  - SmCo-Legierungen
  - NdFeB-Legierungen.
- Für die Herstellung hartmagnetischer Werkstoffe mit höchsten Werten für H_c und $(B \cdot H)_{max}$ kommen spezifische technologische Verfahren zum Einsatz, wie:
  - Erzeugung von Texturen
  - Erzeugung von Stängelkristallen
  - Erstarren im Magnetfeld u.a.m.
- Weichmagnetische Werkstoffe besitzen eine sehr schmale Hystereseschleife. In Folge einer ständigen Ummagnetisierung entstehen Energieverluste, wie die Hysterese-, Wirbelstrom- und Nachwirkungsverluste.
- Zur Minimierung der Ummagnetisierungsverluste nutzt man die Variation der chemischen Zusammensetzung und der geometrischen Gestaltung, wie:
  - Definierte Zusammensetzung, ohne Verunreinigungen
  - Gitter mit möglichst wenigen Störstellen durch geeignete Wärmebehandlungsverfahren
  - Einsatz von Texturblechen und Minimierung der Blechdicke.
- Amorphe Metalle besitzen ausgezeichnete weichmagnetische Eigenschaften.

11.3 Ferrimagnetische Werkstoffe

Kompetenzen

Da Ferrite oxidkeramische Werkstoffe sind, ist das Verstehen ihrer Eigenschaften an die Begriffe Ionengitter, Oktaeder- und Tetraederuntergitter gebunden. Aus der Bindungsart Ionenbindung leitet sich im Gegensatz zu den metallischen magnetischen Werkstoffen ihr hoher elektrischer Widerstand ab. Daraus erklärt sich der Einsatz von weichmagnetischen Ferriten auch bei sehr hohen Frequenzen.

Der bedeutende Einfluss solcher Faktoren, wie Teilchengröße und -form, aber auch Verteilung der Komponenten, Herstellungsparameter, wie Brenndauer- und temperatur sowie Brennatmosphäre sind für die nach einer Technologie für Keramik hergestellten Ferrite zu erkennen.

Werkstoffe, die den bereits beschriebenen Ferrimagnetismus besitzen, nennt man Ferrite. Es sind immer oxidische Werkstoffe, die je nach chemischer Zusammensetzung weich- oder hartmagnetisch sind. Ferrite auf Basis von $MeO \cdot Fe_2O_3$ sind weichmagnetisch; ist das Metalloxid (MeO) BaO, SrO und/oder PbO gekoppelt mit $6 \cdot Fe_2O_3$, dann entstehen immer hartmagnetische Ferrite.

Weichmagnetische Ferrite haben als Oxide mit teilweise antiparallel ausgerichteten magnetischen Momenten ihrer Metallionen eine bis zu fünffach niedrigere Sättigungspolarisation als ferromagnetische Metalle. Andererseits ist ihr elektrischer Widerstand 5 bis 10 Zehnerpotenzen höher als der der Metalle. Von diesen Merkmalen leitet sich der Einsatz der Ferrite im Wesentlichen ab. Metallische Kerne können in bestimmten Frequenzbereichen gleiche Leistung mit deutlich kleineren Kernabmessungen erbringen als Ferrite. Ferritkerne aber lassen sich auch bei hohen Frequenzen, ohne Kernlamellierung (V_w) einsetzen. Auch bei sehr geringen Blechdicken werden die Wirbelstromverluste zu hoch, sodass Ferrite zur Anwendung kommen müssen. Die Werkstoffbasis der weichmagnetischen Ferrite sind $MnO \cdot ZnO \cdot Fe_2O_3$ (Mangan-Zink-Ferrite), $NiO \cdot ZnO \cdot Fe_2O_3$ (Nickel-Zink-Ferrite). Die hauptsächlichen Eigenschaften dieser zwei Ferritgruppen enthält Tabelle 11.3-1.

Im Gegensatz zu dem kubisch aufgebauten Spinellgitter der Weichferrite, das weitest-

Tabelle 11.3-1 Eigenschaften und Anwendungen weichmagnetischer Ferrite

	Bezeichnung	Einsatzfrequenz in MHz	Sättigungsflussdichte in T	Spez. Widerstand in Ωm	CURIE-Temperatur in °C
Mn-Zn-Ferrite	H5A	< 0,2	0,41	1	130
	H5E	< 0,01	0,44	0,05	115
	H6H3	< 0,01–0,8	0,47	25	200
Ni-Zn-Ferrite	K5	< 8	0,33	20	280
	K6A	< 150	0,3	2,5	450
	K8	< 250	0,27	1,0	500

gehend isotrope magnetische Eigenschaften besitzt, sind die Hartferrite mit ihrer hexagonalen Gitterstruktur anisotrop. Diese hartmagnetischen keramischen Werkstoffe heißen deshalb auch Hexaferrite. Die Koerzitivfeldstärke der Hartferrite liegt zwischen der klassischer AlNiCo-Magnete und der von Seltenerd-Magneten. Die Flussdichte ist wie bei allen keramischen Magneten deutlich niedriger als bei Metallen (siehe Tabelle 11.3-1). Für die Hartferrite liegen die Werte für B_r im Bereich von 0,20 bis 0,40 T, für H_C im Bereich von 150 bis 300 kA · m^{-1} und $(B \cdot H)_{max}$ zwischen 5 bis 30 kJ · m^{-3}. Gegenwärtig unterscheidet man 9 Hartferritsorten, wobei die polymergebundenen Hartferrite die jeweils niedrigeren Werte zeigen. Wegen der sehr preiswerten Rohstoffe und einer günstigen Technologie stellen Hartferrite den zur Zeit kostengünstigen Hartmagnettyp dar. Ferrite werden immer dann bevorzugt, wenn es nicht auf optimale Kenndaten, sondern auf Wirtschaftlichkeit ankommt. Domänen der Hartferrite sind die Akustik (Lautsprecher), Kleinmotoren und Haftmagnettechnik.

Da alle Ferrite aus Oxidpulvern über einen Sinterprozess hergestellt werden, haben neben dem Werkstoff selbst solche Faktoren wie mittlere Teilchengröße, Teilchenform und homogene Verteilung aller Komponenten sowie Brenndauer, Brenntemperatur und Brennatmosphäre bedeutenden Einfluss auf die sich einstellenden Eigenschaften. Eine Übersicht zu den technologischen Grundschritten der Ferritfertigung zeigt Bild 11.3-1.

Übung 11.3-1

Welche Zusammensetzung haben die in der Praxis eingesetzten Hart- bzw. Weichferrite?

Übung 11.3-2

Warum ist ein Ferritkern nicht lamelliert?

Übung 11.3-3

Welche Faktoren, außer der chemischen Zusammensetzung, beeinflussen die magnetischen Eigenschaften der Ferrite wesentlich?

Übung 11.3-4

Die Ummagnetisierungsverluste (Gesamtverluste) wurden bei einem weichmagnetischen Ferrit bei 3 200 Hz mit rund 8 W · kg^{-1} gemessen. Welchen Anteil ordnen Sie den Hysterese- bzw. den Wirbelstromverlusten zu?

Zusammenfassung: Ferrite

- Ferrite auf Basis von MeO · Fe_2O_3 sind weichmagnetisch, solche auf Basis von BaO, SrO und/oder PbO sind hartmagnetisch.
- Alle Ferrite sind Isolatoren; daraus resultieren geringe Wirbelstromverluste auch bei hohen Frequenzen.
- Weichmagnetische Ferrite bestehen hauptsächlich aus NiO, ZnO und Fe_2O_3 (Nickel-Zink-Ferrit) sowie MnO, ZnO und Fe_2O_3 (Mangan-Zink-Ferrit).
- Alle, für die Herstellung von Keramik durchgeführten Prozessschritte, beeinflussen wesentlich die Eigenschaften der Ferrite.

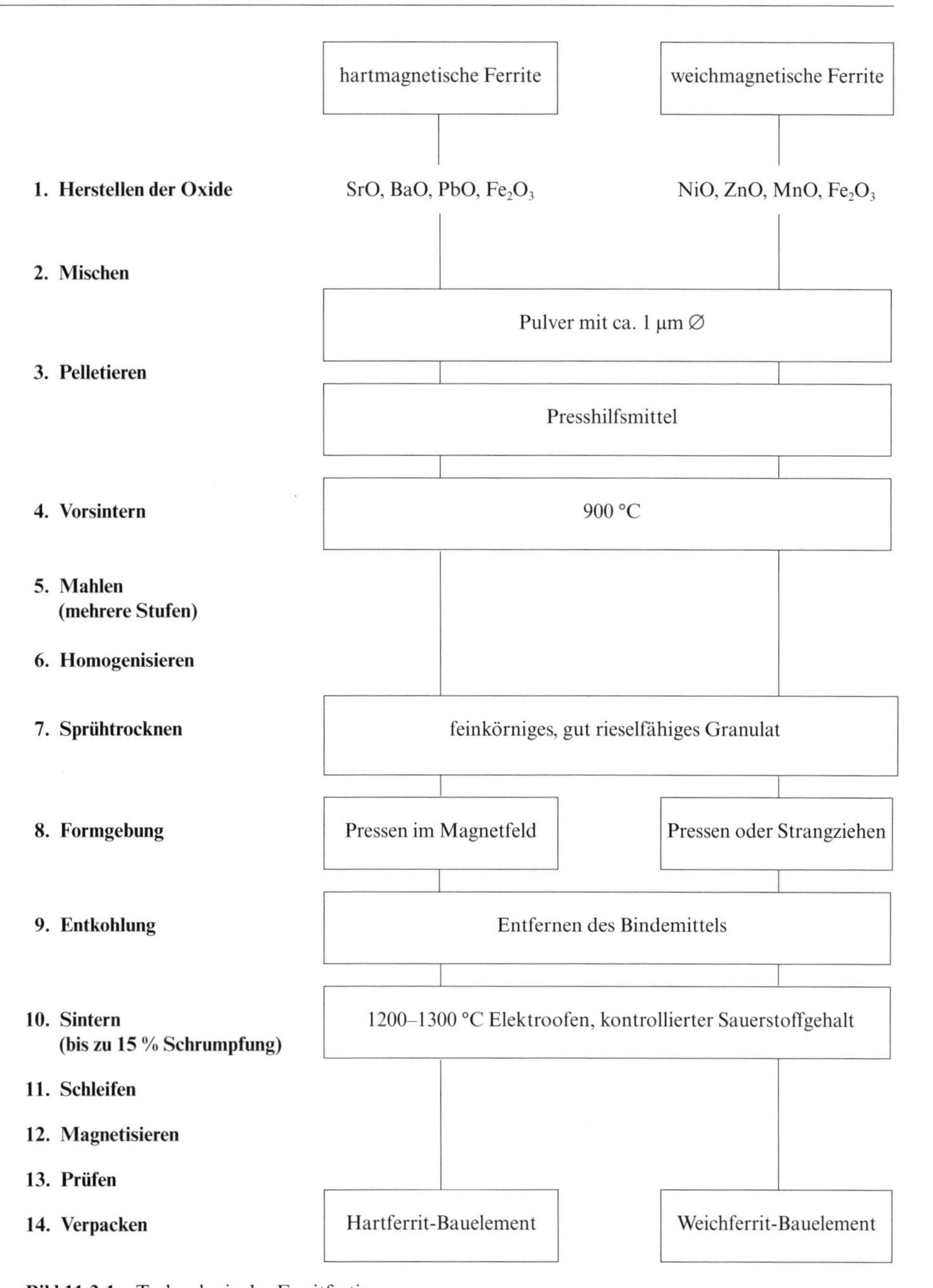

Bild 11.3-1 Technologie der Ferritfertigung

11.4 Magnetwerkstoffe für Speicher

Kompetenzen

Neben vielen Möglichkeiten der Informationsspeicherung wird die Bedeutung der ferro- und ferrimagnetischen Werkstoffe dafür erkannt. Die Nutzung von Ferriten, wie Fe_2O_3 und CrO_2 lässt sich anhand der Hysteresekurven verstehen.

Die Kenntnis der physikalischen Vorgänge beim „Schreiben" und „Lesen" im magnetischen Speichermedium bilden die Voraussetzung für das Verständnis der Wirkungsweise der unterschiedlichen Speicherarten.

Mit der Entwicklung und Anwendung der Nanotechnik und Nutzung von Quanteneffekten (GMR) ergeben sich neue Möglichkeiten zur Erhöhung der Speicherdichte, deren Bedeutung erkannt wird.

Ein Speichermedium dient zur Sicherung und Bereitstellung von Informationen bzw. Daten, ist aber gleichzeitig auch Synonym für Datenträger. Datenträger oder Speichermedien sind technische Mittel zur Datenspeicherung. In der Unterhaltungselektronik (Audio, Video usw.) lassen sich die entsprechen Daten mit Hilfe elektronischer Geräte abspielen bzw. auch speichern. Computer (PC) bzw. Computeranlagen gestatten das Lesen und Schreiben von Daten jeglicher Art (Unterhaltung, Bankdaten, Erhebungen, Archivalien usw.), die von internen oder peripheren Speichern verwaltet werden.

Dafür nutzt man viele unterschiedliche Effekte, wie optische und mechanische sowie Supralei-

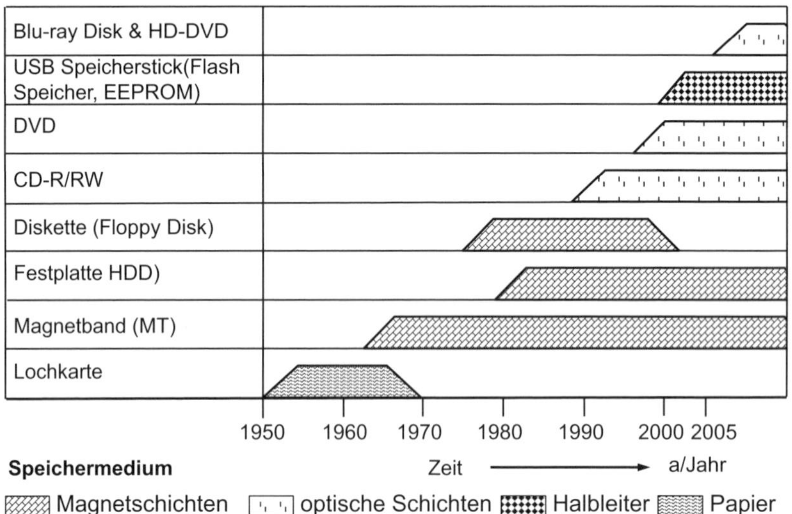

Bild 11.4-1 Entwicklung der Speichermedien (Auswahl)

tung, Halbleitung, Ferroelektrizität und Magnetismus (siehe Bild 11.4-1). Allen gemeinsam ist der Zyklus der Informationsspeicherung:

Einschreiben, Speichern und Lesen.

Die Vor- und Nachteile eines Speichers resultieren aus drei Hauptmerkmalen des Speichervorganges:

- Speicherkapazität, als maximale Informationsmenge in bit
- Zugriffszeit, als Zeitdifferenz zwischen Aufrufbefehl und Erscheinen der Information
- Zykluszeit, als Zeitdifferenz zwischen zwei Auslesevorgängen.

Vom heutigen Erkenntnisstand aus stellt der einzelne Baustein des Festkörpers (Atom oder Ion) die Grenze an möglichen Speicherelementen dar. In einem Mol eines Stoffes befinden sich $6 \cdot 10^{23}$ Teilchen (siehe Kapitel 1).

Im Durchschnitt befinden sich damit in 1 cm^3 Stoff 10^{22} Teilchen, d. h. 10^{22} bit · cm^{-3}, praktisch nutzbar sind heute 10^{14} bit · cm^{-3} (siehe GMR-Effekt). Die Zugriffszeit auf das Elektron in Form des Leitungselektrons liegt bei 10^{-10} s, nutzt man das Spinmoment (Magnetismus), liegt sie bei 10^{-9} s.

Im Weiteren steht die Nutzung magnetischer Effekte zur Informationsspeicherung im Vordergrund.

Bei den Magnetspeichern hat man in Form der WEISSschen Bezirke oder bei den ferrimagnetischen Schichten die Ferritkristalle als kleinste Speicherzellen. Ein äußeres Magnetfeld verändert ihre Orientierung. Bei der Perpendicular-Aufzeichnung stehen die magnetischen Momente, die jeweils ein logisches Bit reprä-

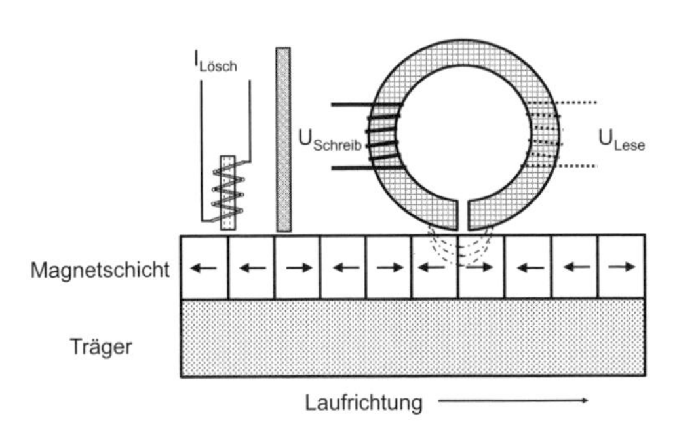

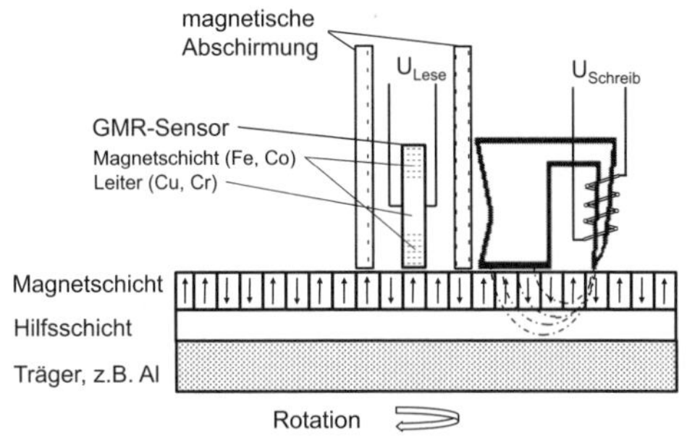

Bild 11.4-2 Prinzip der magnetischen Datenspeicherung

sentieren, nicht parallel zur Oberfläche des Datenträgers, wie bei der Longitudinal-Aufzeichnung, sondern senkrecht dazu, gewissermaßen gehen die Daten in die Tiefe. Dies führt zu einer potenziell wesentlich höheren Datendichte (etwa drei mal so dicht); bei gleicher Oberfläche lassen sich also mehr Daten aufzeichnen (siehe Bild 11.4-2).

Beim Einschreiben der Information baut der Schreib-/Lesekopf das entsprechende Feld auf und bewirkt eine bleibende Umorientierung der magnetischen Speicherzellen in der magnetisierbaren Schicht (siehe Bild 11.4-2). Der Lesevorgang verläuft umgekehrt. Durch bewusstes Anlegen starker magnetischer Wechselfelder beim Löschvorgang (Löschkopf) gehen die Oxid-Kristalle aus der Remanenz in einen Zustand der Partikel ohne Wirkung einer magnetischen Vorzugsrichtung nach außen über.

Die Bedeutung der Magnetspeicher liegt u.a. darin, dass in löschbaren Massenspeichern mit hoher Speicherdichte der unmittelbare Zugriff auf große Datenmengen möglich ist. Bisher wurde dieser Bedarf durch Festplattenspeicher, Floppy-Disk-Laufwerke und Magnetbandgeräte gedeckt. In Konkurrenz zu diesen Systemen sind die löschbaren magneto-optischen Speicher getreten. Die Weiterentwicklung moderner Magnetspeicher zielt auf eine Vergrößerung der Aufzeichnungsdichte, eine Verkürzung der Zugriffszeit und Erhöhung der Datenrate, bei unverändert hoher Datensicherheit. Eine Übersicht zur Nutzung des Magnetismus zur Datenspeicherung enthält Tabelle 11.4-1.

Tabelle 11.4-1 Möglichkeiten der magnetischen Datenspeicherung

Medium	Kompaktmagnet	Magnetschichten		
	magneto-elektronisch	nicht rotierend		rotierend
Information	digital	digital	analog	digital
Ausführungsformen	Kernspeicher	Magnetband Magnetkarte Magnetstreifen Compact Cassette (Datasette) Magnetblasen-speicher	Tonband (Musikkassette) Videoband (Videokassette)	Trommelspeicher Festplatte (hard disk) Diskette (floppy disk) Wechselplatte, z. B. Zip-Diskette (von iomega)

Magnetbandspeicher

Beim Magnetband-Speicherverfahren wird auf ein flexibles Band mit magnetisierbarer Schicht beim Vorbeilaufen an einem Schreib-/Lesekopf die Information eingeschrieben. Beim Lesevorgang kann man die gespeicherten Daten wieder entnehmen. Sehr hohe Bedeutung für den Speichervorgang haben die Magnetbandparameter und die Eigenschaften der Magnetschicht. Die Magnetbandparameter werden durch die Art des Trägermaterials und durch die magnetischen Speicherparameter der Magnetschicht bestimmt. Den prinzipiellen Aufbau eines Magnetbandspeichers zeigt Bild 11.4-3.

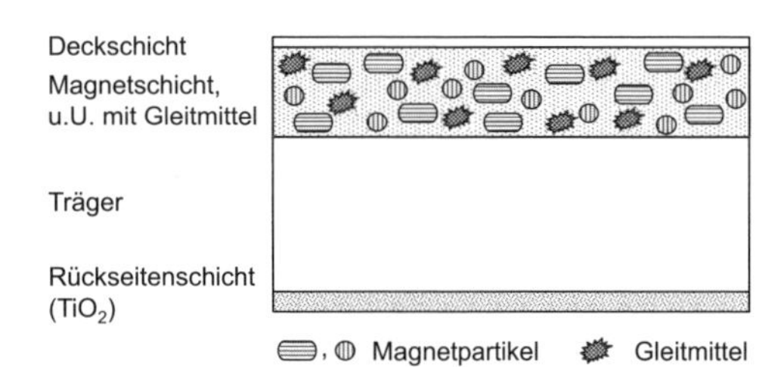

Bild 11.4-3 Prinzipieller Aufbau eines Magnetbandspeichers

Als Träger für die Magnetschicht dient eine 8 bis 15 μm dicke, zugfeste PET-Folie (Terylen®, Mylar®), vordem kam Folie aus Zelluloseacetat zur Anwendung. Die Magnetschicht besteht aus Eisenoxid- (γ-Fe_2O_3) oder Chromdioxid- (CrO_2)-Partikeln von ca. 1 μm Korngröße. Die Oxidschicht bilden nadelförmige Kristalle mit einem Längen-Dickenverhältnis von etwa 10 : 1, was sich günstig auf die Koerzitivfeldstärke auswirkt.

Ein entscheidender Vorteil der Anwendung von CrO_2 liegt in der bedeutend höheren Koerzitivfeldstärke gegenüber γ-Fe_2O_3 (siehe Bild 11.4-4). Bei früher verwendeten Magnetbändern erfolgte die Fixierung der Magnetschicht mithilfe von Bindemitteln. Moderne Verfahren nutzen PVD-Techniken zur Abscheidung dünnerer Schichten mit verbesserter Haftung.

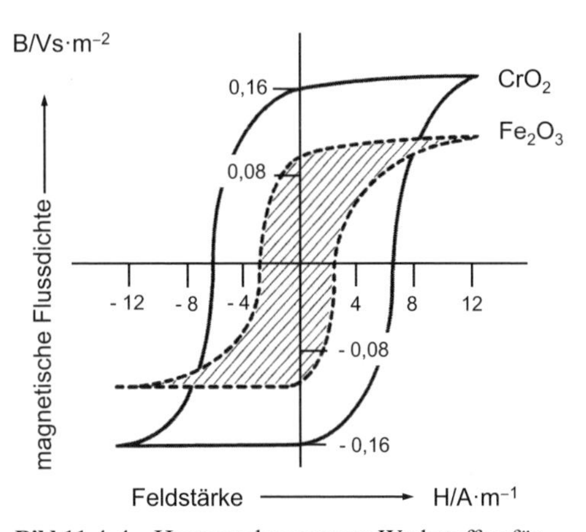

Bild 11.4-4 Hysteresekurven von Werkstoffen für Magnetspeicherschichten

Mithilfe von Magnetbändern (MT, magnetic tape) in Bandlaufwerken als Speichermedium erfolgt die Aufzeichnung (Speichern), Wiedergabe (Lesen) und das Löschen von Informationen von Digitaldaten von analogen Signalen und von Audio- und Videosignalen, in Überwachungs- und Sicherungsanlagen und für die Datensicherung.

Oberflächenrauigkeit, Größe der Magnetpartikel, Magnetspurbreite und die Größen der Magnetisierbarkeit, wie Koerzitivfeldstärke und Remanenzinduktion der Magnetschicht, bestimmen im Wesentlichen die Qualität und Zeitbeständigkeit der Magnetbandaufzeichnung.

Seit etwa 1950 kommt das Magnetband als Speichermedium zur Anwendung. Insbesondere für den Einsatz als Massenspeicher im PC wurde es durch die Festplatte verdrängt. Anstrengungen zur Erhöhung der Speicherdichte führten dazu, dass sich Magnetbänder auch heute noch für Datensicherung und Archivierung eignen.

Diskettenspeicher

Bei diesem Folienspeicher rotiert eine flexible Folie, die mit einer magnetisierbaren Schicht aus CrO_2 versehen ist. Sie befindet sich in einer Hülle und wird mit dieser in das Speichergerät eingeschoben. Speicherkapazitäten liegen hierbei im Bereich von $> 10^6$ bis einige 10^8 bit, bei Zugriffszeiten im Sekundenbereich. Leistungsfähigere Speichermedien führten zur ihrer Verdrängung.

Plattenspeicher

Festplattenlaufwerke (*engl.:* hard disk, HD) sind magnetische Speichermedien der Computertechnik. Bei diesen Plattenspeichern ist das Trägermaterial eine rotierende Aluminiumscheibe, die mit einer hartmagnetischen Schicht aus Fe_2O_3, bevorzugt CrO_2 versehen ist. Das Übereinanderstapeln mehrerer Platten ermöglicht zusammen mit im Gerät installierten Schreib-/Leseköpfen hohe Speicherkapazitäten ($> 10^9$ bit) bei Zugriffszeiten im Millisekundenbereich. Durch die zunehmende Miniaturisierung sind Plattenspeicher auch für mobile Kleinstanwendungen interessant.

Der Entwicklungstrend der Werkstoffe für Magnetschichten geht zu immer höheren Aufzeichnungsdichten durch Anwendung dünner Metallfilme. Man bewegt sich also auf diesem Gebiet weg vom Ferrit. Typische Beispiele dafür sind CoNi-, CoNiCr-, CoP-, CoPt- und CoCr-Legierungen. Die CoCr-Legierungen sind u. a. deshalb interessant, weil neben der herkömmlichen horizontalen Aufzeichnung (longitudinal recording) die Vertikalaufzeichnung (perpendicular [vertical] recording) möglich ist. Mit aufgedampftem oder aufgesputtertem CoCr kann man kristallorientierte Schichten erzeugen.

Bild 11.4-5 Festplattenlaufwerk

Magnetooptische Platte

Im Gegensatz zu CD-ROM wird die Information magnetisch gespeichert, aber sowohl das Einschreiben als auch das Lesen erfolgen thermisch durch Anwendung des Laserstrahles. Werkstoffe für solche Schichten sind GdFeCo und TbFeCo, die sich durch eine hohe Koerzitivfeldstärke bei Raumtemperatur und eine geringe bei erhöhter Temperatur auszeichnen.

Das Einschreiben beruht auf lokaler Erwärmung in Nähe der CURIE-Temperatur mithilfe eines Lasers. Dieser räumlich sehr kleine Bereich erfährt durch das Anlegen eines Magnetfeldes eine Orientierung, die beim Abkühlen einfriert.

Das Auslesen erfolgt optisch (KERR-Effekt). Der magnetooptische KERR-Effekt nutzt die Drehung der Polarisationsebene von Licht aus, das an der magnetischen Plattenoberfläche reflektiert wird.

Magnetische Nanostrukturen

Ziel einer Entwicklung ist es, kleinste räumlich voneinander getrennte magnetische „Nanoteilchen" herzustellen, die innerhalb einer nichtmagnetischen Matrix integriert sind und von denen jedes eine einzelne Informationseinheit 1 Dot = 1 bit darstellt, siehe Bild 11.4-6.

Die magnetische Nanostruktur aus aufgedampften Co/Pt-Schichten entsteht mithilfe einer fotolithografischen Maske.

Der Vorteil besteht in einer wesentlichen Erhöhung der Aufzeichnungsdichte. Die Dots sollen eindomänig mit rechteckiger Hysterese sein. Ihr Durchmesser beträgt ca. 70 nm und sie sind in einem Abstand von ca. 130 nm in der Matrix angeordnet.

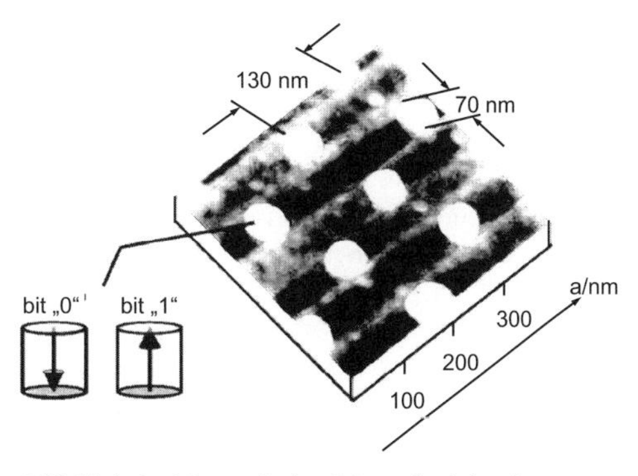

Bild 11.4-6 Magnetische „Nano-Speicher"

GMR-Effekt*)

Mit der Nutzung des GMR-Effektes haupsächlich zur Herstellung von Magnetfeldsensoren ergab sich die Möglichkeit, Informationen in magnetischen Schichten dichter zu speichern. In einer Folge von magnetischen und nichtmagnetischen Schichten mit Schichtdicken im Nanometerbereich kommt es bei geringen Feldstärkeänderungen zu einer Änderung der Magnetisierungsrichtung in der ferromagnetischen Schicht. Zwischen zwei ferromagnetischen Schichten (Fe, Co) mit einigen Nanometern Schichtdicke befindet sich immer eine ähnlich dicke nichtferromagnetische Schicht (Cu, Cr).

*) 1988 von Peter Grünberg und Albert Fert entdeckt, Nobelpreis für Physik 2007

Der Effekt bewirkt eine sprunghafte Änderung des elektrischen Widerstandes in Abhängigkeit von der gegenseitigen Orientierung der Magnetisierung (Spinorientierung) in den magnetischen Schichten des Sensors. Die Widerstandsänderung im Leiter liefert das als Information verwertbare Signal.

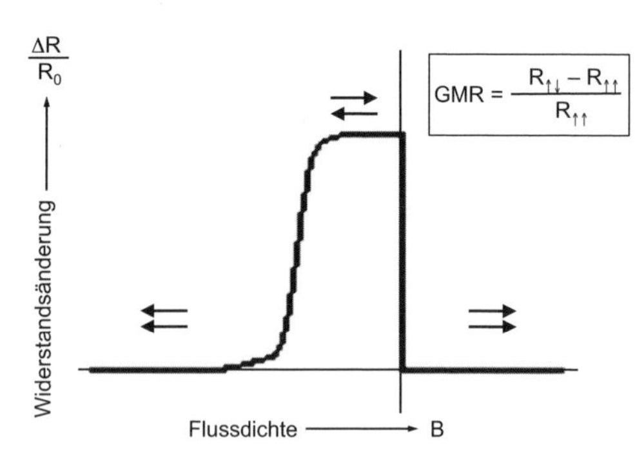

Bild 11.4-7 Widerstandsänderung in einem GMR-Sensor

Übung 11.4-1

Wodurch sind die Grenzen für die Speicherkapazität gegeben?

Übung 11.4-2

Erläutern Sie die Funktion der einzelnen Schichten eines Magnetbandes!

Übung 11.4-3

Worin bestehen die Vorteile von CrO_2-Schichten für Magnetbänder im Vergleich zu denen mit Fe_2O_3?

Zusammenfassung: Magnetspeicher

- Magnetspeicher sind hauptsächlich Bandspeicher, Plattenspeicher, Kartenspeicher und Nanospeicher.
- Wesentliche Speicherwerkstoffe sind die Ferrite Fe_2O_3 und CrO_2 bzw. Metallschichten auf der Basis von Co-Legierungen.
- Die Möglichkeit, Informationen zu speichern, ergibt sich daraus, durch ein elektrisches Feld im Werkstoff ein magnetisches Feld zu erzeugen. Eine hohe Koerzitivfeldstärke sichert eine gegenüber Fremdfeldern stabile Remanenzinduktion.
- Speicherdichte und die Datensicherheit über die Zeit sind zwei entscheidende Gütekriterien für die Anwendung von Magnetspeichern.

Selbstkontrolle zu Kapitel 11

1. Die Gleichung für die magnetische Flussdichte lautet:
   A $D_0 = \varepsilon_0 \cdot E$
   B $J = B - B_0$
   C $B = \mu_0 \cdot H$
   D $B = \mu_0 \cdot \mu_r \cdot H$
   E $\chi = \mu_r - l$

2. Welches magnetische Verhalten besitzt ein Stoff mit $J < 0$?
   A ferromagnetisches
   B paramagnetisches
   C diamagnetisches
   D ferrimagnetisches
   E antiferromagnetisches

3. WEISSsche Bezirke sind:
   A ferromagnetische Kristallite
   B ferromagnetische Einkristalle
   C Gebiete mit gleichsinniger Orientierung der elektrischen Dipole
   D Gebiete mit gleichsinniger Orientierung der magnetischen Dipole
   E Gebiete, die voneinander durch BLOCH-Wände getrennt sind

4. Ferromagnetismus entsteht durch:
   A Eindrehen der Bahnmomente in die Richtung des äußeren Feldes
   B durch Ausrichtung freier Spinmomente
   C unkompensierte Spinmomente der Einzelatome
   D Umklappen WEISSscher Bezirke
   E Erwärmen auf die CURIE-Temperatur

5. Eisen, Kobalt und Nickel sind ferromagnetische Elemente, weil
   A der metallische Bindungszustand vorliegt
   B sie ein kubisches Gitter besitzen
   C das Verhältnis a/r_{3d} positive Werte für die Austauschenergie ermöglicht
   D sie einfachbesetzte Orbitale haben
   E bei der erstmaligen Magnetisierung WEISSsche Bezirke entstehen

6. Weichmagnetische Ferrite sind Werkstoffe, die
   A ein Atomgitter ausbilden
   B ein Spinellgitter aus Fe^{3+}, Me^{2+} und O^{2-} ausbilden
   C aus $BaO \cdot 6\,Fe_2O_3$ bestehen
   D nach der „Keramik-Technologie" hergestellt werden
   E eine gute elektrische Leitfähigkeit aufweisen

7. Die maßgebliche Gütegröße für die Unterteilung der Magnetwerkstoffe in weich- und hartmagnetisch ist
   A B_r
   B J_S
   C $(B \cdot H)_{max}$
   D B_S
   E H_C

8. Hartmagnetisches Verhalten wird verstärkt durch
   A Erhöhung des Nickel-Gehaltes in den NiFe-Legierungen
   B Verunreinigungen
   C Erhöhung der Frequenz
   D ausgeprägte Anisotropie der Magnetisierbarkeit
   E mechanische Spannungen

9. Weichmagnetisches Verhalten wird verstärkt durch
   A Erleichterung der reversiblen Drehprozesse
   B leicht mögliche BLOCH-Wandverschiebungen
   C Herstellung von Texturen
   D Erhöhung der Temperatur
   E ausgeprägte Anisotropie der Magnetisierbarkeit

10. Der Magnetostriktionskoeffizient λ ist ein Faktor für
   A die maximale Längenänderung eines Magnetwerkstoffes in Abhängigkeit von H
   B die Verschiebung des CURIE-Punktes in Abhängigkeit von H
   C die maximale Frequenz für die Magnetisierung
   D die Änderung von B_S durch die Frequenz
   E das Ausmaß der Volumenänderung bei Magnetisierung

11. Die Verluste von Weichmagneten werden angegeben in
    A $J \cdot m^{-3}$
    B $J \cdot kg^{-1}$
    C $W \cdot kg^{-1}$
    D $W \cdot m^{-3}$
    E $Ws \cdot m^{-3}$

12. Der Hystereseverlust ist klein bei
    A μ_r ist groß
    B μ_r ist klein
    C μ_{max} ist groß
    D μ_{max} ist klein
    E BLOCH-Wandverschiebungen erfordern geringe Energie

13. Wirbelstromverluste V_w sind niedrig bei
    A hoher elektrischer Leitfähigkeit
    B hohen Blechdicken
    C weichmagnetischen Ferriten
    D hohen Frequenzen
    E hohen Siliziumgehalten in Blechen

14. Das Volumen von Hartmagneten bei gleich bleibender Luftspaltinduktion wird klein durch
    A hohe Werte für B_L
    B großes $(B \cdot H)$ am Arbeitspunkt
    C großes $(B \cdot H)_{max}$
    D durch Substitution des AlNiCo-Magneten durch SmCo-Magneten
    E durch Verlängerung der Poleisen

15. Amorphe Metalle können weichmagnetisch sein, weil
    A sie stark anisotrop sind
    B sie isotrop sind
    C sie einen erhöhten elektrischen Widerstand besitzen
    D sie mechanische Spannungen aufweisen
    E sich WEISSsche Bezirke ausbilden

16. Weichmagnetische Ferrite wurden entwickelt, um
    A Werkstoffe mit Höchstwerten für B herzustellen
    B Magnetwerkstoffe bei hohen Frequenzen anwenden zu können
    C Werkstoffe mit geringen Hystereseverlusten fertigen zu können
    D sehr geringe Blechdicken zu realisieren
    E preiswerte Magnetwerkstoffe zur Verfügung zu haben

17. Das Speichermedium einer Diskette ist
    A eine 100 µm dicke AlNiCo-Folie
    B eine laserstrukturierte Kunststofffolie
    C eine mit CrO_2 beschichtete Kunststofffolie
    D eine n- und p-dotierte Si-Scheibe
    E eine Ferritkernmatrix

18. Beruht die Informationsspeicherung in Magnetschichtspeichern auf
    A der Erzeugung einer bleibenden Orientierung magnetischer Dipole in Laufrichtung
    B einer Änderung der Dichteverteilung der Magnetteilchen
    C einer Änderung der Lichtdurchlässigkeit
    D der Änderung der magnetischen Anisotropie
    E der reversiblen BLOCH-Wandverschiebung

12 Lichtwellenleiter

12.0 Überblick

pZur Übertragung von Informationen von einem Sender zum Empfänger kann man neben dem Stromfluss in einem elektrischen Leiter und den Funkwellen heute die Lichtwellenleitung nutzen. Die Lichtleitertechnik wendet das altbewährte Prinzip der Umwandlung elektrischer Signale in Lichtsignale an. Technisch einfach zu lösen ist das beim Übertragungsmedium Luft, allerdings mit den damit verbundenen Grenzen.

In Form der Lichtwellenleiter verfügt man über eine Werkstoffanwendung, mit der eine sichere Informationsübertragung durch Licht in einem Kabel möglich wird. Das Prinzip des Informationsflusses in einer solchen Übertragungsstrecke ist im Bild 12.0-1 veranschaulicht. Das elektrische Signal wird mit einem Sendebauelement (Lumineszenz- oder Laserdiode) in ein optisches Signal gewandelt und in den Lichtwellenleiter (LWL) eingekoppelt. Es durchläuft dann den LWL und wird im Empfangsbauelement (Si-, Ge- oder InGaAs-Photodioden) wieder in ein elektrisches Signal zurückgewandelt. Im Vordergrund der weiteren Betrachtungen stehen aber die werkstofflichen Anforderungen an LWL.

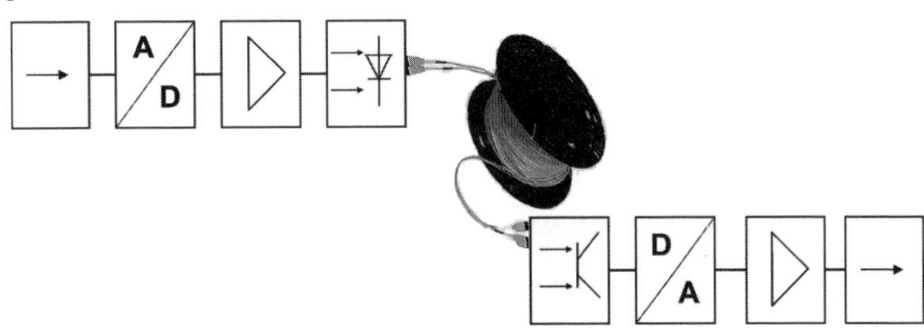

Bild 12.0-1 Prinzip der optischen Signalübertragung

12.1 Physikalische Grundlagen

Kompetenzen

Das Brechungsgesetz nach Snellius bildet die Grundlage für die Erklärung der Totalreflexion an der Grenzfläche zwischen Medien mit verschiedenen Brechzahlen. Für das Verständnis der Modendispersion ist der Akzeptanzwinkel heranzuziehen.

Die hohen Anforderungen an die Werkstoffqualität sowie der Einsatz verschiedener Werkstoffe, wie Gläser und Kunststoffe ergeben sich aus der nicht vermeidbaren Erscheinung der optischen Dämpfung. Die Unterscheidung in extrinsische und intrinsische Verluste wird als sinnvoll erkannt.

Zur Signalübertragung in der LWL-Technik nutzt man die Erscheinung der *Totalreflexion* aus. Grenzen zwei Stoffe mit unterschiedlichen Brechzahlen n_1 und n_2 aneinander, und trifft ein Lichtstrahl auf diese Grenzfläche, dann wird er gebrochen (siehe Bild 12.1-1).

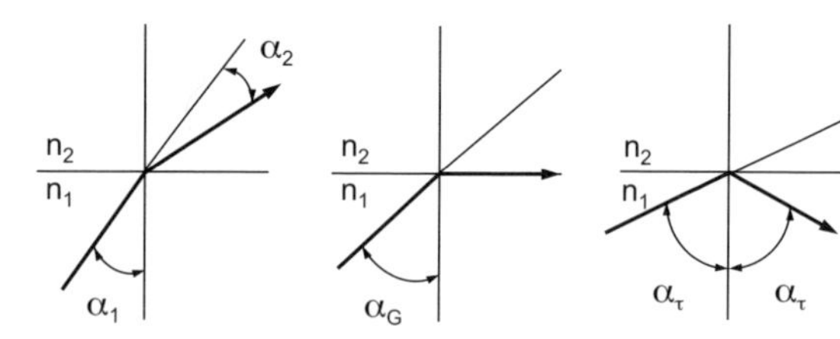

α_1 = Eintrittswinkel α_2 = Winkel des gebrochenen Strahls
α_G = Grenzwinkel α_τ = Winkel bei Totalreflexion

Bild 12.1-1 Lichtbrechung und Totalreflexion an einer Grenzschicht zwischen zwei Medien unterschiedlicher Brechzahl

Formuliert ist dieser Zusammenhang im Brechungsgesetz unterschiedlicher Brechzahl nach SNELLIUS. Dabei kommt es beim Übergang des Lichtstrahls vom optisch dichteren (n hoch = n_1,) in das optisch dünnere Medium (n niedrig = n_2) zur Brechung weg vom Einfallslot, d.h., der Winkel gegen die Grenzfläche wird kleiner. Vergrößert man den Einfallswinkel α so weit, dass der Grenzwinkel α_G erreicht wird, verläuft der gebrochene Strahl entlang der Phasengrenze, überschreitet man α_G, tritt Totalreflexion unter dem Winkel α_T ein. Dieser Lichtstrahl kann also das Gebiet mit der höheren Brechzahl nicht verlassen.

> Brechungsgesetz nach SNELLIUS:
> $n_1 \cdot \sin \alpha_1 = n_2 \cdot \sin \alpha_2$

Unter Anwendung der Aussage des Brechungsgesetzes nach SNELLIUS bedeutet das, bei einem Werkstoff mit der entsprechenden Brechzahl unter einem bestimmten Einfallswinkel des Lichtstrahles das Eintreten der Totalreflexion. Ein Lichtwellenleiter wird also immer aus einem Kern mit der Brechzahl n_1 und einem Mantel mit der Brechzahl n_2 aufgebaut sein. Bild 12.1-2 zeigt den LWL mit Kern-Mantel-Struktur und den Strahlengang. Die einfachste Lichtleitfaser ist die Stufenprofilfaser (engl. step index fibre), bestehend aus einem runden Kern mit einem Durchmesser von 50–200 µm, der von einem Mantel umgeben ist.

> $$\text{Brechzahl } n = \frac{\text{Phasengeschwindigkeit im Vakuum}}{\text{Phasengeschwindigkeit im Stoff}}$$
> $$n = \frac{c_0}{c_1}$$
> c_0 = Lichtgeschwindigkeit im Vakuum
> c_1 = Lichtgeschwindigkeit im Werkstoff
>
> Ist n des LWL-Werkstoffes bekannt, so ergibt sich die Ausbreitungsgeschwindigkeit zu:
> $$c_1 = \frac{c_0}{n}$$

Entscheidend für die Reflexion des Lichtes an der Grenze zwischen Kern und Mantel ist der Akzeptanzwinkel α_A. Für alle Lichtstrahlen, die innerhalb des Akzeptanzwinkels auf die Faserstirnfläche treffen, erfolgt fortlaufend Totalreflexion. Die charakteristische Größe für das Einkoppeln stellt die numerische Apertur A_N dar.

A_N-Werte von Stufenfasern liegen zwischen 0,2 bis 0,3, was einem Akzeptanzwinkel von 11,5° bis 17,5° entspricht. Am Fasereingang be-

> $A_N = n \cdot \sin \alpha$

steht ein Lichtimpuls aus verschieden steilen Strahlen, man spricht von unterschiedlichen Moden. Je nach Winkel erfolgt im LWL unterschiedlich oft die Totalreflexion. Licht, das sich entlang der Faserachse in einer Zickzackbahn fortbewegt, legt einen längeren Weg zurück als Licht, das sich in Achsrichtung bewegen würde und benötigt daher bei gleicher Geschwindigkeit eine größere Zeit zum Durchlaufen der Faser. Die Dauer eines zunächst kurzen Lichtimpulses, der in die Faser eingekoppelt und dessen Leistung sich auf verschiedene Ausbreitungswinkel aufteilt, wächst daher beim Durchlaufen der Faser ständig an. Der am Faserende erscheinende Puls ist um so länger, je länger die Lichtleitfaser ist. Der durchgezogene Strahl im Bild 12.1-2 wird weniger oft reflektiert als der gestrichelt gezeichnete. Die unterschiedlichen Moden kommen nacheinander am Faserausgang an, das Signal wird unscharf. Es tritt eine Signalverbreiterung durch die Modendispersion ein. Schlussfolgernd aus den physikalischen Grundlagen zur Totalreflexion wird bei zunehmendem Unterschied der Brechzahlen von Kern und Mantel der Akzeptanzwinkel größer und damit die Modendispersion. Dieser Effekt begrenzt die maximal nutzbare Datenrate bzw. die Kabellänge, über die mit einer vorgegebenen Datenrate übertragen werden kann. Sie lässt sich neben der Beachtung des Brechzahlverhältnisses auch durch konstruktive Maßnahmen minimieren. Versucht man Pulse mit hoher Folgefrequenz in einer solchen Faser zu übertragen, so fließen sie allmählich ineinander und lassen sich schließlich nicht mehr trennen. Setzt man *Einmodenfasern* ein, ist nur der Grundmode übertragungsfähig, d.h. die Modendispersion entfällt und damit steigt die nutzbare Bandbreite bis in den Terahertz-Bereich. Heutige Hochgeschwindigkeitsnetze auf Basis von LWL arbeiten zwischen 100 MHz und mehreren GHz.

Durch die Entwicklung der Gradientenfasern ergab sich eine Möglichkeit, die Modendispersion einzuschränken. In der Stufenfaser liegt ein scharfer Übergang der Brechzahl zwischen Kern und Mantel vor. Bei den Gradientenfasern ist die Brechzahl im Faserkern nicht konstant, sondern fällt von einem Maximalwert auf der Faserachse parabelförmig nach außen hin bis auf den Wert der Mantelbrechzahl ab. In dieser Faser (engl.: gradet index fibre) bewegt sich

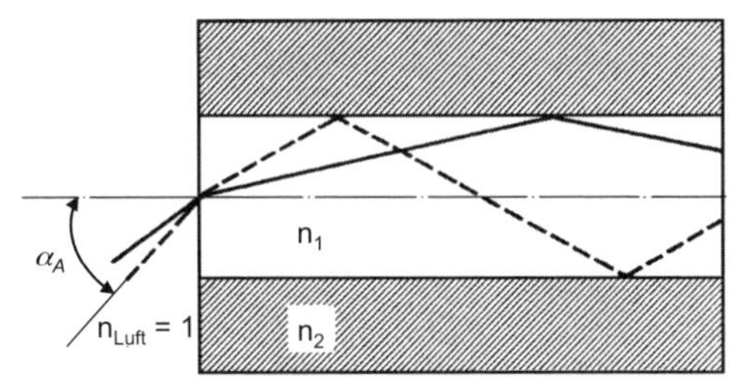

Bild 12.1-2 Strahlengang in einer Stufenprofilfaser

Die Modendispersion wird um so größer, je länger das LWL-Kabel und je größer der Brechzahlenunterschied von Kern und Mantel ist.

das Licht statt im Zickzack auf wellenförmigen Bahnen, weil es wegen der kontinuierlich variierenden Brechzahl seine Richtung kontinuierlich ändert. Die größere Weglänge der weiter ausschwingenden Bahnen wird durch die höhere Geschwindigkeit kompensiert, die im Material mit der kleineren Brechzahl größer ist. Dadurch ist es möglich, unterschiedliche Moden bei gleicher Ausbreitungsgeschwindigkeit am Empfänger zur annähernd gleichen Zeit ankommen zu lassen. Es lassen sich Gradientenfasern herstellen, die bei einer Laufzeit von 5 µs je km Faserlänge minimale Laufzeitunterschiede von ± 0,1 ns haben.

Während der Ausbreitung des Impulses im LWL wird das Licht in Abhängigkeit von seiner Wellenlänge λ unterschiedlich stark abgeschwächt, es erfährt eine optische Dämpfung A. Sie wird in dB gemessen. Je geringer die Dämpfung ist, um so größer ist das messbare Lichtsignal am Ende des LWL oder um so größer kann die Übertragungsstrecke sein. Das Ausmaß der Dämpfung hängt im Wesentlichen vom Werkstoff ab. Sie resultiert aus drei Anteilen:

$$A = 10 \cdot \log \frac{P_0}{P_L}$$

P_0 = Eingangslichtleistung
P_L = Ausgangslichtleistung

$$\alpha = \frac{A}{L} \quad (\mathrm{dB} \cdot \mathrm{km}^{-1})$$

α = Dämpfungskoeffizient oder kilometrische Dämpfung

- der Streuung (RAYLEIGH-Streuung) α_S
- Absorption α_A und
- Strahlungsverluste α_V.

Die Summe der einzelnen Anteile ergibt den Dämpfungskoeffizienten α.

$$\alpha = \alpha_S + \alpha_A + \alpha_V$$

Man unterscheidet darüber hinaus in intrinsische, nichtvermeidbare und extrinsische, vermeidbare Verluste. Intrinsische Streuungsverluste entstehen durch Inhomogenitäten, wie z. B. in Dichte- oder Konzentrationsunterschieden sowie Mikrokristallinität im ansonsten amorphen Grundmaterial. Quarzglas ist zwar amorph, besitzt aber atomare Nahordnungsbereiche im Sinne von Si-O-Gruppierungen (siehe Kapitel 2). Extrinsische Streuungsverluste resultieren aus Einschlüssen, Verunreinigungen, Entmischungen, Gasblasen u.a.m. Intrinsische Absorptionsverluste haben ihre Ursache in der Wechselwirkung der Photonen mit Elektronen und Atomgruppen des LWL-Werkstoffes. Dabei wird die Photonenenergie W für Elektronenübergänge und/oder für die Anregung von Schwingungen verbraucht. Der Bindungszustand im LWL-Material wird also entscheidend sein für das Ausmaß des Anteils α_A an der Dämpfung. Bei Kunststoff-LWL verursachen

$$W = \frac{h \cdot c}{\lambda}$$

umgeformte PLANCKsche Strahlungsgleichung

die C-H-Schwingungen im Bereich zwischen 700 und 750 nm diese Verluste.

Der extrinsische Absorptionsverlust ergibt sich im Allgemeinen durch solche Verunreinigungen, die im sichtbaren Gebiet absorbieren. Bei Glasfasern sind das besonders die OH-Gruppen der Wassermoleküle, deren Absorption allerdings bei etwa 2,7 μm im IR-Gebiet liegt. Die Adsorption von Wasser an der Faser führt auf diese Weise zu einer Erhöhung der Dämpfung. Strahlungsverluste entstehen durch Krümmungen des LWL, Abweichungen vom Faserdurchmesser sowie Störungen an der Kern-Mantel-Grenzfläche, sie sind extrinsischer Natur.

Übung 12.1-1

Unter welchen Bedingungen erfolgt an der Grenzfläche der Medien 1 und 2 die Totalreflexion?

Übung 12.1-2

Eine LWL besteht aus Kernmaterial mit der Brechzahl 1,5 und dem Mantel mit 1,48. Wie groß ist der Grenzwinkel? Wird ein Lichtstrahl in dieser Faser, der in seiner Richtung um 12° von der Achsrichtung der Faser abweicht, total reflektiert?

Übung 12.1-3

Skizzieren Sie den Aufbau einer Step Index Fibre für beide Werkstoffvarianten Glas und Kunststoff unter Angabe der Abmessungsbereiche!

Übung 12.1-4

Weshalb verwendet man für Kunststoff-LWL Fasern aus PMMA bzw. PS und nicht solche aus den preiswerteren Kunststoffen PE bzw. PP und PA?

Übung 12.1-5

Wodurch wird die Dämpfung von Quarzglas beeinflusst?

Übung 12.1-6

Welche Laufzeit hat ein Lichtsignal in einem 1 km langen K-LWL aus PMMA (n_{Kern} = 1,49)?

Übung 12.1-7

Nennen Sie die Vor- und Nachteile von Einmoden- und Multimoden-LWL!

Zusammenfassung: Grundlagen

- Die Signalübertragung in der LWL-Technik nutzt die Totalreflexion in Fasern.
- Totalreflexion tritt dann ein, wenn beim Übergang des Lichtstrahls vom optisch dichteren Medium in das optisch dünnere der Grenzwinkel α_G überschritten wird.
- Eine Stufenprofilfaser besteht aus einem Kern- und einem Mantelmaterial. Die Lichtwelle breitet sich im Kern aus.
- Der Lichtimpuls besteht am Fasereingang aus verschieden „steilen“ Strahlen, den Moden, woraus die Modendispersion resultiert.
- Durch Anwendung der Gradientenfaser verringert sich die Modendispersion.
- Die Ausbreitung des Lichtsignals in der Faser ist mit der optischen Dämpfung verbunden, es entstehen Verluste.
- Extrinsische Verluste sind vermeidbar, intrinsische Verluste nicht.

12.2 Werkstoffe und Technologie

Kompetenzen

Um die Eignung von Glas- bzw. Kunststoffen für Herstellung von LWL-Fasern zu verstehen, sind Kenntnisse der chemischen Zusammensetzung und Struktur erforderlich.

Ausgehend von den aus Abschnitt 12.1 bekannten Faktoren, die zur Dämpfung der Lichtwelle führen, ist die für den Einsatz von Glas- bzw. Kunststofffaser entscheidende Eigenschaft der optischen Fenster zu verstehen. Sie entscheiden über die in einem bestimmten Wellenlängenbereich zur Signaleingabe einsetzbaren LED.

Das Wissen zum prinzipiellen Aufbau von LWL-Kabeln ermöglicht einen Vergleich mit dem metallischen Leiter zur Informationsübertragung.

Als Werkstoffe für LWL kommen einerseits Fasern auf der Basis von Quarzglas und andererseits organische Polymere als Kernwerkstoff, wie Polymethylmethacrylat (PMMA), Polystyren (PS) und Polycarbonat (PC) zum Einsatz. Als Mantelwerkstoff verwendet man bei den Kunststoff-LWL für PMMA-Fasern Fluorpolymere und für Polystyrol PMMA. Der Grund dafür, dass diese Werkstoffe für LWL-Fasern geeignet sind, besteht vorwiegend in dem Fehlen eines Kristallgitters bzw. teilkristalliner Bereiche. Durch Ordnungszustände wird die Dämpfung durch Lichtstreuung unzulässig hoch. Bei Kunststoffen mit Teilkristallinität geht die Transparenz verloren, sie werden opak. Der zweite Aspekt besteht in der technologischen Realisierbarkeit von Fasern aus der Schmelze heraus. Voraussetzung dafür ist bei den Kunststoffen thermoplastisches Verhalten.

Ausgangsstoff für die Glas-LWL ist das gleiche hochreine Silizium wie das für die Halbleitertechnik. Das hochreine, durch Zersetzung von Trichlorsilan gebildete Si wird bei 1300 °C zu körnigem Quarz oxidiert und dieser bei 1000 °C im Chlorstrom von den letzten H_2-Spuren befreit. Aus diesem hochreinen SiO_2 fertigt man einen Quarzglasstab, der in ein Glasrohr mit kleiner Brechzahl gebracht (dem späteren Mantel) und durch Erhitzen zu einem Preform verbunden wird. Aus dem Preform mit 25 mm Außendurchmesser und 500 mm Länge lassen sich ca. 20 km LWL-Faser ziehen. Auf diese Weise entsteht eine Stufenfaser.

Die Gradienten-LWL erhält man durch Innenbeschichtung eines Quarzglasrohres mit CVD-Verfahren. Beim Durchleiten von $GeCl_4$ oder

BCl_3 entsteht in Gegenwart von O_2, GeO_2 bzw. B_2O_3 auf der Innenwand. Über Diffusionsprozesse erzielt man einen Konzentrationsgradienten an B_2O_3 (niedrigere Brechzahl) und GeO_2 (höhere Brechzahl), vgl. Bild 12.2-1. Der verbleibende Hohlraum im Inneren des Rohres kollabiert beim Erhitzen in den Erweichungsbereich des Glases. Das Preform ist wiederum Ausgangsstufe für die Glasfaserfertigung.

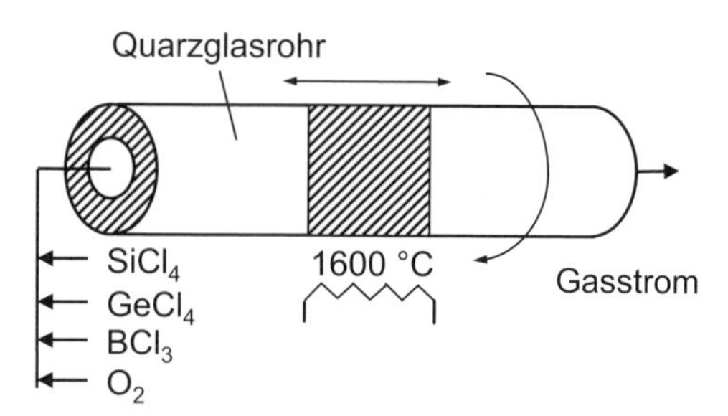

Bild 12.2-1 Prinzip zur Herstellung eines Preform für Gradientenfasern

Glasfasern besitzen in bestimmten Wellenlängengebieten niedrige Dämpfungen, die sog. optischen Fenster. Will man also verlustarm übertragen, muss das eingestrahlte Lichtsignal mit seiner Wellenlänge im Gebiet eines der optischen Fenster des Glas-LWL liegen. Quarzglas hat drei optische Fenster bei 850 nm, 1300 nm und 1500 nm (siehe Bild 12.2-2). Als Sender lassen sich deshalb LED auf Basis von GaAlAs mit einer Emission bei ca. 900 nm (erstes optisches Fenster) verwenden. Das zweite und dritte optische Fenster nutzt man durch Anwendung von GaInAsP (Gallium-Indium-Arsenid-Phosphid). Die Kunststoff-LWL besitzen zwei optische Fenster bei 660 und 780 nm, siehe Bild 12.2-3. Geeignete Sender sind LED auf Basis von GaAsP und AlInGaP mit einer Wellenlänge von 650 nm. Für Laserdioden kommt GaInP zum Einsatz.

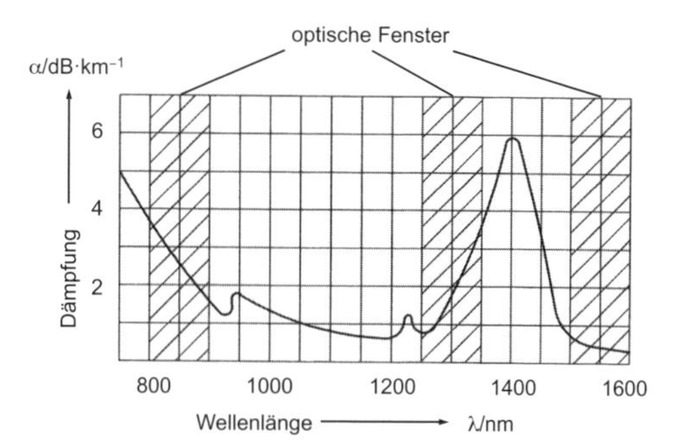

Bild 12.2-2 Optische Fenster im Quarzglas-LWL

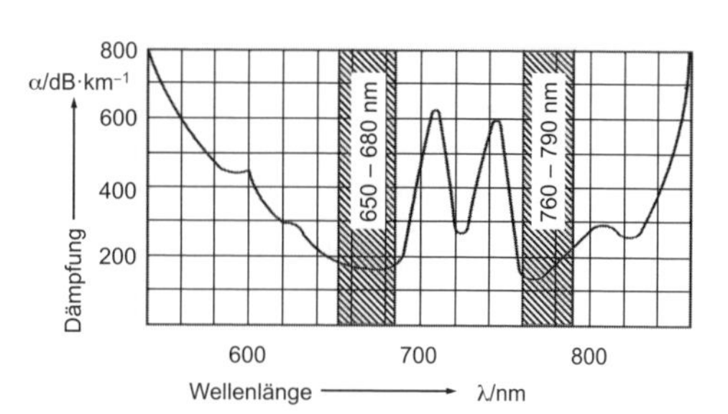

Bild 12.2-3 Optische Fenster im Kunststoff-LWL

Ein Nachteil der Glas-LWL ist ihre Bruchempfindlichkeit bei Biegungen um kleine Radien gegenüber Kunststoff-LWL. Eine Kombination aus Glasfaserkern und Kunststoffmantel, in den sog. Polymer Cladded Fibres (PCF-LWL), vermindert diesen Mangel, behält die Vorteile des Quarzglases als Kernwerkstoff und setzt die Möglichkeit einer Wasseradsorption herab.

Eine Systematik der gebräuchlichen LWL besteht in der Unterscheidung nach ihrem Aufbau als Stufen- bzw. Gradienten-LWL oder nach einer speziellen Eigenschaft, z. B. Singlemode oder Multimode. Beide Systematisierungsvarianten existieren gleichberechtigt nebeneinander und werden in Tabelle 12.2-1 für den Vergleich der physikalischen Eigenschaften verwendet. Neben der Dämpfung entscheidet über die Länge der Übertragungsstrecke die erreichbare Datenrate. Übertragungsrate und Übertragungsstrecke verhalten sich umgekehrt proportional. Deshalb bildet man das Bandbreiten-Längenprodukt als eine weitere Kenngröße

Tabelle 12.2-1 Physikalische Eigenschaften gebräuchlicher LWL

	K-LWL	PCF-LWL	Glas-LWL	
			Multimode Gradientenindex	*Singlemode* Stufenindex
Werkstoff Faserkern	Kunststoff	Glas	Glas	Glas
Werkstoff Fasermantel	Kunststoff	Kunststoff	Glas	Glas
Durchmesser Kern/Mantel	980/1 000	200/230	50/125	9/125
Numerische Apertur	0,47	0,36	0,2	ca. 0,5
Dämpfungskoeffizient α (dB · km^{-1})				
bei 660 nm	230	7	–	–
bei 850 nm	2000	6	= 3,0	–
bei 1300 nm	–	–	= 0,70	= 0,40
typ. Wellenlänge (nm)	660	660, 850	850, 1300	1300
Bandbreiten-Längenprodukt (MHz · km^{-1})				
bei 660 nm	1	–	–	–
bei 850 nm	–	= 17	= 400	–
bei 1300 nm	–	–	= 600	= 10000

für LWL. Typische Einsatzbeispiele der in der Tabelle 12.2-1 aufgeführten LWL enthält Tabelle 12.2-2. Neben dem Bandbreiten-Längenprodukt spielen natürlich für die in der Tabelle 12.2-2 genannten Einsatzbeispiele die Kosten eine ausschlaggebende Rolle.

Das eigentliche Wirkelement der LWL, bestehend aus Kern und Mantel, ist praktisch so nicht verwendbar. Erst durch eine Schutzhülle erfährt der LWL einen Schutz vor mechanischer und chemischer Zerstörung. Durch eine einfache Umhüllung mit Kunststoff entsteht die Simplex-Ader (siehe Bild 12.2-4(1)). Versieht man die Ader mit Zugentlastungselementen, z. B. aus speziellen Aramid-Garnen, entsteht das Simplexkabel (Bild 12.2-4(2)). Kabel mit mehreren LWL-Adern, der Zugentlastung und zusätzlichen Kupferleitern lassen sich zu Hybridkabeln verseilen (Bild 12.2-4(3)). Um in knapper Form dem Anwender Angaben zur Konstruktion und den Eigenschaften des LWL zu vermitteln, sind genormte Kurzzeichen in Anlehnung an DIN VDE 0888, Teil 4 gebräuchlich. Das Beispiel beschreibt ein Hybridkabel mit 3 LWL und 3 Kupferadern.

Tabelle 12.2-2 Einsatzbeispiele verschiedener LWL

Faserkern-durchm. in µm	Einsatz-beispiele	typische Entfer-nung	typische Datenraten
9	Telekommu-nikation	> 10 km	Mbit/s-Gbit/s
50 200	lokale Netze Industrienetze	bis 4 km bis 2 km	< 155 Mbit/s < 100 Mbit/s
980	Netze in Gebäuden, in Erzeugnissen	bis 100 m	< 40 Mbit/s

Beispiel:

I-V112Y 3P980/1000 250A10+3x1 FF-Cu300/500V

Erklärung:

I	Innenkabel
V	Vollader
11Y	PUR-Außenhülle
2Y	Schutzhülle aus Polyethen
3P	drei LWL mit Stufenindex
980/1000	Kern-/Manteldurchmesser in µm
250	Dämpfungskoeffizient in dB · km^{-1}
A	Wellenlänge 650 nm
10	Bandbreiten-Längen-Produkt
10	MHz · 100 m
3x1	3 Cu-Adern mit einem Querschnitt von je 1 mm^2
FF-Cu	Feinstdrähtiger Kupferleiter
300/500 V	Nennspannung U/U_0

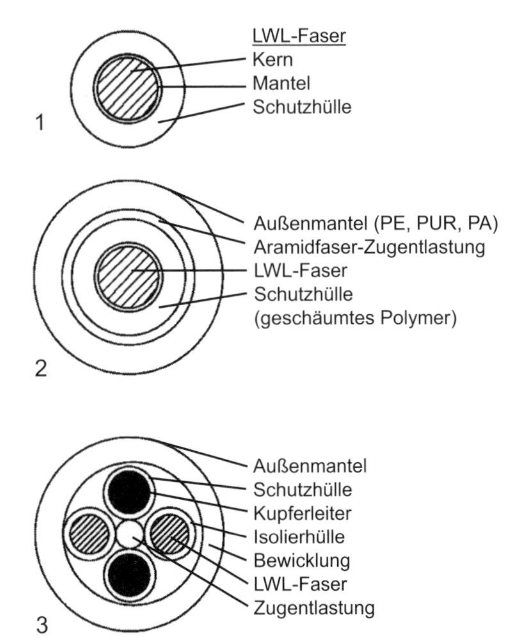

Bild 12.2-4 LWL-Kabel
1 = Simplex-Ader
2 = Simplex-Kabel
3 = Hybrid-Kabel

Die Vorteile der LWL gegenüber metallischen Leitern ergeben sich im Wesentlichen aus der Tatsache, dass Photonen als Träger der Informationen keine elektrische Ladung besitzen.

Daraus resultiert die elektromagnetische Verträglichkeit (EMV), die galvanische Trennung, die Abhörsicherheit und kein Risiko in explosionsgefährdeter Umgebung. Darüber hinaus ergeben sich noch weitere Vorteile von LWL aus ihrer wesentlich geringeren Dichte und der erhöhten Korrosionsbeständigkeit.

Die Tabelle 12.2-3 verdeutlicht die Vorteile des Einsatzes von Glasfaser-LWL gegenüber Kupferkabeln in der Kommunikationstechnik.

Tabelle 12.2-3 Vergleich zwischen LWL- und Cu-Kabel

	Koaxial-Fernkabel	**Glasfaserkabel**
Typ/Bezeichnung	18 Kx 2,6/9,5+4Kx1,2/4,4+20x2x0,9	A-DSF (L) (ZN)2Y 60G 50/125 µm + 2x2x0,6
Anzahl Fasern/Adern	18 CCITT Koaxialpaare 2,6/9,5 mm und 4 CCITT Koaxialkabelpaare 1,2/4,4 mm	60 Gradientenindexfasern*) in 6 Röhrchen
Einsatzort	Dänische Postverwaltung	Deutsche Telekom
Außendurchmesser	83,0 mm	18,0 mm
Verstärkerabstand	1,5–4,5 km	30 km
Gewicht	5 kg·m^{-1}	300 g·m^{-1}

*) Gradientenindexfasern gleichbedeutend Gradientenfaser

Besondere Aufmerksamkeit und Sorgfalt erfordert die Verbindung der LWL-Faser zum Sender bzw. zum Empfänger und ihre Verbindung untereinander. Wenn der Abstand der Stirnfläche der Faser zum Sender-/Empfängerbauelement bzw. zur anderen Faser größer Null ist, kann die Leistung vollständig übertragen werden. Planparallelität und geringe Oberflächenrauigkeit vermindern die Verluste. Stand der Verbindungstechnik für LWL ist der Einsatz von Kupplungselementen für lösbare Verbindungen in Zusammenhang mit geeigneten Verfahren der Stirnflächenbearbeitung und die Herstellung stoffschlüssiger Verbindungen.

Übung 12.2-1

Aus welchem der beiden genannten Gläser (Bor- oder Germaniumdotiert) besteht der Kern und aus welchem der Mantel der LWL-Faser?

Übung 12.2-2

Warum umhüllt man Glas-LWL-Fasern sofort nach dem Ziehen?

Übung 12.2-3

Für Glas-LWL verwendet man als Sender LED mit einer Wellenlänge von 0,9 µm; für Kunststoff-LWL von 650 nm. Begründen Sie diese Tatsache! Welche Werkstoffe kommen im Senderbauelement zur Anwendung?

Übung 12.2-4

Für ein Hybrid-Kabel findet man folgende Angaben:
PUR-Außenmantel, Schutzhülle aus PE, 5 LWL mit Stufenindexprofil, Kern-/Manteldurchmesser in µm 9/125, Dämpfungskoeffizient $\alpha \leq 0,4$, 2 Kupferadern mit je 1 mm^2 Querschnitt.

Skizzieren Sie den Querschnitt dieses Hybridkabels, nehmen Sie eine Beschriftung der einzelnen Funktionselemente vor und erläutern Sie deren Funktion!

Übung 12.2-5

Der Dämpfungskoeffizient eines LWL betrage $\alpha = 0,25 \text{ dB} \cdot \text{km}^{-1}$. Nach welcher Strecke L ist die Leistung auf 20 % des Eingangswerts abgefallen?

Zusammenfassung: Werkstoffe und Technologie

- Basiswerkstoffe für LWL-Fasern sind Quarzglas, das aus hochreinem Si gewonnen wird und organische Polymere, wie PMMA, PS und PC.
- Die Polymer Cladded Fibres (PCF-LWL) stellen die Kombination beider Werkstoffgruppen dar. Sie bestehen aus einem Glasfaserkern und Kunststoffmantel.
- Die optischen Fenster der Glasfaser LWL liegen im Bereich von 800 bis 1500 nm, die der Kunststofffaser im Bereich von 600 bis 800 nm, daraus ergeben sich die eingesetzten LED mit den geeigneten Wellenlängen des einkoppelbaren Lichts.
- Vorteile der LWL gegenüber metallischen Leitern zur Informationsübertragung sind:
  - elektromagnetische Verträglichkeit,
  - galvanische Trennung,
  - Abhörsicherheit,
  - geringere Dichte,
  - höhere Korrosionsbeständigkeit.

Selbstkontrolle zu Kapitel 12

1. Totalreflexion eines Lichtstrahles erfolgt bei:
   A Übergang vom optisch dünneren in das optisch dichtere Medium bei > α_G
   B Brechung des Lichtstrahls entlang der Phasengrenze
   C Eintrittswinkel ist gleich Austrittswinkel
   D Übergang vom dichteren in das optisch dünnere Medium > α_G
   E vollständiger Reflexion an einer polierten Oberfläche

2. Die Modendispersion wird groß, wenn:
   A die Übertragungsstrecke sehr kurz ist
   B der Brechzahlunterschied zwischen Kern und Mantel groß ist
   C die Übertragungsstrecke sehr groß ist
   D der Akzeptanzwinkel klein wird
   E die Frequenzen sehr klein sind

3. Die Dämpfung in einem Glas-LWL wird vermindert, wenn:
   A die Kristallinität zunimmt
   B Dichteunterschiede auftreten
   C Gasblasen eingeschlossen sind
   D die Wasseradsorption gegen Null geht
   E die intrinsischen und extrinsischen Verluste minimal sind

4. Die Dämpfung in einem Kunststoff-LWL wird vermindert, wenn:
   A die Transparenz zunimmt
   B keine teilkristallinen Bereiche vorliegen
   C Weichmacher zugegeben werden
   D der Kunststoff vernetzt vorliegt
   E die Anregung von Schwingungen von Atomgruppen im Makromolekül gering ist

5. Als Werkstoffe für LWL werden eingesetzt:
   A Polycarbonat
   B Quarz
   C Kohlefasern
   D Na-K-Silikatglas
   E Quarzglas

6. Die Vorteile der LWL gegenüber metallischen Leitern sind:
   A mechanisch höher belastbar
   B leichter herstellbar
   C geringere Masse bei gleicher Übertragungsrate
   D EMV
   E einfache Verbindungstechnik

13 Fertigungsverfahren in der Elektrotechnik und Elektronik

13.0 Überblick

In der Praxis verwendet der Elektrotechniker das konfektionierte Bauelement bzw. Halbzeuge. Seine Tätigkeit besteht darin, diese einzelnen Elemente zum komplexen Funktionssystem zusammenzufügen und nimmt dadurch Einfluss auf die Eigenschaften seines Erzeugnisses. Deshalb sind Grundkenntnisse zu den wesentlichen Schritten der Herstellungsverfahren elektrotechnischer Erzeugnisse notwendig.

In diesem abschließenden Kapitel sollen die Siliziumtechnologie, die Leiterplattentechnik und die Metallisierung von Dielektrika als bestimmende Verfahren herausgehoben werden. Die Siliziumtechnik entwickelte Verfahren zur Herstellung höchstreiner Werkstoffe mit perfekter Struktur.

Diese Techniken weiteten sich auf viele Gebiete der konventionellen Werkstoffherstellung aus und erschlossen damit völlig neue Anwendungsmöglichkeiten, wie z. B. für Magnetwerkstoffe, Supraleiter, bis hin zu mikrolegierten Stählen. Mit der Entwicklung von Schichttechnologien wurde es möglich, die spezifische Materialmenge für eine geforderte Funktion auf ein Minimum zu bringen, damit Raum und Energie zu sparen sowie eine hohe Reproduzierbarkeit der Eigenschaften zu sichern.

Über allem steht dabei das anhaltende Bestreben, eine immer größere Funktionsdichte zu erzielen. Positiv dabei wirkt sich die Material- und Energieeinsparung auch im Sinne der Ökologie aus.

13.1 Verfahren der Si-Technologie

Kompetenzen

Eine wesentliche Erkenntnis besteht darin, die Bedeutung der Reinheit und Annäherung an den idealen Kristall von Werkstoffen für ihre Eigenschaften, insbesondere für das Leitverhalten, einschätzen zu können. Im Vordergrund stehen dabei die Gitterfehler Versetzung und Korngrenze. Die Notwendigkeit der Herstellung von Si-Einkristallen und ihre Dotierung zum n- bzw. p-Halbleiter kann begründet werden.

Für den Verfahrensablauf zur Herstellung integrierter Schaltkreise ist das Verständnis der Hauptschritte der Planartechnik Voraussetzung.

13.1.1 Einkristallines Silizium

Nahezu 90% aller Bauelemente auf Si-Basis werden aus einkristallinem Reinstsilizium (6N Si = 99,9999%) gefertigt (Bild 13.1-1). Die Verfahrensgrundlagen dazu, die ständig verfeinert und modifiziert werden, entwickelte man 1953 bis 1956 bei der Fa. Siemens. Das Prinzip gibt das Bild 13.1-2 wieder. Silizium als Halbleiterwerkstoff hat sich vor allem aus folgenden Gründen durchgesetzt:

1. Der Ausgangsstoff SiO_2 ist nahezu unbegrenzt verfügbar.
2. Silizium ist ungiftig und umweltverträglich.
3. Silizium lässt sich leicht zu einer dichten und fest haftenden Oxidschicht umwandeln.

Um Si-Halbleiterbauelemente herstellen zu können, muss die Technologie zwei Probleme bewältigen – die Herstellung von hochreinem und seine Umwandlung in einkristallines Silizium (siehe Kapitel 8).

Zur Gewinnung des Siliziums wird Quarzsand (SiO_2) im Elektroofen mit Kohlenstoff in Form von Koks zu Si reduziert. Dieses Silizium ist noch stark mit Fe, C und O verunreinigt. Zur Weiterverarbeitung wird die erstarrte Schmelze zu Rohsiliziumpulver gemahlen. Um reines Silizium daraus zu gewinnen, erfolgt die Umsetzung zum destillierbaren Trichlorsilan ($SiHCl_3$). Durch fraktionierte Destillation ist es nun möglich, Verunreinigungen abzutrennen. In Silizium-Abscheidungsreaktoren erfolgt an elektrisch beheizten Dünnstäben aus Si die thermische Zersetzung des eingeleiteten $SiHCl_3$ zu festem, polykristallinem Si und gasförmigem HCl. Die nachfolgende Tabelle 13.1-1 fasst die ablaufenden chemischen Reaktionen zusammen.

Tabelle 13.1-1 Stufen der Reinst-Silizium-Herstellung

1. STUFE	Silizium

$$SiO_2 + 2\,C \xrightarrow[2100\,K]{} \boxed{Si} + 2\,CO; \qquad \Delta H_{2100} = +695\ kJ$$

2. STUFE	Trichlorsilan

$$Si + 3\,HCl \xrightarrow[600\,K]{} \boxed{SiHCl_3} + H_2; \qquad \Delta H_{298} = -218\ kJ$$

3. STUFE	polykristallines Reinst-Silizium

$$4\,SiHCl_3 + 2\,H_2 \xrightarrow[1400\,K]{} \boxed{3\,Si} + SiCl_4 + 8\,HCl;$$
$$\Delta H_{1400} = +964\ kJ$$

Der gesamte Prozess zur Herstellung von polykristallinem Silizium verläuft in großtechnischen Anlagen.

Nun besitzt das Material zwar eine hohe Reinheit, ist aber polykristallin. Die Züchtung der Einkristalle erfolgt nach zwei Verfahren:

Bild 13.1-1 Vom Rohsilizium zum elektronischen Bauelement (SILTRONIC AG)

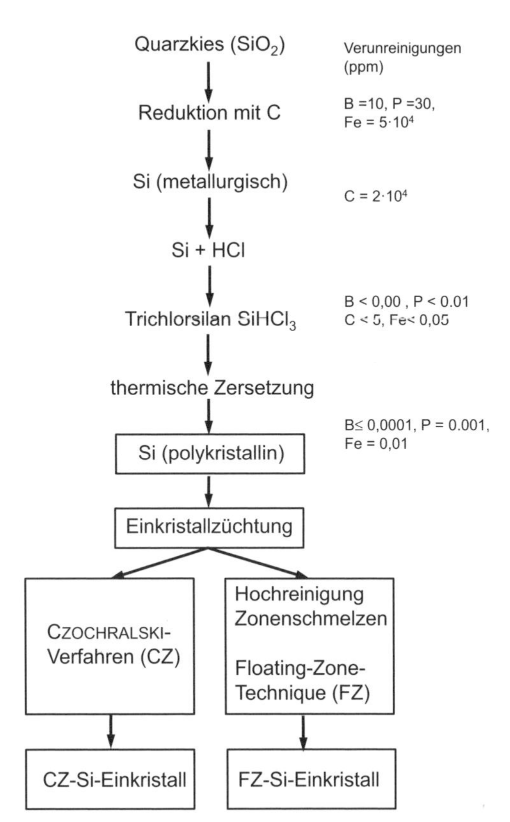

Bild 13.1-2 Verfahrensprinzip zur Herstellung von einkristallinem Reinstsilizium (Silizium-Stammbaum)

- dem älteren CZOCHRALSKI-Tiegelverfahren (Bilder 13.1-4 und 13.1-6) und
- dem tiegelfreien Floating-Verfahren (Bild 13.1-5).

Beim CZOCHRALSKI-Tiegelverfahren wird das reine Si in einem Graphittiegel durch Widerstandsheizung unter Schutzgasatmosphäre aufgeschmolzen. Oberhalb der Grenzfläche zwischen Schmelze und Gasraum stellt man die Temperatur auf einen Wert kurz unterhalb des Schmelzpunktes (1410 °C) ein. Den an der Zugstange befestigten Keim bringt man mit der Schmelze in Berührung und zieht ihn nach oben. Das Silizium wächst am Keim einkristallin an und besitzt dessen Kristallorientierung. Mit dem CZOCHRALSKI-Verfahren lassen sich heute versetzungsfreie Einkristalle ziehen (Bild 13.1-6).

Zur Züchtung höchstreiner Einkristalle wurde das Zonenschmelzverfahren zum Floating-Verfahren weiterentwickelt. Das Prinzip des Zonenschmelzverfahrens ist im Bild 13.1-3 dargestellt. Durch Induktionsheizung entstehen Schmelzzonen, d.h. Phasengrenzen zwischen flüssigem und festem Si. An den Phasengrenzen kommt es aufgrund der unterschiedlichen Löslichkeit der Verunreinigungen in der festen bzw. flüssigen Phase zu einer Anreicherung bzw. Abreicherung (vgl. Kapitel 1). Erfolgt die Anreicherung, bezogen auf die Verunreinigungen in der Schmelze, so schleppt die wandernde Schmelzzone diese an das Stabende, das abgetrennt wird. Für die sich in der festen Phase anreichernden Verunreinigungen bedeutet das ein Wandern zum anderen Stabende, das ebenfalls abzutrennen ist, zur Weiterverarbeitung bleibt das hochreine Mittelstück. Die Verteilung jeder Verunreinigung zwischen den Phasen charakterisiert der Seggregationskoeffizient.

Den polykristallinen Si-Stab aus den Vorstufen (siehe Bild 13.1-2) unterzieht man in einem ersten Schritt dem Zonenschmelzen, danach führt man die Schmelzzone an einen Keim heran, und unter Wandern der Zone entsteht der Einkristall. Das Floating-Verfahren gestattet es, höchstreine und nahezu fehlerfreie Einkristalle herzustellen. Der Durchmesser von Floating-Einkristallen liegt aufgrund der Spezifik des Verfahrens in der Regel unter denen von CZ-Einkristallen (siehe Bild 13.1-6).

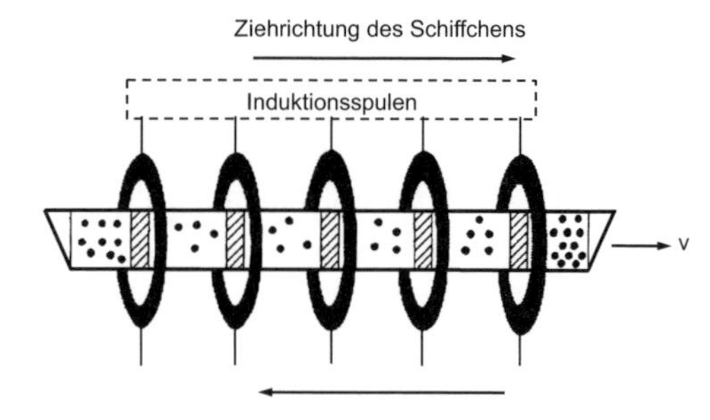

Bild 13.1-3 Prinzip des Zonenschmelzverfahrens

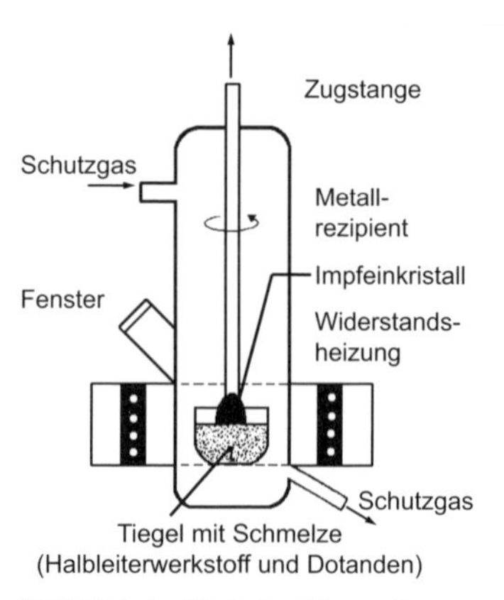

Bild 13.1-4 Einkristallherstellung nach dem CZOCHRALSKI-Verfahren

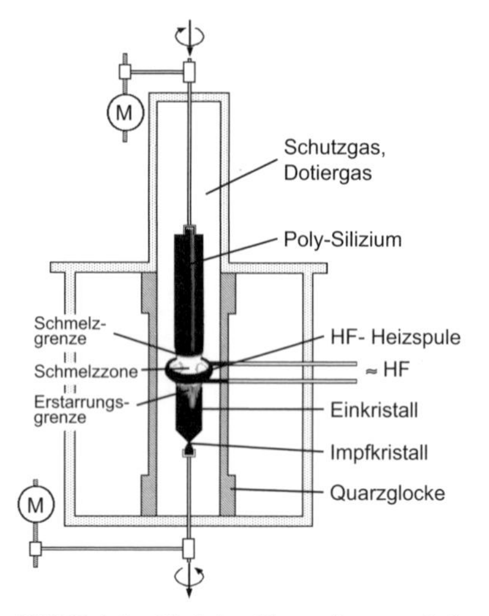

Bild 13.1-5 Einkristallherstellung nach dem tiegelfreien Floating-Verfahren

Während der Einkristallzüchtung erfolgt durch Zugabe von Dotanden die Einstellung der Grunddotierung, anschließend eine mechanische Bearbeitung der Einkristalle durch Schleifen auf einen gewünschten Durchmesser, Kennzeichnung der Kristallorientierung sowie des Dotierungstyps durch Anfräsen seitlicher Markierungen, den Flats (vgl. Abschnitt 1.2.3) und Abtrennen einzelner Scheiben mit spezifischer Dicke (Wafer) mittels Drahtsägetechnik. Die durch die mechanische Bearbeitung entstandenen Gitterfehler müssen durch mechanisches und chemisches Polieren wieder beseitigt werden (Feinstbearbeitung).

Bild 13.1-6 300 mm Si-Einkristall, hergestellt nach dem CZOCHRALKI-Verfahren (SILTRONIC AG)

13.1.2 Planartechnik

Der Bauelementhersteller setzt als Ausgangsmaterial die Scheiben des Einkristallherstellers ein und bringt epitaktisch eine sogenannte *Arbeitsschicht* auf der Vorderseite auf. Sie gestattet es, aus den gleichen Ausgangsscheiben ganz verschiedene Bauelementtypen zu fertigen. Durch Zersetzung von gasförmigen Si-Verbindungen, wie z. B. $SiCl_4$, SiH_4 u. a. bei der Gasphasenepitaxie, entsteht auf dem einkristallinen Substrat wiederum eine einkristalline Si-Schicht, die sich durch Einbringen von Dotiergasen, wie PH_3 oder B_2H_6, dotieren lässt. Beispielsweise werden integrierte Schaltkreise, dem

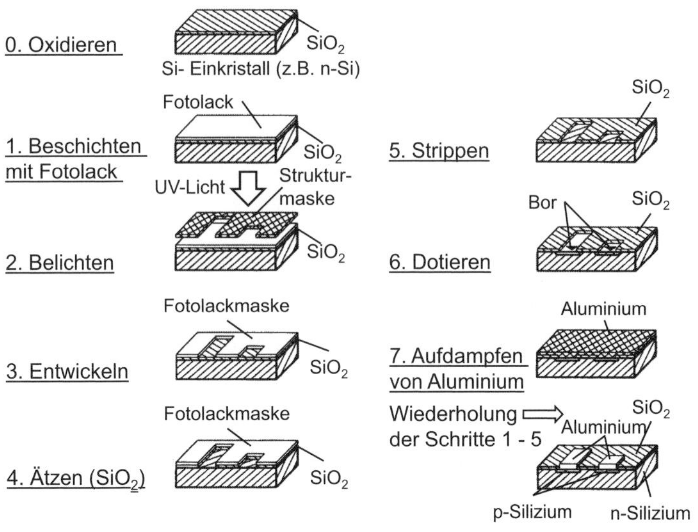

Bild 13.1-7 Schrittfolge der Planartechnologie zur Herstellung von IC

Stand der Technik entsprechend, ausschließlich über Stufen, die mit der Planartechnik kompatibel sind, gefertigt. Dabei werden dünne Schichten von Isolatoren (z.B. SiO_2), Halbleitern und metallischen Leitern abgeschieden und durch Fotolithografie mit anschließendem Ätzprozess lateral (flächenhaft) strukturiert (vgl. Bild 13.1-7). Der Vorteil dieser Technologie besteht darin, dass man nahezu beliebige Strukturen unter beliebiger Variation der Schichtfolge auf demselben Substrat realisieren kann.

Mit dieser Technologie ist es z. B. möglich, in einen Speicherchip der Abmessungen $13{,}1 \times 6{,}6\ mm^2$ ca. 4 Mio Speicherzellen (4 Megabit) unterzubringen, d. h., eine Zelle hat die Fläche von etwa $12\ \mu m^2$.

Übung 13.1-1

Über welche Schrittfolge gewinnt man aus SiO_2 reines Silizium? Beschreiben Sie den Ablauf mithilfe der Reaktionsgleichungen!

Übung 13.1-2

Welche vorteilhaften Eigenschaften bedingen die bevorzugte Anwendung des Si in der Halbleitertechnik?

Übung 13.1-3

Welche Verfahren zur Züchtung von Si-Einkristallen werden eingesetzt? Beschreiben Sie die Vor- und Nachteile!

Übung 13.1-4

Erläutern Sie das Prinzip des Zonenschmelzens!

Übung 13.1-5

Begründen Sie, warum die Möglichkeit der Oxidation des Si und die Fotolithografie die entscheidenden Voraussetzungen für die Planartechnologie sind!

Zusammenfassung: Si-Technologie

- Zur Herstellung von Halbleiter-Bauelementen kommt bevorzugt hochreines, einkristallines Silizium zur Anwendung.
- Die fraktionierte Destillation von $SiHCl_3$ und dessen thermische Zersetzung liefert das erforderliche 6N Si.
- Mithilfe des CZOCHRALSKI-Tiegelverfahrens bzw. des tiegelfreien Floating-Verfahrens erfolgt die Züchtung der Einkristalle.
- Nach der Einkristallzüchtung bis zur „Scheibe“ schließen sich eine Reihe von weiteren Verfahrensschritten, wie Trennen, Reinigen, Polieren u.a. an.
- Durch Anwendung der Planartechnik entsteht auf der „Scheibe“ eine, von ihrem Durchmesser abhängige Vielzahl integrierter Schaltkreise. Nach dem Vereinzeln liegt dann der Chip zur weiteren Verarbeitung zum Bauelement vor.

13.2 Metallisierung von Dielektrika

Kompetenzen

Als zentrales Anliegen der Metallisierung von Dielektrika wird die Herstellung von Kontaktschichten und Montageflächen erkannt. Kenntnisse zur galvanischen- und außenstromlosen Metallisierung bilden die Grundvoraussetzung und die Möglichkeit, Vor- und Nachteile beider Verfahren ableiten zu können.

Aus der spezifischen Geometrie einer Metallschicht ergeben sich für die Anwendung hauptsächlich zwei dominierende Gesichtspunkte, im Unterschied zum Kompaktmetall. Je nach Einsatzgebiet will man entweder die Materialeigenschaften beibehalten, sie variieren und gleichzeitig den spezifischen Materialaufwand verringern oder neue Eigenschaften erzielen. Zweckmäßigerweise unterscheidet man in physikalische und chemische Metallabscheidungsverfahren. Im Kapitel 5 wurden bereits physikalische Technologien der Schichtherstellung, wie Sputtern, Bedampfen und Drucken dem Prinzip nach vorgestellt; es sind dies die häufig in der Elektrotechnik eingesetzten Verfahren. Von Bedeutung aber sind auch die im Folgenden dargestellten Abscheidungsverfahren aus wässriger Lösung. Durch Reduktion der Metallionen lassen sich Metalle auf den unterschiedlichsten Substraten abscheiden, insbesondere den Dielektrika. Je nach Schichtabscheidungsverfahren ergeben sich unterschiedliche Schichtqualitäten, z. B. hinsichtlich der Morphologie und Porosität, wie das aus den Bildern 13.2-2 bis 13.2-4 zu erkennen ist.

Die Reduktion der in einer wässrigen Lösung vorhandenen Metallionen zum Metall erfolgt durch Elektronenaufnahme . Die Herkunft dieser Elektronen ist unterschiedlich. Unter diesem Aspekt lassen sich drei prinzipielle Verfahren ableiten (siehe Bild 13.2-1).

Bei der *galvanischen Metallisierung* wird das Überzugsmetall mithilfe einer äußeren Stromquelle auf der Katode abgeschieden. Das geschieht durch Reduktion der entsprechenden Metallionen aus der Lösung. Voraussetzung dafür ist eine elektrisch leitfähige Werkstückoberfläche. Die aus der Lösung verbrauchten Kationen lassen sich ergänzen durch Zugabe von Metallsalz oder durch Verwendung löslicher Anoden, wie im Bild 13.2-1 dargestellt. Die FARADAYschen Gesetze definieren die abgeschiedene Metallmenge (siehe Abschnitte 4.1 und 4.4). Die Ausbildung des Metallüberzuges mit gewünschten Eigenschaften hängt darüber hinaus wesentlich ab von der Stromdichte ($A \cdot dm^{-2}$), der Badtemperatur, der Zusammensetzung und der Bad- und Werkstückbewegung. Über die Schichtdickenverteilung, insbesondere an Kanten und Spitzen, entscheiden die geo-

Galvanische Metallisierung

$Me_2^{n+} + ne^- \longrightarrow Me_2$

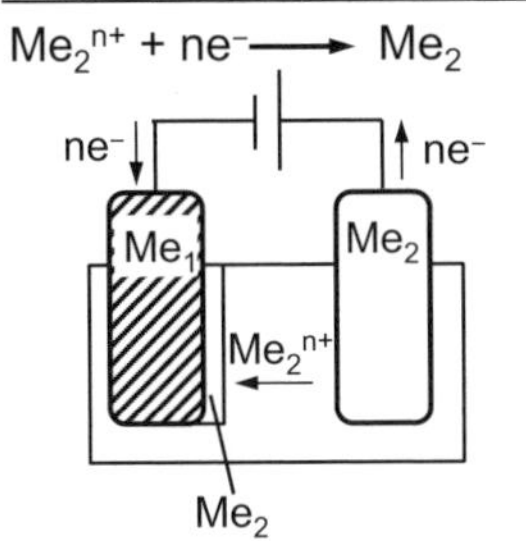

Tauchabscheidung

$Me_1 \longrightarrow ne^- + Me_1^{n+}$
$Me_2^{n+} + ne^- \longrightarrow Me_2$

Me1
ne⁻
Me1n+
Me2n+
Me2

Außenstromlose Metallisierung

$R^{m+} \longrightarrow ne^- + R^{(m+n)+}$
$Me_2^{n+} + ne^- + \longrightarrow Me_2$

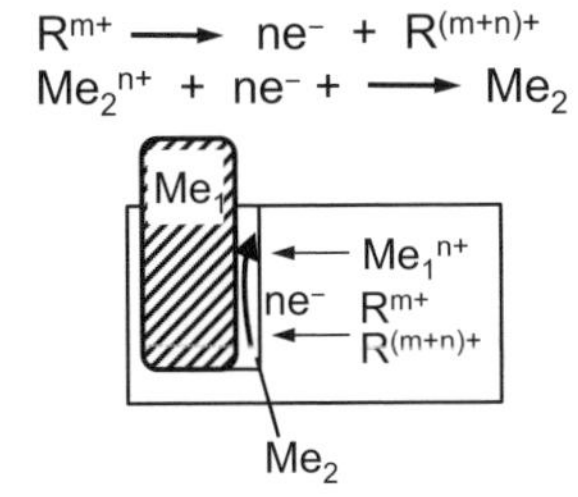

Bild 13.2-1 Prinzipien der elektrochemischen Metallabscheidung

metrischen Verhältnisse in der galvanischen Zelle. Durch die Erhöhung der Feldstärke an diesen Stellen kommt es zu einer unerwünschten verstärkten Abscheidung. Verschiedene Möglichkeiten, wie eine glatte Oberfläche, Vermeidung von scharfen Kanten und der Zusatz von Glanzbildnern, gestatten die Minimierung dieses Effektes.

In Form der reinen Metalle verwendet man in der Elektrotechnik Au-, Cu-, Ni-, Zn- und Sn-Schichten. Mithilfe der Galvanotechnik lassen sich auch Legierungen abscheiden, wie z. B. Pb/Sn und Pd/Ni. Eine Auswahl von Elektrolyten für galvanische Schichtabscheidung enthält Tabelle 13.2-1.

Bei der *Tauchabscheidung* (Zementation) kommt es, bedingt durch die Potenzialdifferenz (siehe Abschnitt 4.1, Spannungsreihe der Metalle), zur Abscheidung des edleren Metalls aus der Lösung auf dem in Lösung gehenden unedleren Metall. Demzufolge verläuft dieser Prozess nur solange, bis die Überzugsmetallschicht (edleres Metall) geschlossen ist. Dieses Verfahren besitzt eine sehr begrenzte Anwendbarkeit, z. B. für die Abscheidung von Gold- und Zinnschichten.

Außenstromlose Metallisierung, auch als chemisch-reduktive Verfahren oder engl. Electroless Plating bezeichnet, nutzt als Elektronenlieferant ein der Lösung zugesetztes Reduktionsmittel. Ein spezifisches Merkmal besteht darin, diesen Vorgang nur an der zu metallisierenden Oberfläche ablaufen zu lassen, anderenfalls würde im gesamten Lösungsvolumen das Metall ausfallen. Das wird möglich durch eine Stabilisierung der Elektrolyte. Um mit solchen Lösungen die Metallisierung zu erreichen, muss durch die Substratoberfläche diese Stabilisierungswirkung vermindert werden. Einige Metalle, z. B. Cu, Ni, Ag, Pd und verschiedene Stahlsorten erlauben eine direkte Abscheidung. Andere Oberflächen, insbesondere nichtmetallische, wie Isolierstoffe, können durch den Vorgang der Bekeimung mit diesen Metallen aktiviert werden. An den Keimen erfolgt dann der Start der Metallabscheidung und in der Folge entsteht eine geschlossene Schicht. Die Haftung der Keime auf dem Substrat bestimmt entscheidend die Haftung des darüber befindlichen Schichtsystems. Außenstromlos ab-

Bild 13.2-2 Leitpaste (AgPd) auf Al_2O_3-Substrat, Einbrennpaste

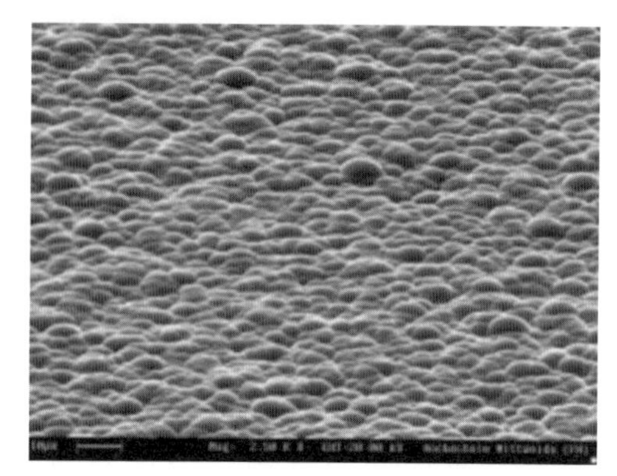

Bild 13.2-3 Außenstromlos abgeschiedene NiP-Schicht auf Al_2O_3, („Blumenkohlstruktur")

Bild 13.2-4 Galvanisch abgeschiedene Glanznickelschicht auf Kupfer (Leiterplatte)

Tabelle 13.2-1 Beispiele für Elektrolytzusammensetzungen und Arbeitsbedingungen bei galvanischer (oberer Teil) und außenstromloser (unterer Teil) Metallabscheidung

Metall	Elektrolytbestandteile	Parameter	Elektrolyttypische Merkmale
Cu	$CuSO_4 \cdot 5\,H_2O$ 150–200 g/l, H_2SO_4 20 %	50°C, 1,5-4A/dm^2, Anode: Kupfer	nicht auf unedleren Metallen verwendbar
	CuCN 20–80 g/l, NaCN 20–120 g/l, Na_2CO_3, NaOH	20–30 °C, 0,3–0,5 A/dm^2, pH 13, Anode: Kupfer	Verkupferung z. B. von Eisenwerkstoffen
Ni	$NiSO_4 \cdot 7\,H_2O$ 300–500 g/l, NaCl 20–25 g/l, H_3BO_4 30–50 g/l	20–70 °C, 2–4 A/dm^2, pH 4,0–4,5, Anode: Ni-Band o. Pellets	Zusatz von Glanzbildnern → Glanznickelschichten
	Ni-Sulfamat 300–400 g/l, $NiCl_2$ 10 g/l, H_3BO_4 30–40 g/l	30–50°C, 2 A/dm^2 pH 3–4, Elektrolytnickelanode	Elektrolyt- bzw. Warenbewegung
Sn	$SnSO_4$ 50 g/l in 10 % H_2SO_4	20–27 °C, bis 1 A/dm^2, bis 10 A/dm^2, Anode: Reinzinn	Zusätze (Einebner, Glanzbildner) Leim, Gelatine, β-Naphtol
	$Sn(BF_4)_2$ 200 g/l in 15 % HBF_4	20–40 °C, 2–10 A/dm^2, Anode: Reinzinn	Bei höheren Temp. können matte Schichten auftreten, Zusätze s. o.
Au	$K[Au(CN)_2]$ ca. 10 g/l, ca. 300 mg/l Co- oder Ni-Salze, KOH 40 g/l, Citronensäure 100 g/l	30–40°C, ca. 1 A/dm^2 pH 3,5–5, Anode: platiniertes Titan	Glänzende Au-Schichten mit erhöhter Härte durch Co-Einbau
Ni	$NiSO_4 \cdot 7\,H_2O$ 20–30 g/l, $NaH_2PO_2 \cdot H_2O$ 10–20 g/l, Essigsäure 10 g/l	82–84°C, ca. 15 µm/h, mit NaOH auf pH 4,5	Einbau von ca. 10 % P in Ni-Schicht (NiP), Pd-Aktivierung
	$NiSO_4 \cdot 7\,H_2O$ 20 g/l, $NaH_2PO_2 \cdot H_2O$ 15 g/l, Zitronensäure 15 g/l, $Na_2B_4O_7 \cdot 10\,H_2O$	50–60 °C, 5–8 µm/h, mit NaOH auf pH 9,5	Einbau von ca. 7 % P in Ni-Schicht (NiP), Pd-Aktivierung
Cu	$CuSO_4 \cdot 5\,H_2O$ 5–10 g/l, Methanal (Formalinlösung 30 %) 35 ml/l, Kalium-Natriumtartrat 5–10 g/l, Thioharnstoff 0,05 g/l, NaOH 4–5 g/l	25–35 °C, pH 12–13, 1–2 µm/h	Ag-Aktivierung
Sn	$SnCl_2 \cdot 2\,H_2O$ 7,5 g/l, $Na_2HPO_2 \cdot H_2O$ 2 g/l, EDTA 15 g/l, Na-Azetat 10 g/l, Bezolsulfonsäure 1 ml/l	40–45°C, pH 9–9,5, 0,2 µm/h pH-Wert mit Ammoniak einstellen	
Au	$K[Au(CN)_2]$ 5–15 g/l, KBH_4 12–17 g/l, KCN 10–15 g/l, KOH 10-13 g/l	60–70°C, pH 13–14, 0,6–0,8 µm/h	Selektivvergoldung von vernickelten Leitern
	$Na_3[Au(SO_3)_2]$ 0,6 g/l, Methanal (Formalinlösung 30 %) 20 ml/l, Na_2SO_3 5 g/l, Ethylendiamin (50 %) 0,85 g/l, Natriumcitratdihydrat 8 g/l, NH_4Cl 15 g/l	60–65 °C, pH 7–7,5, Einstellung mit Zitronensäure, 0,1–0,2 µm/h bevorzugt für Au-Strike-Schichten	Selektivvergoldung

geschiedene Schichten enthalten nicht nur das Metall, sondern auch Badbestandteile und Reaktionsprodukte. Im Falle des Nickels verwendet man Natriumhypophosphit als Reduktionsmittel; dabei erfolgt ein Einbau der als Nebenprodukt entstehenden Phosphoratome. Exakt muss man in diesem Falle also von NiP-Schichten sprechen.

Im Vergleich zu galvanisch erzeugten Metallschichten haben die außenstromlos abgeschiedenen eine Reihe vorteilhafter Merkmale:

- gleichmäßige Schichtdicke,
- Möglichkeit der Innenmetallisierung,
- selektive Metallisierung,
- Abscheidung auf nicht leitenden aktivierten Substraten.

Technische Bedeutung haben außenstromlos hergestellte Kupfer-, Nickel- (Ni_xP_y), Gold-, Silber- und Zinnschichten erlangt (Elektrolytzusammensetzungen siehe Tabelle 13.2-1).

Übung 13.2-1

Ein Al_2O_3-Substrat soll auf chemischem Wege metallisiert und strukturiert werden. Nennen und begründen Sie Ihre Vorschläge zu einem möglichen Verfahrensablauf!

Übung 13.2-2

Warum spricht man bei der Abscheidung von außenstromlos abgeschiedenem Nickel von NiP-Schichten?

Übung 13.2-3

Nach einer galvanischen Vergoldung messen Sie an der Kante einer Blechprobe eine Schichtdicke von 3 µm, in der Probenmitte 1 µm. Erklären Sie die Ursache und nennen Sie Möglichkeiten der Vermeidung!

Übung 13.2-4

Welche Möglichkeiten kennen Sie, um die Dicke der abgeschiedenen Schicht im galvanischen Prozess zu erhöhen? Welche Einschränkungen gelten?

Übung 13.2-5

In einem sauren Kupferbad soll ein Blech mit den Abmessungen 1 mm × 10 mm × 100 mm galvanisch verkupfert werden. Die Stromdichte beträgt $2\ A \cdot dm^2$. Die zu erreichende Schichtdicke soll im Mittel 20 µm betragen. Wie lange muss man bei einem Wirkungsgrad von nahezu 100 % galvanisieren? (Dichte Cu: $8{,}93\ g \cdot cm^3$)

Zusammenfassung: Metallisierung von Dielektrika

- Neben den physikalischen Metallisierungsverfahren von Dielektrika haben in speziellen Anwendungsfällen die in wässrigen Medien ablaufenden Metallisierungsverfahren, insbesondere die außenstromlose Schichtabscheidung Bedeutung.
- Außenstromlose Metallisierung besitzt folgende Vorteile.
  - gleichmäßige Schichtdicke,
  - Möglichkeit der Innenmetallisierung,
  - selektive Metallisierung,
  - Abscheidung auf aktivierten nichtleitenden Substraten.
- Über die Haftung der Metallschicht, ihre Porosität und Oberflächenrauigkeit entscheidet in der Hauptsache die Art der Aktivierung der Substratoberfläche (Bekeimung).
- Von Bedeutung für die Anwendungen in der Elektrotechnik sind besonders Au- und NiP-Schichten, neben Cu-, Ag-, und Sn-Schichten.
- Außenstromlos auf dem Dielektrikum abgeschiedene Schichten eignen sich als Leitschicht für eine nachfolgende Metallisierung.

13.3 Leiterplattentechnik

Kompetenzen

Die Bedeutung der Leiterplatte als Träger elektrischer Komponenten wird erkannt. Ausführungsformen von Leiterplatten und ihre Funktion können beschrieben und die Hauptschritte zur Herstellung durchkontaktierter Leiterplatten genannt und diese Schritte begründet werden.

In Abhängigkeit vom Grundtyp erfolgt die Zuordnung der eingesetzten Werkstoffe, Hilfsstoffe und Prozessgrößen. Eingesetzte Metallisierungsverfahren aus Abschnitt 13.2 lassen sich an Beispielen aus der Leiterplattentechnik erläutern.

Das Prinzip fotolithografischer Verfahren zur Strukturerzeugung ist darzustellen.

13.3.1 Allgemeines

In Anlehnung an die VDI/VDE-Richtlinie 3710 kann man den Begriffsinhalt „Leiterplatte“ wie nebenstehend definieren. Alle wichtigen Begriffe dazu enthält IEC 60194. Beachten sollte man, dass hierin u. a. nur der Begriff Leiter definiert wird, nicht aber Leiterbahnen, Leiterzüge und erst recht keine Leiterbahnzüge. Darüber hinaus findet man aber noch in weiteren Normen Informationen zur Leiterplattentechnik, so z. B. unterschiedliche Klassifikationen für Basismaterialien. In der Industrie haben sich jedoch die Klassifikation nach NEMA (National Electrical Manufacturers Association), MIL-P-13949 und DIN/IEC 249 durchgesetzt. Eine direkte Zuordnung der Typenbezeichnungen untereinander ist nicht möglich, da die Kriterien der jeweiligen Klassifikation zum Teil recht unterschiedlich sind.

„Die Leiterplatte ist ein Träger und Verbindungselement für elektronische Komponenten (Bauelemente). Sie besitzt elektrisch leitende Verbindungen in oder auf einem Isolierstoff. Darüber hinaus kann sie Informationen für Montage, Prüfung und Service aufweisen“.

In ihrer Grundform, früher als gedruckte Schaltung bezeichnet, ist die Leiterplatte beinahe 100 Jahre alt. Heute fertigt man Leiterplatten nach unterschiedlichen Techniken (siehe Tabelle 13.3-1), wobei eine Reihe von Grundverfahren kombiniert werden, um so die Anforderungen der elektrischen Schaltungstechnik nach höherer Funktionalität bei gleichzeitiger Miniaturisierung erfüllen zu können.

Die Technologieauswahl richtet sich nach dem Schwierigkeitsgrad (Leiterdichte, Zahl der Ebenen, Bohrlochdurchmesser), der Oberflächenausführung der Leiterplatte, vorhandenen Anlagen und Entsorgungs- bzw. Recyclingmöglichkeiten sowie einsetzbaren Roh- und Hilfsstoffen. Je nach Einsatzgebiet und Bauform unterscheidet man die in einer Auswahl in

Bild 13.3-1 dargestellten Varianten für Leiterplatten. Diese Typenvielfalt, mit ihren besonderen technischen Anforderungen, führt zu einer Vielzahl teilweise stark voneinander abweichender Fertigungsverfahren. Die moderne Elektronik bestimmt den Trend hin zu Leiterplatten höherer Leiterdichte, höherer Zahl von Leiterebenen (Multilayer = MLL), flexiblen Platten, und besonderen Oberflächenbehandlungsverfahren zur Endbehandlung der Platten.

In jüngster Zeit haben insbesondere Fragen des Umweltschutzes die Weiterentwicklung der Leiterplattentechnik stark beeinflusst. So verbietet z.B. die Restriction of Hazardous Substances [RoHS (2002/95/EG)], oft unvollständig als „Bleifrei-Verordnung" bezeichnet, ab Juni 2006 den Einsatz von Pb, Hg, Cd, Cr^{6+}, bromhaltigen Flammschutzmitteln (PBB, PBDE) in Geräten der Elektrotechnik/Elektronik, Haushaltgeräten, Telekommunikations- und Unterhaltungselektronik in der EU. Eine weitere Regulierung in dieser Richtung erfolgt durch die WEEE (Waste Elektrical and Electronic Equipment). Sie regelt die Rücknahme und das Recycling von Elektroaltgeräten nach Gebrauchsende.

Für die Leiterplattentechnik hat das die Konsequenz des Ersatzes der Pb/Sn-Lote und Schichten durch bleifreie. Auch für das Hot Air Leveling (HAL) müssen bleifreie Lote zur Verfügung stehen.

Neben den Loten kommen als bleifreie Beschichtungen für Leiterplattenoberflächen außenstromlos abgeschiedene Zinnschichten (chemisch Zinn) sowie organische Passivierungen zur Anwendung.

Tabelle 13.3-1 Grundtypen von Leiterplatten

Kurzzeichen	Beschreibung
EEL/ELL	Einebenen- oder Einlagenleiterplatte, auch *Monolayer*
ZEL/ZLL	Zweiebenen- oder Zweilagenleiterplatte, auch *Bilayer*
MLL	Mehrlagenleiterplatte, Verbund aus mehreren, voneinander isolierten Lagen, die ein- oder beidseitig Leiterbilder tragen und an bestimmten Stellen elektrisch verbunden sind; *Multilayer*
MSL	Mehrschichtleiterplatte, bestehend aus durch mehrere Isolationsschichten getrennte Leiterschichten
MDL	Mehrdrahtleiterplatte, hergestellt durch Verlegen isolierter Drähte auf eine „prepreg"-Oberfläche

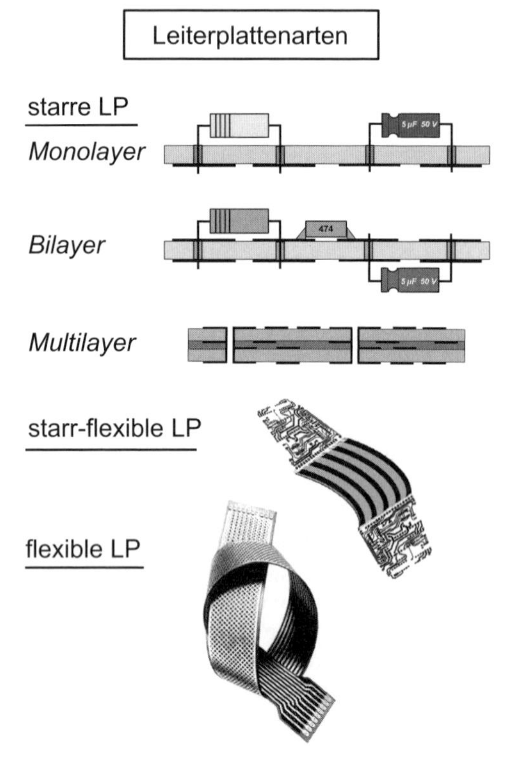

Bild 13.3-1 Auswahl von Leiterplatten-Grundtypen

13.3.2 Technologische Varianten zur Leiterplattenherstellung

In der Tabelle 13.3-2 sind die Hauptschritte der Leiterplattentechnologie zusammengefasst. Einzelne Abschnitte sind, je nach Leiterplattentyp, in sich geschlossen. So sind z. B. bis zur Bohrlochmetallisierung die technologischen Schritte vor der Strukturierung identisch. Danach verläuft die Fertigung auf unterschiedlichen Wegen (siehe Bild 13.3-2). Gemessen an der produzierten Gesamtfläche an Leiterplatten stehen die Subtraktiv-Verfahren im Vordergrund.

Die Additiv- und Semiadditiv-Technik erfüllt spezielle Anforderungen. Die in Tabelle 13.3-2 aufgeführten technologischen Stufen sollen im Weiteren in ihren wesentlichen Merkmalen beschrieben werden.

Vorlagenherstellung

Die Voraussetzung für die Leiterbildvorlage bildet der Stromlaufplan. Hat der Schaltungsentwickler Größe, Art und Anschlussbelegung der elektronischen Bauelemente und die Abmessungen der zukünftigen Platte festgelegt, kann das Layout nach mehreren Methoden generiert werden. Die Serienfertigung und die heute allgemein üblichen Packungsdichten, insbesondere die Anforderungen der Mehrlagenschaltungen, bedingen computerunterstützte Entwurfs- und Zeichensysteme (CAD). Alle für eine Fertigung notwendigen Beschreibungen, wie Geometrie und Abmessungen der Leiter und Lötaugen (siehe Bild 13.3-3), aber auch Formen, Größen und Abstände müssen vom Entwurfssystem oder einer Digitalisiereinheit in Form rechnerlesbarer Daten abgelegt werden. Sie bilden die Grundlage zur Gewinnung von Steuerdaten für Fotoplotter, Bohrtechnik und Zuschnitt. Im Fotoplotter erfolgt die Belichtung eines fototechnischen Films im Maßstab 1:1 mit dem Leiterbild für jede Leiterplattenebene für die jeweilige Nutzengröße. Nach der fototechnischen Entwicklung liegt ein Film, das Fotowerkzeug (engl.: fototool) vor. Zunehmend findet eine Laserdirektbelichtung von mit Fotoresist beschichteten Platten statt, ohne dass dazu ein Fotowerkzeug nötig ist.

Tabelle 13.3-2 Technologische Stufen der Fertigung von Leiterplatten

Vorlagenherstellung

- Schaltungsentwicklung,
- Stromlaufplan,
- Bauelementeplatzierung,
- CAD-Entwurf
- Fotoplotting,
- Daten für Maschinen- und Produktionssteuerung

Mechanische Fertigung

- Mechanische Bearbeitungsverfahren zur Bearbeitung von Basismaterialien (Stanzen, Bohren, Fräsen, Ritzen, Entfernen von Bohrgrat und Oberflächenverunreinigungen),
- Verfahren zur Aufrauung
- Herstellung von Kupferfolien
- Verpressen

Übertragung der Leiterstruktur

- Maskenherstellung (Fotovorlagen, Datenträger)
- Siebdruckverfahren
- Fotoresisttechnik (Flüssigresiste, Trockenfilmresiste)
- Belichtung (Direktbelichtung, Wechselmaske, z. B. Fotopositiv)

Chemische und elektrochemische Verfahren

- Außenstromlose Metallabscheidungsverfahren
- Galvanische Metallabscheidungsverfahren
- Durchmetallisierungsverfahren (Katalysierung des Dielektrikums mit Palladium, Belegung der Oberflächen mit kolloidalem Kohlenstoff, Abscheidung von leitfähigen Polymeren)
- Ätzverfahren

Multilayerfertigung (MLL)

- Innenlagen,
- Schwarzoxidation,
- Registrieren,
- Stapeln, Verpressen

Finish-Verfahren

- Heißluftverzinnung (Hot Air Leveling),
- Lötstopp,
- Serviceaufdruck,
- Selektivvergoldung

Recycling

- Ätzlösungen
- Rückgewinnung von Kupfer und Edelmetallen
- Entgiftung von Badbestandteilen
- Spülwässer

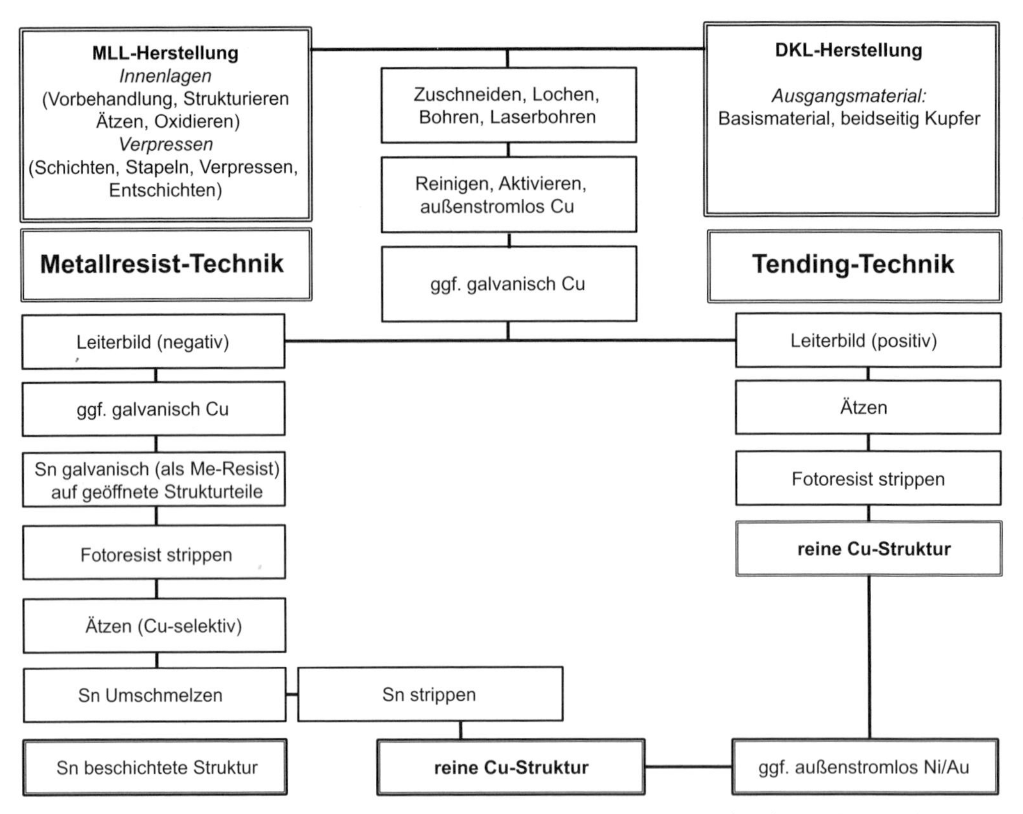

Bild 13.3-2 Allgemeiner Verfahrensablauf der Fertigung durchkontaktierter Leiterplatten (DKL und MLL)

Mechanische Fertigung

Für Leiterplatten setzt man mit einer Kupferauflage versehene Schichtpressstoffe ein. Das Basismaterial für die Subtraktiv-Technik trägt ein- oder beidseitig eine E-Kupferfolie, deren Dicke 17,5, 35 oder 70 µm beträgt (siehe Tabellen 13.3-3 bis 13.3-5). Die Feinstleitertechnik erfordert geringere Metallauflagen. Für Mehrlagenschaltungen geht man vorwiegend von dünnen, mit nicht vernetztem epoxidharzgetränktem Glasseidengewebe (Prepregs) aus, das die strukturierte Kupferfolie trägt. Die so vorgefertigten Innenlagen ergeben durch mehrfaches Übereinanderstapeln und anschließendes Heißverpressen (Vernetzung) den Multilayer.

Die Kontaktierung der Innenlagen zu einer elektronischen Gesamtschaltung kann einerseits über die Innenmetallisierung der Bohrungen für die Bauelemente (größere Durchmesser), aber auch über spezielle Vias (Durchmesser etwa 0,2 mm) erfolgen.

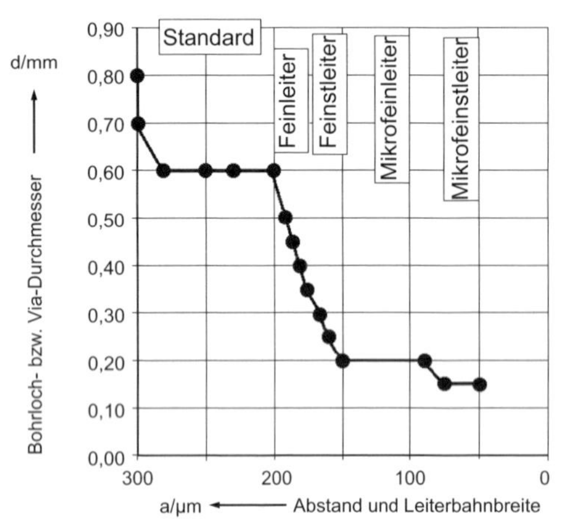

Bild 13.3-3 Leiterplattenklassen (Bohrdurchmesser und Leiterzugbreite)

In dieser Prozessstufe erfolgt auch der Rohzuschnitt der Tafeln zu sog. Nutzen und oft auch der Konturschnitt der Fertigplatte. Obwohl durch die SMD-Technik die Zahl der Bohrlöcher pro Platte sinken sollte, sind für die Vias dünne Präzisionsbohrungen erforderlich, sodass die Leiterplattenbohrtechnik mit leistungsstarken Bohrautomaten nach wie vor ein bedeutender Teil der mechanischen Bearbeitung geblieben ist. Ein- oder Mehrspindelmaschinen mit CNC-Steuerung positionieren die Leiterplattennutzen in X- und Y-Richtung unter die Bohrspindel. Mit Hartmetallbohrern lassen sich bei Spindelumdrehungen von bis zu 100000 min^{-1} und ca. 150 Hub · min^{-1} Leiterplatten nahezu gratfrei, bei höchster Positioniergenauigkeit bohren (siehe Bilder 13.3-4 bis 13.3-6).

Zur Vorbereitung der chemisch-technologischen Weiterverarbeitung muss der gebohrte Leiterplattenrohling mechanisch gebürstet und für die MLL-Technik die Bohrlöcher bzw. Vias durch Hochdruckspülen unter Zusatz von abrasiven Mitteln (Bimsmehl, Korund) feinstgereinigt werden.

Übertragung der Leiterstruktur

Zur eigentlichen Leiterbildübertragung kommen, je nach Losgröße und Leiterbreite sowie Bohrdurchmesser, Verfahren der Fotolithografie und des Siebdruckes zur Anwendung. Die moderne Fotolithografie geht von einem Trockenfilmresist aus. Je nach Verfahrensvariante kann dieser ein positiv oder negativ arbeitender sein. Unter Verwendung von „fotogeplotteten" Leiterbildvorlagen (fototools) erfolgt die Belichtung des Resists mit UV-Licht. Im Schritt „Entwickeln" werden mit Na_2CO_3-Lösung die belichteten (depolymerisierten) Strukturteile von der Oberfläche abgelöst. Die Kupferoberfläche ist nun an den Stellen offen, an denen eine weitere Behandlung erfolgen soll, z. B. Ätzmittelangriff, galvanische oder außenstromlose Metallisierung (siehe Abschnitt 13.2) u. a. Der Siebdruck (siehe Abschnitt 5.3) und die Verwendung von Flüssigresists liefern vergleichbare Ergebnisse, sollen aber hier nicht weiter besprochen werden.

Aus den mit entsprechenden Resists strukturiert beschichteten Kupferflächen entsteht im Schritt

Tabelle 13.3-3 Kupferschichten und Auflagenmasse bei LP-Basismaterial

Cu-Schicht [µm]	Auflagenmasse [oz/ft²]	[g/m²]	erreichbare Strukturbreiten [µm] (Leiterabstand/Leiterbreite)
5¹)	1/7	44	
9²)	1/4	77	
12	3/8	107	
17	1/2	153	100
35	1	305	120
70	2	610	300
105	3	915	500
140	4	1221	
175	5	1526	

¹) nur mit Trägerfolie
²) wahlweise mit Trägerfolie

Tabelle 13.3-4 Anwendungsbereiche für LP-Basismaterial

Bezeichnung	Harz	Verstärkung	Verwendung
FR 4	Epoxid	Glasfaser	Tg = 135 °C Dauereinsatztemp. ca. 100°C, Dünnlaminate für MLL
FR 3	Epoxid	Papier	Elektrogeräte, Consumer-Elektronik
FR 2	Phenol	Papier	Elektrogeräte, Consumer-Elektronik
CEM 3	Epoxid	Glasvlies	Low Cost Erzeugnisse
FR 5	Epoxid	Glasfaser	Tg = 160 °C Dauereinsatztemp. ca. 140 °C
PI_{starr}	Polyimid	Glasfaser	Tg = 260 °C Dauereinsatztemp. ca. 200 °C
$PI_{kleberlos}$	Polyimid	–	Tg = 260 °C, flexibles, dünnes Basismaterial für hohe thermische Belastung

Tabelle 13.3-5 Eigenschaften von LP-Basismaterial

Bezeichnung	**Einheit**			Flex Flexlam			Duraver BT CU	Polyimid	Flex Polyimid
NEMA		FR 2	FR 4	FR 5	CEM 3	FR 405	Triazin-harz	G 30	Kapton
DIN 40802/60249		PF-CP 02	EP-GC 02	Duraflex	EP-CP 03	EP GC...	218 FV 1	216 FV 1	
Elektrische Eigenschaften									
Dielektrizitätszahl		4,7	4,7	4,5	5,2	4,7	3,9	4,6	3,6–4,0
Dielektrischer Verlustfak. tan δ	b.1 Mhz	0,047	0,02	0,03	0,026				0,002 (10 GHz)
Spez. Durch-gangswiderstand	Ohm	2×10^{12}	2×10^{13}	1×10^{8}	2×10^{12}	8×10^{14}	$1,5\times10^{15}$	$1,3\times10^{14}$	1×10^{17}
Kriechstrom-festigkeit CTI	Stufe	150	250	250	250	400–600			150
Verarbeitungs-eigenschaften									
Haftvermögen Kupferfolie	$N \cdot mm^{-2}$	48	50	50	50	50	50	50	40
Abreißkraft von Lötaugen	$N \cdot mm^{-2}$	100	340	340	210	340	340	340	345
Scherfestigkeit	$N \cdot mm^{-2}$	60–80	140–160	1,4	80–100	140–160			2,5
Wasseraufnahme	%	0,75	0,25	0,25	0,23				2,8
Max. Einsatztemp.	°C	80	130	140				230–240	(240)
Lötbadbeständig-keit bei 260 °C	s	19	>120	30	>20	>120	>120	>120	>120
Glasübergangs-temperatur (Tg)	°C	105	110	125	105	160	210	260	220
CTEx/y	$ppm \cdot K^{-1}$								
Brennbarkeit UL 94 V	Klasse	V-0	V-0	V-1	V-0	V-0	V-0	V-0	V-0
Kosten	%	70	100	200	95	102	120	120	400

„Ätzen“ das endgültige Leiterbild für die jeweilige Ebene bzw. die komplette DKL. Diese Resistmasken müssen nach bestimmten Fertigungsabschnitten wieder entfernt werden. Das geschieht bei Positivresists im Schritt „Strippen“ durch Behandlung mit alkalischen Lösungen (z. B. 10–15 % KOH). Metallresists, z. B. Sn-Schichten, muss man mit fluoroborathaltigen Chemikalien strippen (siehe Bild 13.3-7). Der Begriff „Strippen“ bedeutet das Entfernen der im weiteren technologischen Ablauf nicht mehr benötigten Beschichtungen.

Chemische und elektrochemische Verfahren

In dieser technologischen Stufe sind hauptsächlich zwei Aufgaben zu bewältigen:

- der Aufbau von Funktions- und Hilfsschichten durch vorwiegend galvanische und außenstromlose Metallabscheidung und
- die Entfernung von Schichten oder Schichtsystemen (Reinigungsschritte, Strippen, Ätzprozess).

In Abhängigkeit vom Fertigungsablauf unterscheidet man drei prinzipielle Technologien:

- Subtraktiv-Technik
- Additiv-Technik
- Semiadditiv-Technik.

Beim Subtraktiv-Verfahren geht man von einer mit einem Ätzresist strukturiert beschichteten Ein- oder Zweiseiteneiterplatte aus. Durch Abätzen des ungeschützten Kupfers und anschließendes Strippen des Resists entsteht die Schaltung (print-and-etch-Technik). Sollen die beiden Seiten leitend miteinander verbunden sein, lässt sich das mit der Durchkontaktiertechnik lösen.

Zwei prinzipielle Möglichkeiten sollen in diesem Zusammenhang vorgestellt werden. Sehr verbreitet ist die Anwendung der Metallresist-Technik. Nach der Fotolithografie beschichtet man die „offenen Stellen" (Kupfer) der Struktur einschließlich der Bohrlochhülsen, die zuvor eine Leitschicht erhielten, galvanisch mit Zinn. Diese Metallschicht ist gegen alkalische und ammoniakalische Ätzmittel beständig. Nach dem Strippen des Fotoresists liegt eine Leiterplatte mit Zinnbeschichtung vor (siehe Bild 13.3-8).

Die zweite Variante geht von einer Kupferschaltung aus. Durch einen Fotoresist überdeckt man alle Strukturteile, die erhalten bleiben sollen, auch die Bohrlöcher einschließlich der Innenmetallisierung, und ätzt das nicht benötigte Kupfer ab. Nach dem Strippen liegt eine Kupferschaltung vor. Das Überspannen der Bohrlöcher mit Resist, wie mit einem Zelt (engl.: tend = Zelt), gibt dieser Technologie den Namen. Auf dem Tending-Verfahren aufbauend lässt sich durch geeignete Schichtdickenwahl und Schrittfolge ein semiadditives Verfahren ableiten.

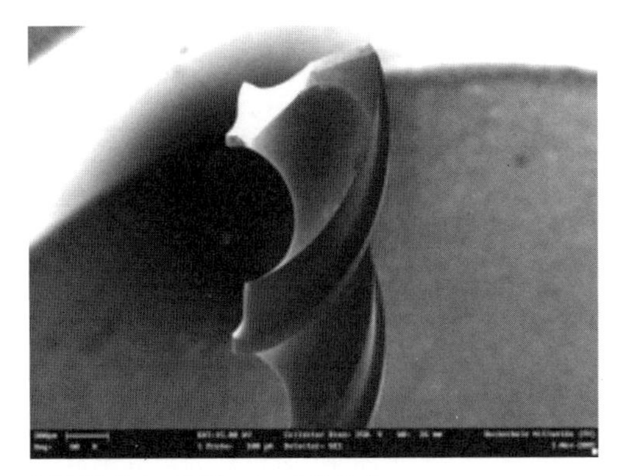

Bild 13.3-4 Vollhartmetall-Bohrer (Material K20F (93 % WC, 7 % Co))

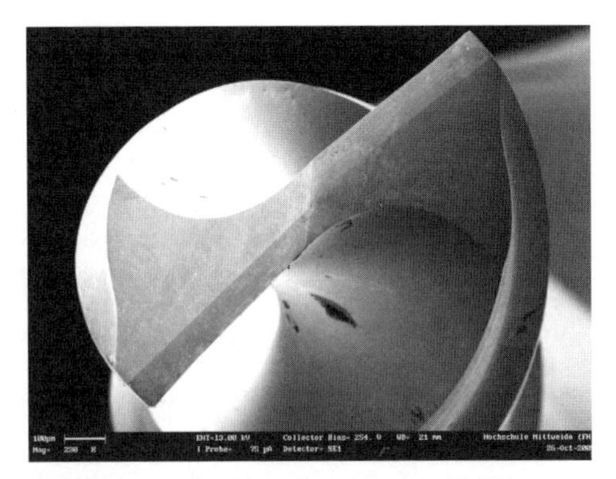

Bild 13.3-5 Schneidengeometrie eines Vollhartmetallbohrers zum Bohren von LP-Basismaterial (Durchmesser 1.0 mm)

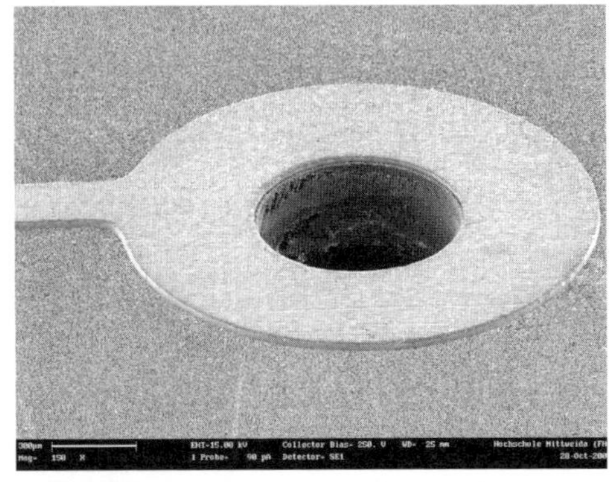

Bild 13.3-6 Lötauge und Bohrloch einer NDK-Leiterplatte

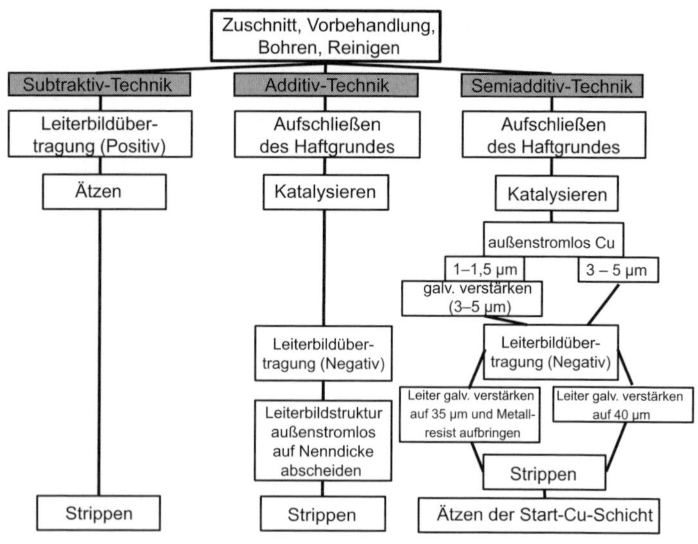

Bild 13.3-7 Verfahren zur Strukturerzeugung für Leiterplatten

Die bleifreie Leiterplatte – Eine Argumentation aus Sicht der LP-Fertigung.

Problem:
Bleizinn (63Sn37Pb) galt als das Standardlot in der Elektroindustrie. Durch Bildung des Eutektikums mit einem Schmelzpunkt von 183 °C, ergibt sich eine vertretbare Temperaturbelastung für Leiterplattenmaterial und Bauelemente beim Lötprozess. Eutektische Legierungen des Zinns mit Silber, Zn usw. mit höheren Schmelzpunkten bzw. Schmelzintervallen beeinträchtigten die Lötqualität und haben oft höhere Preise. Weiterhin besteht für die Leiterplattenhersteller die Notwendigkeit, die bewährte Heißluftverzinnung ohne Qualitätsverlust mit Bleifreiloten zu realisieren (siehe Tabelle 7.2-1).

Alternativen:
Außenstromlos Zinn
Relativ koplanare und gleichmäßige Zinnschicht von ca. 1 µm.
Vorteil: Geeignet für Feinstleiter (80 µm minimaler Leiterbahnabstand)
Nachteil: Kupfer diffundiert in Zinnschicht, in Abhängigkeit von Zeit und Temperatur, d.h die Lagerdauer beträgt max. 3 Monate. Beim Lötprozess evtl. schon beim ersten Lötdurchlauf Diffusion von Cu in Sn.

Außenstromlos Nickel/Gold:
1 µm Nickelschicht mit 0,3 µm Goldflash als Oxidationsschutz für Nickel
Vorteil: Ebene und koplanare Oberfläche, erlaubt hochpräzises und sicheres Löten bei Leiterstrukturen (kleiner 80 µm), Lagerfähigkeit deutlich besser als bei außenstromlos Zinn.
Nachteil: Vergleichsweise teuer, stärkere Lotbadverunreinigung bei anschließendem Wellenlöten durch Goldverschleppung. Bei Kontakt mit bleifreien Loten Qualitätsprobleme, Nickeldiffusion. Lagerfähigkeit geringer als bei Blei-Zinn.

Organische Passivierung (OSP)
Organische Versiegelung der Kupferoberfläche
Vorteil: Kostengünstig, einfaches Handling durch horizontale Durchlaufprozesse, Einsatz im Feinstleiterbereich unproblematisch
Nachteil: Beim Löten in Sauerstoffumgebung Oxidationsgefahr, reduzierte Lagerfähigkeit (4 Wo); durch fehlende Temperaturbeständigkeit von OSP ist die Qualität beim zweiten Lötdurchgang (Wellenlöten) erheblich reduziert.

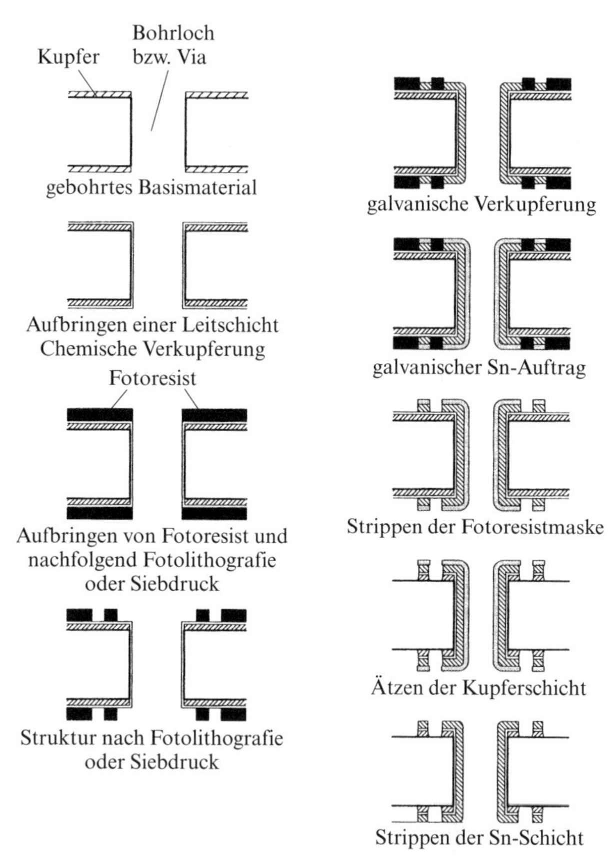

Bild 13.3-8 Verfahrensstufen zur Fertigung einer Leiterplatte in Metallresist-Technik (galvanisch Sn)

Finish-Verfahren

In Metallresist-Technik gefertigte Leiterplatten haben nach dem Ätzen einen Überhang, z. B. der Sn-Schicht (früher Pb/Sn) gegenüber der Cu-Leiterbahn. Die Flanken der Leiter tragen aber keine Sn-Schicht und sind somit ungeschützt. Hatte man eine genügend große Schichtstärke an Zinn aufgetragen, so reicht diese Menge aus, sie durch Umschmelzen auf Flanken und Deckfläche der Leiterzüge zu verteilen.

Eine Möglichkeit, auf Leiterplatten Sn-Überzüge ohne Überhang aufzubringen, stellt das Heißluftverzinnen (Hot Air Leveling) dar. Für die Endbehandlung von Leiterplatten wählt man heute sehr häufig das Aufbringen einer Lötstopmaske durch Resisttechnik oder Siebdruck und von Serviceaufdrucken mit Siebdruck. Ausgehend von der Kupferschaltung können z. B. Steckverbinder, Bondpads und andere Kontaktstellen selektiv vergoldet werden (siehe Abschnitt 7.2 und 7.3 sowie Abschnitt 13.2).

Übung 13.3-1

Nennen Sie die Schritte zur Herstellung eines Fotowerkzeuges für die Leiterbildübertragung!

Übung 13.3-2

Was versteht man unter Subtraktiv-Technik?

Übung 13.3-3

Erläutern Sie den Begriff Tending-Technik!

Übung 13.3-4

Was versteht man in der Leiterplattenfertigung unter Ätzen?

Übung 13.3-5

Welche Möglichkeiten des metallischen Oberflächenschutzes gibt es für Leiterplatten?

Übung 13.3-6

Welche Beschichtungen können für die Leiterplatten-Endbearbeitung angewendet werden?

Übung 13.3-7

Auf welche Weise erfolgt bei einer Zweiebenenplatte die elektrische Durchkontaktierung?

Zusammenfassung: Leiterplattentechnik

- Die Leiterplatte ist Träger und Verbindungselement für elektronische Bauelemente.
- Sie besitzt elektrisch leitende Verbindungen, hauptsächlich aus Kupfer auf einem Isolierstoff.
- Zusätzlich kann die Leiterplatte Informationen für Montage, Prüfung und Service aufweisen.
- Eine Erhöhung der Packungsdichte der Bauelemente bedingt die Verringerung der Leiterzugbreite und des Bohrlochdurchmessers.
- Technologische Stufen der Fertigung von Leiterplatten sind:
  - Vorlagenherstellung
  - mechanische Fertigung
  - Strukturübertragung
  - chemische bzw. elektrochemische Schichtabscheidung
  - Multilayerfertigung
  - Finishing
  - Recycling
- Leiterplattenbasismaterial besteht neben Phenolharz/Papier-Pressstoff vorwiegend aus glasfaserverstärktem Epoxidharz. Für flexibles und temperaturbeständiges Material kommen Polyimide zum Einsatz.
- Je nach Anspruch an die Verwendung weist die Leiterplatte eine unterschiedliche Oberflächenbeschaffenheit auf, wie die reine Kupferschaltung, Kupferschaltung verzinnt, Lötstopmaske und Inselverzinnung bzw. -vergoldung.

Selbstkontrolle zu Kapitel 13

1. Die Herstellung von hochreinem Halbleitersilizium erfolgt durch:
   A Reduktion von SiO_2
   B Zersetzen von Trichlorsilan
   C Zonenschmelzen von SiO_2
   D Zonenschmelzen von polykristallinem Silizium
   E Zonenschmelzen von chemisch gereinigtem polykristallinem Silizium

2. Der Reinigungseffekt im Zonenschmelzverfahren beruht auf:
   A dem Abdampfen von Verunreinigungen aus der geschmolzenen Zone
   B Nutzung der unterschiedlichen Dichte der Verunreinigungselemente
   C den unterschiedlichen Schmelzpunkten der Verunreinigungen
   D der unterschiedlichen Löslichkeit einer Verunreinigung im flüssigen bzw. festen Silizium
   E der hohen Schmelztemperatur des Siliziums von über 1400 °C

3. Das CZOCHRALKI-Verfahren wird angewandt zur Herstellung:
   A von Si
   B von p-n-Übergängen
   C von einkristallinen Si-Scheiben
   D von Einkristallen unter Erstarren im Tiegel
   E von Einkristallen aus der Schmelze im Tiegel, unter Ankristallisieren an einem Keim

4. Die Verfahren der chemischen Metallabscheidung basieren auf:
   A der thermischen Zersetzung von Metallverbindungen
   B dem Erstarren einer Metallschmelze auf dem Substrat
   C der Reduktion von Kationen aus der wässrigen Lösung
   D dem Abscheiden eines Metalldampfes auf dem Substrat
   E der Reduktion von Anionen durch geeignete Reduktionsmittel

5. Die Vorteile einer außenstromlosen Metallisierung bestehen in der Abscheidung:
   A hoher Schichtdicken
   B porenfreier Schichten hoher Härte
   C gleichmäßig dicker Schichten
   D von Schichten auf Rohrinnenwänden
   E von Schichten auf Dielektrika

6. Die Oberfläche eines Dielektrikums, die chemisch metallisiert wird, muss:
   A mit einer Leitschicht versehen werden
   B bekeimt werden
   C elektrostatisch aufladbar sein
   D eine fotolithografische Maske besitzen
   E über die CURIE-Temperatur erwärmt werden

7. Unter einer Leiterplatte versteht man:
   A einen Isolierstoff mit strukturierter Metallauflage
   B einen Isolierstoff mit Kupferfolie
   C einen strukturierten Si-Chip
   D eine Platte aus leitfähigem Kunststoff
   E einen Magnetplattenspeicher

8. Welche Möglichkeiten werden benutzt, um die Funktionsdichte auf einer Leiterplatte zu erhöhen:
   A durch Einsatz dicker Kupferschichten
   B durch Anwendung von MLL
   C durch verstärkten Einsatz von Durchsteck-Bauelementen
   D durch Feinstleitertechnik
   E durch Einsatz von SMD-Bauelementen

9. Welche Aufgabe erfüllt der Resist in der LP-Technik:
   A Schutz der Struktur vor dem Ätzmittelangriff
   B verleiht Korrosionsschutz
   C erhöht die elektrische Leitfähigkeit
   D ermöglicht die Durchkontaktierung
   E bildet die Lötstopmaske

Lösungsteil

Lösungen der Übungen

1.1.1-1 26 = Ordnungszahl = Zahl der Elektronen = Zahl der Protonen
56 = Massezahl = Anzahl von Protonen und Neutronen → 30 Neutronen
Zahl der unpaarigen Elektronen = 4

1.1.1-2 Protonenzahl = Elektronenzahl = Ordnungszahl
Atom (A) → Be
Atom (B) → Mg
Atom (C) → Na

1.1.1-3 maximale Besetzung der Schale n: $2\ n^2$

Schalenbezeichnung	Schalennummer n	max. Anzahl der Elektronen
K	1	2
L	2	8
M	3	18
N	4	32

1.1.1-4 kein 3f- und kein 2d-Niveau

1.1.1-5 Ladung des Elektrons: $1.6 \cdot 10^{-19}$ As : 1 As = 1 C

Rechnung: $\dfrac{3{,}39\ C}{1{,}6 \cdot 10^{-19}} = 2{,}45625 \cdot 10^{19}$ Elektronen

1.1.1-6

Element	OZ	1s	2s	2p			3s	3p			4s	3d				
Al	13	↑↓	↑↓	↑↓	↑↓	↑↓	↑↓	↑								
Si	14	... identisch mit Al ...					↑↓	↑	↑							
Fe	26	... identisch mit Al ...					↑↓	↑↓	↑↓	↑↓	↑↓	↑↓	↑	↑	↑	↑
Cu	29	... identisch mit Fe ...									↑↓	↑↓	↑↓	↑↓	↑↓	↑

1.1.1-7 Reihenfolge: 3s / 3p / 5s / 4d / 4f

1.1.1-8 Diese Elemente unterscheiden sich im Atombau nur durch die Auffüllung der 3d-Niveaus.
Die Orbitale 1s bis 4s, 2p und 3p sind vollständig aufgefüllt. Das ist die Basis für ihre ähnlichen Eigenschaften.

1.1.1-9 Anwendung: *Substratwerkstoff*, Keramik und Glas, da Ionenbindung, thermisch hoch belastbar, Isolator
Leiterwerkstoff, Metalle, da Elektronengas elektrisch leitend
Isolierstoffe, Kunststoffe, da durch Atombindung Moleküle entstehen

1.1.2-1 Milch → Gemisch
Silber → Element
Kochsalz → chemische Verbindung
Benzin → Gemisch von Kohlenwasserstoffen

1.1.2-2 Edelgaskonfiguration: Äußere Schale mit 8 Elektronen aufgefüllt, das bedeutet für:
$Br + e^- \rightarrow Br^-$
$Ba - 2e^- \rightarrow Ba^{2+}$
$O + 2e^- \rightarrow O^{2-}$
$K - e^- \rightarrow K^+$

1.1.2-3 Das Bild 1.1-1 lässt erkennen, dass die Elemente der 1. Hauptgruppe (Alkalimetalle) die niedrigste Ionisierungsenergie benötigen.
Durch Abgabe des Valenzelektrons wird die energetisch günstigere Edelgaskonfiguration erreicht (äußere Schale mit 2 bzw. 8 Elektronen voll besetzt). Die Edelgase selbst besitzen bereits die stabile Edelgaskonfiguration.

1.1.2-4 Besitzen die durch Kovalenz gebundenen Atome unterschiedliche Elektronegativitäten, wird diese Bindung polarisiert. Elektronegativität Cl = 3.0, H = 2,1; Elektronenwolke verschiebt sich zum Cl-Atom.

1.1.2-5 Bindung –O–H ist polarisierte kovalente Bindung. O größere Elektronegativität als H. Dadurch: O-Seite partiell **negativ**, H-Seite partiell **positiv**. Da das H_2O-Molekül gewinkelt ist (Bindungswinkel 105°), keine Kompensation der Ladungsschwerpunkte → Dipolcharakter.
Wassermoleküle als Dipole sind in der Lage, Salze zu lösen. Dabei entstehen Kationen und Anionen, die an Elektroden entladen werden können. Die Elektrolyse dient zur Gewinnung der Leitermetalle Kupfer und Aluminium, wird angewandt bei der galvanischen Beschichtung z.B. zur Abscheidung von Edelmetallen auf Kontakten und bildet wesentliche Verfahrensschritte der Leiterplattenfertigung.

1.1.2-6 Es muss Ionenbindung vorherrschen!
Katodenvorgang: $2\,Al^{3+} + 6\,e^- \rightarrow 2\,Al$

Anodenvorgang: $3\,O^{2-} \rightarrow 3\,O + 6\,e^-$

1.1.2-7 $ZnCl_2$ – Ionenbindung
SiO_2 – Ionenbindung
NH_3 – Atombindung, polar
Cu – Metallbindung
C_2H_6 – Atombindung, unpolares Molekül

1.1.2-8 H_2SO_4: $2 \cdot 1 + 32 + 4 \cdot 16 = 98\ g \cdot mol^{-1}$
Al_2O_3: $2 \cdot 27 + 3 \cdot 16 = 102\ g \cdot mol^{-1}$
PbO_2: $207 + 2 \cdot 16 = 239\ g \cdot mol^{-1}$
Fe_2O_3: $2 \cdot 56 + 3 \cdot 16 = 160\ g \cdot mol^{-1}$

1.2-1 Amorphe Stoffe besitzen keine Fernordnung ihrer Bausteine. Im Nahbereich, z.B. innerhalb des SiO_2-Tetraeders, ist ein Ordnungszustand möglich. Er verhält sich isotrop, da kein Kristallgitter und damit bevorzugte Richtungen vorliegen.
Beispiele: Gläser, Kunststoffe wie PS und PMMA

1.2-2 Gittertyp, Gitterkonstanten und Masse des Gitterbausteins

1.2-3 entsprechend Tabelle 1.2-2: Gitterkonstante Cu = 0,36 nm,
gegeben: Leiterbahnabstand = 40 µm = 40 000 nm
Dieser Leiterabstand entspricht etwa $1{,}1 \cdot 10^5$ Gitterabständen

1.2-4

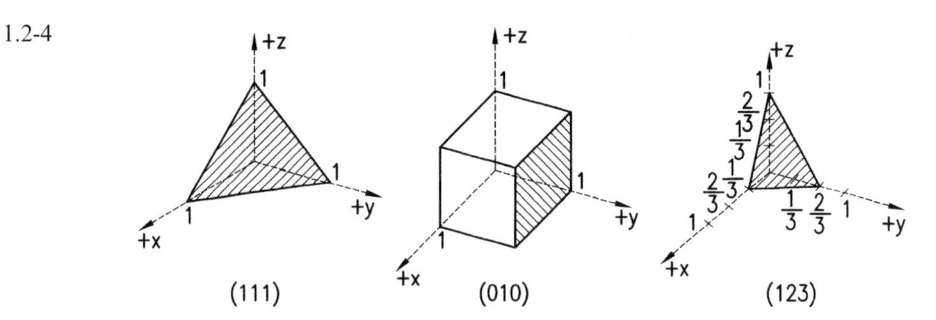

1.2-5 Die Flächen eines Würfels mit gleicher Kantenlänge $a = b = c$ besitzen die MILLERschen Indizes (100), (010) und (001).

1.2-6 Kohlenstoff bildet die Modifikationen Graphit und Diamant.
Die mechanischen und elektrischen Eigenschaften der jeweiligen Modifikation werden wesentlich durch den Gitteraufbau bestimmt.
Graphit bildet ein leicht verschiebbares Schichtengitter, Diamant ein Atomgitter.

1.2-7 Anwendungen für Halbleiter, Supraleiter und Nanoröhrchen
Begründung: Durch Dotierung Änderung des elektrischen Verhaltens

1.2-8

- **Nulldimensionale oder Punktdefekte:** Leerstelle: Auf einem regulären Gitterplatz fehlt der Baustein. Zwischengitterplatz: Auf einem nicht regulären Gitterplatz befindet sich ein Baustein, Fremdatom: Im Gitter sind artfremde Atome substituiert bzw. eingelagert.
- **Eindimensionale oder Liniendefekte:** Versetzungen existieren in Form von Stufen- oder Schraubenversetzungen. Die Stufenversetzung entsteht durch Unterbrechung einer Gitterebene oder durch Fehlen eines Gitterebenenabschnittes. Versetzungen entstehen bereits bei der Kristallisation, aber insbesondere bei der plastischen Deformation.
- **Zweidimensionale Defekte:** Korngrenzen und Phasengrenzen: Diese Grenzgebiete stellen Anhäufungen von Gitterfehlern dar.

Durch Gitterfehler wird die elektrische Leitfähigkeit grundsätzlich vermindert, weil die Elektronen auf ihrem Weg durch das Gitter stärker gestreut werden.

1.2-9 An der Berührungsfläche der einzelnen Körner, den Korngrenzen, ist der Gitteraufbau wesentlich gestört gegenüber dem Korninneren. Daraus resultiert höhere chemische Reaktionsfähigkeit (z. B. Korrosion). Der Schmelzpunkt liegt um wenige Zehntelgrad tiefer und die Verformbarkeit ist geringer.

1.3-1

- Fließverhalten, Anisotropie der Viskosität,
- Lichtstreuung,
- Polarisation,
- Anisotropie der elektrischen Leitfähigkeit

1.3-2
- kolumnare Ordnungszustände: spezifische optoelektronische Eigenschaften
  Ursache: gestapelte diskotische Moleküle
- cholesterische Ordnungszustände: Drehung der Ebene von polarisiertem Licht, Abhängigkeit der Wellenlänge des reflektierten Anteils vom eingestrahlten Licht von der Temperatur und der Ganghöhe der cholesterischen Helix.
  Ursache: Vorhandensein einer helikalen Überstruktur

1.3-3 LCP besitzen eine geordnete Struktur, sie sind „quasi kristallin".

1.3-4 Polarisiertes Licht kann ein Polarisationsfilter nur passieren, wenn dieses passend zur Schwingungsebene orientiert ist. Eine zwischen zwei Polarisationsfilter gebrachte flüssigkristalline Substanz bewirkt beim Anlegen eines elektrischen Feldes die Drehung der Ebene des polarisierten Lichtes. Im Zusammenwirken mit feststehenden Polarisationsfiltern ist es möglich, dass eingestrahltes Licht die Filter durchläuft, wenn ihre Ausrichtung übereinstimmt. Durch Anlegen einer Spannung kann man die Polarisationsrichtung der Flüssigkristallschicht um 90° drehen; die betreffende Zone erscheint für den Betrachter dunkel.

1.3-5 geringe Leistungsaufnahme, Volumenersparnis, geringere Masse der Displays

1.4-1

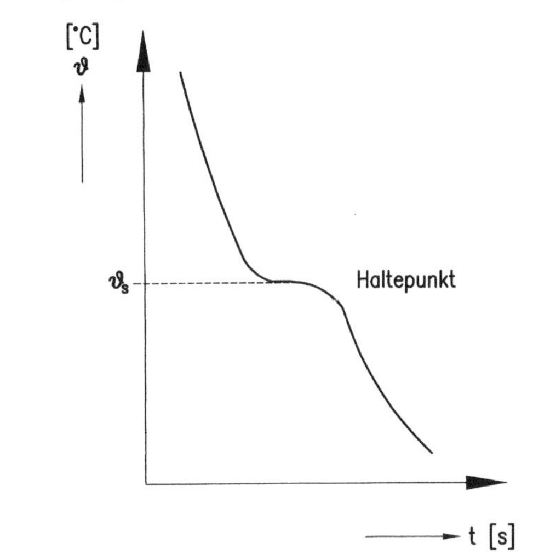

Die Unstetigkeitsstelle bezeichnet man als Haltepunkt, d.h. die Temperatur bleibt konstant. Teilchen in der Schmelze sind beweglich und besitzen einen bestimmten Betrag an kinetischer Energie. Beim Einbau der Bausteine in das Gitter wird dieser Betrag in Form von Wärme frei (Schmelzwärme = Erstarrungswärme).
Die Temperatur bleibt so lange konstant, bis die Schmelze vollständig erstarrt ist.

1.4-2 Beim Spritzgießen wird flüssiges Metall in eine Metallform geleitet. Dadurch kühlt die Schmelze rasch ab und unterschreitet die Haltetemperatur ohne zu erstarren (Unterkühlung). In diesem Zustand bildet sich eine hohe Anzahl stabiler Keime, die zu einem feinkristallinen Gefüge wachsen. Ein feinkörniges Gefüge verhält sich quasiisotrop und ist damit homogen in seinem mechanischen Verhalten.

1.4-3 In polykristallinem Material sind die Elementarzellen der einzelnen Körner unterschiedlich zueinander im Raum orientiert. Alle Orientierungsrichtungen der Kristallachsen kommen im Mittel in gleicher Anzahl vor.

Bei Belastung des Gitters wird bei feinkörnigem Material (viele Körner) jede Gitterrichtung gleichermaßen beansprucht (quasiisotrop). Wird der Werkstoff grobkörnig, werden die Eigenschaften richtungsabhängig, der Werkstoff verhält sich anisotrop. Im Extremfall ist das der Einkristall.
Beispiel: Si-Einkristalle für integrierte Schaltkreise

1.4-4 Die Komponenten A und B liegen nach der Erstarrung als eigene Phase in Form der Kristalle aus Komponente A und Kristallen aus Komponente B vor. Sie bilden zwei Phasen. Da jede Komponente ihr eigenes Gitter bildet, verhalten sich die Eigenschaften additiv.
Bilden die Komponenten A und B Substitutionsmischkristalle mit völliger Löslichkeit im festen Zustand, so entsteht eine Phase, der Mischkristall aus A und B. Es entsteht ein neuer Kristall, dessen Eigenschaften stark von denen der Einzelkomponenten abweichen.

1.4-5 In Legierungssystemen mit vollständiger Unlöslichkeit der Komponenten im festen Zustand bzw. teilweiser Löslichkeit der Komponenten.

1.4-6 Erklärung anhand einer Schmelzlegierung mit völliger Unlöslichkeit der Komponenten im festen Zustand

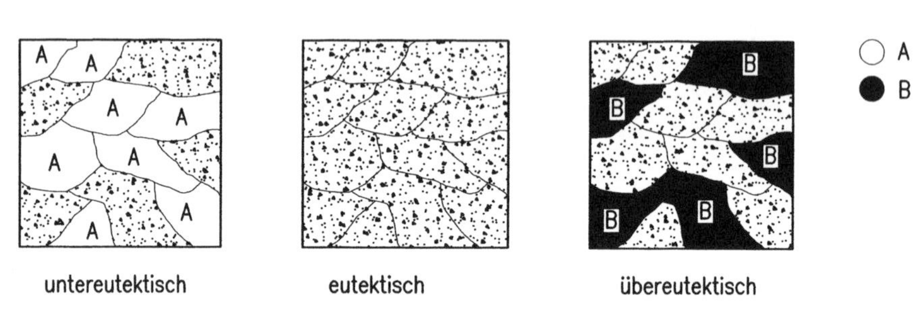

Untereutektisch: Primärkristalle der Komponente A und Eutektikum mit konstanter-Zusammensetzung
Eutektisch: Erstarrung der Schmelze bei konstanter Temperatur und Zusammensetzung, feinlamellares oder feinkörniges Gemisch aus Kristallen von A und B
Übereutektisch: Primärkristalle der Komponente B und Eutektikum mit konstanter Zusammensetzung

1.4-7 31 % Au, 69 % Si-Schmelztemperatur 370 °C
Aus Bild 1.4-12 ist zu erkennen, dass hier das Eutektikum ein ausgeprägtes Minimum der Schmelztemperatur hat. Damit kann die thermische Belastung des Chips heim Verbinden mit dem keramischen Substrat gering gehalten werden (Chipbonden).

1.4-8 Unter Mischkristallseigerung versteht man eine Entmischung im einzelnen Kristallit in einem System mit Austauschmischkristallbildung. Die Kernzone im Kristallit enthält einen Überschuss der hoch schmelzenden Komponente, die Randzone umgekehrt einen Überschuss der niedriger schmelzenden. Die Ursache besteht in einer schnellen Abkühlung der Schmelze und damit einer hohen Kristallisationsgeschwindigkeit.
Die Kristallseigerung kann entweder schon beim Erstarren durch langsame Abkühlung der Schmelze bis unter die Solidustemperatur gering gehalten werden oder nachträglich vermindert werden durch längeres Erwärmen des Werkstückes unterhalb der Solidustemperatur (Diffusion).

1.4-9

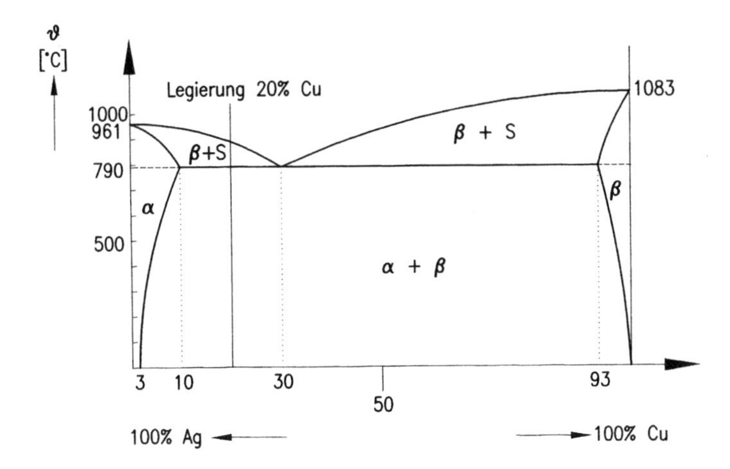

1.4-10 Bei ca. 880 °C wird die Liquiduslinie geschnitten. An diesem Punkt beginnt die Erstarrung von silberreichen α-Mischkristallen mit etwa 3 % Cu. Bis 790 °C steigt der Gehalt des Cu in den α-Mischkristallen auf 10 %. Die maximale Löslichkeit der α-Mischkristalle für Cu ist erreicht. Die Restschmelze erstarrt eutektisch zu einem Gemisch aus α- und β-MK.

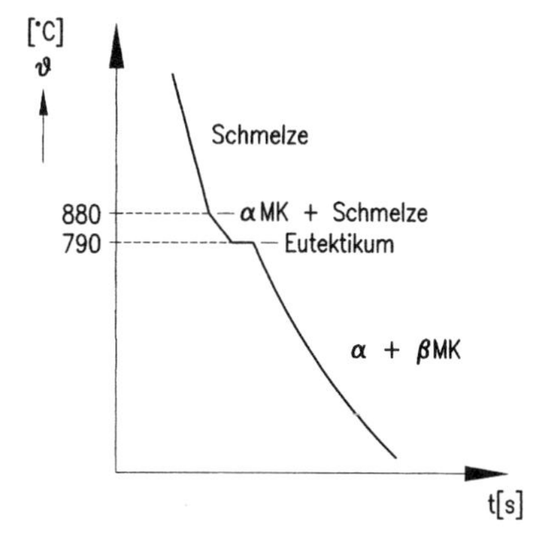

Obwohl die Schmelze nunmehr erstarrt ist, finden im Gitter Diffusionsprozesse statt, die zur Neubildung von Phasen führen. Die Löslichkeiten für das jeweils andere Metall gehen bei weiterer Abkühlung zurück.

Dies bewirkt bei genügend kleiner Abkühlgeschwindigkeit das fortschreitende Ausscheiden von Atomen des Cu aus den α-Mischkristallen (bis zum Cu-Gehalt von 3 %) und das Ausscheiden fast aller Ag-Atome aus dem β-MK. Die ausgeschiedenen Ag-Atome bilden ein so genanntes Seggregat, bei dem wiederum 3 % Cu eingebaut sind. Die Cu-Atome bilden dagegen nahezu reine Cu-Kristalle.

1.4-11 Entsprechend dem Diagramm in Übung 1.4-9 liegt bei Raumtemperatur praktisch keine Löslichkeit für Ag im Cu vor. Der Einfluss des legierten Silbers verhält sich also additiv.

1.4-12 Die Legierung AlCu mit 4 % Cu erstarrt bei etwa 580 °C zu α-Mischkristallen; das Cu ist vollständig im Al-Gitter gelöst. Bei weiterer Abkühlung wird bei etwa 490 °C die Löslichkeitsgrenze erreicht. Es beginnt die Ausscheidung des zu viel gelösten Kupfers in Form der intermetallischen Phase Al_2Cu. Bei Raumtemperatur sind nur noch ca. 0,4 % Cu im α-Mischkristall eingebaut.

Bei rascher Abkühlung entsteht ein übersättigter Mischkristall bei Raumtemperatur. weil die Cu-Atome gelöst bleiben.

Technisch genutzt wird dies bei den Aushärteverfahren.

2.1-1

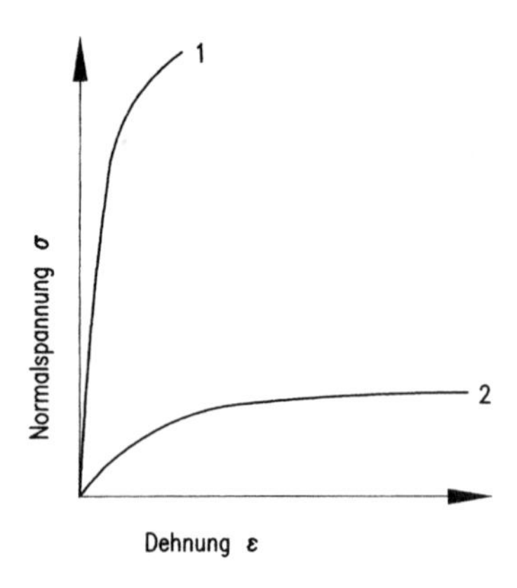

2.1-2 Beide Zahlenwerte geben den Grenzwert der mechanischen Spannung (Kraft/Fläche) an, bei dem der Übergang von der elastischen zur plastischen Verformung stattfindet. Streckgrenze: markante Unstetigkeitsstelle im Spannungs-Dehnungs-Diagramm von weichen Stählen

$R_{p0,2}$-Dehngrenze: Spannung im Probestab, wenn seine Länge um 0,2 % zugenommen hat.

2.1-3

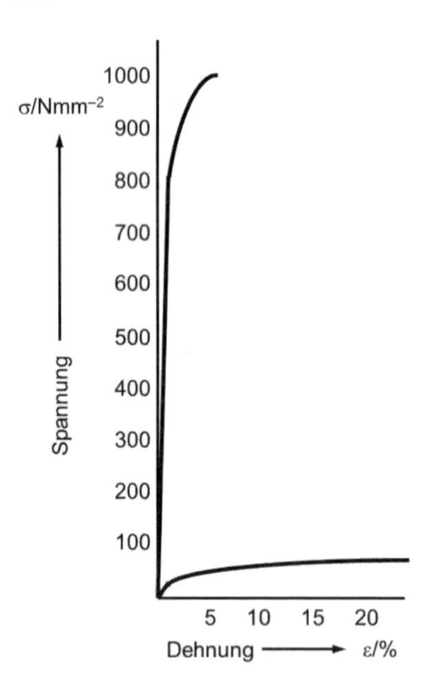

2.1.4 E-Cu (hart): $R_m = 500$ Nmm^{-2}, A_{10} ca. 6 %
PE : σ_B ca. 20 Nmm^{-2}, ε_R ca. 500–600 %

Begründung: **Cu** hat kfz-Metallgitter, durch Kaltverformung nimmt die Härte zu
PE besteht aus Makromolekülen, die durch schwache zwischenmolekulare Kräfte zusammengehalten werden, plastische Verformung durch viskoses Fließen

2.1-5 Prinzip: Eindringen eines Prüfkörpers mit bestimmter Geometrie und höherer Härte in den Werkstoff
Prüfkörper: *Vickers* Diamantpyramide mit quadratischer Grundfläche
Rockwell HRC Diamantkegel
Rockwell HRB Stahlkugel
Brinell Stahlkugeln mit D = 2,5; 5; 10 mm

2.1-6 Abweichungen: Grobkörniges Gefüge erhöht Anisotropie, gleichermaßen Texturen; durch Poren, Einlagerungen, Ausscheidungen

2.1-7 Sie ist ein dynamisches Prüfverfahren.

2.1-8 Unter Benutzung der linearen Ausdehnungskoeffizienten aus Tabelle 2.1-8 ergeben sich:
Dehnung Rohr aus Quarzglas: 0,132 mm
Dehnung Rohr aus Polyethen: 26.4 mm
Der Faktor beträgt 200.

2.1-9 Wird der Wert für die Wärmeformbeständigkeit bei einem Kunststoff-Bauteil überschritten, so verändert es seine Gestalt, gibt den wirkenden Kräften nach. Die konstruktiv vorgesehene Aufgabe wird nicht mehr erfüllt.
Es sind die Verfahren nach VICAT, nach MARTENS und die dem MARTENS-Verfahren verwandte Methode nach DIN EN ISO 75 anwendbar.

2.2-1 Ziehen von Kupferdrähten → Dehnung mit plastischer Verformung
Spannen von Freileitungen → Dehnung mit elastischer Verformung
Pressen eines Polschuhes → Verdichtung und plastische Verformung
Verdrillen einer Litze → Durchbiegung ohne plastische Verformung
Walzen von Kupferfolien → Dehnung und Verdichtung mit plastischer Verformung
Abwinkeln einer Stromschiene → Durchbiegung mit plastischer Verformung

2.2-2 Die beiden Leiterwerkstoffe kristallisieren im kubisch-flächenzentrierten (kfz) Gitter (4 Gleitebenen mit jeweils 3 Richtungen), Zink dagegen im hexagonalen Gitter (hdp) – eine Gleitebene.

2.2-3 Beide Leiterwerkstoffe werden härter. Die plastische Deformation führt zur Erhöhung der Anzahl von Gitterfehlern (Versetzungen), die eine weitere Verformung durch Versetzungswanderung erschweren.

2.2-4 Der elektrische Widerstand nimmt zu. Die Leitfähigkeit der Metalle ist am größten, wenn sie im versetzungsarmen Gitter vorliegen. Plastische Dehnung ist begleitet von der Ausbildung von Versetzungen und anderen Gitterfehlern. Das sog. Elektronengas – die Summe der frei beweglichen Elektronen – wird in seiner Bewegung durch das Gitter behindert. Der elektrische Widerstand steigt.

2.2-5 Die plastische Verformung in einem Metall wird durch die auf den Gleitebenen wandernden Versetzungen bewirkt. Dafür ist wesentlich weniger Energie notwendig als zum Verschieben von Gitterebenen gegeneinander.

2.2-6 Nein! Nach der TAMANNschen Regel ergibt sich eine Mindestrekristallisationstemperatur von – 33 °C.

2.2-7 Bei hohem Verformungsgrad ist die Rekristallistationstemperatur kleiner als bei niedrigem Verformungsgrad.

2.2-8 Die Ursache ist der unterschiedliche Verformungsgrad. In Gebieten mit geringer Versetzungsdichte (schwach verformt) entstehen nach der Rekristallisation grobkörnige Bereiche und umgekehrt.

2.2-9 Es ist nur die Kristallerholung auszuführen, d.h. Erwärmung in das Gebiet unterhalb der Rekristallisationstemperatur T_R.

2.2-10 Bei elastischer Verformung entstehen keine Gitterfehler, die durch Rekristallisation abgebaut werden könnten.

2.3-1 Metallische Werkstoffe bilden ein Metallgitter aus. Kunststoffe liegen in Form von Makromolekülen vor. Bei unvernetzten Kunststoffen bestehen zwischen den Makromolekülen lediglich nebenvalente Bindungen.

2.3-2 In vernetzten Kunststoffen (Duromere) geringe Abhängigkeit von der Temperatur bis zur Zersetzung. Thermoplaste (Plastomere) verringern ihre Festigkeit hei Temperaturerhöhung stark, da die zwischenmolekularen Bindungen gelöst werden.

2.3-3 Zusammensetzung: Netzwerk aus SiO_2 und eingebaute Alkali- und Erdalkalioxide.
Struktur: vorwiegend amorph

2.3-4 Beim Unterschreiten dieser Temperatur werden die Nebenvalenzbindungen eingefroren, der Kunststoff wird wesentlich spröder und verliert seinen Vorteil der Bruchunempfindlichkeit. Metalle besitzen hauptvalente Bindungen (Metallbindung). Sie zeigen einen solchen Effekt nicht.

2.3-5 Keramiken bestehen aus Komponenten, die ein Ionen- oder Atomgitter aufbauen. Versetzungswanderungen sind nicht möglich.

2.3-6 Herstellungsschritte: Gemisch von Pulvern der Ausgangsstoffe wird gepresst und bei hohen Temperaturen gesintert – nicht geschmolzen.
Hauptbestandteile:
- SiO_2 (Silikatkeramik)
- Al_2O_3, ZrO_2 u. a. (Oxidkeramik)
- SiC, Si_3N_4 u. a. (Nichtoxidkeramik)

3.1-1 Al: Ordnungszahl 13, 3. Periode
$1\,s^2, 2\,s^2, 2\,p^6, 3\,s^2, 3\,p^1$

3.1-2 Im Festkörper werden durch Wechselwirkungen zwischen den Elektronen benachbarter Atome die im Einzelatom scharfen Energieniveaus zu Bändern verbreitert.

3.1-3 Valenzband, Leitungsband

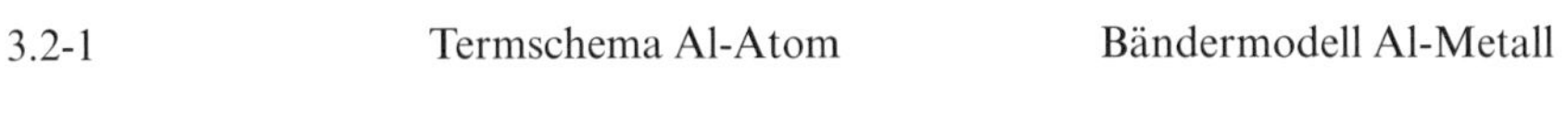

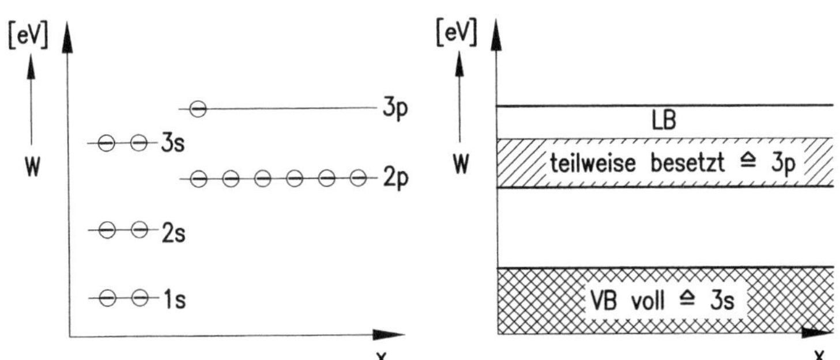

3.2-2 Bei tiefer Temperatur: Valenzband voll besetzt, Leitungsband leer. Durch Zufuhr thermischer Energie Anregung von Elektronen zur Generation (Übergang von e^- in LB). Entstehung des Ladungsträgerpaares e^- und e^+. Durch Rekombination Einstellung des Gleichgewichtszustandes.

3.2-3 Diese Werkstoffe besitzen Ionenbindung, dadurch VB voll besetzt, LB leer. Barriere zwischen VB und LB sehr hoch, etwa 10 eV., d. h. keine freien Ladungsträger.

3.2-4
1. leitfähige Schichten, z. B. auf verformbaren Folien für antistatische Verpackung; leitfähige Klebstoffe und Lacke, Sensorelektroden, Elektroden in Knopfzellen
2.1 erreichbar durch Polymere mit konjugierten Doppelbindungssystemen (intrinsic)
2.2 Einarbeitung leitfähiger Materialien in den Kunststoff

3.2-5 Unterschreiten der Sprungtemperatur, die kritische Feldstärke im Stoff darf nicht erreicht werden, die kritische Stromdichte darf nicht überschritten werden.

Wird eine der drei Bedingungen verletzt, ist die Bildung von COOPER-Paaren nicht möglich.

3.2-6 Supraleiter Typ 1: Überschreiten der kritischen Feldstärke → der Werkstoff wird normal leitend, Beispiel: Al, Nb_3Sn

Supraleiter Typ 2: haben einen gemischten Leitungszustand (Supraleitung und Normalleitung) zwischen H_{C1} und H_{C2}

3.2-7 Unterhalb von H_{C1} reine Supraleitung, zwischen H_{C1} und H_{C2} gemischter Leitungszustand, oberhalb H_{C2} Normalleitung

3.2-8 Al_2O_3 geschmolzen, HCl und NH_3 in wässriger Lösung

3.2-9 Durch Fehlstellen (Vakancen)

4.1-1 Modell: Metall taucht in einen Elektrolyt ein.
Gleichgewichtseinstellung zwischen Metallionen gehen in Lösung (Lösungsdruck); Metallionen gehen aus der Lösung auf die Metalloberfläche (osmotischer Druck).

4.1-2 Messung muss unter Standardbedingungen erfolgen.

4.1-3 Auf dem Kupfer scheidet sich metallisches Gold ab (Zementation).
Der Reaktionspartner mit dem unedleren (negativeren) Standardpotenzial gibt Elektronen ab und geht dabei in Lösung. Die Elektronen reduzieren die Au-Ionen zum Metall.

4.1-4 Oxidationsmittel: $FeCl_3$
Reduktionsmittel: Cu

4.1-5 Standardpotentenzial von Cu: $E_{0Cu/Cu^{2+}}$: + 0,35 V
Standardpotentenzial von H_2: E_{0H/H^+}: ± 0 V
Damit ist Kupfer edler als der Wasserstoff und geht nicht in Lösung!

4.1-6 Ja, es handelt sich um einen Redoxvorgang, da sich die Oxidationszahlen ändern.

4.1-7 Nein, es verläuft kein Redoxvorgang, da sich die Oxidationszahlen nicht ändern.

$$\overset{+1-2+1}{2\,NaOH} + \overset{+1+6-2}{H_2SO_4} \rightarrow \overset{+1+6-2}{Na_2SO_4} + \overset{+1\,-2}{2\,H_2O}$$

4.2-1

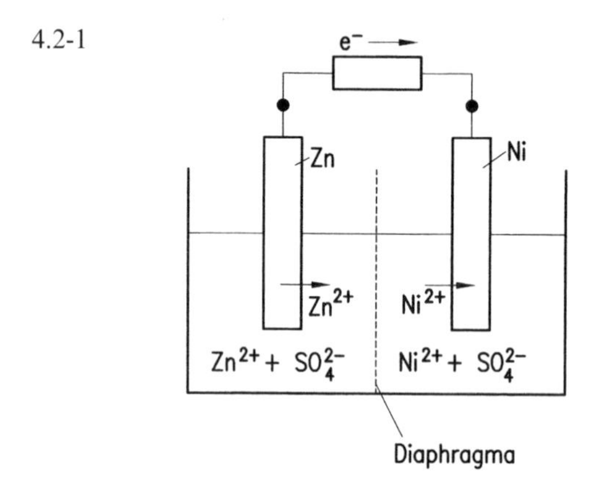

Zn = Anode: $Zn \rightarrow Zn^{2+} + 2e^-$
Ni = Katode: $Ni^{2+} + 2e^- \rightarrow Ni$
$U = -0{,}76\ V - (-0{,}23\ V)$
$U = 0{,}53\ V$

4.2-2 Primärelement: Das Material einer Elektrode wird beim Entladungsvorgang (Stromfluss) in einem nicht umkehrbaren chemischen Prozess verbraucht.
Sekundärelement: Der chemische Prozess ist durch Zufuhr elektrischer Energie umkehrbar (Akkumulator).

4.2-3 Temperaturbereich und Lagerzeit werden vergrößert.

4.2-4 LECLANCHÉ-Element
Anode: Zinkmantel $Zn \rightarrow Zn^{2+} + 2\,e^-$
Katode: inerter Kohlestab mit MnO_2: $2\,MnO_2 + 2e^- + 2\,H^+ \rightarrow 2\,MnO(OH)$
$2\,MnO(OH) \rightarrow Mn_2O_3 + H_2O$
Zink-Luft-Zelle
Anode: Zinkpulver $Zn \rightarrow Zn^{2+} + 2\,e^-$
Katode: Kohleträger mit katalytisch wirksamer Schicht (Gasdiffusionselektrode)
$^1/_2\,O_2 + H_2O + 2\,e^- \rightarrow 2\,OH^-$
$Zn^{2+} + 2\,OH^- \rightarrow Zn(OH)_2$

4.2-5 Allgemein: Wasserfreie Elektrolyte, deshalb Einsatztemperaturbereich zwischen – 55 °C bis + 85 °C.

Li/MnO$_2$-Zelle: hohe Energiedichte, niedrige Selbstentladung
Li-Papierzelle: geringe Schichtdicke → „smart cards“
Li-Ionenzelle: Akkumulatoren, hohe Belastbarkeit
Li-Polymerakku (LiPo): hohe Sicherheit, geringe Schichtdicke der Zelle, deshalb hohe Leistungsdichte, kein Memory-Effekt.

4.2-6 Li-MnO$_2$-Zelle
Anode: Li-Metall
Katode: MnO$_2$
Nichtwässriges Lösungsmittel + LiBF$_4$

Li-Ionen-Zellen (Interkalationselektroden)
Anode: Graphit mit Li-Atomen
Organisches Lösungsmittel mit Li$^+$
Katode: LiCOO$_2$

4.2-7 Beim Entladen entstehen Bleisulfat und Wasser. Die Schwefelsäure verdünnt sich und damit nimmt ihre Dichte ab.

4.2-8 Beim Laden müssen die gleichsinnigen Pole miteinander verbunden werden, also Katode mit Minuspol und umgekehrt. Die Stromquelle muss eine höhere Spannung abgeben, als sie der angeschlossene Akku selbst erzeugt – Strom fließt in den Akkumulator.

4.2-9 Reduktion bedeutet Elektronenaufnahme. Pb (+4) muss in Pb (+2) umgewandelt werden, dies verläuft am Minuspol.

4.3-1 Beispiel PEM-Zelle
Anodenvorgang: $2\,H_2 \rightarrow 4\,H^+ + 4\,e^-$
Katodenvorgang: $O_2 + 4\,e^- \rightarrow 2\,O^{2-}$
$2\,O^{2-} + 2\,H_2O \rightarrow 4\,OH^-$
$4\,OH^- + 4\,H^+ \rightarrow 4\,H_2O$

4.3-2 Da der Elektrolyt KOH ist, würde sich bei Anwendung von Luft (Sauerstoff + CO$_2$ u.a.) Kaliumkarbonat bilden.

4.3-3 Energiewandlung ohne CO$_2$-Emission, *Beachte:* Herstellung vom Anodengas Wasserstoff, z. B. Elektrolyse von H$_2$O mit Strom aus erneuerbaren Quellen!

4.3-4 exotherme Reaktion mit $\Delta H = -286\ \text{kJ} \cdot \text{mol}^{-1}$

4.3-5 **P**rotonen **E**xchange **M**embrane = protonendurchlässige Membran, z. B. Teflon-Träger mit beidseitiger Katalysatorbeschichtung zur Umwandlung von H$_2$ in 2 H$^+$

4.4-1 molare Masse des einwertigen Ag: $107{,}88\ \text{g} \cdot \text{mol}^{-1} = M$

$$I = \frac{m \cdot n \cdot F}{M \cdot t} = \frac{400\ \text{g} \cdot 1 \cdot 96\,500\ \text{As}}{107{,}88\ \text{g} \cdot 18\,000\ \text{s}} = 19{,}9\ \text{A}$$

4.4-2 Beim Auflösen der Rohkupferanode gehen Cu und unedlere Metalle in Lösung, edlere fallen als Anodenschlamm an. An der Katode wird nur Cu abgeschieden, die unedleren Metalle bleiben in Lösung.

4.4-3 Katode: $4\,H^+ + 4\,e^- \rightarrow 4\,H \rightarrow 2\,H_2$
Anode: $4\,OH^- \rightarrow 4\,OH + 4\,e^- \rightarrow 2\,H_2O + O_2$

4.4-4 Normalpotenzial von Au = + 1,50 V, von Cu = + 0,35 V
Das unedlere Kupfer (Anode) geht bei der Elektrolyse in Lösung, das unedlere Gold bleibt elementar im Anodenschlamm.

4.5-1 Standardpotenzial von Zn negativer als das des Fe. Bei einer Beschädigung des Überzuges geht Zn in Lösung und verbraucht sich. Erst danach erfolgt der Angriff von Fe. Zinn ist edler als Eisen, weshalb die Schädigung sofort am Grundmaterial beginnt.

4.5-2 *1. Metallseitig*
Fall 1: Kontakt unterschiedlicher Metalle (unterschiedliches Normalpotenzial)
Fall 2: Durch Riss in der Deckschicht (Oxidschicht) gelangt der Elektrolyt (Wasser) an das Grundmetall (anderes Potenzial)
Fall 3: Zwischen Einschluss und Grundmetall besteht Potenzialdifferenz, da der Einschluss an der Oberfläche liegt, besteht der Kontakt zum Elektrolyt.
Fall 4: Spannungen im Gefüge führen zur Ausbildung von Potenzialdifferenzen.

2. Mediumseitig
Fall 1: Löcher, Spalten, Ablagerungen
Konzentrationsunterschiede im ruhenden Elektrolyten gegenüber dem in der Umgebung bewegten.
Fall 2: Benetzung der Oberfläche durch den Elektrolyten erfolgt lokal
Fall 3: In der Pore andere Strömungsgeschwindigkeit als im Flüssigkeitsvolumen, deshalb unterschiedliche Ionenkonzentrationen.

4.5-3 *Passiver Korrosionsschutz:* organische Beschichtung (Pulverlack), Metallabscheidung (Galvanik), anorganische Beschichtung (Emaillieren)

Aktiver Korrosionsschutz: Katodischer Schutz mit galvanischen Anoden, Schutz mit Fremdstrom, Zusatz von Inhibitoren

4.5-4 Kontrolle durch Messung des Potenzials. Die Opferanode hat negativeres Potenzial. der Strom muss bei Wirksamkeit des Schutzes von der Opferanode zur Rohrleitung fließen.

5.1-1 keine Änderung. da metallischer Leiter

5.1-2 Ja, die entstandenen Gitterfehler behindern die Elektronenbeweglichkeit.

5.1-3 Der Durchgang durch Korngrenzen (gestörter Gitterbau) vermindert die Elektronenbeweglichkeit.
Feinkorn hat höheren spezifischen Widerstand.

5.1-4 Legierung mit völliger Löslichkeit im festen Zustand. Mischkristallbildung.

5.1-5 $\mu = \dfrac{\varkappa}{e_0 \cdot n} \quad n = 5{,}87 \cdot 10^{28}\,e^-\,m^{-3} \quad \mu = \dfrac{46 \cdot 10^6\,A \cdot m^3}{9{,}39 \cdot 10^9\,A\,s \cdot V \cdot m} = 4{,}9 \cdot 10^{-3}\,m^2 \cdot (Vs)^{-1}$

5.1-6 $TK_\varrho = \left(\dfrac{R_T}{R_{20}} - 1\right) / \Delta T = \left(\dfrac{138{,}3\,W}{100\,W} - 1\right) / 80\,) = 0{,}00479\,K^{-1}$

5.1-7 Ja. In dünnen Schichten sind die Oberflächen/Randzonendefekte wesentlich einflussreicher als bei Kompaktmaterial. Ihr spezifischer Widerstand ist höher.

5.2-1 Diese Werkstoffe werden für die Elektrotechnik mit festgelegten Mindestwerten für die spezifische Leitfähigkeit hergestellt. Die erforderliche hohe Reinheit wird bei Kupfer durch elektrolytische Abscheidung (Raffination) und bei Aluminium durch Schmelzflusselektrolyse erzielt.

5.2-2 Bei Erreichen der Temperatur für die Kristallerholung.

5.2-3 Legieren, Verfestigung durch Kaltverformung.

5.2-4 Günstigeres Verhältnis von Leitfähigkeit zu Leitergewicht als Kupfer (charakteristischer Leitwert).

5.2-5 $\varkappa = \dfrac{l}{R \cdot A} = \dfrac{1000\ \text{m}}{4{,}485\ \Omega \cdot 3{,}94 \cdot 10^{-6}\ \text{m}^2} = 56{,}1 \cdot 10^6\ \text{S} \cdot \text{m}^{-1}$ (spezifische Leitfähigkeit)

$\varrho = 8{,}8 \cdot 10^6\ \text{g} \cdot \text{cm}^{-3}$

5.2-6 $\text{charakteristischer Leitwert} = \dfrac{62 \cdot 10^6\ \text{S m}^3}{10{,}5 \cdot 10^6\ \text{g m}} = 5{,}59$

5.2-7 Aluminium oxidiert an Luft, das Oxid ist ein Isolator und nicht lötbar. Eine Schraub- oder Quetschverbindung muss nachfedernd erfolgen, da der Werkstoff über lange Zeiträume fließt.

5.2-8 starre Leiterplatten: Phenolharz-Hartpapier oder glasfaserverstärktes Epoxidharz als Schichtpressstoff

flexible Leiterplatten: Polyimidfolie

für beide: Leiterwerkstoff Kupfer

5.2-9 Durchmesserverhältnis

$$R = \frac{4 \cdot l}{\pi \cdot d^2 \cdot \varkappa}$$

$$d^2 = \frac{4 \cdot l}{R \cdot \pi \cdot \varkappa} = R_{Al} = R_{Cu}; \quad l_{Al} = l_{Cu}$$

$$\frac{4 \cdot l}{R \cdot \pi} = K; \quad d^2 = \frac{K}{\varkappa}$$

$$\frac{d^2_{Cu}}{d^2_{Al}} = \frac{\varkappa_{Al}}{\varkappa_{Cu}}$$

$$\frac{d_{Cu}}{d_{Al}} = \sqrt{\frac{38}{60}} = 0{,}8$$

Masseverhältnis

$$R = \frac{l}{A \cdot \varkappa}$$

$$A = \frac{l}{R \cdot \varkappa} \quad | \cdot l$$

$$l \cdot A = \frac{l^2}{R \cdot \varkappa}; \quad \varrho = \frac{m}{V}; \quad l \cdot A = V$$

$$\frac{m}{\varrho} = \frac{l^2}{R \cdot \varkappa}$$

$$m = \frac{l^2 \cdot \varrho}{R \cdot \varkappa}$$

$$\frac{m_{Cu}}{m_{Al}} = \frac{l^2 \cdot \varrho_{Cu} \cdot R \cdot \varkappa_{Al}}{R \cdot \varkappa_{Cu} \cdot l^2 \cdot \varrho_{Al}} = \frac{\varrho_{Cu} \cdot \varkappa_{Al}}{\varrho_{Al} \cdot \varkappa_{Cu}} = \frac{8{,}96\,\mathrm{g} \cdot 38 \cdot 10^6\,\mathrm{S \cdot m \cdot cm^3}}{2{,}7\,\mathrm{g} \cdot 60 \cdot 10^6\,\mathrm{S \cdot m \cdot cm^3}} = 2{,}1$$

5.2-10

$R_{Lp} = R_D$ Lp = Leiterplatte, l = Einheitslänge l
D = Draht

$l_{Lp} = l_D$

$A_{Lp} = A_D$ $A_{Lp} = 0{,}105\ \mathrm{mm}^2$

$A_D = \pi r^2$ $r = 0{,}182\ \mathrm{mm}$

$\text{Mantelfläche}_D = 2\pi r l$
$= 1{,}143\ \mathrm{mm}^2$

$\text{Mantelfläche}_{Lp} = 12{,}1\ \mathrm{mm}^2$

Die Mantelfläche des betrachteten Leiters der Leiterplatte ist bei gleichem Leitwert 10,5 mal größer.

5.2-11 Maximal 50 % Zn. Oberhalb 50 % Zn kommt die Legierung Cu-Zn kaum zur Anwendung, da eine starke Versprödung durch γ-Mischkristalle eintritt.

5.2-12 CuZn28 besitzt eine ca. 10% höhere Dehnbarkeit und ca. 50% der Zugfestigkeit verglichen mit der Legierung CuZn42. Das Zustandsdiagramm lässt erkennen, dass bis zum Zn-Anteil von 37 % nur α-Mischkristalle existieren (kfz). Bei 42% Zn kommen β-Mischkristalle (krz) hinzu.

5.2-13 Aluminiumbronzen werden für mechanisch hochbelastete, stromführende Teile (Beispiel Kontaktfedern) eingesetzt. Bleibronze (Rotguss) dient zur Herstellung von Gleitlagern und Schleifringen.

5.3-1 Abgeschiedene Schichten haben stark von den Abscheidungsbedingungen und vom Substrat abhängige Eigenschaften.

5.3-2 Es handelt sich um eine Einbrennpaste mit Glasfritte.
Wirksubstanz: Realisierung des Leitwertes
Bindemittel: Druckfähigkeit
Lösemittel: Viskosität
Glasfritte: Haftung auf Substrat

5.3-3 Es handelt sich um eine Paste mit Polymerfritte.
Komponenten: Wirksubstanz Reaktionsharz und Härter
Wirksubstanz → elektrische Leitfähigkeit
Reaktionsharz → Verbindung zum Substrat, Einbetten der Wirksubstanz,
Härter → vernetzt (Duromer)

5.3-4
- thermische Belastung bei Montage und während des Einsatzes der Baugruppe
- Haftfestigkeit Schicht/Substrat

5.3-5 Seine Angabe ist sinnvoll für Schichtstrukturen. Aus dem Flächenwiderstand ergibt sich der Gesamtwiderstand einer konkreten Bahn durch *n* · Flächenwiderstand.

5.3-6

	Dünnschicht	**Dickschicht**
eigenschafts-bestimmende Faktoren	Werkstoff, Schichtdicke, Substrat-oberfläche, Verfahrensparameter	Zusammensetzung der Paste, thermische Stabilität des Substrates, Siebdruckparameter, Schichtzusammensetzung
Einsatzgebiete	Leiterbahnen und Kontaktschichten, Sensorik	Chipbauelemente. Dosierung von Leitkleber und Lotpasten, Struktur entsteht im gleichen Arbeitsgang mit dem Beschichten

5.3-7 Elektromigration bedeutet Wanderung elektrisch geladener Teilchen im Festkörper unter Einwirkung des elektrischen Feldes.

Vermeidung: Anwendung geringer Stromdichten, niedrige Temperaturen. Auswahl von Werkstoffen mit genügender Leitfähigkeit und hoher Bindungsfestigkeit der Gitterbausteine (Bindungsenergie).

6.1-1 Legierungen mit Mischkristallbildung; durch Einbau der Fremdatome starke Abnahme der Ladungsträgerbeweglichkeit.

6.1-2 Der spezifische Widerstand dieser Legierung ist höher als der von reinem Kupfer. Nach der Regel von MATTHIESEN muss der Temperaturkoeffizient entsprechend kleiner sein, damit das Produkt beider Werte im Vergleich zu Kupfer konstant bleibt.

6.1-3
1. Temperaturabhängigkeit der Thermospannung; Beispiel: Ni10Cr–Ni
   SEEBECK-Effekt; Potenzialdifferenz in Abhängigkeit von der Temperaturdifferenz an der Kontaktstelle metallischer Werkstoffe
2. Widerstandsthermometer; Beispiel: Pt 100
   Jedes Metall besitzt eine Abhängigkeit des spezifischen Widerstandes von der Temperatur.
   Ändert sich dieser im Messbereich linear, ist damit eine Temperaturmessung möglich.
3. Widerstandsthermometer mit keramischem Widerstandsmaterial: Beispiel: NTC-Thermistoren
   Thermistoren mit negativem Temperaturkoeffizienten (NTC) haben in kleinen Intervallen eine annähernd lineare Kennlinie der Temperaturabhängigkeit und einen niedrigeren Preis.

6.1-4
- Erhöhung des spezifischen Widerstandes, Schutz vor Verzunderung. Erhöhung der Warmfestigkeit
- FeCrAl, NiCr

6.1-5
1. nahezu linearer Verlauf
2. Temperaturintervall = 100°
   Intervall der Thermospannung 0,643 mV, daraus folgt 0,00643 mV · grd^{-1} im Mittel.
3. Unter Zugrundelegung dieses Mittelwertes sind die Messwerte 0,126 mV kleiner.

6.1-6 $\varrho = \frac{R \cdot A}{l} = \frac{0{,}636\,\Omega \cdot 0{,}785\,\text{mm}^2}{1\,\text{m}} = 0{,}5\,\Omega\text{mm}^2\text{m}^{-1}$, dies entspricht WM 50

Stromdichte $J = \frac{I}{A} = \frac{12\,\text{A}}{0{,}785\,\text{mm}^2} = 15{,}3\,\text{A} \cdot \text{mm}^{-2}$

6.2-1 1. Metall oder Metall-Legierung; Verfahren: Sputtern, Bedampfen
2. Kohlenstoff; Verfahren: Pyrolyse von Kohlenwasserstoffen
3. Pasten, z. B. Einbrennpasten; Verfahren: Siebdruck. Einbrennen

1. und 2. führt zu Dünnschicht-, 3. zu Dickschichtbauelementen.

6.2-2 *Bedampfen:* Die Legierung scheidet sich inhomogen ab, wegen unterschiedlicher Verdampfungsgeschwindigkeit der Legierungspartner. Dadurch Ausbildung von Zonen und damit schwer reproduzierbare Widerstandskennwerte.

Sputtern: Herausschlagen von Teilchen aus einem Target durch Einwirkung eines Plasmas. Die Legierung wird ohne Veränderung der Zusammensetzung auf dem Substrat abgeschieden.

6.2-3 Chipbauelemente sind Bauelemente der SMD-Technologie. Sie ermöglichen hohe Bauelementedichte. Die fehlenden Anschlussdrähte ermöglichen die Verarbeitung als Schüttgut. Ihre Montage kann automatisiert und damit schneller und zuverlässiger erfolgen.

Aufbau: keramischer Träger, Widerstandsschicht, Seitenkontaktierung. Schutzüberzug, Signatur

6.2-4 **1001** entspricht $100 \cdot 10^1\,\Omega$ – Vierstellige Bezeichnung: Präzisionswiderstand

6.2-5 1. Ring = „2“; 2. Ring = „3“; 3. Ring = „5“; 4. Ring = „0000“ 5. Ring – Toleranz 5 %
Ergebnis: 2 350 000 = 2,35 MΩ, 5 %

7.1-1 Informationstechnik: leistungslos; Nachrichtentechnik: niedrige; Installations- und Energieübertragungstechnik: mittlere und hohe Leistungen

7.1-2 Kontaktgabe, Lösbarkeit, elektrische Belastung, Werkstoffe und Ausführungsformen

7.1-3 z. B. Kompakt- und Schichtkontakte; z. B. Lamellen-, Bürsten- und Federkontakte

7.1-4 R_E entsteht durch Rauigkeit der Oberfläche; Minimierung: glatte Oberfläche. Kontaktkraft, angepasster E-Modul

7.1-5 Fremdschichtwiderstand entsteht durch: Adsorbierte Fremdstoffe und Reaktionsschichten; Minimierung: Einsatz von vergoldeten Kontakten, Einkapselung der Kontakte, hohe Kontaktkraft

7.1-6 Widerstand der Kontaktfeder, Übergangswiderstand zwischen Kontaktniet und Feder und Kontaktwiderstand R_K

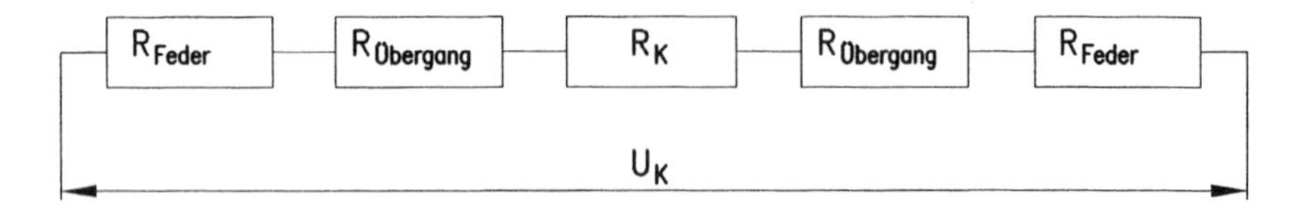

7.1-7 Pseudolegierungen, z. B. Ag/Ni, Ag/W, Ag/Cd

7.1-8 Vorteile: höchste Leitfähigkeit, gut verformbar

Nachteile: Bildung von Ag_2S-Schichten (Fremdschichtwiderstand steigt), geringe Abbrandfestigkeit

Lösung: Herstellung von Ag-Pd-Legierungen → schwefelwasserstofffest, Anwendung von Pseudolegierungen

7.1-9 Fp. von W liegt oberhalb 3000 °C, der von Cu bei ca. 1000 °C → keine homogene Schmelze beider Komponenten herstellbar, deshalb Sinterwerkstoffe

Kontakte für hohe Schaltleistungen, wie Leistungsschalter als Abreißkontakt und Regler für Kranschalter;

$\varkappa = 34{,}8 \cdot 10^6\ \mathrm{S \cdot m^{-1}}$, die Aufgabe ist grafisch lösbar, da lineare Änderung von $\varkappa$ mit der Änderung der Zusammensetzung bzw. rechnerisch durch Addition der Leitfähigkeitsanteile

7.1-10
1. Fremdschichtbildung führt zur Kontaktunterbrechung, Gold bildet keine Reaktionsschichten
2. höhere Kontaktkräfte würden Fremdschicht durchbrechen
3. Gold ist edelstes Metall
4. keine Selbstreinigung

7.1-11 entsprechende Werkstoffauswahl, Ausblasen durch Pressluft oder Löschgase, Ausblasen durch Magnetfeld, Schalten unter Öl, Schutzgaskontakt unter Schwefelhexafluorid

7.1-12 Feinwanderung

7.1-13 **Diskussion:** Ag-Cu-Legierung anfälliger gegen H_2S, schon nach geringer Einwirkungsdauer nahezu maximaler Fremdschichtwiderstand erreicht.
Ag-Pd-Legierung, sog. schwefelwasserstofffeste Legierung

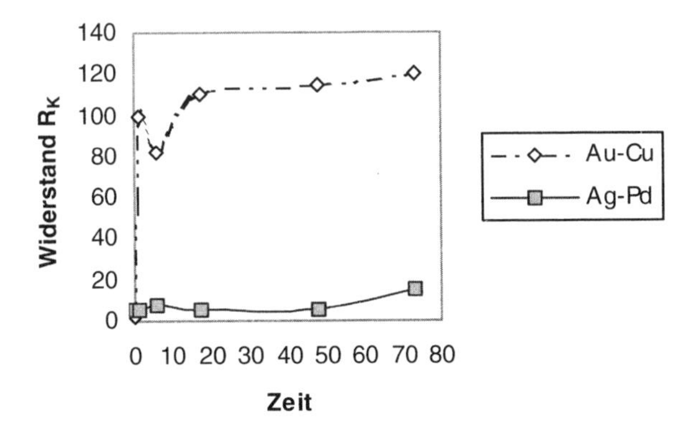

7.2-1 Stoffschlüssig: Ausbildung von chemischen Bindungen zwischen den Kontaktpartnern durch Schweißen, Löten, Kleben

Kraftschlüssig: Kontaktgabe durch plastische oder nur elastische Verformung mittels Schrauben, Klemmen, Verpressen, Wickeln, Quetschen, Stecken

7.2-2 nail-head-bonding: Bonddrahtende Aufschmelzen und durch Anpressen mit Kontaktschicht verschweißen

wedge-bonding: Anquetschen des Bonddrahtendes an Kontaktschicht

7.2-3 SnZn9: Legierung aus den Elementen Zinn und Zink mit 9% Zinkanteil, 91% Zinn (Eutektikum); eutektische Temperatur 198,5 °C

7.2-4 Reinigung der zu verbindenden Oberflächen (Lot muss Oberfläche benetzen können, Dosierung von Flussmittel (Auflösen von Reaktionsschichten und Verhinderung einer Neubildung), Erwärmung und Zufuhr des Lotes (Ausbildung der Legierungszone zwischen Lot und den zu verbindenden Teilen), Fixierung der Lötstelle

7.2-5 Als Lot in der ersten Prozessstufe können z. B. SnZn9 oder andere höher schmelzende Lote eingesetzt werden.

7.2-6 1. andere Verarbeitungstemperaturen,
2. anderes Benetzungsverhalten im Vergleich zu Pb/Sn-Loten,
3. höhere Preise

7.2-7 Ag-Schicht hat sich mit dem Lot legiert, Vermeidung: Einsatz eines silberlegierten Lotes

8.1-1 Bindungszustand: kovalente Bindung, verbotene Zone < 3 eV; TK_ϱ in bestimmten Temperaturbereichen negativ; Defektelektronen am Leitungsvorgang beteiligt; ϱ im Bereich 10^{-4}–$10^{-10}\ \Omega \cdot \text{cm}$

8.1-2 Vgl. Bild 3.2-9; Barrierenbreite Si = 1,11 eV; Ge = 0,76 eV: bei tiefen Temperaturen. Grundband (Valenzhand) voll besetzt, Leitungsband leer: bei Anregung $n^- = n^+$

8.1-3 durch Dotierung mit Donatoren $\rightarrow e^-$ Majoritätsladungsträger
durch Dotierung mit Akzeptoren $\rightarrow e^+$ Majoritätsladungsträger

8.1-4 $\lambda = \dfrac{h \cdot c}{W} = \dfrac{6{,}6 \cdot 10^{-34} \cdot 3 \cdot 10^{17}\ \text{nm} \cdot \text{s}^{-1}}{1{,}11\ \text{eV}} = 1112\ \text{nm} = 1{,}1\ \mu\text{m};\ 1\ \text{eV} = 1{,}6 \cdot 10^{-19}\ \text{Ws}$

8.1-5 Hochrein deshalb, weil Fremdatome, die einen Term in die verbotene Zone einbauen, als Akzeptoren bzw. Donatoren wirken, d. h. unkontrollierte Ladungsträgerkonzentration bzw. Leitungstyp bewirken.

Einkristallin deshalb, weil Korngrenzen zur Streuung der Ladungsträger und zur inhomogenen Verteilung der Dotierungsatome führen.

8.1-6 1. Elektron und Defektelektron entstehen bei der Generation bei Eigenhalbleitung.
2. Zufuhr von Anregungsenergie, Elektron geht vom Valenzhand ins Leitungsband.
3. durch Rekombination.

8.1-7 die Leitfähigkeit steigt; Elektronen im LB entstehen durch Donatoren. Defektelektronen im VB durch Akzeptoren

8.1-8 Ladungsträgerbeweglichkeiten (μ^+, μ^-) und Ladungsträgerkonzentrationen (ne^+, ne^-)

8.1-9 vgl. Bild 8.1-6; Eigenhalbleitung immer vorhanden, mit Erreichen der Temperatur für den Erschöpfungsfall dominiert Eigenhalbleitung

8.1-10 Si-Barrierenbreite 1,11 eV, Eigenhalbleitung erst bei höheren Temperaturen angeregt als bei Ge mit 0,76 eV

8.1-11 unbelasteter p-n-Übergang: Ausbildung der Verarmungsrandzone, positive Raumladung im n-Gebiet, negative Raumladung im p-Gebiet;

belasteter p-n-Übergang: Pluspol an p-Zone → Durchlassrichtung. Verarmungsrandzone wird für Ladungsträger durchlässig, Minuspol an p-Zone → Verbreiterung der Verarmungszone

8.1-12 vgl. Bild 8.1-9; die Kennlinie ist eine Strom-Spannungskurve, die den Durchlass- und Sperrbereich charakterisiert; in Durchlassrichtung: mit steigender Spannung bis U_F geringer Stromanstieg, oberhalb U_F starker Anstieg von I_F infolge Anregung der i-Leitung

8.1-13 Varaktor-Dioden

8.1-14

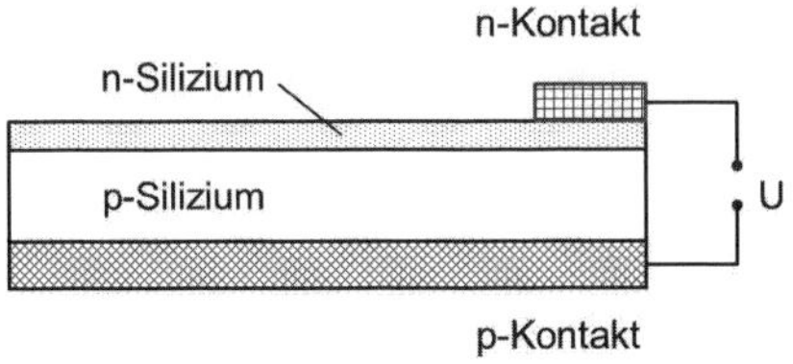

Ausnutzung des inneren Fotoeffektes (Absorption der Lichtquanten zur Erzeugung von Ladungsträgern an einem p-n-Übergang), n-Silizium: Elektronen, P-Silizium: Defektelektronen

Wichtig: Die so gebildeten Ladungsträger sollen möglichst nicht rekombinieren!

8.1-15 Solarthermie: Direkte Umwandlung des Sonnenlichtes in Wärme unter Verwendung eines Absorbers und Ableitung der Wärme z.B. durch einen Wasserkreislauf.

Fotovoltaik: Direkte Umwandlung des Sonnenlichtes in elektrischen Strom

8.1-16 1. Verbindungshalbleiter aus Elementen der dritten und fünften Hauptgruppe

2. $\lambda = \frac{h \cdot c}{W} = \frac{6{,}6 \cdot 10^{-34} \cdot 3 \cdot 10^{17}\ \text{nm} \cdot \text{s}^{-1}}{650\ \text{nm}} = 3{,}05 \cdot 10^{-19}\ \text{Ws};\ 1\ \text{eV} = 1{,}6 \cdot 10^{-19}\ \text{Ws}$

$W = 1{,}9$ eV; vgl. Bild 8.1-14 → ca. 50 % GaAs und 50 % GaP

8.1-17 Emitter: sendet Ladungsträger in die Basis

Kollektor: sammelt Ladungsträger aus der Basis; damit steuert die Basis über die angelegte Basisspannung den Stromfluss zwischen Emitter und Kollektor.

8.1-18 Alternative: Feldeffekttransistor (FET): vgl. Bild 8.1-18,

Source: Entstehungsort der Ladungsträger, Drain: Stelle, zu der die Ladungsträger abfließen, zwischen Source und Drain befindet sich das Gate (Tor), über die daran angelegte Spannung erfolgt die Steuerung des Transistors

8.1-19 Es ist davon auszugehen, dass R im Wesentlichen durch die Majoritätsladungsträger bestimmt wird, da P-dotiert gilt: ne^- und μ^-!

$$\varrho = \frac{R \cdot A}{l} = \frac{6{,}24\ \Omega \cdot 0{,}05 \cdot 10^{-4}\ \mathrm{m}^2}{1 \cdot 10^{-2}\ \mathrm{m}} = 0{,}312 \cdot 10^{-2}\ \Omega\mathrm{m}$$

$$\varkappa = \mathrm{e}_0 \cdot ne^- \cdot \mu^-; \quad \varkappa = \frac{1}{\varrho}$$

$$\mu = \frac{1}{\mathrm{e}_0 \cdot ne^- \cdot \varrho} = \frac{\mathrm{A} \cdot \mathrm{m}^3}{1{,}6 \cdot 10^{-19}\ \mathrm{As} \cdot 2 \cdot 10^{22} \cdot 0{,}312 \cdot 10^{-2}\ \mathrm{Vm}} = 0{,}1\ \mathrm{m}^2 \cdot \mathrm{V}^{-1} \cdot \mathrm{s}^{-1}$$

8.2-1 Die HALL-Spannung wird groß, wenn d klein wird.

8.2-2 $U_H = R_H \cdot S \cdot B \cdot b = 0{,}11 \cdot 10^{-9}\ \mathrm{m}^3 \cdot (\mathrm{As})^{-1} \cdot 0{,}5 \cdot 10^{-6}\ \mathrm{A} \cdot \mathrm{m}^{-2} \cdot \mathrm{Vs} \cdot \mathrm{m}^{-2} \cdot 0{,}02\ \mathrm{m} = 1.12 \cdot 10^{-6}\ \mathrm{V}$

8.2-3 Die Grenzwellenlänge für CdS-Fotowiderstände liegt zwischen 500 bis 700 nm, also im sichtbaren Bereich, für PbS liegt das Maximum bei ca. 2500 nm, also im infraroten Gebiet.

8.2-4 Es sind Widerstandswerkstoffe auf der Basis von Keramik mit negativem (NTC) oder positivem (PTC) Temperaturkoeffizienten des spezifischen Widerstandes.

NTC: Werkstoffbasis Fe_2O_3 + TiO_2; Mess- und Kompensationswiderstände, Anlaufschutzschaltungen

PTC: Werkstoffbasis BaO + TiO_2; selbstregelnde Klein-Heizungen, Lötkolben

Die Widerstandsänderung erfolgt in einem kleinen Temperaturintervall sprunghaft, entweder im Sinne von NTC oder PTC.

8.2-5 Der Widerstand R des Varistors nimmt bei einer bestimmten Spannung stark ab. Er kann somit eine Schaltung vor kurzzeitig auftretenden Spannungsspitzen schützen.

9.1-1 Durchschlagfestigkeit und Durchgangswiderstand verschlechtern sich, weil Papier als hydrophiler Stoff zu erhöhter Wasseraufnahme führt.

9.1-2 Der Körper mit 98 % der theoretischen Dichte besitzt das bessere Isolationsverhalten. Poren führen zur Ausbildung von Leitbahnen, begünstigt durch adsorbierte Fremdstoffe.

9.1-3 UP stark polar, nicht abgesättigte Doppelbindungen → führt zur Wasseraufnahme, Reaktionen mit der Umgebung und zu Folgereaktionen im Polymeren

PE völlig unpolar, keine reaktionsfähigen Bindungen → geringste Wasseraufnahme, keine Folgereaktionen

9.1-4 Ausbildung einer leitfähigen Spur infolge Wasserhaut, Verschmutzungen und Bildung von Reaktionsprodukten

9.2-1 1. Elektronenpolarisation, 2. Ionenpolarisation, 3. Orientierungspolarisation, 4. keine Polarisation, sondern Stromfluss, 5. Elektronenpolarisation

9.2-2 Vorhandensein permanenter Dipole, die spontan polarisieren können.

9.2-3 Mit steigender Temperatur wird die Ladungsverschiebung erleichtert, mit steigender Frequenz wirkt die Rückstellzeit der polarisierten Gruppen. Ist die Frequenz höher, folgen die Gruppen nicht mehr der Feldschwingung, dieser Mechanismus wirkt nicht mehr.

9.2-4 PE unpolar, Polyester polar

9.2-5 Unpolarere Kunststoffe: Elektronenpolarisation, Bereich für ε_r = 2,0–2,5
Polarere Kunststoffe: Orientierungspolarisation, Bereich für ε_r = 2,5–6,0
Keramik (paraelektrisch): Ionenpolarisation, Bereich für ε_r = 3,5–10
Gläser: Ionenpolarisation, Bereich für ε_r = 4,0–8,0
Keramik (ferroelektrisch): spontane Polarisation mit Domänenbildung. Bereich für $\varepsilon_r = 10^2 – 10^4$

9.2-6 Dielektrische Verluste entstehen durch Reibungswärme bei der Orientierung der polaren Gruppen im Wechselfeld. Das Verhältnis Wirkstrom zu Blindstrom bei der durch das Feld ausgelösten Polarisation im Dielektrikum heißt dielektrischer Verlustfaktor.

9.2-7 bei ε_r = 2,0 890 pF, bei ε_r = 2,5 1112,5 pF = 1,11 nF

9.2-8 $U_1 : U_2 = C_2 : C_1$; ε_{r1} = für Luft, ε_{r2} = für Dielektrikum

$\frac{\varepsilon_{r2}}{\varepsilon_{r1}} = \frac{12}{4} = 3$; es handelt sich um einen polaren Kunststoff oder Papier.

9.2-9 Es sind keine Konstanten, denn sie sind temperatur- und frequenzabhängig.

9.2-10 Sie führen zur dielektrischen Erwärmung. Die Verluste sind frequenzabhängig und bei HF sehr groß.

9.3-1 Zusatz von Weichmachern z. B. PVC-weich, niedrig schmelzende Zellulosederivate. Auflösen von Kunststoffen zum Drahtlack, Verarbeitung durch Spritzpressen von Thermoplasten, z. B. PE, Verwendung von vernetzbaren Polymeren in flüssiger Form und anschließender Vernetzung.

9.3-2 thermoplastisches Material mit sehr schwachen nebenvalenten Bindungskräften. Glastemperatur sehr niedrig

9.3-3 C, H, O, N, S, Cl, F, Si

9.3-4 Thermoplast: erweichbar, evtl. löslich, thermisch Formgebung. Fadenmoleküle
Duroplast: thermisch nicht formbar, unlöslich, vernetzte Makromoleküle
Bestimmung der Wärmeformbeständigkeit, Ermittlung der Löslichkeit in organischen Lösemitteln.

9.3-5 Zelluloseacetate: ε_r = 4,5 – 5,5, Wasseraufnahme: 2 – 4 %
Zellulosebutyrate: ε_r = 3,3 – 3,7, Wasseraufnahme: 2 %, weniger polar

Das Makromolekül Zellulose in reiner oder chemisch veränderter Form ist durch die hohe Anzahl von OH-Gruppen hydrophil.

9.3-6 durch Füllstoffe, durch Weichmacher, Grad der Vernetzung. Polymerisationsgrad, Copolymere, Polymerengemische

9.3-7 Thermoplaste: PE, PVC, PA; erweichen in Wärme → dadurch Formgebung: Isolierstoffe für Kabel- und Leitungen

Duroplaste: Epoxidharz (EP), Silikone (SiR), Phenolharz (PF); Tränken bzw. Gießen und anschließende Vernetzung → Leiterplatte, Hermetisierung von Bauelementen

9.3-8 Dickschichthybridschaltung: Al_2O_3; weil zur Herstellung der Leitstruktur eine Einbrennpaste gedruckt wird
Leistungsbauelementträger: BeO oder AlN: höchste Wärmeleitfähigkeit bei Isolierstoffen
Gigahertzbereich: PS; niedrige dielektrische Verluste

9.3-9

Leiterplatte:	Kunststoffe
Gehäuse:	Keramik oder Kunststoffe
Substrate:	Gläser, Keramik, Kunststoffe
Kabel:	Kunststoffe

9.3-10 Keine Bildung von NaOH an feuchter Substratoberfläche; damit kein Angriff von Al-Leitbahnen.

9.3-11 Leiterplattenbasismaterial aus Glasgewebe mit EP-Harz

9.3-12 Drahtlack → vor dem Aushärten fließfähig (Filmbildung)
Isolieröle → Ausfüllung des Volumens und damit Verdrängung der Luft. Wärmeableitung durch Konvektion

9.4-1 durch Oxidation von Al = Formierungsprozess

9.4-2 Dielektrika der Klasse 2 sind Ferroelektrika auf Basis von $BaTiO_3$; bzw. $BaO \cdot ZrO_2$

9.4-3 Klasse 1: kleiner TK_C, geringe Spannungsabhängigkeit, kleines ε_r
Klasse 2: hohes ε_r, nichtlineare Abhängigkeit der Kapazität von Temperatur und Spannung

9.4-4 Es handelt sich um Wickelkondensatoren: vom Typ MP-Kondensator (Metall/Papier). Kapazitätsbereich: 0,01–50 µF, Spannungsbereich: 160–20 000 V

9.4-5 Kunststoff-Dielektrikum → Folie-Kondensatoren, Wickelkondensatoren; Kapazitätsbereich: 1 nF–10 mF, U zwischen 100–1000 V
Keramik-Dielektrikum → Massekondensator, Kapazitätsbereich: 1 pF–10 nF, U zwischen 2000–20000 V
Schichtkondensator, Kapazitätsbereich: 5 pF–10 mF, U zwischen 25 V

9.4-6 $C = e_0 \cdot e_r \dfrac{A}{d}$;

1. Bei Verdopplung des Abstandes der Kondensatorplatten sinkt C auf den halben Wert, damit fließt ein Strom.
2. Der Strom fließt infolge der Verkleinerung von C vom Kondensator zur Stromquelle.

9.5-1 Mechanische Belastung führt zur Trennung der positiven und negativen Ladung eines polaren Werkstoffes und damit zur Aufladung der Außenflächen des Körpers. Werkstoffe: Quarz, SiO_2, $BaTiO_3$, PZT

9.5-2 Ferroelektrische Keramiken zeigen ebenfalls den inversen piezoelektrischen Effekt. Spannung führt zur Verformung, d. h. Aktorik.

9.5-3 1. inverser Piezoeffekt, 2. elektrostriktiver Effekt

9.5-4 Erst durch ein starkes äußeres elektrisches Feld kann die gleichsinnige Orientierung der Domänen erfolgen. Nach Abschalten des Feldes bleibt diese gleichsinnige Orientierung bestehen (Pluspol, Minuspol).

9.5-5 Um mit geringen Spannungen eine große Auslenkung zu erhalten (Stapelung).

9.5-6 Der piezoelektrische Koeffizient soll möglichst 1 sein, d. h. vollständige Umwandlung elektrischer in mechanische Arbeit.

10.1-1 NbTi, Nb_3Sn, Nb_3Ge

Herstellungsprinzip von NbTi: Herstellen der Legierung schmelzmetallurgisch, Bündelung von NiTi-Stäben zu Blöcken und Überziehen mit Kupfermantel. Ziehen des Blockes zu 1–2 mm dickem Kabel.

10.1-2 Nein, Supraleitung ist an die Ausbildung von COOPER-Paaren gebunden, das aber ist nicht in jedem Werkstoff möglich.

10.1-3 $YBa_2Cu_3O_7$, $Tl_9Ba_2Ca_2Cu_3O_{10}$, $La_{1,8}Sr_{0,2}CuO_4$

Bei allen genannten Verbindungen handelt es sich um eine nicht stöchiometrische Perowskit-Struktur mit geordneter Sauerstoffleerstellenkonzentration (vacancy).

10.1-4 Ein JOSEPHSON-Element besteht aus zwei durch eine durchtunnelbare Barriere getrennten Supraleitern, so dass ein begrenzter Strom hindurchfließen kann.

10.1-5 SQUID-Sensoren sind Magnetfeldsensoren. Sie sind in der Lage, geringste Magnetfeldänderungen anzuzeigen. Risse in Werkstücken bewirken eine Änderung der Magnetfeldverteilung, dadurch werden sie auf diese Weise detektierbar.

10.1-6 Die günstig herstell- und verarbeitbaren Supraleiter, wie NbTi, erfordern Flüssigwasserstoff- bzw. Flüssighelium-Temperatur. Die HTSL sind vor allem schwierig verarbeitbar.

11.1-1
1. Wechselwirkung mit magnetischem Bahnmoment des Elektrons → Induktion eines entgegengesetzten Momentes (Diamagnetismus)
2. Wechselwirkung mit dem nichtkompensierten Spinmoment des ungepaarten Elektrons → Verstärkung des äußeren Feldes (Paramagnetismus)

11.1-2 Nein, keine Kopplung von Spinmomenten möglich.

11.1-3

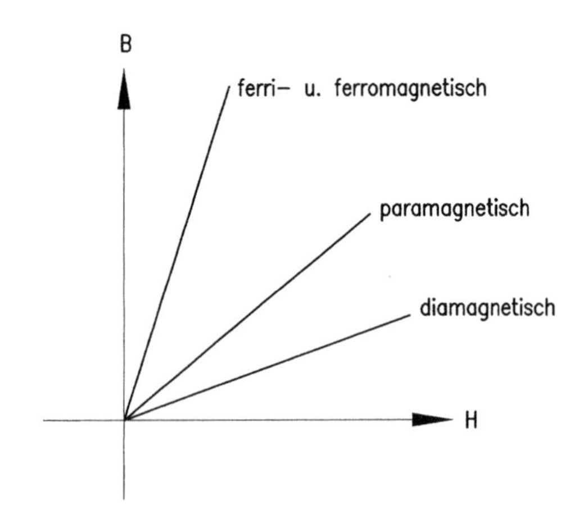

Ausgangspunkt: $B = \mu_0 \cdot \mu_r \cdot H$
Es gilt für:
diamagnetisch $\mu_r < 1$
paramagnetisch $\mu_r > 1$
ferrri- und ferromagnetisch $\mu_r \gg 1$

11.1-4 Magnetische Polarisation ist die um die magnetische Induktion im Vakuum (B_0) verminderte magnetische Induktion im Werkstoff (B).

11.1-5 Durch Aufweitung des Mangangitters durch Legieren mit Cu und Al kommt das Verhältnis a: r_{3d} in den ferromagnetischen Bereich (positive Austauschenergie).

11.1-6

Durchmesser Fe-Atom:	Kovalenzradius $1{,}17 \cdot 10^{-10}$ m
Abstand Fe-Atome im α-Fe:	Gitterkonstante $2{,}9 \cdot 10^{-10}$ m
Ausdehnung eines Weissschen Bezirks:	ca. 0,01 mm
Ausdehnung Bloch-Wand:	Dicke ca. $1 \cdot 10^{-7}$ m
Kristallitgröße:	ca. $5 \cdot 10^{-5}$ m

11.1-7 Die Herausbildung Weissscher Bezirke ist verbunden mit dem Bestreben, einen geschlossenen magnetischen Kreis für die Elementarmagnete zu bilden und sich dabei in die Richtung der leichtesten Magnetisierbarkeit auszurichten. Im Einkristall ist die Ausrichtung in Richtung der Würfelkanten (leichteste Magnetisierung) an allen Stellen gleich wahrscheinlich.

11.1-8 Ferrimagnetismus entsteht aus der Differenz der magnetischen Momente der Untergitter, Ferromagnetismus aus der Bildung Weissscher Bezirke.

11.1-9 Ja, Magneteisenstein = Magnetit ($Fe_2O_3 \cdot FeO$)

11.2-1 1. reversible Bloch-Wandverschiebungen, 2. irreversible Bloch-Wandverschiebungen (Umklappvorgänge), 3. reversible Drehprozesse; Ergebnis: Neukurve

11.2-2 Hartmagnetika: H_C einige 100 kA · m^{-1}, begünstigt durch erschwerte Bloch-Wandverschiebungen (Legieren, Ausscheidungen, plastische Verformungen)

Weichmagnetika: $H_C < 1$ kA · m^{-1}, begünstigt durch sehr leichte Bloch-Wandverschiebungen (sehr hohe Reinheiten, Texturen, geringe mechanische Spannungen)

11.2-3 λ symbolisiert den Magnetostriktionskoeffizient. Für Fe negativer Wert, d.h. Verkürzung des Werkstückes; für Co positiver Wert = Verlängerung durch magnetostriktiven Effekt.

11.2-4 Die relative Permeabilität μ_r hängt ab von:

1. Art des Werkstoffes, der Temperatur, der Feldstärke und der Frequenz.
2. für Weichmagnetika: Reinheit, Gitterspannungen, Herstellungsverfahren

11.2-5 Entlang der Entmagnetisierungskurve gibt es einen Punkt, in dem das Produkt aus $B \cdot H$ maximal ist, den Arbeitspunkt. Je größer $(B \cdot H)_{max}$, desto kleiner das Magnetvolumen. Nach fallendem $(B \cdot H)_{max}$: NdFeB, $SmCo_5$, AlNiCo, Hartferrit

11.2-6 Nein, die Permeabilität steht bei der Bewertung von Dauermagneten nicht im Vordergrund, sondern das Entmagnetisierungsverhalten.

11.2-7 Durch das Wärmebehandlungsverfahren *Aushärten.*

11.2-8 Die AlNiCo-Legierungen (Koerzit) sind thermisch höher belastbar und preiswerter, da kein Samarium.

11.2-9 Hystereseverluste: durch Ummagnetisierungsarbeit

Wirbelstromverluste: durch Induktion einer elektrischen Spannung entstehen in dem leitfähigen Werkstoff Wirbelströme, die dem äußeren Feld entgegenwirken.

11.2-10 Die Magnetisierbarkeit ist abhängig von der Gitterorientierung = Kristallanisotropie. Dadurch sind Umklappvorgänge um 180° in Würfelkantenrichtung mit geringstem Energieaufwand möglich. Bei kornorientierten Fe-Si-Legierungen verläuft auf Grund der gleichsinnigen Orientierung der Elementarzellen die Ummagnetisierung mit geringsten Verlusten.

11.2-11 Wirbelstromverluste sind mit der zweiten Potenz abhängig von der Blechdicke. Verringerung der Blechdicke führt zur starken Verringerung der Ummagnetisierungsverluste.

11.2-12 Weichmagnetisch, weil fehlende Korngrenzen und fehlende Kristallanisotropie.

Herstellung: Durch Aufgießen von Metallschmelze auf rotierende Kühlwalze. Keine Kristallisation, sondern amorphes Erstarren, glasartig.

11.2-13 1. $V_M = \dfrac{B_L^2 \cdot V_L \cdot \sigma_P \cdot \sigma_S}{\mu_0 \cdot H_M \cdot B_M} = B_L^2 \cdot K$ K = alle anderen Größen konstant!

$$B_L = \sqrt{\frac{V_M}{K}}$$

Wird B_L verdoppelt, vervierfacht sich V_M.

2. $V_{M1} = \dfrac{K}{120 \cdot 80}$

$$V_{M2} = \frac{K}{500 \cdot 80}$$

$$V_{M1} \cdot 120 \cdot 180 = V_{M2} \cdot 500 \cdot 80$$

$$V_{M2} = \frac{V_{M1} \cdot 120}{500} = 0{,}24 \cdot V_{M1}$$

Bei Verdopplung von B_L : $V_{M2} = 4 \cdot 0{,}24 \cdot V_{M1} = 0{,}96 \cdot V_{M1}$

3. • Verdopplung von B_L bringt bei gleichem Werkstoff eine Vervierfachung des V_M
   • Verdopplung von B_L bei AlNiCo 500 nur noch 0,96faches V_M
   • Verdopplung von B_L bedeutet Vervierfachung von $(B \cdot H)_{max}$, wenn das Volumen gleich bleibt, also $4 \cdot 120 \cdot 80\ \text{Ws} \cdot \text{m}^{-3} = 480 \cdot 80\ \text{Ws} \cdot \text{m}^{-3}$

11.2-14

1. $$V_h = 0{,}2\, s^{-1} \frac{16\ \text{Am}^{-1} \cdot 0{,}9\ \text{Vs} \cdot \text{m}^{-2}}{7{,}7 \cdot 10^3\ \text{kg} \cdot \text{m}^{-3}} = 3{,}7 \cdot 10^{-4}\ \text{W} \cdot \text{kg}^{-1}$$

2. $$V_w = \frac{d^2 \cdot f^2 \cdot B_{max}^2 \cdot \varkappa}{\varrho} = \frac{(2{,}5 \cdot 10^{-3})^2\ \text{m}^2 \cdot 50 \cdot 0{,}9^2\ \text{V}^2\text{s}^2 \cdot 5 \cdot 10^6\ \text{A m}^3}{7{,}7 \cdot 10^3\ \text{kg} \cdot \text{s}^3\ \text{m}^5\ \text{V}}$$

   $V_w = 3{,}29$ W/kg

3. Der Anteil der Hystereseverluste an den Ummagnetisierungsverlusten ist vernachlässigbar gering (ca. 0,12 ‰).

11.3-1 Weichferrite: $Fe_2O_3 \cdot MeO$ (Me = Zn, Ni, Mn u. a.)
Hartferrite: $MeO \cdot 6\ Fe_2O_3$ (MeO = BaO, SrO, PbO)

11.3-2 Ferrite besitzen von vornherein eine schlechte Leitfähigkeit. d. h. geringe Wirbelstromverluste, auch bei hohen Frequenzen.

11.3-3 Korngröße, Kornform, Korngrößenverteilung, Mischungsverhältnis, Homogenität, Sinterbedingungen

11.3-4 Hauptanteil: Hystereseverluste

11.4-1 Von der Anzahl der möglichen Speicherelemente pro Fläche.

11.4-2 Träger, einschließlich Rückseite: mechanische Belastbarkeit, Handling; Haftschicht verbindet Kunststoffträger mit der Speicherschicht; Speicherschicht, magnetische Funktion; Deckschicht: Gleitschicht, Schutz vor Beschädigungen mechanischer und chemischer Ursachen.

11.4-3 CrO_2 hat höhere Koerzitivfeldstärke und Remanenzinduktion

12.1-1 Grenzwinkel α_G wird überschritten. Brechungsindex des Faserkerns > Brechungsindex Mantel

12.1-2 $$\sin \alpha_G = \frac{n_{Mantel}}{n_{Kern}} = \frac{1{,}48}{1{,}50} = \sin 0{,}986; \quad \alpha = 80{,}6°$$

Der Lichtstrahl wird total reflektiert.

12.1-3 step index fibre = Stufenprofilfaser

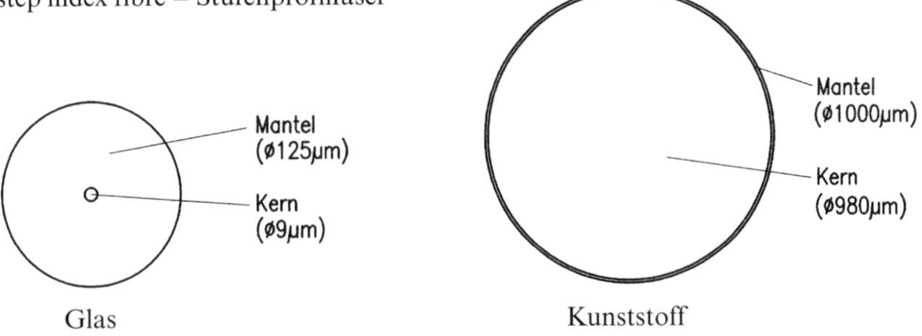

Glas Kunststoff

12.1-4 PMMA und PS sind amorphe Thermoplaste und damit transparent, d. h. geringe Streuung und daraus folgt geringe Dämpfung. PE, PP und PA sind teilkristallin und deshalb opak, d. h. milchig trüb.

12.1-5 Durch Wasseraufnahme, Dichte- oder Konzentrationsunterschiede, mikrokristalline Bereiche

12.1-6 $c_1 = \frac{c_0}{n} = \frac{300\,000 \text{ km} \cdot \text{s}^{-1}}{1{,}49} = 200\,000 \text{ km} \cdot \text{s}^{-1}$
Für 1 km beträgt die Laufzeit 5 ms.

12.1-7 Einmoden LWL: geringe Modendispersion, nur der Grundmod wird übertragen. Modendispersion entfällt;

Multimoden LWL: unterschiedliche Moden bei gleicher Ausbreitungsgeschwindigkeit übertragbar, minimale Laufzeitunterschiede verschiedener Moden

12.2-1 Mantel: Bor-dotiert; Kern: Germanium-dotiert

12.2-2 Verhinderung der Adsorption von Wasser

12.2-3 Erstes optisches Fenster für Quarzglas bei 850 nm. Senderbauelement GaAlAs emittiert bei ca. 900 nm,

erstes optisches Fenster für Kunststoff bei 660 nm. Sender aus GaAsP oder AlInGaP emittieren bei 650 nm.

12.2-4

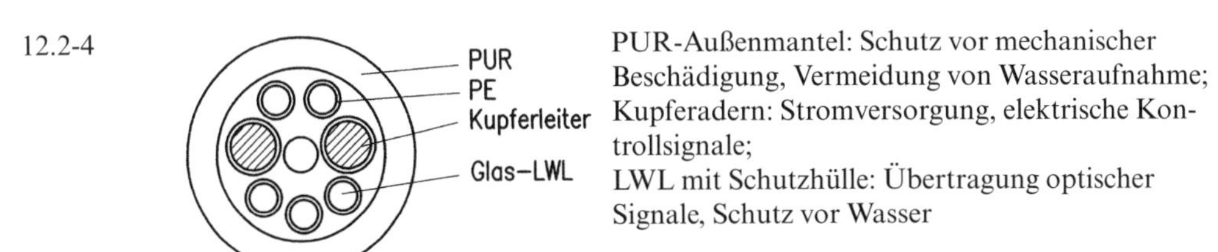

PUR-Außenmantel: Schutz vor mechanischer Beschädigung, Vermeidung von Wasseraufnahme; Kupferadern: Stromversorgung, elektrische Kontrollsignale; LWL mit Schutzhülle: Übertragung optischer Signale, Schutz vor Wasser

12.2-5 Dämpfungskoeffizient $\alpha = 0{,}25 \text{ dB} \cdot \text{km}^{-1}$
$L = (10/0{,}25) - \log(100/20) = 40 \cdot 0{,}699 = 27{,}9$ km.
Nach 27,9 km beträgt die Leistung noch 20 %.

13.1-1 1. Schritt: Reduktion des Quarzsandes zu verunreinigtem Si
$SiO_2 + 2\,C \rightarrow Si + 2\,CO$

2. Schritt: Herstellung des Trichlorsilan als destillierbare Si-Verbindung
   $Si + 3\,HCl \rightarrow SiHCl_3 + H_2$
3. Schritt: Zersetzung des Trichlorsilan zu polykristallinem Si
   $4\,SiHCl_3 + 2\,H_2 \rightarrow 3\,Si + SiCl_4 + 8\,HCl$

13.1-2 SiO_2 unbegrenzt verfügbar, Si ungiftig, bildet dichte festhaftende Isolierschicht aus SiO_2

13.1-3 CZOCHRALSKI-Tiegelverfahren: *Vorteil:* Versetzungsfreie Einkristalle, große Einkristalldurchmesser
Nachteil: Verunreinigung durch Sauerstoffatome aus dem Tiegel
Floating-Verfahren: *Vorteil:* höchste Reinheit
Nachteil: geringere Kristalldurchmesser

13.1-4 Voraussetzung: unterschiedliche Löslichkeit der jeweiligen Verunreinigung im flüssigen und festen Si. Aufschmelzen (Induktion) einer Zone in polykristallinem Si-Stab wandernde Schmelzzone transportiert besser lösliche Verunreinigungen an Stabende, Wiederholung des Vorganges möglich, Stabende verunreingt, Stabmitte höchstrein.

13.1-5 Übertragung nahezu beliebiger Strukturmuster bei kleinsten Abmessungen nur mit Fotolithographie möglich. Integrierter Schaltkreis bildet Folge von dotiertem Si, Isolier- und Leiterschichten. Si kann direkt in SiO_2-Isolierschicht umgewandelt werden.

13.2-1 *Verfahrensablauf:* Vorbehandlung, Aktivierung (Bekeimung), Abscheidung der Metallschicht aus chemisch-reduktivem Elektrolyt, galvanische Verstärkung.
Variante 1: Strukturübertragung durch Fotolithographie, Ätzen
Variante 2: Laserstrukturierung der Metallschicht.
Da Al_2O_3-Substrat Isolator ist, kommt für eine chemische Metallisierung nur das chemisch-reduktive in Betracht.

13.2-2 In chemisch-reduktiven Nickelbädern mit Hypophosphit als Reduktionsmittel entsteht bei Nickelabscheidung Phosphor, der in die Schicht eingebaut wird.

13.2-3 *Ursache:* Feldliniendichte an Kante höher als in Probenmitte, damit elektrische Feldstärke an Kante größer, daraus folgt abgeschiedene Stoffmenge größer.
Vermeidung: Probenseitig scharfe Kanten vermeiden. Anlagenseitig Katoden – Anodenabstand vergrößern. Verwendung von Hilfskatoden. Elektrolytseitig Zusatz von Einebnern und Glanzbildner.

13.2-4 Erhöhung von Strom und Expositionsdauer oder beides gleichzeitig. Einhaltung der technologisch vorgegebenen Stromdichte, bei Verwendung unlöslicher Anoden, Konzentration des Elektrolyten an Metallanionen.

13.2-5 $A_{Ges} = 2220\ mm^2 = 0{,}222\ dm^2$
$V_{Schicht} = 22{,}2\ cm^3 \cdot 0{,}002\ cm = 0{,}044\ cm^3$
$m_{Schicht} = 8{,}93\ g \cdot cm^3 \cdot 0{,}044\ cm^3 = 0{,}4\ g$

$$t = \frac{0{,}4\ g \cdot 96\,500\ A \cdot s \cdot 2\ mol}{2\ A \cdot 63{,}55\ g \cdot mol} = 607{,}4\ s$$

13.3-1 1. Darstellung des Leiterbildes in Form einer rechnerlesbaren Datei oder einer Zeichnung

2. Übertragung des Leiterbildes auf Fotofilm durch Lichtzeichnen oder Reproduktionsfotographie
3. Fotochemische Nachbearbeitung

13.3-2 Die Struktur entsteht durch örtlich begrenzten Materialabtrag.

13.3-3 Überdecken (Tending) der Strukturelemente einschließlich der Bohrlochhülsen und Vias mit Fotoresist zum Schutz vor dem Ätzmittelangriff

13.3-4 Das Auflösen des Leitkupfers an resistfreien Gebieten der LP bis auf das Trägermaterial.

13.3-5 Vergolden, galvanisch Sn, chemisch-reduktiv NiP, Heißluftverzinnen.

13.3-6 Lötstopmaske, Heißluftverzinnen, Selektivvergoldung, chemisch-reduktiv NiP

13.3-7 Aufbringen einer Leitschicht auf die Bohrlochinnenwand (chemisch-reduktiv Cu oder Direktmetallisierung), Verstärkung durch galvanisch Kupfer, Metallresisttechnik oder Tending

Lösungen zur Selbstkontrolle

Zu Kapitel 1

1. C
2. B
3. D
4. A: Zn;
   B: Ge, Si;
   C: Ag, Al, Cu, α-Fe, γ-Fe, Pt;
   D: Glas
5. C
6. B
7. B
8. C
9. B
10. D

Zu Kapitel 2

1. A, C
2. B, C, D
3. D
4. A, B, E
5. D
6. C, F
7. B, C
8. C
9. D, E
10. C
11. E
12. B, D
13. A, A

Zu Kapitel 3

1. C
2. C
3. D
4. B
5. B, D
6. D
7. C
8. A, D
9. C, D

Zu Kapitel 4

1. B, E
2. B, C
3. C
4. A, C
5. B
6. C, E
7. B, D
8. D, E
9. A, C, E

Zu Kapitel 5

1. D
2. B
3. C
4. B, D
5. C, D
6. C
7. B
8. E
9. B
10. B, C

Zu Kapitel 6

1. B, E
2. D
3. D
4. B, C
5. C, D
6. E
7. A
8. D
9. C
10. C

Zu Kapitel 7

1. A
2. C
3. B, E
4. B, C
5. C
6. D
7. D
8. E
9. C
10. C, D

Zu Kapitel 8

1. C, D
2. C
3. C
4. B, D
5. B
6. E
7. D
8. A
9. C
10. D
11. C
12. D
13. C, D
14. D
15. B, C

Zu Kapitel 9

1. D
2. A, C, E
3. A, B
4. C, E
5. B
6. D
7. B
8. B, D
9. D, E
10. B, D
11. A, D
12. C, E
13. C
14. A
15. A, E

Zu Kapitel 10

1. D
2. C
3. A, D
4. E
5. C
6. B

Zu Kapitel 11

1. D
2. C
3. D, E
4. B
5. C
6. B, D
7. C, E
8. B, D, E
9. B, C, D

10. A, E
11. C
12. E
13. C, E
14. B, C, D
15. B
16. B
17. C
18. A

Zu Kapitel 12

1. D
2. B, C
3. D, E
4. A, B, E
5. A, E
6. C, D

Zu Kapitel 13

1. E
2. D
3. E
4. C
5. C, D, E
6. B
7. A
8. B, D, E
9. A

Verwendete und weiterführende Literatur

1. Lehrbücher zur Werkstofftechnik und Werkstoffprüfung

Autorenkollektiv: Grundlagen metallischer Werkstoffe, Korrosion- und Korrosionsschutz. Deutscher Verlag für Grundstoffindustrie, Leipzig 1983

Bargel, H.-J., Schulze, G. (Hrsg.): Werkstoffkunde, Springer Verlag, Berlin Heidelberg New York, 9. Auflage 2005

Bergmann, W.: Werkstofftechnik 1, Grundlagen, Carl Hanser Verlag München, 6. aktualisierte Auflage 2008

Boll, R.: Weichmagnetische Werkstoffe, Verlag Siemens Aktiengesellschaft, Berlin und München, 4. Auflage 1990

Buckel, W.: Supraleitung. 7. aktualisierte Auflage, VCH Weinheim, New York 2012

Cahn, W. R.; Haasen, R.; Kramer, E. J.: Materials Science and Technology, Volume 17 A, VCH Weinheim, New York 1996

Domke, W.: Werkstoffkunde und Werkstoffprüfung, Cornelsen Lehrbuch/Girardet Essen; 10. verb. A., Nachdr. 2001.

Elektronik-Grundlagen, Verlag Europa-Lehrmittel, Nourney, Vollmer GmbH, Haan-Gruiten 1990

Fasching, G.: Werkstoffe für die Elektrotechnik, Springer Verlag, Berlin – Heidelberg – New York, 4. Auflage 2005

Gerlach, E.; Dötzel, W.: Einführung in die Mikrosystemtechnik, Carl Hanser Verlag, München Wien 2006

Greven, E., Magin, W.: Werkstoffkunde und Werkstoffprüfung für technische Berufe, Hamburg, 17. Aufl. 2012 Handwerk und Technik, Hamburg 2004

Gottstein, G.: Physikalische Grundlagen der Materialkunde, Springer Verlag Berlin Heidelberg New York, 3. Auflage 2007

Hadamovsky, H.-F.: Werkstoffe der Halbleitertechnik, VEB Deutscher Verlag für Grundstoffindustrie, 2. stark überarb. Auflage, Leipzig 1990

Hanke, H.-J.: Baugruppentechnologie der Elektronik-Leiterplatten, Verlag Technik, Berlin 1994

Hilleringmann, U.: Silizium-Halbleitertechnologie, Vieweg + Teubner Verlag, Wiesbaden, 5. Auflage 2008

Hornbogen, E.: Werkstoffe, Springer Verlag, Berlin – Heidelberg, 8. Auflage 2006

Hornbogen, E., Eggeler, G., Werner, E.: Werkstoffe, Aufbau und Eigenschaften von Keramik-, Metall-, Polymer- und Verbundwerkstoffen. Springer-Verlag, 10. Aufl., Berlin 2008

Jäger, E.; Perthel, R.: Magnetische Eigenschaften von Festkörpern, Akademie Verlag, Berlin 1996

Jacobs, O.: Werkstoffkunde. Vogel Business Media GmbH & Co. KG, 2. Aufl., Würzburg 2009

Nakamura, S.; Fasol, G.: The Blue Laser Diode, Springer Verlag Berlin – Heidelberg – New York, 2. Auflage 2000

Nitzsche, K., Ullrich, H-J.: Funktionswerkstoffe der Elektrotechnik und Elektronik, Deutscher Verlag für Grundstoffindustrie, Leipzig 1985

Rachow, R.; Kuglinski, R.; Krause, K.: Werkstoffe für die Elektrotechnik/Elektronik, Deutscher Verlag für Grundstoffindustrie, 2. Aufl., Leipzig 1993

Riehle, M.; Simmchen, E.: Grundlagen der Werkstofftechnik, Deutscher Verlag für Grundstoffindustrie, Stuttgart, 1997

Reissner, J.: Werkstoffkunde für Bachelors, Carl Hanser Verlag München, 2010

Rüge, I.; Wohlfahrt, H.: Technologie der Werkstoffe, Vieweg + Teubner Verlag Braunschweig/Wiesbaden, 8. Auflage 2007

Rumpf, K.-H.: Bauelemente der Elektronik, Verlag Technik, Berlin 1988

Schatt, W., Worch, H.: Werkstoffwissenschaft, Wiley-VCH Verlag, Weinheim 2003

Schaumburg, H.: Halbleiter, B. G. Teubner GmbH. Stuttgart 1991

Schaumburg, H.: Einführung in die Werkstoffe der Elektrotechnik, B. G. Teubner GmbH. Stuttgart 1993

Schell, W.: Baugruppentechnologie der Elektronik-Montage, Verlag Technik Berlin und Eugen G. Leuze Verlag, Saulgau 1997

Schulz, L.: Keramische Supraleiter, Markt und Technik Verlag AG, München 1988

Seidel, W., Hahn, F.: Werkstofftechnik, Carl Hanser Verlag, München. 9. neu bearb. Auflage 2012

Shackelford, J. F.: Werkstofftechnologie für Ingenieure, Grundlagen – Prozesse – Anwendungen. Pearson Studium, München 2007

Ivers-Tiffée, E., von Münch, W.: Werkstoffe der Elektrotechnik (Taschenbuch), B. G. Teubner Verlag, Wiesbaden (10. Auflage) 2007

Weißbach, W.: Werkstoffkunde und Werkstoffprüfung, Vieweg, Braunschweig/Wiesbaden, 15. Auflage 2004

2. Lehrbücher der Chemie und Physik

Blumenthal, G.; Linke, D.; Vieth, S.: Chemie, Grundwissen für Ingenieure, B. G. Teubner, Wiesbaden 2006

Boisch, W.; Höfling, E.; Mauch, J.: Chemie in Versuch, Theorie und Übung Diesterweg Verlag, Frankfurt a. M. 1984

Brown, T. L.; Le May, H. E.: Chemie, ein Lehrbuch für alle Naturwissenschaftler, VCH Verlagsgesellschaft, Weinheim 1988

Hofmann, H.; Spindler, J.: Chemie, VMS Verlag Modernes Studieren GmbH, Hamburg – Dresden, 1994

Kurzweil, P., Scheipers P.: Chemie, Viewegs Fachbücher der Technik, Wiesbaden, 9. Aufl. 2012

Rybach, J.: Physik für Bachelors, Fachbuchverlag Leipzig im Carl Hanser Verlag, 2008

Orear, J.: Grundlagen der modernen Physik, Carl Hanser Verlag, München 1971

3. Taschenbücher, Tabellen, Lexika und Sammelbände

Atom-Struktur der Materie, Reihe: Kleine Enzyklopädie, Bibliographisches Institut, Leipzig 1970

Brockhaus, ABC Chemie, Brockhaus-Verlag, Leipzig 1987

Brockhaus, ABC der Optik, Brockhaus-Verlag, Leipzig 1961

Fischer, K. F.: Taschenbuch der technischen Formeln, Fachbuchverlag Leipzig im Carl Hanser Verlag, Leipzig, 4. Auflage 2010

Hellerich, W. u. a.: Werkstoffführer Kunststoffe, Carl Hanser Verlag, München, 10. Auflage 2010

Hering, E. u. a.: Taschenbuch für Wirtschaftsingenieure, Fachbuchverlag Leipzig im Carl Hanser Verlag, 2. Auflage 2009

Hütte – Grundlagen der Ingenieurwissenschaften, Springer-Verlag Berlin Heidelberg, 32. Auflage 2004.

Kempter, K. u. Haußelt, J. (Hrsg.): Werkstoffwoche ’98, Band 1, Symposium 1 und 12. Wiley-VCH, Weinheim New York 1999

Bearbeiterteam: Klein Einführung in die DIN-Normen, B. G. Teubner Verlag Wiesbaden und Beuth Verlag GmbH Berlin, Wien, Zürich, 14. neu bearb. Auflage 2008

Kuchling, H.: Taschenbuch der Physik, Fachbuchverlag Leipzig im Carl Hanser Verlag, Leipzig, 20. Auflage 2010

Magnetismus. Struktur und Eigenschaften magnetischer Festkörper, Vorträge, gehalten auf der Internationalen Konferenz „Magnetismus“, Deutscher Verlag für Grundstoffindustrie, Leipzig 1967

Merkel, M.; Thomas, K.-H.: Taschenbuch der Werkstoffe, Fachbuchverlag Leipzig im Carl Hanser Verlag, 7. verb. Auflage 2008

Technische Keramik in der Praxis, Seminar 2005, Think Ceramics, Verband der Keramischen Industrie e.V. 2005

Warlimont, H.: Magnetwerkstoffe und Magnetsysteme, DGM Informationsgesellschaft m.b.H., Oberursel 1991

4. Schriften von Vereinen und Verbänden, Gesetze, Verordnungen

Schreiber, E.: Die Werkstoffbeeinflussung weicher und gehärteter Oberflächen durch spanende Bearbeitung, VDI-Berichte Nr. 256, S. 67–79, VDI-Verlag Düsseldorf, 1976

Tietz, H.-D.: Technische Keramik, VDI-Verlag Düsseldorf, 1994

Richtlinie *2002/96/EG* des Europäischen Parlaments und des Rates vom 27. Januar 2003 über Elektro- und Elektronik-Altgeräte (WEEE engl.: ***W****aste of* ***E****lectrical and* ***E****lectronic* ***E****quipment*; deutsch: *Elektro- und Elektronikgeräte-Abfall*), umgesetzt in Deutschland in **ElektroG**)

Verordnung über die Vermeidung und Verwertung von Verpackungsabfällen (**VerpackV**) 21.08.1998 (BGBl. I S. 2379), geändert Art. 5. Abs. 19G vom 24.02.2012 BGBl. 1, S. 212, 256

Richtlinie 2002/95/EG des Europäischen Parlaments und des Rates vom 27. Januar 2003 zur Beschränkung der Verwendung bestimmter gefährlicher Stoffe in Elektro- und Elektronikgeräten **RoHS** (engl.: ***R****estriction* ***o****f (the use of certain)* ***h****azardous* ***s****ubstances*; deutsch: „*Beschränkung der Verwendung bestimmter gefährlicher Stoffe*“), wird ersetzt durch Neufassung 2011/65/EU ab 3. Januar 2013

Gesetz über das Inverkehrbringen, die Rücknahme und die umweltverträgliche Entsorgung von Elektro- und Elektronikgeräten (**ElektroG**), BGBl. I 2005, 762

Gesetz über das Inverkehrbringen, die Rücknahme und die umweltverträgliche Entsorgung von Batterien und Akkumulatoren (**Batteriegesetz – BattG**), zuletzt geändert durch Art. 4 G. vom 24.02.2012, BGBl. 1, S. 212

5. Literatur zu Werkstoffgruppen und Firmenschriften

Cettl, B.: Digitale Ansteuerung eines HR-TFT-Flüssigkristalldisplays mittels SED 1386 Displaycontroller (Diplomarbeit), Fachhochschule Technikum Wien, 2001

Eichinger, G., Semrau, G.: Lithiumbatterien I u. II (Chemische Grundlagen, Entladereaktionen und komplette Zellen), Chemie in unserer Zeit, Wiley-VCH Verlag GmbH & Co, 24 (1990), 32–36 und 90–96

Fassbinder, St.: Elektrische Leiter-Alternativen zu Kupfer, Elektrotechnik (CH) 10/09, S. 23

Hein, M.: Ferroelektrische Flüssigkristalle (Dissertation), TU Darmstadt 2003

Hofmann, H.; Spindler, J.: Verfahren in der Beschichtungs- und Oberflächentechnik, Fachbuchverlag Leipzig im Carl Hanser Verlag, 2. Auflage 2010

Vinaricky, E. (Hrsg.): Elektrische Kontakte, Werkstoffe und Anwendungen – Grundlagen, Technologien, Prüfverfahren, Springer-Verlag Berlin Heidelberg New York, 2. Aufl. 2002

Halbleiter, Technische Erläuterungen und Kenndaten, Infinion Technologies AG, München, 2. Auflage 2001

Kunststoff im Gespräch, BASF Aktiengesellschaft, Ludwigshafen 1991

Krupp VDM GmbH, Magnifer, Werdohl 1994

Weichmagnetische Werkstoffe und Halbzeuge, Vakuumschmelze GmbH und Co. KG, Hanau 2002

Silicium und Galliumarsenid aus Freiberg, Freiberger Elektronikwerkstoffe GmbH, 1998

6. WEB-Links

Verordnung (EG) Nr. 1907/2006 (REACH) (engl.: *Registration, Evaluation, Authorisation and Restriction of Chemicals*, deutsch: Registrierung, Bewertung, Zulassung und Beschränkung von Chemikalien, in Kraft getreten am 1. Juni 2007 (eine EU-Chemikalienverordnung), www.bmu.de/chemikalien/reach/kurzinfo/doc/print/39992.php, *zuletzt aufgerufen am 09. 12. 2012*

Lithium-Ionen-Akkumulatoren (Prof. Blumes Medienangebot: Elektrochemie)

http://www.chemieunterricht.de/dc2/echemie/li-ion-b.htm, *aufgerufen: 04. 01. 2013*

Hottmeyer, R.: Vergleichslisten und Informationen für Knopfzellen und Batterien, www.accu3000.de/info/, *zuletzt aufgerufen: 04. 01. 2013*

Hußmann: Digitale Speichermedien – Ludwig-Maximilians-Universität,München, www.medien.ifi.lmu.de/fileadmin/mimuc/mt_ss05/mtA6b.pdf, *zuletzt aufgerufen: 04.01.2013*

magnetwerkstoffe, de.wikipedia.org/wiki/**Magnetwerkstoffe**, *zuletzt aufgerufen: 04. 01. 2013*

Externe Speicher, www.rasch.ch/download/folien_externespeicher.pdf, *zuletzt aufgerufen: 04.01. 2013*

www.uni-protokolle.de/Lexikon/**Magnetwerkstoffe**.html, *zuletzt aufgerufen: 04.01. 2013*

www.enzyklo.de/Begriff/**Magnetwerkstoffe**, *zuletzt aufgerufen: 04. 01. 2013*

Weichmagnetische Werkstoffe und Halbzeuge,

www.vacuumschmelze.de/fileadmin/documents/.../Pb-pht-0.pdf, *zuletzt aufgerufen: 04. 01. 2013*

Halbleiter de.wikipedia.org/wiki/Halbleiter, *zuletzt aufgerufen: 04. 01. 2013*

Halbleiter – ein Stoff revolutioniert die Erde,

pluslucis.univie.ac.at/FBA/FBA95/Ringer/ringer.pdf, *zuletzt aufgerufen: 04. 01. 2013*

Lichtwellenleiter – Wikipedia de.wikipedia.org/wiki/Lichtwellenleiter, *zuletzt aufgerufen: 04.01. 2013*

Lichtwellenleiter (LWL / Glasfaser)

www.elektronik-kompendium.de/sites/kom/0301282.htm, *zuletzt aufgerufen: 04. 01. 2013*

Supraleiter – Wikipedia de.wikipedia.org/wiki/Supraleiter, *zuletzt aufgerufen: 27. 12. 2012*

Supraleitung – Ein kurzer Überblick

*theva.biz/user/eesy.de/theva.biz/dwn/**Supraleitung**.pdf, zuletzt aufgerufen: 27. 12. 2012*

C. Gros (Prof. Dr.): Skript Vorlesung Festkörpertheorie II, Kapitel 8, Goethe Uni. Frankfurt/M. (Sommersemester 2008), *siehe auch:* itp.uni-frankfurt.de/~gros/Vorlesungen/FKT/FKT_8.pdf, *zuletzt aufgerufen: 27. 12. 2012*

de.wikipedia.org/wiki/Typenkurzzeichen_von_Leitungen, *zuletzt aufgerufen: 16. 01. 2013*

de.wikipedia.org/wiki/Isolierstoff, zuletzt aufgerufen: *16. 01. 2013*

Brennstoffzelle www.enertipp.ch/index.aspx?z=1&id=193&s=, *zuletzt aufgerufen: 16.01.2013*

Bennemann, D., Moro, D.: **Neue Smektische Phasen**, www2.tu-berlin.de/~insi/ag_heppke/doko/neusmekt.htm, *zuletzt aufgerufen: 05. 03. 2012*

Leuchtdiode, http://de.wikipedia.org/wiki/Leuchtdiode

Solarzelle, http://de.wikipedia.org/wiki/Solarzelle

Magnetische Nanostrukturen

http://www.techportal.de/uploads/publications/523/InfoPhysTech21.pdf

Bildnachweis

Hochschule Mittweida, Fachgruppe Chemie/Werkstofftechnik:
Bild 1.2-3

Hochschule Mittweida, Fachgruppe Chemie/Werkstofftechnik, A. Eysert:
Bild 2.1-5, Bild 2.2-7 a) und b), Bild 2.2-14, Bild 5.2-2, Bild 5.2-3, Bild 5.3-7, Bild 5.2-6, Bild 5.2-7

Hochschule Mittweida, H. Hofmann:
Bild 1.3-8, Bild 3.2-6, Bild 4.2-6, Bild 6.2-2, Bild 6.2-4, Bild 8.1-15, Bild 8.2-1

Hochschule Mittweida, Fachgruppe Chemie/Werkstofftechnik, E. Gehrke:
Bild 5.3-1, Bild 5.3-2, Bild 7.2-7, Bild 7.2-9, Bild 8.0-1, Bild 13.2-2, Bild 13.2-3, Bild 13.2-4, Bild 13.3-4, Bild 13.3-5, Bild 13.3-6

Hans Fischer, Werkstoffe der Elektrotechnik, 2. Auflage, Hanser 1982:
Bild 1.4-5, Bild 2.2-6, Bild 11.2-12, Bild 11.2-17
Bild 1.2-1: Rasterkraftmikroskopaufnahme (AFM) – KSI Meinsberg
Bild 1.2-14: Modifikation des Kohlenstoffs,
a) Fullerenmodell (http://realizebeauty.files.wordpress.com/2010/09/fullerene.png, aufgerufen 09.12. 2012)
b) C60-Fulleren (http://www.godunov.com/bucky/c60-green.gif, aufgerufen 9.12.2012) Buckyball: a C60 molecule, Nr. 7
Bild 1.3-26: Gitterfehler (schematisch) nach Schreiber, E., siehe Literaturverzeichnis
Bild 1.4-6: unterer Teil (metallograf. Aufnahme einer Me-Oberfläche)
Wikimedia Commons, Autor Edward Pleshakov
Bild 2.3-4: b) Kristalline Bereiche Thermoplast, aus: Neue Werkstoffe, Foliensatz des Fonds der chemischen Industrie Nr. 25, Frankfurt 1992
Bild 9.0-1: Hochspannungsisolatoren, (380 kV-Steiermarkleitung 1685.jpg)
Bild 9.0-2: Piezokeramik-Einspritzdüsen, Foto: BOSCH
Bild 11.1-7: Blochwände bei FeSi, Vacuumschmelze GmbH, Hanau
Bild 11.4-5: Festplattenlaufwerk, Foto H. Hofmann 2012
Bild 11.4-6: Magnetische Nano-Speicher INFO PHYS TECH, Nr. 21/Nov. 1998,VDI-Technologiezentrum Phys. Technologien, Düsseldorf, mit frdl. Genehmigung Prof. Dr. E. Wassermann
Bild 11.4-7: Widerstandsänderung in einem GMR-Sensor, nach: http://mateeriaharutus.blogspot.de/2011/12/magnetvalja-sensorid-ja-nende.html, aufgerufen: 28.11.2012
Bild 13.1-1: Vom Rohsilizium zum elektronischen Bauelement, SILTRONIC AG
Bild 13.1-6: 300 mm Si-Einkristall, nach dem CZOCHRALSKI-VERFAHREN, SILTRONIC AG

Sachwortverzeichnis